清華
电脑学堂

SQL Server 2008
基础教程与实验指导

■ 郝安林 康会光 牛小平 李乃文 等编著

清华大学出版社
北京

内 容 简 介

本书全面介绍 SQL Server 2008 数据库应用和开发知识。全书共 11 章，内容涉及 SQL Server 2008 基础知识，在 SQL Server 2008 中创建数据库，创建数据表，T-SQL 编程，数据的查询与管理，表数据的操作语句，索引及视图的概念、类型以及如何创建和管理索引，使用视图更新表中的数据，存储过程与触发器，数据安全与数据库维护，数据库备份类型、备份设备和复制数据库，以及如何使用.NET Framework 创建 SQL Server 2008 的应用。本书配套光盘附有多媒体语音视频教程和本书数据库源文件，供读者学习和参考。本书内容结构严谨、分析讲解透彻，适合作为 SQL Server 培训教材，也可以作为 SQL Server 数据库设计人员的参考资料。

图书在版编目（CIP）数据

SQL Server 2008 基础教程与实验指导 / 郝安林等编著. —北京：清华大学出版社，2012.3（2018.1 重印）
（清华电脑学堂）
ISBN 978-7-302-26893-2

Ⅰ. ①S…　Ⅱ. ①郝…　Ⅲ. ①关系数据库－数据库管理系统，SQL Server 2008－教材
Ⅳ. ①TP311.138

中国版本图书馆 CIP 数据核字（2011）第 193008 号

责任编辑：夏兆彦
封面设计：柳晓春
责任校对：徐俊伟
责任印制：刘祎淼
出版发行：清华大学出版社
　　网　　址：http://www.tup.com.cn，http://www.wqbook.com
　　地　　址：北京清华大学学研大厦 A 座　　**邮　　编**：100084
　　社 总 机：010-62770175　　**邮　　购**：010-62786544
　　投稿与读者服务：010-62776969，c-service@tup.tsinghua.edu.cn
　　质 量 反 馈：010-62772015，zhiliang@tup.tsinghua.edu.cn
印 刷 者：清华大学印刷厂
装 订 者：三河市铭诚印务有限公司
经　　销：全国新华书店
开　　本：185mm×260mm　　**印　张**：27.25　　**字　　数**：684 千字
　　附光盘 1 张
版　　次：2012 年 3 月第 1 版　　**印　　次**：2018 年 1 月第 5 次印刷
印　　数：7401～8200
定　　价：45.00 元

产品编号：042604-01

前言

FOREWORD

在现代社会中，数据库技术的应用无处不在，重要的信息系统开发，如管理信息系统（MIS）、企业资源计划（CRP）、客户关系管理系统（CRM）、决策支持系统（DSS）和智能信息系统（IIS）等，都离不开数据库技术强有力的支持。

SQL Server 2008 是一个全面的数据库平台，使用集成的商业智能（BI）工具提供了企业级的数据管理。SQL Server 2008 为用户提供了强大的、熟悉的工具，同时降低了在从移动设备到企业数据系统的多平台上创建、部署、管理和使用企业数据和分析应用程序的复杂性。通过全面的功能集、与现有系统的互操作性以及对日常任务的自动化管理能力，SQL Server 2008 为不同规模的企业提供了完整的数据解决方案。

本书面向广大开发人员，包括喜欢使用图形界面的程序员，和希望成为 SQL Server 2008 编程语言 Transact SQL（T-SQL）高手的程序员。本书将尽可能贴近实际地演示，展开叙述每一种使用 SQL Server 2008 的操作方法。

1．本书定位与特色

❑ 面向职业技术教学

本书是作者在总结了多年开发经验与成果的基础上编写的，以实际项目为中心，全面、翔实地介绍 SQL Server 2008 数据库应用与开发所需的各种知识和技能。通过本书的学习，读者可以快速、全面地掌握 SQL Server 2008 数据库应用与开发知识。本书体现了作者“项目驱动、案例教学、理论实践一体化”的教学理念，是一本真正面向职业技术教学的教材。

❑ 合理的知识结构

本书面向数据库应用与开发职业培训市场，结合开发实践介绍 SQL Server 2008 应用开发知识，突出职业实用性。全书各章都有实例分析，带领读者经历程序开发全过程，是一本真正的实训性案例教程。

❑ 真实的案例教学

针对每个知识点，本书设计了针对性强的教学案例，这些小案例既相对独立，又具有一定的联系，是综合性开发实例的组成部分。读者在制作这些小案例的过程中可以掌握每个知识点。

❑ 理论实践一体化

在每个案例中，本书都有机融合了知识点讲解和技能训练目标，融“教、学、练”于一体。每个案例的讲解都首先提出功能目标，然后是实例制作演示和学生模仿练习，让读者掌握案例的完成过程，体现“在练中学，学以致用”的教学理念。

目 录

CONTENTS

第 1 章　SQL Server 2008 入门 ············1

1.1　数据库基础 ············1

1.1.1　数据库基本概念 ············1

1.1.2　数据库系统模型 ············2

1.1.3　关系数据库 ············3

1.2　认识 SQL Server 2008 ············5

1.2.1　SQL Server 发展历史 ············5

1.2.2　SQL Server 2008 体系结构 ············6

1.3　SQL Server 2008 新增功能 ············9

1.3.1　新的日期数据类型 ············9

1.3.2　LINQ 语言 ············10

1.3.3　HierarchyId 类型 ············11

1.3.4　增强 XML 功能 ············11

1.3.5　Transact-SQL 语言增强 ············14

1.3.6　报表服务 ············15

1.4　安装与配置 SQL Server 2008 ············16

1.4.1　安装 SQL Server 2008 ············16

1.4.2　配置 SQL Server 2008 ············25

1.5　SQL Serve 管理工具 ············29

1.5.1　SQL Server Management Studio ············29

1.5.2　SQL Server 配置管理器 ············30

1.5.3　SQL Server Profiler ············31

1.5.4　数据库引擎优化顾问 ············32

1.5.5　Reporting Services 配置管理器 ············33

1.5.6　命令提示实用工具 ············33

1.6　扩展练习 ············34

第 2 章　创建数据库 ············36

2.1　SQL Server 数据库概述 ············36

2.1.1　常见数据库对象 ············36

2.1.2　数据库构成 ············39

2.1.3　数据库文件和文件组 ············41

2.2　创建数据库的方法 ············42

2.2.1　使用图形化向导创建 ············42

2.2.2　使用 Transact-SQL 语句创建 ············46

2.3　管理数据库 ············51

2.3.1　查看数据库信息 ············51

2.3.2　修改数据库的大小 ············54

2.3.3　删除数据库 ············55

2.3.4　其他数据库操作 ············56

2.4　创建数据库快照 ············59

2.4.1　数据库快照简介 ············59

2.4.2　创建数据库快照的方法 ············60

2.5　扩展练习 ············62

第 3 章　创建数据表 ············65

3.1　表的概述 ············65

3.2　操作数据表 ············66

3.2.1　创建表 ············66

3.2.2　修改表 ············69

3.2.3　添加和删除列 ············72

3.2.4　修改列 ············73

3.3　列数据类型和属性 ············73

3.3.1　数据类型 ············73

3.3.2　列的其他属性 ············80

3.4　表数据完整性 ············82

3.4.1　表主键 ············83

3.4.2　外键 ············85

3.4.3　约束 ············86

3.4.4　表关系 ············87

3.5　扩展练习 ············88

第 4 章　使用 Transact-SQL 编程 ············90

4.1　Transact-SQL 概述 ············90

4.1.1　Transact-SQL 语言与 SQL 语言 ············90

4.1.2 Transact-SQL 语言类型 91
4.2 编程基础 92
4.2.1 常量与变量 92
4.2.2 运算符 94
4.2.3 表达式 98
4.2.4 注释 99
4.2.5 控制流程 100
4.3 常用函数 105
4.3.1 聚合函数 105
4.3.2 数学函数 106
4.3.3 字符串函数 107
4.3.4 日期和时间函数 109
4.3.5 自定义函数 110
4.4 事务 112
4.4.1 事务概述 112
4.4.2 ACID 属性 113
4.4.3 管理事务 114
4.4.4 分布式事务 117
4.5 锁 117
4.5.1 并发问题 117
4.5.2 锁模式 118
4.5.3 查看锁 119
4.6 游标 121
4.6.1 游标概述 121
4.6.2 使用游标 122
4.7 扩展练习 124
第 5 章 数据查询和管理 125
5.1 SELECT 简单查询 125
5.1.1 SELECT 基本语法 125
5.1.2 使用 SELECT 语句 127
5.1.3 使用 FROM 子句 131
5.1.4 使用 WHERE 子句 131
5.1.5 使用 ORDER BY 子句 139
5.1.6 使用 GROUP BY 子句 140
5.1.7 使用 HAVING 子句 141
5.2 SELECT 高级查询 141
5.2.1 基本连接 141
5.2.2 JOIN 关键字 143
5.2.3 内连接 143
5.2.4 外连接 145
5.2.5 交叉连接 147
5.2.6 自连接 148
5.2.7 联合查询 149
5.3 使用子查询 150
5.3.1 返回多行的子查询 150
5.3.2 返回单值的子查询 153
5.3.3 嵌套子查询 153
5.4 XML 查询 154
5.4.1 XML 数据类型 154
5.4.2 XQuery 查询方法 155
5.4.3 FOR XML 子句 159
5.5 扩展练习 162
第 6 章 表数据操作 165
6.1 INSERT 语句 165
6.1.1 使用 INSERT VALUES 语句 165
6.1.2 使用 INSERT SELECT 语句 166
6.1.3 使用 SELECT INTO 语句创建表 168
6.2 UPDATE 语句 169
6.2.1 UPDATE 语法 169
6.2.2 根据表中数据更新行 170
6.2.3 根据其他表更新行 171
6.2.4 使用 TOP 表达式 173
6.3 DELETE 语句 173
6.3.1 DELETE 语法 174
6.3.2 使用 DELETE 语句 174
6.3.3 使用 TRUNCATE TABLE 语句 175
6.4 新增语句 177
6.4.1 ON DELETE 和 ON UPDATE 177
6.4.2 OUTPUT 179
6.5 扩展练习 181
第 7 章 索引与视图 183
7.1 索引基础知识 183
7.1.1 认识索引 183

7.1.2 索引结构 …… 184
7.1.3 索引类型 …… 185
7.2 创建索引 …… 188
7.2.1 使用图形工具创建索引 …… 189
7.2.2 使用 CREATE INDEX 创建索引 …… 190
7.2.3 创建 XML 索引 …… 192
7.3 管理索引 …… 194
7.3.1 修改和删除索引 …… 194
7.3.2 查看索引信息 …… 195
7.4 认识视图 …… 198
7.4.1 视图概述 …… 198
7.4.2 创建视图 …… 199
7.5 管理视图 …… 201
7.5.1 修改和删除视图 …… 201
7.5.2 查看视图信息 …… 204
7.6 通过视图修改数据 …… 205
7.6.1 使用 INSERT 插入数据 …… 206
7.6.2 使用 UPDATE 更新数据 …… 207
7.6.3 使用 DELETE 删除数据 …… 208
7.7 使用数据库引擎优化顾问 …… 208
7.8 扩展练习 …… 210
第 8 章 存储过程与触发器 …… 212
8.1 认识存储过程 …… 212
8.1.1 存储过程概述 …… 212
8.1.2 存储过程的分类 …… 213
8.2 使用存储过程 …… 214
8.2.1 创建存储过程 …… 214
8.2.2 执行存储过程 …… 217
8.2.3 存储过程参数 …… 219
8.2.4 删除存储过程 …… 223
8.2.5 管理存储过程 …… 224
8.3 其他存储过程 …… 225
8.3.1 系统存储过程 …… 225
8.3.2 扩展存储过程 …… 226
8.4 异常处理与调试 …… 228
8.4.1 异常处理 …… 228
8.4.2 调试 …… 230
8.5 认识触发器 …… 232
8.5.1 触发器概述 …… 232
8.5.2 触发器的分类 …… 233
8.5.3 触发器完整性规则 …… 234
8.5.4 创建触发器 …… 235
8.6 使用触发器 …… 236
8.6.1 DML 触发器 …… 236
8.6.2 DDL 触发器 …… 240
8.6.3 嵌套触发器 …… 241
8.6.4 递归触发器 …… 242
8.6.5 管理触发器 …… 243
8.7 扩展练习 …… 245
第 9 章 安全管理与数据库维护 …… 248
9.1 数据库安全性概述 …… 248
9.1.1 SQL Server 2008 安全管理新特性 …… 248
9.1.2 SQL Server 2008 安全性机制 …… 249
9.1.3 SQL Server 2008 安全主体 …… 250
9.2 管理 SQL Server 服务器安全性 …… 251
9.2.1 身份验证模式 …… 252
9.2.2 管理登录账号 …… 256
9.2.3 管理用户 …… 258
9.3 管理角色 …… 261
9.3.1 固定服务器角色 …… 261
9.3.2 固定数据库角色 …… 264
9.3.3 应用程序角色 …… 267
9.3.4 用户自定义角色 …… 268
9.4 管理架构 …… 271
9.4.1 创建架构 …… 271
9.4.2 修改架构 …… 274
9.4.3 移动对象到新的架构 …… 275
9.4.4 删除架构 …… 277
9.5 管理权限 …… 277
9.5.1 对象权限 …… 277
9.5.2 语句权限 …… 278
9.5.3 删除权限 …… 281

❑ 阶梯式实践环节

本书精心设置了两个教学环节：实验指导和扩展练习，让学生通过不断地练习实践，实现编程技能的逐步推进，最终与职业能力的接轨。

2. 本书主要内容

第1章介绍SQL Server 2008的基础入门知识。本章首先介绍数据库的基础知识，接下来切入介绍SQL Server 2008，内容包括SQL Server 2008概述、新增功能、安装与配置及管理工具等。第2章介绍SQL Server 2008创建数据库，内容包括创建数据库概述、创建数据库、管理数据库、创建数据库快照等。第3章介绍SQL Server 2008创建数据表，内容包括表的概述、操作数据表、列数据类型和属性、表数据完整性等。第4章介绍T-SQL编程，主要内容包括T-SQL概述、编程基础、常用函数、事务、锁等内容。第5章介绍数据查询与管理，即SELECT语句，包括SELECT的简单查询、高级查询、使用子查询、XML查询等。第6章介绍表数据操作，即INSERT、UPDATE和DELETE语句，还介绍SQL Server 2008的新增语句ON DELETE和OUTPUT等内容。第7章介绍索引及视图的概念、类型以及如何创建和管理索引、视力的方法，并且还介绍如何使用视图来更新表中的数据等。第8章介绍存储过程与触发器在SQL Server 2008中的使用，包括创建存储过程、使用存储过程的参数、管理存储过程、触发器的概念、DML触发器和DDL触发器等。第9章介绍数据安全与数据库维护，包括数据库安全概述、管理SQL Server服务器安全性、管理角色、管理架构、管理权限等内容。第10章介绍数据库备份的类型、备份设备和复制数据库等基本概念，以及如何创建和恢复数据库。第11章介绍如何使用.NET Framework创建SQL Server 2008的应用，如自定义函数、存储过程、触发器及用户定义类型等。

3. 读者对象

本书体现了作者在软件技术教学改革过程中形成的“项目驱动、案例教学、理论实践一体化”的教学方法，读者通过本书可以快速、全面地掌握SQL Server 2008数据库的应用与开发知识。本书可以作为SQL Server职业培训教材和各级院校SQL Server数据库应用与开发授课培训教程，也适合作为SQL Server自学资料和参考资料。

除了封面署名人员之外，参与本书编写的还有孙岩、马海军、张仕禹、夏小军、赵振江、李振山、李文采、吴越胜、李海庆、何永国、李海峰、陶丽、吴俊海、安征、张巍屹、崔群法、王咏梅、康显丽、辛爱军、牛小平、贾栓稳、王立新、苏静、赵元庆、郭磊、徐铭、李大庆、王蕾、张勇等。在编写过程中难免会有疏漏，欢迎读者通过清华大学出版社网站www.tup.tsinghua.edu.cn与我们联系，帮助我们改正提高。

编　者
2011年5月

9.6 扩展练习 282

第 10 章 数据库备份与恢复 285

10.1 备份和恢复概述 285

10.1.1 数据库的备份操作和对象 285

10.1.2 备份体系结构 286

10.1.3 恢复体系结构 287

10.2 备份设备 288

10.2.1 备份设备的分类 288

10.2.2 创建备份设备 289

10.2.3 管理备份设备 291

10.3 备份数据 293

10.3.1 创建完整备份 293

10.3.2 创建差异备份 297

10.3.3 创建事务日志备份 300

10.3.4 创建文件组备份 304

10.3.5 备份压缩 307

10.4 恢复数据 309

10.4.1 常规恢复 309

10.4.2 时间点恢复 311

10.5 复制数据库 312

10.6 扩展练习 313

第 11 章 SQL Server 2008 高级主题 315

11.1 .NET Framework 集成 315

11.1.1 .NET Framework 概述 315

11.1.2 CLR 概述 317

11.1.3 ADO.NET 概述 318

11.2 创建.NET 程序 321

11.2.1 创建 SQL Server 项目 321

11.2.2 用户自定义函数 322

11.2.3 存储过程 326

11.2.4 触发器 328

11.2.5 创建用户定义类型 330

11.3 数据访问概述 334

11.3.1 System.Data.SqlClient 命名空间 334

11.3.2 ADO.NET 2.0 335

11.3.3 System.Data.SqlTypes 命名空间 341

11.4 服务体系 342

11.4.1 通知服务 343

11.4.2 分析服务 345

11.4.3 报表服务 347

11.4.4 集成服务 350

11.5 扩展练习 352

附录 实验指导 355

第 1 单元 355

练习 1-1 注册服务器 355

练习 1-2 隐藏 SQL Server 2008 实例 356

练习 1-3 使用 sqlcmd 操作数据库 358

练习 1-4 创建数据库和表 359

第 2 单元 361

练习 2-1 创建人事管理数据库 361

练习 2-2 修改人事管理数据库的大小 362

练习 2-3 移动人事管理数据库 364

第 3 单元 367

练习 3-1 创建员工信息表 367

练习 3-2 修改列 367

练习 3-3 修改表的访问权限 369

练习 3-4 创建表关系 370

第 4 单元 371

练习 4-1 按房间类型查看房间信息 371

练习 4-2 查看价格大于 500 的房间信息 372

练习 4-3 使用自连接查询 373

练习 4-4 使用子查询 373

练习 4-5 使用模糊查询 374

练习 4-6 使用 For XML 子句 374

第 5 单元 375

练习 5-1 创建临时表 375

练习 5-2 更新人事管理记录 376

练习 5-3　删除人事管理记录 ········ 377

第 6 单元 ········ 377

练习 6-1　使用 AND 和 OR 表达式的查询 ········ 377

练习 6-2　创建内嵌表值型用户自定义函数 ········ 378

练习 6-3　打印九九乘法表 ········ 379

练习 6-4　创建游标 ········ 380

练习 6-5　事务回滚 ········ 381

第 7 单元 ········ 382

练习 7-1　创建表的索引 ········ 382

练习 7-2　创建并查询视图 ········ 383

练习 7-3　通过视图修改数据 ········ 385

第 8 单元 ········ 386

练习 8-1　创建作者作品查询存储过程 ········ 386

练习 8-2　创建更新价格的存储过程 ········ 387

练习 8-3　创建分页存储过程 ········ 388

练习 8-4　创建触发器 ········ 389

练习 8-5　修改触发器 ········ 390

练习 8-6　嵌套触发器 ········ 392

练习 8-7　使用 INSTEAD OF 触发器 ········ 393

第 9 单元 ········ 395

练习 9-1　SQL Server 2008 的登录认证 ········ 395

练习 9-2　创建登录名 ········ 397

练习 9-3　创建 Windows 登录 ········ 398

练习 9-4　用户自定义角色 ········ 401

练习 9-5　授予权限操作 ········ 403

第 10 单元 ········ 404

练习 10-1　完整备份 ········ 404

练习 10-2　设计事务日志备份 ········ 407

练习 10-3　创建文件组备份 ········ 409

练习 10-4　备份文件组 ········ 410

练习 10-5　恢复数据 ········ 412

第 11 单元 ········ 414

练习 11-1　使用 ADO.NET 连接数据库 ········ 414

练习 11-2　创建报表模型 ········ 415

练习 11-3　使用 ADO.NET 操作数据库 ········ 420

练习 11-4　使用导入/导出向导生成程序包 ········ 423

第 1 章　SQL Server 2008 入门

SQL Server 2008 是 Microsoft 公司新推出的基于客户端/服务器结构的关系型数据库管理系统，它功能强大、操作简单、安全性高，被广泛应用于数据库系统后台。本章首先让大家了解数据库的理论知识，然后开始介绍 SQL Server 2008 的基础入门知识，包括 SQL Server 2008 的特性、新增功能、体系结构、安装方法以及其附带的管理工具等。

本章学习目标

- 数据库基本概念
- 理解数据库系统开发模型
- 了解关系数据库组成
- 了解范式理论和 E-R 模型
- 了解 SQL Server 的发展历史
- 了解 SQL Server 2008 的特性
- 了解 SQL Server 2008 的新增功能
- 掌握 SQL Server 2008 的安装和配置方法
- 学习使用 SQL Server 管理工具

1.1　数据库基础

在深入学习数据库系统之前，熟悉并掌握数据库的基础知识具有很大的帮助。本节将会介绍数据库技术的原理及应用，包括数据库基本概念、数据库开发模块、关系数据库组成，通过对数据库系统的架构剖析，展示出数据库技术的内幕。

1.1.1　数据库基本概念

数据库其实就是数据存放的地方，是需要长期存放在计算机内，有组织的、可共享的数据集合，即在计算机系统中按一定的数据模型组织、存储和使用的相关联的数据集合称为数据库。

数据库中的数据按照一定的数据模型组织、描述和存储，具有较小的冗余度、较高的数据独立性和易扩展性，并可为各种用户共享。它不仅包括描述事物的数据本身，还包括相关事物之间的联系。数据库中的数据也是以文件的形式存储在存储介质上的，它是数据库系统操作的对象和结果。

数据库中的数据具有集中性和共享性。集中性是指把数据库看成性质不同的数据文件的集合，其中的数据冗余很小。共享性是指多个不同用户使用不同语言，为了不同应用目的可同时存取数据库中的数据。数据库中的数据由数据库管理系统进行统一管理和控制，用户对数据库进行的各种数据操作都是通过它实现的。

数据库管理系统（Database Management System，DBMS）是数据库系统的核心，是为数据库的建立、使用和维护而配置的软件。它建立在操作系统的基础之上，是位于操作系统与用户之间的一层数据管理软件，主要功能是对数据库进行定义、操作、控制和管理。

数据库管理系统由操作系统支持，同时，数据库管理系统又支持应用系统。用户发出的或应用程序中的各种操作数据库数据的命令都要通过数据管理系统来执行。除此之外，数据库管理系统还承担着数据库的维护工作，能够按照数据库管理员所规定的要求，保证数据库的安全性和完整性。

1.1.2 数据库系统模型

根据具体数据存储需求的不同，数据库可以使用多种类型的系统模型（模型是指数据库管理系统中数据的存储结构），其中较为常见的有层次模型（Hierarchical Model）、网状模型（Network Model）和关系模型（Relation Model）3 种。

1. 层次模型

层次型数据库使用结构模型作为自己的存储结构。这是一种树型结构，它由节点和连线组成，其中节点表示实体，连线表示实体之间的关系。在这种存储结构中，数据将根据相应的类别存储在不同的层次之下，如图 1-1 所示。

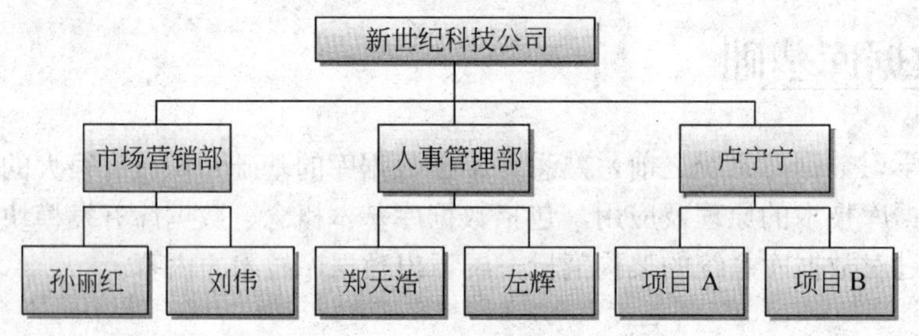

图 1-1　层次结构模型

从图 1-1 所示的例子中可以看出，层次模型的优点是数据结构类似金字塔，不同层次之间的关联性直接而且简单；缺点是由于数据纵向发展，难以建立横向关系，数据可能会重复出现，造成管理和维护不便。

2. 网状模型

使用网状模型作为自己的存储结构。在这种存储结构中，数据记录将组成网中的节点，而记录和记录之间的关联组成节点之间的连线，从而构成了一个复杂的网状结构，如图 1-2 所示。

使用这种存储结构的数据库的优点是它自己很容易地反映实体之间的关联，同时还避免了数据的重复性；缺点是这种关联错综复杂，而且当数据库逐渐增多时，将很难对结构中的关联进行维护，尤其是当数据库变得越来越大时，关联性的维护会非常复杂。

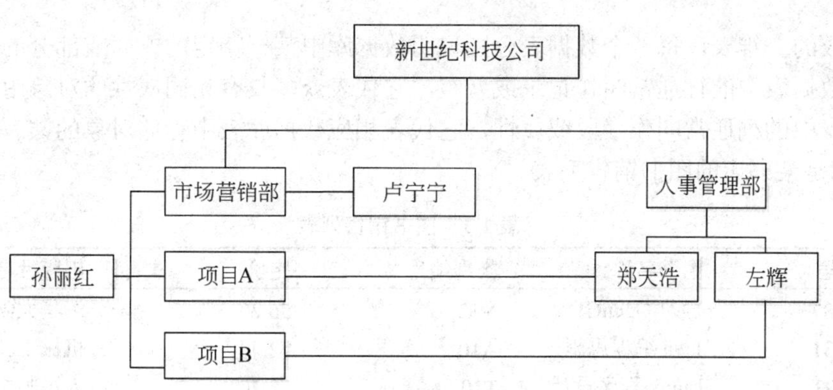

图 1-2　网状结构模型

3．关系模型

关系型数据库是基于关系模型的数据库，它使用的存储结构是多个二维表格。在二维表格中，每一行称为一条记录，用来描述一个对象的信息；每一列称为一个字段，用来描述对象的一个属性。数据表与数据表之间存在相应的关联，这些关联将被用来查询相关的数据，如图 1-3 所示。

营销项目表

编号	名称	营销员	负责人
1	项目 A	卢宁宁	XSJ04
2	项目 B	刘伟	XSJ02

此处使用项目负责人的编号将员工数据表和营销项目表关联起来

公司人事表

编号	姓名	性别	工资
XSJ001	卢宁宁	女	5000
XSJ002	郑天浩	男	4800
XSJ003	刘　伟	男	5200
XSJ004	左　辉	女	5000

图 1-3　关系型数据库

从图 1-3 可以看出使用这种模型的数据库的优点是结构简单、格式唯一、理论基础严格，而且数据表之间是相对独立的，它们可以在不影响其他数据表的情况下进行数据的增加、修改和删除。在进行查询时，还可以根据数据表之间的关联性，从多个数据表中查询抽取相关的信息。这种存储结构是目前市场上使用最广泛的数据模型，使用这种存储结构的数据库管理系统很多，例如本书介绍的 Microsoft 公司的产品 SQL Server 2008 也是其中之一。

1.1.3　关系数据库

关系数据库（Relational Database，RDB）就是基于关系模型的数据库。在计算机中，关系数据库是数据和数据库对象的集合，而管理关系数据库的计算机软件称为关系数据库管理系统（Relational Database Management System，RDBMS）。

1．关系数据库的组成

关系数据库是由数据表和数据表之间的关联组成的。其中，数据表通常是一个由行和列组成的二维表，每一个数据表分别说明数据库中某一特定的方面或部分的对象及其属性。数据表中的行通常叫作记录或元组，它代表众多具有相同属性的对象中的一个；数据库表中的列通常叫作字段或属性，它代表相应数据库表中存储对象的共有属性。表1-1 所示是某书店的图书销售列表。

表 1-1　图书销售列表

图书编号	图书名称	类别编号	定价	出版社名称
N1203487	学习 OpenCV	N12	56.20	清华大学出版社
A1002531	Java 编程思想	A10	72.40	机械工业出版社
T1034693	Linux 程序设计	T10	78.40	人民邮电出版社
W1560390	计算机网络	W15	24.00	电子工业出版社
S1352851	数据库系统理论	S13	31.50	高等教育出版社
K1426090	TCP/IP 权威教程	K14	90.00	清华大学出版社

从这个图书销售列表中可以看到，该表中的数据都是书店销售图书的相关信息。其中，表中的每条记录代表一本图书的完整信息，每一个字段代表图书的一方面信息，这样就组成了一个相对独立于其他数据表之外的图书销售列表。用户可以对这个表进行添加、删除或修改记录等操作，而完全不会影响到数据库中其他的数据表。

2．关系数据库基本术语

关系数据库的特点在于它将每个具有相同属性的数据独立存在一个表中。对任何一个表来说，用户可以新增、删除和修改表中的数据，而不会影响表中的其他数据。下面来了解一下关系数据库中的一些基本术语。

- **键码（Key）** 它是关系模型中的一个重要概念，在关系中用来标识行的一列或多列。
- **候选关键字（Candidate Key）** 它是唯一地标识表中一行而又不含多余属性的一个属性集。
- **主关键字（Primary Key）** 它是被挑选出来，作为表行的唯一标识的候选关键字，一个表中只有一个主关键字，主关键字又称为主键。
- **公共关键字（Common Key）** 在关系数据库中，关系之间的联系是通过相容或相同的属性或属性组来表示的。如果两个关系中具有相容或相同的属性或属性组，那么这个属性或属性组被称为这两个关系的公共关键字。
- **外关键字（Foreign Key）** 如果公共关键字在一个关系中是主关键字，那么这个公共关键字被称为另一个关系的外关键字。由此可见，外关键字表示了两个关系之间的联系，外关键字又称作外键。

警告

当在出现外键情况时，主键与外键的列名称可以是不同的。但必须要求它们的值集相同，即主键所在表中出现的数据一定要和外键所在表中的值匹配。

3. 关系数据库对象

数据库对象是一种数据库组件，是数据库的主要组成部分。在关系数据库管理系统中，常见的数据库对象包括表（Table）、索引（Index）、视图（View）、图表（Diagram）、默认值（Default）、规则（Rule）、触发器（Trigger）、存储过程（Stored Procedure）和用户（User）等。

4. 关系模型的完整性规则

根据关系数据理论和 Codd 准则的定义，一种语言必须能处理与数据库的所有通信问题，这种语言有时也称为综合数据专用语言。该语言在关系型数据库管理系统中就是 SQL（Structured Query Language，结构化查询语言）。SQL 的使用主要通过数据操纵、数据定义和数据管理 3 种操作实现。

关系模型的完整性规则是对数据的约束。关系模型提供了 3 类完整性规则：实体完整性规则、参照完整性规则和用户自定义完整性规则。其中实体完整性规则和参照完整性规则是关系模型必须满足的完整性约束条件，称为关系完整性规则。

在关系模型中存在有 4 类完整性约束，包括实体完整性、空值（Null）、参照完整性和用户自定义完整性。

范式理论是数据库设计的一种理论指南和基础，它不仅能够判断数据库设计的优劣，而且还可以预测数据库系统可能出现的问题。而 E-R 方法则是一种用来在数据库设计过程中表示数据库系统结构的方法。它的主导思想是使用实体、实体的属性以及实体之间的关系来表示数据库系统结构。

1.2 认识 SQL Server 2008

SQL Server 2008 是一个典型的关系型数据库管理系统，以其强大的功能、简便的操作、友好的界面和可靠的安全性等，得到很多用户的认可，目前已应用在银行、邮电、铁路、财税和制造等众多行业和领域。

1.2.1 SQL Server 发展历史

SQL Server 起源于 Sybase SQL Server，于 1988 年推出了第一个版本，这个版本主要是为 OS/2 平台设计的。Microsoft 公司于 1992 年将 SQL Server 移植到了 Windows NT 平台上。

特别 Microsoft SQL Server 7.0 这个版本在数据存储和数据库引擎方面发生了根本性的变化，更加确立了 SQL Server 在数据库管理工具中的主导地位。

Microsoft 公司于 2000 年发布了 SQL Server 2000，该版本继承了 SQL Server 7.0 版本的优点，同时又增加了许多更先进的功能，具有使用方便、可伸缩性好、与相关软件集成程度高等优点，可跨越多种平台使用。

在 2005 年年中，Microsoft 公司发布了 Microsoft SQL Server 2005，该版本为各类用

户提供了完整的数据库解决方案，可以帮助用户建立自己的电子商务体系，增强用户对外界变化的敏捷反应能力，提高用户的市场竞争力。

最新的 SQL Server 2008 是一个重大的产品版本，它推出了许多新的特性和关键的改进，提供了更安全、更具延展性、更高的管理能力，使得它成为至今为止的最强大和最全面的 SQL Server 版本。其主要功能说明如下。

- **保护数据库咨询**

SQL Server 2008 本身提供对整个数据库、数据表与 Log 加密的机制，并且程式存取加密数据库时，完全不需要修改任何程序。

- **花费更少的时间在服务器的管理操作上**

SQL Server 2008 采用一种 Policy Based 管理 Framework，来取代现有的 Script 管理，如此可以花费更少的时间来进行例行性管理与操作。而且透过 Policy Based 的统一政策，可以同时管理数千个 SQL Server，以达成企业的一致性管理，而不必对每一台 SQL Server 去设定新的组态或进行管理设定。

- **增加应用程序的稳定性**

SQL Server 2008 面对企业关键性应用程序时，将会提供比 SQL Server 2005 更高的稳定性，并简化数据库失败复原的工作，甚至将进一步提供加入额外 CPU 或内存而不会影响应用程序的功能。

- **系统执行效能最佳化与预测功能**

SQL Server 2008 将会继续增强数据库执行效能与预测功能，不但将进一步强化执行效能，并且加入自动收集数据可执行的资料，将其存储在一个中央资料的容器中，而系统针对这些容器中的资料提供了现成的管理报表，可以生成系统现有执行效能与先前历史效能的比较报表，让管理者进一步进行管理与分析决策。

1.2.2 SQL Server 2008 体系结构

SQL Server 2008 应用在微软数据平台上，使得公司可以运行最关键任务的应用程序，同时降低了管理数据基础设施以及发送观察信息给所有用户的成本。这个平台有以下特点。

- **可信任** 使得公司可以以很高的安全性、可靠性和可扩展性来运行最关键任务的应用程序。
- **高效** 使得公司可以降低开发和管理数据基础设施的时间和成本。
- **智能** 提供了一个全面的平台，可以在用户需要的时候发送观察信息。

如图 1-4 所示，微软数据平台提供了一个解决方案来满足这些需求，这个解决方案就是公司可以存储和管理许多数据类型，包括 XML、E-mail、时间/日历、文件、文档、地理等，同时提供一个丰富的服务集合来进行数据交互作用：搜索、查询、数据分析、报表、数据整合和强大的同步功能。用户可以访问从创建到存档于任何设备的信息，从桌面到移动设备的信息。

这个数据平台可以帮助公司满足数据爆炸和下一代数据驱动应用程序的需求。下面简单了解微软数据平台上的 SQL Server 2008 如何满足这些数据驱动应用程序的需求。

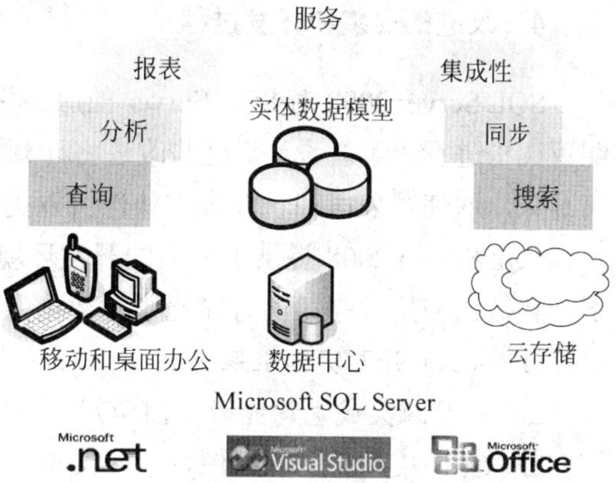

图 1-4　微软数据平台

1. 保护用户信息

SQL Server 2008 在 SQL Server 2005 的基础之上，做了以下方面的增强来扩展安全性以保护用户的信息。

❑ **简单的数据加密**

SQL Server 2008 可以对整个数据库、数据文件和日志文件进行加密，而不需要改动应用程序。简单的数据加密的好处包括使用任何范围或模糊查询搜索加密的数据、加强数据安全性以防止未授权的用户访问和数据加密。

❑ **外键管理**

SQL Server 2008 通过支持第三方密钥管理和硬件安全模块产品为这个需求提供了很好的支持。

❑ **增强审查**

SQL Server 2008 使用户可以审查自己对数据的操作，从而提高了遵从性和安全性。审查不只包括对数据修改的所有信息，还包括读取数据的时间信息。SQL Server 2008 具有加强审查的配置和管理功能，这使得公司可以满足各种规范需求。

2. 确保可持续性

SQL Server 2008 使公司具有简化管理和提高可靠性的应用能力，以及提供了更可靠的加强了数据库镜像的平台，这主要包括以下内容。

- ❑ **页面自动修复**　SQL Server 2008 通过请求获得一个从镜像合作机器上得到的出错页面的重新复制，使主要的和镜像的计算机可以透明地修复数据页面上的 823 和 824 错误。
- ❑ **提高了性能**　SQL Server 2008 压缩了输出的日志流，以便使数据库镜像所要求的网络带宽达到最小。
- ❑ **加强了可支持性**　SQL Server 2008 包括了新增加的执行计数器、动态管理视图和对现有的视图的扩展，使数据库功能更加强大。

3. 即插即用 CPU

为了即时添加内存资源而扩展 SQL Server 中的已有支持，即插即用 CPU 使数据库可以按需扩展。事实上，CPU 资源可以添加到 SQL Server 2008 所在的硬件平台上而不需要停止应用程序。

4．改进的安装和开发过程

SQL Server 2008 对 SQL Server 的服务生命周期提供了显著的改进，对安装、建立和配置架构进行了重新设计。这些改进将计算机上的各个安装与 SQL Server 软件的配置分离开来，这使得公司和软件合作伙伴可以提供推荐的安装配置。

SQL Server 2008 提供了集成的开发环境和更高级的数据提取，使开发人员可以创建下一代数据应用程序，同时简化了对数据的访问。

- ❑ ADO.NET 实体框架。
- ❑ 语言级集成查询能力（LINQ）。
- ❑ CLR 集成和 ADO.NET 对象服务。
- ❑ Service Broker 可扩展性。

5．报表功能

SQL Server 2008 提供了一个可扩展的商业智能基础设施，使公司可以有效地以用户想要的格式和地址发送相应报表。SQL Server 2008 可以通过下面的报表改进之处来制作、管理和使用报表。

❑ **企业报表引擎**

有了简化的部署和配置，可以在企业内部更简单地发送报表，使用户能够轻松地创建和共享所有规模和复杂度的报表。

❑ **新的报表设计器**

改进的报表设计器可以创建广泛的报表，使公司可以满足所有的报表需求。独特的显示能力使报表可以被设计为任何结构，同时增强的可视化进一步丰富了用户的体验。

❑ **强大的可视化**

SQL Server 2008 扩展了报表中可用的可视化组件。可视化工具例如地图、量表和图表等使报表更加友好和易懂。

❑ **Microsoft Office 渲染**

SQL Server 2008 提供了新的 Microsoft Office 渲染，使用户可以从 Word 里直接访问报表。此外，现有的 Excel 渲染器被极大地增强，用以支持像嵌套数据区域、子报表和合并单元格等功能。这使用户可以维护显示保真度和改进 Microsoft Office 应用中所创建的报表的全面可用性。

❑ **Microsoft SharePoint 集成**

SQL Server 2008 报表服务将 Microsoft Office SharePoint Server 2007 和 Microsoft SharePoint Services 深度集成，提供了企业报表和其他商业洞察的集中发送和管理功能。这使用户可以访问包含了与他们直接在商业门户中所做的决策相关的结构化和非结构化信息的报表。

1.3 SQL Server 2008 新增功能

SQL Server 2008 是一个重大的产品版本，它推出了许多新的特性和关键的改进，使之成为至今为止的最强大和最全面的 SQL Server 版本。本节将详细介绍 Microsoft SQL Server 2008 中的重要新增功能和增强特性。

1.3.1 新的日期数据类型

在 SQL Server 2008 中引入了 4 种 DATETIME 数据类型，分别为 DATE、TIME、DATETIMEOFFSET 和 DATETIME2，此外还增加了新的 DATETIME 函数功能。

1. DATE 数据类型

在 SQL Server 2005 中，没有专门用来存储日期（不包括时间）的特定数据类型，只能使用 DATETIME 或 SMALLDATETIME 数据类型来完成此操作。但是在输入日期之后，将会提示还需要输入一个时间，其初始显示为 12:00AM。如果只想在输出的结果中显示日期，那么就必须修改输出格式。

在大部分情况下，可以使用 getdate()函数来存储当前日期。要在 SQL Server 2005 的 SMALLDATETIME 或 DATETIME 列中保存 getdate()的函数值，同时也会保存当前的时间，而这可能会引发很多问题。例如，使用以下的语句根据给定的日期来搜索记录：

```
SELECT * FROM myData WHERE [Date] = '2010-9-1'
```

由于 Date 列里含有时间部分，这个命令将无法正常执行，因此，必须执行以下的查询操作：

```
SELECT * FROM myData WHERE DATEDIFF(D,[Date],'2010-9-1') =0
```

尽管上面的查询操作可以行得通，但是 Date 列中符合要求的索引很可能不会被使用。不过还是可以使用上面的查询操作调出少量的记录，但很明显有必要增加一种去掉时间值的 DATE 数据类型来减少潜在的错误。

```
DECLARE @today as DATE
SET @today = getdate()
PRINT @today
```

以上脚本输出的结果只有日期，不包括时间部分。DATE 数据类型的取值范围从 0001-01-01 到 9999-12-31。

2. TIME 数据类型

与日期数据类型相同，如果只希望存储时间数据而不需要日期部分就可以利用 TIME 数据类型。下面就是利用 TIME 数据类型进行查询的例子：

```
DECLARE @myTime as TIME
```

```
SET @myTime = getdate()
PRINT @myTime
```

以上脚本输出的结果只包含时间部分，其取值范围从 00:00:00.0000000 到 23:59:59.9999999。

3. DATETIME2 数据类型

新的 DATETIME2 数据类型也是一种数据时间混合的数据类型，不过其时间部分秒数的小数部分可以保留不同位数的值，比原来的 DATETIME 数据类型取值范围更广。用户可以根据自己的需要通过设置不同的参数来设定小数位数，最高可以设到小数点后 7 位（参数为 7），也可以不要小数部分（参数为 0），例如：

```
DECLARE @myTime5 as DATETIME2(5)
SET @myTime5 = getdate()
PRINT @myTime5
```

该语句的输出结果中时间的秒数部分精确到小数点后第五位。

```
2010-09-08 16:07:25.07700
```


4. DATETIMEOFFSET 数据类型

如果把日期和时间数据保存在同一列里，是不会提示该日期和时间属于哪一个时区的。新的 DATETIMEOFFSET 数据类型可以定义一个日期和时间组合，其中时间以 24 小时制显示，并带有时区提示，例如：

```
DECLARE @myTime DATETIMEOFFSET(0)
SET @myTime = '2010-9-9 15:20:30 -1:00'
DECLARE @myTime2 DATETIMEOFFSET(0)
SET @myTime2 = '2010-9-9 15:20:30 +5:00'
SELECT DATEDIFF(hh,@myTime,@myTime2)
```

1.3.2 LINQ 语言

语言集成查询（Language-Integrated Query，LINQ）是微软集成在.NET 3.5 中的一项新技术，它能够将查询功能直接引入到.NET Framework 3.5 所支持的编程语言（如 C#、Visual Basic 等）中。

LINQ 主要由 4 种不同的技术组成：LINQ to Objects、LINQ to SQL、LINQ to DataSet 和 LINQ to XML，它们分别查询和处理对象数据、关系数据、DataSet 对象数据和 XML 结构数据。使用 LINQ 可以大量减少了查询或操作数据库或数据源中数据的代码，并在一定程度上避免了 SQL 注入，提高了应用程序的安全性。

借助于 LINQ 技术，可以使用一种类似 SQL 的语法来查询任何形式的数据。目前为止 LINQ 所支持的数据源有 SQL Server、XML 以及内存中的数据集合。开发人员也可以使用其提供的扩展框架添加更多的数据源，例如 MySQL 或者 Oracle 等。

例如，通过 LINQ 代码在一个 int 数组中查询小于 50 的所有数字，并按照大小顺序进行排列：

```
class Program
{
    static void Main(string[] args)
    {
        int[] arr = new int[] { 30, 7, 14, 210, 25, 83, 91, 131};
        var m = from n in arr where n < 50 orderby n select n;
        foreach (var n in m)
        {
            Console.WriteLine(n);
        }
        Console.ReadLine();
    }
}
```

在上述代码中，LINQ 查询语法跟 SQL 查询语法很相似，除了先后顺序不同外，其他语法都很熟悉。

1.3.3 HierarchyId 类型

在 SQL Server 2005 中，对于关系型数据库来说，Microsoft 为了解决表现树状的层次结构，使用了称为通用数据表表达式（Common Table Expressions，CTE）的实现方式。

虽然 CTE 可以在数据库架构中良好地运行，但是 Microsoft 实现了另一种将此类层次结构作为头等概念来使用的方式，也就是在 SQL Server 2008 中提出的 HierarchId 数据类型。

在传统的层次结构中，一条记录仅仅储存了一个指向父记录的引用，这使得一条记录能够获得它在层次结构中的相对位置，而不是绝对位置。改变某条记录的父数据行引用是一个原子更新操作，它不会影响到该记录的任何子记录。

一个 HierarchyId 类型的字段储存了记录在层次结构中的准确位置。与 HierarchyId 类型同时出现的还有一系列函数：GetAncestor 和 GetDescendant 方法可以用来遍历树；ToString 和 Parse 方法用于 HierarchyId 类型二进制与字符串表现形式之前的转换。

提 示

GetDescendant 方法实际上不返回那些子记录，而是返回那些潜在的子节点的位置。向树中插入一个新的记录时，必需调用 GetDescendant 方法来获得指定父记录的最后一个子节点的位置，然后才能获得紧跟着该位置之后的空隙。

1.3.4 增强 XML 功能

在 SQL Server 2000 中，开发人员可以编写 Transact-SQL 代码来获取 XML 流形式的查询结果，并将一个 XML 文档分割成一个 Rowset。SQL Server 2005 显著扩展了这些 XML 功能，推出一个支持 XSD Schema 验证、基于 XQuery 操作和 XML 索引的本地 XML 数据类型。而最新的 SQL Server 2008 建立在之前版本的 XML 功能之上，在存储和操纵数据库中的 XML 数据方面做出了较大的改进。

1. 增强了 XML Schema 验证功能

用户可以使用一个或多个 XSD Schema 执行遵从性检查，以此来验证 XML 数据。一个 Schema 为某个特定 XML 数据结构的元素和属性，并确保 XML 文档按照正确的结构包含所要求的所有数据元素。

在 SQL Server 2005 中，XML Schema 支持实现了一个广泛的纯 XML Schema 规格的子集，并涵盖了最常见的 XML 验证场景。SQL Server 2008 扩展了这个支持，并新增加了由客户确定的 Schema 验证要求。

- 对 lax 验证的支持。
- 对 dateTime、time 和 date 验证的完全支持，包括时区信息的保存。
- 改进了对 union 和 list 类型的支持。

2. 增强了 XQuery

SQL Server 2005 所支持的 XQuery 语法包括被称作 FLWOR 表达式的 for、where、order by 和 return 条件子句，用户可以使用它来循环迭代一个 XML 文档的节点和返回结果值。SQL Server 2008 增加了对 let 条件子句的支持，用来在 XQuery 表达式中对变量进行赋值的，例如：

```
declare @x xml
set @x=
'<Invoices>
<Invoice>
 <Customer>Luning</Customer>
 <Items>
 <Item ProductID="2" Price="1.99" Quantity="1" />
 <Item ProductID="3" Price="6.23" Quantity="2" />
 <Item ProductID="5" Price="5.45" Quantity="1" />
 </Items>
</Invoice>
<Invoice>
 <Customer>MaFujun</Customer>
 <Items>
 <Item ProductID="2" Price="1.99" Quantity="1"/>
 </Items>
</Invoice>
</Invoices>'
SELECT @x.query(
'<Orders>
{
```

```
    for $invoice in /Invoices/Invoice
    let $count :=count($invoice/Items/Item)
    order by $count
    return
    <Order>
    {$invoice/Customer}
    <ItemCount>{$count}</ItemCount>
    </Order>
    }
  </Orders>')
```

运行上述例子将会返回下面的 XML 结果：

```
<Orders>
  <Order>
    <Customer>MaFujun</Customer>
    <ItemCount>1</ItemCount>
  </Order>
  <Order>
    <Customer>Luning</Customer>
    <ItemCount>3</ItemCount>
  </Order>
</Orders>
```


3. XML DML 增强

与使用 XQuery 表达式对 XML 数据执行操作一样，XML 数据类型支持 XML DML 表达式，通过 modify 方法来执行 insert、replace value of 和 delete。另外，还可以使用 XML DML 表达式来操纵一个 XML 列或变量中的 XML 数据。

在向 XML 结构中插入数据时，SQL Server 2008 增加了对 insert 表达式中使用 XML 变量的支持。例如，在 XML 中包括一个名为@DepartmentList 的 xml 变量：

```
<Company>
  <Department>网站设计与建设部门</Department>
  <Department>网络安全与防护部门</Department>
</Company>
```

现在，可以使用下面的代码将一个新的部门插入到公司部门列表中：

```
DECLARE @newDepartment xml
  SET @newDepartment = '<Department>数据库开发与维护部门</Department>'
  SET @DepartmentList.modify
('insert sql:variable("@newDepartment") as last into (/Company)[1]')
```

运行以上代码之后，@DepartmentList 变量会包括以下 XML：

```
<Company>
  <Department>网站设计与建设部门</Department>
  <Department>网络安全与防护部</Department>
```

```
  <Department>数据库开发与维护部门</Department>
</Company>
```

总之，SQL Server 2008 建立在 SQL Server 2005 中对 XML 的全面支持之上，并提高了将关系数据和 XML 结合在一起的数据库解决方案的能力。应用程序开发人员将会发现对 XML Schema 支持的改进和对 XML 数据类型的增强所带来的好处是非常吸引人的。

1.3.5 Transact-SQL 语言增强

SQL Server 2008 对 Transact-SQL 语句进行了更进一步的增强，本节将会对这些功能进行简要介绍。

1．Transact-SQL 行构造器

Transact-SQL 行构造器（Row Constructors）用来在 INSERT 语句中一次性插入多行数据。

```
CREATE TABLE #a
(
   Column1 nvarchar(max),
   Column2 nvarchar(max)
);
GO
INSERT INTO #a
VALUES (
('1', '1'),
('2', '2')
);
```

2．FORCESEEK 提示

FORCESEEK 是一个新的表提示（Table Hints），用来指定 SQL Server 查询优化程序如何更高效地执行查询。该提示指示优化程序对查询引用的表和视图通过索引检索作为唯一的查询执行访问路径，也就是强制通过索引检索数据。

3．GROUPING SETS

新的 Transact-SQL 对 GROUP BY 子句增加了 GROUPING SETS，ROLLUP 和 CUBE 操作符。还有一个新的函数 GROUPING_ID()，它相比 GROUPING()函数返回更多分组级别的信息。WITH ROLLUP、WITH CUBE 和 ALL 等非 ISO 标准语法已经不再有效。

4．兼容性级别

新的 ALTER DATABASE SET COMPATIBILITY_LEVEL 语法替换了 sp_dbcomplevel 存储过程。它用来设置特定数据库的兼容性级别。其语法形式为：

```
ALTER DATABASE database_name
SET COMPATIBILITY_LEVEL = { 80 | 90 | 100 }
```

用户可以为以 database_name 为名称的数据库设置特定兼容性级别，其中参数的可选值 80、90 和 100 分别代表 SQL Server 2000、SQL Server 2005 和 SQL Server 2008。

5. 用户自定义表数据类型

SQL Server 提供了一种新的用户自定义数据类型——自定义表数据类型（User-defined Table Types）。它可以作为参数提供给语句、存储过程或者函数。用户还可以为它创建唯一约束和主键。例如，如下使用 CREATE TYPE 语句创建表数据类型 LocationTableType：

```
CREATE TYPE LocationTableType AS TABLE
( LocationName VARCHAR(50) , CostRate INT );
GO
```

在使用 SQL Server 2008 的表类型时，有如下约束。

- 用户自定义表类型不能作为表的列或者结构化用户自定义类型的域。
- 基于用户自定义表类型的别名类型。
- 不允许 NOT FOR REPLICATION 选项。
- CHECK 约束需要一个计算列。
- 在计算列上的主键必须包含 NOT NULL 和 PERSISTED 约束。
- 不能在用户自定义表类型上创建非簇索引。除非索引是创建 PRIMARY KEY 或 UNIQUE 约束的返回值。
- 不能指定 DEFAULT 值。
- 一旦用户自定义表类型被创建，则它无法更改。
- 如果没有定义用户自定义表类型上的计算列，则用户自定义函数无法调用。

6. 表值参数

SQL Server 2008 的数据库引擎支持一种新的参数类型来引用用户自定义表类型，这种参数称为表值参数，使用表值参数可以以表的形式作为参数发送更多的 SQL Server 数据。

7. MERGE 语句

这个新增的 Transact-SQL 语句在一个基于源数据连接结果集的目标表上执行 INSERT、UPDATE 和 DELETE 操作。该语法允许用户将一个数据源连接到目标表或视图上。然后在连接后的结果集上执行多种操作。

1.3.6 报表服务

Microsoft SQL Server 2008 报表服务提供另一个完全基于服务器的平台，它被设计用于支持广泛的报表需求，包括管理的企业报表、内嵌的报表和基于网络的报表，使得公司可以在整个企业范围内按需发送相关的信息。

报表服务提供了制作从很多数据源获得数据、具有丰富的格式的报表所需要的工具和功能，并且提供了一组全面的熟悉工具，用来管理和保护企业报表解决方案。报表会被快速而有效地处理和发送，使用户可以从订阅自动接收到报表，或者即时地访问报表库中的报表，或者在他们的业务处理过程中直接使用已内嵌到他们的商业或 Web 应用程序中的报表。

SQL Server 2008 报表服务是基于服务器的报表平台，可以用来创建和管理包含关系数据源和多维数据源中的数据的表格、矩阵、图形和自由格式的报表。可以通过基于万维网的连接来查看和管理所创建的报表。报表服务包括下列核心组件。

- 一整套工具，可以用来创建、管理和查看报表。
- 一个报表服务器组件，用于承载和处理各种格式的报表。输出格式包括 HTML、PDF、TIFF、Excel、CSV 等。
- 一个 API 使开发人员可以在自定义应用程序中集成或扩展数据和报表处理，或者创建自定义工具来生成和管理报表。

生成的报表可以基于 SQL Server、Analysis Services、Oracle 或任何 Microsoft .NET 数据访问接口（如 ODBC 或 OLE DB）提供的关系数据或多维数据。可以创建表格、矩阵和自由格式的报表；还可以创建使用预定义模型和数据源的即时报表。

1.4 安装与配置 SQL Server 2008

在了解了数据库的基础原理知识、SQL Server 2008 的概念以及重要新增特性和功能后，本节将介绍如何将 SQL Server 2008 安装并配置到用户的计算机上。正确地安装和配置系统是确保软件安全、健壮、高效运行的基础。

1.4.1 安装 SQL Server 2008

SQL Server 2008 拥有全新的安装体验，安装中心将新安装、从 SQL Server 2000 或 SQL Server 2005 升级、添加/删除组件维护及示例更改的管理都集成在了一个统一的页面，图 1-5 所示为开始安装时 SQL Server 2008 的【安装中心】窗口。

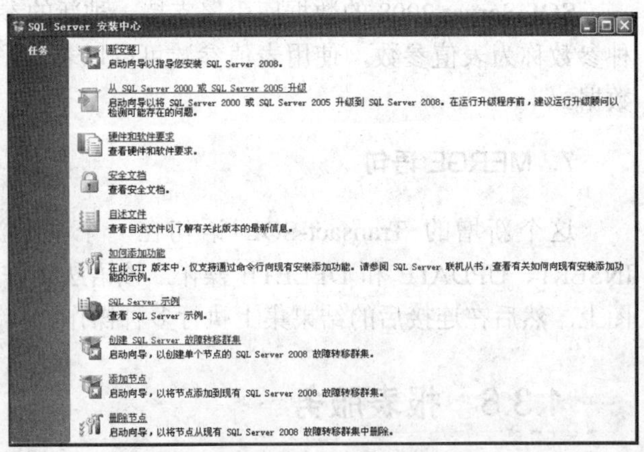

图 1-5 【SQL Server 安装中心】窗口

从光盘或网络获取 SQL Server 2008 的安装光盘，然后就可以进行安装了。下面以在 Windows XP 平台上安装 SQL Server 2008 的 DVD 版为例，安装步骤如下。

1 将安装源放入光驱，此时会自动播放打开安装程序的导航界面，若没有打开也可以直接双击【光盘\Servers\splash.hta】文件来运行。

2 从导航界面的【安装】选项区域中单击【服务器组件、工具、联机丛书和示例】链接来启动安装程序，若上一步骤没有执行也可以直接运行【光盘\Servers\Setup.exe】文件。

3 安装启动后首先检测是否有.NET Framework 3.5 环境。如果没有会弹出安装对话框，通过启用复选框以授受.NET Framework 3.5 许可协议，再单击【下一步】按钮进行安装，当.NET Framework 3.5 安装完成后单击【完成】按钮。

4 现在弹出 SQL Server 2008 安装过程的第一个对话框，显示了要安装 SQL Server 2008 必须授受的软件许可条款。启用【我授受许可条款】复选框后单击【下一步】按钮继续安装，如图 1-6 所示。

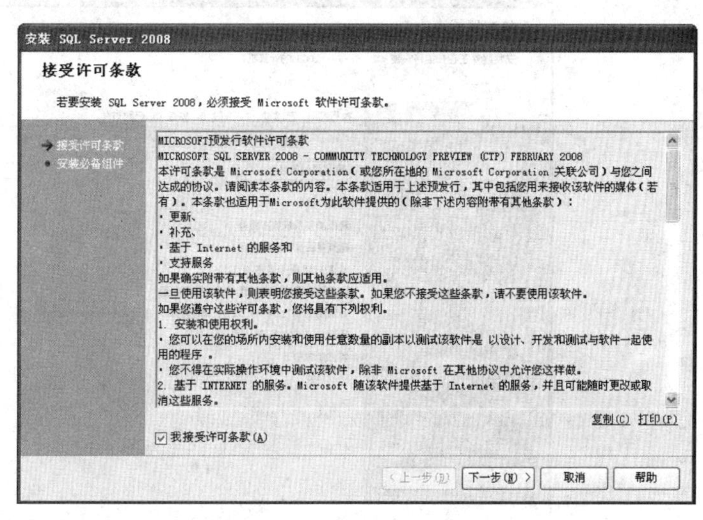

图 1-6　SQL Server 2008 许可条款

5 授受许可条款之后，会检测计算机上是否安装有 SQL Server 必备组件，否则安装向导将安装它们。单击【安装】按钮开始安装，如图 1-7 所示。

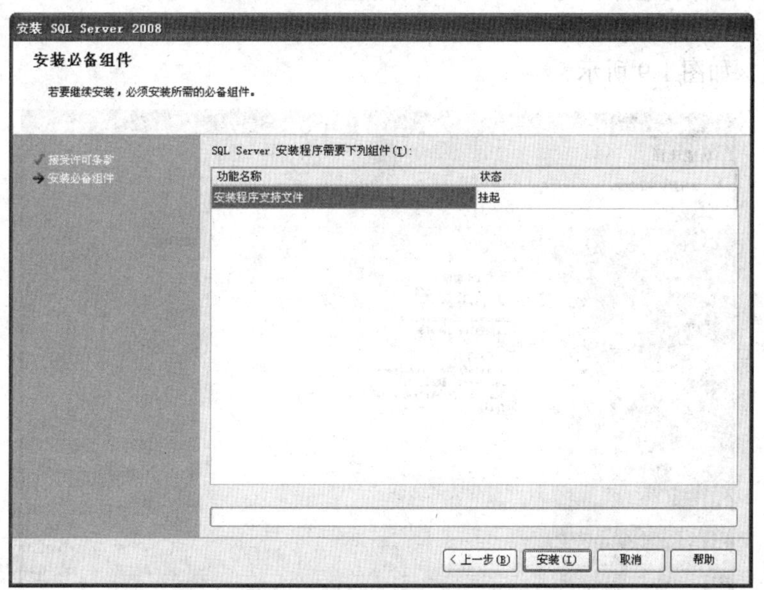

图 1-7　【安装必备组件】对话框

6 这一步会打开图 1-5 所示的【SQL Server 安装中心】窗口，单击【新安装】链接创建一个新 SQL Server 2008 实例。单击该安装链接时，系统配置检查器将验证要运行安装的计算机。

7 待所有检查项都通过验证后，【下一步】按钮将被激活，单击它继续安装，如图 1-8 所示。

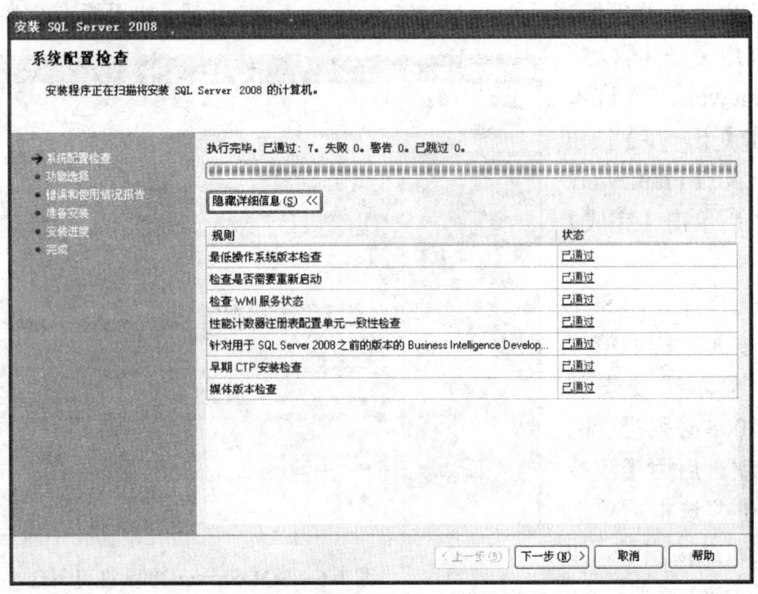

图 1-8 【系统配置检查】对话框

8 进入【功能选择】对话框，从【功能】选项区域中选择要安装的组件。在启用功能名称复选框后，右侧窗格中会显示每个组件的说明。用户可以启用任意一些复选框，这里为全选，如图 1-9 所示。

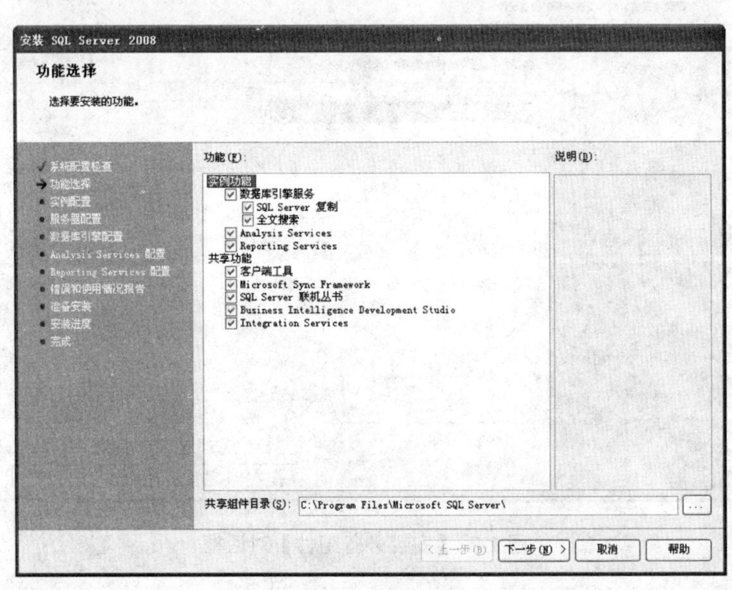

图 1-9 【功能选择】对话框

提 示

若要更改共享组件的安装路径，可在对话框下方的文本框中输入新的路径名，或者单击后方的按钮导航到所需安装路径。默认安装路径为“C:\Program Files\Microsoft SQL Server\”。

9 单击【下一步】按钮来指定是要安装默认实例还是命名实例。如果选择命名实例还需要指定实例名称，如图 1-10 所示。

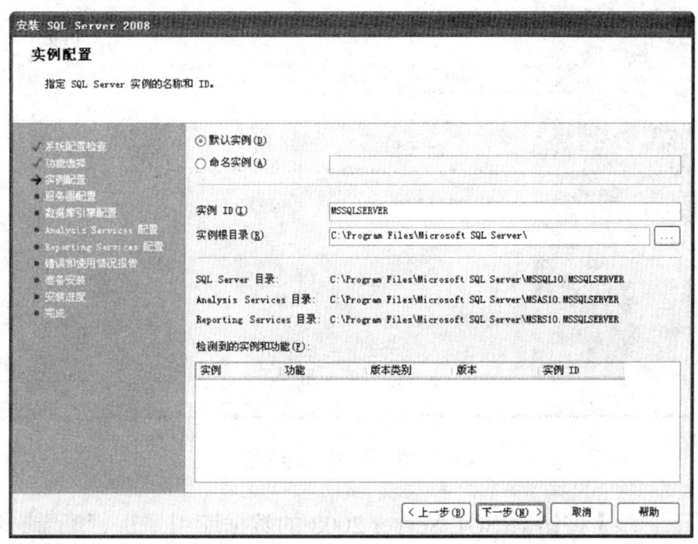

图 1-10 【实例配置】对话框

10 接下来进入【服务器配置】对话框，在【服务账户】选项卡中为每个 SQL Server 服务单独配置用户名、密码以及启动类型，如图 1-11 所示。

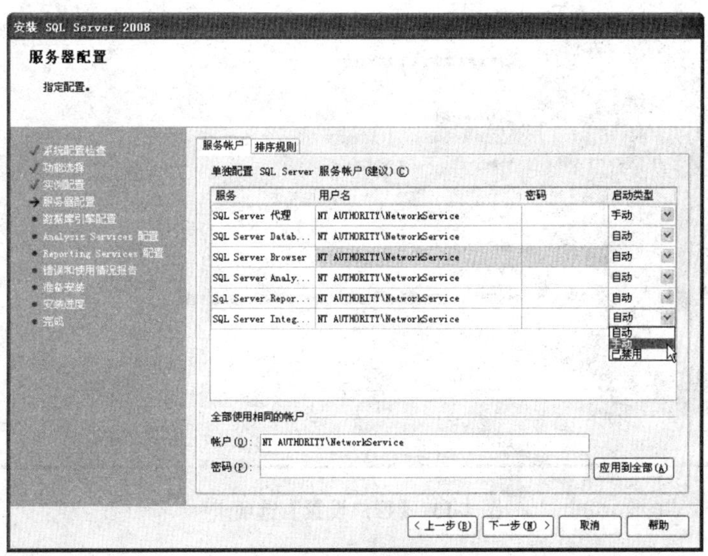

图 1-11 配置服务账户

11 选择【服务器配置】对话框的【排序规则】选项卡，为【数据库引擎】和 Analysis Services 指定非默认的排序规则，如图 1-12 所示。

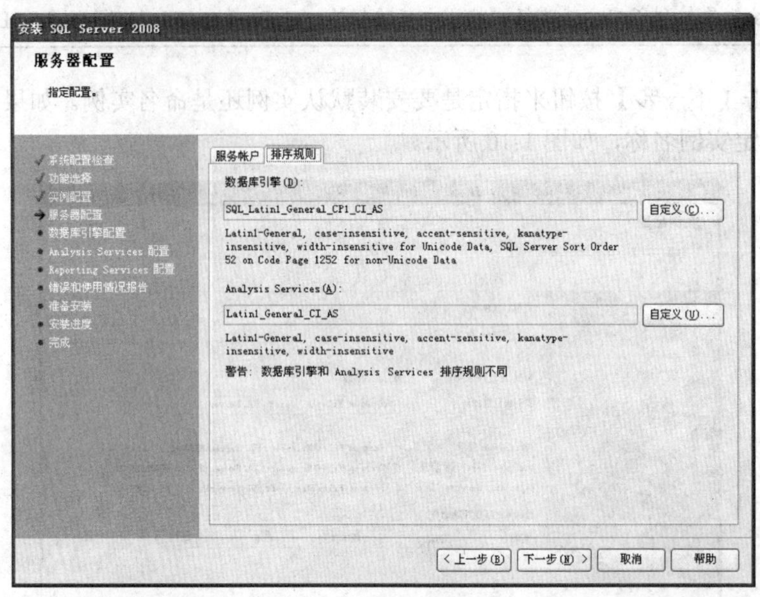

图 1-12　配置排序规则

12 单击【下一步】按钮对 SQL Server 2008 的数据库引擎进行配置，包括安全模式、管理员和数据文件夹等，图 1-13 所示为其中的【账户设置】选项卡。

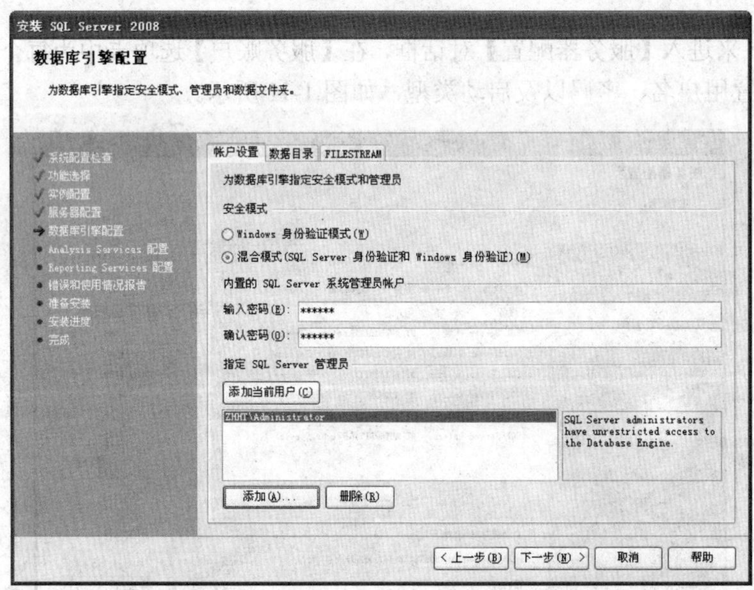

图 1-13　【账户设置】选项卡

13 选择【数据库引擎配置】对话框的【数据目录】选项卡，在这里指定各种数据库的安装目录以及备份目录，也可以使用默认的安装目录直接单击【下一步】按钮，如

图 1-14 所示。

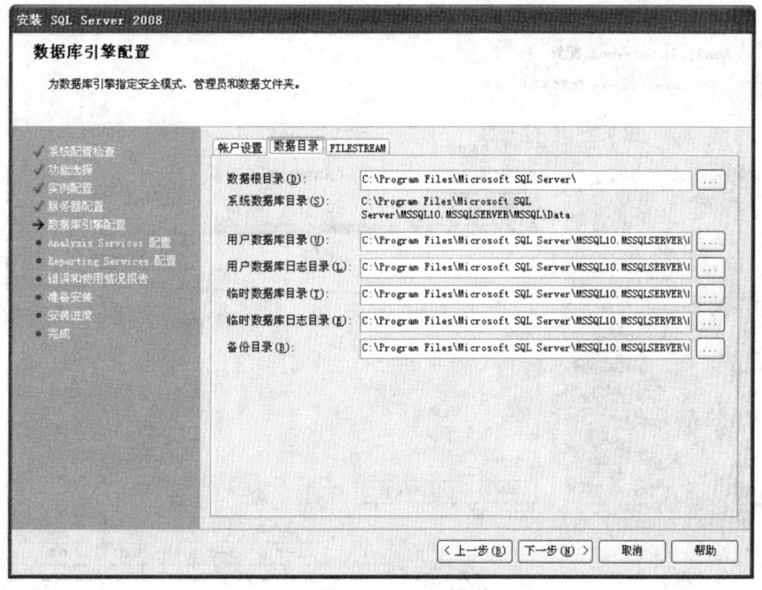

图 1-14 【数据目录】选项卡

14 选择 FILESTREAM 选项卡启用【针对 Transact-SQL 访问启用 FILESTREAM】复选框。FILESTREAM 是 SQL Server 2008 中新增的概念，它使用 Windows NT 系统的缓存来缓存文件数据，如图 1-15 所示，单击【下一步】按钮继续安装。

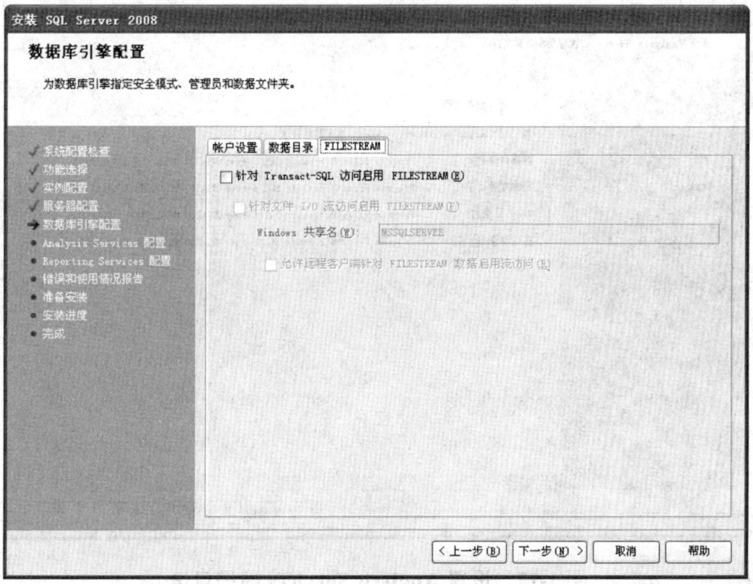

图 1-15 FILESTREAM 选项卡

15 经过前面安装步骤的操作，SQL Server 2008 的核心设置都已经完成。接下来的步骤取决于前面选择组件的多少，这里选择了全部，首先需要对 Analysis Services 进行设置，如图 1-16 所示。

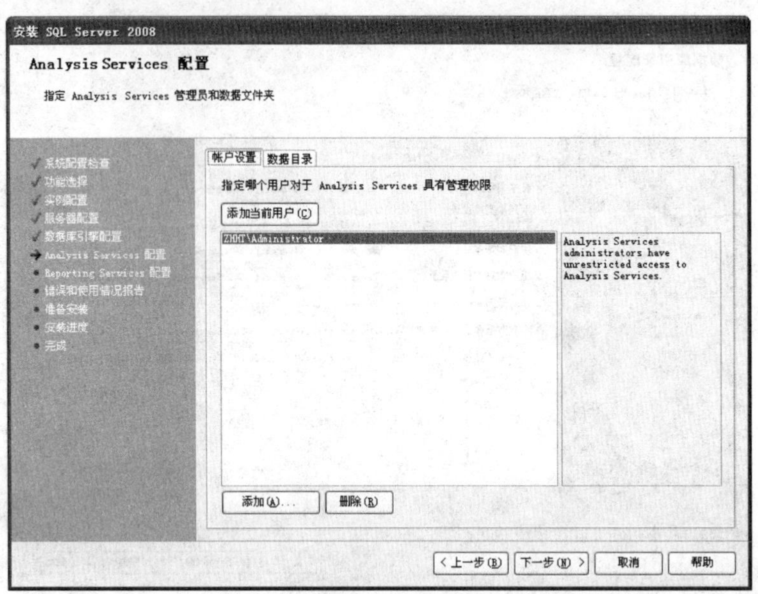

图 1-16　设置 Analysis Services 账户

16 在 Analysis Services 配置的【数据目录】选项卡中为 SQL Server Analysis Services 指定数据目录、日志文件目录、Temp 目录和备份目录，如图 1-17 所示。

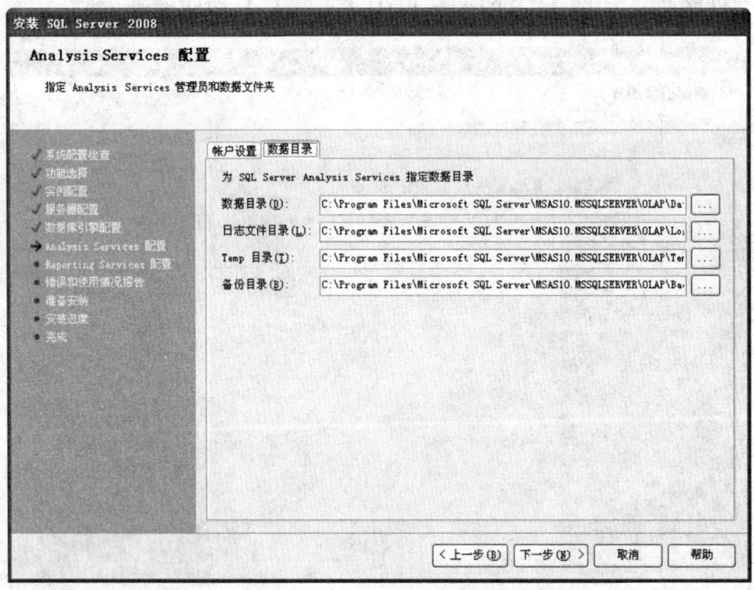

图 1-17　设置 Analysis Services 数据目录

17 完成数据目录的设置后，单击【下一步】按钮在进入的对话框中对 Reporting Services 进行配置，这里使用默认值，如图 1-18 所示。

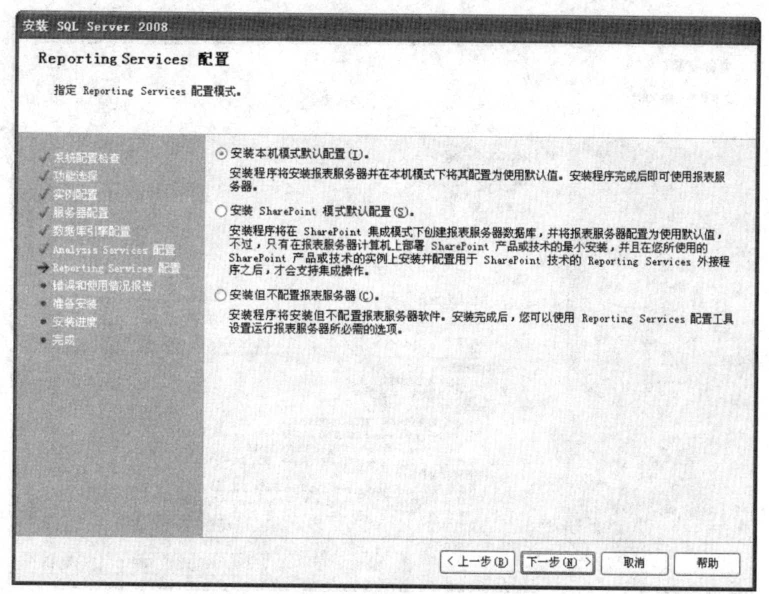

图 1-18 【Reporting Services 配置】对话框

18 单击【下一步】按钮来针对 SQL Server 2008 的错误和使用情况报告进行设置，通过启用复选框来选择某些功能，如图 1-19 所示。

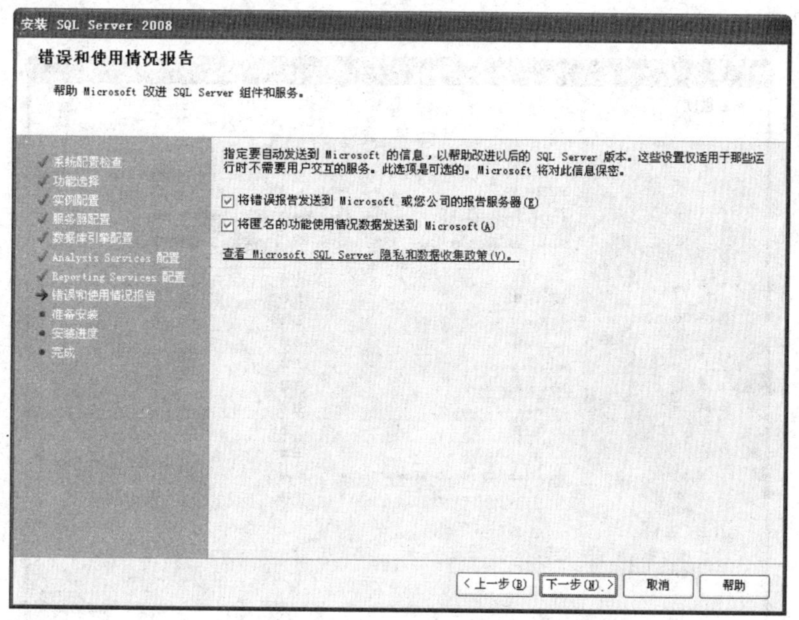

图 1-19 【错误和使用情况报告】对话框

19 单击【下一步】按钮结束对 SQL Server 2008 安装所需参数的配置，在进入的对话框中准备安装，这里在一个列表框中显示了所有要安装的组件，用户通过扩展/折叠查看详细信息，如图 1-20 所示。

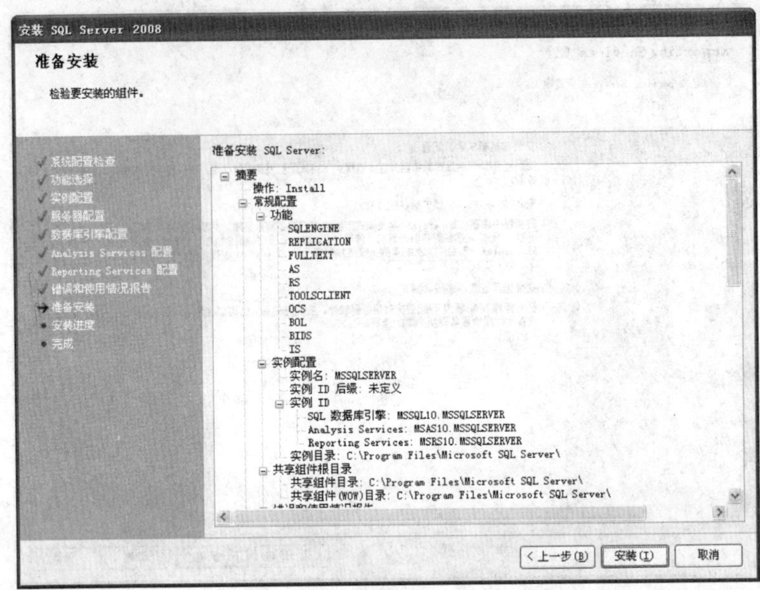

图 1-20 预览安装组件列表

20 待确认组件列表无误后单击【安装】按钮开始安装，安装程序会根据用户对组件的选择复制相应的文件到计算机中，并显示正在安装的功能名称、安装状态和安装结果，如图 1-21 所示。

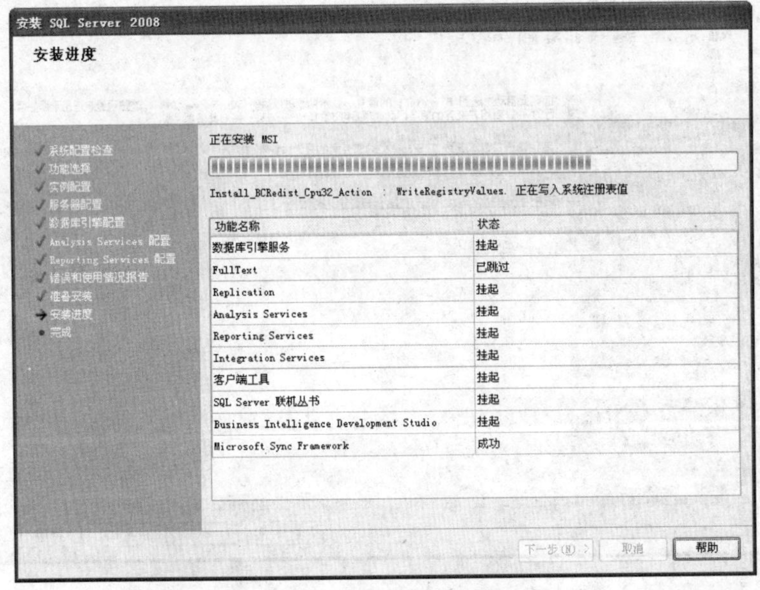

图 1-21 【安装进度】对话框

21 在图 1-21 所示的【功能名称】列表中所有项安装成功后，单击【下一步】按钮来完成安装。此时会显示整个 SQL Server 2008 安装过程的摘要、日志保存位置以及其他说明信息，如图 1-22 所示。最后，单击【关闭】按钮结束安装过程。

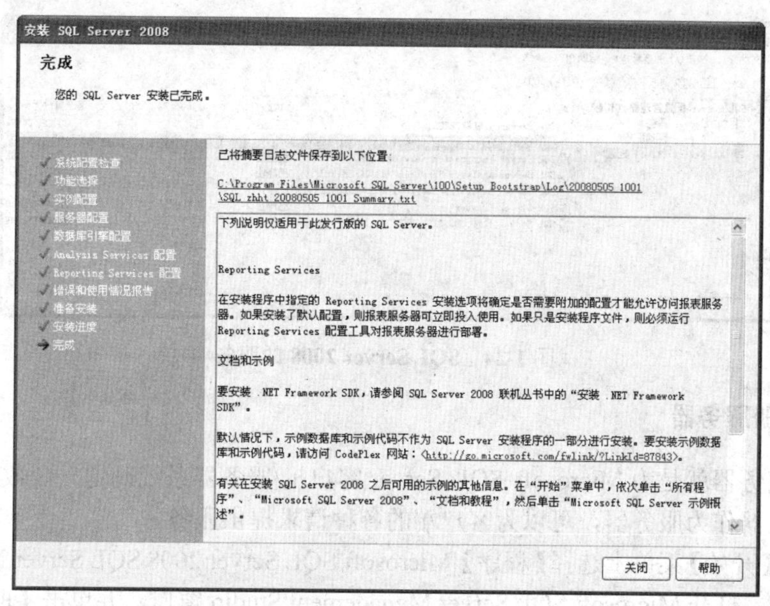

图 1-22　完成安装

1.4.2　配置 SQL Server 2008

在 1.4.1 节对 SQL Server 2008 安装的相关知识及过程进行了介绍，安装之后的第一件事就是对安装 SQL Server 2008 是否成功进行验证以及注册并配置 SQL Server 2008 服务器。

1．验证安装

通常情况下，如果安装过程中没有出现错误提示，即可以认为这次安装是成功的。但是，为了检验安装是否正确，也可以采用一些验证方法。例如，可以检查 Microsoft SQL Server 的服务和工具是否存在，应该自动生成的系统数据库和样本数据库是否存在，以及有关文件和目录是否正确等。

安装之后，从【开始】菜单上选择【所有程序】|Microsoft SQL Server 2008 命令可以看到如图 1-23 所示的程序组。

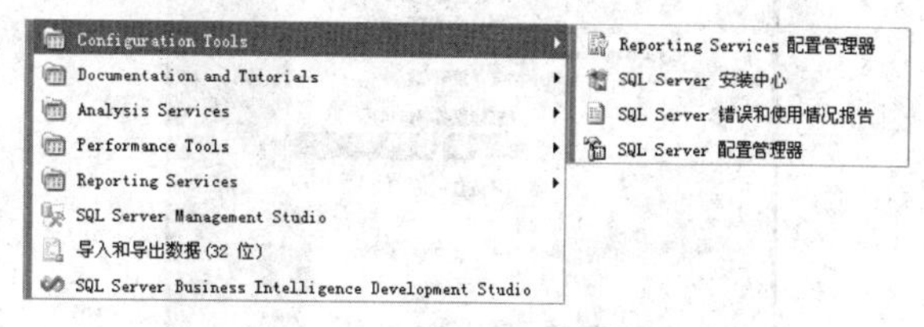

图 1-23　SQL Server 2008 程序组

在图 1-23 所示的程序组中主要包含了：Configuration Tools、Documentation and Tutorials、Analysis Services、Performance Tools、Reporting Services、SQL Server Management Studio、【导入和导出数据】以及 SQL Server Business Intelligence Development Studio 共 8 项。

SQL Server 2008 还包含了多个服务，可以通过在图 1-23 所示的菜单中选择【SQL Server 配置管理器】命令打开，从弹出的窗口左侧选择【SQL Server 服务】选项来查看 SQL Server 2008 的各种服务，如图 1-24 所示。

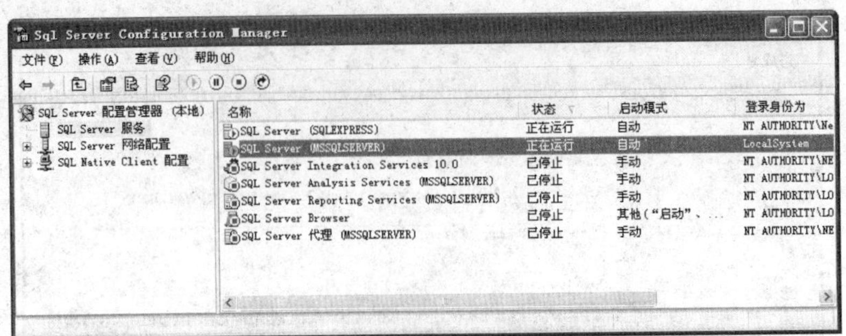

图 1-24　SQL Server 2008 的服务

2．注册服务器

注册服务器就是为 Microsoft SQL Server 客户机/服务器系统确定一台数据库所在的机器，该机器作为服务器，可以为客户端的各种请求提供服务。

1 从【开始】菜单上选择【程序】|Microsoft SQL Server 2008|SQL Server Management Studio 命令，打开 Microsoft SQL Server Management Studio 窗口，并单击【取消】按钮。

2 在【视图】|【已注册的服务器】窗格中展开【数据库引擎】节点，选择 Local Server Grops|【新建服务器注册】命令，如图 1-25 所示。

3 打开如图 1-26 所示的【新建服务器注册】对话框。在该窗口中输入或选择要注册的服务器名称；在【身份验证】下拉列表中选择【SQL Server 身份验证】选项，选择【连接属性】选项卡，如图 1-27 所示，可以设置连接到的数据库，网络以及其他连接属性。

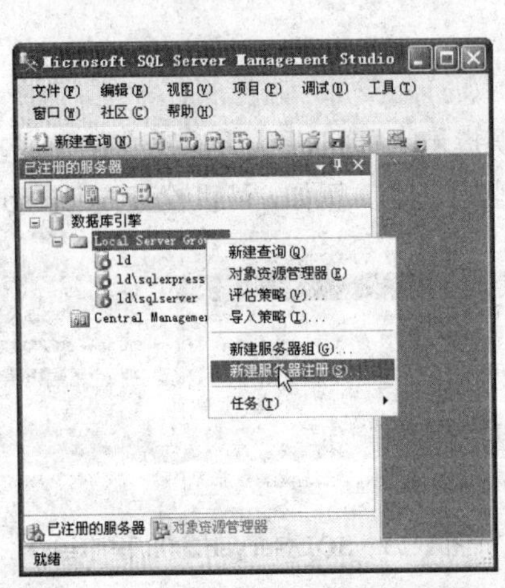

图 1-25　选择【新建服务器注册】命令

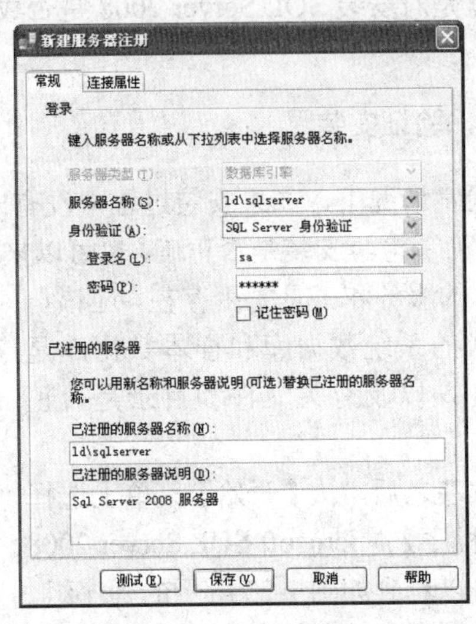

图 1-26 【新建服务器注册】

4 从【连接到数据库】下拉列表中指定当前用户将要连接到的数据库名称。其中，【默认值】选项表示连接到 Microsoft SQL Server 系统中当前用户默认使用的数据库。【浏览服务器】选项表示可以从当前服务器中选择一个数据库。当选择【浏览服务器】选项时，将打开【查找服务器上的数据库】对话框，如图 1-28 所示。从该对话框中可以指定当前用户连接服务器时默认的数据库。

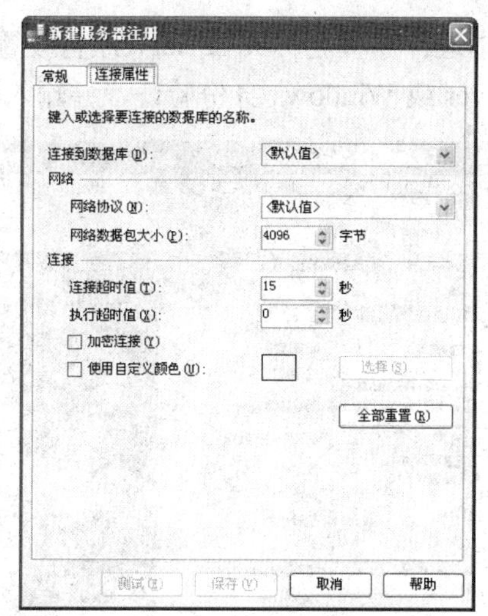

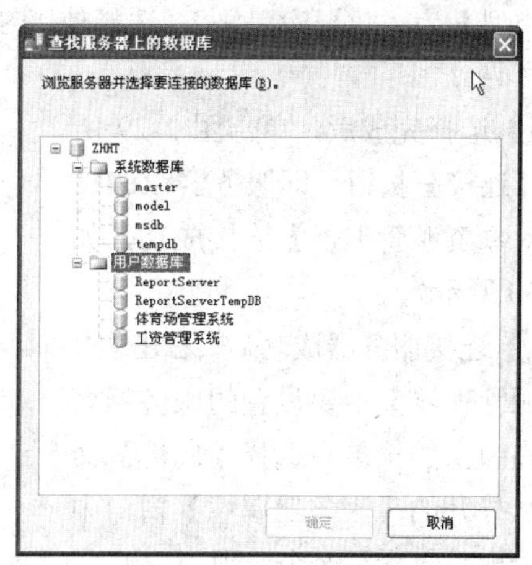

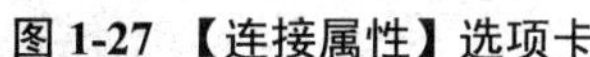

图 1-27 【连接属性】选项卡

图 1-28 【查找服务器上的数据库】对话框

5 设定完成后，单击【确定】按钮返回【连接属性】选项卡，单击【测试】按钮可以验证连接是否成功，如果成功会弹出提示对话框表示连接属性的设置是正确的。

6 最后，单击【确定】按钮返回【连接属性】窗口，单击【保存】按钮完成注册服务器操作。

3. 配置服务器

配置服务器主要是针对安装后的 SQL Server 2008 实例进行的。在 SQL Server 2008 系统中，可以使用多种方式设置服务器选项。其中，使用 SQL Server Management Studio 在图形界面中配置是最简单也是最常用的，下面介绍也以这种方法为例。

1 从【开始】菜单上选择【程序】|Microsoft SQL Server 2008|SQL Server Management Studio 命令，打开 Microsoft SQL Server Management Studio 窗口，如图 1-29 所示。

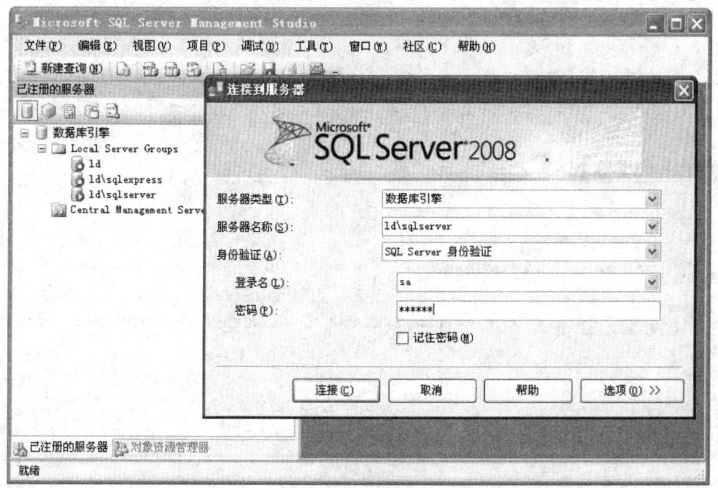

图 1-29 【连接到服务器】窗口

2 在此窗口的【服务器名称】文本框中输入本地计算机名称 ld\sqlserver，再设置【服务器类型】为"数据库引擎"，选择使用 SQL Server 或 Windows 身份验证，并输入登录名和密码。

3 选择完成后，单击图 1-29 所示的【连接】按钮，即服务器 ZHHT 在【对象资源管理器】连接成功，如图 1-30 所示。

4 连接服务器成功后，右击【对象资源管理器】中要设置的服务器名称，在弹出的菜单中选择【属性】命令。从打开的【服务器属性】窗口中可以看出共包含了 8 个选项。其中【常规】选项窗口列出了当前服务产品名称、操作系统名称、平台名称、版本号、使用的语言、当前服务器的内存大小、处理器数量、SQL Server 安装的目录、服务器的排序规则以及是否群集化等信息，如图 1-31 所示。

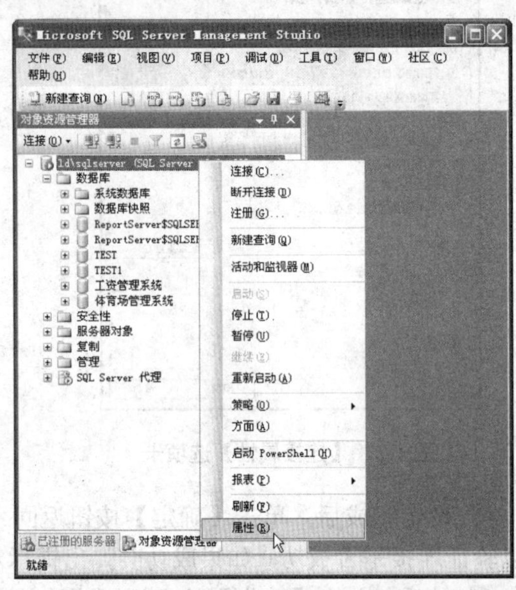

图 1-30 Microsoft SQL Server Management Studio 窗口

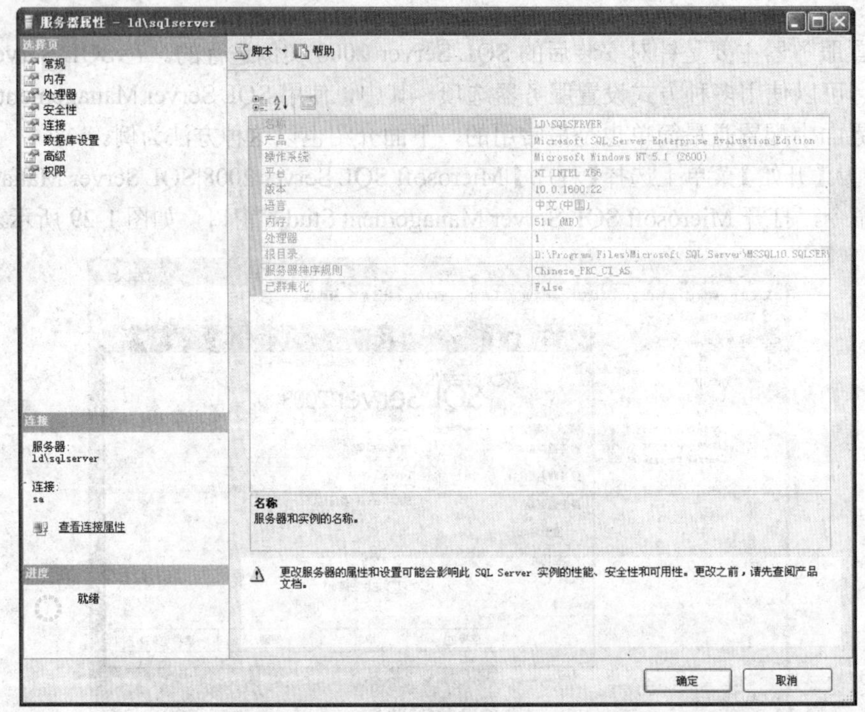

图 1-31 【服务器属性】窗口

1.5 SQL Serve 管理工具

在安装了 SQL Server 2008 并配置好服务器之后，便可以使用了。本节将介绍随安装程序一起安装的附带管理工具和程序，它们有些是新增的，有些是增强了功能。了解并掌握它们的使用方法将有助于读者更好地学习后面的知识。

1.5.1 SQL Server Management Studio

SQL Server Management Studio 是一个集成环境，用于访问、配置、管理和开发 SQL Server 的所有组件。SQL Server Management Studio 组合了大量图形工具和丰富的脚本编辑器，使各种技术水平的开发人员和管理员都能访问 SQL Server，如图 1-32 所示。

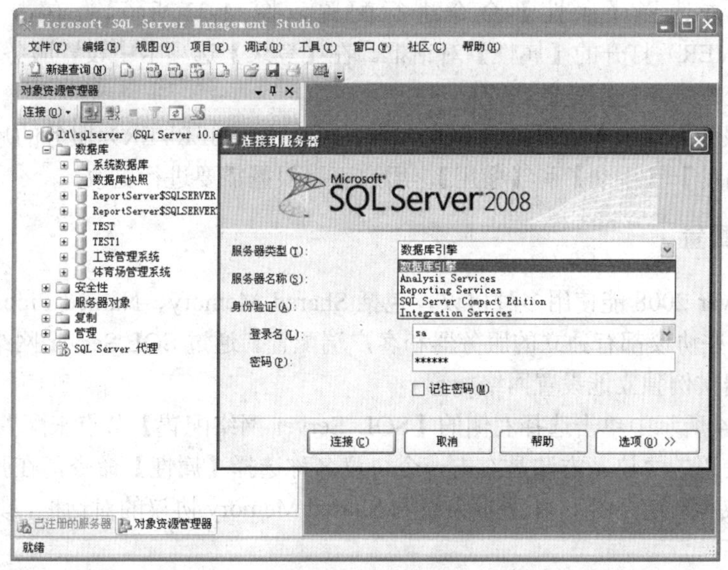

图 1-32 Microsoft SQL Server Management Studio 窗口

SQL Server Management Studio 将早期版本的 SQL Server 中所包含的企业管理器、查询分析器和 Analysis Manager 功能整合到单一的环境中。此外，SQL Server Management Studio 还可以和 SQL Server 的所有组件协同工作，例如 Reporting Services、Integration Services 和 SQL Server Compact 3.5 SP1。开发人员可以获得熟悉的体验，而数据库管理员可获得功能齐全的单一实用工具，其中包含易于使用的图形工具和丰富的脚本撰写功能。

提 示

在本节前面已经用到 SQL Server Management Studio 工具，而且后面章节中的很多操作也在此工具中完成。

1.5.2 SQL Server 配置管理器

作为管理工具，SQL Server 配置管理器（简称为配置管理器）统一包含了 SQL Server 2008 服务、SQL Server 2008 网络配置和 SQL Native Client 配置 3 个工具，供数据库管理人员进行服务启动/停止与监控、服务器端支持的网络协议等配置，用户也可用来进行访问 SQL Server 的网络相关设置等工作。

可以通过在图 1-23 所示的菜单中选择【SQL Server 配置管理器】命令打开它，或者通过在命令提示下输入 sqlservermanager.msc 命令来打开。

1. 配置服务

首先打开 SQL Server 配置管理器，查看列出的与 SQL Server 2008 相关的服务，选择一个并右击选择【属性】命令进行配置，图 1-33 所示为右击 SQL Server（MSSQLSERVER）打开的【属性】对话框。在【登录】选项卡中设置服务的登录身份，使用本地系统账户还是指定的账户。

选择【服务】选项卡可以设置 SQL Server（MSSQLSERVER）服务的启动模式，可用选项有【自动】、【手动】和【禁用】，用户可以根据需要进行更改。

2. 网络配置

SQL Server 2008 能使用多种协议，包括 Shared Memory、Named Pipes、TCP/IP 和 VIA。所有这些协议都有独立的服务器和客户端配置。通过 SQL Server 网络配置可以为每一个服务器实例独立地设置网络配置。

在图 1-34 所示中单击选择右侧的【SQL Server 网络配置】节点来配置 SQL Server 服务器中所使用的协议。方法是右击一个协议名称选择【属性】命令，在弹出的对话框中设置启用或者禁用，图 1-34 所示为设置 Shared Memory 协议的对话框，其中各协议名称的含义如下。

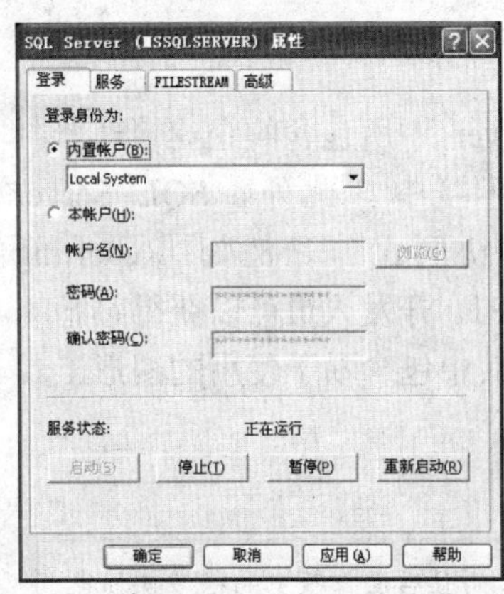

图 1-33 【属性】对话框

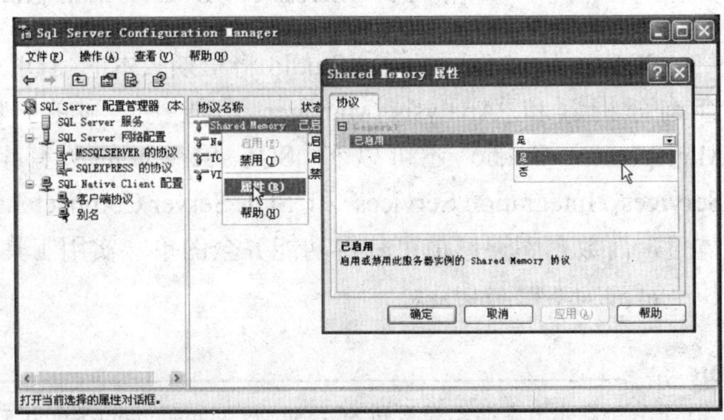

图 1-34 设置 Shared Memory 协议

- **Shared Memory 协议** Shared Memory 协议仅用于本地连接，如果该协议被启用，任何本地客户都可以使用此协议连接服务器。如果不希望本地客户使用 Shared Memory 协议，则可以禁用。

- **Named Pipes 协议** Named Pipes 协议主要用于 Windows 2000 以前版本的操作系统的本地连接以及远程连接。
- **TCP/IP 协议** TCP/IP 协议是通过本地或远程连接到 SQL Server 的首选协议。使用 TCP/IP 协议时，SQL Server 在指定的 TCP 端口和 IP 地址侦听以响应它的请求。
- **VIA 协议** 如果同一计算机上安装有两个或多个 Microsoft SQL Server 实例，则 VIA 连接可能会不明确。VIA 协议启用后，将尝试使用 TCP/IP 设置，并侦听端口 0:1433。对于不允许配置端口的 VIA 驱动程序，两个 SQL Server 实例均将侦听同一端口。

3. 本地客户端协议配置

通过 SQL Native Client（本地客户端协议）配置可以启用或禁用客户端应用程序使用的协议。查看客户端协议配置情况的方法是在图 1-35 所示的窗口中展开【SQL Native Client 配置】节点，在进入的信息窗格中显示了协议的名称以及客户端尝试连接到服务器时尝试使用的协议的顺序。用户还可以查看协议是否已启用或已禁用（状态），并获得有关协议文件的详细信息。

如图 1-35 所示，在默认的情况下 Shared Memory 协议总是首选的本地连接协议。要改变协议顺序可右击一个协议选择【顺序】命令，在弹出的【客户端协议属性】对话框中进行设置，如图 1-36 所示。从【启用的协议】列表中选择一个协议然后通过右侧的两个按钮来调整协议向上或向下移动。

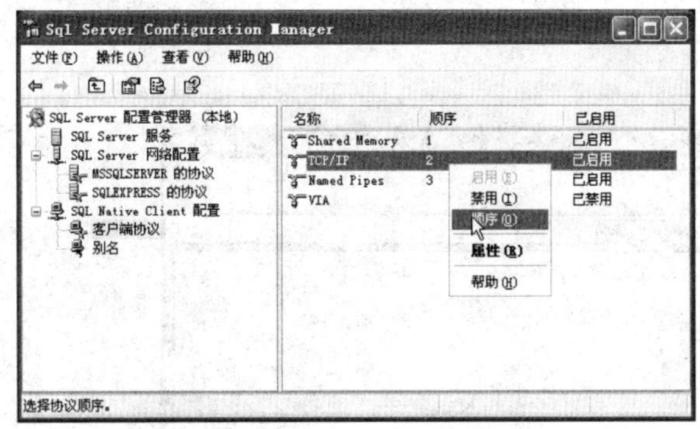

图 1-35 查看本地客户端协议

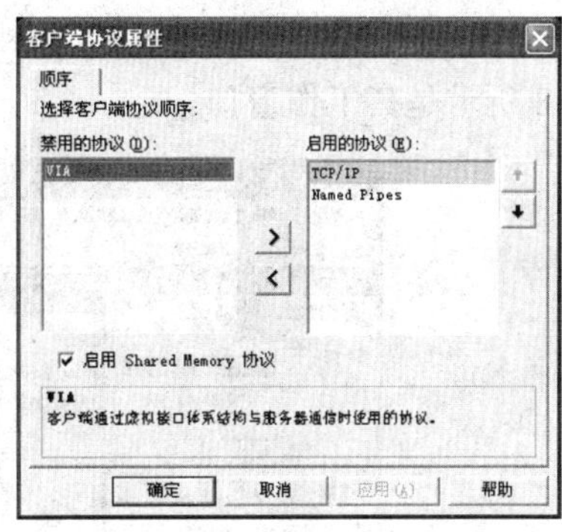

图 1-36 【客户端协议属性】对话框

1.5.3 SQL Server Profiler

SQL Server Profiler 是用于 SQL 跟踪的图形化实时监视工具，是用来监视数据库引擎或分析服务的实例，如图 1-37 所示。可以捕获关于每个数据库事件的数据，并将其保存到文件或表供以后分析。例如，死锁的数量、致命的错误、跟踪 Transact-SQL 语句和存储过程，可以把这些监视数据存入表或文件中，并在以后某一时间重新显示这些事件来一步一步地进行分析。

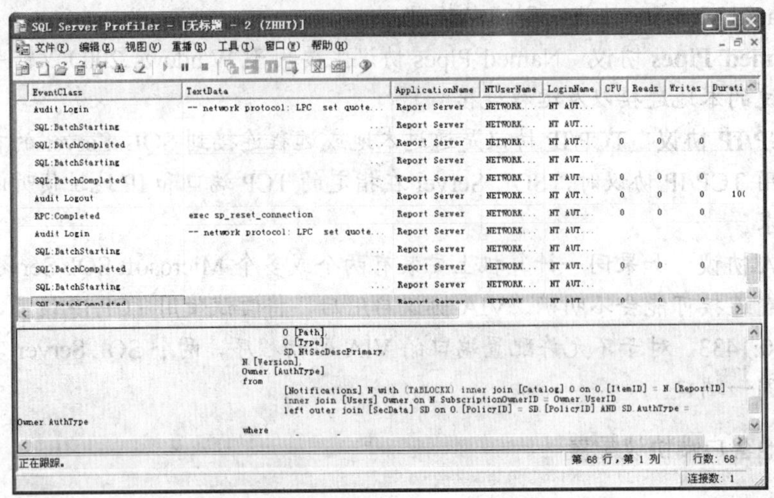

图 1-37 SQL Server Profiler 界面

1.5.4 数据库引擎优化顾问

数据库引擎优化顾问（Database Engine Tuning Advisor）工具可以帮助用户完成分析工作负荷、提出创建高效率索引的建议等功能。使用数据库引擎顾问，用户不必详细了解数据库的结构就可以选择和创建最佳的索引、索引视图、分区等。

工作负荷是对将要优化的一个或多个数据库执行的一组 Transact-SQL 语句，用户既可以在 SQL Server Management Studio 中的查询编辑器中创建 Transact-SQL 脚本工作负荷，也可以使用 SQL Server Profile 中的优化模板来创建跟踪文件和跟踪表工作负荷。图 1-38 所示是其工作窗口。

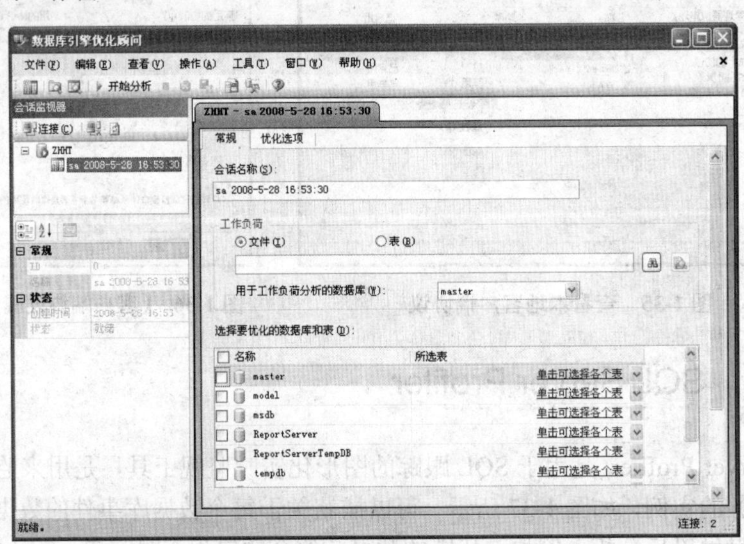

图 1-38 【数据库引擎优化顾问】窗口

1.5.5 Reporting Services 配置管理器

SQL Server 2008 Reporting Services 配置工具程序提供了报表服务器配置统一的查看、设置与管理方式。使用此页面可查看目前所连接的报表服务器实例的相关信息。报表服务器数据库存储了报表定义、报表模型、共用数据来源、资源以及服务器管理的元数据，报表服务器实例通过 XML 格式的设置文件存储对该数据库的连接方式。这些设置在报表服务器安装过程中创建，事后可使用报表服务器配置管理器工具程序修改报表服务器安装之后的相关设置。图 1-39 所示为打开的【Reporting Services 配置管理器】窗口。

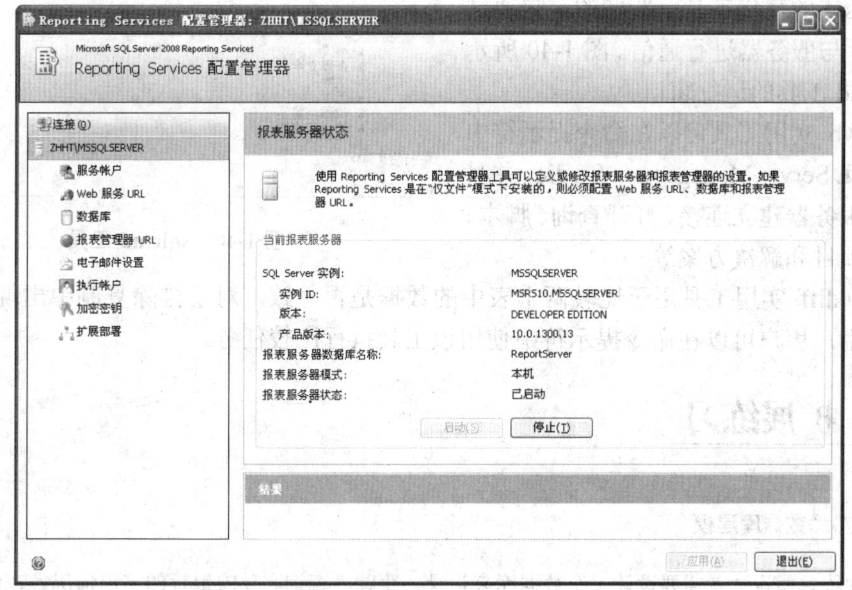

图 1-39 【Reporting Services 配置管理器】窗口

1.5.6 命令提示实用工具

除上述的图形化管理工具外，SQL Server 2008 还提供了大量的命令行实用工具，它们包括 bcp、dtexec、dtutil、rsconfig、sqlcmd、sqlwb 和 tablediff 等，下面对它们进行简要的说明。

bcp 实用工具可以在 SQL Server 2008 实例和用户指定格式的数据文件之间进行大容量的数据复制。也就是说，使用 bcp 实用工具可以将大量数据导入到 SQL Server 2008 数据表中，或者将表中的数据导出到数据文件中。

dtexec 实用工具用于配置和执行 SQL Server 2008 Integration Services 包。用户通过使用 dtexec，可以访问所有 SSIS 包的配置信息和执行功能，这些信息包括连接、属性、变量、日志进度指示器等。

dtutil 实用工具的作用类似于 dtexec，也是执行与 SSIS 包有关的操作。但是，该工具主要用于管理 SSIS 包，这些管理操作包括验证包的存在性以及对包进行复制、移动、删除等操作。

osql 实用工具用来输入和执行 Transact-SQL 语句、系统过程和脚本文件等。该工具通过 ODBC 与服务器进行通信，在 SQL Server 2008 中通常使用 sqlcmd 来代替 osql。

rsconfig 实用工具是与报表服务相关的工具，可以用来对报表服务连接进行管理。例如，该工具可以在 RSReportServer.config 文件中加密并存储连接和账户，确保报表服务可以安全地运行。

sqlcmd 实用工具提供了在命令提示符中输入 Transact-SQL 语句、系统过程和脚本文件的功能。实际上，该工具是作为 osql 和 isql 的替代工具而新增的，它通过 OLE DB 与服务器进行通信。图 1-40 所示为 sqlcmd 工具的运行窗口。

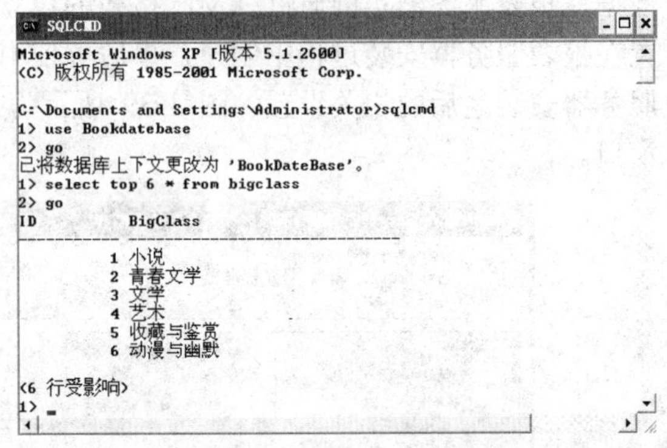

图 1-40　sqlcmd 工具

sqlwb 实用工具可以在命令提示符中打开 SQL Server Management Studio，并且可以与服务器建立连接、打开查询、脚本、文件、项目和解决方案等。

tablediff 实用工具用于比较两个表中的数据是否一致，对于排除复制中出现的故障非常有用，用户可以在命令提示符中使用该工具执行比较任务。

1.6 扩展练习

1．熟悉数据库建模

本次练习假设读者需要设计一个数据库来记录、跟踪、查询和反映银行的支出情况。在创建数据库之前，首先需要对数据库进行建模，下面的操作将指导读者如何使用本章介绍的知识完成这些工作。

1 在纸上列出与支出有关系的实体，例如，顾客、账户和项目类别等。

2 根据这些实体，试着列举实体的几个实例，例如顾客“高宁”，账户“96032008110612810AY”。

3 对实体的实例进行划分，找出实体的属性。例如，顾客包括姓名、地址、电话、身份证号，账户包括流水号、类型（存款、支票）和余额等。

4 将上述列出的实体转换为实体图，并列出其属性。

5 建立实体之间的关系，使一个账户只能由一个顾客拥有。

6 修改关系使得顾客只能有一个账户。

7 使用第三范式对顾客和账户实体进行修改。

8 扩展顾客的地址属性，使其由城市、街道（路）、楼号（小区）组成。

9 修改扩展的地址属性，使顾客能有一个地址集合，并且每一个地址都有一个电话集合。

10 使用第三范式规范模型中的其他实体，并细化各实体的属性。

2．查看 SQL Server 2008 系统数据库

所谓系统数据库指的是随安装程序一起安装，用于协助 SQL Server 2008 系统共同完成管理操作的

数据库，它们是 SQL Server 2008 运行的基础。随 SQL Server 2008 一起安装的有 5 个系统数据库：master、model、msdb、tempdb 和 resource 数据库。本次练习使读者了解系统数据库包含的表及内容。

1 从【开始】菜单上选择【程序】|Microsoft SQL Server 2008|SQL Server Management Studio 命令，打开 Microsoft SQL Server Management Studio 窗口。

2 在【连接到服务器】对话框中，选择服务器类型、服务器名称，设置身份验证为 SQL Server 身份验证再输入登录名和密码，启用【记住密码】复选框后单击【连接】按钮。

3 从【对象资源管理器】窗格中依次展开 SQL Server 服务器下的【数据库】|【系统数据库】节点，查看默认安装的系统数据库列表。

4 master 数据库记录 SQL Server 实例的所有系统级信息。在列表中展开 master|【表】|【系统表】节点查看 master 数据库中的数据表。单击表名再展开【列】节点可看到表中包含的列信息，图 1-41 所示为 spt_monitor 表中的列信息。

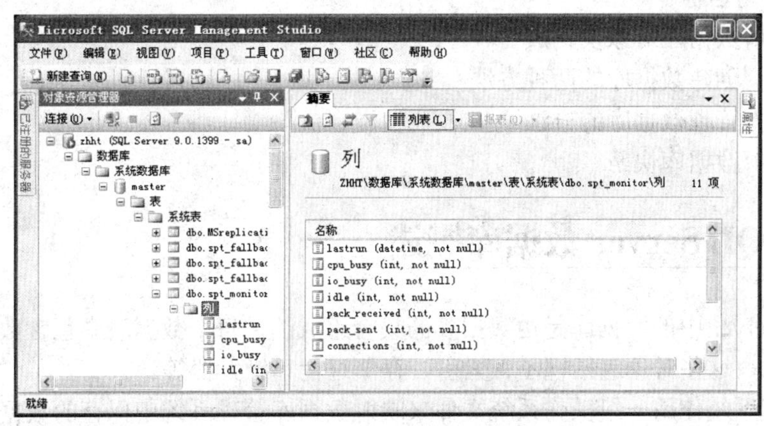

图 1-41 spt_monitor 表列信息

5 model 数据库用作 SQL Server 实例上创建的所有数据库的模板。对 model 数据库进行的修改（如数据库大小、排序规则、恢复模式和其他数据库选项）将应用于以后创建的所有数据库。使用以上方法查看 model 数据库中包含的表及列信息。

6 msdb 数据库用于 SQL Server 代理计划警报和作业，按照第 4 步的方法查看 msdb 数据库中包含的表及列信息。

7 tempdb 数据库用于保存临时对象或中间结果集，查看 tempdb 数据库中包含的表及列信息。

8 resource 数据库是一个只读数据库，包含 SQL Server 2008 包括的系统对象。系统对象在物理上保留在 resource 数据库中，但在逻辑上显示在每个数据库的 sys 架构中。因此，在数据库列表中它不可见。选择【文件】|【退出】命令关闭窗口。

第 2 章　创建数据库

数据库是用来存储数据的空间，它作为存储结构的最高层次是其他一切数据库操作的基础。用户可以通过创建数据库来存储不同类别或者形式的数据。

因此，在本章用户将详细地学习针对数据库的基本操作和数据库的日常管理操作，即如何创建数据库、对数据/日志文件进行操作、生成数据库快照等日常操作。

本章学习目标

- 了解数据库对象及构成
- 掌握创建数据库的两种方法
- 掌握管理数据库的方法
- 了解数据库快照

2.1　SQL Server 数据库概述

SQL Server 中的数据库是由数据表的集合组成的，每个数据表中包含数据以及其他数据库对象，这些对象包括视图、索引、存储过程和触发器等。

数据库系统使用一组操作系统文件来映射数据库管理系统中保存的数据库，数据库中的所有数据和对象都存储在其映射的操作系统文件中。这些操作系统文件可以是数据文件或日志文件。

要熟练地理解和掌握数据库，必须对数据库的一些基本概念及构成有一个清楚的认识。

2.1.1　常见数据库对象

数据库中存储了表、视图、索引、存储过程、触发器等数据库对象，这些数据库对象存储在系统数据库或用户数据库中，用来保存 SQL Server 数据库的基本信息及用户自定义的数据操作等。

1. 表与记录

表是数据库中实际存储数据的对象。由于数据库中的其他所有对象都依赖于表，因此可以将表理解为数据库的基本组件。一个数据表可以有多个行和列，并且每列包含特定类型的信息。列和行也可以称为字段与记录：字段是表中纵向元素，包含同一类型的信息，例如读者卡号（Rcert）、姓名（Rname）和性别（Rsex）等；字段组成记录，记录是表中的横向元素，包含有单个表内所有字段所保存的信息，例如读者信息表中的一条记录可能包含一个读者的卡号、姓名和性别等。图 2-1 所示为图书管理系统（BookDateBase）数据库中读者信息（Reader）数据表的内容.

2. 视图

视图是从一个或多个基本（数据）表中导出的表，也被称为虚表。视图与表非常相似，也是由字段与记录组成的。与表不同的是，视图不包含任何数据，它总是基于表，用来提供一种浏览数据的不同方式。视图的特点是，其本身并不存储实际数据，因此可以是连接多张数据表的虚表，还可以是使用 WHERE 子句限制返回行的数据查询的结果。并且它是专用的，比数据表更直接面向用户。图 2-2 所示是正在创建的视图，它的结果来自图书管理系统（BookDateBase）数据库中的读者信息（Reader）表、图书信息（Books）表和借阅信息（BorrowOrReturn）表。

WXB.BookDat... - dbo.Reader

RID	Rcert	Rpwd	Rname	Rsex	Rphone
1	10001	123	黄山	男	13523319875
5	10002	456	张强	男	15046652322
7	10003	789	张晓明	男	13415221532
8	10004	wang123	贺国强	男	15045123354
9	10005	liu654	刘慧	女	13055531245
10	10006	huihui	王慧	女	18749312104
11	10007	zhangli	张立	女	13298746655
12	10009	mao12	苗露露	女	13587985125
13	10010	10010	付玉丽	女	18735521498
14	10011	10011wang	王周山	男	18745125411
15	10012	abcd123	牛小红	女	13521101011
16	10015	niu789456	牛小丽	女	13178456523
17	10016	shi!	史正风	男	13045516200
NULL	NULL	NULL	NULL	NULL	NULL

7 / 13

图 2-1 读者信息（Reader）数据表

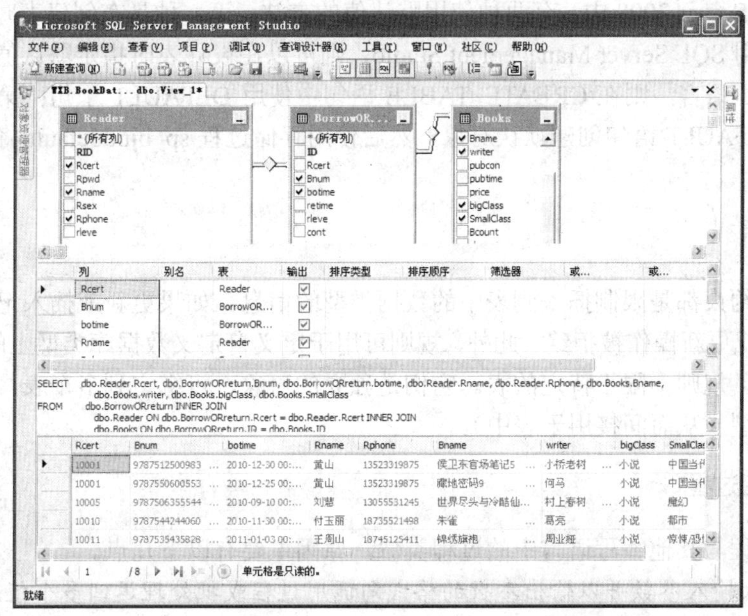

图 2-2 读者信息_借阅信息_图书信息表视图

3. 索引

索引是一种无须扫描整个表就能实现对数据快速访问的途径，使用索引可以快速访问数据库表中的特定信息。索引是对数据库表中一列或多列的值进行排序的一种结构，例如读者信息（Reader）数据表中的员工卡号（Rcert）列。如果要查找某一读者姓名，索引会帮助用户更快地获得所查找的信息。

4. 约束

约束是 SQL Server 2008 实施数据一致性和完整性的方法，是数据库服务器强制的业务逻辑关系。约束限制了用户输入到指定列中值的范围，强制了引用完整性。主键和外键就是约束的一种形式。当在数据库设计器中创建约束时，约束必须符合创建和更改表的 ANSI 标准。

5. 数据库关系图

在讲述规范化和数据库设计时会详细讲述数据库关系图，这里只要清楚数据库关系图是数据库设计的视觉表示，它包括各种表、每一张表的列名以及表之间的关系。在一个实体关系（Entity-Relationship，E-R 关系）图中，数据库被分成两部分：实体（如“生产企业”和“顾客”）和关系（“提供货物”和“消费”）。

6. 默认值

如果在向表中插入新数据时没有指定列的值，则默认值就是指定这些列中所有的值。默认可以是任何取值为常量的对象。默认值也是 SQL Server 提供确保数据一致性和完整性的方法。

在 SQL Server 2008 中，有两种使用默认值的方法：第一种是在创建表时，指定默认值，如果使用 SQL Server Management Studio，则可以在设计表时指定默认值；如果使用 Transact-SQL 语言，则在 CREATE TABLE 语句中使用 DEFAULT 子句；第二种是使用 CREATE DEFAULT 语句创建默认对象，然后使用存储过程 sp_binddefault 将该默认对象绑定到列上。

7. 规则

规则和约束都是限制插入到表中的数据类型的信息。如果更新或插入记录违反了规则，则插入或更新操作被拒绝。此外，规则可用于定义自定义数据库类型上的限制条件。与约束不同，规则不限于特定的表。它们是独立的对象，可绑定到多个表，甚至绑定到特定数据类型（从而间接用于表中）。

8. 存储过程

存储过程与其他编程语言中的过程类似，原因主要有以下几点。

- ❑ 接收输入参数并以输出参数的格式向调用过程或批处理返回多个值。
- ❑ 包含用于在数据库中执行操作（包括调用其他过程）的编程语句。
- ❑ 向调用过程或批处理返回状态值，以指明成功或失败（以及失败的原因）。
- ❑ 可以使用 EXECUTE 语句来运行存储过程。但是，存储过程与函数不同，因为存储过程不返回取代其名称的值，也不能直接在表达式中使用。

9. 触发器

触发器是一种特殊类型的存储过程，这是因为触发器也包含了一组 Transact-SQL 语句。但是，触发器又与存储过程明显不同，例如触发器可以执行。如果希望系统自动完成某些操作，并且自动维护确定的业务逻辑和相应的数据完整，那么可以通过使用触发器来实现。

触发器可以查询其他表，而且可以包含复杂的 Transact-SQL 语句。它们主要用于强制服从复杂的业务规则或要求。例如，用户可以根据商品当前的库存状态，决定是否需要向供应商进货。

提示

在 SQL Server 2008 中，一个重要的特性是允许用户使用熟悉的 CLR 语言创建存储过程和触发器。

10. 用户和角色

用户是指对数据库有存取权限的使用者。角色是指一组数据库用户的集合，和 Windows 中用户组类似，数据库中的用户组可以根据需要添加，用户如果被加入到某一角色，则将具有该角色的所有权限。

2.1.2 数据库构成

在 SQL Server 中，用于数据存储的实用工具是数据库。而数据库从大的方面分，包括系统数据库和用户数据库。每个 SQL Server 数据库（无论是系统数据库还是用户数据库）在物理上都由至少一个数据文件和至少一个日志文件组成。出于分配和管理的目的，可以将数据库文件分成不同的文件组。

1. 系统数据库

无论是 SQL Server 的哪一个版本，都存在一组系统数据库。系统数据库中保存的系统表用于系统的总体控制。系统数据库保存了系统运行及对用户数据的操作等基本信息。这些系统数据库分别是 master、model、msdb 和 tempdb。这些系统数据库的文件存储在 SQL Server 的默认安装目录的 MMSQL 子目录的 Data 文件夹中。

❑ **master 数据库**

master 数据库是 SQL Server 中最重要的数据库，它位于 SQL Server 的核心，如果该数据库被损坏，SQL Server 将无法正常工作。master 数据库中包含了所有的登录名或用户 ID 所属的角色；服务器中的数据库的名称及相关信息；数据库的位置；SQL Server 如何初始化 4 个方面的重要信息。

提示

定期备份 master 数据库非常重要。确保备份 master 数据库是备份策略的一部分。

❑ **model 数据库**

创建数据库时，总是以一套预定义的标准为模型。例如，若希望所有的数据库都有确定的初始大小，或者都有特定的信息集，那么可以把这些信息放在 model 数据库中，以 model 数据库作为其他数据库的模板数据库。如果想要使所有的数据库都有一个特定的表，可以把该表放在 model 数据库里。

model 数据库是 tempdb 数据库的基础。对 model 数据库的任何改动都将反映在 tempdb 数据库中，所以，在决定对 model 数据库有所改变时，必须预先考虑好并多加小心。

❑ **msdb 数据库**

msdb 给 SQL Server 代理提供必要的信息来运行作业，因而，它是 SQL Server 中另一个十分重要的数据库。

SQL Server 代理是 SQL Server 中的一个 Windows 服务，用以运行任何已创建的计划作业（例如包含备份处理的作业）。作业是 SQL Server 中定义的自动运行的一系列操作，它不需要任何手工干预来启动。

❑ **tempdb 数据库**

tempdb 数据库用作系统的临时存储空间，其主要作用是存储用户建立的临时表和临时存储过程，存储用户说明的全局变量值，为数据排序创建临时表，存储用户利用游标说明所筛选出来的数据。

注 意

因为 tempdb 的大小是有限的，所以在使用它时必须当心，不要让 tempdb 被来自不好的存储过程（对于创建有太多记录的表没有明确限制）的表中的记录所填满。如果发生了这种情况，不仅当前的处理不能继续，整个服务器都可能无法工作，从而将影响到在该服务器上的所有用户。

使用数据库的时候要记住一点，SQL Server 2008 的设计是可以在必要时自动扩展数据库的。这意味着 master、model、tempdb、msdb 和其他关键的数据库将不会在正常的情况下缺少空间。表 2-1 中列出了这些系统数据库在 SQL Server 2008 系统中的主文件、逻辑名称、物理和文件增长比例。

表 2-1　系统数据库

系统数据库	主文件	逻辑名称	物理名称	文件增长
master	主数据	master	master.mdf	按 10%自动增长，直到磁盘已满
	Log	mastlog	mastlog.ldf	按 10%自动增长，直到达到最大值 2TB
msdb	主数据	MSDBData	MSDBData.mdf	按 256KB 自动增长，直到磁盘已满
	Log	MSDBLog	MSDBLog.ldf	按 256KB 自动增长，直到达到最大值 2TB
model	主数据	modeldev	model.mdf	按 10%自动增长，直到磁盘已满
	Log	modellog	modellog.ldf	按 10%自动增长，直到达到最大值 2TB
tempdb	主数据	tempdev	tempdb.mdf	按 10%自动增长，直到磁盘已满
	Log	templog	templog.ldf	按 10%自动增长，直到达到最大值 2TB

2．示例数据库

示例数据库是 Microsoft 给出的用于用户使用的数据库。示例数据库中包含了各种数据库对象，使用户可以自由地对其中的数据或者表结构进行查询、修改等操作。

在安装 SQL Server 2008 的过程中，可以在安装组件窗口中选择安装示例数据库，默认的示例数据库有 AdventureWorks 和 AdventureWorksDW 两个。AdventureWorks 数据库相对于以前 SQL Server 版本的示例数据库更加健壮。虽然它对于初学者有一定的复杂性，但是该数据库具有相当完整的实例，及更接近实际的数据容量、复杂的结构和部件。AdventureWorksDW 数据库是 Analysis Services（分析服务）的示例数据库。Microsoft 将分析示例数据库与事务示例数据库联系在一起，以提供展示两者协同运行的示例数据库。

2.1.3 数据库文件和文件组

在 SQL Server 2008 系统中，一个数据库至少有一个数据文件和一个事务日志文件。当然，该数据库也可以有多个数据文件和多个事务日志文件。数据文件用于存放数据库的数据和各种对象，事务日志文件用于存放事务日志。

数据文件又可以分成主数据文件和辅助数据文件两种形式。主数据文件是数据库的起点，每一个数据库都有且仅有一个主数据文件。主数据文件名称的默认后缀是.mdf。辅助数据文件是可选的，用来存放不在主数据文件中的其他数据和对象。数据库可以没有辅助数据文件，也可以有多个辅助数据文件，默认后缀是.ndf。

事务是一个单元的工作，该单元的工作要么全部完成，要么全部不完成。SQL Server 2008 系统具有事务功能，可以保证数据库操作的一致性和完整性。SQL Server 2008 系统使用数据库的事务日志来实现事务的功能。通常情况下，事务日志记录了对数据库的所有修改操作。事务日志记录了每一个事务的开始、对数据的改变和取消修改等信息。随着对数据库的持续不断地操作，日志是连续增加的。对于一些大型操作，例如创建索引，日志只是记录该操作的事实，而不是记录所发生的数据。事务日志还记录了数据页的分配和释放，以及每一个事务的提交和回滚等信息。这样就允许 SQL Server 系统恢复和取消事务。当事务没有完成时，则取消该事务。事务日志以操作系统文件的形式存在，在数据库中被称为日志文件。每一个数据库都至少有一个日志文件。日志文件名称的默认后缀是.ldf。

在操作系统中，数据库是作为数据文件和日志文件而存在的，明确地指明了这些文件的位置和名称。但是，在 SQL Server 系统内部，例如在 Transact-SQL 语言中，由于物理文件名称比较长，使用起来非常不方便。为此，数据库又有逻辑文件的概念。每一个物理文件都对应一个逻辑文件。在使用 Transact-SQL 语句的过程中，引用逻辑文件非常快捷和方便。

文件组就是文件的逻辑集合。文件组可以把一些指定的文件组合在一起，以方便管理和分配数据。例如，在某个数据库中，3 个文件（如 data1.ndf、data2.ndf 和 data3.ndf）分别创建在 3 个不同的磁盘驱动器中，并且为它们指定了一个文件组 group1。以后，所创建的表可以明确指定存放在文件组 group1 中。对该表中数据的查询将分布在这 3 个磁盘上同时进行，因此可以通过执行并行访问而提高查询性能。在创建表时，不能指定将表放在某个文件中，只能指定将表放在某个文件组中。因此，如果希望将某个表放在特定的文件中，必须通过创建文件组来实现。使用文件和文件组时，应该考虑下列因素。

- 一个文件或者文件组只能用于一个数据库，不能用于多个数据库。

- 一个文件只能是某一个文件组的成员，不能是多个文件组的成员。
- 数据库的数据信息和日志信息不能放在同一个文件或文件组中，数据文件和日志文件总是分开的。
- 日志文件永远也不能是任何文件组的一部分。

在 SQL Server 2008 系统中，可管理的最小物理空间以页为单位，每一个页的大小是 8KB，即 8192 字节。在表中，每一行数据都不能跨页存储。这样，表中每一行的字节数不能超过 8192 个字节。在每一个页上，由于系统占用了一部分空间用来记录与该页有关的系统信息，所以每一个页可用的空间是 8060 个字节。但是包含了 varhcar、nvarchar、varbinary 等数据类型的列的表不受这种规则限制。每 8 个连续页称为一个区，即区的大小是 64KB。这意味着 1MB 的数据库有 16 个区。区用于控制表、索引的存储。

通过理解数据库的空间管理，可以估算数据库的设计尺寸。数据库的大小等于所有表大小与索引大小之和。假设某个数据库只有一个表，该表的数据行字节是 800Byte。这时，一个数据页上最多只能放 10 行数据。如果该表大约有 100 万行的数据，那么该表占用 10 万个数据页的空间。因此，该数据库的大小估计为：100000×8KB=800000KB=781.25MB。根据数据库大小的估计值，再考虑其他的因素，就可以得到数据库的设计值。

提 示

SQL Server 不强制主数据文件、辅助数据文件和日志文件类型的文件必须带 mdf、ndf 和 ldf 扩展名，但使用扩展名指出文件类型是个良好的文件命名习惯。

2.2 创建数据库的方法

创建数据库就是为数据库确定名称、大小、存放位置、文件名和所在文件组的过程。在一个 SQL Server 2008 实例中，最多可以创建 32767 个数据库，数据库的名称必须满足系统的标识符规则。在命名数据库时，一定要使数据库名称简短并有一定的含义。

在 SQL Server 2008 中创建数据库的方法主要有两种：一是在 SQL Server Management Studio 窗口中使用现有命令和功能，通过方便的图形化向导创建；二是通过编写 Transact-SQL 语句创建。

2.2.1 使用图形化向导创建

SQL Server Management Studio 是 SQL Server 系统运行的核心窗口，它提供了用于数据库管理的图形工具和功能丰富的开发环境，方便数据库管理员及用户进行操作。

首先来介绍如何使用 SQL Server Management Studio 来创建自己的用户数据库。在 SQL Server 2008 中，通过 SQL Server Management Studio 创建数据库是最容易的方法，对初学者来说简单易用。下面以创建本书的示例数据库图书管理系统（BookDateBase）数据库为例，对这种方法做详细的介绍。具体的操作步骤如下所示。

1 从【开始】菜单中选择【程序】|Microsoft SQL Server 2008|SQL Server Management

Studio 命令，打开 Microsoft SQL Server Management Studio 窗口，并使用 Windows 或 SQL Server 身份验证建立连接，如图 2-3 所示。

2 在【对象资源管理器】窗格中展开服务器，然后选择【数据库】节点。

3 在【数据库】节点上右击，从弹出的快捷菜单中选择【新建数据库】命令，如图 2-4 所示。

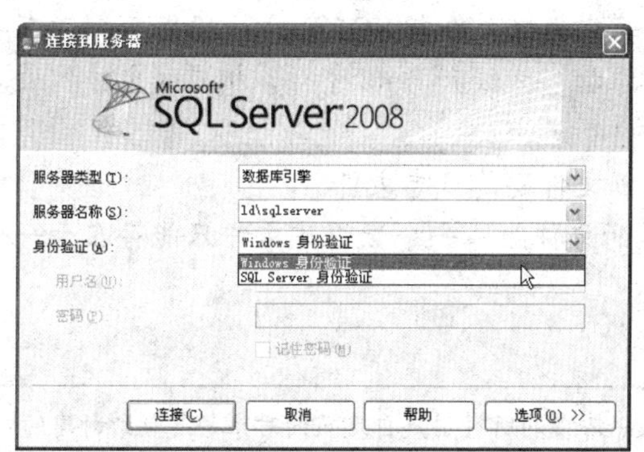

图 2-3 【连接到服务器】对话框

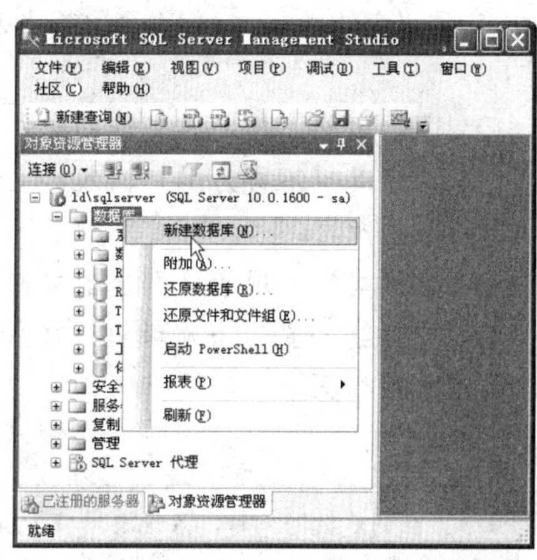

图 2-4 选择【新建数据库】命令

执行上述操作后，会弹出【新建数据库】窗口，如图 2-5 所示。在这个窗口中有 3 个页，分别是【常规】、【选项】和【文件组】页。完成这 3 个页中的内容设置之后，就完成了数据库的创建工作。

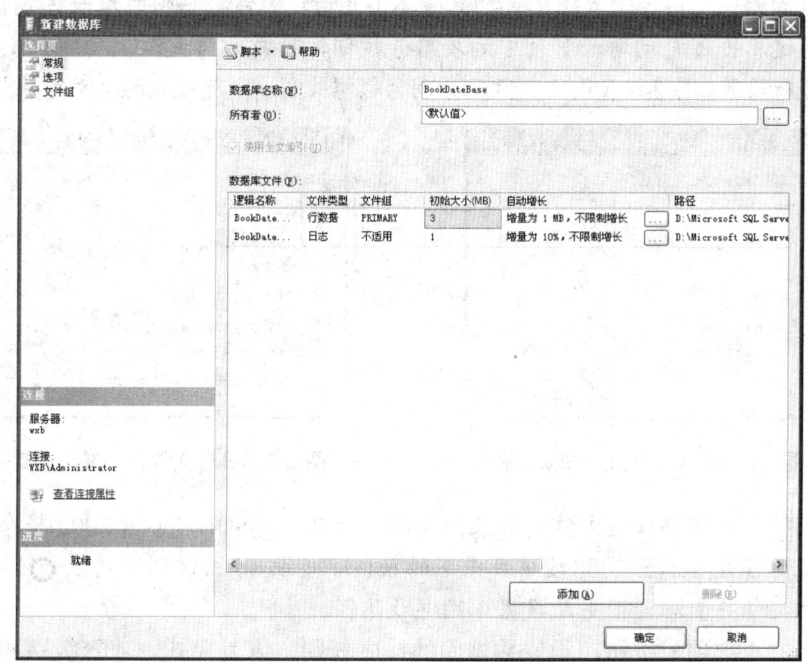

图 2-5 【新建数据库】窗口

4 在【数据库名称】文本框中输入要新建数据库的名称，例如这里输入“BookPateBase”。

5 在【所有者】文本框中输入新建数据库的所有者，如 sa。根据数据库的使用情况，选择启用或者禁用【使用全文索引】复选框。

6【数据库文件】列表中包括两行：一行是数据文件，而另一行是日志文件。通过单击下面相应的按钮，可以添加或者删除相应的数据文件。该列表中各字段值的含义如下。

- **逻辑名称** 指定该文件的文件名，其中数据文件与 SQL Server 2000 不同，在默认情况下不再为用户输入的文件名添加下划线和 Data 字样，相应的文件扩展名并未改变。
- **文件类型** 用于区别当前文件是数据文件还是日志文件。
- **文件组** 显示当前数据库文件所属的文件组。一个数据库文件只能存在于一个文件组里。

技巧

在创建数据库时，系统自动将 model 数据库中的所有用户自定义的对象都复制到新建的数据库中。用户可以在 model 系统数据库中创建希望自动添加到所有新建数据库中的对象，例如表、视图、数据类型、存储过程等。

- **初始大小** 指定该文件的初始容量，在 SQL Server 2008 中数据文件的默认值为 3MB，日志文件的默认值为 1MB。
- **自动增长** 用于设置在文件的容量不够用时，文件根据何种增长方式自动增长。通过单击【自动增长】列中的省略号按钮，可打开【更改自动增长设置】窗口进行设置。图 2-6 和图 2-7 所示分别为数据文件、日志文件的自动增长设置窗口。

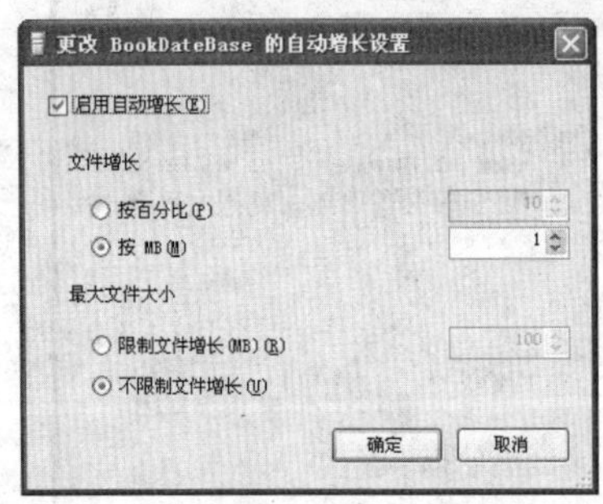

图 2-6 数据文件自动增长设置

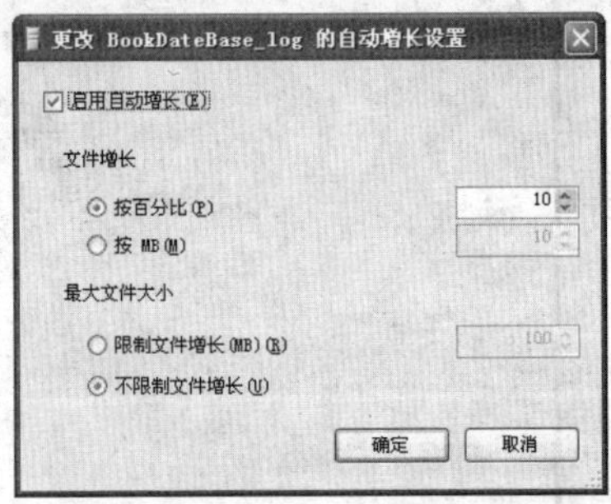

图 2-7 日志文件自动增长设置

- **路径** 指定存放该文件的目录。在默认情况下，SQL Server 2008 将存放路径设置为 SQL Server 2008 安装目录下的 data 子目录。单击该列中的按钮可以打开【定位文件夹】对话框更改数据库的存放路径。

7 单击【选项】按钮，设置数据库的排序规则、恢复模式、兼容级别和其他需要设置的内容，如图 2-8 所示。

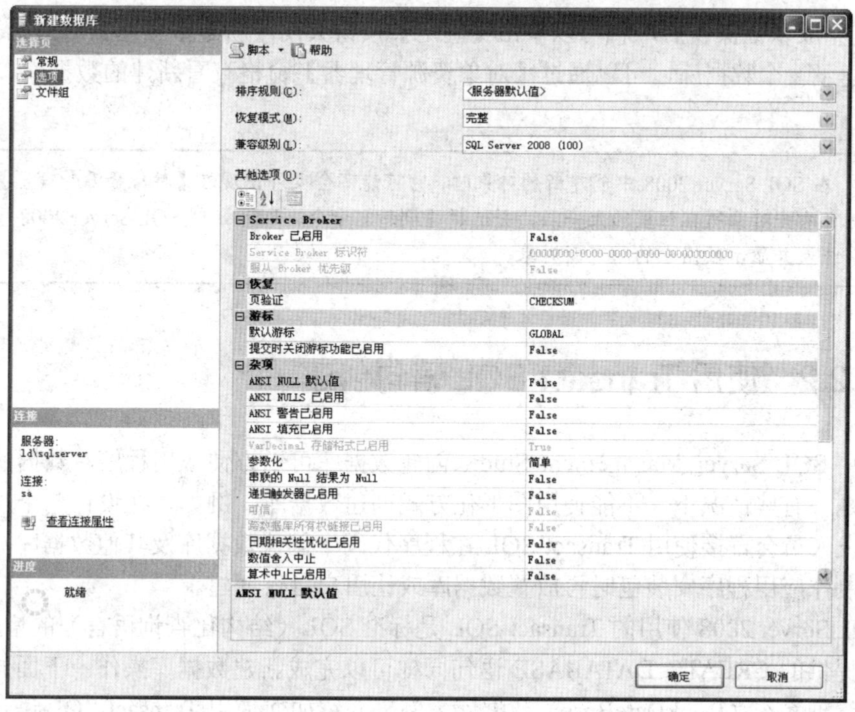

图 2-8 【选项】页

8 单击【文件组】按钮可以设置数据库文件所属的文件组，还可以通过【添加】或者【删除】按钮更改数据库文件所属的文件组，如图 2-9 所示。

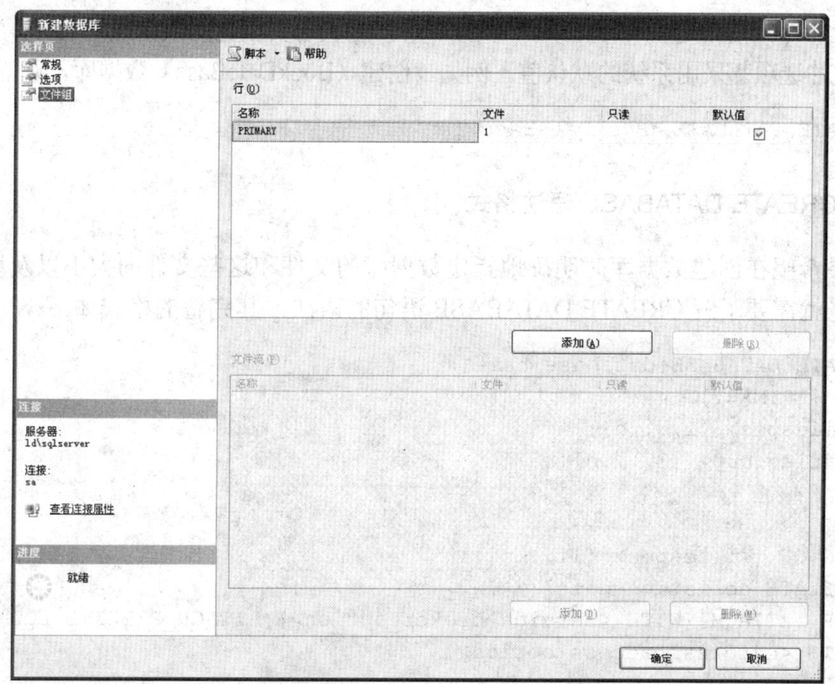

图 2-9 【文件组】页

9 完成以上操作后，就可以单击【确定】按钮关闭【新建数据库】对话框。至此，成功创建了一个数据库，可以通过【对象资源管理器】窗格查看新建的数据库。

技巧

在 SQL Server 2008 中创建新的对象时，它可能不会立即出现在【对象资源管理器】窗格中，可右击对象所在位置的上一层，并选择【刷新】命令，即可强制 SQL Server 2008 重新读取系统表并显示数据中的所有新对象。

2.2.2 使用 Transact-SQL 语句创建

使用 SQL Server Management Studio 创建数据库可以方便应用程序对数据的直接调用。但是，有些情况下，不能使用图形化方式创建数据库。例如，在设计一个应用程序时，开发人员会直接使用 Transact-SQL 在程序代码中创建数据库及其他数据库对象，而不用在制作应用程序安装包时再放置数据库或让用户自行创建。

SQL Server 2008 使用的 Transact-SQL 是标准 SQL（结构化查询语言）的增强版本，使用它提供的 CREATE DATABASE 语句同样可以完成新建数据库操作。下面同样以创建图书管理系统（BookDateBase）数据库为例来介绍如何使用 Transact-SQL 语句创建一个数据库。

使用 CREATE DATABASE 语句创建数据库最简单的方式如下所示：

```
CREATE DATABASE databaseName
```

以上命令只需指定 databaseName 参数即可，它表示要创建的数据库的名称，其他与数据库有关的选项都采用系统的默认值。例如，创建（BookDateBase）数据库，则语句为：

```
CREATE DATABASE  BookDateBase
```

1. CREATE DATABASE 语法格式

如果希望在创建数据库时明确地指定数据库的文件和这些文件的大小以及增长的方式。首先就需要了解 CREATE DATABASE 语句的语法，其完整的格式如下：

```
CREATE DATABASE database_name
[ON [PRIMARY]
[<filespec> [1,...n]]
[,<filegroup> [1,...n]]
]
[
[LOG ON {<filespec> [1,...n]}]
[COLLATE collation_name]
[FOR {ATTACH [WITH <service_broker_option>]|ATTACH_REBUILD_LOG}]
[WITH <external_access_option>]
]
[;]
```

```
<filespec>::=
{
[PRIMARY]
(
[NAME=logical_file_name,]
FILENAME='os_file_name'
[,SIZE=size[KB|MB|GB|TB]]
[,MAXSIZE={max_size[KB|MB|GB|TB]|UNLIMITED}]
[,FILEGROWTH=growth_increment[KB|MB|%]]
)[1,...n]
}
<filegroup>::=
{
FILEGROUP filegroup_name
<filespec> [1,...n]
}
<external_access_option>::=
{
DB_CHAINING {ON|OFF}|TRUSTWORTHY{ON|OFF}
}
<service_broke_option>::=
{
ENABLE_BROKE|NEW_BROKE|ERROR_BROKER_CONVERSATIONS
}
```

2. CREATE DATABASE 语法格式说明

在语法格式中，每一种特定的符号都表示有特殊的含义。

- ❑ 方括号[]中的内容表示可以省略的选项或参数，[1,…n]表示同样的选项可以重复1到n遍。
- ❑ 如果某项的内容太多需要额外的说明，可以用<>括起来，如句法中的<filespec>和<filegroup>，而该项的真正语法在:: =后面加以定义。
- ❑ 大括号{}通常会与符号|连用，表示{}中的选项或参数必选其中之一，不可省略。

例如，MAXSIZE ={ max_size [KB | MB | GB | TB] | UNLIMITED }表示定义数据库文件的最大容量，或者指定一个具体的容量 max_size [KB | MB | GB | TB]，或者指定容量没有限制 UNLIMITED，但是不能空缺。表 2-2 列出了关于语法中主要参数的说明。

表 2-2　语法参数说明

参数	说明
database_name	数据库名称
Logical_file_name	逻辑文件名称
os_file_name	操作系统下的文件名和路径
size	文件初始容量
max_size	文件最大容量
growth_increment	自动增长值或比例
filegroup_name	文件组名

3．CREATE DATABASE 关键字和参数说明

- **CREATE DATABASE database_name** 用于设置数据库的名称，可长达 128 个字符，需要将 database_name 替换为需要的数据库名称，如 BookDateBase 数据库。在同一个数据库中，数据库名必须具有唯一性，并符合标识命名标准。
- **NAME=logical_file_name** 用来定义数据库的逻辑名称，这个逻辑名称将用来在 Transact_SQL 代码中引用数据库。该名称在数据库中应保持唯一，并符合标识符的命名规则。这个选项在使用了 FOR ATTACH 时不是必须的。
- **FILENAME=os_file_name** 用于定义数据库文件在硬盘上的存放路径与文件名称。这必须是本地目录（不能是网络目录），并且不能是压缩目录。
- **SIZE=size[KB|MB|GB|TB]** 用来定义数据文件的初始大小，可以使用 KB、MB、GB 或 TB 为计量单位。如果没有为主数据文件指定大小，那么 SQL Server 将创建与 model 系统数据库相同大小的文件。如果没有为辅助数据库文件指定大小，那么 SQL Server 将自动为该文件指定 1MB 大小。
- **MAXSIZE={max_size[KB|MB|GB|TB]UNLIMITED}** 用于设置数据库允许达到的最大大小，可以使用 KB、MB、GB、TB 为计量单位，也可以为 UNLIMTED，或者省略整个子句，使文件可以无限制增长。
- **FILEGROWTH=growth_increment[KB|MB|%]** 用来定义文件增长所采用的递增量或递增方式。它可以使用 KB、MB 或百分比（%）为计量单位。如果没有指定这些符号之中的任一符号，则默认 MB 为计量单位。
- **FILEGROUP filegroup_name** 用来为正在创建的文件所基于的文件组指定逻辑名称。

4．使用 CREATE DATABASE 创建数据库

在掌握了上述内容后，接下来介绍如何使用 CREATE DATABASE 语句创建 BookPateBase 数据库。

1 打开 Microsoft SQL Server Management Studio 窗口，并连接到服务器。

2 选择【文件】|【新建】|【数据库引擎查询】命令或者单击标准工具栏上的【新建查询】按钮新建查询(N)，创建一个查询输入窗口。

> **注意**
> 通过选择【文件】|【新建】|【数据库引擎查询】命令创建查询输入窗口，会弹出【连接到数据库引擎】对话框，需要身份验证连接到服务器，而通过单击【新建查询】按钮新建查询(N)不会出现该对话框。

3 在窗口内输入语句，创建图书管理系统（BookDateBase）数据库，保存位置为“E:\张帅\zs SQL2008 shugao\SQL2008\第 3 章 管理数据库 代码”。CREATE DATABASE 语句如下所示：

```
CREATE DATABASE  BookDateBase
```

```
ON
(
NAME=BookDateBase_DAT,
FILENAME='E:\张帅\zs SQL2008 shugao\SQL2008\第 3 章 管理数据库 代码\Book-
DateBase_DAT.mdf',
SIZE=3MB,
MAXSIZE=50MB,
FILEGROWTH=10%
)
LOG ON
(
NAME=BookDateBase_LOG,
FILENAME='E:\张帅\zs SQL2008 shugao\SQL2008\第 3 章 管理数据库 代码\
BookDateBase_LOG.ldf',
SIZE=1MB,
MAXSIZE=10MB,
FILEGROWTH=10%
)
 GO
```

4 单击【执行】按钮 执行语句。如果执行成功，在查询窗口内的【查询】窗格中，可以看到一条“命令已成功完成。”的消息。然后在【对象资源管理器】窗格中刷新，展开数据库节点就能看到刚创建的 BookDateBase 数据库，如图 2-10 所示。

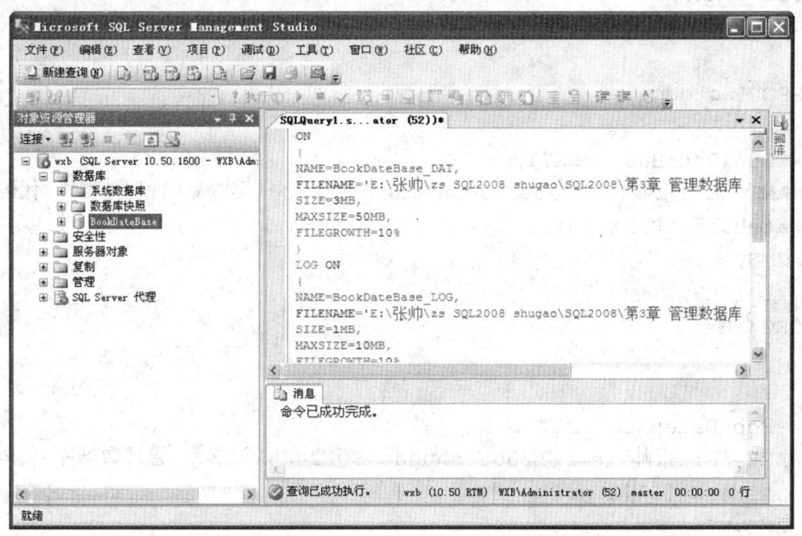

图 2-10 CREATE DATABASE 创建数据库

在上述的例子中，创建了 BookDateBase 数据库，其中 NAME 关键字指定了数据文件的逻辑名称是“BookDateBase_DAT”，日志文件的逻辑名称是“BookDateBase_LOG”，而它的数据文件的物理名称是通过 FILENAME 关键字指定的。在 BookDateBase 数据库中，通过 SIZE 关键字把数据文件的大小设置为 3MB，最大值为 50MB，按 10%的比例增长，日志文件的大小设置为 1MB，最大值为 10MB，按 10%的方式增长。整个数据库的大小为：数据文件大小（3MB）+日志文件大小（1MB）=4MB。

注 意

如果感觉以后数据库会不断增长，那么就指定其自动增长方式。反之，最好不要指定其自动增长，以提高数据的使用效率。

5．创建文件组的 BookDateBase 数据库

如果数据库中的数据文件或日志文件多于 1 个，则文件之间使用逗号隔开。当数据库有两个或两个以上的数据文件时，需要指定哪一个数据文件是主数据文件。默认情况下，第一个数据文件就是主数据文件，也可以使用 PRIMARY 关键字来指定主数据文件。

下面重新创建 BookDateBase 数据库，让该数据库包含 3 个数据文件和 2 个日志文件。并将后两个数据文件存储在名称为 group1 的文件组中。代码如下所示：

```
CREATE DATABASE  BookDateBase
ON PRIMARY
(
NAME= BookDateBase _DAT,
FILENAME='E:\张帅\zs SQL2008 shugao\SQL2008\第 3 章 管理数据库 代码\
BookDateBase _DAT.mdf',
SIZE=3MB,
MAXSIZE=50MB,
FILEGROWTH=10%
),
FILEGROUP group1
(
NAME= BookDateBase _DAT1,
FILENAME='E:\张帅\zs SQL2008 shugao\SQL2008\第 3 章 管理数据库 代码\
BookDateBase _DAT1.ndf',
SIZE=2MB,
MAXSIZE=10MB,
FILEGROWTH=5%
),
(
NAME= BookDateBase _DAT2,
FILENAME='E:\张帅\zs SQL2008 shugao\SQL2008\第 3 章 管理数据库 代码\
BookDateBase _DAT2.ndf',
SIZE=2MB,
MAXSIZE=20MB,
FILEGROWTH=15%
)
LOG ON
(
NAME= BookDateBase _LOG,
FILENAME='E:\张帅\zs SQL2008 shugao\SQL2008\第 3 章 管理数据库 代码\
BookDateBase _LOG.ldf',
```

```
SIZE=1MB,
MAXSIZE=10MB,
FILEGROWTH=10%
),
(
NAME= BookDateBase _LOG1,
FILENAME='E:\张帅\zs SQL2008 shugao\SQL2008\第 3 章 管理数据库 代码\
BookDateBase _LOG1.ldf',
SIZE=1MB,
MAXSIZE=5MB,
FILEGROWTH=5%
)
```

提 示

重新创建 BookDateBase 数据库时必须先删除之前创建的那个 BookDateBase 数据库。右击要删除的数据库，选择【删除】命令，单击【确定】按钮即可。

上述代码中，创建了 3 个数据文件和 2 个日志文件分别为：BookDateBase_DAT、BookDateBase_DAT1、BookDateBase_DAT2 和 BookDateBase_LOG、BookDateBase_LOG1，将 BookDateBase_DAT 设为了主数据文件。创建之后，就可以在“E:\张帅\zsSQL2008shugao\SQL2008\第 3 章 管理数据库 代码”目录下看到所创建的文件。

2.3 管理数据库

在创建完数据库之后，就可以对数据库进行管理操作，主要包括查看、修改和删除。查看是指可以浏览数据库的各种属性和状态；修改是指可以修改数据库的名称、大小、自动增长等；删除数据库是对不需要的数据库进行删除，以释放多余的磁盘空间。

2.3.1 查看数据库信息

Microsoft SQL Server 2008 系统中，查看数据库信息有很多种方法，例如，可以使用目录视图、函数和存储过程等查看有关数据库的基本信息。下面分别来介绍这几种查看数据库信息的基本方式。

1. 使用目录视图

常见的查看数据库基本信息的操作如下。

- ❑ 使用 sys.databases 数据库和文件目录视图查看有关数据库的基本信息。
- ❑ 使用 sys.database_files 查看有关数据库文件的信息。
- ❑ 使用 sys.filegroups 查看有关数据库组的信息。
- ❑ 使用 sys.maste_files 查看数据库文件的基本信息和状态信息。

2. 使用函数

可以使用 DATABASEPROPERTYEX 函数来查看指定数据库中的指定选项的信息，该函数一次只能返回一个选项的设置。例如，要查看 BookDateBase 数据库中的 Version 选项的设置信息，可以使用如下语句：

```
select DATABASEPROPERTYEX(' BookDateBase','Version')
```

代码的执行结果如图 2-11 所示。

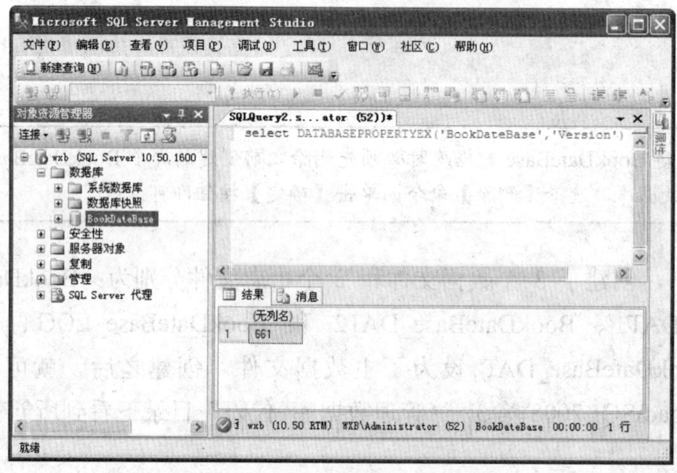

图 2-11　查看数据库选项设置

3. 使用存储过程

使用 sp_spaceused 存储过程可以显示数据库使用和保留的空间。下面来查看 BookDateBase 数据库的空间大小和已经使用的空间等信息，如图 2-12 所示。

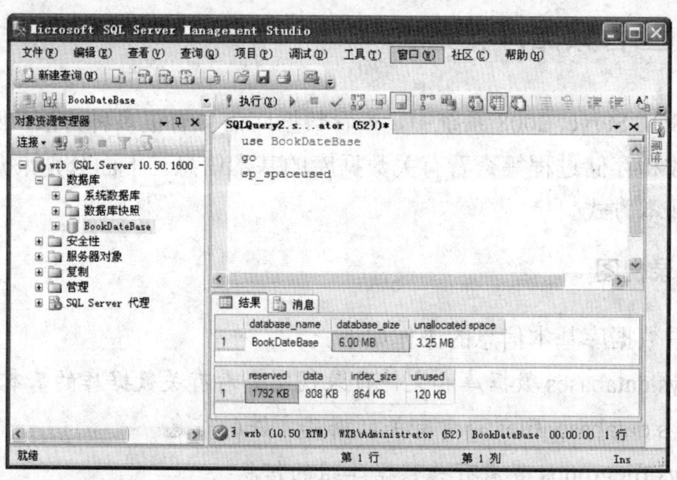

图 2-12　使用 sp_spaceused 存储过程

也可以使用 sp_helpdb 存储过程查看所有数据库的基本信息，仍然来查看BookDateBase 数据库的信息，如图 2-13 所示。

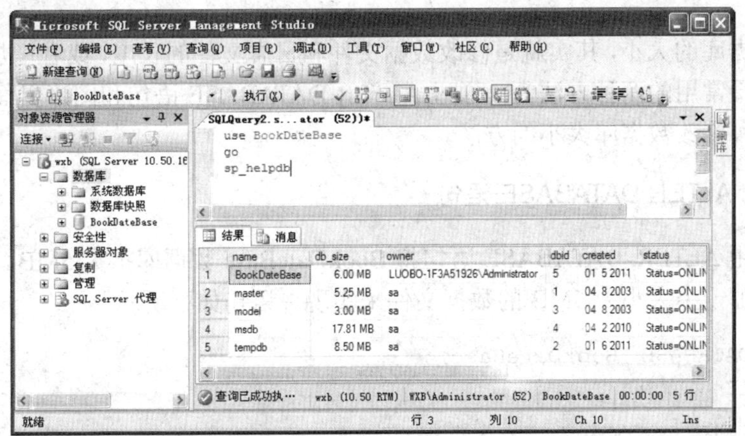

图 2-13　使用 sp_helpdb 存储过程

除上面介绍的几种方法外，还可以利用 Microsoft SQL Server Management Studio 窗口来查看数据库信息。在【对象资源管理器】窗格中右击要查看信息的数据库，选择【属性】命令，在弹出的【数据库属性】窗口中就可以查看到数据库的常规信息、文件信息、文件组信息、选项信息等，如图 2-14 所示。

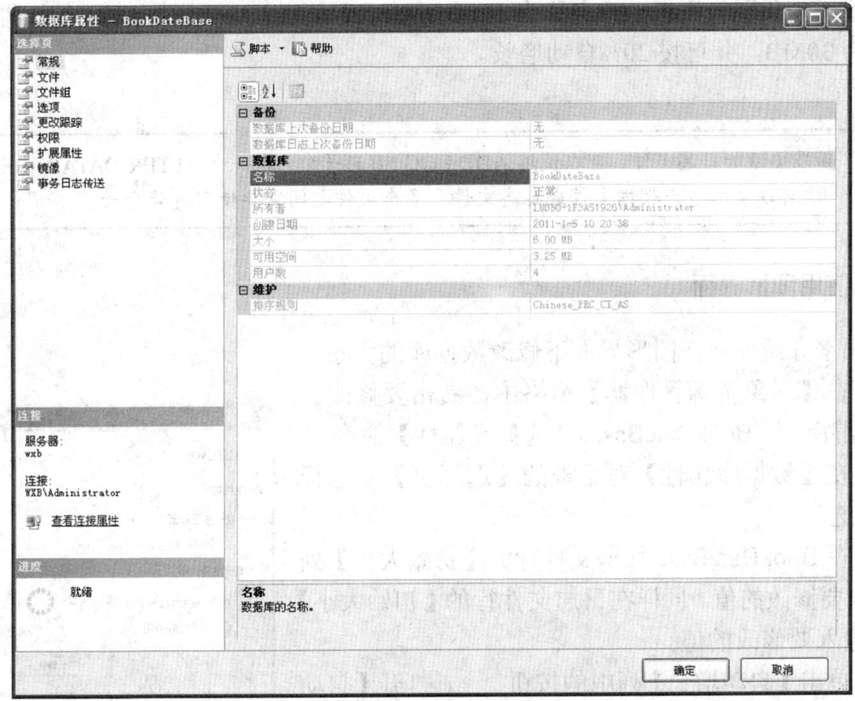

图 2-14　【数据库属性】窗口

2.3.2 修改数据库的大小

修改数据库的大小，其实就是修改数据文件和日志文件的长度，或者增加/删除文件。修改数据库最常用的两种方法为：通过 ALTER DATABASE 语句和图形界面。下面分别来介绍这两种修改数据库大小的方法。

1. 使用 ALTER DATABASE 语句

下面使用 ALTER DATABASE 语句将 BookDateBase 数据库扩大 5MB，可以通过为该数据库添加一个大小为 5MB 的数据文件来实现。语句如下所示：

```
ALTER DATABASE  BookDateBase
ADD FILE
(
NAME= BookDateBase_DAT3,
FILENAME='E:\张帅\zs SQL2008 shugao\SQL2008\第 3 章 管理数据库 代码\
BookDateBase _DAT3.mdf',
SIZE=5MB,
MAXSIZE=30MB,
FILEGROWTH=20%
)
```


上述语句代码将添加一个名称为 BookDateBase_DAT3，大小为 5MB 的数据文件，最大值为 30MB，并可按 20%自动增长。

技巧

如果要增加日志文件，可以使用 ADD LOG FILE 子句，在一个 ALTER DATABASE 语句中，一次可以增加多个数据文件或日志文件，多个文件之间需要使用逗号分开。

2. 使用图形界面

下面来介绍如何在图形界面下修改数据库的大小。

1 在【对象资源管理器】窗格中，右击要修改大小的数据库（如 BookDateBase），选择【属性】命令。

2 在【数据库属性】对话框的【选择页】下选择【文件】选项。

3 在 BookDateBase 数据文件行的【初始大小】列中，输入要修改的值。同样在日志文件行的【初始大小】列中，输入要修改的值。

4 单击【自动增长】列中的按钮 ...，打开【自动增长设置】窗口，可设置自动增长的方式及大小，如图 2-15 所示。

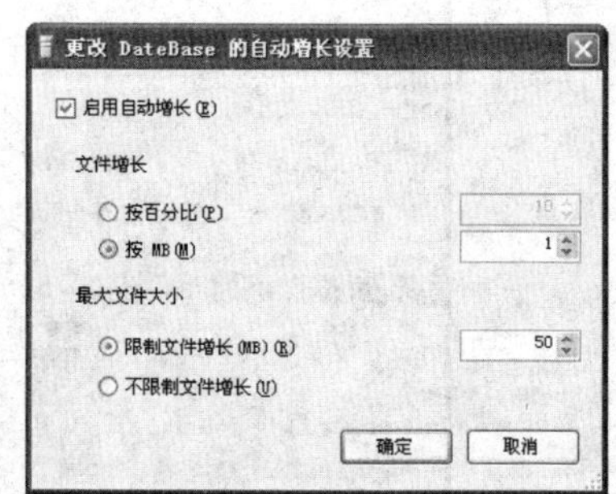

图 2-15 【自动增长设置】窗口

5 如果要添加文件，可以直接在【数据库属性】对话框中单击【添加】按钮，设置相应大小即可。

6 完成修改后，单击【确定】按钮完成修改数据库大小的操作。

2.3.3 删除数据库

数据库在使用中，随着数据库数量的增加，系统的资源消耗越来越多，运行速度也会越来越慢。这时，就需要调整数据库，调整方法有很多种。例如，将不再需要的数据库删除，以此释放被占用的磁盘空间和系统消耗。在 SQL Server 2008 中，有两种删除数据库的方法：使用图形界面和 DROP DATABASE 语句。

1．使用图形界面

1 在【对象资源管理器】窗格中选中要删除的数据库，右击选择【删除】命令。

2 在弹出的【删除对象】窗口中，单击【确定】按钮确认删除，如图 2-16 所示。删除操作完成后会自动返回 SQL Server Management Studio 窗口。

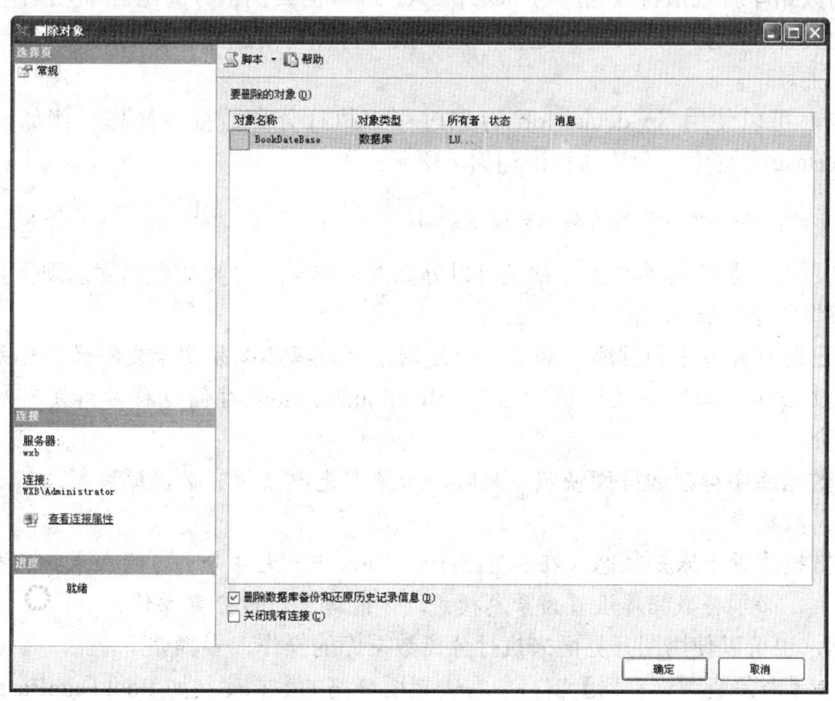

图 2-16 【删除对象】窗口

2．DROP DATABASE 语句

使用 DROP DATABASE 语句删除数据库的语法如下：

```
DROP DATABASE database_name [,...n]
```

其中，database_name 为要删除的数据库名，[,...n]表示可以有多于一个数据库名。

例如，要删除数据库 BookDateBase，可使用如下的 DROP DATABASE 语句：

```
DROP DATABASE  BookDateBase
```

警告

使用 DROP DATABASE 删除数据库不会出现确认信息，所以使用这种方法时要小心谨慎。此外，千万不能删除系统数据库，否则会导致 SQL Server 2008 服务器无法使用。

2.3.4 其他数据库操作

到目前为此，已经学习了基本的数据库操作，除这些操作以外，数据库的操作还包括分离数据库、附加数据库和收缩数据库等。下面分别来简单介绍一下它们是怎样操作的。

1. 分离数据库

分离数据库就是指将数据库从 SQL Server 2008 的实例中分离出去，但是不会删除该数据库的文件和事务日志文件，这样，该数据库可以再附加到其他的 SQL Server 2008 的实例上去。

首先，可以使用 sp_detach_db 存储过程来执行分离数据库操作。例如，要分离 BookDateBase 数据库，则该执行语句如下所示：

```
EXEC sp_detach_db BookDate
```

不过，并不是所有的数据库都是可以分离的，如果要分离的数据库出现下列任何一种情况都将无法分离。

- **已复制并发布数据库** 如果进行复制，则数据库必须是未发布的，如果要分离数据库，必须先通过执行 sp_replicationdboption 存储过程禁用发布后再进行分离。
- **数据库中存在数据库快照** 此时，必须首先删除所有数据库快照，然后才能分离数据库。
- **数据库处于未知状态** 在 SQL Server 2008 中，无法分离可疑和未知状态的数据库，必须将数据库设置为紧急模式，才能对其进行分离操作。

当然，也可以使用图开界面来执行分离数据库的操作，步骤如下。

1 在【对象资源管理器】窗格中右击想要分离的数据库（如 BookDateBase），选择【任务】|【分离】命令。

2 在打开的【分离数据库】窗口中，查看在【数据库名称】列中的数据库名称，验证这是否为要分离的数据库，如图 2-17 所示。

在【状态】列中如果显示的是“未就绪”，则【消息】列将显示有关数据库的超链接信息。当数据库涉及复制时，【消息】列将显示 Database replicated。

数据库有一个或多个活动连接时，【消息】列将显示“<活动连接数>个活动连接”。

在可以分离数据列之前，必须启用【删除连接】复选框来断开与所有活动连接的连接。

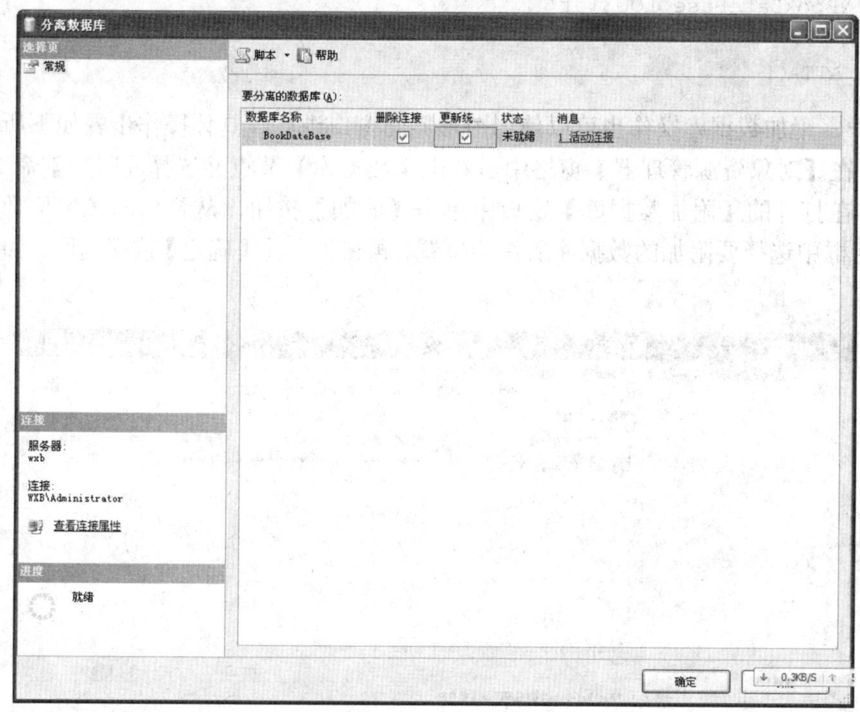

图 2-17 【分离数据库】窗口

3 分离数据库准备就绪后，单击【确定】按钮。

2．附加数据库

附加数据库是指将当前数据库以外的数据库附加到当前数据库实例中。在附加数据库时，所有数据库文件（.mdf 和.ndf 文件）都必须是可用的。如果任何数据文件的路径与创建数据库或上次附加数据库时的路径不同，则必须指定文件的当前路径。在附加数据库的过程中，如果没有日志文件，系统将创建一个新的日志文件。

下面就将刚分离后的 BookDateBase 数据库再附加到当前数据库实例中。可以执行下列语句进行数据库附加操作，附加时会加载该数据库所有的文件，包括主数据文件、辅助数据文件和事务日志文件。执行语句如下所示：

```
CREATE DATABASE  BookDateBase
ON
(
   NAME='BookDateBase_DATA',
   FILENAME = 'E:\张帅\zs SQL2008 shugao\SQL2008\第 3 章 管理数据库 代码
   \BookDateBase_DAT.mdf'
)
LOG ON
(
   NAME=BookDateBase_LOG,
```

```
    FILENAME='E:\张帅\zs SQL2008 shugao\SQL2008\第3章 管理数据库 代码
    \BookDateBase_LOG.ldf'
)
FOR ATTACH
```

同样，附加数据库操作也可以使用图形界面窗口进行。具体操作步骤如下所示。

1 在【对象资源管理器】窗格中，右击【数据库】节点并选择【附加】命令。

2 在打开的【附加数据库】窗口中单击【添加】按钮，从弹出的【定位数据库文件】对话框中选择要附加的数据库所在的位置，再依次单击【确定】按钮返回，如图 2-18 所示。

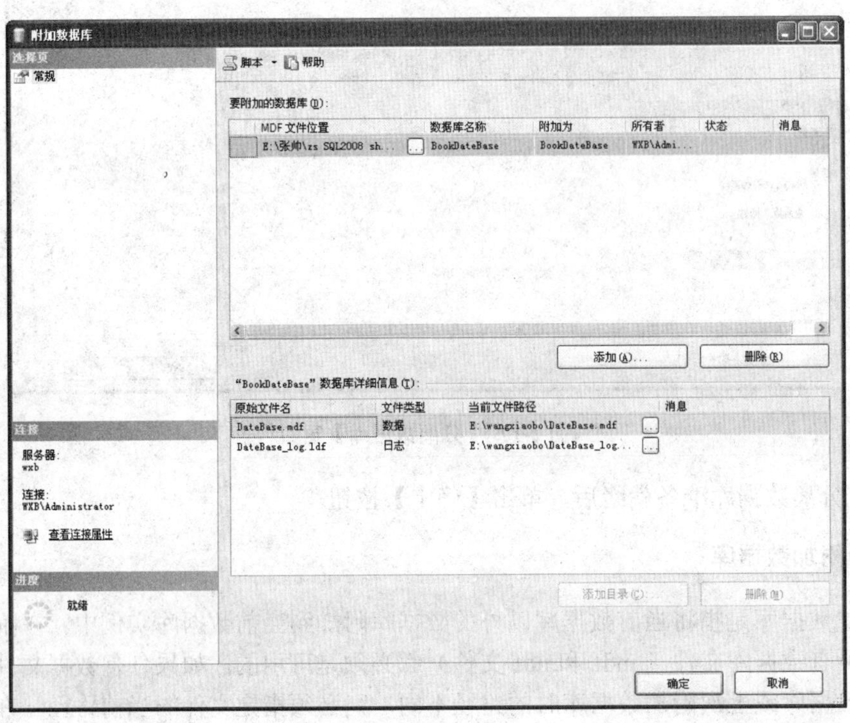

图 2-18 【附加数据库】窗口

3 回到【对象资源管理器】中，展开【数据库】节点，将看到 BookDateBase 数据库已经成功附加到了当前的实例数据库中。

3. 收缩数据库

如果数据库的设计尺寸过大，或者删除了数据库中的大量数据，这时数据库依然会耗费大量的磁盘资源。根据用户的实际需要，可以对数据库进行收缩。在 Microsoft SQL Server 2008 系统中，收缩数据库有以下 3 种方式。

- **使用 AUTO_SHRINK 数据库选项设置自动收缩数据库**

将 AUTO_SHRINK 选项设置为 ON 后，数据库引擎将自动收缩具有可用空间的数据库。此选项可以使用 ALTER DATABASE 语句来进行设置。默认情况下，此选项设置为 OFF。数据库引擎会定期检查每个数据库的空间使用情况。如果某个数据库的 AUTO_

SHRINK 选项设置为 ON 时，则数据库引擎将自动减小数据库中的文件。设置 AUTO_SHRINK 选项的语法格式如下所示：

```
ALTER DATABASE database_name SET AUTO_SHRINK ON
```

❑ **使用 DBCC SHRINKDATABASE 命令收缩数据库**

使用这种方式，要求手动来收缩数据库的大小，它是一种比自动收缩数据库更加灵活的收缩数据库的方式，可以对整个数据库进行收缩。DBCC SHRINKDATABASE 命令的基本语法格式如下所示：

```
DBCC SHRINKDATABASE ('database_name',target_percent)
```

❑ **使用 DBCC SHRINKDFILE 命令收缩数据库文件**

此命令可以收缩指定的数据库文件，还可以将文件收缩至小于其初始创建的大小，并且重新设置当前的大小为其初始创建的大小。DBCC SHRINKDFILE 命令的基本语法形式如下所示：

```
DBCC SHRINKDFILE ('file_name',target_size)
```

2.4 创建数据库快照

数据库快照是源数据库的只读、静态视图。一个源数据库可以有多个数据库快照。数据库快照的主要作用是：维护历史数据以用于制作各种报表，可以使用数据库快照将出现错误的源数据库恢复到创建快照时的状态。例如，在财务年度结束时，通过创建数据库快照可以有效地制作各种财务报表。

2.4.1 数据库快照简介

简单地说，快照就是数据库在某一指定时刻的照片。顾名思义，数据库快照（Database Snapshot）就像是为数据库照了相片一样。相片实际是照相时刻被照对象的静态呈现，而数据库快照则提供了源数据库在创建快照时刻的只读、静态视图。一旦为数据库建立了快照后，这个数据库快照就是创建快照那时刻数据库的情况，虽然数据库还在不断变化，但是这个快照不会再改变。

数据库快照在数据页级别上进行。当创建了某个数据库的数据库快照后，数据库快照使用一种稀疏文件维护源数据页。如果源数据库中的数据页上的数据没有更改，那么对数据库快照的读操作实际上就是读源数据库中的这些未更改的数据页。如果源数据库中的某些数据页上的数据被更改，则更改前的源数据页已经复制到数据快照的稀疏文件中去，对这些数据的读操作实际上就是读取稀疏文件中复制过来的数据页。如果源数据库中的数据更改频繁，会导致数据库快照中稀疏文件的大小增长得很快。为了避免数据库快照中的稀疏文件过大，可以通过创建新的数据库快照来解决这一问题。

2.4.2 创建数据库快照的方法

在 Microsoft SQL Server 2008 系统中，使用 CREATE DATABASE 语句创建数据库快照。创建数据库快照的基本语法格式如下所示：

```
CREATE DATABASE database_snapshot_name
ON
(
NAME=logical_file_name,
FILENAME='os_file_name'
)[,...n]
AS SNAPSHOT OF source_database_name
```

在上述语法中，database_snapshot_name 参数是将要创建的数据库快照的名称，该名称必须符合数据库名称的标识符规范，并且在数据库名称中是唯一的。数据库快照的稀疏文件由 NAME 和 FILENAME 两个关键字来指定。AS SNAPSHOT OF 子句用于指定该数据库快照的源数据库名称。

下面来对 BookDateBase 数据库创建一个名称为“BookDateBase_snapshot”的数据库快照。代码如下所示：

```
CREATE DATABASE  BookDateBase_snapshot
ON
(
NAME= BookDateBase_DAT,
FILENAME='E:\张帅\zs SQL2008 shugao\SQL2008\第 3 章 管理数据库 代码\Book-
DateBase_snapshot.snp'
),
(
NAME=BookDateBase_DAT1,
FILENAME='E:\张帅\zs SQL2008 shugao\SQL2008\章 管理数据库 代码\Book-
DateBase_snapshot1.snp'
),
(
NAME=BookDateBase_DAT2,
FILENAME='E:\张帅\zs SQL2008 shugao\SQL2008\章 管理数据库 代码\Book-
DateBase_snapshot2.snp'
),
(
NAME= BookDateBase_DAT3,
FILENAME='E:\张帅\zs SQL2008 shugao\SQL2008\第 3 章 管理数据库 代码\Book-
DateBase_snapshot3.snp'
)
AS SNAPSHOT OF  BookDateBAse
```

上述代码语句中，为 BookDateBase 数据库中的数据文件创建了数据库快照，在创建数据库快照时，必须对每个数据文件建立快照，否则将提示缺少某个数据文件的快照。

语句执行结果如图 2-19 所示。

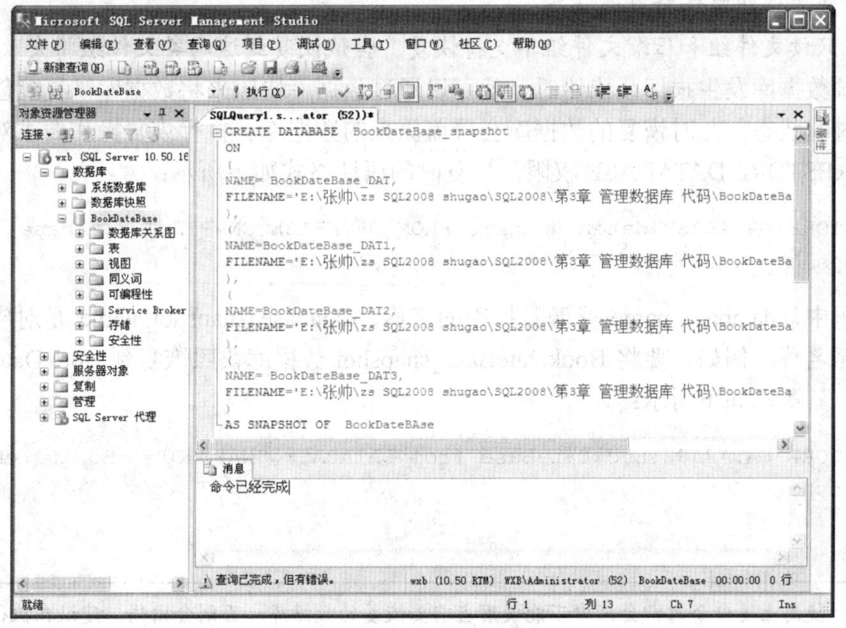

图 2-19　创建数据库快照

提 示

如图 2-19 所示，创建快照后在【对象资源管理器】窗格的【数据库快照】节点下即可看到刚创建的 BookDateBase_snapshot 数据库快照，展开后可以看到其内容与源数据库完全相同。数据库快照的扩展名为.snp。

虽然数据库快照和源数据库的内容完全相同，但它与源数据库相比，数据库快照还是存在着以下一些限制。

- 必须在与源数据库相同的服务器实例上创建数据库快照。
- 数据库快照捕获开始创建快照的时间点，去掉所有未提交的事务。未提交的事务将在创建数据库快照期间回滚。
- 数据库快照为只读的，不能在数据库中执行修改操作。
- 禁止对 model 数据库、master 数据库和 tempdb 数据库创建快照。
- 不能从数据库快照中删除文件。
- 不能备份或还原数据库快照。
- 不能附加或分离数据库快照。
- 不能在 FAT32 文件系统或 RAW 分区中创建快照。数据库快照所用的稀疏文件由 NTFS 文件系统提供。
- 数据库快照不支持全文索引，不能从源数据库传播全文目录。
- 数据库快照将继承快照创建时其源数据库的安全约束。由于快照是只读的，因此无法更改继承的权限，对源数据库的更改权限将不反映在现有快照中。

- ❑ 快照始终反映创建该快照时的文件组状态，即在线文件组将保持在线状态，离线文件组将保持离线状态。
- ❑ 只读文件组和压缩文件组不支持恢复。尝试恢复到这两类文件组将失败。

当源数据库发生损坏或出错时，就可以通过数据库快照来将数据库恢复到创建数据库快照时的状态。此时恢复的数据库会覆盖原来的数据库。执行恢复操作要求对源数据库具有 RESTORE DATABASE 权限，恢复时的语法格式如下所示：

```
RESTORE DATABASE database_name FROM DATABASE_SNAPSHOT=database_
snapshot_name
```

代码中，database_name 是源数据库的名称，database_snapshot_name 是对应源数据库的快照名称。例如，要将 BookDateBase_snapshot 数据库快照恢复到 BookDateBase 数据库中，其语句如下所示：

```
RESTORE DATABASE BookDateBase from DATABASE_SNAPSHOT=' BookDateBase_
snapshot 'GO
```

注意

使用上述命令时，会话中不能使用当前要恢复的数据库，否则会出错，建议在执行时使用 master 数据库。也可以在工具栏上的【可用数据库】下拉列表 BookDateBase 中选择其他的数据库。

接下来介绍一下如何删除数据库快照，删除数据库快照的方法和删除数据库的方法完全相同，也是使用 DROP DATABASE 语句。同样，不能删除当前正在使用的数据库快照。下面是删除 BookDateBase_snapshot 数据库快照的语句代码：

```
DROP DATABASE  BookDateBase_snapshot
GO
```

2.5 扩展练习

1．附加数据库

如果用户从外部获得一个 SQL Server 数据库，并需要将该数据库添加到现在的服务器上，然后对其进行各种操作。

1 从【开始】菜单上选择【程序】| Microsoft SQL Server 2008 | SQL Server Management Studio 命令，打开 SQL Server Management Studio，弹出【连接到服务器】对话框，【服务器类型】为“数据库引擎”，并使用 Windows 或 SQL Server 身份验证建立连接，如图 2-20 所示。

2 连接服务器，选择【数据库】节点并右击，从弹出的快捷菜单中选择【附加】命令，找开【附加服务器】窗口。

3 单击窗口中的【添加】按钮，在弹出的【定位数据库文件】窗口中选择要附加的数据库文件，如图 2-21 所示。

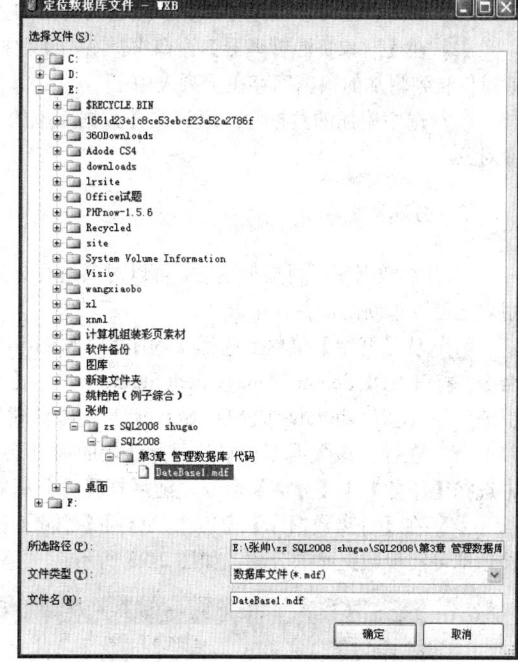

图 2-20 【连接到服务器】对话框

图 2-21 【定位数据库文件】窗口

4 选中要附加的数据库文件，单击【确定】按钮，返回【附加数据库】窗口，如图 2-22 所示。

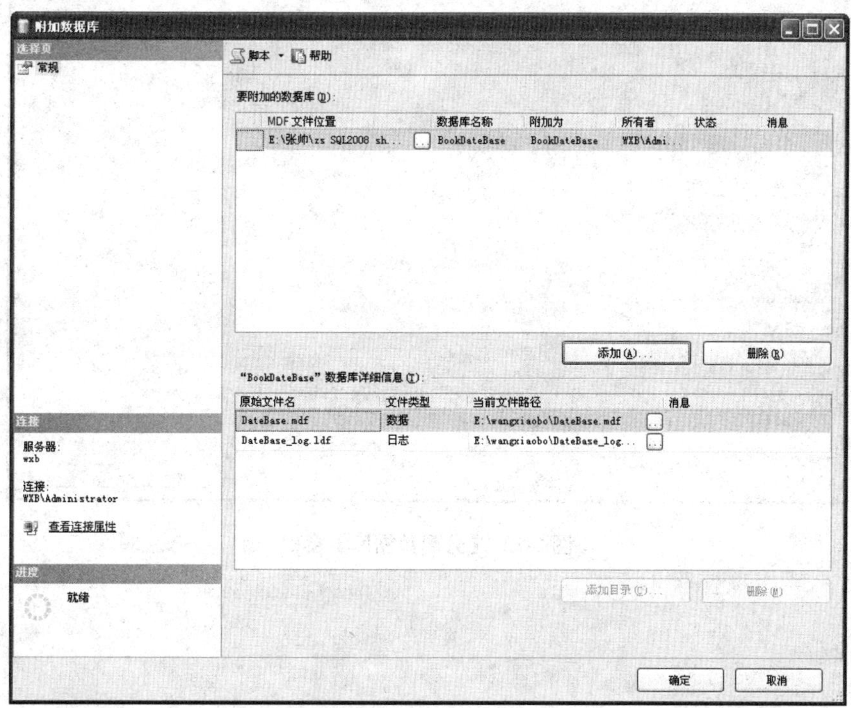

图 2-22 【附加数据库】窗口

5 另外，还可以通过【添加】按钮同时附加多个数据库。全部添加完毕后，单击【确定】按钮。

6 在【对象资源管理器】窗口中，右击【数据库】节点，然后从快捷菜单中选择【刷新】命令，就可以看到附加的数据库存在于列表中了。

7 选中附加的数据库，通过展开数据库下的节点可以查看数据库中的关系图、表、视图等数据库对象。

2. 分离数据库

当有些数据库不再被使用时，可以对其进行分离操作。分离后的数据库依然存储在其物理目录下，用户还可以重新附加并使用。

1 从【开始】菜单上选择【程序】|Microsoft SQL Server 2008 | SQL Server Management Studio 命令，打开 SQL Server Management Studio，弹出【连接到服务器】对话框，【服务器类型】为“数据库引擎”，并使用 Windows 或 SQL Server 身份验证建立连接。

2 在保证该数据库与服务器无连接的前提下，选中要分离的数据库并右击，在弹出的快捷菜单中选择【任务】|【分离】命令，随后打开【分离数据库】窗口。

3 在【分离数据库】窗口中，启用【删除连接】和【更新统计信息】两个复选框，单击【确定】按钮即可实现数据库的分离，如图 2-23 所示。

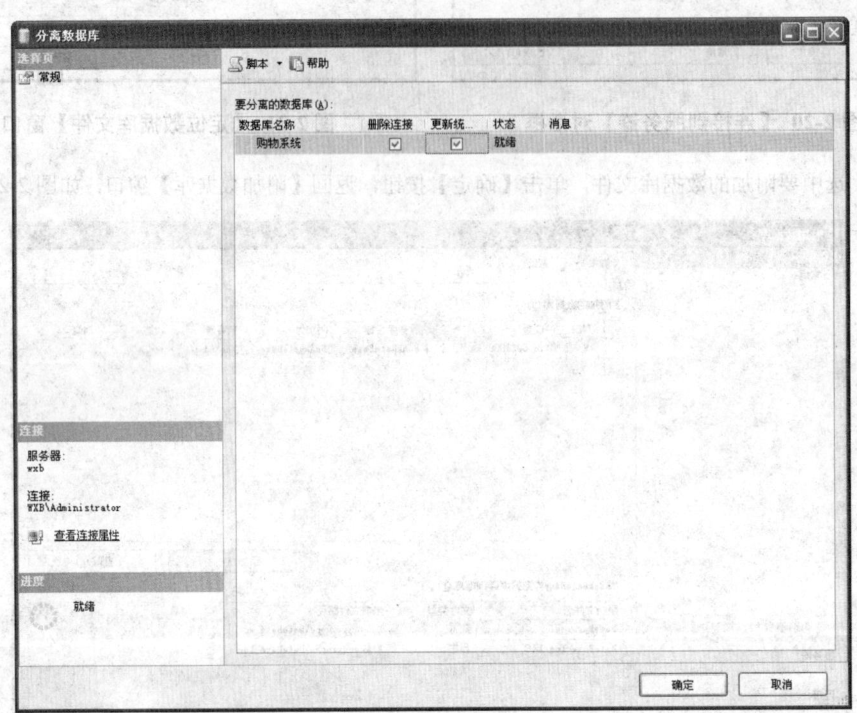

图 2-23 【分离数据库】窗口

第 3 章　创建数据表

在 SQL Server 数据库中，表是数据库的基本构造块，是最重要的对象，它是用来存储数据和操作数据的逻辑结构。在关系数据库中，每个关系都体现为一张表。对数据库的各种操作，实际上就是对数据库中表的操作。

本章主要学习有关数据表的概念，创建、删除、修改数据表，以及设置表的主键和约束。通过本章所安排知识点的学习，要求用户能够熟练地创建数据表和操作数据表。

本章学习目标

➢ 掌握创建表的方法

➢ 掌握管理表的方法

➢ 掌握列的数据类型和属性

➢ 了解表的数据完整性

3.1 表的概述

表是关系模型中表示实体的方式，是用来组织和存储数据、具有行列结构的数据库对象。数据库中的数据或信息都是存储在表中的。在一个关系数据库中可以包含有多个表，表是对数据进行存储和操作的一种逻辑结构，每一个表都代表一个对用户有意义的对象，也是表示数据库中的一个关系实体。

表是由定义的列数和可变的行数组成的逻辑结构，以表格形式显示。行称为记录，列是一组相同数据类型的值，称为字段或域。每一行都是实体的一个完整描述，在表中不必对行进行排序。要对结果集中进行排序，必须从表中选择数据的 SQL 语句中显式指定排序。在每个列和行的相交处是一个称为值的特定数据项。图 3-1 所示是一个【电子图书信息】表，该表存储了有关图书的详细信息。

在该表中，包含了字段“书号”、“书名”、“描述内容”、“成本价”、和“零售价”等。每一行对应的记录都是一本书的详细信息，是实体书的一个完整描述。

在 SQL Server 2008 中，表可以分为 4 种类型：标准表、系统表、临时表和分区表。这些表的具体含义及功能如下。

❑ **标准表**

在数据库中，最常用的就是标准表，它用来为数据库提供存储数据空间。标准表是最重要、最基本的表。

❑ **系统表**

系统表中存储了有关 SQL Server 的配置、数据库设置、用户和表对象的描述等系统信息。用户可以通过系统表查看当前服务器或服务器中的数据库及数据库中包含的表等。通常情况下，数据库管理员常使用系统表来维护服务器。

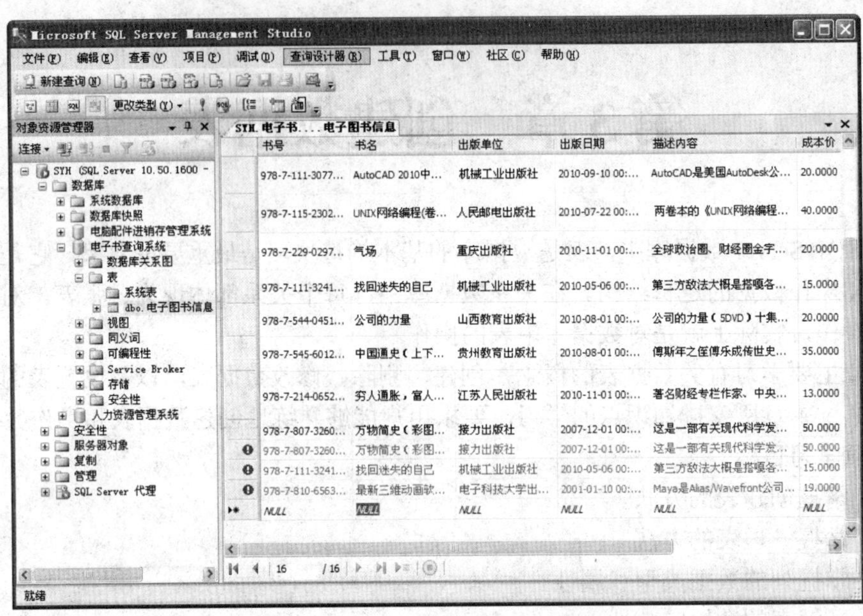

图 3-1 【电子图书信息】表

□ 临时表

临时表就是临时创建的，不能永久生存的表。该类表在用户退出系统，或者系统修复时将自动被删除。它通常用来存储查询过程中出现的一些临时数据或者信息。临时表的生存周期是一个 SQL Server 服务器实例开始与结束的周期，即临时表被创建之后，可以存储到 SQL Server 实例。直到断开连接为止。

临时表又可分为本地临时表和全局临时表，其中，本地临时表只对创建者可见，而全局临时表在创建之后对所有的用户和连接可见。

□ 分区表

当一个表中的数据量过于庞大时，可以使用分区表。分区表是将数据水平划分成多个单元的表。这些单元可以分散到数据库中的多个文件组中，实现对单元中数据的并行访问。使用分区表的优点在于可以方便地管理大型表，提高对表中数据的使用效率。

3.2 操作数据表

通过上面对数据表的概述，相信多数用户应该清楚，表是 SQL Server 中一种重要的数据库对象，它存储了数据库中的所有数据。本节开始，将要讲述数据表的创建和常规操作方法，例如，修改表、添加列、修改列等。

3.2.1 创建表

在 Microsoft SQL Server 2008 系统中，创建表可以使用两种方法：一种是通过图形界面操作方法（即使用 SQL Server Management Studio）；另一种是通过 CREATE TABLE

语句创建。下面就分别使用这两种方法来创建名称为【会员信息】的数据表，将该表创建在上一章中创建的【电子书查询系统】数据库中。

1. 使用图形界面创建表

1 从【开始】菜单中选择【程序】|Microsoft SQL Server 2008|SQL Server Management Studio 命令，打开 Microsoft SQL Server Management Studio 窗口，并使用 Windows 或 SQL Server 身份验证建立连接。

2 在【对象资源管理器】窗格中展开服务器，然后展开【数据库】节点。

3 在【电子书查询系统】数据库节点上双击或者单击前面的+号按钮，展开该数据库，然后右击【表】节点，选择【新建表】命令，如图 3-2 所示。

4 在表设计器窗口中，输入列名，选择该列的数据类型，并设置其是否允许为空。具体设置如图 3-3 所示。

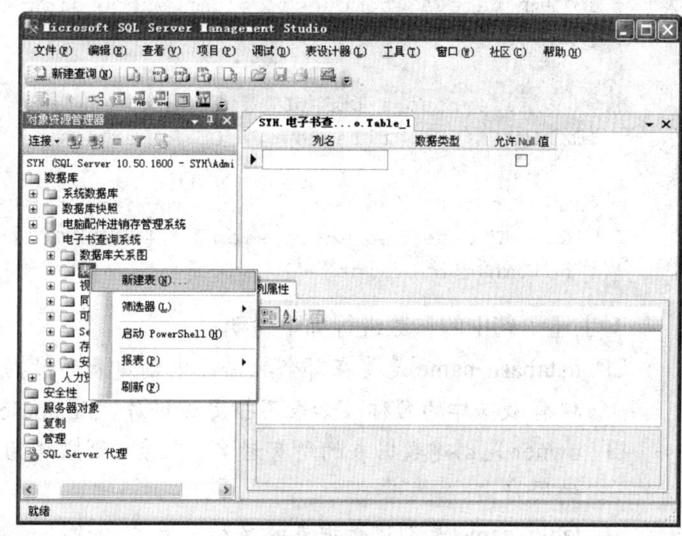

图 3-2 选择【新建表】命令

5 各列的设置都完成后单击【标准】工具栏上的按钮，或按 Ctrl+S 键将弹出【选择名称】对话框，输入表名称【会员信息】后就可以保存该表了，如图 3-4 所示。

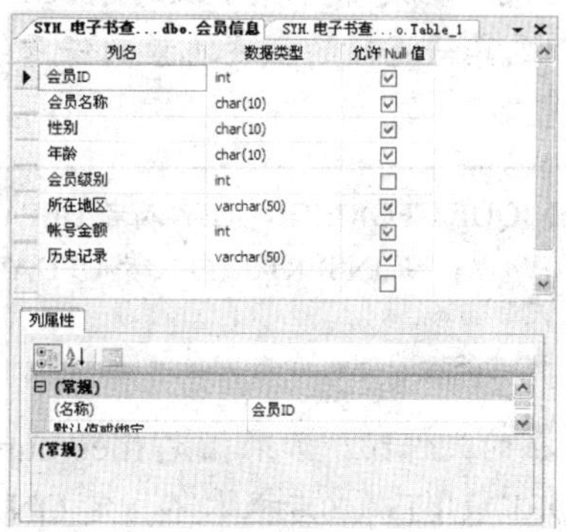

图 3-3 【会员信息】表列的设置

图 3-4 【选择名称】对话框

6 此时，创建表的工作就完成了，可以展开【电子书查询系统】数据库下的【表】节点，就可以看见刚创建的【会员信息】数据表。

2. 使用 CREATE TABLE

使用 Transact-SQL 语句创建表在程序设计中具有灵活性，开发人员可以根据需要随时在程序中为数据库创建表来存储数据。

在利用 CREATE TABLE 语句创建表之前，首先介绍一下 CREATE TABLE 语句的语法格式，如下所示：

```
CREATE TABLE [ database_name.[ owner ]. | owner.] table_name
(
{ < column_definition  > | < table_constraint >
| column_name AS computed_column_expression
} [ ,...n ]
)
[ ON { filegroup | DEFAULT } ]
[ TEXTIMAGE_ON { filegroup | DEFAULT }]

< column_definition >:: = { column_name data_type}
[ [ DEFAULT constant_expression ] | [ INDENTITY [ (seed,increment )  ]  ] ]
[ < column_constraint > ] [,...]
```

对上述语句中的参数进行如下说明。

- database_name 是要在哪个数据库中创建表的数据库名称。database_name 必须是现有数据库的名称。如果不指定数据库，database_name 默认为当前数据库。

- owner 是创建数据表的所有者名，若空，则默认为新表的创建者为当前数据库中的用户名。
- table_name 是创建数据表的名称。表名必须符合标识符规则。
- column_name 是创建数据表中的字段名。字段名必须符合标识符规则，并且在表内唯一。如果字段名中包含空格，需要将字段名用方括号括起来。
- computed_column_expression 是定义计算字段值的表达式。计算字段由同一表中的其他字段通过表达式计算得到。表达式可以是非计算字段的字段名、常量、函数、变量，也可以是用一个或者多个运算符连接的上述元素的任意组合。

警 告

在计算列上不能添加如 PRIMARY KEY，UNIQUE，FOREIGN KEY 或者 DEFAULT 等约束条件。由于计算列是通过服务器计算产生的，所以，在 INSERT 语句或者 UPDATE 语句中不能对计算列进行赋值。

- ON{filegroup|DEFAULT}指定存储表所在的文件组。如果指定 filegroup，则数据表将存在指定的文件组中；如果指定 DEFAULT，或者根本不指定 ON 参数，则数据表将存储在默认文件组中。
- TEXTIMAGE_ON {filegroup | DEFAULT }将数据表中 text 和 image 类型的数据存储到指定的文件组。
- data_type 指定字段的数据类型，可以是系统数据类型或者用户自定义的数据类型。
- constant_expression 是用作字段默认值的常量、NULL 或者系统函数。
- IDENTITY 指定该字段为标识字段。

- seed 定义标识字段的起始值，起始值是装入表的第一条记录时所使用的值。
- increment 定义标识增量，标识增量是指该字段值相对前一条记录标识字段的增量值。
- column_constraint 定义与字段相关的约束，如 NULL、NOT NULL 和 PRIMARY 等与约束有关的内容。

在介绍完 CREATE TABLE 语句的语法格式后，接下来利用该语句来创建【电子书内容信息】数据表。语句代码如下所示：

```
USE 电子书查询系统
GO
CREATE TABLE 电子书内容信息
(
  序号 int NOT NULL,
  关键字段 char(10) NULL,
  详细内容 varchar(MAX) NULL,
  单条记录 int NULL,
  单价 money NULL,
)
```

注意

在创建表时需要使用 USE 语句打开【电子书查询系统】数据库。使用 CREATE TABLE 语句创建表时各个列之间必须用“,”逗号隔开，否则将会出现错误。

3.2.2 修改表

修改表其实和创建表一样，在 SQL Server 2008 系统中，既可以通过可视化的 SQL Server Management Studio 界面修改表，也可以通过 Transact-SQL 语句修改表。

1．使用 SQL Server Management Studio 界面

1 从【开始】菜单中选择【程序】|Microsoft SQL Server 2008|SQL Server Management Studio 命令，打开 Microsoft SQL Server Management Studio 窗口，并使用 Windows 或 SQL Server 身份验证建立连接。

2 在【对象资源管理器】窗格中展开服务器，然后展开【数据库】节点。

3 在【电子书查询系统】数据库节点上双击或者单击前面的+号按钮，展开该数据库，然后展开【表】节点，可以看到数据库中所有的表。

4 右击需要修改的表，从弹出的快捷菜单中可以对该表进行“设计”、“编辑”、“查看”、“重命名”、“删除”等操作，如图 3-5 所示。

其中，【设计】命令可以对表进行重新设计，不过如果该表中已有数据的话，最好不要对表重新设计，否则有可能出错；选择【选择前 1000 行】命令可以查看表中前 1 000 条的记录；选择【编辑前 200 行】命令可以修改表的前 200 条记录数据；选择【查看依赖关系】命令显示该表的功能正常所必须出现的数据库对象，以及依赖于所选对象的对象；选择【重命名】命令可以修改表的名称；选择【删除】命令可以删除该表。

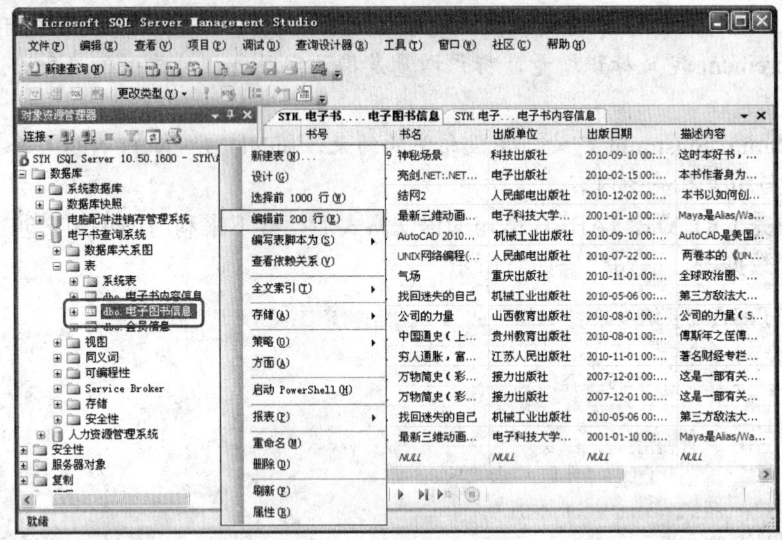

图 3-5　修改表操作

提 示

在进行修改表操作时，要先查看该对象所依赖的关系，看它是否和其他对象有依赖关系，如果有依赖关系，应先解除该对象的依赖关系后再对表进行修改操作。否则将有可能导致其他对象出错。

在 SQL Server 2008 中，还可以修改表的访问权限，例如赋予 public 角色对【会员信息】表进行修改、删除、插入、选择、更新操作，具体步骤如下。

1 在【对象资源管理器】窗格中，依次展开【数据库】|【电子书查询系统】|【表】节点列出数据库中的表。

2 右击【会员信息】数据表，选择【属性】命令。

3 在【表属性】窗口中，单击【选择页】|【权限】按钮，进入【权限】页面。

4 单击【搜索】按钮，打开【选择用户或角色】对话框。可以在其中输入要选择的对象名称，也可以通过单击【浏览】按钮打开【查找对象】对话框选择 public 选项，如图 3-6 所示，然后单击【确定】按钮。

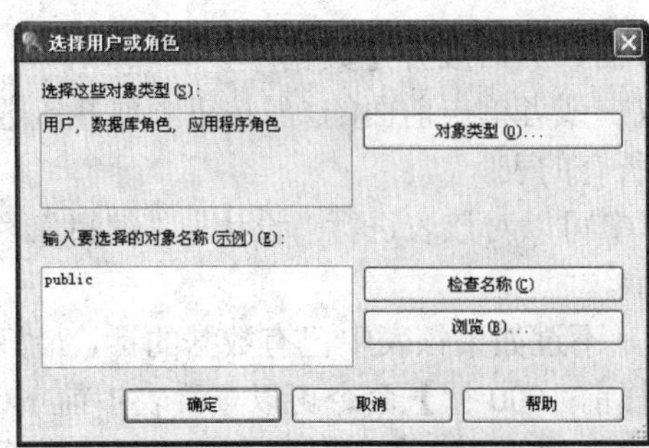

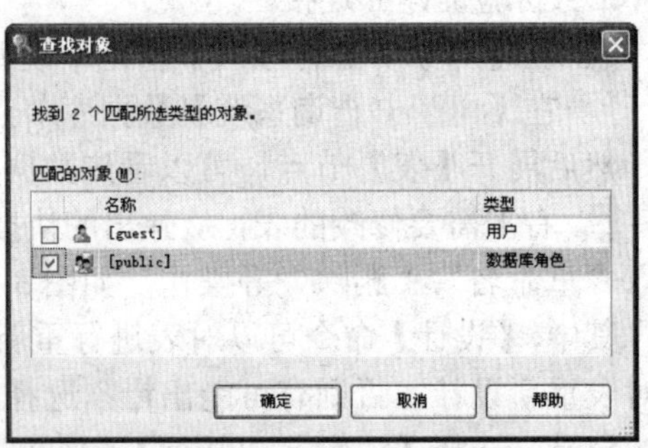

图 3-6 【选择用户或角色】和【查找对象】对话框

5 在【权限】页面里面可以设置表的查看、删除、插入、查询和修改等权限，如图 3-7 所示。

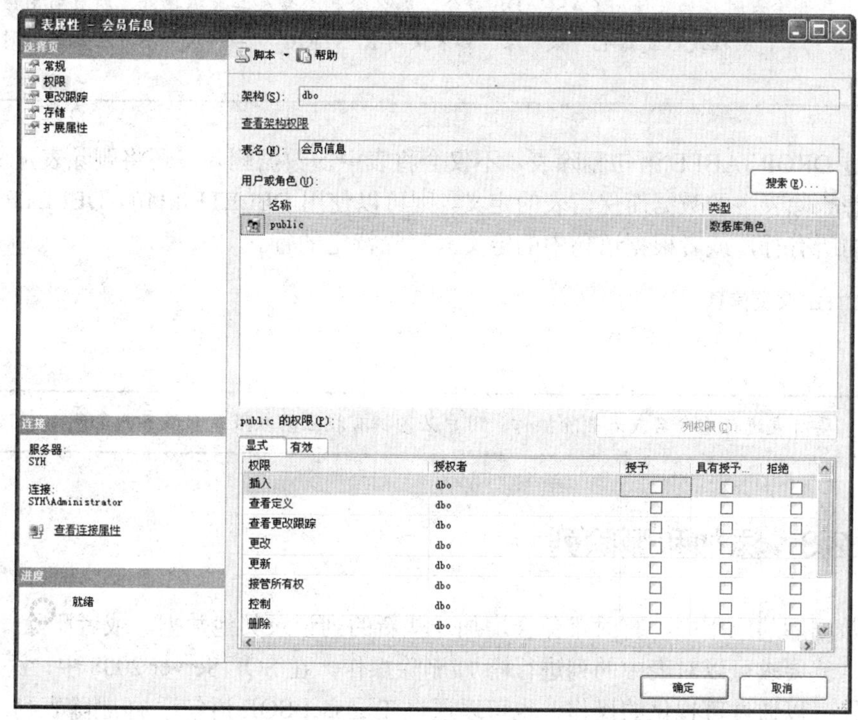

图 3-7 【权限】页面

6 在【表属性】窗口单击【确定】按钮，完成表属性修改操作。

提 示

这里只介绍了修改表的权限，如果要修改表中的列的权限时，必须先选择权限（如 Select、References、Update 等）启用【列权限】按钮，然后才可以单击【列权限】按钮打开【列权限】窗口给表中的列设置权限。

2. 使用 Transact-SQL 语句修改表

除了使用图形化操作实现表的重命名和删除，也可以使用 Transact-SQL 语言来实现。在 SQL Server 2008 中，可以使用系统存储过程 sp_rename 来对表重命名。例如重命名【会员信息】表为【用户会员信息】的语句为：

```
USE 电子书查询系统
GO
EXEC sp_rename '会员' , '用户会员信息'
```

删除表可以使用 DROP TABLE 语句来实现，如下所示：

```
DROP TABLE 会员信息
```

技巧

在删除表时，如果使用 CASCADE 命令，那么除删除表及其数据之外，所有引用该表的视图、约束、例程或触发器也将被删除。如果使用 RESTRIC 命令，只有不存在依赖性时表才被删除。

通过 DROP TABLE 语句删除表，不仅会将表中的数据删除，还将删除表定义本身。如果只想删除表中的数据而保留表的定义，则可以使用 DELETE 语句。DELETE 语句删除表中的所有行，或者根据语句中的定义只删除特定的行。

```
DELETE 会员信息
```

提示

要对表进行重命名或者删除操作，用户必须拥有相应的权限或者服务器角色。

3.2.3 添加和删除列

在数据库的应用中，有时难免会增加一些新的列记录其他数据，或者删除一些无用的列。这就要求可以对表中的列进行添加/删除操作。在 SQL Server 2008 中，添加/删除表列同样可以通过可视化的操作，也可以通过 Transact-SQL 语句添加/删除表列。

1．通过 SQL Server Management Studio 界面操作

1 在【对象资源管理器】窗格中，依次展开【数据库】|【电子书查询系统】|【表】节点。

2 在列出的所有表中，右击【会员信息】表，选择【设计】命令，在表设计器窗口中，如果要添加列，那么就在所有列的后面设置要添加的列名称、类型和是否为空值；如果要删除某列，只要在该列上右击，从弹出的快捷菜单中选择【删除列】命令即可，如图 3-8 所示。

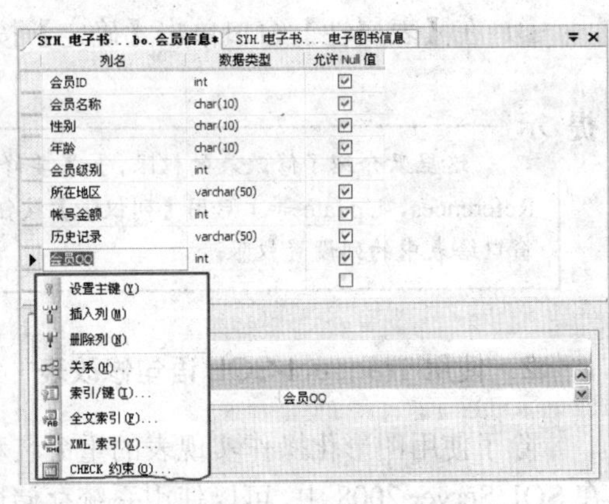

图 3-8　添加和删除列

3 然后保存并关闭表设计器窗口。

2．通过 Transact-SQL 语句添加/删除表列

添加表列也可以使用 ALTER TABLE 语句来实现。例如向【会员信息】表中添加【员工地址】列，可以使用如下 Transact-SQL 语句：

```
USE 电子书查询系统
GO
```

```
ALTER TABLE 会员信息
ADD 会员QQ nvarchar(20) NULL
```

删除表也可以使用 DROP COLUMN 语句来实现。例如将刚添加到【员工信息】表中的【员工地址】列删除，可以使用如下语句：

```
USE 电子书查询系统
GO
ALTER TABLE 会员信息
DROP COLUMN 会员QQ CASCADE
```

上述语句中，CASCADE 选项表示将列和列中的数据删除，而不管其他对象是否引用这一列。并且所有引用这一列的视图、约束、例程或者触发器也将被同时删除。而如果指定另一选项 RESTRICT，那么只有在没有视图、约束、例程或者触发器引用这一列时，这一列才能被删除。

3.2.4 修改列

修改列的属性包括重新设置列名、数据类型、长度、是否允许空、描述、默认值、精度、小数位数、标识、公式、排序规则等属性，还可以设置和取消一个列的主键约束。

例如要修改【会员信息】表中的【会员名称】列，设置数据类型和长度为 nvarchar（10）且不允许为空，具体代码如下所示：

```
USE 电子书查询系统
GO
ALTER TABLE 会员信息
ALTER COLUMN 会员名称 nvarchar(10) NOT NULL
```

当然修改列的属性也可以在表设计器中操作，在表设计器中修改列属性和设计列的属性操作完全一样，这里就不再重复。

3.3 列数据类型和属性

数据类型是数据的一种属性，是数据所表示信息的类型。在 SQL Server 2008 系统中，表中的每一列都有一个与之对应的特定数据类型和列数据属性，例如允许空，或者不允许空。

3.3.1 数据类型

SQL Server 2008 系统提供了 36 种数据类型，根据每种数据类型的固有特性，可以将其分为 8 大类，下面分别对每一类数据类型的属性和含义展开叙述。

1. 数字数据类型

数字数据类型包括：bigint、int、smallint、tinyint、bit、decimal、numeric、money、 smallmoney、float、real 等 11 种数据类型。根据数值的精度，数字数据类型又可以分为精确数字类型和近似数字类型两大类。这些数据类型的数字可以用于各种数值运算。它们的具体功能解释如表 3-1 所示。

表 3-1 数字数据类型

数据类型		功能解释
精确类型	bigint	该数据类型是存储容量最大的一种，长度是 8 个字节，每个字节的长度是 8 位，且可以存储正负数字。bigint 数据类型可以存储从 -2^{63}（-9 223 372 036 854 775 808）到 $2^{63}-1$（9 223 372 036 854 775 807）范围的所有正负数
	int	它的长度是 4 字节，每个字节长度是 8 位，且可以存储正负数。以 int 数据类型存储的每个值占用 4 个字节，共 32 位，其中 31 位用作存储数字，1 位用于表示正负。int 数据类型的取值范围是 -2^{31}（-2 147 483 648）到 $2^{31}-1$（2 147 483 647）。实际上，int 数据类型是最常用的数据类型，只有当 int 数据类型表示的数据长度不足时，才考虑使用 bigint 数据类型
	smallint	它的长度是 2 字节，共 16 位，也可以存储正负数，其中 15 位用作存储数字，1 位用于表示负数。因此，其取值范围是 -2^{15}（-32 768）到 $2^{15}-1$（32 767）
	tinyint	该类型数据可以存储从 0 到 255 范围内的所有数据。以 tinyint 数据类型存储的每个值占用 1 个字节
	bit	可以存储 0、1 或者 Null 数据的数据类型。这种数据类型主要用于一些条件逻辑判断。也可以把 TRUE 和 FALSE 数据存储到 bit 数据类型中，这时需要按照字符格式存储 TRUE 和 FALSE 数据
	money	由 money 数据类型存储的货币值由两个 4 字节整数构成。前面的一个 4 字节表示货币值的整数部分，后面的一个 4 字节表示货币值的小数部分。money 数据类型存储货币值的范围从 -2^{63}（-922 337 203 685 477.5808）到 $2^{63}-1$（922 337 203 685 477.5807），可以精确到 1/10 000 的货币单位
	smallmoney	由 smallmoney 数据类型存储的货币值由两个 2 字节整数构成，前面的一个 2 字节整数表示货币值的整数部分，后面一个 2 字节整数表示货币值的小数部分。以 smallmoney 存储的货币值的范围从-214 748.3648 到 214 748.3647，也可以精确到 1/10 000 的货币单位
近似类型	decimal/numeric	decimal 数据类型的精度是变化的，因此该数据类型的长度是不定的。decimal 数据类型的取值范围是 $-10^{38}+1$ 至 $10^{38}-1$
	float	利用 float 来声明变量和表中列时，可以指定用来存储按科学计数法记录的数据尾数的 bit 数。如 float（n），n 的范围是 1～53。当 n 的取值为 1～24 时，float 类型数据可以达到的精度是 7 位，用 4 个字节来存储；当 n 的取值范围是 25～53 时，float 类型数据可以达到的精度是 15 位，用 8 个字节来存储
	real	该数据类型可以存储正的或者负的十进制数值，最大可以有 7 位精确位数。它的存储范围从-3.40E-38～3.40E+38。每个 real 类型的数据占用 4 个字节的存储空间

2. 字符数据类型

字符数据类型也是 SQL Server 中最常用的数据类型之一，用于存储固定长度或可变长度的字符数据。在 SQL Server 2008 系统中，提供了 char 类型、varchar 类型、text 类型、nchar 类型、nvarchar 类型和 ntext 类型 6 种。其中，前 3 种数据类型是非 Unicode 字符数据类型，后 3 种是 Unicode 字符数据类型。它们的用法和功能解释如表 3-2 所示。

表 3-2 字符数据类型

char	使用 char 数据类型存储数据时，每个字符占用一个字节的存储空间。使用固定长度来存储字符，最长可以容纳 8 000 个字符。使用它定义表中列的数据类型时，应该给定数据的最大长度。如果实际数据的字符长度小于给定的最大长度时，则多余的字节会被空格填充；如果实际数据的字符长度大于给定的最大长度时，则超过的字符将会被截断。在使用字符型常量为字符数据类型赋值时，必须使用双引号或单引号将字符型常量括起来
varchar	该数据类型的使用方式与 char 数据类型的使用方式基本相同。SQL Server 利用 varchar 数据类型来存储最长可以达到 8 000 字符的变长字符型数据。与 char 数据类型不同的是，varchar 数据类型的存储空间随存储在表列中的每一个数据的字符数的不同而自动调整
text	该数据类型主要就是用来存储预计超过 8 000 字符的变长字符数据，最大长度可以达到 2^{31}–1 个字符
nchar	与 char 数据类型类似，不同的是 nchar 数据类型 n 的取值为 1～4 000。nchar 数据类型采用 Unicode 标准字符集，Unicode 标准用两个字节为一个存储单位，其一个存储单位的容纳量就大大增加了，可以将全世界的语言文字都包括在内，在一个数据列中就可以同时出现中文、英文、法文等，而不会出现编码冲突
nvarchar	与 varchar 数据类型类似，nvarchar 数据类型也采用 Unicode 标准字符集，n 的取值范围为 1～4000。在 SQL Server 2008 中，nvarchar 还可以定义为 nvarchar（max），可以存储数量巨大的变长字符串，数据最大长度可以达到 2^{30}–1 个字符，并且完全兼容所有的 SQL Server 内置的字符串函数。微软公司建议使用 nvarchar（max）替代 ntext 类型
ntext	与 text 数据类型类似，存储在其中的数据通常是直接能输出到显示设备上的字符，显示设备可以是显示器、窗口或者打印机。ntext 数据类型采用 Unicode 标准字符集，最大长度可以达到 2^{30}–1 个字符

3．二进制数据类型

二进制数据类型用于存储二进制的数据，包括 binary、varbinary 和 image 数据类型。其中，binary 用于存储固定长度的二进制数据，varbinary 用于存储可变长度的二进制数据。binary（n）和 varbinary（n）的数据长度由 n 值来决定，n 的取值范围是 1～8000。image 数据类型用于存储图像信息。SQL Server 的早期版本使用长二进制数据的 image 数据类型。在 SQL Server 2008 系统中，这个数据类型已由 varbinary（max）数据类型取代。只有在数据的字节数超过了 8KB 的情况下，才使用 image 数据类型，其中 max 可以达到的最大存储字节数为 2^{31}–1。

binary（n）和 varbinary（n）的默认值是 1。如果要存储的二进制数据的大小比较一致，建议使用 binary（n）数据类型。如果将要存储的二进制数据之间的大小差别比较大，则应该使用 varbinary（n）数据类型。如果将要存储的二进制大于 8 000 字节，就必须使用 varbinary（max）数据类型。

image 数据类型和 varbinary 类型相似的原因是它也是一种可变长度的二进制数据类型，区别在于可保存的数据长度不同，image 类型可以存储高达 2GB 的数据；数据保存的物理位置不同，varbinary 类型的数据与行中其他列上的数据在物理上是被保存在一起的，而对于 image 数据类型列的数据与行的其他部分是分开保存的，行上只保存了一个指针，SQL Server 通过这个指针找到数据。image 类型通常用于保存图像二进制文件和二进制对象。

提 示

同使用字符类型的方法一样，如果某个数据的值超过了数据定义时规定的最大长度，则多余的值会被服务器自动截去。如果是使用 binary 数据类型，则数据长度不够时服务器会在多余的字节上补充 0。

4. 日期和时间数据类型

在 SQL Server 2008 以前的版本中，日期和时间数据类型只有 datetime 和 smalldatetime 两种类型，这两种类型的差别在于其表示的日期和时间范围不同，时间精确度不同。

而在 SQL Server 2008 系统中，日期和时间类型的最大转变就是在 datetime 和 smalldatetime 两种类型的基础上又引入了 4 种日期和时间数据类型，分别为 date、time、datetime2 和 datetimeoffset；此外还增加了新的日期和时间函数功能。这些数据类型的用法和功能解释如表 3-3 所示。

表 3-3 日期和时间数据类型

数据类型	功能解释
date	该数据类型只存储日期型数据类型，不存储时间数据。date 数据类型的取值范围从 0001-01-01 到 9999-12-31
time	该数据类型就像日期数据类型一样，如果只想存储时间数据而不需要存储日期部分就可以利用 time 数据类型。其取值范围从 00:00:00.0000000 到 23:59:59.9999999
datetime2	该数据类型也是一种数据时间混合的数据类型，不过其时间部分秒数的小数部分可以保留不同位数的值，比原来的 datetime 数据类型取值范围要广。用户可以根据自己的需要通过设置不同的参数来设定小数位数，最高可以设到小数点后 7 位（参数为 7），也可以不要小数部分（参数为 0），以此类推
datetimeoffset	该数据类型是由年、月、日、小时、分钟、秒和小数秒组成的时间戳结构。小数秒的最大小数位数为 7。该数据类型具有时区偏移量，此偏移量指定时间相对于协调世界时（UTC）偏移的小时和分钟数，系统使用时区偏移量获取本地时间。时区偏移量必须包括符号（加或减）以表示是用 UTC 加上还是减去偏移量。偏移量的有效小时数介于–14 和+14 之间。分钟偏移量的符号取决于小时偏移量的符号：如果小时偏移量的符号为负，则分钟偏移量必须为负或零；如果小时偏移量的符号为正，则分钟偏移量必须为正或零；如果小时偏移量的符号为零，则分钟偏移量可以为–0.59 到+0.59 之间的任何值
datetime	该数据类型所存储的日期范围是从 1753 年 1 月 1 日开始到 9999 年 12 月 31 日结束，时间精确度是 3.33 毫秒
smalldatetime	该数据类型所存储的日期范围是 1900 年 1 月 1 日开始到 2079 年 12 月 31 日结束，时间精确度是 1 分钟

5．空间数据类型

SQL Server 2008 支持用于存储空间数据的平面空间数据类型（geometry）和地理空间数据类型（geography）。这些类型支持用来创建、比较、分析和检索空间数据的方法和属性。两种数据类型都是作为 SQL Server 中的.NET 公共语言运行时（CLR）数据类型实现的。

geometry 数据类型支持平面或欧几里得（平面球）数据。geometry 数据类型符合适用于 SQL 规范的开放地理空间联盟（OGC）简单特征 1.1.0 版。另外，SQL Server 支持 geography 数据类型，该数据类型可存储诸如 GPS 纬度和经度坐标之类的椭圆体（圆球）数据。

geometry 和 geography 数据类型支持 11 种空间数据对象或实例类型。但是，这些实例类型中只有 7 种“可实例化”；可以在数据库中创建并使用这些实例（或可对其进行实例化）。这些实例的某些属性由其父级数据类型派生而来，使其在 GeometryCollection 中区分为 Points、LineStrings、Polygons 或多个 geometry 或 geography 实例。两种空间数据类型的行为经常非常相似，但在数据存储方式和操作方式上存在某些重要的差别。

SQL Server 2008 在使用 geography 数据类型时具有以下限制。

- 每个 geography 实例必须能够容纳在单个半球的内部。任何大于半球的对象都无法存储。
- 使用开放地理空间联盟（OGC）熟知文本（Well-Known Text, WKT）或熟知二进制（Well-Known Binary, WKB）表示形式并且会产生大于一个半球的对象的任何 geography 实例都会引发一个 ArgumentException 异常。
- 如果方法的结果不能容纳在单个半球内部，则需要输入两个 geography 实例的 geography 数据类型方法（如 STIntersection()、STUnion()、STDifference()和 STSymDifference()）将返回 Null。如果输出超过单个半球，STBuffer()也将返回 Null。
- 图 3-9 描述了 geometry 和 geography 数据类型所基于的 geometry 层次结构。geometry 和 geography 的可实例化类型以灰色表示。

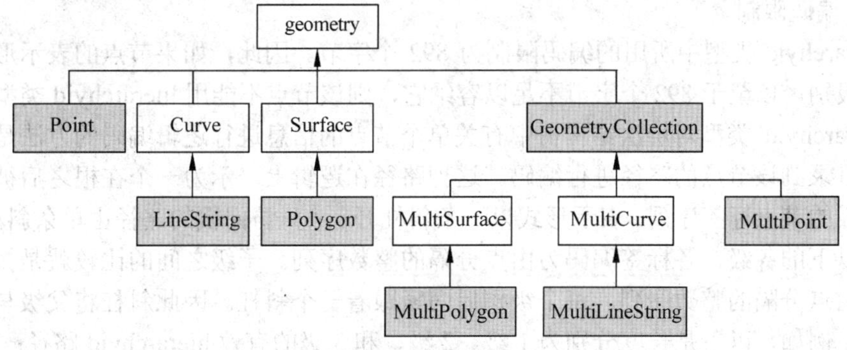

图 3-9　geometry 类型的层次结构

如图 3-9 所示，geometry 和 geography 数据类型的 7 种可实例化类型为 Point、MultiPoint、LineString、MultiLineString、Polygon、MultiPolygon 和 GeometryCollection。

只要特定实例的格式正确，即使未显式定义该实例，geometry 和 geography 类型也可识别该实例。例如，用户如果用 STPointFromText()方法显式定义了一个 Point 实例，只要方法输入的格式正确，geometry 和 geography 便将该实例识别为 Point。如果使用 STGeomFromText()方法定义了相同的实例，则 geometry 和 geography 数据类型都将该实例识别为 Point。

6．hierarchyid 数据类型

hierarchyid 数据类型是 SQL Server 2008 系统中新增的一种长度可变的系统数据类型。该数据类型是系统提供的。使用 hierarchyid 作为数据类型来创建具有层次结构的表，或引用位于另一个位置的数据层次结构。类型为 hierarchyid 的列不会自动表示树。由应用程序来生成和分配 hierarchyid 值，使行与行之间的所需关系反映在这些值中。hierarchyid 数据类型的值表示树层次结构中的位置。hierarchyid 的值具有以下属性。

- **非常紧凑**

在具有 n 个节点的树中，表示一个节点所需的平均位数取决于平均端数（节点的平均子级数）。端数较小时（0～7），大小约为 $6\times\log_A{}^n$位，其中 A 是平均端数。对于平均端数为 6 级、包含 100 000 个人的组织层次结构，一个节点大约占 38 位。存储时，此值向上舍入为 40 位，即 5 个字节。

- **按深度优先顺序进行比较**

给定两个 hierarchyid 值 *a* 和 *b*，*a*<*b* 表示在对树进行深度优先遍历时，先找到 *a*，后找到 *b*。hierarchyid 数据类型的索引按深度优先顺序排序，在深度优先遍历中相邻的节点的存储位置也相邻。例如，一条记录的子级的存储位置与该记录的存储位置是相邻的。

- **支持任意插入和删除**

使用 GetDescendant 方法，始终可以在任意给定节点的右侧、左侧或任意两个同级节点之间生成同级节点。在层次结构中插入或删除任意数目的节点时，该比较属性保持不变。大多数插入和删除操作都保留了紧凑性属性。但是，对于在两个节点之间执行的插入操作，所产生的 hierarchyid 值的表示形式在紧凑性方面将稍微降低。

- **编码限制**

hierarchyid 类型中所用的编码限制为 892 个字节。因此，如果节点的表示形式中包含过多级别，以至于 892 个字节不足以容纳它，则该节点不能用 hierarchyid 类型表示。

hierarchyid 类型对层次结构树中有关单个节点的信息进行逻辑编码的方法是：对从树的根目录到该节点的路径进行编码。这种路径在逻辑上表示为一个在根之后被访问的所有子级的节点标签序列。表示形式以一条斜杠开头，只访问根的路径由单条斜杠表示。对于根以下的各级，各标签编码为由点分隔的整数序列。子级之间的比较就是按字典顺序比较由点分隔的整数序列。每个级别后面紧跟着一个斜杠。因此斜杠将父级与其子级分隔开。例如，以下是长度分别为 1 级、2 级、和 3 级的有效 hierarchyid 路径：

```
/
/1/
/1/3/
```

可在任何位置插入节点。插入在/1/2/之后、/1/3/之前的节点可表示为/1/2.5/。插入在0之前的节点的逻辑表示形式为一个负数。例如，/1/1/之前的节点可表示为/1/-1/。

7. 其他数据类型

除了前面介绍的数据类型之外，SQL Server 2008 系统还提供了 sql_variant、timestamp、uniqueidentifier、xml 等 4 种特殊用途的数据类型。使用这些数据类型可以完成特殊数据对象的定义、存储和使用。它们的用法和含义解释如表 3-4 所示。

表 3-4 其他数据类型

数据类型	功能解释
sql_variant	sql_variant 是一种特殊的数据类型，它可以用来存储 SQL Server 2008 系统支持的各种数据类型（不包括 text、ntext、image、timestamp 和 sql_variant）的值。类型为 sql_variant 的列可能包含不同数据类型的行。 sql_variant 的最大长度可以是 8 016 个字节。这包括基类型信息和基类型值。实际基类型值的最大长度是 8 000 个字节。对于 sql_variant 数据类型，必须先将它转换为其基本数据类型值，然后才能参与诸如加减运算。可以为 sql_variant 分配默认值。该数据类型还可以将 NULL 作为其基础值，但是 NULL 值没有关联的基类型。而且，sql_variant 不能以另一个 sql_variant 作为它的基类型。唯一键、主键或者外键可能包含类型为 sql_variant 的列，但是，组成指定行的键的数据值的总长度不应大于索引的最大长度，该最大长度是 900 个字节。一个表可以包含任意多个 sql_variant 列
timestamp	timestamp 数据类型与时间和日期无关。timestamp 值是二进制数值，表明数据库中的数据修改发生的相对顺序。实现 timestamp 数据类型最初是为了支持 SQL Server 恢复算法。每次修改页时，都会用当前的@@DBTS 值对该页做一次标记，@@DBTS 值每次递增 1。这足以帮助恢复过程确定页被修改的相对顺序，但是 timestamp 值与时间没有任何关系
uniqueidentifier	uniqueidentifier 是一个特殊的数据类型，它是一个具有 16 字节的全局唯一性标志符，用来确保对象的唯一性。可以在定义列或者变量时使用该数据类型，这些定义的主要目的是在合并复制和事务复制中确保表中数据行的唯一性
xml	用来保存整个 XML 文档。用户可以像使用 int 数据类型一样使用 xml 数据类型。另外，xml 数据类型还提供一些高级功能，比如借助 Xquery 语法执行搜索

8. 自定义数据类型

用户自定义数据类型并不是真正的数据类型，它只提供一种加强数据库内部元素和基本数据类型之间一致性的机制。用户基于系统的数据类型而设计并实现的数据类型就称为用户自定义数据类型。

当创建用户定义的数据类型时，必须提供 3 个参数：数据类型的名称、所基于的系统数据类型和是否允许空。创建用户定义数据类型有两种方法：一种是通过图形化界面创建；另一种是使用系统存储过程 sp_addtype 创建用户定义数据类型。具体制作过程，这里不再详细赘述。

3.3.2 列的其他属性

对于一个数据库管理员来说，要设计好字段，还需要考虑更多的问题，例如哪些字段是记录中必不可少的，哪些字段的内容是不可重复的，等等。这就要求掌握列更多的属性，以便实现更复杂的功能。

1. NULL 与 NOT NULL

列的为空性决定表中的行是否可包含空值。空值（或 NULL）不同于零（0）、空白或长度为零的字符串（如" "）。出现 NULL 通常表示值未知或未定义。NOT NULL 则是不允许为空值，该列必须输入数据。

如果插入了一行，但没有为允许 NULL 值的列包含任何值，除非存在 DEFAULT 定义或 DEFAULT 对象，否则，数据库引擎将提供 NULL 值。用关键字 NULL 定义的列也接受用户的 NULL 显式输入，不论它是何种数据类型或是否有默认值与之关联。NULL 值不应放在引号内，否则会被解释为字符串 NULL 而不是空值。

指定某一列不允许空值（NOT NULL）有助于维护数据的完整性，因为这样可以确保行中的列永远包含数据。如果不允许空值，用户向表中输入数据时必须在列中输入一个值，否则数据库将不接收该表行。

定义了 PRIMARY KEY 约束或 IDENTITY 属性的列不允许空值。

2 指定列的默认值

当表中的某个字段在每条记录中的大部分值都保持不变的时候，可以指定列的默认值来简化数据的输入。如果插入行时没有为该列指定值默认值则指定列中使用什么值。默认值可以是计算结果为常量的任何值，例如常量、内置函数或数学表达式。

在 SQL Server 2008 系统中，指定列的默认值有两种方法：可以在表设计器中定义时指定，也可以在使用 CREATE TABLE 语句及 ALTER TABLE 语句时使用 DEFAULT 关键字定义。

❑ **使用表设计器指定列的默认值**

1 从【开始】菜单中选择【程序】|Microsoft SQL Server 2008|SQL Server Management Studio 命令，打开 Microsoft SQL Server Management Studio 窗口，并使用 Windows 或 SQL Server 身份验证建立连接。

2 在【对象资源管理器】窗口中展开服务器节点，然后展开【数据库】节点。

3 在【工资管理系统】数据库节点上双击或者单击前面的+号按钮，展开该数据库，然后右击【表】节点，从展开的节点中选择【新建表】命令。

4 在其中输入字段的名称和类型后，展开表设计器下面【列属性】列表框里的【常规】节点，在【默认值或绑定】后面的文本框中输入其默认值即可。这里对【公司福利】

表中的“福利工资”设默认值为200，如图3-10所示。

❑ **使用DEFAULT关键字**

可以在使用CREATE TABLE及ALTER TABLE语句时使用DEFAULT关键字指定列的默认值。DEFAULT关键字的语法格式如下：

```
DEFAULT <default value>
```

在关键字DEFAULT的后面，必须指定其默认值。这个值可以是SQL数据值、日期值（允许执行与日期和时间有关的操作）或者与会话有关的用户功能（这种功能返回与用户有关的信息），但是，无论如何都必须符合在列定义中指定的数据类型的数据要求。

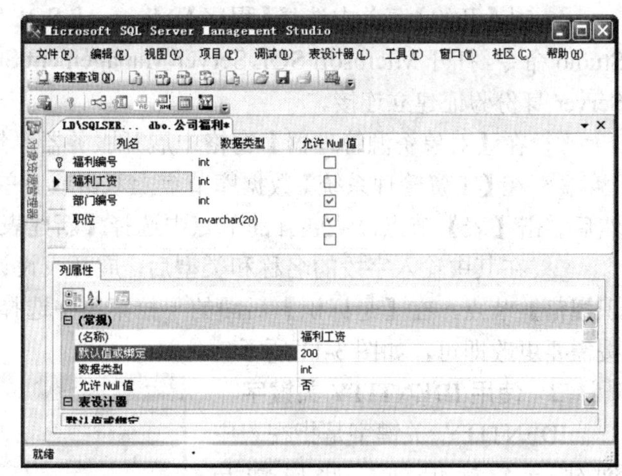

图3-10　表设计器的默认值

例如，对【公司福利】表中“福利工资”添加默认值可以使用如下语句：

```
USE 工资管理系统
GO
CREATE TABLE 公司福利
(
  福利编号 int IDENTITY,
  福利工资 int DEFAULT'200',
  部门编号 int NULL,
  职位 nvarchar (20) NULL
)
```

3. IDENTITY的应用

在前面小节中，在【公司福利】表中定义“福利编号”字段的时候，并没有使用NOT NULL关键字，而是使用了IDENTITY关键字，使用IDENTITY关键字定义的字段又叫标识字段，一个标识字段是唯一标识表中每条记录的特殊字段，当一个新记录添加到这个表中时，这个字段就被自动赋给一个新值。默认情况下是按+1递增。

> **注意**
>
> 每个表可以有一个标识字段，也只能有一个标识字段。使用tinyint型数据，只能向表中添加255个记录。

在SQL Server 2008系统中，定义标识字段有两种方法：可以使用表设计器定义标识字段，也可以在使用CREATE TABLE语句及ALTER TABLE语句时使用IDENTITY关键字定义。

❑ 使用表设计器定义标识字段

1 从【开始】菜单中选择【程序】|Microsoft SQL Server 2008|SQL Server Management Studio 命令，打开 Microsoft SQL Server Management Studio 窗口，并使用 Windows 或 SQL Server 身份验证建立连接。

2 在【对象资源管理器】窗格中展开服务器，然后展开【数据库】节点。

3 在【工资管理系统】数据库节点上双击或者单击前面的+号按钮，展开该数据库，然后右击【表】节点，从展开的节点中选择【新建表】命令。

4 在其中输入字段的名称和类型后，展开表设计器下面【列属性】列表框里的【标识规范】节点，在【是标识】后面的下拉菜单中选择【是】选项。标量增量和标量种子按需要更改即可，如图 3-11 所示。

❑ 使用 IDENTITY 关键字

IDENTITY 关键字是指在表中创建一个标识列。此属性与 CREATE TABLE 及 ALTER TABLE 语句一起使用。IDENTITY 关键字的语法格式如下：

```
IDENTITY(seed,increment)
```

语句中，seed 表示标量种子，即用于指定标识列的初始值；increment 表示标量增量，即用于指定标识列的增量值。必须同时指定种子和增量，或者两者都不指定。如果两者都未指定，则取默认值（1,1）。

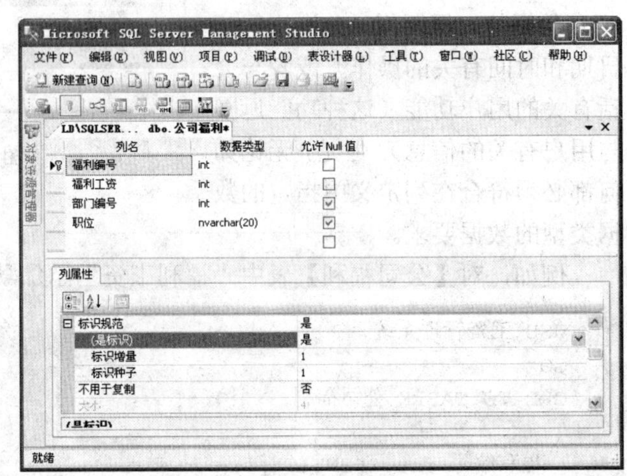

图 3-11 表设计器的标识规范

例如，在【工资管理系统】数据库中新设计一个【部门信息】表，要求“部门编号”为标识列，标量种子为 1，标量增量为 1，具体代码如下：

```
USE 工资管理系统
GO
CREATE TABLE 部门信息
(
  部门编号 int IDENTITY(1,1),
  部门名称 nvarchar(20) NULL,
  员工姓名 int NULL
)
```

3.4 表数据完整性

表数据完整性指的是数据库中表数据的准确性和一致性。数据完整性是衡量数据库中数据质量好坏的一种标志，是确保数据库中数据一致、正确以及符合企业规则的一种思想。可以使无序的数据条理化，确保正确的数据被存放在正确的位置的一种手段。

3.4.1 表主键

表主键（Primary Key）通过表数据中的一个列或多个列组合的数据来唯一标识表中的每一行数据。换句话说，表主键就是用来约束数据表中不能存在相同的两行数据。而且，位于主键约束下的数据应使用确定的数据，不能输入 NULL 来代替确定的数值。在管理数据时，应确保每一个数据表都拥有自己唯一的主键，从而实现数据的实体完整性。

在 SQL Server 2008 系统中，表的主键约束有以下几个特征和作用。

- 主键约束通常不允许一个或多个列输入重复的值，来保证一个表中所有行的唯一性，使所有行都是可区分的。
- 一个表上只能有一个主键，且组成主键的列的数据都不能为空值。
- 当定义主键约束时，SQL Server 在主键列上建立唯一索引，这个索引在主键被查询时可以提高查询的速度。

注 意

当主键由多个列组成时，某一列上的数据可以出现重复，但是这几个列的组合值必须是唯一的。并且 image 和 text 类型的列不能被定义为主键。

在 SQL Server 2008 系统中，定义表的主键可以在创建表的同时进行，也可以给已有的表添加主键。同时如果表中指定的主键不需要时，也可以通过 Transact-SQL 语句将其主键删除。

1. 在创建表时定义主键

在创建表时，定义主键约束的语法如下：

```
CREATE TABLE table_name(
(column_name datatype
[CONSTRAINT constraint_name]
{PRIMAY KEY}
[{CLUSTERED | NONCLUSTERED}][,…n]
[[,CONSTRAINT constraint_name]
{PRIMARY KEY}
[{CLUSTERED | NONCLUSTERED}]
(column_name[,…n])[,…n]
)
```

在上面语法中，各元素的具体意义如下。

- **constraint_name** 主键约束的名称，它也是数据库对象，所以约束的命名也必须遵守数据库对象命名的规则。
- **CLUSTERED** 表示在该列上建立聚集索引。
- **NONCLUSTERED** 表示在该列上建立非聚集索引。

例如，在【工资管理系统】数据库中，新建一个【学历表】，定义【学历编号】列为主键约束，具体语句如下所示。

```
CREATE TABLE 学历表
(
学历编号 int PRIMARY KEY,
学历名称 nvarchar(20) NULL,
学历工资 nvarchar(30) NOT NULL,
)
```

2. 给已有表添加主键

如果某个表已经存在，但没有设置主键约束，那么就可以使用下列语句向表中添加PRIMARY KEY约束。语句如下所示：

```
ALTER TABLE table_name
(
ADD
[CONSTRAINT primarykey_name]
PRIMARY KEY[CLUSTERED | NONCLUSTERED]
(column_name[,…n]
)
```


如果在创建【员工信息】表时没有定义主键，那么就可以使用以下语句给【员工编号】列添加主键约束：

```
ALTER TABLE 员工信息
ADD
CONSTRAINT PK_员工编号
PRIMARY KEY(员工编号)
```

警告

如果向一个没有指定主键约束的表中添加主键约束，那么指定为主键约束的列必须已经指定了NOT NULL约束，否则无法将该列指定为主键约束。

3. 删除主键约束

如果表中指定的主键约束不再需要，就可以通过Transact-SQL语句将其删除掉，以释放磁盘空间。例如删除上面建立的“PK_员工编号”主键约束，可使用如下语句：

```
ALTER TABLE 员工信息
DROP
CONSTRAINT PK_员工编号
```

前面介绍的主键约束都是通过Transact-SQL语句进行操作的，当然，使用SQL Server Management Studio工具也可以完成对主键的所有操作，只需要在表设计器中做相应修改即可，这里就不再多做介绍。

3.4.2 外键

外键是确保数据完整性并显示表之间关系的一种方法。外键（Foreign Key）也是由表的一个列或多个列组成的，它是和在相关表中事先定义的具有唯一性的列一起使用的，该列可以是所在表的主键。外键约束用来建立和强调两个表之间的关联，即一个表的一个列或多个列的组合与另一表中的具有唯一性的列或列组合相关联，这个列或列组合就成为第一个表中的外键。与主关键字相同，它也不能给一个定义为 text 或者 image 数据类型的列创建外关键字。

1. 在创建表时定义外键约束

创建表时定义外键约束的语法结构如下：

```
CONSTRAINT <constraint_name>
FOREIGN KEY (<column_name>[{,<column_name>}])
REFERENCES <ref_table> [ (<ref_column>[{,<ref_column>}])]
[ ON DELETE { CASCADE | NO ACTION } ]
[ ON UPDATE { CASCADE | NO ACTION } ] ]
[ NOT FOR REPLICATION ]
```

上述语法中各参数的说明如下。

- REFERENCES 指定要建立关联的表的信息。
- ref_table 指定要建立关联的表的名称。
- ref_column 指定要建立关联的表中的相关列的名称。
- ON DELETE{CASCADE | NO ACTION}指定在删除表中数据时，对关联表所做的相关操作。在子表中有数据行与父表中的对应数据行相关联的情况下，如果指定了值 CASCADE，则在删除父表数据行时会将子表中对应的数据行删除；如果指定的是 NO ACTION，则 SQL Server 会产生一个错误，并将父表中的删除操作回滚。NO ACTION 是默认值。
- ON UPDATE{CASCADE | NO ACTION}指定在更新表中数据时，对关联表所做的相关操作。在子表中有数据行与父表中的对应数据行相关联的情况下，如果指定了值 CASCADE，则在更新父表数据行时会将子表中对应的数据行更新；如果指定的是 NO ACTION，则 SQL Server 会产生一个错误，并将父表中的更新操作回滚。NO ACTION 是默认值。
- NOT FOR REPLICATION 指定列的外关键字约束在把从其他表中复制的数据插入到表中时不发生作用。

例如，创建一个新的【工资级别】数据表，指定“级别编号”为主键，“部门编号”为外键，具体代码如下：

```
CREATE TABLE 工资级别
(
级别编号 int PRIMARY KEY,
```

```
工资 int NOT NULL,
部门编号 nvarchar (20) FOREIGN KEY,
职位 nvarchar(20) NULL,
)
```

2. 给已有表添加外键

如果一个表已经创建好但没有指定外键约束，可以通过 ALTER TALBE 语句来添加 FOREIGN KEY 约束。假定在创建【员工信息】表时，没有为【所在部门编号】创建外键约束，则可以使用下面语句实现：

```
ALTER TABLE 员工信息
ADD
CONSTRAINT PK_所在部门编号
FOREIGN KEY(所在部门编号)
```

3. 删除外键约束

如果指定的外键约束不再需要，则可以使用语句把它删除，例如删除上面的“PK_所在部门编号”外键约束，可使用以下语句：


```
ALTER TABLE 员工信息
DROP CONSTRAINT PK_所在部门编号
```

同样，使用 SQL Server Management Studio 工具也可以完成对外键的所有操作，只需要在表设计器中做相应修改即可，这里也不再多做介绍。

3.4.3 约束

约束可以用来限制列上可以接受的数据值，检查约束使用逻辑表达式来限制列上可以接受的数据。可以在一列上使用多个检查约束，也可以在表上建立一个可以在多个列上使用的检查约束。

如果要创建表约束，则在定义中可以使用下列语法结构：

```
[CONSTRAINT <constraint_name>] CHECK {<search_condition>}
```

其中，search_condition 是在创建表的过程中为列指定的逻辑表达式。

如果要创建列约束，则在定义中可以使用下列语法结构：

```
<column_name>{<data_type>|<domain>} CHECK
```

例如，在创建【员工信息】表的同时可以约束表中【性别】列只能在“男”或“女”中取值。具体语句如下所示：

```
CREATE TABLE 员工信息
(
  员工编号 int NOT NULL,
```

```
    员工姓名 nvarchar(50) NULL,
    所在部门编号 int NULL,
    所任职位 nvarchar(50) NULL,
    性别 nvarchar (5) CHECK(性别 in ('男','女')),
    工资级别 int NULL,
    文化程度 int NULL,
    工龄 int NULL
)
```

3.4.4 表关系

在关系数据库中，关系可以防止冗余数据，关系通过匹配键列（通常是两个表中同名的列）中的数据来发挥作用。在大多数情况下，关系将一个表的主键（它为每行提供唯一标识符）与另一表中外键的项相匹配。

在 SQL Server 2008 系统中，表之间存在 3 种类型的关系，一对一关系、一对多关系和多对多关系，所创建的关系类型取决于相关列的定义。图 3-12 所示为【工资管理系统】数据库各表之间的关系图。

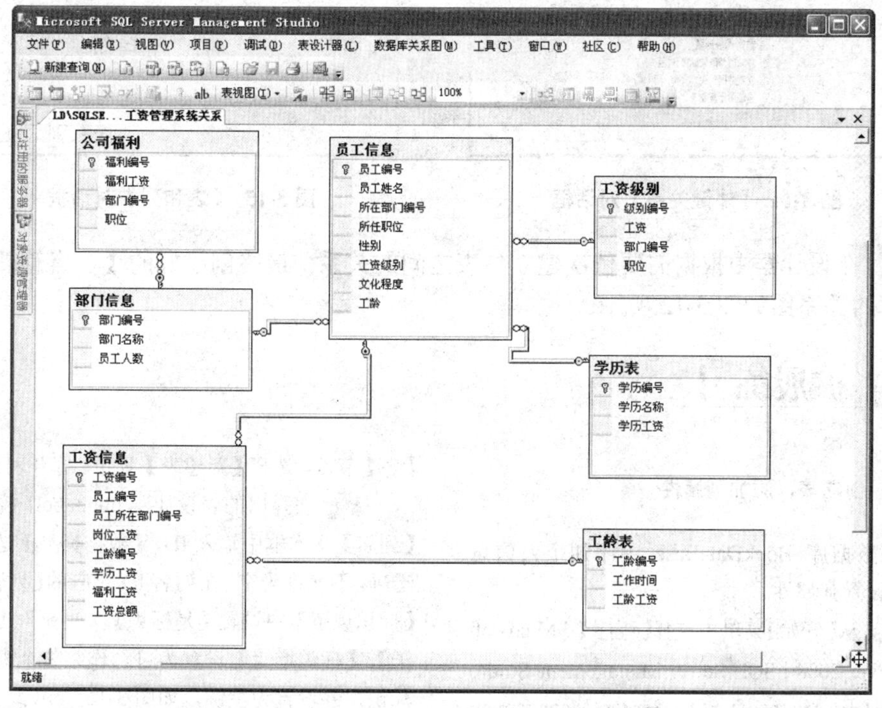

图 3-12 【工资管理系统】数据库表关系图

下面介绍一下如何在 Microsoft SQL Server Management Studio 工具中创建数据表之间的关系图，具体操作步骤如下所示。

1 在【对象资源管理器】窗格中，依次展开【数据库】|【工资管理系统】节点，右击【数据库关系图】节点，选择【新建数据库关系图】命令。

2 在打开的【添加表】对话框中选择要添加到关系图中的表，如图 3-13 所示，在这里选择全部的表，然后单击【添加】按钮，单击【关闭】按钮关闭【添加表】对话框。

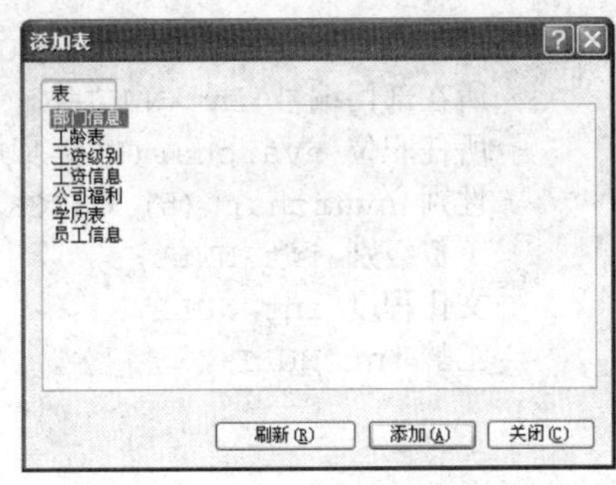

图 3-13 【添加表】对话框

3 在关系图设计器中，可以通过拖动主键到另外与之关联的表中的列上，松开鼠标左键，此时将弹出【外键关系】对话框（如图 3-14 所示）和【表和列】对话框（如图 3-15 所示）。

4 在【表和列】对话框中设置"主键表"和"外键表"选项。完成后单击【确定】按钮返回到【外键关系】对话框，单击【确定】按钮完成【员工信息】表与【部门信息】表的关联。

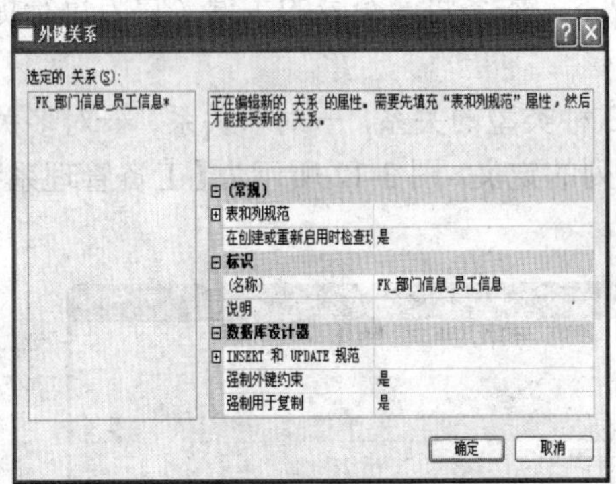

图 3-14 【外键关系】对话框

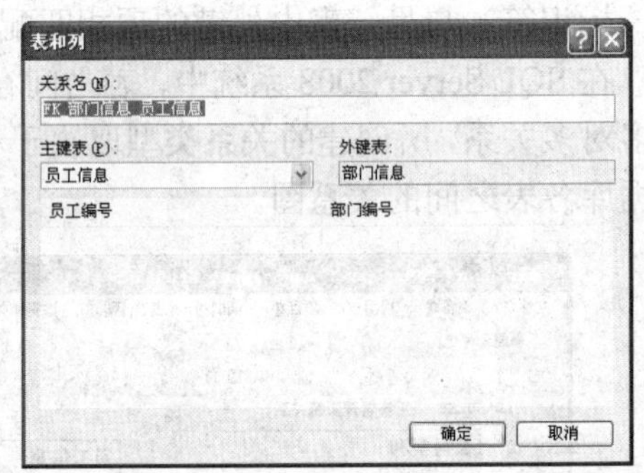

图 3-15 【表和列】对话框

5 在设计器中根据需要依次建立各表之间的关系。最终创建好的【工资管理系统】数据库的关系图如图 3-12 所示。

3.5 扩展练习

1. 创建表，添加列属性

在数据库 BookDateBase 中添加个人信息表，并设置其属性。

1 从【开始】菜单中选择【程序】| Microsoft SQL Server 2008 | SQL Server Management Studio 命令，打开 Microsoft SQL Server Management Studio 窗口，弹出【连接到服务器】对话框，【服务器类型】为"数据库引擎"，并使用 Windows 或 SQL Server 身份验证建立连接。

2 在【对象资源管理器】窗口中，依次展开【数据库】| BookDateBase |【表】节点，右击【表】节点，选择【新建表】命令，打开表设计器。

3 在弹出的表设计器 dbo.tabel1 窗口中的【列名】文本框中输入 ID，【数据类型】选择 INT 选项，不允许为空。在列名 ID 对应的【列属性】|【标识规范】中设置【是标识】为"是"，【标识种子】、【标识增量】设置为 1。作为整个表的唯一标识，并设置为主键，如图 3-16 所示。

4 在列名下分别输入账号，【数据类型】选择 Char(15)选项，char 是数据类型，(15) 是类型长度，不允许为空。

5 用上述方法分别设置密码、姓名、年龄、性别、电话，如图 3-17 所示。

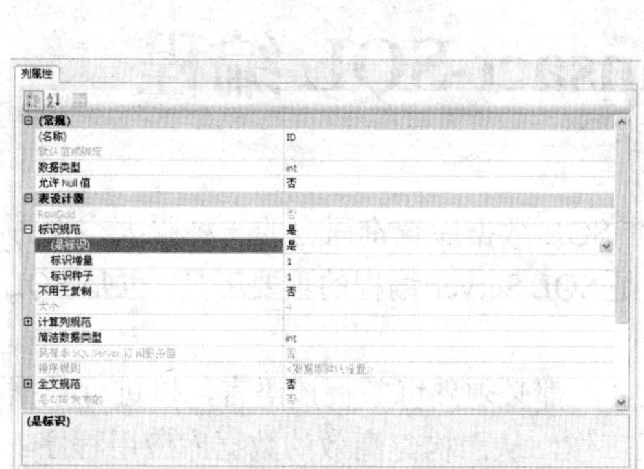

图 3-16 表设计器

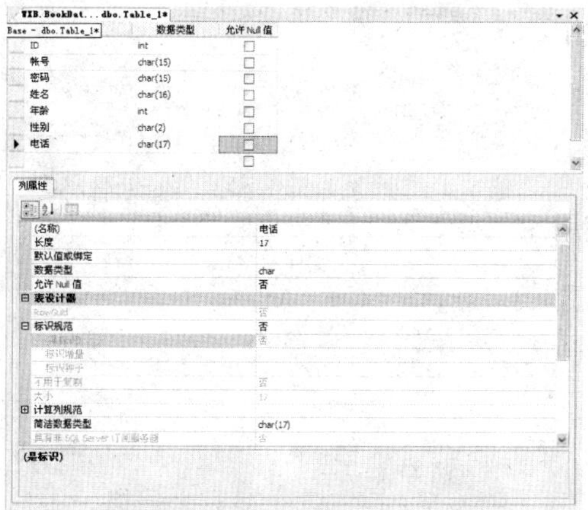

图 3-17 表设计器字段设置

2. 设置表约束

为刚建立的信息表设置性别约束。

1 在【对象资源管理器】窗格中，依次展开【数据库】| BookDateBase |【表】|【信息表】|【约束】节点，右击【约束】节点，选择【新建约束】命令，弹出【CHECK 约束】对话框，如图 3-18 所示。

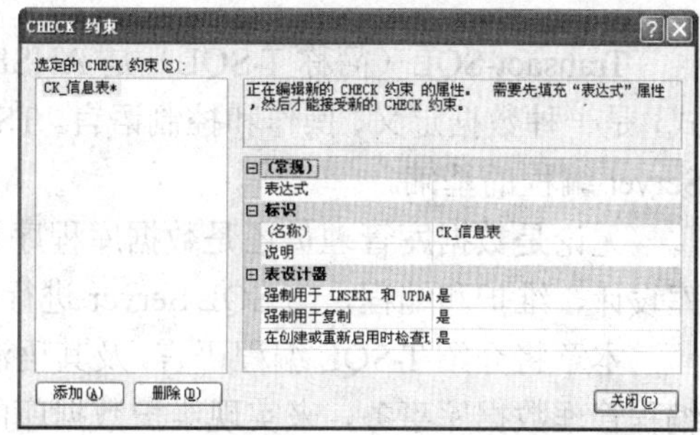

图 3-18 【CHECK 约束】对话框

2 在【常规】节点下的【表达式】右侧单击...按钮，弹出【CHECK 约束表达式】对话框，输入如下内容“性别 in ('男','女')”，如图 3-19 所示。

图 3-19 【CHECK 约束表达式】对话框

第4章　使用 Transact-SQL 编程

Transact-SQL（简称 T-SQL）是 ANSI 标准 SQL 数据库查询语言的一种强大实现方式，是一种数据定义、操作和控制语言。TSQL 是 SQL Server 编程的重要工具，也是 SQL Server 编程的基础。

无论是数据库管理员还是数据库程序设计员，都必须熟练掌握该语言，以进行数据库设计、维护和编程，与 SQL Server 进行交互工作，从而构建高效的数据库应用程序。

本章将介绍 T-SQL 编程语言，及其语法元素和语句类型。同时，也将介绍通过 T-SQL 编程管理数据库事务，来实现维护数据库的一致性和完整性的目的；通过 T-SQL 编程创建锁，以解决发生事务并发问题等高级编程操作。

本章学习目标

- 了解 T-SQL 语言类型
- 掌握 T-SQL 编程语法
- 熟悉 PIVOT 和 UNPIVOT 操作符的使用
- 掌握事务的概念及其运用
- 了解事务产生的并发问题
- 了解锁模式及如何查看锁
- 掌握游标的声明及使用

4.1　Transact-SQL 概述

Transact-SQL 语言是一种交互查询语言，具有功能强大、简单易学的特点。该语言是结构化查询语言的增强版本，与多种 ANSI SQL 标准兼容，而且在标准的基础上还进行了许多扩展。

4.1.1　Transact-SQL 语言与 SQL 语言

Transact-SQL 语言是微软公司对 SQL 语言的扩展。不同的数据库供应商一方面采纳 SQL 语言作为自己数据库的操作语言，另一方面又对 SQL 语言进行不同程度的扩展，而这些扩展往往又是 SQL 语言的下一个版本的主要实践来源。接下来，先对 SQL 语言进行简单的介绍。

SQL（Structure Query Language，结构化查询语言）是国际标准化组织（ISO）采纳的标准数据库语言。该语言是由美国国际标准协会（ANSI）和国际标准化组织（ISO）定义的标准，Transact-SQL 是 Microsoft 公司对此标准的一个实现。

Transact-SQL 语言既允许用户直接查询存储在数据库中的数据，也可以把语句嵌入到某种高级程序设计语言中来使用，例如，可以嵌套到 Microsoft Visual C#.NET 语言中。

Transact-SQL 在关系数据库管理系统中，可以实现数据的检索、操纵和添加等功能，它同其他程序设计语言一样，有自己的数据类型、表达式、关键字等。当然，该语言与其他语言相比，要简单得多，主要有如下 4 个特点。

- **一体化** Transact-SQL 语言集数据定义语言、数据操纵语言、数据控制语言元素为一体。其中，附加语言元素不是标准 SQL 语言的内容，但是它增加了用户对数据库操纵的灵活性和简便性，从而增强了程序的功能。
- **使用方式** Transact-SQL 语言有两种使用方式，即交互使用和嵌入高级语言使用。统一的语法结构使 Transact-SQL 语言可用于所有用户的数据库活动模型，包括系统管理员、应用程序员、决策支持系统管理人员以及许多其他类型的终端用户。
- **非过程化语言** Transact-SQL 语言只需要提出“干什么”，不需要指出“如何干”，语言的操作过程由系统自动完成。另外，Transact-SQL 语言不要求用户指定对数据的存储方法，所有的 Transact-SQL 语句都使用查询优化器，用以指定数据以最快速度存取手段。
- **人性化** Transact-SQL 语言继承 SQL 语言易学易用的特点，并符合人们的思维方式，因此非常容易理解和掌握。

4.1.2 Transact-SQL 语言类型

在 SQL Server 2008 系统中，Transact-SQL 可以创建、维护、保护数据库对象，并且可以操作对象中的数据，所以 Transact-SQL 语言是一种完整的语言。根据 Transact-SQL 语言的执行功能特点，可以将 Transact-SQL 语言分为 3 种类型：数据定义语言、数据操纵语言和数据控制语言。

1. 数据定义语言

数据定义语言（Data Definition Language，DDL）是 T-SQL 中最基本的语言类型，它用于创建数据库和各种数据库对象，如表、视图、存储过程等。创建了数据库对象后，才可能为其他语言的操作提供所要使用的对象。

在数据定义语言中，主要的 T-SQL 语言包括 CREATE 语句、ALTER 语句和 DROP 语句。CREATE 语句用来创建数据库及各种数据库对象；ALTER 语句用来修改数据库及其他数据库对象；DROP 语句则用来删除数据库及数据库对象。

2. 数据操纵语言

数据操纵语言（Data Manipulation Language，DML）是用来操纵数据库中的数据语句。当使用数据定义语言创建了数据库及表后，使用数据操纵语言便可以实现在表中查询、插入、更新、删除数据等操纵。数据操纵语言主要包括的语句有：SELECT 语句、INSERT 语句、UPDATE 语句、DELETE 语句、CURSOR 语句等。

3. 数据控制语言

数据控制语言（Data Control Language，DCL）是用来确保数据库安全的一系列语句。

例如，给不同的用户设置不同的权限，访问并使用不同的数据内容。数据控制语言用于控制数据库组件的存取许可、存取权限等以解决涉及到权限管理的问题，其主要包括GRANT、REVOKE、DENY 等语句。GRANY 语句可以将指定的安全对象的权限授予相应的主体，REVOKE 语句则删除授予的权限，DENY 语句拒绝授予主体权限，并且防止主体通过组或角色成员继承权限。

另外，除了上面 T-SQL 语言的 3 种基本类型外，还有 3 种常用的类型：事务管理语言、流程控制语言和附加的语言元素。

在数据库中执行操纵时，经常需要多个操作同时完成或者同时取消。例如，两个账号之间的转账操作，必须保证款项从一个账号转出的同时，进入到另一个账号中。如果在操作过程中一方取消转移，那么两边应该同时撤销操作。事务便是可以实现操作同时完成或同时取消的操作。在事务中的操作要么全部完成，要么全部失败。而用于事务管理的语句就是事务管理语言。在事务管理语言中，COMMIT 语句用于提交事务；ROLLBACK 语句用于回滚操作，即撤销执行操作。

流程控制语言是用于设计应用程序的语句，如 IF、WHILE、CASE 语句等。

Transact-SQL 附加语言元素不是 SQL 的标准内容，而是 Transact-SQL 语言为了编程方便而增加的语言元素。这些语言元素包括变量、运算符、函数、流程控制语句和注释等内容。

4.2 编程基础

Transact-SQL 语言是一系列操作数据库及数据库对象的命令语句，因此了解基本语法和流程语句的构成是必需的，这主要包括常量和变量、运算符、表达式、注释等。

4.2.1 常量与变量

在任何语言中，最不可少的便是常量和变量，它们是语言编程的基础元素。常量也称为文字值或标量值，是指程序运行中值不变的量，用于表示特定数据值的符号，根据代表的数据类型不同，值也就不同，可以是日期型、数值型、字符串型等。

在表 4-1 中列出了 SQL Server 2008 中可用的常量类型及常量的表示说明。

表 4-1　常量类型及说明

常量类型	常量表示说明
字符串常量	包括在单引号或双引号中，由字母数（a-z、A-Z）、数字字符（0-9）以及特殊字符（如感叹号(!)、at 符(@)和数字号(#)）组成
二进制常量	只有 0 或者 1 构成的串，并且不使用引号。如果使用一个大于 1 的数字，它将被转换为 1
十进制整型常量	使用不带小数点的十进制数据表示
十六进制整型常量	使用前缀 0X 后跟十六进制数字串表示
日期常量	使用单引号将日期时间字符串括起来
实型常量	有定点表示和浮点表示两种方式
货币常量	以前缀为可选的小数点和可选的货币符号的数字字符串来表示

变量就是在脚本中没有固定值的元素对象。在 Microsoft SQL Server 2008 系统中，存在两种类型的变量：第一种是系统定义和维护的全局变量；第二种是用户定义用来保存中间结果的局部变量。

1. 系统全局变量

系统全局变量是 SQL Server 系统提供并赋值的变量。用户不能建立全局变量，也不能用 SET 语句来修改全局变量的值。通常将全局变量的值赋给局部变量，以便保存和处理。全局变量以两个@符号开头。

例如，可以使用全局变量@@VERSION 查看当前使用的 SQL Server 的版本信息，语句如下所示：

```
SELECT @@VERSION AS [当前 SQL Server 版本]
```

在查询窗口中执行上述语句，如图 4-1 所示。

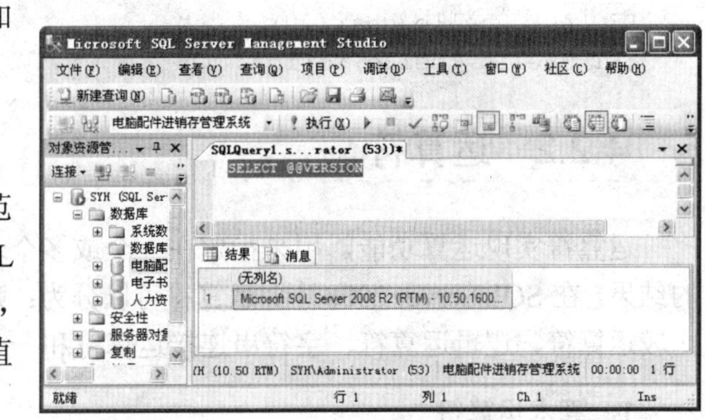

图 4-1 使用全局变量

2. 局部变量

局部变量是作用域局限在一定范围内的 Transact-SQL 对象。在 SQL Server 中，局部变量是用户自定义的，可以保存单个特定类型的数据值对象。

通常情况下，局部变量在一个批处理（也可以是存储过程或触发器）中被声明或定义，然后该批处理内的 SQL 语句就可以设置这个变量的值，或者是引用这个变量已经被赋予的值。当这个批处理结束后，这个局部变量的生命周期也就随之消失。

要创建局部变量，可使用 DECLARE 语句，其语法如下：

```
DECLARE
{@local_variable data_type|
 @cursor_variable CURSOR
}[,...n]
```

主要参数的说明如下：

- @local_variable 是变量的名称，它必须以@开头。
- data_type 是任何由系统提供的或用户定义的数据类型。变量不能是 text、ntext 或 image 数据类型。
- table_type_definition 用于定义表数据类型。表声明包括列定义、名称、数据类型和约束。允许的约束类型只包括 PRIMARY KEY、UNIQUE KEY、NULL 和 CHECK。
- n 表示可以指定多个变量并对变量赋值的占位符。当声明表变量时，表变量必须是 DECLARE 语句中正在声明的变量。

声明局部变量后要给局部变量赋值，可以使用 SET 或 SELECT 语句：

```
SET @local_variable = expression
SELECT @ local_variable = expression[,...n]
```

其中，@local_variable 是除 cursor、text、ntext、image 外的任何类型变量名；expression 是任何有效的 SQL Server 表达式。

SELECT @lacol_variable 通常用于将单个值返回到变量中，如果 expression 为列名，则返回多个。如果 SELECT 语句返回多个值，将返回的最后一个值赋予变量。如果 SELECT 语句没有返回行，变量将保留当前值。如果 expression 是不返回值的子查询，则将变量设为 NULL。因此，通常情况下使用 SET 而不是 SELECT 给变量赋值。

例如，将局部变量 hello 声明为 char 类型，长度为 20，并为其赋值为 hello,world!其 SQL 语句如下：

```
DECLARE @hello char(20)
SET @hello='hello,world!'
```

4.2.2 运算符

运算符实现运算功能，用来指定在一个或多个表达式中执行操作的符号，以产生新的结果。在 SQL Server 2008 中，运算符可以分为：算术运算符、赋值运算符、位运算符、比较运算符、逻辑运算符、字符串连接运算符和一元运算符。

1. 算术运算符

算术运算符是用于对两个表达式进行数学运算的运算符，一般得到的结果是数值型。表 4-2 列出了 SQL Server 中的主要算术运算符。

表 4-2 算术运算符

运算符	说明
+	加法运算
–	减法运算
*	乘法运算
/	除法运算，如果两个表达式值都是整数，那么结果只取整数值，小数值将略去
%	取模运算，返回两数相除后的余数

例如下列 T-SQL 数学运算语句：

```
SELECT 2.5+5.6 '加'
SELECT 5.9-1 '减'
SELECT 2.0*5.0 '浮点型乘'
SELECT 2*5 '整数乘'
SELECT 10.0/15.0 '浮点型除'
SELECT 10/15 '整数除'
SELECT 90/16 '取模'
```

在查询管理器中执行上述语句，运行结果如图 4-2 所示。

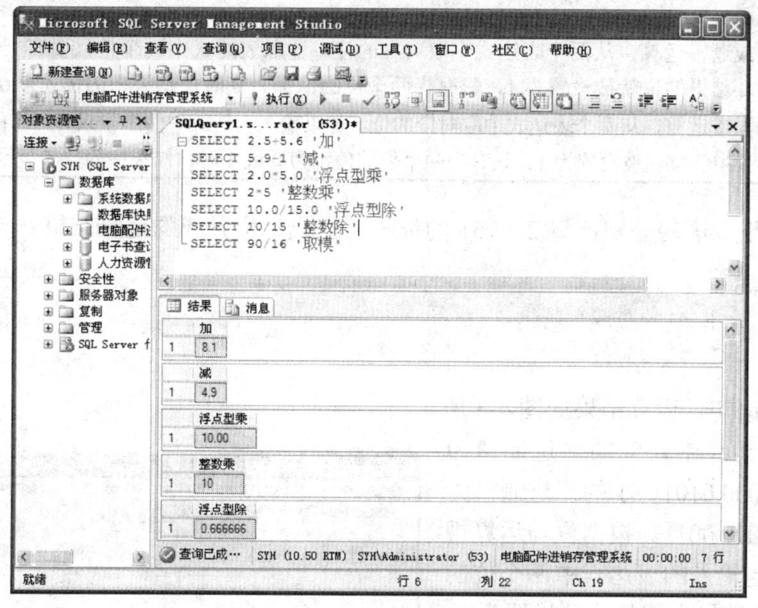

图 4-2　执行数学运算的结果

从上面执行的结果中可以看到，浮点型数值和整数型数值的乘除法运算得到的结果并不相同，这是因为，有浮点型数值的运算结果的类型是浮点型，而整数型数值的运算结果的类型是整数，所以，整数型乘除只保留整数。

2．赋值运算符

在 Transact-SQL 语言中，赋值运算符只有等号“=”一个。赋值运算符有两个主要的用途：第一个是给变量赋值，如下列语句所示：

```
DECLARE @URL varchar(20)
SET @URL = 'http://www.baidu.com'
```

第二个是在 WHERE 子句中提供查询条件，如下列语句所示：

```
SELECT * FROM 学生信息
WHERE 籍贯 = '上海'
```

3．位运算符

位运算符在两个表达式之间执行位操作，这两个表达式可以是任意两个整数数据类型的表达式。位运算符的符号及其定义如表 4-3 所示。

表 4-3　位运算符

运算符	描述
&	位与逻辑运算，从两个表达式中取对应的位。当且仅当输入表达式中两个位的值都为 1 时，结果中的位才被设置为 1，否则，结果中的位被设置为 0

续表

运算符	描述
|	位或逻辑运算，从两个表达式中取对应的位。输入表达式中两个位只要有一个的值为 1 时，结果的位就被设置为 1，只有当两个位的值都为 0 时，结果中的位才被设置为 0
^	位异或运算，从两个表达式中取对应的位。如果输入表达式中两个位只有一个的值为 1 时，结果中的位就被设置为 1；只有当两个位的值都为 0 或 1 时，结果中的位才被设置为 0

例如，下列语句分别计算 2 与 51 的位与、位或、位异或的运算结果。

```
SELECT 5 & 51 '位与'
SELECT 5 | 51 '位或'
SELECT 5 ^ 51 '位异或'
```

执行该语句，运算结果如图 4-3 所示。

在位与运算中，5 的二进制值为 0000 0000 0000 0101，51 的二进制值为 0000 0000 0011 0011。根据位与运算规则，当且仅当输入的表达式中两个位的值都为 1 时，结果中的位才被设置为 1；否则，结果中的位被设置为 0。那么，5 与 51 的位与逻辑运算值为 0000 0000 0000 0001，而二进制为 0000 0000 0000 0001 的十进制值就是 1。

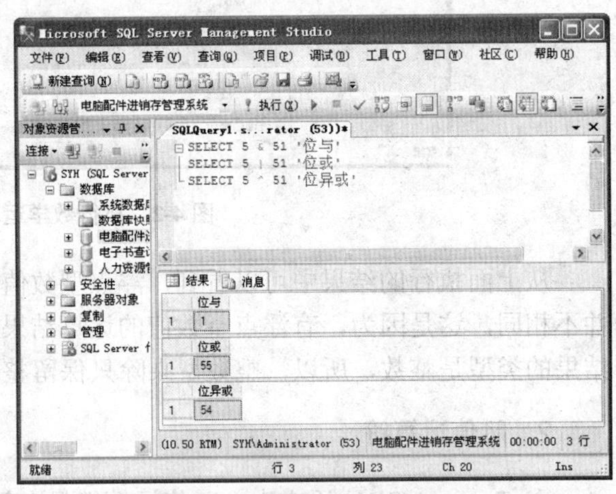

图 4-3　执行位运算符的结果

4．比较运算符

比较运算符用来测试两个表达式是否相同。除了 text、ntext 或 image 数据类型的表达式外，比较运算符可以用于所有的表达式。比较运算符的符号及其表达式如表 4-4 所示。

表 4-4　比较运算符

运算符	描述	运算符	描述
=	等于	<>	不等于
>	大于	!=	不等于
<	小于	!<	不小于
>=	大于或等于	!>	不大于
<=	小于或等于		

5．逻辑运算符

逻辑运算符用于对表达式或操作数进行比较或测试，其运算结果返回的是布尔类型的值，即 true 或 false。true 表示条件成立，false 则表示条件不成立。在 Transact-SQL 中可使用的逻辑运算符如表 4-5 所示。

表 4-5　逻辑运算符

运算符	描述
ALL	如果一组的比较都为 true，则比较结果为 true
AND	如果两个布尔表达式都为 true，则结果为 true；如果其中一个表达式为 false，则结果为 false
ANY	如果一组的比较中任何一个为 true，则结果为 true
BETWEEN	如果操作数在某个范围之内，那么结果为 true
EXISTS	如果子查询中包含了一些行，那么结果为 true
IN	如果操作数等于表达式列表中的一个，那么结果为 true
LIKE	如果操作数与某种模式相匹配，那么结果为 true
NOT	对任何其他布尔运算符的结果值取反
OR	如果两个布尔表达式中的任何一个为 true，那么结果为 true
SOME	如果在一组比较中，有些比较为 true，那么结果为 true

例如，查询数据库“电子书查询系统”中会员所在地区为“北京”或者“上海”的会员，语句如下所示：

```
USE 电子书查询系统
SELECT *
FROM 会员信息
WHERE 所在地区 LIKE '北京' OR 所在地区 LIKE '上海'
```


执行语句的结果如图 4-4 所示。

在该语句中，使用 LIKE 和 OR 逻辑运算符，表示如果数据中会员所在地区有北京或者上海的记录，那么就返回记录。

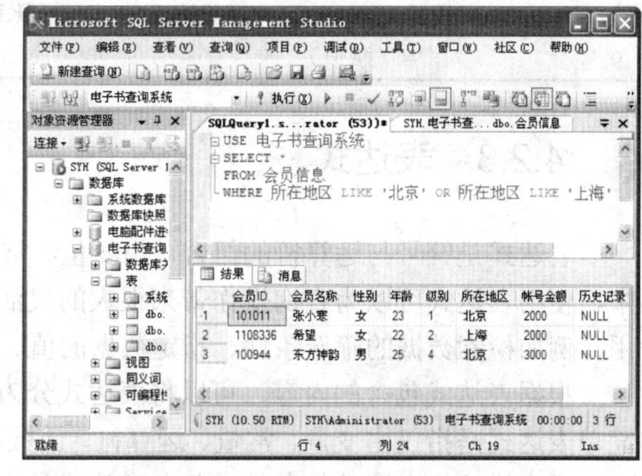

图 4-4　使用逻辑运算符查询结果

6．字符串运算符

加号（+）是字符串连接运算符，可以用它将字符串串联起来。其他所有字符串操作都使用字符串函数（如 SUBSTRING）进行处理。

默认情况下，对于 varchar 数据类型的数据，在 INSERT 或赋值语句中，空的字符串将被解释为空字符串。在串联 varchar、char 或 text 数据类型的数据时，空的字符串被解释为空字符串。例如，'abc'+' '+'def 被存储为'abcdef'。但是，如果兼容级别设置为 65，则空常量将作为单个空白字符处理，'abc'+ ' '+ 'def'将被存储为'abc def'。

7．一元运算符

一元运算符表示只对一个表达式执行操作。该表达式可以是 numeric 数据类型中的任何一种数据类型。在 Transact-SQL 语言中的一元表达式如表 4-6 所示。

表 4-6　一元运算符

运算符	描述
+	数值为正
–	数值为负
~	返回数字的逻辑非

8. 运算符的优先级

当一个复杂的表达式有多个运算符时，运算符优先级决定执行运算的先后次序。执行的顺序可能严重地影响所得到的值。SQL Server 2008 中运算符优先级如表 4-7 所示。在一个表达式中按先高后低的顺序进行运算（即数字越小其优先级越高）。

表 4-7　运算符优先级

优先级	运算符
1	~（位非）
2	*（乘）、/（除）、%（取模）
3	+（正）、–（负）、+（加）、（+ 连接）、–（减）、&（位与）
4	=、>、<、>=、<=、<>、!=、!>、!<（比较运算符）
5	^（位异或）、|（位或）
6	NOT
7	AND
8	ALL、ANY、BETWEEN、IN、LIKE、OR、SOME
9	=（赋值）

4.2.3 表达式

表达式是符号与运算符的组合，由变量、常量、运算符、函数组成。在 T-SQL 语句中，使用表达式可以为查询操作带来很大的灵活性。它可以在查询语句中的任何位置使用，例如检索数据的筛选条件、指定数据的值。

根据表达式包含的内容，可以将表达式分为两种类型：简单表达式和复杂表达式。简单表达式是指仅由变量、常量、运算符、函数等组成的表达式。简单表达式结构单一，一般用来描述一个简单的条件。复杂表达式是指由两个或多个简单表达式通过运算符连接起来的表达式。在复杂表达式中，如果两个或多个表达式有不同的数据类型，表达式中元素组合的顺序由表达式中运算符的优先级决定。

例如下面的复杂表达式，该表达式内包含有字段、字符串、逻辑运算符等。该语句用来查询 Reader 表中名称为黄山，密码为 123 的用户信息，程序如下：

```
SELECT B.Bnum,B.Bname,B.writer,BR.Rcert,Br.botime,R.Rcert,R.Rname
  FROM Books B,BorrowORreturn BR,Reader R
  where B.Bnum=Br.Bnum and Br.Rcert=R.Rcert
GO
```

执行该语句，运行结果如图 4-5 所示。

构成简单表达式中元素的数据类型、排序规则、精度、小数位数和值就是它所引用元素的数据类型、排序规则、精度、小数位数和值。使用比较运算符或逻辑运算符组合两个或多个表达式时，其结果为布尔型（Boolean），即 true、false 或 unknown。用算术运算符、位运算符或字符串运算符组合两个表达式时，生成的数据类型取决于运算符。

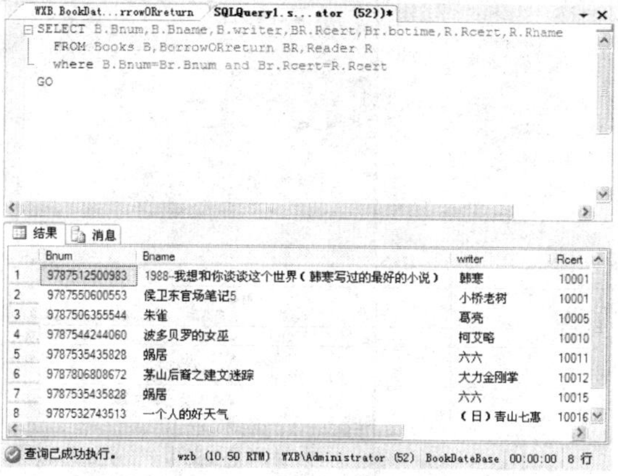

图 4-5　使用复杂表达式

4.2.4　注释

注释是程序代码中不被执行的文本字符串，用于对代码进行说明或暂时用来进行诊断的部分语句。一般地，注释主要描述程序名称、作者名称、变量说明、代码更改日期、算法描述等。在 SQL Server 2008 系统中，支持两种注释方式，即双连字符（– –）注释方式和正斜杠星号字符（/*…*/）注释方式。

在双连字符（––）注释方式中，从双连字符开始到行尾的内容都是注释内容。这些注释内容既可以与要执行的代码处于同一行，也可以另起一行。双连字符（––）注释方式主要用于在一行中对代码进行解释和描述。当然，双连字符（––）注释方式也可以进行多行注释，但是每一行都须以双连字符开始。服务器不对注释进行计算。

在正斜杠星号字符（/*…*/）注释方式中，开始注释对（/*）和结束注释对（*/）之间的所有内容均视为注释。这些注释字符既可以用于多行注释，也可以与执行的代码处在同一行，甚至还可以处在可执行代码的内部。服务器不处理/*和*/之间的文本。多行/*…*/注释不能跨越批，整个注释必须包含在一个批内。

为了更好地说明双连字符（– –）注释方式和正斜杠星号字符（/*…*/）注释方式的用法，下面将举出一个具体实例，程序如下：

```
USE 电子书查询系统
GO
--查看会员的信息
SELECT * FROM 会员信息
/*
按照会员所在地区查询
查询地区为'北京'的客户信息
*/
SELECT * FROM 会员信息 WHERE 所在地区='北京'
```

执行语句的结果如图 4-6 所示。

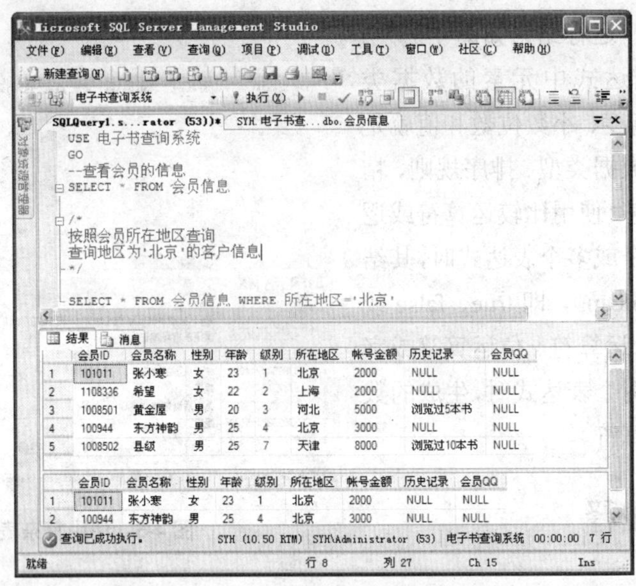

图 4-6　在语句中使用注释

双连字符（– –）注释方式和正斜杠星号字符（/*…*/）注释方式都没有注释长度的限制。一般地，行内注释采用双连字符（– –），多行注释采用正斜杠星号字符（/*…*/）注释方式。

4.2.5　控制流程

在程序设计语言中，需要使用一些语句组织形式来控制程序的运行。这些程序设计语言的基本结构分为顺序结构、条件分支结构和循环结构。顺序结构是一种自然结构，条件分支结构和循环结构都需要根据程序的执行状况对程序的执行顺序进行调整和控制。在 Transact-SQL 语言中，流程控制语句就是用来控制程序执行流程的语句，也称流控制语句或控制流语句。下面将对主要的流程控制语句进行介绍。

1. BEGIN…END 语句块

BEGIN…END 可以定义 Transact-SQL 语句块，这些语句块作为一组语句执行，允许语句嵌套；关键字 BEGIN 定义 Transact-SQL 语句的起始位置，END 标识同一块 Transact-SQL 语句的结尾。下面结合示例详细介绍关键字 BEGIN…END，语法格式为：

```
BEGIN
{
sql_statement | statement_block
}
END
```

上述语句中参数说明如下。

- ❑ **sql_statement**　使用语句块定义的任何有效的 Transact-SQL 语句。

- **statement_block**　使用语句块定义的任何有效的 Transact-SQL 语句块。

2. IF…ELSE 条件语句

用于指定 Transact-SQL 语句的执行条件。如果条件为真，则执行条件表达式后面的 Transact-SQL 语句。当条件为假时，可以使用 ELSE 关键字指定要执行的 Transact-SQL 语句。它的语法格式为：

```
IF Boolean_expression
{sql_statement|statement_block}
ELSE
{sql_statement|statement_block}
```

上述语句中参数说明如下。

- **Boolean_expression**　返回 true 或 false 的表达式。如果布尔表达式中含有 SELECT 语句，必须用圆括号将 SELECT 语句括起来。
- **sql_statement**　使用语句块定义的任何有效的 Transact-SQL 语句。
- **statement_block**　使用语句块定义的任何有效的 Transact-SQL 语句块。

例如，使用 IF…ELSE 条件语句根据相应场馆的使用状态执行不用的 Transact-SQL 语句，具体代码如下所示：

```
USE 体育场管理系统
GO
IF (SELECT 状态 FROM 场馆信息 WHERE 场馆名称='足球场')='空闲'
BEGIN
PRINT '该场馆已经没人使用，可以出租'
SELECT * FROM 场馆信息 WHERE 场馆名称='足球场'
END
ELSE
 PRINT'该场馆已经有人预订了，非常抱歉'
GO
```

执行上述语句，结果如图 4-7 所示。

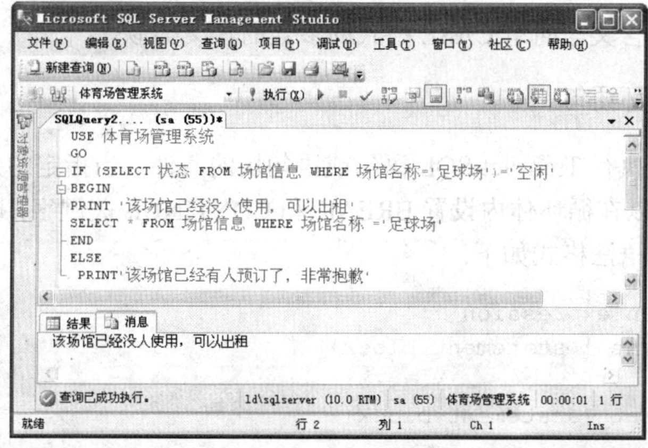

图 4-7　使用 IF…ELSE 语句

3. CASE 分支语句

CASE 关键字可根据表达式的真假来确定是否返回某个值，可在允许使用表达式的任何位置使用这一关键字。使用 CASE 语句可以进行多个分支的选择。CASE 具有以下两种格式。

- **简单格式** 将某个表达式与一组简单表达式进行比较以确定结果。
- **搜索格式** 计算一组布尔表达式以确定结果。

简单 CASE 格式的语法如下：

```
CASE input_expression
WHEN when_expression THEN result_expression
[...n]
[ELSE else_result_expression]
END
```

上述语句中参数说明如下。

- **input_expression** 使用简单 CASE 格式时所计算的表达式，可以是任何有效的表达式。
- **when_expression** 用来和 input_expression 表达式作比较的表达式，input_expression 和每个 when_expression 的数据类型必须相同，或者是隐性转换。
- **result_expression** 当 input_expression = when_expression 的取值为 true 时，需要返回的表达式。
- **else_result_expression** 当 input_expression = when_expression 的取值为 false 时，需要返回的表达式。

搜索 CASE 格式的语法如下。

```
CASE
WHEN Boolean_expression THEN result_expression
[...n]
[ELSE else_result_expression]
END
```

语句中参数的含义与简单 CASE 格式的参数的含义类似。

4. WHILE 循环语句

用于设置重复执行 Transact-SQL 语句或语句块的条件。当指定的条件为真时，重复执行循环语句。可以在循环体内设置 BREAK 和 CONTINUE 关键字，以便控制循环语句的执行过程。它的语法格式如下：

```
WHILE Boolean_expression
{sql_statement | statement_block}
[BREAK]
{sql_statement |statement_block}
[CONTINUE]
{sql_statement | statement_block}
```

上述语句中参数说明如下。

- ❑ **Boolean_expression** 布尔表达式，可以返回 true 或 false。如果布尔表达式中含有 SELECT 语句，必须用圆括号将 SELECT 语句括起来。
- ❑ **sql_statement** 使用语句块定义的任何有效的 Transact-SQL 语句。
- ❑ **statement_block** 使用语句块定义的任何有效的 Transact-SQL 语句块。
- ❑ **BREAK** 导致从最内层的 WHILE 循环中退出，将执行出现在 END 关键字后面的任何语句块，END 关键字为循环结束标记。
- ❑ **CONTINUE** 使 WHILE 循环重新开始执行，忽略 CONTINUE 关键字后的任何语句。

5. WAITFOR 延迟语句

WAITFOR 语句可以将它之后的语句在一个指定的间隔之后执行，或在将来的某一指定时间执行。它可以悬挂起批处理、存储过程或事务的执行，直到发生以下情况为止：已超过指定的时间间隔、到达指定的时间。该语句通过暂停语句的执行而改变语句的执行过程。它的语法如下：

```
WAITFOR
{
DELAY time | TIME time | (receive_statement) [TIMEOUT timeout]
}
```

上述语句中参数说明如下。

- ❑ **DELAY** 可以继续执行批处理、存储过程或事务之前必须经过的指定时段，最长可以为 24 小时。
- ❑ **time** 要等待的时间。可以使用 datetime 数据可接受的格式之一指定 time，也可以将其指定为局部变量，不能指定日期。因此，不允许指定 datetime 值的日期部分。
- ❑ **TIME** 指示 SQL Server 等待到指定时间。
- ❑ **receive_statemen** 任何有效的 RECEIVE 语句。

例如，下面的示例使用 TIME 关键字等到晚上 10 点执行【体育场管理系统】数据库检查来确保所有页已正确分配和使用：

```
USE 体育场管理系统
GO
BEGIN
   WAITFOR TIME '22:00'
   DBCC CHECKALLOC
END
GO
```

6. RETURN 无条件退出语句

无条件终止查询、存储过程或批处理的执行。存储过程或批处理中 RETURN 语句后面的所有语句都不再执行。当在存储过程中使用该语句时，可以使用该语句指定返回给调用应用程序、批处理或过程的整数值。如果 RETURN 语句未指定值，则存储过程的返回值是 0。它的语法格式如下：

```
RETUREN [integer_expression]
```

上述语句中 integer_expression 参数返回一个整数值。存储过程可向执行调用的过程或应用程序返回一个整数值。

7. GOTO 跳转语句

使得 Transact-SQL 批处理的执行跳至指定标签的语句。也就是说，不执行 GOTO 语句和标签之间的所有语句。由于该语句破坏了结构化语句的结构，应该尽量减少该语句的使用。它的语法格式如下：

```
GOTO label
```

这里的 label 参数指定要跳转到的语句标号，其名称要符合标识符的规定。

8. TRY…CATCH 错误处理语句

如果 TRY 块内部发生错误，则会将控制传递给 CATCH 块中包含的另一个语句组。TRY…CATCH 构造捕捉所有严重级别大于 10 但不终止数据库连接的错误。它的使用格式如下：


```
BEGIN TRY
{sql_statement | statement_block}
END TRY
BEGIN CATCH
{sql_statement | statement_block}
END CATCH
```

上述语句中参数 sql_statement | statement_block 可以定义为任何有效的 Transact-SQL 语句或语句块。例如，下面的示例显示一个生成被字符串变量除的错误 SELECT 语句，执行后返回发生错误的信息，具体代码如下所示：

```
USE 体育场管理系统
GO
IF (SELECT 状态 FROM 场馆信息 WHERE 场馆名称='足球场')='空闲'
BEGIN
PRINT '该场馆已经没人使用，可以出租'
SELECT * FROM 场馆信息 WHERE 场馆名称 ='足球场'
END
ELSE
PRINT'该场馆已经有人预订了，非常抱歉'
GO
```

执行上述代码，具体的结果如图 4-8 所示。

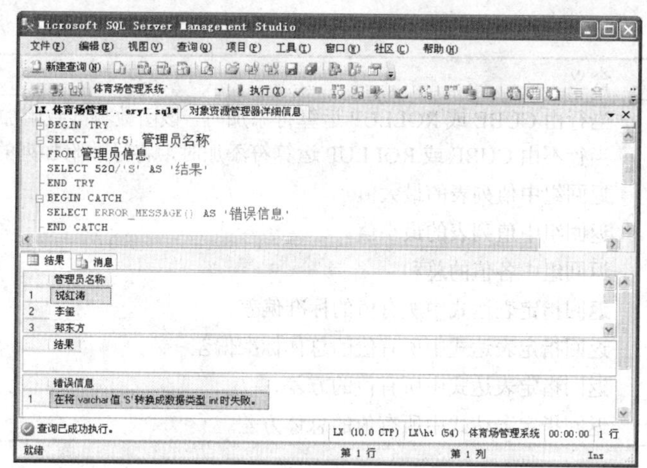

图 4-8　使用 TRY…CATCH 错误处理语句

4.3 常用函数

SQL Server 2008 为 Transact-SQL 语言提供了大量功能强大的系统函数，利用该函数不需要写很多代码就能够完成很多任务。在 SQL Server 2008 中，函数主要用来获得有关信息，进行算术计算、统计分析、实现数据类型转换等操作。本节将介绍常用的聚合、数学、字符串、日期和时间函数，以及如何自定义函数等。

4.3.1 聚合函数

聚合函数常用于 GROUP BY 子句，用于聚合分组的数据。所有聚合函数均为确定性函数，也就是说只要使用一组特定输入值调用聚合函数，该函数总是返回同类型的值。例如，计算一组整数型数值的总和或者平均值，结果将同样会返回整数型的数值。

该函数在和 GROUP BY 子句一起使用时显示出其强大的功能，但聚合函数的使用也不是只限于分组查询。如果查询语句中使用了聚合函数，而没有用 GROUP BY 子句，则聚合函数用于聚合整个结果集（匹配 WHERE 子句的所有行）。例如，不使用 GROUP BY 子句，SELECT 列表中 AVG 只能和 SUM 对应，但不能对应特定列。

SQL Server 2008 中提供了大量的聚合函数，表 4-8 中列出了一些常用的聚合函数。

表 4-8　聚合函数

函数名称	含义
AVG	返回组中各值的平均值，如果为空将被忽略
CHECKSUM	用于生成哈希索引，返回按照表的某一行或一组表达式计算出来的校验和值
CHECKSUM_AGG	返回组中各值的校验和，如果为空将被忽略
COUNT	返回组中项值的数量，如果为空也将计数
COUNT_BIG	返回组中项值的数量。与 COUNT 函数唯一的差别是它们的返回值：COUNT_BIG 始终返回 bigint 数据类型值，COUNT 始终返回 int 数据类型值

续表

函数名称	含义
GROUPING	当行由 CUBE 或 ROLLUP 运算符添加时，该函数将导致附加列的输出值为 1；当行不由 CUBE 或 ROLLUP 运算符添加时，将导致附加列的输出值为 0
MAX	返回组中值列表的最大值
MIN	返回组中值列表的最小值
SUM	返回组中各值的总和
STDEV	返回指定表达式中所有值的标准偏差
STDEVP	返回指定表达式中所有值的总体标准偏差
VAR	返回指定表达式中所有值的方差
VARP	返回指定表达式中所有值的总体方差

提示

在 SQL Server 2008 提供的所有聚合函数中，除了 COUNT 函数以外，聚合函数都会忽略空值。

下面通过示例演示聚合函数的具体应用。例如，下面的语句按【体育场管理系统】数据库中【管理员信息】表的“管理员名称”进行分组，并统计该管理员负责场馆的个数，并且统计该管理员负责的场馆的平均单价，具体代码如下所示：

```
SELECT B.管理员名称,COUNT(A.管理员编号) AS
管理员负责场馆数,AVG(A.单位价格) AS 平均价格
FROM 场馆信息 A ,管理员信息 B
WHERE A.管理员编号=B.管理员编号
AND B.管理员名称='李玺'
GROUP BY B.管理员名称
```

执行上述语句，可以查询出管理员姓名为“李玺”所负责的场馆个数及平均单价，如图 4-9 所示。

4.3.2 数学函数

数学函数用于对数字表达式进行数学运算并返回运算结果。在 SQL Server 2008 中，数学函数可以对系统提供的数字数据进行运算：decimal、integer、float、real、money、smallmoney、smallint 和 tinyint。默认情况下，对 float 数据类型数据的内置运算的精度为 6 个小数位数。SQL Server 提供了 20 多个用于处理整数与浮点值的数学函数。表 4-9 列出了部分常用的数学函数。

图 4-9 使用聚合函数

表 4-9　数学函数

函数名称	含义
ABS	返回数值表达式的绝对值
EXP	返回指定表达式以 e 为底的指数
CEILING	返回大于或等于数值表达式的最小整数
FLOOR	返回小于或等于数值表达式的最大整数
LN	返回数值表达式的自然对数
LOG	返回数值表达式以 10 为底的对数
POWER	返回对数值表达式进行幂运算的结果
ROUND	返回舍入到指定长度或精度的数值表达式
SIGN	返回数值表达式的正号（+）、负号（–）或零（0）
SQUARE	返回数值表达式的平方
SQRT	返回数值表达式的平方根

例如，下面创建一个使用 ROUND 函数的示例，具体代码如下所示：

```
SELECT
ROUND(12345.34567,2) 精确小数点后 2 位,
ROUND(12345.34567,-2) 精确小数点前 2 位
GO
```


执行上述代码，结果如图 4-10 所示。

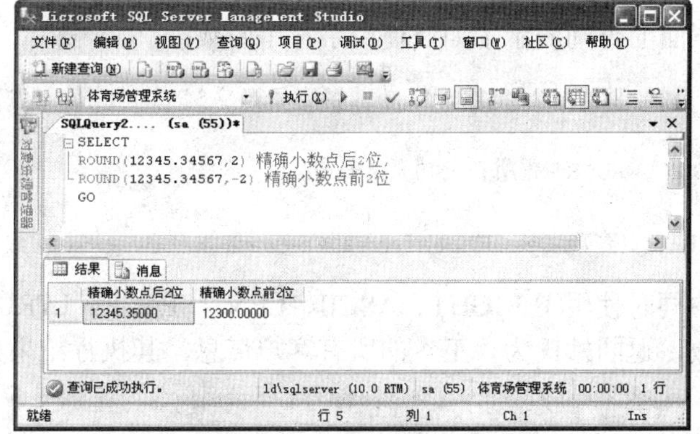

图 4-10　使用 ROUND 函数

注意

数学函数（例如 ABS、CEILING、DEGREES、FLOOR、POWER、RADIANS 和 SIGN）返回与输入值具有相同数据类型的值。三角函数和其他函数（包括 EXP、LOG、LOG10、SQUARE 和 SQRT）将输入值转换为 float 并返回 float 值。

4.3.3　字符串函数

字符串函数用于计算、格式化和处理字符串参数，或将对象转换为字符串。与数学

函数一样，SQL Server 2008 为了方便用户进行字符型数据的各种操作和运算提供了功能全面的字符串函数。字符串函数也是经常使用的一种函数，常见的字符串函数如表 4-10 所示。

表 4-10　字符串函数

函数名称	描述
ASCII	ASCII 函数，返回字符表达式中最左侧的字符的 ASCII 代码值
CHAR	ASCII 代码转换函数，返回指定 ASCII 代码的字符
LEFT	左子串函数，返回字符串中从左边开始指定个数的字符
LEN	字符串函数，返回指定字符串表达式的字符（而不是字节）数，其中不包含尾随空格
LOWER	小写字母函数，将大写字符数据转换为小写字符数据后返回字符表达式
LTRIM	删除前导空格字符串，返回删除了前导空格之后的字符表达式
REPLACE	替换函数，用第三个表达式替换第一个字符串表达式中出现的所有第二个指定字符串表达式的匹配项
REPLICATE	复制函数，以指定的次数重复字符表达式
RIGHT	右子串函数，返回字符串中从右边开始指定个数的字符
RTRIM	删除尾随空格函数，删除所有尾随空格后返回一个字符串
SPACE	空格函数，返回由重复的空格组成的字符串
STR	数字向字符转换函数，返回由数字数据转换来的字符数据
SUBSTRING	子串函数，返回字符表达式、二进制表达式、文本表达式或图像表达式的一部分
UPPER	大写函数，返回小写字符数据转换为大写的字符表达式

例如，对于下面的查询演示了如何使用字符串函数：

```
SELECT RIGHT(客户编号,2) '客户编号',客户名称,ASCII(性别) '性别',LEN(客户名称)
'长度'
,'属于'+SPACE(1)+LTRIM(所在公司) '公司'
FROM 客户信息
WHERE SUBSTRING(客户名称,1,1)='王'
```

在上述语句中同时使用了 RIGHT、ASCII、LEN、SPACE、LTRIM 和 SUBSTRING 共 6 个字符串函数，返回姓氏为“王”的所有客户信息，其执行结果如图 4-11 所示。

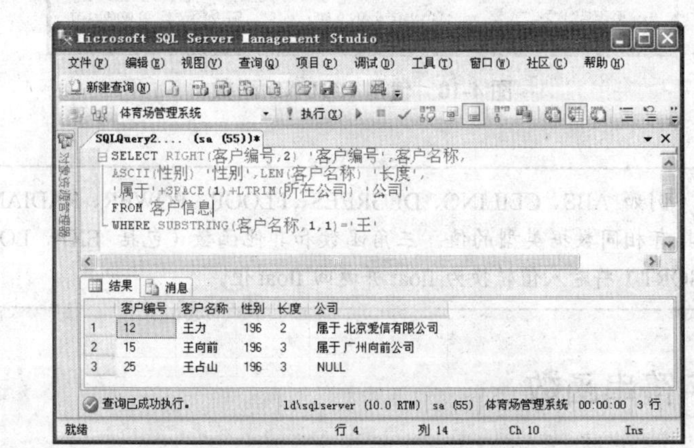

图 4-11　使用字符串函数

4.3.4 日期和时间函数

SQL Server 2008 提供了 9 个日期和时间处理函数。其中的一些函数接受 datepart 变元，这个变元指定函数处理日期与时间所使用的时间粒度。表 4-11 列出了 datepart 变元的可能设置。

表 4-11 SQL Server datepart 常量

常量	含义	常量	含义
yy 或 yyyy	年	dy 或 y	年日期（1 到 366）
qq 或 q	季	dd 或 d	日
mm 或 m	月	Hh	时
wk 或 ww	周	mi 或 n	分
dw 或 w	周日期	ss 或 s	秒
ms	毫秒		

在表 4-12 中列出了 SQL Server 2008 提供的 9 个日期和时间函数。

表 4-12 日期和时间函数

函数名称	描述
DATEADD	返回给指定日期加上一个时间间隔后的新 datetime 值
DATEDIFF	返回跨两个指定日期的日期边界数和时间边界数
DATENAME	返回表示指定日期的指定日期部分的字符串
DATEPART	返回表示指定日期的指定日期部分的整数
DAY	返回一个整数，表示指定日期的天 DATEPART 部分
GETDATE	以 datetime 值的 SQL Server 2008 标准内部格式返回当前系统日期和时间
GETUTCDATE	返回表示当前的 UTC 时间（通用协调时间或格林尼治标准时间）的 datetime 值。当前的 UTC 时间来自当前的本地时间和运行 Microsoft SQL Server 2008 实例的计算机操作系统中的时区设置
MONTH	返回表示指定日期的月部分的整数
YEAR	返回表示指定日期的年份的整数

上述日期函数中，DATENAME、GETDATE 和 GETUTCDATE 具有不确定性。而 DATEPART 除了用作 DATEPART (dw,date)外都具有确定性。其虽 dw 是 weekday 的日期部分，取决于设置每周的第一天的 SET DATEFIRST 所设置的值。除此之外的上述日期函数都具有确定性。

为了有助于读者更好地掌握日期和时间函数的用法，下面举出 DATEPART() 和 DATEDIFF()函数的应用实例，具体代码及执行结果如图 4-12 所示。

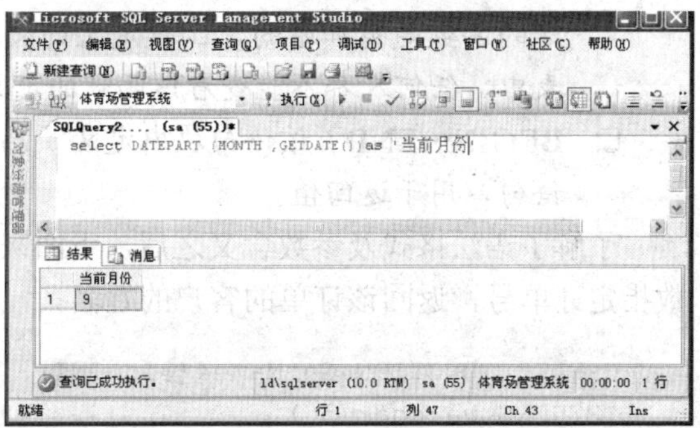

图 4-12 使用日期函数

4.3.5 自定义函数

除了使用系统函数外，用户还可以创建自定义函数，以实现更独特的功能。自定义函数可以接受零个或多个输入参数，其返回值可以是一个数值，也可以是一个表，但是自定义函数不支持输出参数。在 SQL Server 2008 中，使用 CREATE FUNCTION 语句来创建自定义函数，根据函数返回值形式的不同，可以创建 3 类自定义函数，分别是标量值自定义函数、内联表值自定义函数和多语句表值自定义函数。

1．标量值函数

标量值自定义函数返回一个确定类型的标量值，其返回的值类型为除 text、ntext、image、cursor、timestamp 和 table 类型外的其他数据类型。也就是说，标量值自定义函数返回的是一个数值。

标量值自定义函数的语法结构如下所示：

```
CREATE FUNCTION function_name
([{@parameter_name scalar_ parameter_data_type [ = default ]}[,...n]])
RETURNS scalar_return_data_type
[WITH ENCRYPTION]
 [AS]
BEGIN
  function_body
  RETURN scalar_expression
END
```


语法中各参数的含义如下。

- **function_name** 自定义函数的名称。
- **@parameter_name** 输入参数名。
- **scalar_ para meter_data_type** 输入参数的数据类型。
- **RETURNS scalar_return_data_type** 该子句定义了函数返回值的数据类型，该数据类型不能是 text、ntext、image、cursor、timestamp 和 table 类型。
- **WITH** 该子句指出了创建函数的选项，如果指定了 ENCRYPTION 参数，则创建的函数是被加密的，函数定义的文本将以不可读的形式存储在 syscomments 表中，任何人都不能查看该函数的定义，包括函数的创建者和系统管理员。
- **BEGIN…END** 该语句块内定义了函数体（function_body）以及包含 RETURN 语句，用于返回值。

了解了语法格式及参数含义之后，下面来创建一个标量值函数，它使用一个整形参数指定订单号，返回该订单的客户的姓名。

```
CREATE FUNCTION GetName4(@id INT)
RETURNS varchar(50)
AS
BEGIN
```

```
DECLARE @Name varchar(50)
SELECT @Name=(SELECT B.客户名称
FROM 场馆预订信息 A INNER JOIN  客户信息B
ON A.场馆编号=B.客户编号
WHERE 订单号=@id
)
RETURN @Name
END
```

执行上述语句后在【教务管理系统】数据库中创建一个名称为 GetName 的标量值函数，在查询中调用该函数，具体的代码及结果如图 4-13 所示。

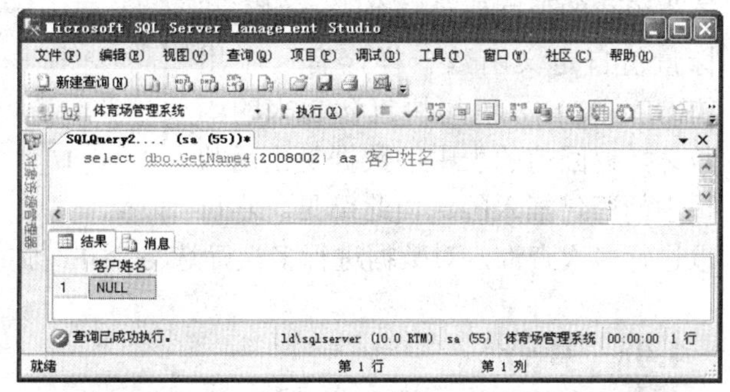

图 4-13 使用自定义标量值函数

2. 内联表值函数

内联表值函数以表的形式返回一个返回值，即它返回的是一个表。内联表值自定义函数没有由 BEGIN…END 语句块中包含的函数体，而是直接使用 RETURN 子句，其中包含的 SELECT 语句将数据从数据库中筛选出来形成一个表。使用内联表值自定义函数可以提供参数化的视图功能。

内联表值自定义函数的语法结构如下所示：

```
CREATE FUNCTION function_name
([{@parameter_name scalar_ parameter_data_type [ = default ]}[,...n]])
RETURNS TABLE
[WITH ENCRYPTION]
[AS]
RETURN (select_statement)
```

该语法结构中各参数的含义与标量值函数语法机构中参数的含义相似。

例如，创建一个内联表值函数来返回一个管理员负责的所有场馆信息，代码如下所示：

```
CREATE FUNCTION GetPalaestra(@Pid INT)
RETURNS TABLE
AS
RETURN
(
SELECT A.场馆名称,A.座位,A.状态,B.管理员名称
FROM 场馆信息A INNER JOIN 管理员信息B
ON A.管理员编号=B.管理员编号
WHERE B.管理员编号=@Pid
)
```

这里创建的函数名称为 GetPalaestra，它的字符串参数@Pid 指定要查询的班级编号，

RETURNS TABLE 指定这是一个内联表值函数。创建完成后，使用 SELECT 语句来查看管理员编号为 102 所负责的所有场馆信息，如图 4-14 所示。

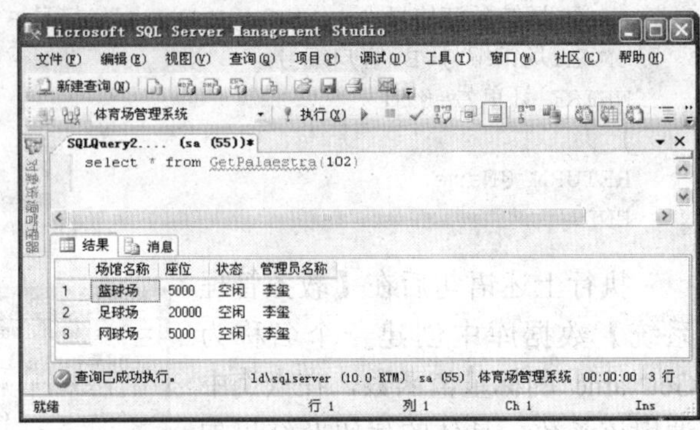

图 4-14 使用内联表值函数

3. 多语句表值函数

多语句表值自定义函数可以看作标量型和内联表值型函数的结合体。该类函数的返回值是一个表，但它和标量值自定义函数一样，有一个用 BEGIN…END 语句块包含起来的函数体，返回值的表中的数据是由函数体中的语句插入的。由此可见，它可以进行多次查询，对数据进行多次筛选与合并，弥补了内联表值自定义函数的不足。

4.4 事务

在 SQL Server 2008 中，事务是一个很重要的概念。事务在 SQL Server 中相当于一个工作单元，使用事务可以确保同时发生的行为与数据有效性不发生冲突，并且维护数据的完整性，确保 SQL 数据的有效性。

4.4.1 事务概述

事务的概念是现代数据库理论的核心概念之一。事务是单个的工作单元，是数据库中不可再分的基本部分。所谓事务就是用户对数据库进行的一系列操作的集合。对于事务中的操作要么全部完成，要么全部不完成。

SQL-Server 系统具有事务处理功能，能够保证数据库操作的一致性和完整性。例如由于数据库是可共享的信息资源，当出现多个用户同时在某一时刻访问和修改同一数据库中的同一部分数据内容时，可能由于一个用户的行为，造成多个用户使用的数据变得无效。为了解决这种问题，SQL Server 使用事务可以确保同时发生的行为与数据有效性不发生冲突，而且这些数据同时也可以被其他用户看到。

事务中一旦发生任何问题，整个事务就会重新开始，数据库也将返回到事务开始前的状态。先前发生的任何操作都会被取消，数据也恢复到原始状态。事务完成的话，便会将操作结果应用到数据库。所以无论事务是否完成或是否重新开始，事务总是确保数据库的完整性。

在 Microsoft SQL Server 2008 中，SQL Server 可以将事务以下列 4 种模式运行。

- **自动提交事务** 每条单独的语句都是一个事务。它是 SQL 默认的事务管理模式，每个 T-SQL 语句完成时，都被提交或回滚。
- **显示事务** 每个事务均以 BEGIN TRANSACTION 语句显示开始，以 COMMIT 或 ROLLBACK 语句显示结束。

- ❑ **隐式事务** 在前一个事务完成时新事务隐式启动，但每个事务仍以 COMMIT 或 ROLLBACK 语句显示完成。
- ❑ **批处理级事务** 只能应用于多个活动结果集（MARS），在 MARS 会话中启动的 Transact-SQL 显示或隐式事务变为批处理级事务。当批处理完成时没有提交或回滚的批处理级事务将自动由 SQL Server 进行回滚。

例如使用 T-SQL 语言的 UPDATE 语句插入表数据，就可以被看作 SQL Server 的单个事务来运行，如下面的语句所示：

```
UPDATE [BookDateBase].[dbo].[Books]
   SET [bigClass] = '文学'
      ,[SmallClass] = '纪实文学'
      ,[Bcount] = -12
 WHERE Bnum='9787512500983'
 GO
```

当运行该更新语句时，SQL Server 认为用户的意图是在单个事务中同时修改行“大类（BigClass)”、“小类（SmallClass）”和“库存量（Bcount）”的数据。假设，在“库存量（Bcount）”列上有不允许值小于 0 的约束，那么更新列“库存量（Bcount）”的操作就会失败，这样全部更新操作都无法实现。由于 3 条插入语句同在一个 UPDATE 语句中，所以 SQL Server 将这 3 个更新操作作为同一个事务来执行，当一个更新败后，其他操作便一起失败。

如果用户希望 3 个更新能够被独立地执行，则可以将上述语句改写成为如下所示的形式：

```
UPDATE [BookDateBase].[dbo].[Books]
   SET [Bcount] = -12
 WHERE Bnum='9787512500983'

 UPDATE [BookDateBase].[dbo].[Books]
   SET [SmallClass] = '纪实文学'
 WHERE Bnum='9787512500983'

 UPDATE [BookDateBase].[dbo].[Books]
   SET [bigClass] = '文学'
 WHERE Bnum='9787512500983'
```

这样做的目的是，即使对约束列的更新失败，也对其他列的更新没有影响，因为这是 3 个不同的事务处理操作。

4.4.2 ACID 属性

SQL Server 中，ACID 属性用来标识事务的特性。事务是作为单个逻辑工作单元执行的一系列操作。一个逻辑工作单元必须有 4 个属性，称为原子性、一致性、隔离性和持久性（ACID）属性，只有这样才能成为一个事务。

1．原子性（Atomicity）

原子性是用于描述事务的必须工作单元；当事务结束时，对于事务内的所有数据操作，要么全都执行，要么都不执行。例如银行转账，转账的过程中出现错误，整个事务将会回滚。只有当事务中的所有部分都成功执行了，才将事务写入数据库并使变化永久化。

2．一致性（Consistency）

事务在系统完整性中实施一致性，保证系统的任何事务最后都处于有效状态来实现。再看一下银行转账的例子，在账户资金转移前，账户处于有效状态。如果事务成功地完成，并且提交事务，则账户处于新的有效的状态。如果事务出错，终止后，账户返回到原先的有效状态。即当许多用户同时使用和修改同样的数据时，事务必须保持其数据的完整性和一致性。

3．隔离性（Isolation）

隔离状态执行事务，使它们好像是系统在给定时间内执行的唯一操作。如果有两个事务，运行在相同的时间内，执行相同的功能，事务的隔离性将确保每一事务在系统中认为只有该事务在使用系统。这种属性有时称为串行化，为了防止事务操作间的混淆，必须串行化或序列化请求，使得在同一时间仅有一个请求用于同一数据。

注 意

从理论上说，一个事务绝不会遇到另一个事务内的状态，但实际上，SQL Server 允许通过选择隔离级来改变这种状态。

4．持久性（Durability）

持久性意味着一旦事务执行成功，在系统中产生的所有变化将是永久的。持久性的概念允许开发者认为不管系统以后发生了什么变化，完成的事务是系统永久的部分。

4.4.3 管理事务

SQL Server 提供很多与事务处理相关的语句，使用这些语句可以开始和终止事务、设置事务属性、推迟约束执行、在新的位置设置断点等。T-SQL 使用下列 4 种语句来管理事务。

- ❑ **BEGIN TRAN** 设置起始点。
- ❑ **COMMIT TRAN** 使事务成为数据库中永久的、不可逆转的一部分。
- ❑ **ROLLBACK TRAN** 本质上说是要忘记它曾经发生过。
- ❑ **SAVE TRAN** 创建一个特定标记符，只允许做部分回滚。

在将它们组合成一个事务之前，先分别看一下它们各自的内容。

1. BEGIN TRAN 语句

BEGIN TRAN 的核心目的在于表示这一点是事务的起点。如果因为某些原因不能或不想提交事务，那么这一点就是将所有数据库操作回滚到的起点。也就是说，就数据而言，任何超出该点范围的没有被提交的事务本质上都会被忘记。其语法结构如下所示：

```
BEGIN { TRAN  | TRANSACTION }
[ { transaction_name | @tran_name_variable }
[ WITH MARK [ 'description'] ]
]
[;]
```

该语法中各参数的含义如下所示。

- **Transaction_name** 表示事务的名称，Transaction_name 必须符合标识规则，但标识符所包含的字符数不能大于 32。仅在最外面的 BEGIN…COMMIT 或 BEGIN…ROLLBACK 嵌套语句对中使用事务名。
- **@tran_name_variable** 用户定义的、含有有效事务名称的变量的名称。必须用 char、varchar、nchar 或 nvarchar 数据类型声明变量。如果传递给该变量的字符多于 32 位，则仅使用前面的 32 个字符；其余的字符将被截断。
- **WITH MARK['description']** 指定在日志中标记事务，description 是描述该标记的字符串。如果 description 是 Unicode 字符串，那么在将长于 255 个字符的值存储到 msdb.dbo.logmarkhistory 表之前，先将其截断为 255 个字符。如果 description 为非 Unicode 字符串，则长于 510 个字符的值将被截断为 510 个字符。

BEGIN TRANSACTION 语句用于声明开始一个本地事务。如果遇上错误，在 BEGIN TRANSACTION 之后的所有数据改动都能进行回滚，以将数据返回到已知的一致状态。另外，事务还可以嵌套使用，如下面的语句所示：

```
USE BookDateBase
BEGIN TRAN
INSERT INTO [BookDateBase].[dbo].[Books]
    VALUES
         ('9787512500983'
         ,'1988--我想和你谈谈这个世界'
         ,'韩寒'
         ,'国际文化出版公司'
         ,'2010-09-01'
         ,'20.00'
         ,'小说'
         ,'中国当代小说'
         ,20
         ,'韩寒写过的最好的小说')
COMMIT TRANSACTION
ROLLBACK TRANSACTION
```

提交一个嵌套事务并不会将来自该事务的修改永久地写入到数据库中，只是让那些修改可供外层事务使用。

2．COMMIT TRAN

COMMIT TRAN 表示完整的事务结束。在发生 COMMIT TRAN 时，系统就认为事务是持久的，也就是说，事务的影响现在是永久的，而且即使系统失败也持续下去。

```
COMMIT [ TRAN | TRANSACTION ] [ transaction_name | @tran_name_
varable ]
COMMIT [WORK]
```

语句中各参数的作用如下所示。

- ❑ **transaction_name** 该参数可忽略。transaction_name 指定由前面的 BEGIN TRANSACTION 分配的事务名称。
- ❑ **@tran_name_variable** 用户定义的、含有有效事务名称的变量的名称。必须用 char、varchar、nchar 或 nvarchar 数据类型声明变量。如果传递给该变量的字符多于 32 位，则仅使用前面的 32 个字符；其余的字符将被截断。
- ❑ “撤销”事务的唯一方法是执行一条新事务，从功能上来说，该事务是第一个事务的反转。

3．ROLLBACK TRAN

ROLLBACK TRANSACTION 语句用于当事务发生错误时进行回滚操作，从而恢复数据库至原始状态。其语法结构为：

```
ROLLBACK [ TRAN | TRANSACTION ]
[transaction_name | @tran_name_variable | savepoint_name | @savepoint_
variable]
ROLLBACK [WORK]
```

各参数及语句说明如下。

- ❑ **transaction_name** 要回滚的事务名称。
- ❑ **@tran_name_variable** 用户定义的、包含有效事务名称的变量的名称。必须用 char、varchar、nchar 或 nvarchar 数据类型声明变量。
- ❑ **savepoint_name** 当条件回滚只影响事务的一部分时，可使用 savepoint_name。
- ❑ **@savepoint_variable** 用户定义的、包含有效保存点名称的变量的名称。必须用 char,varchar,nchar 或 nvarchar 数据类型声明变量。
- ❑ **ROLLBACK WORK** 总是回退到嵌套事务系列当中的第一个事务（最外层事务）。从相关的 BEGIN 语句开始发生的所有事情本质上都会被忘记。

4．SAVE TRAN

SAVE TRAN 语句允许部分地提交一个事务，同时仍能回滚这个事务的其余部分。其语法格式为：

```
SAVE { TRAN | TRANSACTION }{ savepoint_name | @savepoint_variable }
```

各参数的含义如下。

- **savepoint_name** 分配给保存点的名称。保存点名称必须符合标识符的规则，但长度不能超过 32 个字符。
- **@savepoint_variable** 包含有效保存点名称的用户定义变量的名称。必须用 char、varchar、nchar 或 nvarchar 数据类型声明变量。如果长度超过 32 个字符，也可以传递到变量，但只使用前 32 个字符。

用户可以在事务内设置保存点或标记。保存点可以定义在按条件取消某个事务的一部分后该事务可以返回到的一个位置。记住，回滚时将清除保存点，也就是说，即使有 5 个保存点，一旦执行了 ROLLBACK，那么这 5 个保存点也都会消失。可以重新设置新的保存点，并回滚到那些点上，但无论是哪个保存点都会在回滚时消失。

4.4.4 分布式事务

SQL Server 不仅支持本地事务，而且还支持分布式事务。所谓分布式事务是指对多个数据库中的数据进行修改操作的事务。这些数据库可以是本地的 SQL Server 数据库，也要以是其他链接服务器上的数据库。

分布式事务由一个称为分布式事务协调程序的 SQL Server 构件来管理。在 Transact-SQL 中启动的分布式事务的结构相对比较简单。

- Transact-SQL 脚本或应用程序连接执行启动分布式事务的 Transact-SQL 语句。
- 执行该语句的 Microsoft SQL Server 成为事务中的主控服务器。
- 然后脚本或应用程序对连接的服务器执行分布式查询，或对远程服务器执行远程存储过程。
- 当执行了分布式查询或远程过程调用后，主控服务器将自动调用 MS DTC 以便登记分布式事务中连接的服务器和远程服务器。
- 当脚本或应用程序发出 COMMIT 或 ROLLBACK 语句时，主控 SQL Server 将调用 MS DTC 管理分两阶段提交过程，或者通知连接的服务器和远程服务器回滚其事务。

4.5 锁

并发性（Concurrency）是任何数据库系统中的一个主要问题。两个或多个用户都想在同一时间里对某一数据修改时，会产生并发问题。使用事务便可以解决用户存取数据时出现的这个问题，从而保持数据库的完整性和一致性。然而如果希望防止其他用户修改另一个还没完成的事务中的数据，就必须在事务中使用锁。

4.5.1 并发问题

当多个用户同时访问同一数据库，并且他们的事务同时使用相同的数据，则可能发生并发问题。锁能阻止的 4 种主要问题包括脏读、丢失更新、幻读、不一致的分析。

1. 脏读

脏读是指当事务在读取一条仍处于被更改状态的数据时会出现的问题。例如，事务 A 访问到一条数据，并对该数据进行修改，当这种修改还未提交到数据库时，事务 B 也访问了这条数据，并使用了事务 A 修改后的数据，由于该数据未提交，所以事务 B 使用的这个数据就是脏数据，就可能产生错误的操作结果。

2. 丢失更新

丢失更新是指事务 A、事务 B 同时对一个数据进行修改。当事务 A 把修改结果成功提交到数据库以后，事务 B 也成功提交到数据库中，那么数据库中保存的则是事务 B 修改后的数据，而事务 A 修改的数据丢失。

3. 幻读

幻读是指当事务不是独立执行时发生的一种现象。例如，事务 A 对一个表的数据进行修改，这种修改涉及到表中的全部数据行。同时，事务 B 也修改了这个表中的数据，但是只向表中插入了一行数据，那么，以后就会发生这样的情况：操作事务 B 的用户更新后，却发现表中还有尚未修改的数据行，这就是幻读。

4. 不一致的分析

不一致的分析与脏读问题有关，不一致的分析是由不可重复的读取造成的。例如，编辑人员两次读取同一文档，但在两次读取之间，作者重写了该文档。当编辑人员第二次读取文档时，文档已更改。这样就发生了编辑人员两次读取的数据是不一样的情形。

4.5.2 锁模式

在 SQL Server 数据库中加锁时，除了可以对不同的资源加锁，还可以使用不同程度的加锁方式。SQL Server 中提供了多种锁方式，主要包括共享锁、排它锁、更新锁、意向锁、模式修改锁、模式稳定锁和大容量更新锁。

1. 共享锁

在 SQL Server 中，共享锁用于所有的只读数据操作。共享锁是非独占的，允许多个并发事务读取其锁定的资源。默认情况下，数据被读取后，SQL Server 立即释放共享锁。例如，执行查询“SELECT * FROM AUTHORS”时，首先锁定第一页，读取之后，释放对第一页的锁定，然后锁定第二页。这样，就允许在读操作过程中，修改未被锁定的第一页。但是，事务隔离级别连接选项设置和 SELECT 语句中的锁定设置都可以改变 SQL Server 的这种默认设置。例如，“SELECT * FROM AUTHORS HOLDLOCK”就要求在整个查询过程中，保持对表的锁定，直到查询完成才释放锁定。

2．排它锁

排它锁是为修改数据而保留的。它所锁定的资源，其他事务不能读取也不能修改。

3．更新锁

更新锁在修改操作的初始化阶段用来锁定可能要被修改的资源，这样可以避免使用共享锁造成的死锁现象。因为使用共享锁时，修改数据的操作分为两步，首先获得一个共享锁，读取数据，然后将共享锁升级为排它锁，然后再执行修改操作。这样如果同时有两个或多个事务同时对一个事务申请了共享锁，在修改数据的时候，这些事务都要将共享锁升级为排它锁。这时，这些事务都不会释放共享锁而是一直等待对方释放，这样就造成了死锁。如果一个数据在修改前直接申请更新锁，在数据修改的时候再升级为排它锁，就可以避免死锁。

4．意向锁

意向锁说明 SQL Server 有在资源的低层获得共享锁或排它锁的意向。例如，表级的共享意向锁说明事务意图将排它锁释放到表中的页或者行。意向锁又可以分为共享意向锁、独占意向锁和共享式独占意向锁。共享意向锁说明事务意图在共享意向锁所锁定的低层资源上放置共享锁来读取数据。独占意向锁说明事务意图在共享意向锁所锁定的低层资源上放置排它锁来修改数据。共享式排它锁说明事务允许其他事务使用共享锁来读取顶层资源，并意图在该资源低层上放置排它锁。

- **模式修改锁**

执行表的数据定义语言操作时使用模式修改锁。

- **模式稳定锁**

当编译查询时，使用模式稳定锁。模式稳定锁不阻塞任何事务锁，包括排它锁。因此在编译查询时，其他事务都能继续运行，但不能在表中执行 DDL 操作。

- **大容量更新锁**

当将数据大容量复制到表，且指定了 TABLOCK 提示或者使用 sp_tableoption 设置了 table lock on bulk 表选项时，将使用大容量更新锁。大容量更新锁允许进程将数据并发地大容量复制到同一表中，同时防止其他不进行大容量复制数据的进程访问该表。

4.5.3 查看锁

对于数据管理员来说，了解服务器上正处于使用状态的锁的情况是非常必要的。

SQL Server 提供了几个有用的工具，可以来了解 SQL Server 加锁系统上正在发生的事情。例如，使用 sys.dm_tran_locks 动态管理视图和使用 SQL Server Management Studio 查看加锁情况。

1．使用 sys.dm_tran_locks 视图

使用 sys.dm_tran_locks 视图可以快速了解 SQL Server 内的加锁情况。在默认情况下，

任何一个拥有 VIEW SERVER STATE 权限的用户均可以查询 sys.dm_tran_locks 视图。

sys.dm_tran_locks 视图有两个主要用途。第一个用途是帮助数据库管理员查看服务器上的锁，如果 sys.dm_tran_locks 视图的输出包含许多状态为 WAIT 或 CONVERT 的锁，就应该怀疑存在死锁问题。例如，在查询窗口中输入下列语句：

```
select * from sys.dm_tran_locks
```

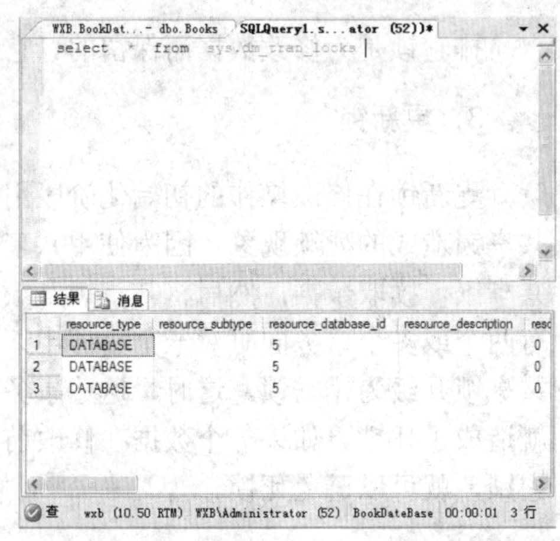

图 4-15 使用 sys.dm_tran_locks 视图

执行该语句，运行结果如图 4-15 所示。

第二个用途是 sys.dm_tran_locks 视图可以帮助了解一条特定 SQL 语句所置的实际锁，因为用户可以检索一个特定进程的锁。例如，执行下面的事务操作语句：

```
USE BookDateBase
BEGIN TRAN
INSERT INTO [BookDateBase].[dbo].[Books]
    VALUES
        ('9787512500983','1988--我想和你谈谈这个世界','韩寒'
        ,'国际文化出版公司'
        ,'2010-09-01'
        ,'20.00'
        ,'小说'
        ,'中国当代小说'
        ,20
        ,'韩寒写过的最好的小说')
SELECT * FROM sys.dm_tran_locks
ROLLBACK TRANSACTION
```

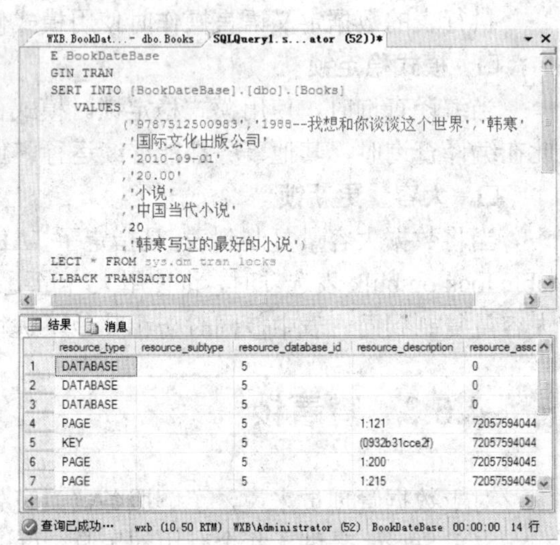

图 4-16 执行特定进程

在上述语句中，在设置了要使用的数据库之后，这个批处理首先开始一个事务，因为锁只有在当前事务运行期间才能被保持住。通过让事务保持执行，可以在 SQL Server 释放它前检查它们。下一条语句 INSERT 是实际请求锁的语句。随后一条语句是 sys.dm_tran_locks 视图显示当前事务的锁而使用的形式。最后的语句是回滚事务，不对数据库执行修改。执行上述语句，执行结果如图 4-16 所示。

2. 使用 SQL Server Management Studio

使用 SQL Server Management Studio 可以实现图形化显示加锁信息。启动 SQL Server

Management Studio，展开【管理】节点，在该节点下双击【活动监视器】节点。打开【活动监视器】窗口，如图 4-17 所示。

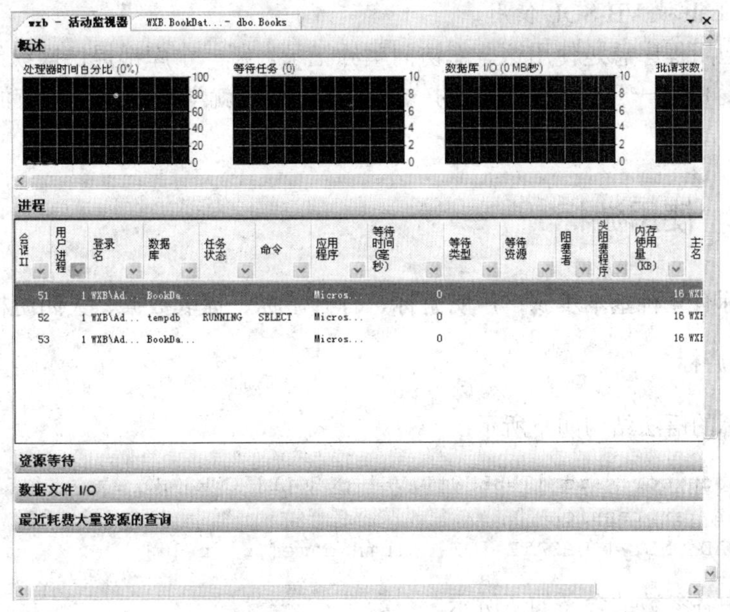

图 4-17 【活动监视器】窗口

4.6 游标

至此已经讨论了如何处理数据集。这是背离过程化驱动语言处理事情的方法。实际上，当数据到达客户端的时候，大部分客户端总是不得不接受提供的数据集，然后逐行处理。它们要处理的是游标（Cursor）。

4.6.1 游标概述

游标是提取数据集的一种方法，而且可以与该集合中的单条记录交互。它不像人们想象的那样频繁出现，但实际有时通过修改或选择整个集合中的数据并不能得到所期望的结果。该集合是由一些具有共性的行产生的（例如由 SELECT 语句定义），但随后基本上都需要逐行处理这些数据。

游标中的结果集与正常的 SELECT 语句之间有以下不同之处。

- 声明游标与实际执行游标是相互分开的。
- 游标和结果集在声明中命名，然后通过名字引用游标。
- 在游标中设置结果，一旦打开，就一直开放到关闭为止。
- 游标有一组用于操纵记录集的特殊命令。

虽然 SQL Server 具有处理游标的方法，但实际上 SQL Server 中也有一些对象库可以创建游标。

- OLE DB 被 ADO 使用。
- ODBC 被 RDO、DAO 使用，在某些情况下，也可以被 OLE DB / ADO 使用。
- DB-Lib 被 VB-SQL 使用。

客户端应用程序总是使用这些库访问单独记录。每一个库都提供操纵结果集和管理游标的语法。所以一旦学会了游标的一个对象模型，就学会了操纵所有游标的大部分方法。

4.6.2 使用游标

使用游标有 4 种基本步骤：声明游标、打开游标、提取数据、关闭游标。

1. 声明游标

声明游标的语法结构如下所示：

```
DECLARE cursor_name [INSENSITIVE][SCROLL] CURSOR
FOR query_expression
[FOR{READ ONLY | UPDATE [OF column_name[,...n]]}]
```


该语句中各参数的含义如下所示。

- **cursor_name** 指定游标的名称。
- **INSENSITIVE** 定义一个游标，以创建将由该游标使用的数据的临时复本。
- **SCROLL** 指定滚动式游标，即所有的提取选项（FIRST，LAST，PRIOR，NEXT，RELATIVE，ABSOLUTE,ABSOLUTE）均可用。
- **query_expression** 查询表达式，一般为 SELECT 语句。
- **READ ONLY** 禁止通过该游标进行更新。
- **UPDATE [OF column_name[,...n]]** 定义游标中可更新的列。

例如，声明一个游标，用来指向读者信息（Reader）和借阅信息（BorrowORreturn）表中的每一行数据。声明语句如下：

```
USE BookDateBase
DECLARE Reader_cur  SCROLL CURSOR
FOR
SELECT * FROM Reader  R , BorrowORreturn  B
WHERE  B.Rcert ='10010'  and  B.Rcert = R.Rcert
```

该语句中，声明了一个名为 Reader_cur 的滚动式游标，并定义了一个 SELECT 语句。这个 SELECT 语句返回读者信息表和借阅信息表中卡号是 10010 的所有信息。

2. 打开游标

声明了游标之后在做其他操作之前，应打开它。打开游标的语句的语法结构如下所示：

```
OPNE cursor_name
```

由于打开游标是对数据库进行一些 SQL SELECT 的操作，它将耗费一段时间，主要取决于使用的系统性能和这条语句的复杂程序。如果执行的时间较长，可以考虑将屏幕上显示的鼠标改为 hourglass。

3．提取数据

当用 OPEN 语句打开了游标并在数据库中执行了查询后，不能立即利用该查询结果集中的数据。必须用 FETCH 语句来取得数据，一条 FETCH 语句一次可以将一条记录放入程序员指定的变量中。FETCH 的语法结构如下所示：

```
FETCH [[fetch_orientation] from]
cursor_name [into host_variables]
```

其中，fetch_orientation 表示游标的取数方向。host_variables 表示允许将提取操作的列数据放到局部变量中。当游标为滚动式游标时，游标的取数方向有如下 6 种可以使用。

- **NEXT**　返回紧跟当前行之后的结果行。
- **PRIOR**　返回当前行的前一结果行。
- **FIRST**　返回游标中的第一行并将其作为当前行。
- **LAST**　返回游标中的最后一行并将其作为当前行。
- **ABSOLUTE n**　检索 n 值指定的行。如果 n 为正数，则返回从游标开始的第 n 行，并将返回行变成新的当前行。如果 n 为负数，则返回从游标末尾开始的第 n 行，并将返回行变成新的当前行。如果 n 为 0，则不返回行。n 必须是整数常量。
- **RELATIVE n**　检索相对于当前游标位置的行。如果 n 为正数，则返回从当前行开始第 n 行，并将返回行变成新的当前行。如果 n 为负数，则返回当前行之前的第 n 行，并将返回行变成新的当前行。

例如，对表读者信息（Reader）和借阅信息（BorrowORreturn）中的读者级别（rleve）列进行修改。

```
FETCH  Reader_cur
UPDATE Reader , BorrowORreturn
SET rleve='高级'
WHERE CURRENT OF Reader_cur
```

上述语句中，首先使用 FETCH 语句提取数据行，然后使用 UPDATE 语句进行更新操作。首次执行操作语句，将更新结果集中的第一行，再次执行该语句，则 FETCH 语句会自动提取下一行数据，并进行更新。

例如，对游标 Reader_cur 返回结果集中的数据行进行删除，语句如下所示：

```
FETCH  Reader_cur
DELETE Reader , BorrowORreturn
WHERE CURRENT OF Reader_cur
```

首先运行该语句，将删除游标 Reader_cur 返回结果集中的第一行数据，如果再次运行该语句，将删除下一行数据。

4．关闭游标

在游标使用完成后，为了节省系统资源，必须将游标关闭。关闭游标语句的语法结构如下所示：

```
CLOSE cursor_name
```

例如，关闭游标 Reader_cur 的语句如下所示：

```
CLOSE Reader_cur
```

4.7 扩展练习

1. 声明用于插入操作的事务

事务是对数据库操作的集合，使用事务可以保持数据库的完整性，在本实验指导中将声明一个用于插入的事务。这里向数据库 BookDateBase 的表 Reader 中插入一条记录。

1 启动 Microsoft SQL Server Management Studio 后，新建查询窗口。

2 指定要使用的 BookDateBase 数据库，再声明事务，语句如下：


```
USE BookDateBase
BEGIN TRANSACTION
```

3 向 Reader 表中插入一条记录，语句如下：

```
INSERT INTO [BookDateBase].[dbo].
[Reader]
        ([Rcert],[Rpwd],[Rname],
        [Rsex],[Rphone],[rleve])
    VALUES ('10018','shihoho','
    会牛牛','男','15236985412','
    高级')
GO
```

4 提交事务，将插入操作应用到数据库。

```
COMMIT TRANSACTION
```

5 执行上述操作，结果如图 4-18 所示。

图 4-18 执行事务

2. 声明并使用可更新游标

可更新游标可以指定要更新的列，并对其进行修改操作。在 BookDateBase 数据库中创建一个名为“Reader_cur“的可更新游标，并更新其密码列数据。

1 启动 Microsoft SQL Server Management Studio 后，新建查询窗口。

2 声明 Reader_cur 游标，并指定 SELECT 语句的结果集。

```
use BookDateBase
declare Reader_cur SCROLL CURSOR
FOR
SELECT * FROM Reader
For update of Rpwd
```

3 打开游标。

```
OPEN Reader_cur
```

4 检索数据，并使用定位 UPDATE 语句更新数据列密码。

```
FETCH Reader_cur
UPDATE Reader
set Rpwd='123'
WHERE CURRENT OF Reader_cur
```

第 5 章　数据查询和管理

关系数据的一个重要内容就是可以在任意两个表中存在关系。这种关系为查询带来新的内容，通过不同的连接查询可以将不同表之间的不同列返回到同一个结果集中，从而组成需要的结果。

在 SQL Server 2008 数据库系统中，SELCET 语句是 T-SQL 语言中的核心内容。数据查询功能通过 SELECT 语句来实现。SELECT 语句可以从数据库中按照用户的需要检索数据，并将查询结果以表格的形式输出。

本章将主要介绍 SELECT 语句的使用方法，以及如何连接多个表进行查询、使用子查询、XML 查询等。

本章学习目标

- 了解基本连接
- 掌握内连接的使用方法
- 掌握外连接的使用方法
- 掌握交叉连接
- 理解子查询的分类及其含义
- 掌握嵌套子查询
- 理解 XML 数据类型
- 掌握 XQuery 方法

5.1 SELECT 简单查询

SELECT 语句是数据库最基本的语句之一，同时也是 SQL 编程技术最常用的语句。使用 SELECT 语句不但可以在数据库中精确地查找某条信息，而且还可以模糊地查找带有某项特征的多条数据。这在很大程度上方便了用户查找数据信息。本节将主要介绍 SELECT 语句的语法基础，并通过实例演示 SELECT 语句的使用方法。

5.1.1 SELECT 基本语法

SELECT 语句是一个查询表达式，包括 SELECT、FROM、WHERE、GROUP BY 和 ORDER BY 子句。SELECT 语句具有数据查询、统计、分组和排序的功能，可以精确地对数据库进行查找，也可以进行模糊查询。

SELECT 语句有自己的语法结构，使用该语句时一定要严格执行其语法结构。加之其子句有很多，这里只列举它的主要子句格式，如下所示。

```
SELECT [ALL|DISTINCT]select_list
[INTO new_table]
```

```
FROM table_source
[WHERE search_conditions]
[GROUP BY group_by_expression]
[HAVING search_conditions]
[ORDER BY order_expression[ASC|DESC]]
```

上面格式中，SELECT 查询语句中共有 5 个子句，其中 SELECT 和 FROM 语句为必选子句，而 WHERE、GROUP BY 和 ORDER BY 子句为可选子句。[]内的部分为可选项且大写内容为关键字。下面对各种参数进行详细说明。

- **SELECT 子句** 用来指定由查询返回的列，并且各列在 SELECT 子句中的顺序决定了它们在结果表中的顺序。
- **ALL|DISTINCT** 用来标识在查询结果集中对相同行的处理方式。关键字 ALL 表示返回查询结果集的所有行，其中包括重复行；关键字 DISTINCT 表示若结果集中有相同的数据行则只保留显示一行，默认值为 ALL。
- **select_list** 用来指定要显示的目标列，若要显示多个目标列，则各列名之间用半角逗号隔开；若要返回所有列，则可以用“*”表示。
- **INTO new_table** 用来创建一个新的数据表，new_table 为新表的名称，表的数据为查询的结果集。
- **FROM table_source 子句** 用来指定数据源，table_source 为数据源表名称。
- **WHERE search_conditions 子句** 用来指定限定返回的行的搜索条件，search_conditions 为条件表达式。
- **GROUP BY group_by_expression 子句** 用来指定查询结果的分组条件，即归纳信息类型，group_by_expression 为分组所依据的表达式。
- **HAVING search_conditions 子句** 用来指定组或聚合的搜索条件，search_conditions 为分组后的条件表达式。
- **ORDER BY order_expression[ASC|DESC]子句** 用来指定结果集的排序方式，ASC 表示结果集以升序排列，DESC 表示结果集以降序排列，默认情况下结果集以 ASC 升序排列。

在使用 SELECT 语句时，还要遵守以下两条规则。

1．SELECT 语法中子句的测试顺序

SELECT 语句中的 FROM、WHERE、GROUP BY 和 HAVING 等子句称为表表达式，它们在执行 SELECT 语句时首先被测试，并且每个子句按照某种次序被依次测试。了解了这种测试顺序，在用户创建较复杂的 SELECT 语句时非常有用。

测试表示 SELECT 语句在系统中的执行，其结果是一个虚拟表，用于以后的测试。具体地说，前一个子句的测试结果将用于下一个子句，直到表表达式的每个子句都被测试完毕。SELECT 语句中首先要测试的子句是 FROM 子句。如果指定了 WHERE 子句，那么 FROM 子句的测试结果将用于 WHERE 子句。如果没有 WHERE 子句，那么 FROM 子句的测试将用于下一个指定的子句。在表达式中的最后一个子句被测试完之后，此时的测试结果才用于 SELECT 子句，而 SELECT 子句的测试结果用于 ORDER BY 子句。

总的来说，SELECT 语句的测试顺序如下。

```
FROM 子句
WHERE 子句（可选）
GROUP BY 子句（可选）
HAVING 子句（可选）
SELECT 子句
ORDER BY 子句（可选）
```

了解该测试顺序对于提高查询效率有很大意义，这种效率在简单的查询语句中表现得并不明显。但是一旦用户使用了复杂的查询语句，尤其是在处理连接和子查询时，不了解 SELECT 语句的测试顺序将严重影响 SELECT 语句的查询效率。

2. 引用对象名称约定

若使用 SELECT 语句查询时，所引用对象的数据库不是当前数据库或引用的列名不明确时，为了保证查询的正确性，在引用数据表或列时需要使用数据库或数据表名来限定数据表或列的名称。

- 如果要引用某数据表名称，而当前数据库不是所引用对象的数据库，就需要使用 USE 语句将当前数据库设置为该表所在的数据库。例如，当前数据库为“网店管理系统”，而现在要引用“工资管理系统”数据库中的“员工信息”数据表，这时需要在前面加上“USE 工资管理系统”语句。
- 如果当前使用的列名不明确是哪个数据表中的列，就需要通过给该列指定表名来确定其数据源。例如，在同一数据表中的多个表中都存在着名为“员工编号”的列，当进行多表操作时，如果只使用“员工编号”指定选择条件，就会出现歧义，所以需要通过表名来明确所要指定的“员工编号”列，即使用“员工信息.员工编号和工资信息.员工编号”表示。

5.1.2 使用 SELECT 语句

前面已经详细介绍了 SELECT 及其子句的语法格式，本节将主要列举实例，单独介绍 SELECT 语句的使用方法而并不涉及它的各个子句。关于其子句的使用方法及其特点将在后面的章节中详细介绍。

1. 使用 SELECT 获取表中所有信息

SELECT 语句可以返回表中所有的内容，并按照表中的顺序与格式进行排列，其语法格式为：

```
SELECT *
FROM table_list
```

其中值得注意的是“*”，它表示源表中所有的信息，而 table_list 则表示查找数据信息的源表。由于它并不改变源表中的信息格式，因此使用该语句得到的查询结果可以看到源表的结构。例如，查询“网店购物系统”数据库中“商品信息”表中的所有列，在数据库引擎查询窗口中输入 SELECT 语句：

```
USE 网店购物系统
SELECT *
FROM 商品信息
```

执行上面命令后，可以在 SQL Server 2008 窗口中看到如图 5-1 所示的结果。

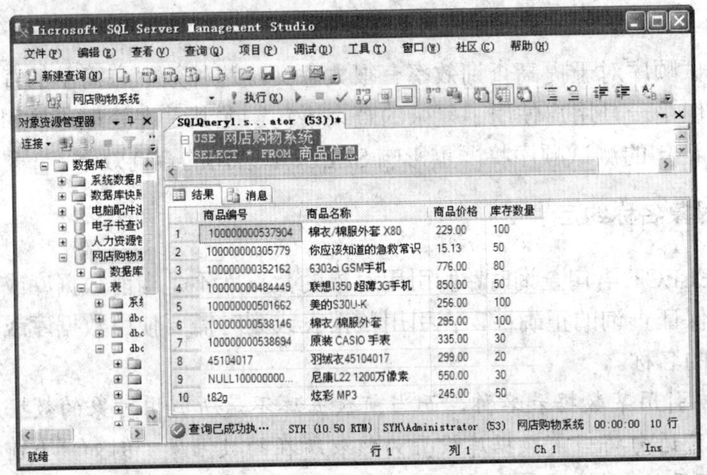

图 5-1　查询表中的所有列

2. 使用 SELECT 获取表中若干列

使用 SELECT 还可以获取表中指定的一列或者几列数据。返回结果中列的排列顺序为用户查询语句中指定的顺序，而各列中的数据顺序则是源表的排列序列。使用 SELECT 获取表中若干列的语法如下所示：

```
SELECT column1, column2, column3
FROM table_list
```

上面信息中 column 表示源表中某一列，如果需要查询的列数较多，各列之间应使用“,”符号分隔。例如，同样在“商品信息”表中，查询“商品名称”、“商品价格”和“库存数量”3 列数据，可以使用下面语句：

```
USE 网店购物系统
SELECT 商品名称，商品价格，库存数量 FROM 商品信息
```

执行完该语句后，结果如图 5-2 所示。

在获取表中某些列时，在返回结果中用户可以为这些列重命名，这种操作并不改变数据库中表的列名，只显示在返回结果中。为列重命名的语法格式为：

```
SELECT column1 AS Name1,
column2 AS Name2,
column3 AS Name3
FROM table_list
```

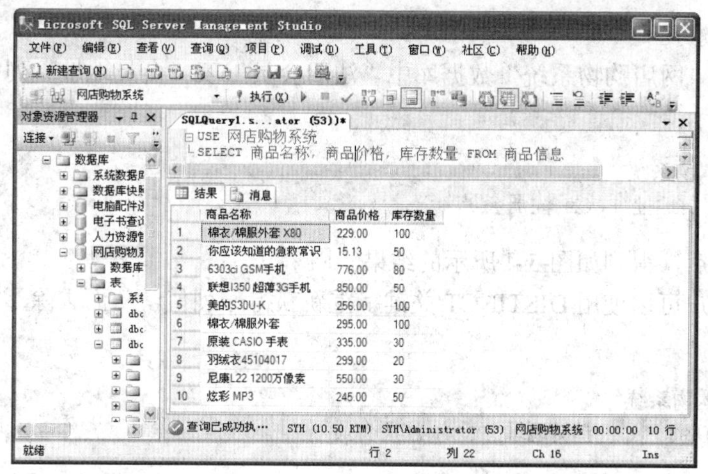

图 5-2　查询多列的结果

其中 AS Name 为重命名过程，上面格式中将 column1 命名为 Name1。例如将“商品名称”、“商品价格”和“库存数量”3 列重命名为“货物名称”、“销售价格”和“剩余数量”，使用如下的语句：

```
USE 网店购物系统
SELECT 商品名称 AS 货物名称, 商品价格 AS 销售价格, 库存数量 AS 剩余数量
FROM 商品信息
```

执行语句后，可以得到如图 5-3 所示的结果。

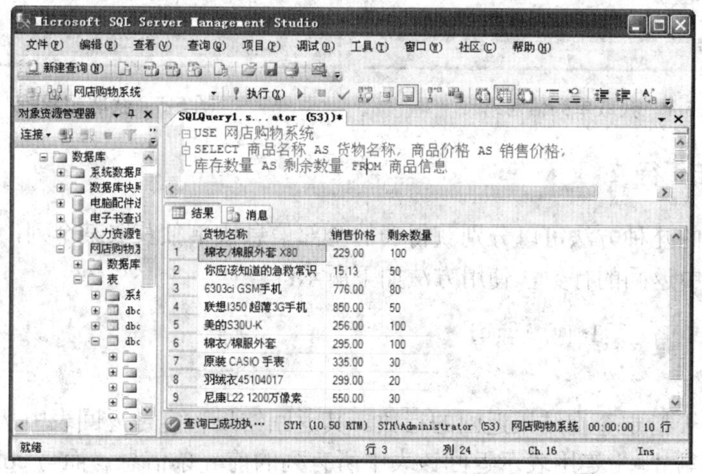

图 5-3　对列名进行重命名

3. 使用 SELECT 获取相异行

在数据库中数据难免会出现重复行的现象，例如，“网店购物系统”数据库中“注册会员”表的“会员地址”列记录了注册会员所在的地区或城市，而有些注册会员生活在同一个城市。如果用户希望在查询返回结果删除重复行，可以在 SELECT 子句中使用

DISTINCT 关键字。

首先查看“网店购物系统”数据库中“注册会员”表“会员地址”列中的信息，查询语句如下所示：

```
USE 网店购物系统
SELECT 会员地址 FROM 注册会员
```

执行语句后，得到如图 5-4 所示的结果。

此时，用户可以使用 DISTINCT 关键字重新获得一列值，从而去除了相同的行，语句如下所示：

```
USE 网店购物系统
SELECT DISTINCT 会员地址 FROM 注册会员
```

执行语句后，得到如图 5-5 所示的结果。

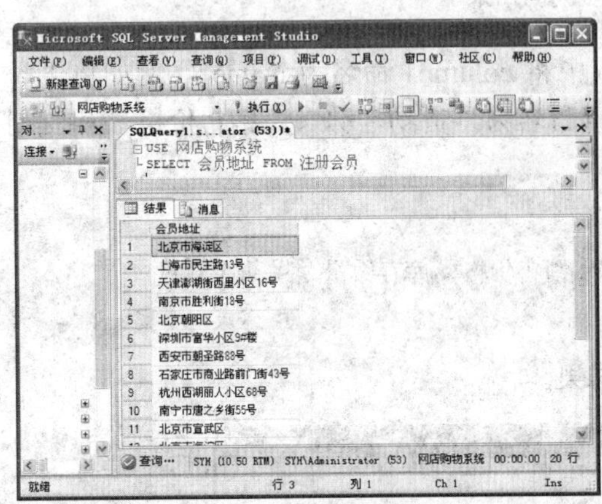

图 5-4　获取单列信息

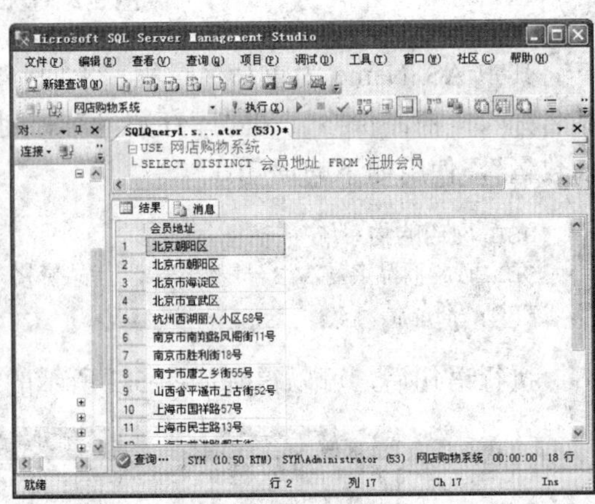

图 5-5　获取相异行

4．返回若干行

前面介绍的几种方法可以分别获得表的全部信息或单独获取某个列，使用 SELECT 还可以指定表中返回的行数，使用方法如下所示：

```
SELECT [TOP n] [*|column]
FROM table
```

TOP n 用于指定查询结果返回的行数。其返回结果一定是返回表中从上往下的 n 行信息。TOP n 与“*”连用表示返回该表中所有列的前 n 条信息，而与 column 连用表示返回某 column 列的前 n 条信息。例如，返回“注册会员”表中“会员地址”列的前 10 条信息，可以使用下面的语句：

```
USE 网店购物系统
SELECT TOP 10 会员地址
FROM 注册会员
```

执行该语句后，可以得到如图 5-6 所示的结果。

5.1.3 使用 FROM 子句

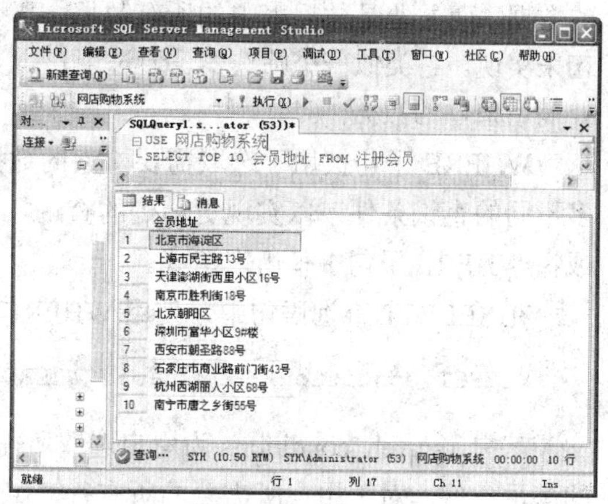

图 5-6 获取前 10 行的信息

FROM 子句是 SELECT 语句中必不可少的子句，该语句用于指定要读取的数据所在的一个表或几个表的名称，使用 FROM 子句表示要输出信息的来源。FROM 子句的基本语法格式如下所示：

```
FROM table_source
```

其中，table_source 指定要在 Transact-SQL 语句中使用的表、视图或派生表源（有无别名均可）。虽然语句中可用的表源个数的限值根据可用内存和查询中其他表达式的复杂性而有所不同，但一个语句中最多可使用 256 个表源，单个查询可能不支持 256 个表源，可将 table 变量指定为表源。

注意

如果查询中引用了许多表，查询性能会受到影响。编译和优化时间也受到其他因素的影响，这些因素包括每个<table_source>是否有索引和索引视图，以及 SELECT 语句中<select_list>的大小。表源在 FROM 关键字后的顺序不影响返回的结果集。如果 FROM 子句中出现重复的名称，SQL Server 会返回错误。

在指定 table_source 表的同时也可以使用 AS 关键字给该表定义一个别名，别名可带来使用上的方便，也可用于区分自连接或子查询中的表或视图。别名往往是一个缩短了的表名，用于在连接中引用表的特定列。如果连接中的多个表中存在相同的列名，SQL Server 要求使用表名、视图名或别名来限定列名。如果定义了别名则不能使用表名。

下面来对“网店购物系统”数据库中的“注册会员”表进行简单查询，并对“注册会员”表定义别名为“会员信息”。具体查询语句如下所示：

```
USE 网店购物系统
SELECT * FROM 注册会员 AS 会员信息
```

执行该语句查询，得到的结果如图 5-7 所示。

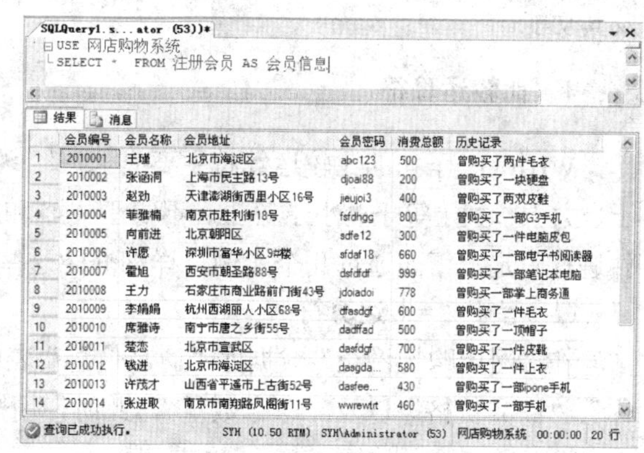

图 5-7 查询结果

5.1.4 使用 WHERE 子句

在 SQL Server 数据库中查询数据时，有时需要定义严格的查询条件，只查询所需要的数据，而并非是数据表中的所有数据，那么就可以使用 SELECT 语句中的 WHERE 子句来实现。它类似一个筛选器，通过用户定义的查询条件，来保留从 FROM 子句中返回并满足条件的数据。

WHERE 子句被用于选取需要检索的数据行，灵活地使用 WHERE 子句能够指定许多不同的查询条件，以实现更精确的查询，如精确查询数据库中某条语句的某项数据值或在 WHERE 子句中使用表达式。

在 SELECT 查询语句中，使用 WHERE 子句时的一般语法结构为：

```
SELECT condition FROM table WHERE search_conditions
```

其中，search_conditions 为用户选取所需查询的数据行的条件，即查询返回的行记录的满足条件。对于用户所需要的所有行，search_conditions 条件为 true；而对于其他行，search_conditions 条件为 false 或者未知。WHERE 子句使用灵活，search_conditions 有多种使用方式，表 5-1 列出了 WHERE 子句中可以使用的条件。

表 5-1　WHERE 子句使用的条件

类别	运算符	说明
比较运算符	=、>、<、>=、<=、<>	比较两个表达式
逻辑运算符	AND、OR、NOT	组合两个表达式的运算结果或取反
范围运算符	BETWEEN、NOT BETWEEN	搜索值是否在范围内
列表运算符	IN、NOT IN	查询值是否属于列表值之一
字符匹配符	LIKE、NOT LIKE	字符串是否匹配
未知值	IS NULL、IS NOT NULL	查询值是否为 NULL

针对表 5-1 列举的查询条件，下面将详细地介绍它们在 WHERE 子句中的使用方法及其功能。

1．比较运算符

WHERE 子句的比较运算符主要有=、<、>、>=、<=、<>和!=，分别表示等于、小于、大于、大于等于、小于等于、不等于（<>和!=都表示不等于），可使用它们对查询条件进行限定。下面通过几个实例，详细介绍这些比较运算符的使用方法。

- **等于“=”运算符**

在“网店购物系统”数据库“商品信息”表中查询商品编号为 45104017 的“商品名称”、“商品价格”以及“库存数量”，此时，用户可以使用下面的语句：

```
USE 网店购物系统
SELECT 商品名称, 商品价格, 库存数量 FROM 商品信息
WHERE 商品编号 ='45104017'
```

上面语句中使用“商品编号 ='45104017'”指定查询条件，且该条件中“=”后面的内容使用单引号括起来。执行该语句后，得到的结果如图 5-8 所示。

❑ 使用小于“<”运算符

小于运算符的使用方法和注意事项与等于运算符基本相同，使用小于运算符可以指定查询的某个范围，例如查询“商品信息”表中“商品价格”小于300元的“商品编号”、“商品名称”以及“库存数量”，使用下面语句：

```
USE 网店购物系统
SELECT 商品名称，商品价格，库存数量 FROM 商品信息
WHERE 商品价格 <'300'
```

执行该语句后，得到的结果如图5-9所示。

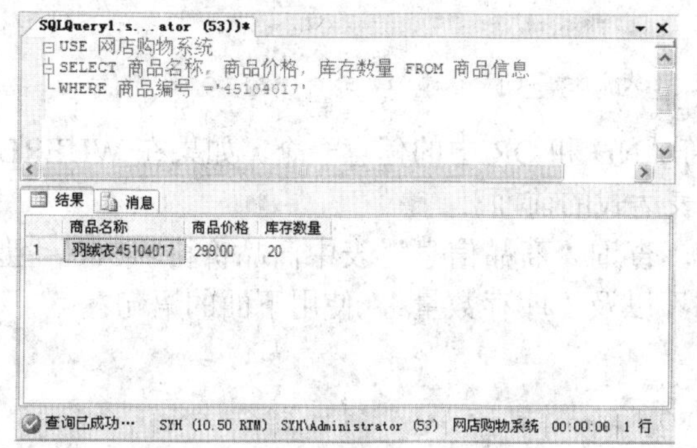

图5-8 使用等于运算符指定查询条件

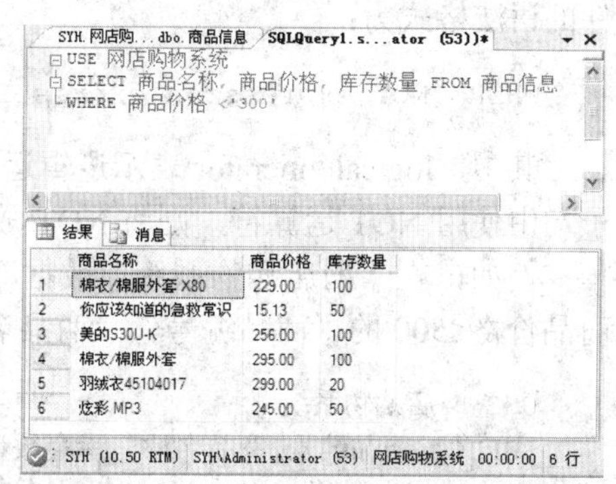

图5-9 使用小于运算符指定查询条件

❑ 使用不等于运算符

比较运算符中!=和<>都表示不等于，例如，查询“商品信息”表中“商品价格”不等于299元的“商品编号”、“商品名称”以及“商品价格”，使用下面的语句：

```
USE 网店购物系统
SELECT 商品编号,商品名称，商品价格 FROM 商品信息
WHERE 商品价格 !<'299'
```

执行该语句，得到的结果如图5-10所示。

上面使用!=符号，其中!也是一种运算符，如!<表示不小于（大于等于），而!>表示不大于（小于等于）。

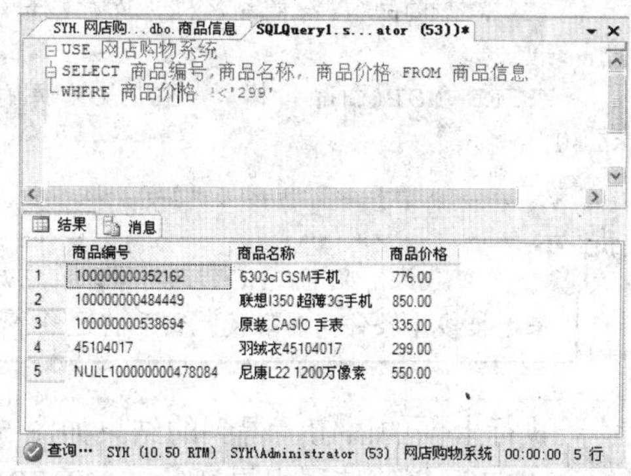

图5-10 使用不等于运算符指定查询条件

2. 逻辑运算符

有时在执行查询任务时，仅仅指定一个查询条件不能够满足用户的需求，此时需要指定多个条件来限制查询，那么就要使用逻辑运算符将多个查询条件连接起来，同时指定多个条件进行查询。

WHERE子句中可以使用AND、OR和NOT这3个逻辑运算符，表5-2列举了它们的作用与使用方法。

表 5-2 逻辑运算符的功能

运算符	功能	示例
AND	在使用 AND 连接的所有条件中，都为 true 时才会返回查询结果	Express1 AND Express2
OR	在使用 OR 连接的所有条件中，只要其中有一个条件满足就返回查询结果	Express1 OR Express2
NOT	取反，条件不成立时返回查询结果	NOT Express，Express 不成立时返回结果

这 3 个逻辑运算符可以混合使用，在 WHERE 子句中使用逻辑运算符来限定查询条件的语法格式为：

```
WHERE NOT expression|expression1 logical_operator expression2
```

其中，logical_operator 表示逻辑运算符 AND 和 OR 中的任意一个。如果在 WHERE 子句中使用 NOT 运算符，则将 NOT 放在表达式的前面。

例如，在“网店购物系统”数据库中，查询“商品信息”表中商品价格>=300，且商品价格<500 的“商品编号”、“商品名称”以及“库存数量”，使用下面的语句：

```
USE 网店购物系统
SELECT 商品编号,商品名称, 库存数量 FROM 商品信息
WHERE 商品价格 >=300 AND 商品价格<500
```


上面语句中使用了 AND 连接两个条件，当两个条件都成立时，则可以得到如图 5-11 所示的结果。

如果使用 NOT 和 OR 运算符，查询商品价格>=300，而库存数量<100 的商品时，可以使用下面的语句：

```
USE 网店购物系统
SELECT 商品编号,商品名称, 库存数量 FROM
商品信息
WHERE NOT(商品价格 >=300 OR 库存数量
<100)
```

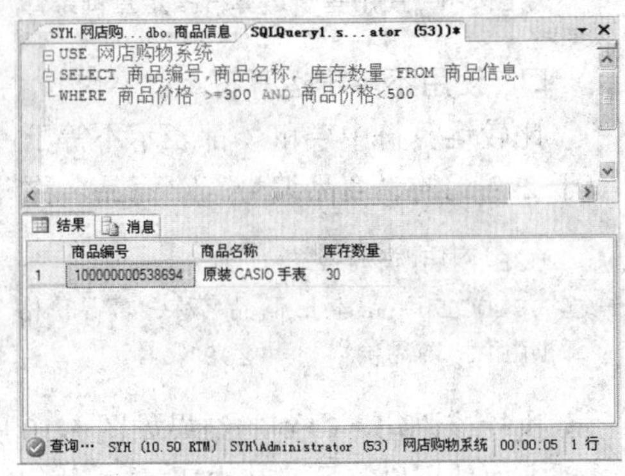

图 5-11 使用 AND 运算符

提 示

在默认情况下，NOT 只对紧跟在它后面的那个条件取反，因此使用 NOT 运算符时，如果连接多个条件同时取反，需要将这多个条件用括号括起来。

执行上面的语句，得到的结果如图 5-12 所示。

NOT 运算符使用很灵活，在 WHERE 子句可以与多种条件共用，例如 NOT LIKE、NOT BETWEEN、IS NOT NULL 等。当 NOT 与 AND 或 OR 结合使用时，具有如下规则：

```
NOT(A AND B)=(NOT A)OR(NOT B)
NOT(A OR B)=(NOT A)AND(NOT B)
NOT(NOT A)=A
```

根据该规则，可以将上面实例中的语句更改为如下形式，执行语句，同样可以得到5-12所示的结果。

```
USE 网店购物系统
SELECT 商品编号,商品名称, 库存数量 FROM 商品信息
WHERE (NOT 商品价格 >=300) AND(NOT 库存数量<100)
```

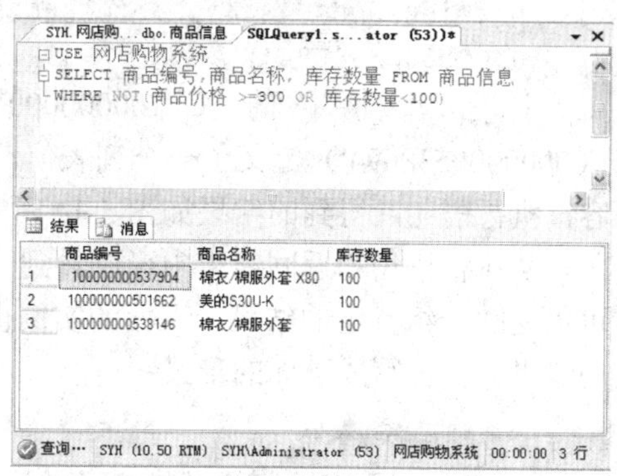

图 5-12　使用 NOT 和 OR 运算符

在使用 AND 和 OR 两个逻辑运算符时，它们只对紧挨着它的两个条件有限定作用，如果它们需要连接一组条件时，需要将这一组条件用括号括起来。例如下面的语句：

```
USE 网店购物系统
SELECT 商品编号,商品名称, 商品价格 FROM 商品信息
WHERE  库存数量=100 AND
(商品价格>250 OR 商品价格<300)
```

语句中使用 AND 连接一组条件，该组条件使用了括号，执行该语句后，得到的结果如图5-13所示。

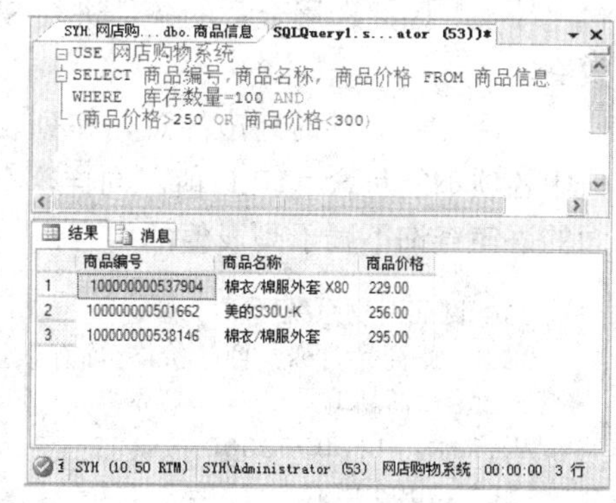

图 5-13　执行一组条件后的结果

3. 使用 IN 条件

在 SQL Server 数据库中，执行查询操作时，会遇到查询某表达式的取值属于某一列表之一的数据，虽然可以结合使用比较运算符和逻辑运算符来满足查询条件，但是这样编写 SELECT 语句会使 SELECT 语句的直观性下降。使用 IN 或 NOT IN 关键字限定查询条件，更能直观地查询表达式是否在列表值中，也可作为查询特殊信息集合的方法。使用 IN 关键字来限定查询条件的基本语法格式为：

```
WHERE expression [NOT] IN value_list
```

上述语句中 NOT 为可选值，而 value_list 表示列表值，当值不止一个时需要将这些值用括号括起来，各列表值之间使用逗号隔开。

例如，在“商品信息”表中查询“商品编号”为100000000484449、100000000501662、100000000305779、100000000538694 的“商品名称”、“商品价格”和“库存数量”，可以使用下面的语句：

```
USE 网店购物系统
SELECT 商品名称, 商品价格,库存数量 FROM 商品信息
WHERE  商品编号
```

```
IN ('100000000484449','100000000501662','100000000305779','
100000000538694')
```

上面语句中的（'100000000484449', '100000000501662','100000000305779', '100000000538694'）定义了一个列表值，查询的内容为“商品编号”属于列表值中的内容。执行语句，得到的结果如图 5-14 所示。

从执行语句和返回结果中可以看到，使用 IN 可以返回一组特定的结果，上面的实例也可以使用逻辑运算符写成下面的形式：

```
USE 网店购物系统
SELECT 商品名称, 商品价格,库存数量 FROM 商品信息
WHERE
商品编号 ='100000000484449' OR
商品编号 ='100000000501662'OR
商品编号 ='100000000305779'OR
商品编号 ='100000000538694'
```

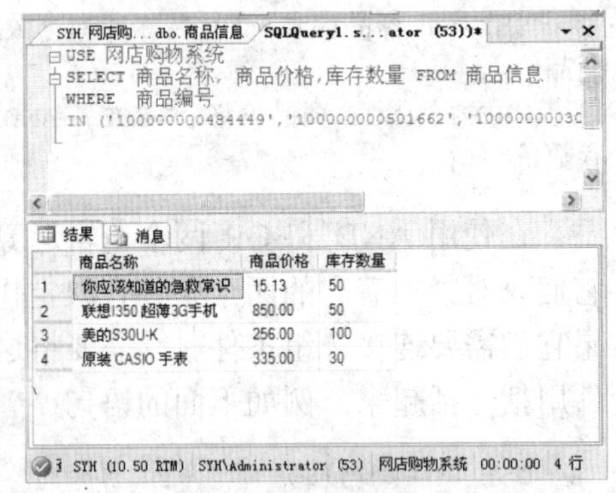

图 5-14 使用 IN 条件

通过比较两种写法可以看出，在这种情况下使用逻辑运算符明显比较复杂，SELECT 也比较长。因此选用合适的条件进行 SELECT 查询，能提高语句的可读性并能提高执行效率。

使用 IN 条件时还应注意，在列表值中各值必须具有相同的数据类型。另外，列表值中各项不能包含 NULL 值。同样，在使用 NOT IN 时也应该注意这些，例如，使用下面的语句查询不属于列表值的内容：

```
USE 网店购物系统
SELECT 商品名称, 商品价格,库存数量 FROM 商品信息
WHERE  商品编号
NOT IN ('100000000484449','100000000501662','100000000305779',
'100000000538694')
```

上面的语句表示查询返回的结果排除了列表值中的内容，可以得到如图 5-15 所示的结果。

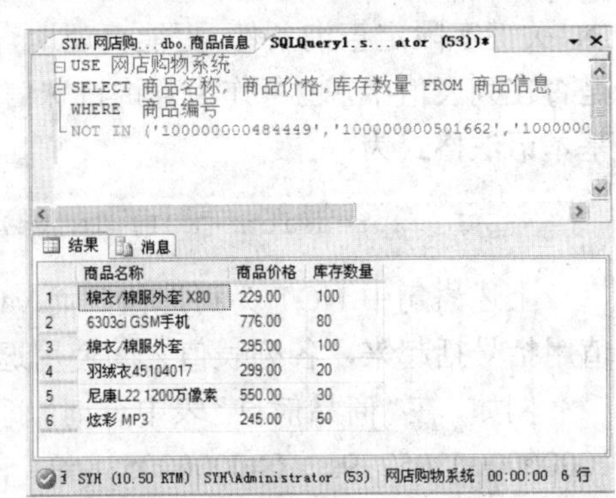

图 5-15 使用 NOT IN 条件

4. 使用 BETWEEN 条件

在 WHERE 子句中使用 BETWEEN 关键字查找在某一范围内的数据，也可以使用 NO BETWEEN 关键字查找不在某一范围内的数据。使用 BETWEEN 关键字来限定查询条件的语法格式如下所示：

```
WHERE expression [NOT] BETWEEN value1
AND value2
```

其中 NOT 为可选项，value1 表示范围的下限，value2 表示范围的上限。注意 value1

必须不大于 value2，绝对不允许 value1 大于 value2。

例如，在“商品信息”表中查询商品价格在 200 与 300 之间商品的“商品编号”、“商品名称”、“商品价格”和“库存数量”，可以使用下面的语句：

```
USE 网店购物系统
SELECT 商品编号,商品名称, 商品价格,库存数量 FROM 商品信息
WHERE  商品价格 BETWEEN '200'AND '300'
```

上面的语句中，通过在 WHERE 子句中使用 BETWEEN 关键字查询了“商品价格”在 200～300 的所有数据。执行语句后，得到如图 5-16 所示的结果。

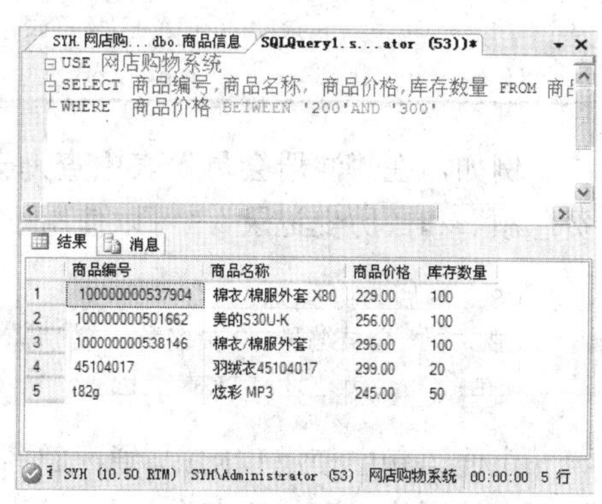

图 5-16　使用 BETWEEN 条件

如果想查询“商品价格”在 200 至 300 之外的所有数据，则只需在 BETWEEN 关键字前面加上 NOT 即可，语句如下所示：

```
USE 网店购物系统
SELECT 商品编号,商品名称, 商品价格,库存数量 FROM 商品信息
WHERE  商品价格 NOT BETWEEN '200'AND '300'
```

5. 使用 LIKE 匹配条件

在 SQL Server 数据库中，执行查询任务时，可能无法确定某条记录中的具体信息，如果要查找该记录时则需要使用模糊查询。比如查找会员信息中姓“王”的相关信息，或者查询会员所在地区为“北京”的相关信息。

在 WHERE 子句中使用 LIKE 与通配符搭配使用，可以实现模糊查询。在 WHERE 子句中使用 LIKE 关键字的作用是将表达式与字符串做比较。LIKE 关键字同样也可以与 NOT 运算符一起使用。使用 LIKE 关键字限定查询条件的语法格式为：

```
WHERE expression [NOT] LIKE 'string'
```

其中，[NOT]为可选项，'string'表示进行比较的字符串。WHERE 子句实现对字符串的模糊匹配，进行模糊匹配时在 string 字符串中使用通配符。在 SQL Server 2008 中使用通配符时必须将字符串连同通配符用单引号括起来。表 5-3 中列出了几种比较常用的通配符表示方式和说明。

表 5-3　通配符及其说明

通配符	说明	示例
%	任意多个字符	H%　表示查询以 H 开头的任意字符串，如 Hello %h　表示查询以 h 结尾的任意字符串，如 Growth %h%　表示查询在任何位置包含字母 h 的所有字符串，如 hui，zhi
_	单个字符	H_　表示查询以 H 开头，后面跟任意一个字符的两位字符串，如 Hi，He

续表

通配符	说明	示例
[ ]	指定范围的单个字符	H[ea]% 表示查询以 H 开头，第二个字符是 e 或 a 的所有字符串，如 Health，Hand [A-G]% 表示查询以 A 到 G 之间的任意字符开头的字符串，如 Apple，Banana，Guide
[^]	不在指定范围的单个字符	H[^ea]% 表示查询以 H 开头，第二个字符不是 e 或 a 的所有字符串，如 Hope，Hub [^A-G]% 表示查询不是以 A 到 G 之间的任意字符开头的字符串，如 Job，Zoo

例如，在“注册会员”表中查询会员地址为上海的“会员编号”、“会员名称”、“消费总额”和“历史记录”，可以使用下面的语句：

```
USE 网店购物系统
SELECT 会员编号,会员名称, 消费总额,历史记录 FROM 注册会员
WHERE  会员地址 LIKE '上海%'
```


上面语句中使用 LIKE 与通配符%结合查询所在地区为上海的所有会员，执行语句后，得到如图 5-17 所示的结果。

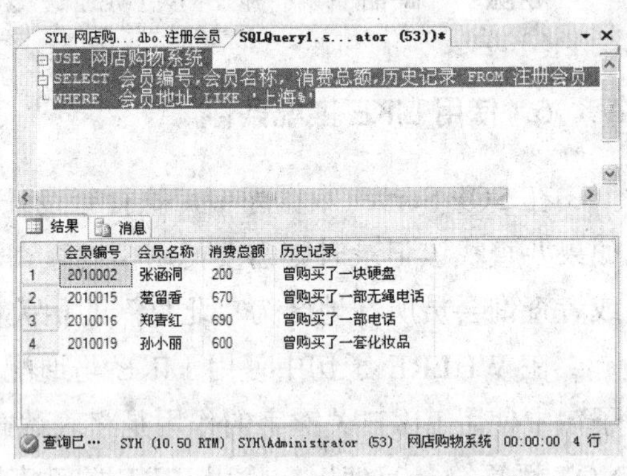

图 5-17　使用 LIKE 和%通配符

6. 使用 IS NULL 条件

NULL 表示未知、不可用或将在以后添加的数据，NULL 值与零、零长度的字符串或空白（字符值）的含义不同。相反，空值可用于区分输入的是零（数值列）或空白（字符列）还是无数据输入（NULL 可用于数值列和字符列）。

在 WHERE 子句中使用 IS NULL 条件可以查询某一数据值为 NULL 的数据信息。反之要查询数据库中的值不为 NULL 时，可以使用 IS NOT NULL 关键字。使用 IS NULL 限定条件的语法格式为：

```
WHERE column IS [NOT] NULL
```

例如，在“注册会员”表中查询“历史记录”列为 NULL 的注册会员信息，可以使用下面的语句：

```
USE 网店购物系统
SELECT 会员编号,会员名称, 消费总额 FROM 注册会员
WHERE  历史记录 IS NULL
```

在上面的语句中，WHERE 子句限定了“历史记录”列为 NULL 的会员信息，执行语句后，得到如图 5-18 所示的结果。

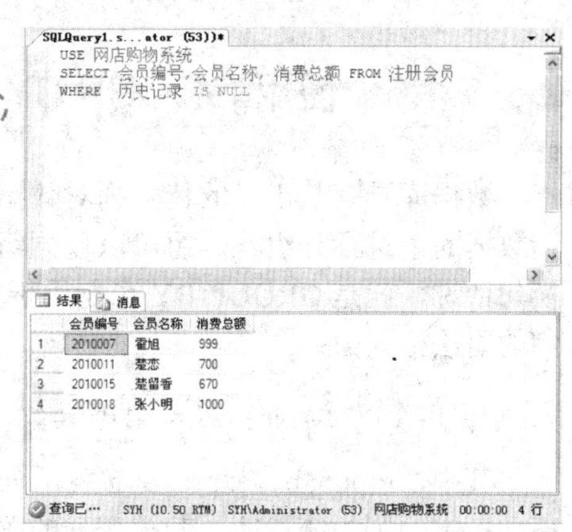

	会员编号	会员名称	消费总额
1	2010007	翟旭	999
2	2010011	楚恋	700
3	2010015	楚留香	670
4	2010018	张小明	1000

图 5-18　使用 IS NULL 条件

5.1.5　使用 ORDER BY 子句

ORDER BY 子句一般位于 SELECT 语句的最后，它的功能是对查询返回的数据进行重新排序。用户可以通过 ORDER BY 子句来限定查询返回结果的输出顺序，如正序或者倒序等。ORDER BY 子句在 SELECT 语句中的语法格式为：

```
ORDER BY order_expression [ASC | DESC]
```

其中，order_expression 表示用于排序列或列的别名及表达式。当有多个排序列时，每个排序列之间用半角逗号隔开，而且列后都可以跟一个排序要求：当排序要求为 ASC 时，行按排序列值的升序排序；排序要求为 DESC 时，结果集的行按排序列值的降序排列。如没指定排序要求，则使用默认值 ASC。

例如，将“网店购物系统”数据库的“商品信息”表按照“商品价格”进行升序排列，以查看商品的信息，可以使用下面的语句：

```
USE 网店购物系统
SELECT * FROM 商品信息
ORDER BY 商品价格 ASC
```

上面的语句，使用 ORDER BY 指定“商品价格”进行升序排序。执行语句后，得到如图 5-19 所示的结果。

默认情况下为正序排列，因此在使用 ORDER BY 子句时不需要指定 ASC，系统也会自动进行正序排列。

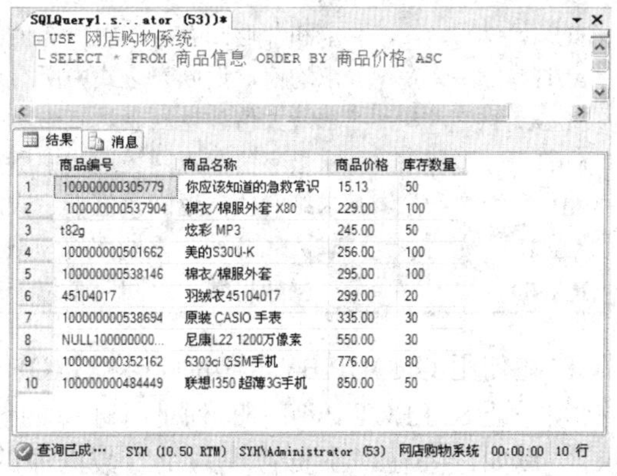

	商品编号	商品名称	商品价格	库存数量
1	100000000305779	你应该知道的急救常识	15.13	50
2	100000000537904	棉衣/棉服外套 X80	229.00	100
3	t82g	炫彩 MP3	245.00	50
4	100000000501662	美的S30U-K	256.00	100
5	100000000538146	棉衣/棉服外套	295.00	100
6	45104017	羽绒衣45104017	299.00	20
7	100000000538694	原装 CASIO 手表	335.00	30
8	NULL100000000...	尼康L22 1200万像素	550.00	30
9	100000000352162	6303ci GSM手机	776.00	80
10	100000000484449	联想i350 超薄3G手机	850.00	50

图 5-19　使用 ORDER BY 进行升序的结果

技巧

如果用户对表比较熟悉，在对列进行排序时，可以直接指定列在表中的位置号，以方便操作。例如，“会员编号”列在“注册会员”表中为第 1 列。上列语句就可以直接将排序依据的“会员编号”列改为 1。

使用 ORDER BY 子句还可以同时对多个列进行排序。例如，对“工资管理系统”数据库中的所有员工信息先按“工资级别”进行升序排列，如果“工资级别”列中有相同的数据，那么再按照“工龄”进行降序排列，具体的 SELECT 语句如下所示：

```
USE 工资管理系统
SELECT * FROM 员工信息 ORDER BY 工资级别 ASC,工龄 DESC
```

5.1.6 使用 GROUP BY 子句

数据库具有基于表的特定列对数据进行分析的能力。可以使用 GROUP 子句对某一列数据的值进行分组，分组可以使同组的元素集中在一起，这也使数据能够分组统计。换句话说，就是 GROUP BY 子句用于归纳信息类型，以汇总相关数据。GROUP BY 子句的语法格式为：

```
GROUP BY group_by_expression [WITH ROLLUP|CUBE]
```

其中，group_by_expression 表示分组所依据的列，ROLLUP 表示只返回第一个分组条件指定的列的统计行，若改变列的顺序就会使返回的结果行数据发生变化。CUBE 是 ROLLUP 的扩展，表示除了返回由 GROUP BY 子句指定的列外，还返回按组统计的行。GROUP BY 子句通常与统计函数联合使用，如 COUNT、SUM 等。在表 5-4 中列出了几个常用的统计函数及其功能。

表 5-4　常用统计函数

函数名	功能
COUNT	求组中项数，返回整数
SUM	求和，返回表达式中所有值的和
AVG	求均值，返回表达式中所有值的平均值
MAX	求最大值，返回表达式中所有值的最大值
MIN	求最小值，返回表达式中所有值的最小值
ABS	求绝对值，返回数值表达式的绝对值
ASCII	求 ASCII 码，返回字符型数据的 ASCII 码值
RAND	产生随机数，返回一个位于 0～1 的随机数

在使用 GROUP BY 子句时，将 GROUP BY 子句中的列称为分割列或分组列，而且必须保证 SELECT 语句中的列是可计算的值或者在 GROUP BY 列表中。

例如，要在“工资管理系统”数据库的“员工信息”表中按照“所任职位”查询出对应职位上的统计人数，具体的 SELECT 语句如下所示：

```
USE 工资管理系统
SELECT 所任职位,COUNT(员工编号) AS 职位上的人数 FROM
员工信息 GROUP BY 所任职位
```

	所任职位	职位上的人数
1	员工	12
2	经理	6

图 5-20　使用 GROUP BY 子句进行分组统计

执行上述语句后，将对“员工信息”表中“所任职位”列进行分组，并且对于每一组使用 COUNT()函数统计出各职位上的人数，语句的执行结果如图 5-20 所示。

注意

GROUP BY 子句通常用于对某个子集或其中的一组数据，而不是对整个数据集中的数据进行合计运算。在 SELECT 语句中指定的列必须是 GROUP BY 子句中的列名，或者被聚合所使用的列，并且在 GROUP BY 子句中必须使用列的名称、而不能使用 AS 子句中指定的列的别名。

5.1.7 使用 HAVING 子句

通常情况下，HAVING 子句常与 GROUP BY 子句共同使用。大家知道，WHERE 子句用于限定每一行的查询条件，而 HAVING 子句则限定分组统计值。使用 HAVING 子句，可以指定分组或聚合的搜索条件。HAVING 子句的语法格式为：

```
HAVING search_conditions
```

其中，search_conditions 为查询所需的条件，即返回查询结果的满足条件。在使用 GROUP BY 子句时，HAVING 子句将限定整个 GROUP BY 子句创建的组，其具体规则如下。

- 如果指定了 GROUP BY 子句，则 HAVING 子句的查询条件将应用于 GROUP BY 子句创建的组。
- 如果指定了 WHERE 子句，而没有指定 GROUP BY 子句，那么 HAVING 子句的查询条件将应用于 WHERE 子句的输出结果集。
- 如果既没有指定 WHERE 子句，又没有指定 GROUP BY 子句，那么 HAVING 子句的查询条件将应用于 FROM 子句的输出结果集。

对于所允许的元素，HAVING 子句对 GROUP BY 子句设定查询条件的方式与 WHERE 子句对 SELECT 语句设定查询条件的方式类似，但在包含聚集函数上却不相同。HAVING 子句中可以包含聚集函数，而 WHERE 子句不可以。而且 HAVING 子句中的每一元素都必须出现在 SELECT 语句的列表中。

5.2 SELECT 高级查询

在实际查询应用中，用户所需要的数据并不全部都在一个表或视图中，而在多个表中，这时就要使用多表查询。多表查询用多个表中的数据来组合，再从中获取出所需要的数据信息。多表查询实际上是通过各个表之间的共同列的相关性来查询数据的，是数据库查询最主要的特征。多表查询首先要在这些表中建立连接，表之间的连接就是连接查询的结果集或结果表。而实现连接的结果是在向数据库添加新类型的数据方面没有限制，具有很大的灵活性。通常总是通过连接创建一个新表，以包含不同表中的数据。如果新表有合适的域，就可以将它连接到现有的表中。

5.2.1 基本连接

在进行多表操作时，最简单的连接方式就是在 SELECT 语句列表中引用多个表的字段，其 FROM 子句中用半角逗号将不同的基本表隔开。如果使用 WHERE 子句创建一个同等连接则能使查询结果集更加丰富，同等连接是指第一个基表中的一个或多个列值与第二个基表中对应的一个或多个列值相等的连接。通常情况下，一般使用键码列建立连接，即一个基表中的主键码与第二个基表中的外键码保持一致，以保持整个数据库的参照完整性。

用户在进行基本连接操作时，应遵循以下基本原则。

- ❑ SELECT 子句列表中，每个目标列前都要加上基表名称。
- ❑ FROM 子句应包括所有使用的基表。
- ❑ WHERE 子句应定义一个同等连接。

多表查询中同样可以使用 WHERE 子句的各个搜索条件，比如比较运算符、逻辑运算符、IN 条件、BETWEEN 条件、LIKE 条件及 IS NULL 条件等，也可以规范化结果集。

例如，“网店购物系统”数据库中的“商品信息”表和“订单信息”表，都包含了“商品编号”列，根据该列在 WHERE 子句中建立同等连接，查询语句如下所示：

```
USE 网店购物系统
SELECT 商品信息.商品名称,商品信息.商品价格,订单信息.交易数量,订单信息.交易时间
FROM 商品信息,订单信息
WHERE 商品信息.商品编号 = 订单信息.商品编号
```

上面语句在 SELECT 语句中各个查询列前都指定了其所在的表，从而确定每个列的来源并限定列名。WHERE 子句中创建了一个同等连接，即通过两表的商品编号建立连接，它们都是所在表的主键。执行语句后，得到的结果如图 5-21 所示。

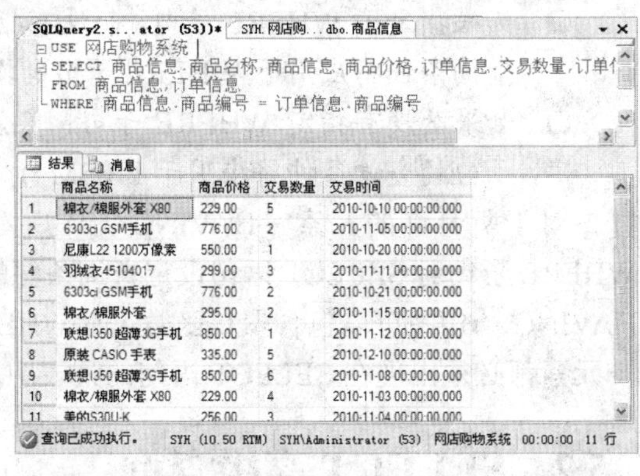

图 5-21　使用 WHERE 子句建立同等连接

使用同等连接不仅仅可以连接两个列，如果表中结构允许，用户可以在 WHERE 子句中连接多个表，可以使用下面的语句：

```
USE 网店购物系统
SELECT 商品信息.商品名称,商品信息.商品价格,订单信息.交易数量,注册会员.会用地址
FROM 商品信息,订单信息,注册会员
WHERE 商品信息.商品编号 = 订单信息.商品编号
AND 订单信息.会员编号 = 注册会员.会员编号
AND 注册会员.会员地址 LIKE '北京%'
```

上面语句在 WHERE 子句中使用 AND 连接了两个同等连接：第一个连接是“商品信息”表中商品编号与“订单信息”表中商品编号；第二个连接是“订单信息”表中会员编号与“注册会员”表中的会员编号；最后又使用 AND 连接了另外一个限定条件。执行上面语句后，得到的结果如图 5-22 所示。

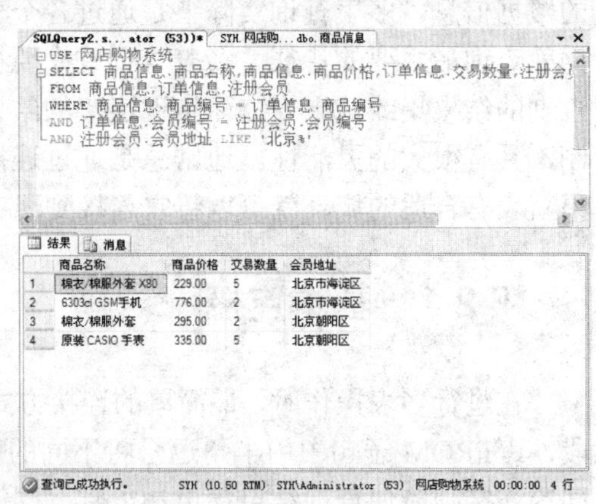

图 5-22　使用多个同等连接

5.2.2 JOIN 关键字

使用 JOIN 关键字可以进行连接查询，它和基本连接查询一样都用来连接多个表的操作。使用 JOIN 关键字可以引导出多种连接方式，如内连接、外连接、交叉连接、自连接等。其连接条件主要通过以下方法定义两个表在查询中的关系。

- 指定每个表中要用于连接的目标列。即在一个基表中指定外键，在另外一个基表中指定与其关联的键。
- 指定比较各目标列的值要使用比较运算符，如=、<等。

使用 JOIN 关键字连接查询的语法格式为：

```
SELECT select_list
FROM table join_type JOIN table2 [ON join_conditions]
[WHERE search_conditions]
[ORDER BY order_expression]
```

table 与 table2 为基表；join_type 指定连接类型，正是该连接类型指定了多种连接方式如内连接、外连接、交叉连接和自连接；join_conditions 指定连接条件。

例如，在“网店购物系统”数据库中“商品信息”和“订单信息”两个表中都包含“商品编号”列，用户可以使用 JOIN 关键字将两个表建立连接，可以使用下面的语句：

```
USE 网店购物系统
SELECT 商品信息.商品名称,商品信息.商品价格,订单信息.交易数量
FROM 商品信息 JOIN 订单信息
ON 商品信息.商品编号 = 订单信息.商品编号
WHERE 商品信息.商品价格 < 350
```

在上面的语句中，首先在 FROM 子句中使用 JOIN 关键字将两个表建立连接，然后通过 ON 子句给出了连接的条件，最后，使用 WHERE 子句又给出了连接的限定条件。执行上面语句后，得到如图 5-23 所示的结果。

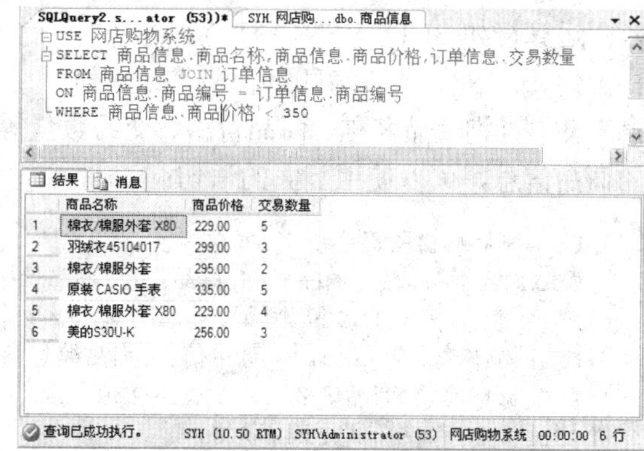

图 5-23　使用 JOIN 建立连接

5.2.3 内连接

内连接是比较常用的一种数据连接查询方式。它使用比较运算符进行多个基表间数据的比较操作，并列出这些基表中与连接条件相匹配的所有的数据行。一般用 INNER JOIN 或 JOIN 关键字来指定内连接，它是连接查询默认的连接方式。内连接的语法格式为：

```
SELECT select_list
FROM table INNER JOIN table2 [ON join_conditions]
```

```
[WHERE search_conditions]
[ORDER BY order_expression]
```

细分起来，又可将内连接分为等值连接、非等值连接和自然连接 3 种。

1. 等值连接

等值连接就是在连接条件中使用等于号（=）比较运算符来比较连接列的列值，其查询结果中列出被连接表中的所有列，并且包括重复列。

下面的语句对“商品信息”表和“订单信息”表进行了内部连接：

```
USE 购物系统
SELECT 商品信息.商品名称,商品信息.商品价格,订单信息.订单数量
FROM 商品信息 JOIN 订单信息
ON 商品信息.商品编号 = 订单信息.商品编号
ORDER BY 商品信息.商品价格
```


上面的语句使用了 ON 子句指定连接条件，并使用了 ORDER BY 子句通过“商品信息”表中的商品价格进行升序排列。执行该语句，得到的结果如图 5-24 所示。

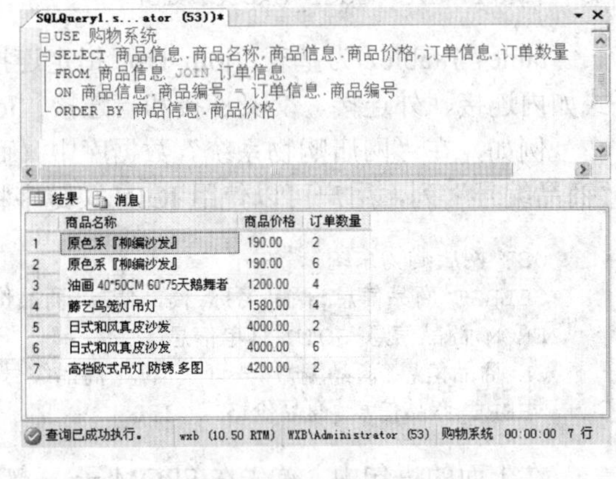

图 5-24　等值连接

2. 非等值连接

非等值连接查询就是在连接条件中使用了除等于号之外的比较运算符以比较连接列的列值，比较连接符有>、<、>=、<=、<>，除了这些比较运算符外，也可以使用范围运算符如 BETWEEN。

例如，在“商品信息”表和“订单信息”表中查询商品名称、商品价格、交易数量等，同时输出商品价格在 250～350 元之间的商品信息，可以使用下面的语句：

```
USE 网店购物系统
SELECT 商品信息.商品名称,商品信息.商品价格,订单信息.交易数量
FROM 商品信息 INNER JOIN 订单信息
ON 商品信息.商品编号 = 订单信息.商品编号
AND 订单信息.商品价格 BETWEEN 250 AND 350
ORDER BY 商品信息.商品价格
```

上面的语句中，除了通过 ON 子句指定了连接的条件外，并给出了 BETWEEN 非等值连接运算，执行该语句后，得到的结果如图 5-25 所示。

3. 自然连接

自然连接与等值连接相同，都是在连接条件中使用等于比较运算符，使用自然连接查询时，它会为具有相同名称的列自动进行记录匹配，并在返回的数据中删除连接表中

的重复列。

例如，基于“商品信息”表和“订单信息”表创建一个自然连接查询，限定条件为两个基表中的商品编号，在结果集中显示商品名称、商品价格和交易数量。可以使用下面的语句：

```
USE 网店购物系统
SELECT 商品信息.商品名称,商品信息.商品价格,订单信息.交易数量
FROM 商品信息 INNER JOIN 订单信息
ON 商品信息.商品编号 = 订单信息.商品编号
```

执行上面的语句后，得到的结果如图 5-26 所示。

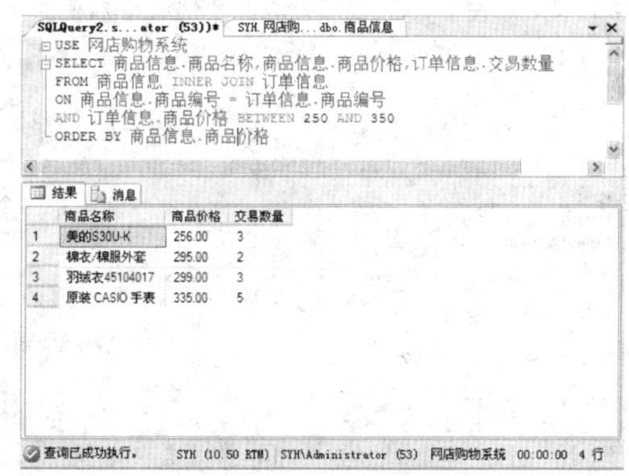

图 5-25　非等值连接

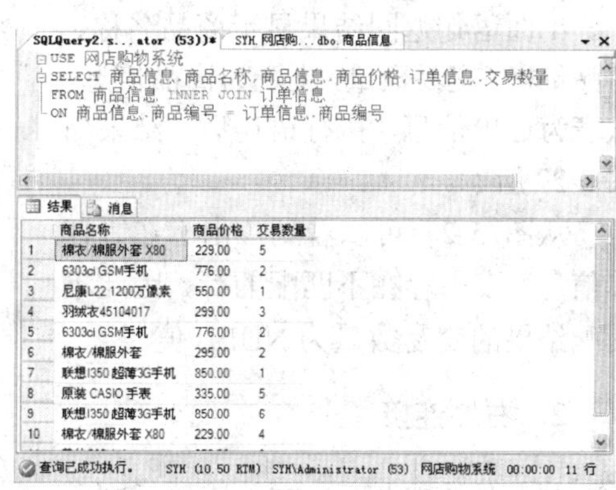

图 5-26　自然连接

5.2.4　外连接

由于内连接可能产生信息的丢失，为避免这种情况的发生，用户可以使用外连接。外连接与内连接不同，在查询时所用的基表有主从表之分。使用外连接时，以主表中每行数据去匹配从表中的数据行，如果符合连接条件则返回到结果集中；如果没有找到匹配行，则主表的行仍然保留，并且返回到结果集中，相应的从表中的数据行被填上 NULL 值后也返回到结果集中。

根据返回行的主从表形式不同，外连接可以分为 3 种类型：左外连接、右外连接和全外连接。各种外连接方式有独特的关键字，下面对这 3 种连接方式进行详细介绍。

1. 左外连接

左外连接是指返回所有的匹配行并从关键字 JOIN 左边的表中返回所有的不匹配行。由此可知，即使不匹配，JOIN 关键字左边的表中的数据也将被保留，所以在左外连接中 JOIN 关键字左边的表为主表，右边的表为从表。使用左边连接的一般语法结构为：

```
SELECT select_list
FROM table LEFT OUTER JOIN table2[ON join_conditions]
[WHERE search_conditions]
[ORDER BY order_expression]
```

上面语句结构中 OUTER JOIN 表示外连接，而 LEFT 表示左外连接的关键字，因此 table 为主表，table2 为从表。

例如，在“订单信息”表中一个商品编号对应一个具体的商品；而在“商品信息”表中保存了数据库中所有的商品，但“商品信息”表中所有商品并不是都要被购买的，因此可以使用这两个表作为左外连接，使用下面的语句：

```
USE 网店购物系统
SELECT 商品信息.商品名称,商品信息.商品价格,订单信息.交易数量
FROM 商品信息 LEFT OUTER JOIN 订单信息
ON 商品信息.商品编号 = 订单信息.商品编号
```

上面语句返回结果显示商品名称、商品价格、交易数量，主表为商品信息，从表为订单信息，执行语句后，结果如图 5-27 所示。

从图 5-27 可以看到，由于在“订单信息”表中存在不匹配的行，因此不匹配结果的交易数量为 NULL 值。

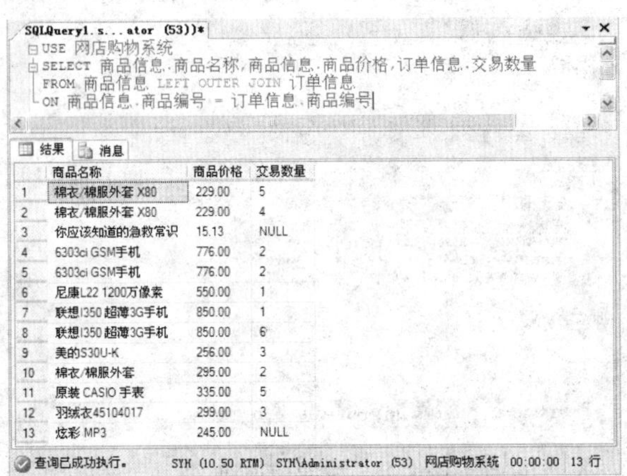

	商品名称	商品价格	交易数量
1	棉衣/棉服外套 X80	229.00	5
2	棉衣/棉服外套 X80	229.00	4
3	你应该知道的急救常识	15.13	NULL
4	6303ci GSM手机	776.00	2
5	6303ci GSM手机	776.00	2
6	尼康L22 1200万像素	550.00	1
7	联想I350 超薄3G手机	850.00	1
8	联想I350 超薄3G手机	850.00	6
9	美的S30U-K	256.00	3
10	棉衣/棉服外套	295.00	2
11	原装 CASIO 手表	335.00	5
12	羽绒衣45104017	299.00	3
13	炫彩 MP3	245.00	NULL

图 5-27　使用左外连接

2．右外连接

与左外连接相反，右外连接返回所有的匹配行并从关键字 JOIN 右边的表中返回所有不匹配的行。因此，在右外连接中 JOIN 关键字右边的为主表，而关键字左边的为从表，右外连接返回结果与左外连接相同，即不满足匹配的结果集在相应列中添加 NULL 值。使用右外连接的语句结构为：

```
SELECT select_list
FROM table1 RIGHT OUTER JOIN table2 [ON join_conditions]
[WHERE search_conditions]
[ORDER BY order_expression]
```

OUTER JOIN 表示外连接，RIGHT 为右外连接的关键字。例如，同样在“商品信息”表和“订单信息”表中使用右外连接，返回商品名称、商品价格、交易数量、交易时间，可以使用下面的语句：

```
USE 网店购物系统
SELECT 商品信息.商品名称,商品信息.商品价格,订单信息.交易数量,订单信息.交易时间
FROM 订单信息  RIGHT OUTER JOIN 商品信息
ON 商品信息.商品编号 = 订单信息.商品编号
```

语句中“商品信息”为主表，而“订单信息”为从表，返回结果中不满足匹配条件的，即没有被订购的商品，会在交易数量和交易时间列中显示 NULL 值，如图 5-28 所示。

3. 全外连接

```
USE 网店购物系统
SELECT 商品信息.商品名称,商品信息.商品价格,订单信息.交易数量,订单信息
FROM 订单信息  RIGHT OUTER JOIN 商品信息
ON 商品信息.商品编号 = 订单信息.商品编号
```

	商品名称	商品价格	交易数量	交易时间
1	棉衣/棉服外套 X80	229.00	5	2010-10-10 00:00:00.000
2	棉衣/棉服外套 X80	229.00	4	2010-11-03 00:00:00.000
3	你应该知道的急救常识	15.13	NULL	NULL
4	6303ci GSM手机	776.00	2	2010-11-05 00:00:00.000
5	6303ci GSM手机	776.00	2	2010-10-21 00:00:00.000
6	尼康L22 1200万像素	550.00	1	2010-10-20 00:00:00.000
7	联想I350 超薄3G手机	850.00	1	2010-11-12 00:00:00.000
8	联想I350 超薄3G手机	850.00	6	2010-11-08 00:00:00.000
9	美的S30U-K	256.00	3	2010-11-04 00:00:00.000
10	棉衣/棉服外套	295.00	2	2010-11-15 00:00:00.000
11	原装 CASIO 手表	335.00	5	2010-12-10 00:00:00.000
12	羽绒衣45104017	299.00	3	2010-11-11 00:00:00.000
13	炫彩 MP3	245.00	NULL	NULL

查询已成功执行。 SYH (10.50 RTM) SYH\Administrator (53) 网店购物系统 00:00:00 13 行

图 5-28 使用右外连接

全外连接又称完全外连接，该连接查询方式返回连接表中所有行的数据。与左外连接相同，JOIN 关键字左边为主表，而 JOIN 关键字右边为从表。根据匹配条件，如果满足匹配条件时，则返回数据；如果不满足匹配条件时，同样返回数据只不过在相应列中填入 NULL 值。在整个全外连接返回结果中，包含了两个完全连接表的所有数据。使用全外连接的一般语法结构为：

```
SELECT select_list
FROM table1 FULL OUTER JOIN table2 [ON join_conditions]
[WHERE search_conditions]
[ORDER BY order_expression]
```

例如，在“商品信息”表和“订单信息”表中使用全外连接，可以使用下面的语句：

```
USE 网店购物系统
SELECT 商品信息.商品名称,商品信息.商品价格,订单信息.交易数量,订单信息.交易时间
FROM 订单信息  FULL OUTER JOIN 商品信息
ON 商品信息.商品编号 = 订单信息.商品编号
```

从上面语句中可以看到，“订单信息”为主表，而“商品信息”为从表，返回结果一定是按照“订单信息”表中的数据进行匹配的，返回的结果如图 5-29 所示。

从返回结果中可以看出，按照“订单信息”表进行匹配，前面 11 行显示了相应商品信息，而最后的两行不匹配“订单信息”表中的行，因此在交易数量、交易时间列填入 NULL 值。

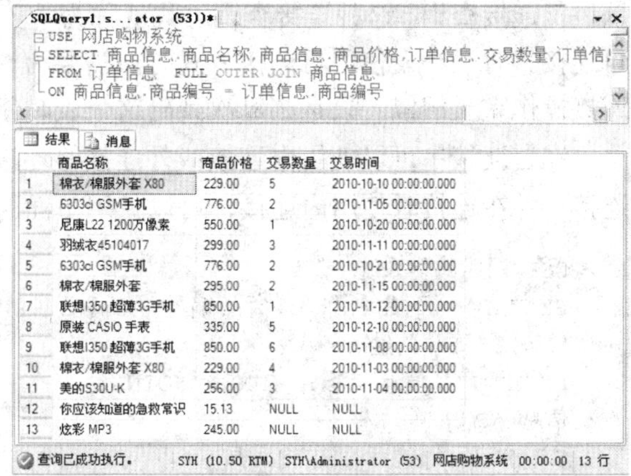

```
USE 网店购物系统
SELECT 商品信息.商品名称,商品信息.商品价格,订单信息.交易数量,订单信息
FROM 订单信息  FULL OUTER JOIN 商品信息
ON 商品信息.商品编号 = 订单信息.商品编号
```

	商品名称	商品价格	交易数量	交易时间
1	棉衣/棉服外套 X80	229.00	5	2010-10-10 00:00:00.000
2	6303ci GSM手机	776.00	2	2010-11-05 00:00:00.000
3	尼康L22 1200万像素	550.00	1	2010-10-20 00:00:00.000
4	羽绒衣45104017	299.00	3	2010-11-11 00:00:00.000
5	6303ci GSM手机	776.00	2	2010-10-21 00:00:00.000
6	棉衣/棉服外套	295.00	2	2010-11-15 00:00:00.000
7	联想I350 超薄3G手机	850.00	1	2010-11-12 00:00:00.000
8	原装 CASIO 手表	335.00	5	2010-12-10 00:00:00.000
9	联想I350 超薄3G手机	850.00	6	2010-11-08 00:00:00.000
10	棉衣/棉服外套 X80	229.00	4	2010-11-03 00:00:00.000
11	美的S30U-K	256.00	3	2010-11-04 00:00:00.000
12	你应该知道的急救常识	15.13	NULL	NULL
13	炫彩 MP3	245.00	NULL	NULL

查询已成功执行。 SYH (10.50 RTM) SYH\Administrator (53) 网店购物系统 00:00:00 13 行

图 5-29 使用全外连接

5.2.5 交叉连接

使用交叉查询，如果不带 WHERE 子句时，则返回的结果是被连接的两个表的笛卡儿积；如果交叉连接带有 WHERE 子句时，则返回的结果为连接两个表的笛卡儿积减去 WHERE 子句所限定而省略的行数。交叉连接的语法格式为：

```
SELECT select_list
FROM table1 CROSS JOIN table2
```

```
[WHERE search_conditions]
[ORDER BY order_expression]
```

CROSS 为交叉连接的关键字。例如，在“商品信息”表和“订单信息”表中使用交叉连接，可以使用如下语句：

```
USE 网店购物系统
SELECT 商品信息.商品名称,商品信息.商品价格,订单信息.交易数量,订单信息.交易时间
FROM 订单信息  CROSS  JOIN 商品信息
WHERE 商品信息.商品编号 = 订单信息.商品编号
AND 订单信息.商品价格 BETWEEN 200 AND 300
ORDER BY 订单信息.交易时间
```

执行上面的语句，得到的结果如图 5-30 所示。从交叉连接的语句及其返回结果中可以看出，实际上交叉连接和使用逗号的基本连接操作非常相似，唯一的不同之处在于交叉连接使用 CROSS JOIN 关键字，而基本连接使用逗号操作符。

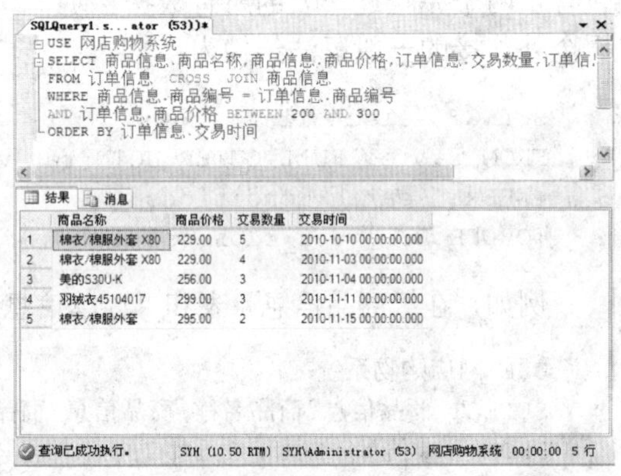

图 5-30　使用交叉连接

5.2.6　自连接

前面介绍了多种方式实现两个或多个表之间的连接查询，但对同一个表同样也可以进行连接查询，这种连接查询方式就称为自连接。对一个表使用自连接方式时，需要为该表定义一个别名，其他内容与两个表的连接操作完全相似，只是在每次列出这个表时便为它命名一个别名。

在自连接中可以使用内连接或外连接等连接方式，例如，对“商品信息”表实现自连接，并在连接时使用内连接，可以使用下面的语句：

```
USE 网店购物系统
SELECT A.商品名称,B.商品编号,A.商品价格,B.库存数量
FROM  商品信息 AS A INNER JOIN 商品信息 AS B
ON  A.商品编号 = B.商品编号
WHERE A.商品价格 BETWEEN 200 AND 300
ORDER BY A.商品价格
```

可以看到，在上面的语句中为该表创建了两个别名 A 和 B，接下来将 A 和 B 作为两个不同的表进行查询，执行语句后，得到的结果如图 5-31 所示。

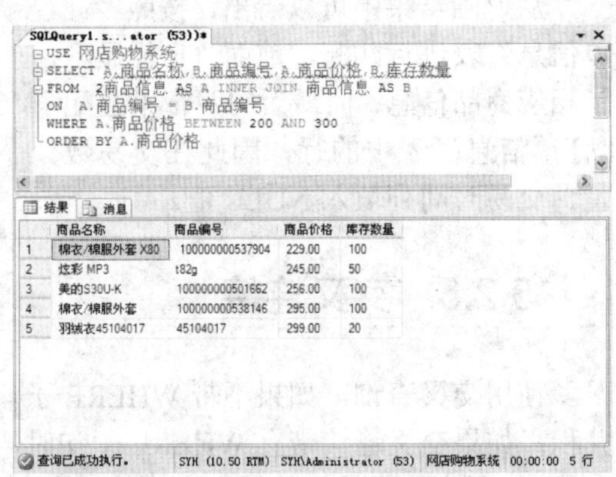

图 5-31　在自连接中使用内连接

5.2.7 联合查询

对于不同的查询操作会生成不同的查询结果集，但在实际应用中会希望这些查询结果集连接到一起，从而组成符合实际需要的数据，此时就可以使用联合查询。使用联合查询可以将两个或更多的结果集组合到一个结果集中，新结果集则包含了所有查询结果集中的全部数据。

使用联合查询的一般语法结构为：

```
SELECT search_list
FROM table_source
[WHERE search_conditions]
{UNION [ALL]
SELECT select_list
FROM table_source
[WHERE search_conditions]}
[ORDER BY order_expression]
```

大括号中联合查询通过UNION子句实现，其中ALL关键字为可选的：如果在UNION子句中使用该关键字，则返回全部满足匹配的结果；如果不使用该关键字，则返回结果中删除满足匹配的重复行。在进行联合查询时，查询结果的列标题为第一个查询语句的列标题。因此，必须在第一个查询语句中定义列标题。

例如，在“制造商信息”表和“供货商信息”表中，创建联合查询。可以使用下面的语句：

```
USE 网店购物系统
SELECT 制造商名称 AS '制造商及地址',制作商电话 AS '传真及电话'
FROM 制造商信息
UNION
SELECT 供货商地址,供货商电话
FROM 供应商信息
```

上面语句中，在第一个SELECT语句中定义了返回结果的新列名，分别是“制造商及地址”和“传真及电话”，使用UNION子句连接两个查询，执行语句后，得到的结果如图5-32所示。

图 5-32　使用联合查询

在所有联合查询时，一定要注意以下几点。

- ❑ 所有UNION查询必须在SELECT列表中有相同的列数。即如果第一个SELECT语句有3列，那么第二个SELECT语句中也必须有3列。

- UNION 返回结果集的列名仅从第一个查询获得。如果第一个 SELECT 语句中定义了列名，那么不管其他 SELECT 语句中是否为列定义了别名，UNION 子句返回的结果集都是在第一个 SELECT 语句中定义的内容。

5.3 使用子查询

使用子查询或连接，都可以实现使用查询语句来访问多个表中的数据的效果。子查询可以使用在 SELECT、INSERT、UPDATE 或 DELETE 语句中，子查询同样遵循 SQL Server 语法规范，根据子查询返回行数的不同，又可将其分为返回多行的子查询和返回单行的子查询。同时，子查询又可嵌套使用。

5.3.1 返回多行的子查询

返回多行的子查询是指在执行查询语句获得的结果集中返回了多行数据的子查询。一般情况下，对子查询都是通过 WHERE 子句实现的，但实际上它还能应用于 SELECT 语句及 HAVING 子句中。在子查询中可以使用 IN 关键字、EXISTS 关键字和比较运算符来连接表。

1. 使用 IN 关键字

通过使用 IN 关键字可以把原表中目标列的值和子查询的返回结果进行比较，如果列值与子查询的结果一致或存在与之匹配的数据行，则查询结果集中就包含该数据行。使用 IN 关键字的子查询的语法格式为：

```
SELECT select_list
FROM table_sourcde
WHERE expression IN|NOT IN (subquery)
```

上面语法中（subquery）表示子查询，括号外围的查询将子查询结果作为限定条件，进而进行查询。例如下面的语句：

```
USE 网店购物系统
SELECT * FROM 注册会员
WHERE 会员编号 IN
(SELECT 会员编号 FROM
订单信息 WHERE 交易数量 >3)
```

括号中子查询得出的结果为交易数量大于 3 的会员的会员编号，外围查询根据会员编号将其作为限定条件，查询出“注册会员”表中的相应数据，查询结果如图 5-33 所示。

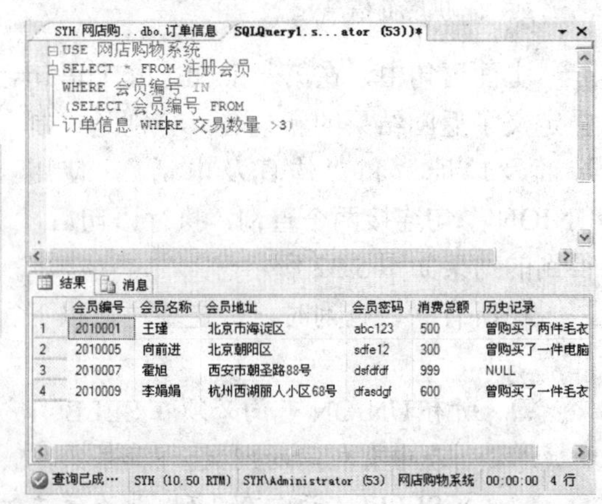

图 5-33 使用 IN 关键字的子查询

提示

同样，这里也可以使用 NOT IN 关键字查询出与 IN 关键字相反的结果。

2．使用 EXISTS 关键字

EXISTS 关键字的作用是在 WHERE 子句中测试子查询返回的行是否存在，如果存在则返回真值；如果不存在则返回假值。使用 EXISTS 关键字的子查询实际上不产生任何数据，其语法格式为：

```
SELECT select_list
FROM table_source
WHERE EXISTS|NOT EXISTS(subquery)
```

同样，以上面的实例为例，查询交易数量大于 3 的会员的会员编号，在这个语句中使用 EXISTS 关键字。如果子查询中能够返回数据行即查询成功，则子查询外围的查询也能成功；如果子查询失败，则外围的查询也会失败，这里 EXISTS 连接的子查询可以理解为外围查询的触发条件。可以使用下面的语句：

```
USE 网店购物系统
SELECT TOP 3 会员名称,会员地址,消费总额 FROM 注册会员
WHERE  EXISTS
(SELECT 会员编号 FROM
订单信息 WHERE 交易数量 >3)
```

执行该语句，得到的结果如图 5-34 所示。

使用 NOT EXISTS 与使用 EXISTS 相反，当子查询返回空行或查询失败时，外围查询成功；当子查询成功或返回非空行时，外围查询失败。同样使用上面的实例，只不过将 EXISTS 换为 NOT EXISTS，在子查询中查询出交易数量大于 3 的会员编号，当然这个子查询肯定失败，那么得到的结果如图 5-35 所示。可以使用下面的语句：

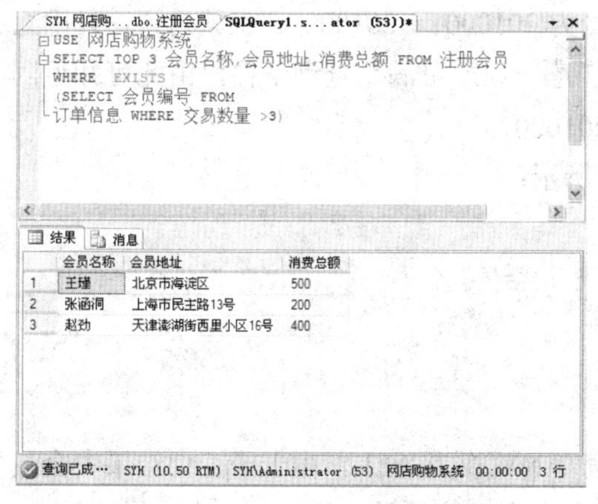

图 5-34　使用 EXISTS 关键字

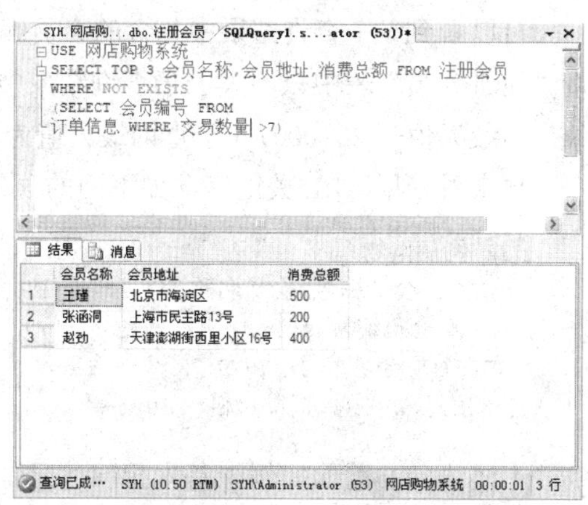

图 5-35　使用 NOT EXISTS 子查询

```
USE 网店购物系统
SELECT TOP 3 会员名称,会员地址,消费总额 FROM 注册会员
WHERE NOT EXISTS
(SELECT 会员编号 FROM
订单信息 WHERE 交易数量 >3)
```

3. 比较运算符

子查询可以由一个比较运算符和一些关键字引入，查询结果返回一个值列表。使用比较运算符的子查询的基本语法格式为：

```
SELECT select_list
FROM table_source
WHERE expression operator [ANY|ALL|SOME] (subquery)
```

operator 表示比较运算符，ANY、ALL 和 SOME 是 SQL 支持的在子查询中进行比较的关键字。ANY 和 SOME 表示外围查询限定条件与子查询返回值进行比较，如果外围查询中有任意多个数据满足比较条件，则全部返回；使用 ALL 关键字表示外围查询限定条件与子查询返回值进行比较，外围子查询返回结果必须全部满足比较条件。

也许上面的语句过于抽象，可以通过下面的实例语句加深理解：


```
USE 网店购物系统
SELECT 会员编号,会员名称,会员地址 FROM 注册会员
WHERE 会员编号 <= ANY
(SELECT 会员编号 FROM
订单信息 WHERE 商品价格 >800)
```

子查询中返回了所购买商品的商品价格大于 800 的会员编号，在外围查询中使用 ANY 关键字，因此可知，只要外围查询中会员编号小于子查询中返回结果中存在的任意一个会员编号即可满足查询条件，则该项数据被返回。

首先来看子查询返回的结果，可以选中子查询并执行子查询语句，得到如图 5-36 所示的结果。

可以看到，子查询结果中包含的会员编号为 2010001～2010007。也就是说，外围查询“注册会员”表中只要大于子查询结果中任意一项即可满足查询条件，由此可知返回结果的最大值为 2010007（子查询最大值为 2010007）。

再来看使用 ALL 关键字，如下面的语句所示：

```
USE 网店购物系统
SELECT 会员编号,会员名称,会员地址 FROM 注册会员
WHERE 会员编号 < ALL
(SELECT 会员编号 FROM
订单信息 WHERE 商品价格 >800)
```

上述语句与前面实例中基本相同，只是将 ANY 换为 ALL。由于子查询结果中会员编号最小值为 2010006，因此可以推断返回结果中会员编号最大值为 2010005。执行上面语句，可以得到如图 5-37 所示的结果。

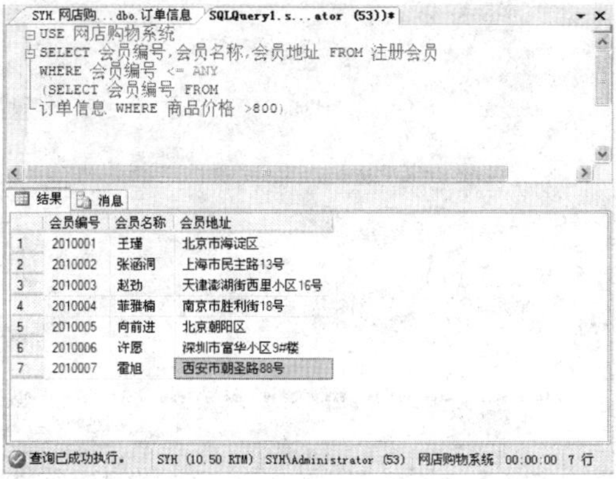

图 5-36　使用 ANY 执行结果

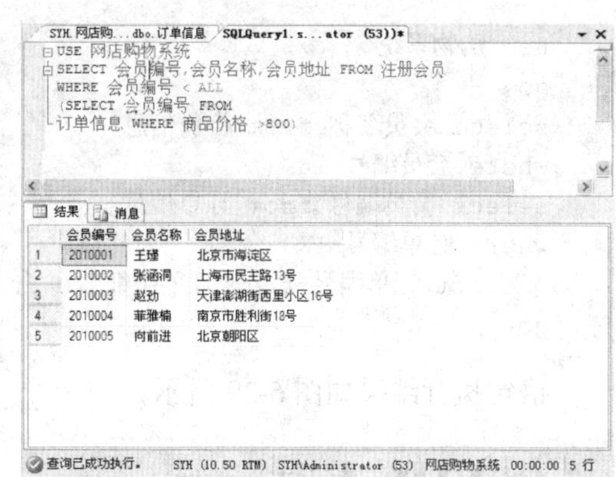

图 5-37　使用 ALL 执行结果

5.3.2　返回单值的子查询

返回单值的子查询就是子查询的查询结果只返回一个值，然后外围查询将一列值与这个返回的值进行比较。在 WHERE 子句中可以使用比较运算符来连接子查询。语法格式为：

```
SELECT select_list
FROM table_source
WHERE expression operator (subquery)
```

在返回单值的子查询中，比较运算符不需要使用 ANY、SOME 等关键字。

```
USE 网店购物系统
SELECT 会员编号,会员名称,会员地址 FROM 注册会员
WHERE 会员编号 <
(SELECT 会员编号 FROM
订单信息 WHERE 商品价格 =335)
```

执行上面的语句，得到的结果如图 5-38 所示。

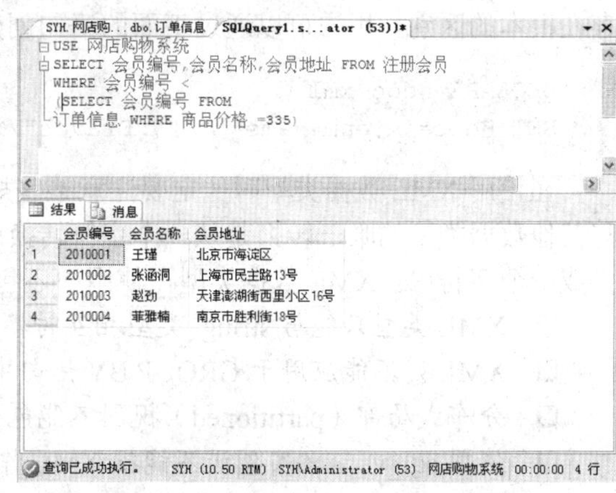

图 5-38　返回单值的子查询

5.3.3　嵌套子查询

在 SQL Server 2008 中，子查询是可以嵌套使用的，并且用户可以在一个查询中嵌套任意多个子查询，即一个子查询中还可以包含另一个子查询，这种查询方式就是嵌套子查询。在实际应用中，嵌套子查询能够帮助用户从多个表中完成查询任务。看下面的嵌套查询语句：

```
use 购物系统
go
select 会员名称 from 会员信息
where 会员编号 in (
select 会员编号 from 订单信息
where 订单编号 IN
(select 订单编号 from 订单明细 ID in(3,4,5,6,7)))
go
```

语句执行结果如图 5-39 所示。

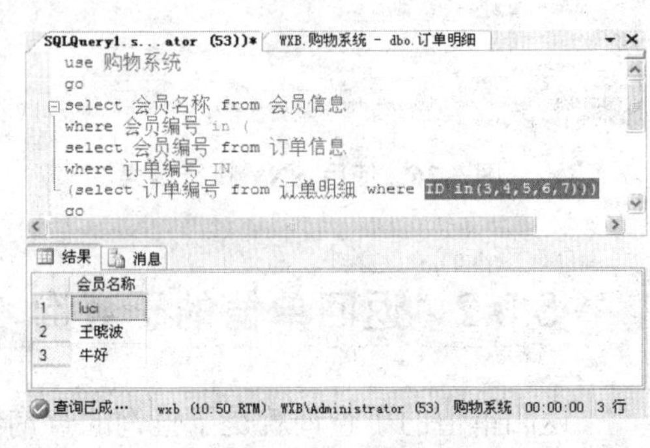

图 5-39 使用嵌套查询

5.4 XML 查询

随着 XML 技术的广泛应用，SQL Server 也开始了 XML 技术，比如在 SQL Server 2008 版本中引入了以 XML 的格式返回关系型数据、大量加载和切分 XML 文档，以及将数据库对象公开为基于 XML 的 Web 服务等功能。SQL Server 2008 中添加了对 XQuery 技术的支持，这就可以通过与 XML 数据类型相关的 XQuery 语言对 XML 数据进行查询。本节主要介绍 XML 查询中的相关知识，如 XML 数据类型以及 XQuery 语言等。

5.4.1 XML 数据类型

SQL Server 2008 中为了增强对 XML 技术的支持，引入了 XML 数据类型。XML 数据类型与其他数据类型一样，比如 string，varchar 等可以用在表中列的定义中、变量的定义中、存储过程的参数定义以及函数的返回类型中；可以直接在数据库中存储、查询和管理 XML 文件；更重要的是，用户还能定义自己的 XML 必须遵从的模式。

作为 SQL Server 众多数据类型中的一种，XML 数据类型与其他数据类型相比并不存在根本的区别，用户可以通过下面的语句创建一个 XML 变量并填充该变量：

```
DECLARE @doc xml
SET @doc='<Team name=""""""Braves"/>'
```

在使用 XML 数据类型时一定要注意某些规则，比如，在类型转换时 XML 数据类型与其他数据类型的唯一转换是从一个字符转换成一个 XML 类型，或从一个 XML 类型转换成一个字符串。XML 数据类型在使用中还包括下面一些具体限制。

- XML 类型只能与 string 类型相互转换。
- XML 列不能应用于 GROUP BY 语句中。
- 分布式局部（partitioned）视图不能包含 XML 数据类型。
- 使用 sql_variant 实例进不能把 XML 作为一种子类型。
- XML 列不能成为主键或外键的一部分。
- XML 列不能指定为唯一。

- ❑ XML 列不能使用在 COLLATE 子句上。
- ❑ XML 列不能加入到规则中。
- ❑ 可应用于 XML 列的内置标量函数是 IS NULL 和 COALESCE。其他内置标量函数不支持使用 XML 列。
- ❑ 表中最多只能拥有 32 列 XML 数据类型。
- ❑ 具有 XML 列的表不能有一个超过 15 列的主键。
- ❑ 具有 XML 列的表不能有一个 timestamp 数据类型作为它们的主键的一部分。
- ❑ 存储在数据库中的 XML 仅支持 128 级的层次。

5.4.2 XQuery 查询方法

XQuery 是一种 XML 查询语言，它可以查询结构化甚至半结构化的 XML 数据。XQuery 基于现有的 XPath 查询语言，具有更好的迭代、结果集排序和对查询的 XML 结果规范化等功能。SQL Server 2008 中引入 XQuery 查询技术，使之具备了优秀的对 XML 数据的快速存储与查询功能。

XQuery 查询中有多种方法，其中常用的查询方法如表 5-5 所示。

表 5-5　常用查询方法

方法名	功能
query	执行一个 XML 查询并且返回查询的结果
exist	执行一个 XML 查询，并且如果有结果的话返回值为 1
value	计算一个查询以从 XML 中返回一个简单的值
modify	在 XML 文档的适当位置执行一个修改操作
nodes	允许用户把 XML 分解到一个表结构中

1. query 方法

query 方法允许用户指定一个要计算的 XQuery 与 XPath 表达式，也可以指定需要返回的 XML 节点，该方法的返回结果是一个 XML 数据类型对象。具休语法格式为：

```
query ('/节点' | XQuery|XPath)
```

下面的语句首先定义了一个 XML 变量，接下来使用 query()方法查询相应信息，语句如下所示：

```
declare @商品信息 xml
set @商品信息='<商品信息>
<商品编号>A10001</商品编号>
<商品名称>VE 眼霜</商品名称>
<商品价格>21.00</商品价格>
<库存量>25</库存量>
</商品信息>'
select @商品信息.query('商品信息/商品名称') as '名称',
 @商品信息.query('商品信息/商品价格') as '价格'
```

上面语句中变量“@商品信息”调用 query()方法，该语句中使用单引号的内容为 XML 数据类型的节点，语句执行结果如图 5-40 所示。

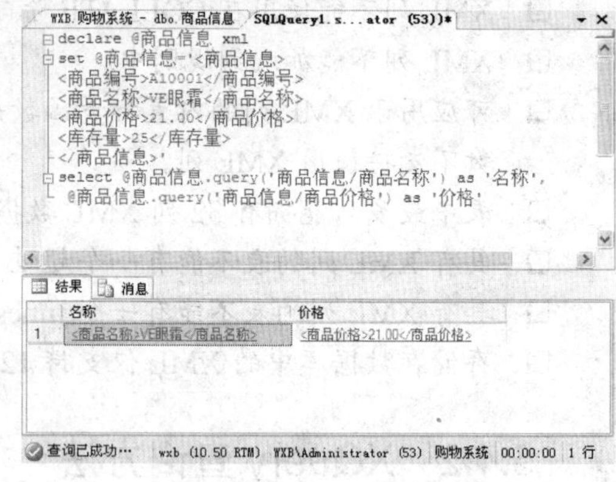

图 5-40　使用 query 方法

2. exist 方法

exist 方法指示一个查询是否返回结果，如果一个查询存在返回结果，那么该方法返回 1，否则返回 0。使用 exist()方法的语法格式为：

```
exist(XQuery)
```

例如下面的语句使用了 query()方法和 exist()方法：

```
declare @商品信息 xml
set @商品信息='<商品信息>
<商品编号>A10001</商品编号>
<商品名称>VE 眼霜</商品名称>
<商品价格>21.00</商品价格>
<库存量>25</库存量>
</商品信息>
<商品信息>
<商品编号>A10002</商品编号>
<商品名称>芳草集迷迭香焕采眼霜</商品名称>
<商品价格>100.00</商品价格>
<库存量>60</库存量>
</商品信息>'
select @商品信息.query('/商品信息') as '名称'
where @商品信息.exist('商品信息/商品名称=VE 眼霜')=1
```

语句中使用了 WHERE 子句，判断 XML 变量节点中书名是否存在“VE 眼霜”，如果存在，则返回该图书信息，上述语句的执行结果如图 5-41 所示。

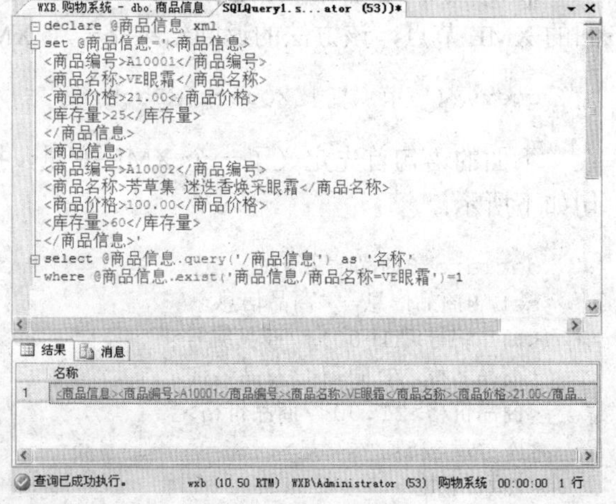

图 5-41　exist 方法

3. value 方法

使用 value 方法后，查询的返回结果将是一个标量，其语法格式为：

```
value(XQuery,SQLType)
```

value 方法有两个参数：一个是 XQuery 语句，另一个参数是需要返回的数据类型。value 方法可以返回除了 XML

数据类型外的任何数据类型。

例如下面的语句使用 value 方法返回 XML 节点中的属性值：

```
declare @商品信息 xml
declare @ID int
set @商品信息='<商品信息>
<商品编号类别="1">A10001</商品编号>
<商品名称>VE 眼霜</商品名称>
<商品价格>21.00</商品价格>
<库存量>25</库存量>
</商品信息>'
set @ID=@商品信息.value('(/商品信息/商品编号/@类别)[1]','int')
select @ID as "结果"
```

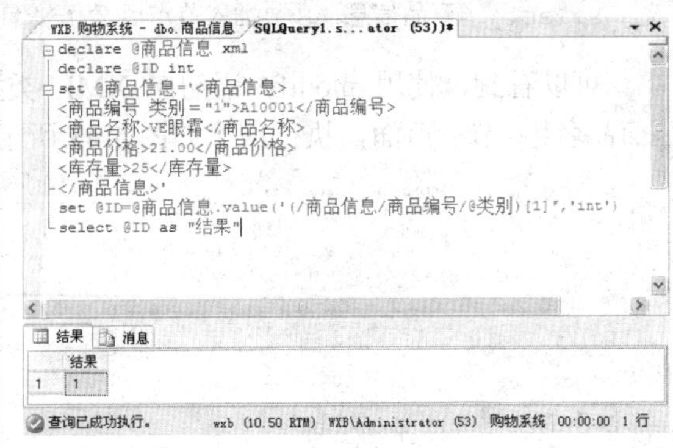

图 5-42　value 方法

上面语句的执行结果如图 5-42 所示。

> **注意**
>
> query 和 value 方法之间的不同在于：query 方法返回一个 XML 数据类型，这个数据类型包含查询的结果；value 方法返回一个带有查询结果的非 XML 数据类型。另外，value 方法只能返回单个值（或标题值）。

4．modify 方法

modify 方法是 SQL Server 2008 中提供的一种用于修改 XML 对象一部分内容的方法，XQuery 标准并没提供一种更新 XML 的机制，使用 modify 方法并结合 XML 数据修改语言（XML DML）可以即时修改一个 XML 文档。使用 modify 方法的语法格式为：

```
modify (<XML DML>)
```

modify 方法只有一个参数，该参数为 XML DML 语句。XML DML 也类似于 SQL 的 INSERT，UPDATE 和 DELETE 语法，这些语句用于对 XML 文档的插入、更新和删除等操作。INSERT 语句的使用语法如下所示：

```
INSERT expression1 ({as first | as last} into | after | before expression2)
```

expression1 表示插入内容，expression2 表示标识节点。而 into 表示将 expression1 标识的节点作为 expression2 的节点的子节点插入；after 表示将 expression1 节点作为 expression2 的同级节点插入在其后面；before 表示将 expression1 作为 expression2 的同级节点直接插入在其前面。

例如下面的语句是使用 DML 语句为一个 XML 文档添加一个节点：

```
declare @商品信息 xml
set @商品信息='<商品信息>
<商品编号>A10001</商品编号>
<商品名称>VE 眼霜</商品名称>
</商品信息>'
```

```
select  @商品信息 AS "原 XML 变量内容"
set @商品信息.modify('insert <商品价格>21.00</商品价格> after (商品信息/商品
名称)[1]')
select  @商品信息 AS "插入节点后 XML 变量内容"
```

可以看到，使用 modify 语句向 XML 类型变量中添加一个节点，添加的节点位于<商品名称>节点后面，执行结果如图 5-43 所示。

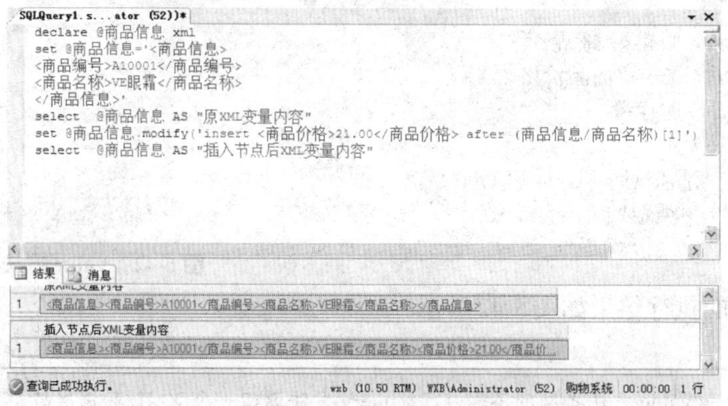

图 5-43　使用 modify 方法

5．nodes 方法

nodes 方法十分有用，它可以将 XML 数据类型实例拆分为关系数据，允许用户标识映射到新行的节点。nodes 方法的结果是一个包含原始 XML 实例的逻辑副本的行集。在这些逻辑副本中，每个行示例的上下文节点都被设置成由查询表达式标识的节点之一。这样，后续的查询可以浏览与这些上下文节点相关的节点。其语法格式为：

```
nodes (XQuery) as Table (Column)
```

例如下面语句中使用了 nodes 方法：

```
declare @商品信息 xml
set @商品信息 = '<商品>
<商品信息>
<商品编号>A10001</商品编号>
<商品名称>VE 眼霜</商品名称>
</商品信息>
<商品信息>
<商品编号>A10002</商品编号>
<商品名称>芳草集迷迭香焕采眼霜</商品名称>
</商品信息>
<商品信息>
<商品编号>A10007</商品编号>
<商品名称>苹果 MacBook Air</商品名称>
</商品信息></商品>'
select T.new.query('.') as '结果'
 from @商品信息.nodes('商品/商品信息') T(new)
```

上面语句的执行结果如图5-44所示。

```
declare @商品信息 xml
set @商品信息 = '<商品>
  <商品信息>
  <商品编号>A10001</商品编号>
  <商品名称>VE眼霜</商品名称>
  </商品信息>
  <商品信息>
  <商品编号>A10002</商品编号>
  <商品名称>芳草集迷迭香焕采眼霜</商品名称>
  </商品信息>
  <商品信息>
  <商品编号>A10007</商品编号>
  <商品名称>苹果MacBook Air</商品名称>
  </商品信息></商品>'
select T.new.query('.') as '结果'
  from @商品信息.nodes('商品/商品信息') T(new)
```

图 5-44 使用 nodes 方法

5.4.3 FOR XML 子句

通过 FOR XML 子句并指定模式可以将从数据库系统的表中检索出来的数据自动表示成 XML 格式。SQL Server 2008 在其中增加了 FOR XML 子句的功能，添加了多种显示模式，如 RAW 模式、AUTO 模式、EXPLICIT 模式和 PATH 模式等。

1. RAW 模式

RAW 模式将查询结果表中每一行作为一个 XML 元素，并以 RAW 作为元素标签，结果隔开每列作为 XML 元素的属性，若某列值为 NULL，则其属性值为空。RAW 模式返回的是没有嵌套元素的 XML 文档结果，例如下面语句使用了 FOR XML RAW：

```
use 购物系统
go
select a.商品名称,a.商品编号,a.商品价格,b.订单数量,b.订单总额
from 商品信息 a,订单信息 b
where  a.商品编号=b.商品编号 and a.商品价格 between 100 and 500
order by a.商品价格
for xml raw
```

上面语句中最后一行使用了 FOR XML 子句，并指定了模式为 RAW，执行结果如图5-45所示。

从返回结果中可以看到，使用 FOR XML RAW 后将所有查询结果以 XML 格式输出，并放置在一行中，这样很难看清结果集的具体内容，此时用户可以单击结果的蓝色部分，系统会弹出一个完整的窗口显示结果集的 XML 格式，如图5-46所示。

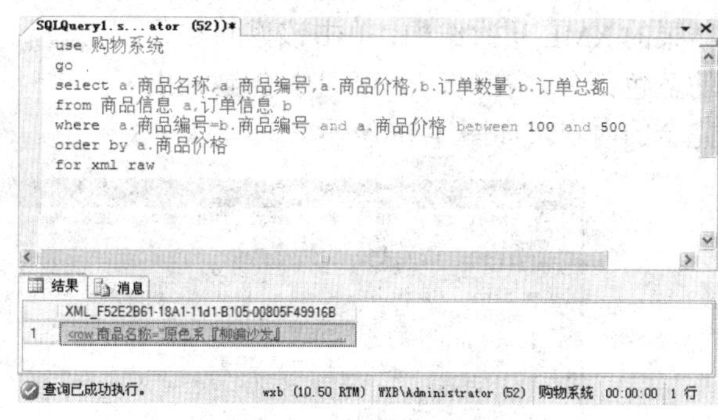

图 5-45 使用 RAW 模式

RAW 模式也是有缺点的，它缺乏一般 XML 应有的层次特征，RAW 模式所产生的结果很少直接作为数据交换的格式，而必须进行进一步的处理。但这种后处理的过程往往抵消了本身查询的高效性，成了影响系统性能的一个重要因素。因此 FOR XML 子句中还提供了其他形式。

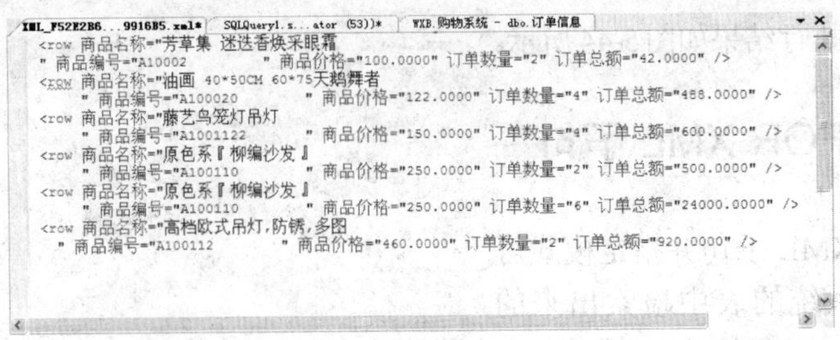

图 5-46　结果集的 XML 格式

2. AUTO 模式

AUTO 模式可以将查询结果集生成嵌套的 XML 树形式。使用 AUTO 模式后，其返回的结果仍然将结果集中一行作为一个 XML 元素，将出现在 SELECT 语句中的第一个表名作为 XML 元素的顶层标签，该表中的列名作为属性，而出现在 SELECT 语句中的第二个表名作为顶层标签的嵌套标签，其列名作为属性。例如下面的语句所示：

```
use 购物系统
go
select a.商品名称,a.商品编号,a.商品价格,b.订单数量,b.订单总额
from 商品信息 a,订单信息 b
where  a.商品编号=b.商品编号 and
a.商品价格 between 100 and 500
order by a.商品价格
for xml auto
```


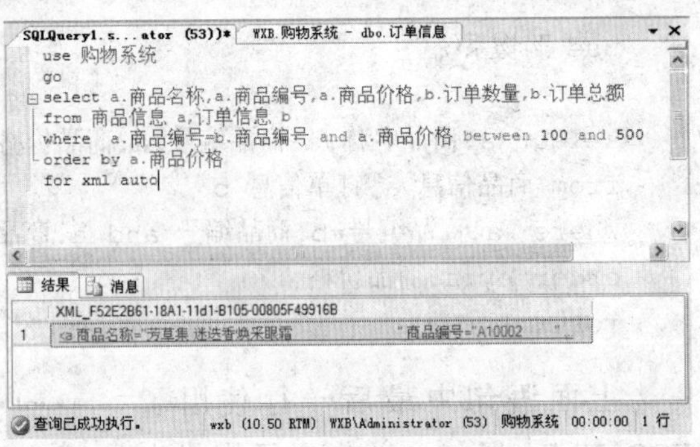

图 5-47　使用 AUTO 模式

与使用 RAW 模式相同，AUTO 模式返回结果同样为一行，如图 5-47 所示。

用户无法在一行中完整地看出返回结果的 XML 层次结构，单击该返回结果的蓝色部分，在另一个窗口中会显示出完全的内容，如图 5-48 所示。

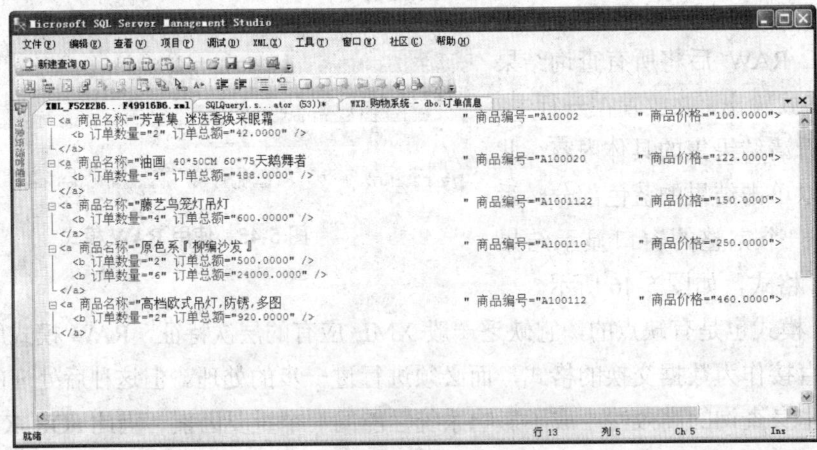

图 5-48　结果集中的 XML 层次结构

3. EXPLICIT 模式

EXPLICIT 模式允许用户显示定义作为查询结果的 XML 树的形状，产生独立于相关表的具有任意树形的层次结构。该模式需要直接在查询请求中指定结果集的特定格式，这种格式是一种可以提供信息以产生任意 XML 的通用表。

使用 EXPLICIT 时，用户必须定义输出格式，例如下面的语句所示：

```
use 购物系统
go
select 2 as TAG,
NULL AS PARENT,
a.商品名称 as [图书信息!2!名称],a.商品编号 as [图书信息!2!编号],
a.商品价格 as [图书信息!2!price],b.订单数量 as [图书信息!2!number],
b.订单总额 as [图书信息!2!sum]
from 商品信息 a,订单信息 b
where  a.商品编号=b.商品编号 and a.商品价格 between 100 and 500
order by a.商品价格
FOR XML EXPLICIT
```

上面语句的执行结果如图 5-49 所示，单击返回结果的蓝色部分，可以看到如图 5-50 所示的完整的自定义 XML 格式。

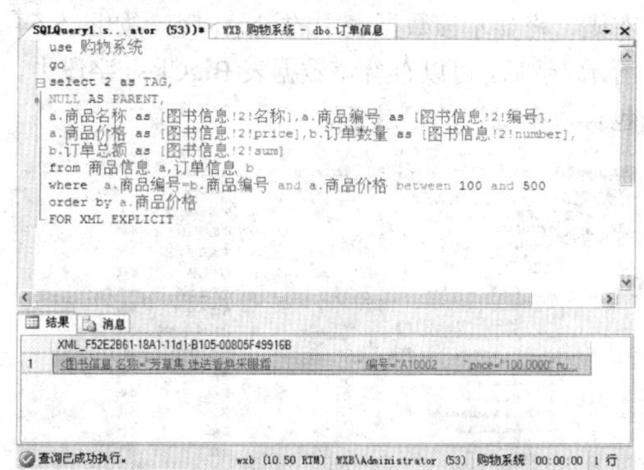

图 5-49　执行结果

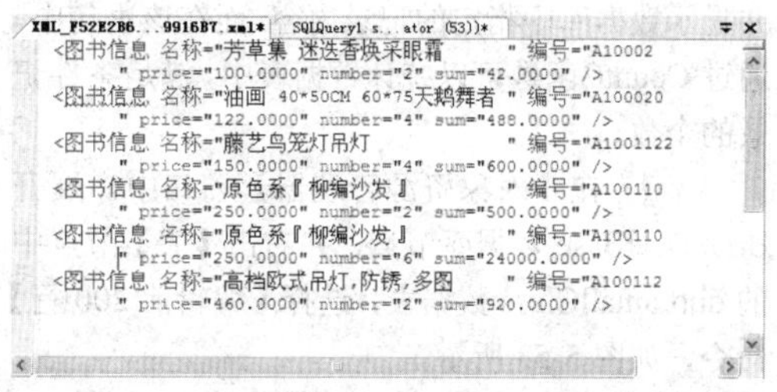

图 5-50　自定义 XML 层次格式

4. PATH 模式

PATH 模式将查询结果集中每一行作为一个 XML 元素，统一将 RAW 作为其顶层标签，而 SELECT 语句中每列作为同级节点放置在 RAW 标签中，例如下面的语句所示：

```
use 购物系统
go
select a.商品名称,a.商品编号,a.商品价格,b.订单数量,b.订单总额
from 商品信息 a,订单信息 b
where  a.商品编号=b.商品编号 and a.商品价格 between 100 and 500
order by a.商品价格
for xml path
```

上面语句的执行结果如图 5-51 所示。与之前几种模式执行结果后显示的 XML 层次结构相同，都无法查看完整的信息，单击图 5-51 中的蓝色部分可以看到如图 5-52 所示的完整结果。

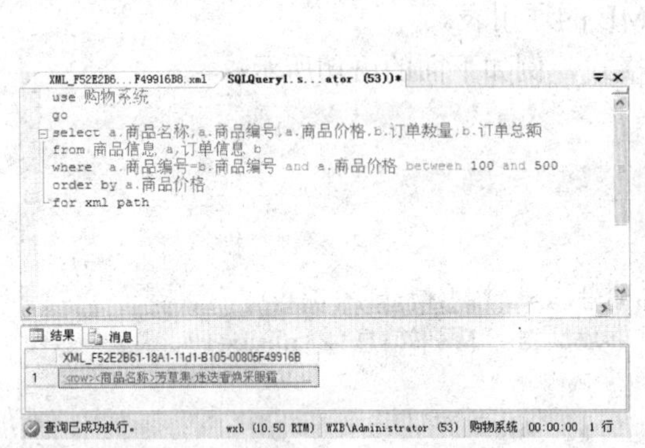

图 5-51　执行结果

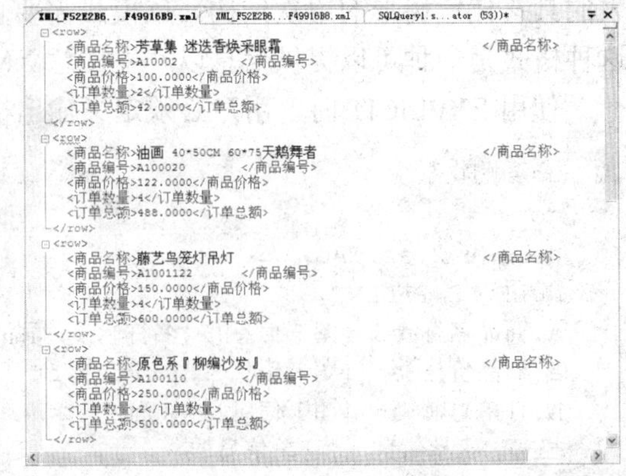

图 5-52　使用 PATH 模式

5.5 扩展练习

1. 统计数据记录

通过 SELECT 简单的查询语句，可以查找并显示数据库中指定的记录内容。而在该语句中，通过 Count()函数可以统计数据表中，满足条件记录的个数。

1 在【对象资源管理器】窗口中，展开 BookDateBase 数据库节点，并右击【表】节点中的 dbo.SmallClass 数据表，选择【编辑前 200 行】命令，如图 5-53 所示。

图 5-53　编辑数据表

2 此时，在【对象资源管理器】窗口的右侧，将显示该数据表中的记录内容，如图 5-54 所示。然后，可以查看该数据表 BigClass 字段中，包含“小说”的记录条数。

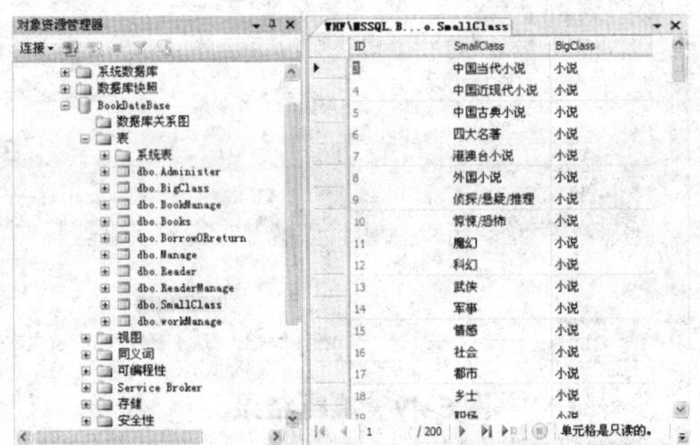

图 5-54　查看数据内容

3 再右击 dbo.SmallClass 数据表，并选择【编写表脚本为】|【SELECT 到】|【新查询编辑器窗口】命令，如图 5-55 所示。

4 在弹出的【连接到数据库引擎】对话框中，单击【连接】按钮，并连接数据库，如图 5-56 所示。

5 在窗口的右侧将打开一个新的【查询编辑器】窗口，并显示该数据表的一些查询语句。然后，在【可用数据库】下拉列表框中，选择 BookDateBase 数据库，如图 5-57 所示。

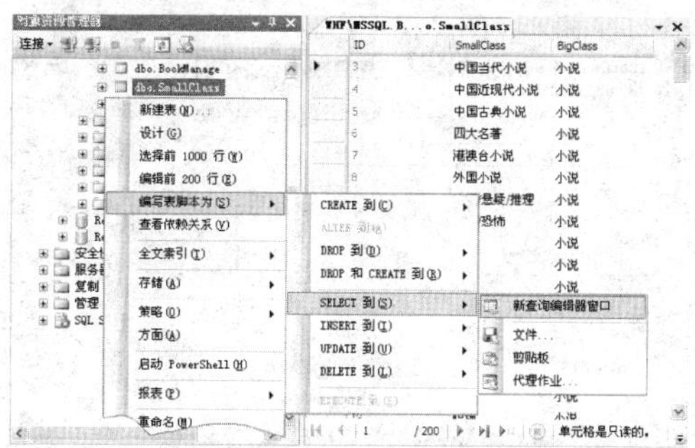
图 5-55　创建【新查询编辑器】窗口

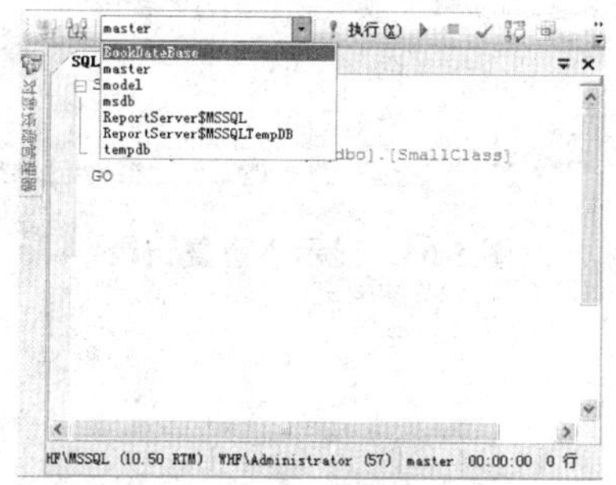

图 5-56　连接数据库

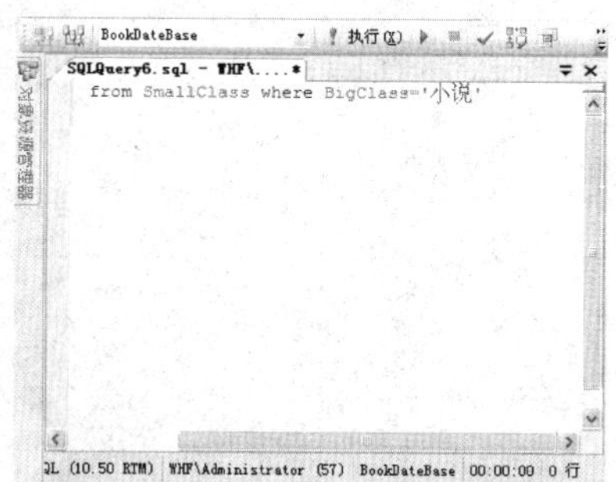
图 5-57　选择数据库

6 在【查询编辑器】窗口中，输入“select COUNT(*) from SmallClass where BigClass='小说'”查询语句，如图 5-58 所示。

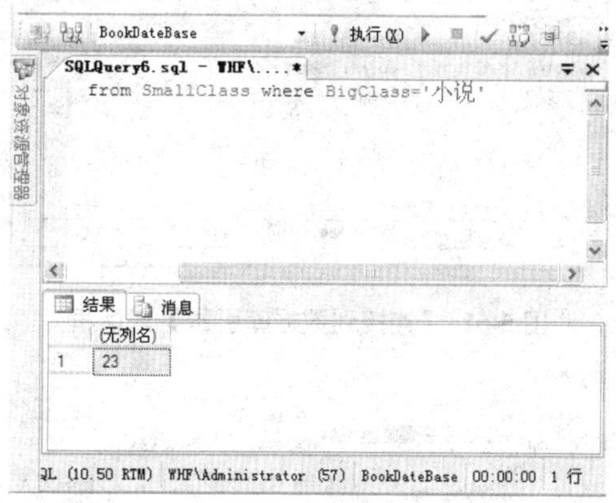
图 5-58　输入查询语句

7 单击【执行】按钮，开始运行查询语句，并在【结果】窗口中显示统计的结果，如图 5-59 所示。

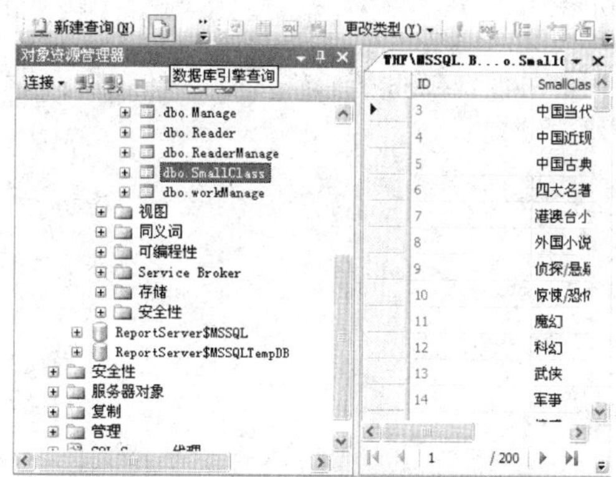
图 5-59　执行查询语句

2．重复记录只显示一条

在 SmallClass 数据表中，可以看到 BigClass 字段中的内容是用来描述 SmallClass 字段中不同图书的类型的，如“四大名著”属于“小说”类型。而在 BigClass 字段中，重复数据比较多，所以不方便统计类型的名称。下面可以通过 SELECT 语句来使重复记录的只显示一条。

1 单击【标准】工具栏中的【数据库引擎查询】按钮，如图 5-60 所示。

图 5-60　单击【数据库引擎查询】按钮

2 在弹出的【连接到数据库引擎】对话框中，单击【连接】按钮，如图 5-61 所示。

3 在【可用数据库】下拉列表框中，选择 BookDateBase 数据库，如图 5-62 所示。

图 5-61 【连接到数据库引擎】对话框

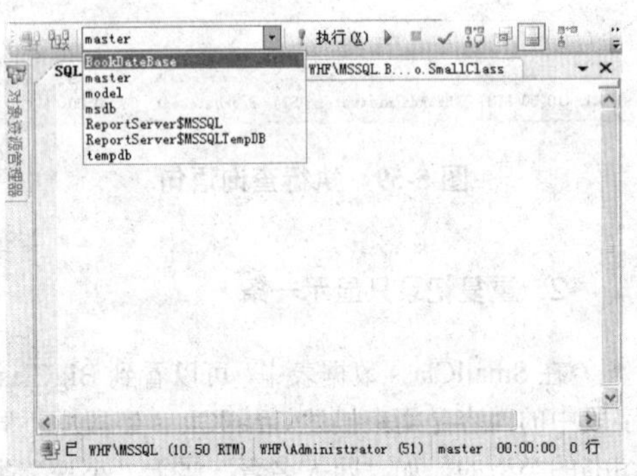

图 5-62 选择数据库

4 在【查询编辑器】窗口中，输入“select BigClass from SmallClass group by BigClass having count(*)=1 or count(*)>1”语句，如图 5-63 所示。

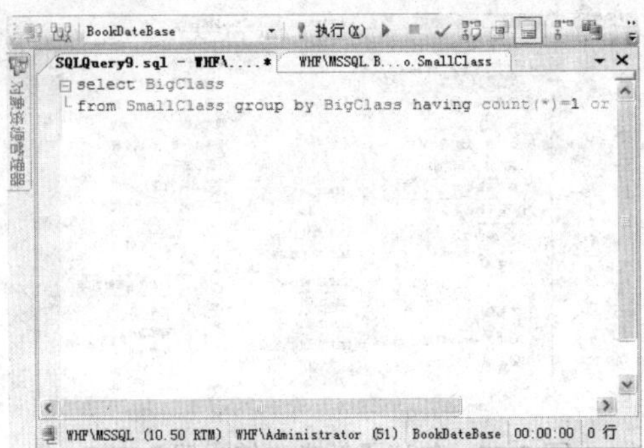

图 5-63 输入查询语句

5 单击【SQL 编辑器】工具栏中的【执行】按钮 执行(X)，即可在【结果】窗口中，显示出 BigClass 字段列的内容，并且各记录不重复，如图 5-64 所示。

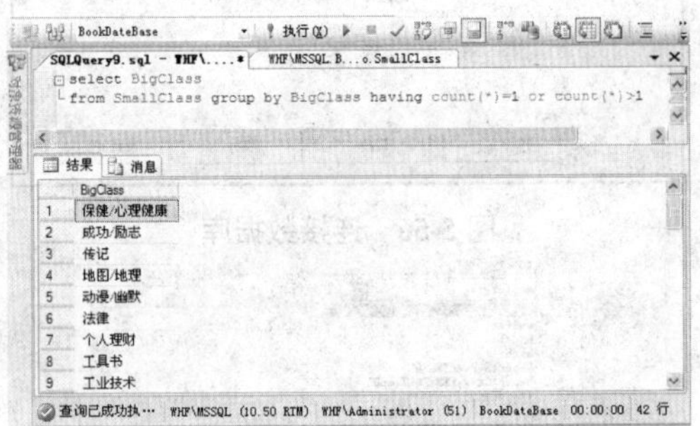

图 5-64 显示不重复记录

第 6 章　表数据操作

通过前面章节的学习，大家掌握了创建数据库以及创建数据表的操作方法。本章将讲述表数据的操作方法。表数据操作主要包括数据的插入、修改和删除等操作。

在实际应用中，创建表的主要目的就是要利用表来存储和管理系统数据。通过对数据表中的数据进行管理操作，能够保持数据库中数据的完整和即时更新，以提高数据的准确性。

本章学习目标

- ➢ 掌握向表中插入数据的方法
- ➢ 掌握更新表中数据的方法
- ➢ 掌握删除表中数据的方法
- ➢ 掌握新增语句的用法

6.1 INSERT 语句

在前面章节中，主要介绍了对数据表进行查询的方法。而在实际应用中，只有预先以某种方式将数据存放到数据表中，才会有数据来满足查询的需求。换句话说，创建好的数据表，需要不断地向其中插入新的数据已满足用户的需求。这些数据可以是从其他应用程序中得到的，也可以是新数据并要添加到新创建的或已存在的数据表中的。在 SQL Server 2008 中新推出的是在一个单独的语句中输入多条记录的功能。

在向表中添加数据时应该注意两点：第一是用户权限，只有 sysadmin 角包成员、数据库和数据库对象所有者及其授权用户才有权限向表中添加数据；第二是数据格式，对于不同的数据类型，插入数据的格式也不一样，应严格遵守它们各自的格式要求。

6.1.1 使用 INSERT VALUES 语句

INSERT 语句是 SQL 语句中最常用的用于向数据表中插入数据的方法，使用 INSERT 语句可向表中添加一个或多个新行。INSERT 语句的使用很简单，其基本的语法格式如下所示：

```
INSERT [INTO] table_or_view [(column_list)] VALUES data_values
```

上述语句中各个参数的说明如下所示。

- ❑ **table_or_view** 用于指定向数据表中添加数据的表或视图名称。
- ❑ **column_list** 用于指定该数据表的列名，可以指定一列或多列，所有这些列都必须放在圆括号()中。如果要指定多个列时，各列必须用逗号隔开。如果指定了列名，那么在目标数据表中所有未被指定的列必须支持空值或者默认值。

- **data_values** 用于指定向数据表中插入的数据值。这些值也必须放在圆括号内，如果指定的值为多个时，这些值之间也必须用逗号隔开。如果指定了列名，那么该数据必须与各列一一对应。如果没有指定列名，该数据必须与数据表中各列的顺序一一对应。

例如，在“网店购物系统”数据库中，新增加了一台笔记本电脑，现在要把该商品的信息插入到“商品信息”表中，详细的SQL语句如下所示：

```
USE 网店购物系统
INSERT INTO 商品信息 VALUES('1000000521','华硕电脑U20A','2000','10')
```

参照原有数据表的结构可以知道，主要包括“商品编号”、“商品名称”、“商品价格”、“库存数量”4列，同样，新插入的一行的数据值必须与数据表定义时给出的列名的顺序完全相同，并不用再指明每列的列名。

执行上面的语句，可以得到如图6-1所示的结果。

通过插入数据后返回的结果，表明数据已经成功添加到了数据表中。此时，可以通过前面学习的查询语句，到数据表中找到新插入的数据行。具体的语句如下所示:

```
USE 网店购物系统
SELECT * FROM 商品信息
WHERE 商品名称 = '华硕电脑U20A'
```


执行该语句，将得到如图6-2所示的查询结果。

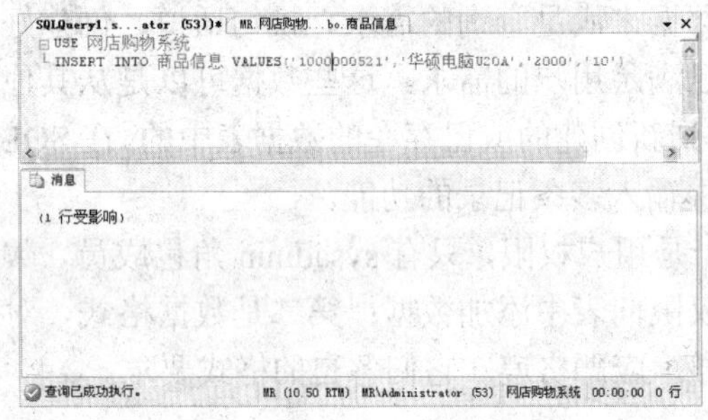

图 6-1　插入新数据

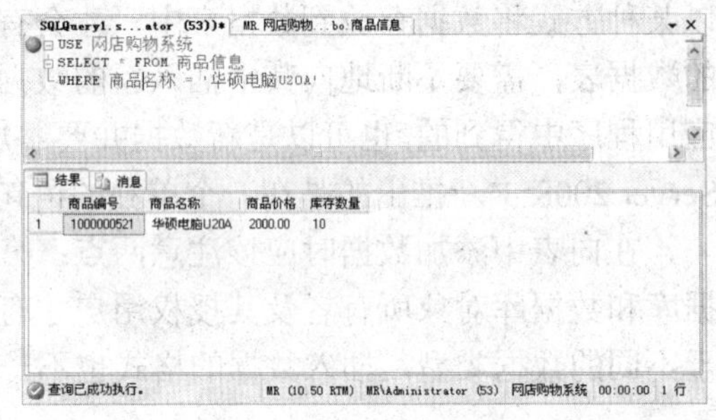

图 6-2　查找新数据行

注意

在插入数据时，如果遗漏了列表和数值表中的一列，那么当该列存在默认值时，将使用默认值。如果该列不存在默认值时，SQL Server 将尝试补一个空值。如果该列声明了 NOT NULL，那么将会导致插入出错。

6.1.2 使用 INSERT SELECT 语句

使用 INSERT SELECT 语句可以把其他数据表的行记录添加到现有的表中，同时，可以执行多行插入。也就是说，INSERT SELECT 语句可以完成一次插入一个数据块的功能。该语句比使用单独的INSERT语句效率要高得多。

使用INSERT SELECT语句时应该遵循如下原则。

- ❑ 在最外面的查询表中插入所有满足SELECT语句的行。
- ❑ 必须检验要插入新行的表是否在数据库中。
- ❑ 必须保证接受新值的表中列的数据类型与源表中相应列的数据类型一致。
- ❑ 必须明确是否存在默认值，或所有被忽略的列是否允许为空值。如果不允许空值，必须为这些列提供值。

INSERT SELECT语句的基本语法如下：

```
INSERT  table_name
SELECT column_list
FROM table_list
WHERE search_condirions
```

例如，在“网店购物系统”数据库中，包含“商品信息”表和“进货信息”表，在这两个表中，存储的数据有相似之处。可以将“商品信息”表中的数据插入到“进货信息”表中，具体的语句如下所示：

```
USE 网店购物系统
INSERT INTO 进货信息(商品编号,商品名称,采购价格,采购数量)
SELECT * FROM 商品信息
```

执行该语句，得到的结果如图6-3所示。

从返回的结果可以知道，在这个实例中，有11条数据记录从“商品信息”表中被选择，然后插入到“进货信息”表中。此时，通过查询“进货信息”表，可以看到所插入的数据内容，如图6-4所示。

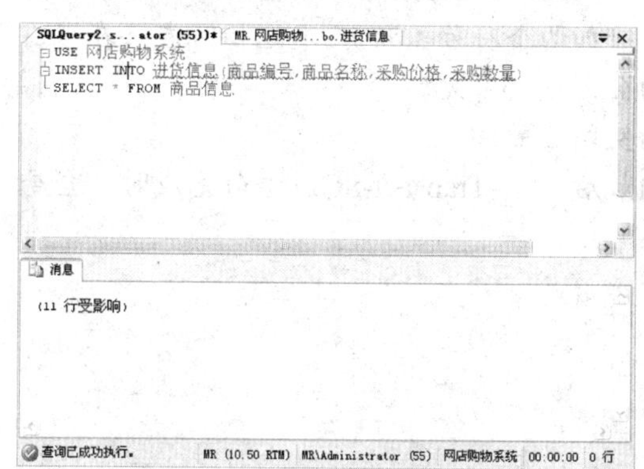

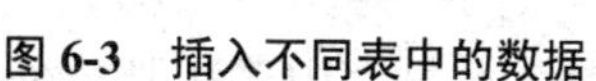

图6-3　插入不同表中的数据

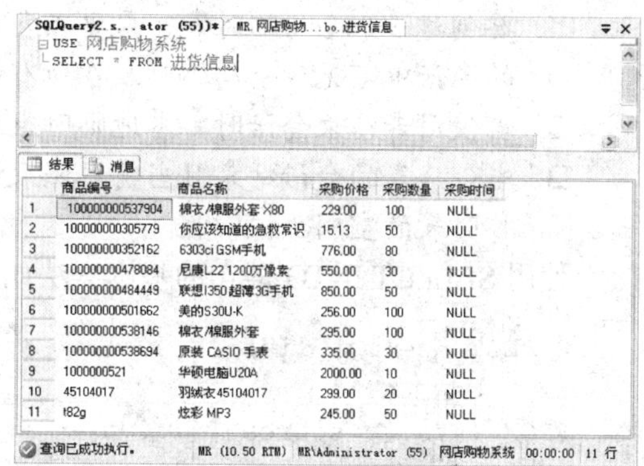

	商品编号	商品名称	采购价格	采购数量	采购时间
1	100000000537904	棉衣/棉服外套 X80	229.00	100	NULL
2	100000000305779	你应该知道的急救常识	15.13	50	NULL
3	100000000352162	6303ci GSM手机	776.00	80	NULL
4	100000000478084	尼康L22 1200万像素	550.00	30	NULL
5	100000000484449	联想I350超薄3G手机	850.00	50	NULL
6	100000000501662	美的S30U-K	256.00	100	NULL
7	100000000538146	棉衣/棉服外套	295.00	100	NULL
8	100000000538694	原装 CASIO 手表	335.00	30	NULL
9	1000000521	华硕电脑U20A	2000.00	10	NULL
10	45104017	羽绒衣45104017	299.00	20	NULL
11	t82g	炫彩 MP3	245.00	50	NULL

图6-4　查询插入的数据

通过在INSERT语句中使用SELECT语句，可以实现把“商品信息”表中的数据复制到“进货信息”表中，即SELECT语句把数据从“商品信息”表的“商品编号”、“商品名称”、“商品价格”、“库存数量”列取出得到一个结果集，然后将这个结果集中的数据依次插入到“进货信息”表的“商品编号”、“商品名称”、“采购价格”、“采购数量”列中。

同样也可以使用带 WHERE 条件子句的 INSERT SELECT 语句，将这些数据批量插入到目的表中。例如，将“商品信息”表中“库存数量”>50 的数据插入到“进货信息”表中，具体语句代码如下所示：

```
USE 网店购物系统
INSERT INTO 进货信息(商品编号,商品名称,采购价格,采购数量)
SELECT * FROM 商品信息
WHERE 库存数量 > 50
```

语句执行后，将有 4 行受影响，结果如图 6-5 所示。

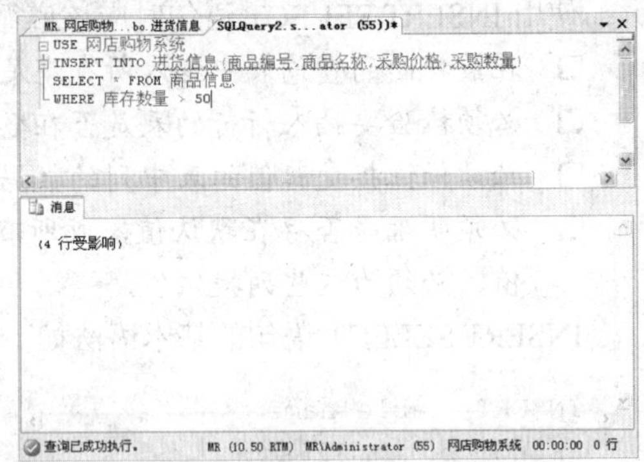

图 6-5　带 WHERE 子句的插入数据

6.1.3　使用 SELECT INTO 语句创建表

SELECT INTO 语句常用于创建表的备份复件或者用于对记录进行存档。使用该语句可以把任何查询结果集放置到一个新表中，还可以通过使用 SELECT INTO 语句解决复杂的问题。例如，需要从不同数据源中得到数据集，如果一开始先创建一个临时表，那么在该表上执行查询比在多表或多数据库中执行查询更简单。

在使用 SELECT INTO 语句时，应该注意如下事项和原则。

- 可以使用 SELECT INTO 语句创建一个表并且在单独操作中向表中插入行。确保在 SELECT INTO 语句中指定的表名是唯一的。如果表名出现重复，SELECT INTO 语句将失败。
- 可以创建本地或全局临时表。要创建一个本地临时表，需要在表名前加符号（#）；要创建一个全局临时表，需要在表名前加两个符号（##）。本地临时表只在当前的会话中可见，全局临时表在所有的会话中都可见。
- 当使用者结束会话时，本地临时表的空间会被回收。
- 当创建表的会话结束且当前参照表的最后一个 Transact-SQL 语句完成时，全局临时表的空间会被回收。

使用 SELECT INTO 语句的基本语法如下：

```
SELECT <select_list>
INTO new_table
FROM {<table_source>}[,...n]
WHERE <search_condition>
```

例如，使用 SELECT INTO 语句将“网店购物系统”数据库中“注册会员”表的简要信息（包括会员编号、会员名称、会员地址、消费总额 4 列）插入到临时表“#简要会员信息”中，具体语句如下所示：

```
USE 网店购物系统
SELECT  会员编号,会员名称,会员地址,消费总额
INTO #简要会员信息
FROM 注册会员
```

上面的语句表明了要从“注册会员”表中查询会员的会员编号、会员名称、会员地址、消费总额4列的信息，并将其插入到临时表“#简要会员信息”表中。执行该语句，得到的结果如图6-6所示。

从返回的结果可以发现，执行该语句后，有20行会员信息插入到了临时表中。接着，可以通过查询语句来查看，“#简要会员信息”表中的数据，如图6-7所示。

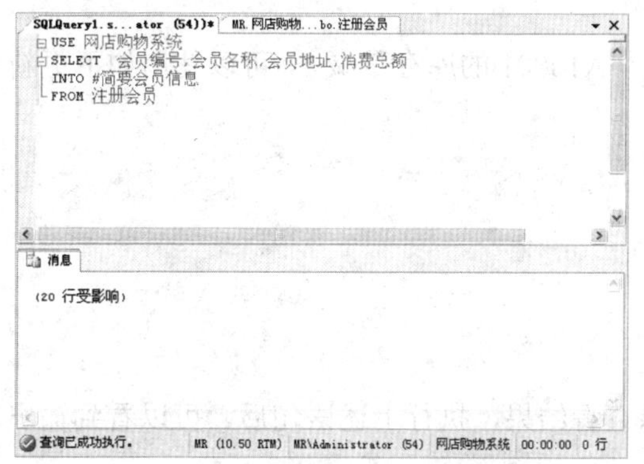

图6-6　使用SELECT INTO的结果

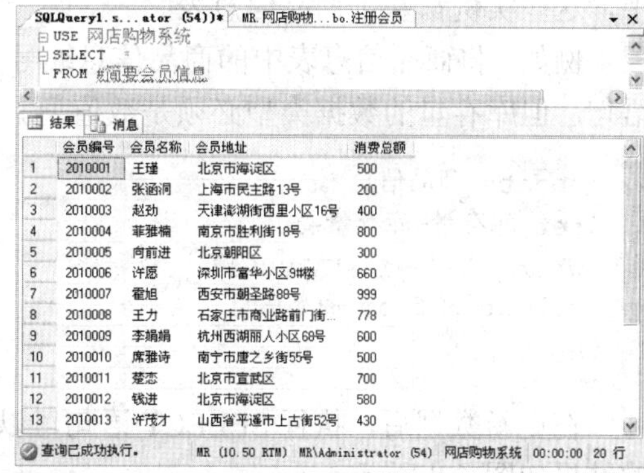

图6-7　查询到的临时表数据

提示

在使用SELECT INTO语句时，也可以使用WHERE子句，为查询插入任务限定条件。这里使用WHERE子句的方法，与前面用过的相同，就不再详细说明了。

6.2 UPDATE语句

UPDATE语句和大多数SQL语句一样，顾名思义，即更新已有数据。如果关系表中的数据已经没用了，或插入的数据不正确，那么可以修改这些有问题的数据。修改关系中的数据需要使用UPDATE语句。

6.2.1 UPDATE语法

UPDATE语句的组成元素包括关键字UPDATE，关系名、关键字SET，设置属性为新值的表达式、关键字WHERE和条件。UPDATE语句的语法格式如下所示：

```
UPDATE <table name>
SET <colum>=<value> [,<column>=<value>]
[where <search condition>]
```

在UPDATE语句中，UPDATE子句和SET子句是必需的，在UPDATE中必须指定将要更新的表的名称。关键字SET后面的一系列新值表达式由属性名、等号和新值组成，说明了要更新的数据在关系中的列位置。关键字WHERE后面的condition条件用于指定将要修改的数据在关系中的位置。因此，关键字SET和WHERE完全可以确定将要修改的数据的位置。

6.2.2 根据表中数据更新行

在分析了 UPDATE 语句的各个部分之后，现在把它们汇总起来应用到一些实例当中，这些实例都基于商品信息表。

例如，将商品信息表中的商品信息编号为 A10001 的库存量减 1，可以使用如下更新语句，但库存量的数据类型必须是数值型。

```
update 商品信息
set 库存量=库存量-1
where 商品编号='A10001'
select * from 商品信息
go
```

在更新数据后，执行 SELECT 语句可以查看结果，执行上述语句后，可以看到输出的结果如图 6-8 所示。

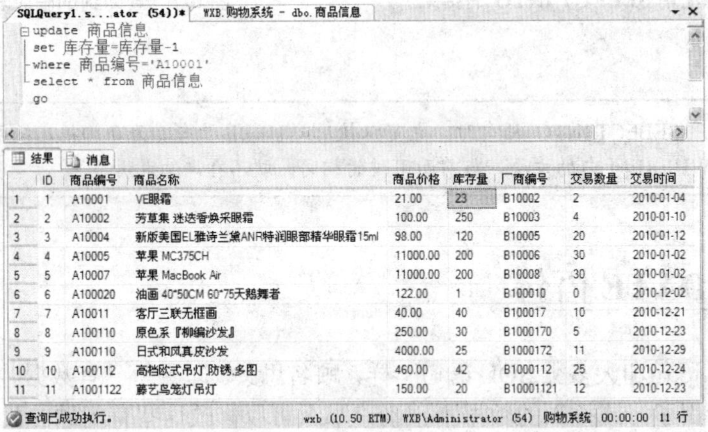

```
update 商品信息
set 库存量=库存量-1
where 商品编号='A10001'
select * from 商品信息
go
```

	ID	商品编号	商品名称	商品价格	库存量	厂商编号	交易数量	交易时间
1	1	A10001	VE眼霜	21.00	23	B10002	2	2010-01-04
2	2	A10002	芳草集 迷迭香焕采眼霜	100.00	250	B10003	4	2010-01-10
3	3	A10004	新版美国EL雅诗兰黛ANR特润眼部精华眼霜15ml	98.00	120	B10005	20	2010-01-12
4	4	A10005	苹果 MC375CH	11000.00	200	B10006	30	2010-01-02
5	5	A10007	苹果 MacBook Air	11000.00	200	B10008	30	2010-01-02
6	6	A100020	油画 40*50CM 60*75天鹅舞者	122.00	1	B100010	0	2010-12-02
7	7	A10011	客厅三联无框画	40.00	40	B100017	10	2010-12-21
8	8	A100110	原色系『柳编沙发』	250.00	30	B1000170	5	2010-12-23
9	9	A100110	日式和风真皮沙发	4000.00	25	B1000172	11	2010-12-29
10	10	A100112	高档欧式吊灯.防锈.多图	460.00	42	B1000112	25	2010-12-24
11	11	A1001122	藤艺鸟笼灯吊灯	150.00	20	B10001121	12	2010-12-23

查询已成功执行。 wxb (10.50 RTM) WXB\Administrator (54) 购物系统 00:00:00 11 行

图 6-8 更改单行数据

在需要更新整列数据时，也可以使用 UPDATE 语句，例如需要将所有的商品价格上调 5 元。可以执行如下 UPDATE 语句：

```
update 商品信息
set 商品价格=商品价格+5
select * from 商品信息
go
```

执行上述语句后，输出结果如图 6-9 所示，与图 6-8 所示比较，商品价格都增加了 5 元。

在 SET 子句中还可以指定多个表达式，也就是说，一次可以改变一个以上的列的值。例如，需要将商品为 A10001 的商品价格由原来的 26 元提高为 30 元，同时将其库存量加 5，可以使用如下 UPDATE 语句：

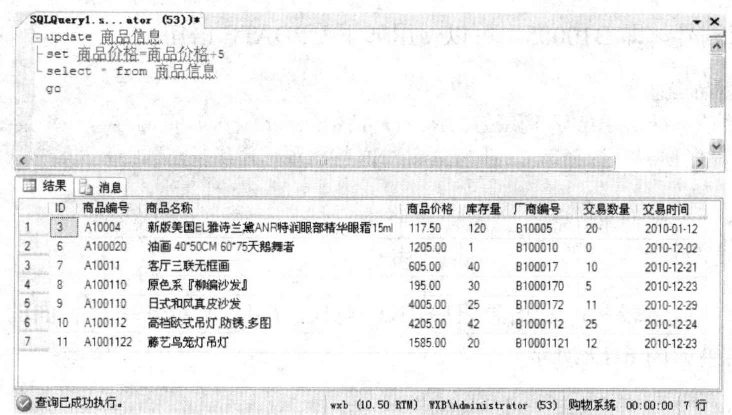

	ID	商品编号	商品名称	商品价格	库存量	厂商编号	交易数量	交易时间
1	3	A10004	新版美国EL雅诗兰黛ANR特润眼部精华眼霜15ml	117.50	120	B10005	20	2010-01-12
2	6	A100020	油画 40*50CM 60*75天鹅舞者	1205.00	1	B100010	0	2010-12-02
3	7	A10011	客厅三联无框画	605.00	40	B100017	10	2010-12-21
4	8	A100110	原色系『柳编沙发』	195.00	30	B1000170	5	2010-12-23
5	9	A100110	日式和风真皮沙发	4005.00	25	B1000172	11	2010-12-29
6	10	A100112	高档欧式吊灯.防锈.多图	4205.00	42	B1000112	25	2010-12-24
7	11	A1001122	藤艺鸟笼灯吊灯	1585.00	20	B10001121	12	2010-12-23

图 6-9　改变整列数据

```
update 商品信息
set 商品价格=30,库存量=库存量+5
where 商品编号='A10001'
select * from 商品信息
go
```

执行上面的 UPDATE 语句后，结果如图 6-10 所示。

```
SQLQuery1.s...ator (54))*   WXB.购物系统 - dbo.商品信息
update 商品信息
set 商品价格=30,库存量=库存量+5
where 商品编号='A10001'
select * from 商品信息
go
```

结果　消息

	ID	商品编号	商品名称	商品价格	库存量	厂商编号	交易数量	交易时间
1	1	A10001	VE眼霜	30.00	28	B10002	2	2010-01-04
2	2	A10002	芳草集 迷迭香焕采眼霜	105.00	250	B10003	4	2010-01-10
3	3	A10004	新版美国EL雅诗兰黛ANR特润眼部精华眼霜15ml	103.00	120	B10005	20	2010-01-12
4	4	A10005	苹果 MC375CH	11005.00	200	B10006	30	2010-01-02
5	5	A10007	苹果 MacBook Air	11005.00	200	B10008	30	2010-01-02
6	6	A100020	油画 40*50CM 60*75天鹅舞者	127.00	1	B100010	0	2010-12-02
7	7	A10011	客厅三联无框画	45.00	40	B100017	10	2010-12-21
8	8	A100110	原色系『柳编沙发』	255.00	30	B1000170	5	2010-12-23
9	9	A100110	日式和风真皮沙发	4005.00	25	B1000172	11	2010-12-29
10	10	A100112	高档欧式吊灯.防锈.多图	465.00	42	B1000112	25	2010-12-24
11	11	A1001122	藤艺鸟笼灯吊灯	155.00	20	B10001121	12	2010-12-23

查询已成功执行。　wxb (10.50 RTM) WXB\Administrator (54) 购物系统 00:00:00 11 行

图 6-10　实现多列同时更新

6.2.3 根据其他表更新行

除了上面一些基本的更新语句中，还可以利用其他表来更新行。这就需要在 UPDATE 语句的 SET 子句中使用 SELECT 语句。SELECT 语句返回在设置子句表达式的<value expression>部分中定义的值。也就是说，SELECT 语句相当于 SET 子句等号的右边。

例如，基于商品信息表和厂商信息表中的原始数据，假设需要使用厂商信息表中的数据来修改商品信息表中的数据，即需要将商品信息表中的商品名称为“新版美国 EL 雅诗兰黛 ANR 特润眼部精华眼霜 ml”的厂商编号改为厂商信息表中厂商名称为“牛牛

集团”的厂商编号，即 B10005。可以使用如下 UPDATE 语句：

```
update 商品信息
set 厂商编号=(select 厂商编号 FROM 厂商信息 where 厂商名称='牛牛集团')
where 商品名称='新版美国 EL 雅诗兰黛 ANR 特润眼部精华眼霜 ml'
go
select * from 商品信息
go
```

更改前商品信息表和厂商信息表中的数据如图 6-11 所示。执行上面的 UPDATE 语句后，执行结果如图 6-12 所示。

图 6-11 更改前的信息数据

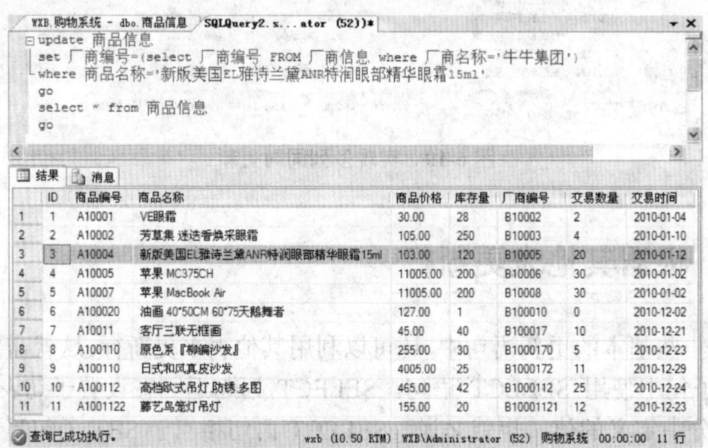

图 6-12 更改后的信息数据

在上述示例中，SELECT 语句从厂商信息表中提取“牛牛集团”的厂商编号 B10005，这样语句就相当于“SET 厂商编号＝B10005”，因此，在商品信息表中，商品“新版美国 EL 雅诗兰黛 ANR 特润眼部精华眼霜 ml”的厂商编号被修改为 B100053。

提 示

SET 子句中的 SELECT 语句有且只有一个返回值。如果 SELECT 语句返回多个值，则 SQL 将不知道为该列赋予哪个值。

6.2.4 使用 TOP 表达式

除了常用的 UPDATE 语句外，还可以使用 TOP 子句来限制 UPDATE 语句中修改的行数。当在 UPDATE 语句中使用 TOP (n)子句时，将基于随机选择 n 行来执行更新操作。

例如，某家商场搞活动，需要随机抽 5 件商品价格降低 25%，即商品信息表中的随机 5 件商品价格降低 25%，可以使用如下的 UPDATE 语句：

```
UPDATE TOP (5) 商品信息
SET 商品价格 = 商品价格*0.75
GO
select * from 商品信息
go
```

更改前的商品信息表的商品价格如图 6-13 所示。执行上述 UPDATE 语句后，执行结果如图 6-14 所示。

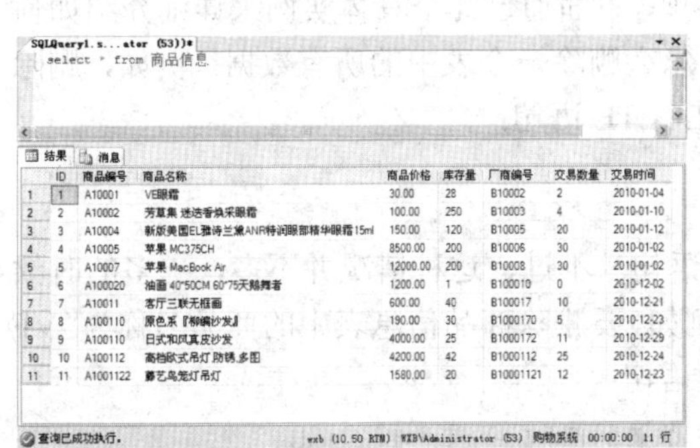

```
select * from 商品信息
```

	ID	商品编号	商品名称	商品价格	库存量	厂商编号	交易数量	交易时间
1	1	A10001	VE眼霜	30.00	28	B10002	2	2010-01-04
2	2	A10002	芳草集 迷迭香焕采眼霜	100.00	250	B10003	4	2010-01-10
3	3	A10004	新版美国EL雅诗兰黛ANR特润眼部精华眼霜15ml	150.00	120	B10005	20	2010-01-12
4	4	A10005	苹果 MC375CH	8500.00	200	B10006	30	2010-01-02
5	5	A10007	苹果 MacBook Air	12000.00	200	B10008	30	2010-01-02
6	6	A100020	油画 40*50CM 60*75天鹅舞者	1200.00	1	B100010	0	2010-12-02
7	7	A10011	客厅三联无框画	600.00	40	B100017	10	2010-12-21
8	8	A100110	原色系『柳编沙发』	190.00	30	B1000170	5	2010-12-23
9	9	A100110	日式和风真皮沙发	4000.00	25	B1000172	11	2010-12-29
10	10	A100112	高档欧式吊灯 防锈.多图	4200.00	42	B1000112	25	2010-12-24
11	11	A1001122	藤艺鸟笼灯吊灯	1580.00	20	B10001121	12	2010-12-23

查询已成功执行。 wxb (10.50 RTM) WXB\Administrator (53) 购物系统 00:00:00 11 行

图 6-13 更改前的商品信息表

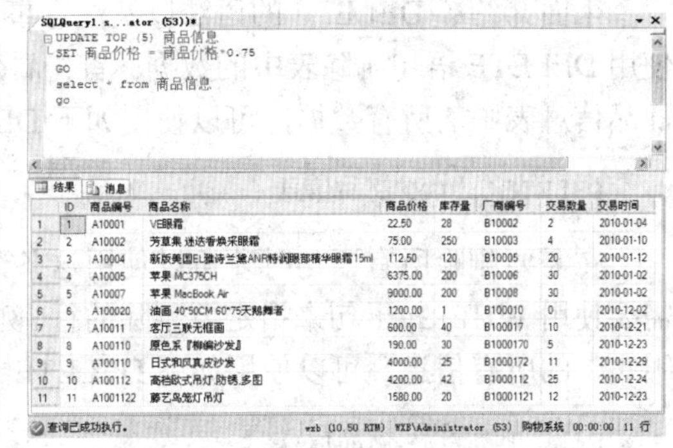

```
UPDATE TOP (5) 商品信息
SET 商品价格 = 商品价格*0.75
GO
select * from 商品信息
go
```

	ID	商品编号	商品名称	商品价格	库存量	厂商编号	交易数量	交易时间
1	1	A10001	VE眼霜	22.50	28	B10002	2	2010-01-04
2	2	A10002	芳草集 迷迭香焕采眼霜	75.00	250	B10003	4	2010-01-10
3	3	A10004	新版美国EL雅诗兰黛ANR特润眼部精华眼霜15ml	112.50	120	B10005	20	2010-01-12
4	4	A10005	苹果 MC375CH	6375.00	200	B10006	30	2010-01-02
5	5	A10007	苹果 MacBook Air	9000.00	200	B10008	30	2010-01-02
6	6	A100020	油画 40*50CM 60*75天鹅舞者	1200.00	1	B100010	0	2010-12-02
7	7	A10011	客厅三联无框画	600.00	40	B100017	10	2010-12-21
8	8	A100110	原色系『柳编沙发』	190.00	30	B1000170	5	2010-12-23
9	9	A100110	日式和风真皮沙发	4000.00	25	B1000172	11	2010-12-29
10	10	A100112	高档欧式吊灯 防锈.多图	4200.00	42	B1000112	25	2010-12-24
11	11	A1001122	藤艺鸟笼灯吊灯	1580.00	20	B10001121	12	2010-12-23

查询已成功执行。 wxb (10.50 RTM) WXB\Administrator (53) 购物系统 00:00:00 11 行

图 6-14 更改后的商品信息表

6.3 DELETE 语句

当数据库的添加工作完成以后，随着使用和对数据的修改，表中可能存在一些无用的数据，这些无用的数据不仅会占用空间，还会影响修改和查询的速度，所以应及时将它们删除。本节主要介绍几种常用的删除方法。

6.3.1 DELETE 语法

在 SQL 支持的所有数据修改语句中，DELETE 语句是最简单的语句。它只包含两个子句，其中一个子句是强制性的。DELETE 语句的语法格式如下：

```
DELETE FROM <table name>
[WHERE <search condition>]
```

DELETE FROM 子句是必选项，要求指定从中删除行的表的名称，WHERE 子句是可选项，类似于 SELECT 和 UPDATE 这两个语句中的 WHERE 子句，它要求指定搜索条件。如果在 DELETE 语句中没有包括 WHERE 子句，那么将从指定的表中删除所有行。

> **提示**
> DELETE 语句只从表中删除数据，它不删除表定义本身。如果要删除数据和表定义，应使用 DROP TABLE 语句。

在 DELETE 语句中没有指定列名，这是由于不能从表中删除单个列的值，只能删除行。如果需要删除特定的列值，应使用 UPDATE 语句将该值设置为空值，不过，必须只有在该列支持空值时才可以这么做。

6.3.2 使用 DELETE 语句

上面介绍了 DELETE 的语法以及注意事项，下面通过几个具体实例来详细介绍如何使用 DELETE 语句删除表中的数据。首先看怎么删除一个表中的所有数据。例如，删除商品信息表中的所有数据，可以使用如下 DELETE 语句：

```
DELETE FROM 商品信息
```

在需要删除所有语句时才可以使用这条语句。不过，这种情况并不多，更多的时候需要使用 WHERE 子句来指定要删除的行。例如，要删除商品信息表中的商品名称为“VE 眼霜”的所有信息，可以使用如下 DELETE 语句：

```
DELETE FROM 商品信息
WHERE 商品名称=‘VE 眼霜’
```

执行上面语句后，“VE 眼霜”的信息将被删除。

如果用户需要删除包含某些字段的信息，例如，需要删除商品信息表中的包含“苹果”字段的商品信息。则可以使用如下 DELETE 语句：

```
use 购物系统
go
DELETE FROM 商品信息 where 商品名称 like '%苹果%'
Go
```

执行上述语句后，显示结果如图 6-15 所示。与原始数据相比，结果集中不再显示所有包含“苹果”字段的商品信息。原始数据如图 6-14 所示。

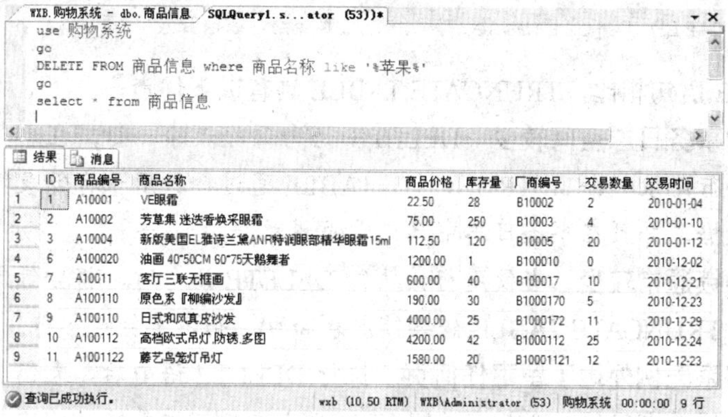

WXB.购物系统 - dbo.商品信息　SQLQuery1.s...ator (53))*

```
use 购物系统
go
DELETE FROM 商品信息 where 商品名称 like '%苹果%'
go
select * from 商品信息
```

结果　消息

	ID	商品编号	商品名称	商品价格	库存量	厂商编号	交易数量	交易时间
1	1	A10001	VE眼霜	22.50	28	B10002	2	2010-01-04
2	2	A10002	芳草集 迷迭香焕采眼霜	75.00	250	B10003	4	2010-01-10
3	3	A10004	新版美国EL雅诗兰黛ANR特润眼部精华眼霜15ml	112.50	120	B10005	20	2010-01-12
4	6	A100020	油画 40*50CM 60*75天鹅舞者	1200.00	1	B100010	0	2010-12-02
5	7	A10011	客厅三联无框画	600.00	40	B100017	10	2010-12-21
6	8	A100110	原色系『柳编沙发』	190.00	30	B1000170	5	2010-12-23
7	9	A100110	日式和风真皮沙发	4000.00	25	B1000172	11	2010-12-29
8	10	A100112	高档欧式吊灯 防锈.多图	4200.00	42	B1000112	25	2010-12-24
9	11	A1001122	藤艺鸟笼灯吊灯	1580.00	20	B10001121	12	2010-12-23

查询已成功执行。　wxb (10.50 RTM)　WXB\Administrator (53)　购物系统　00:00:00　9 行

图 6-15　执行上述语句后的结果

如果需要删除商品信息表中的 20%的信息，可以使用如下 DELETE 语句：

```
DELETE TOP(20) PERCENT 商品信息
```

执行上述语句后，商品信息表中将会删除前两条语句（原来共有 9 条语句）。结果如图 6-16 所示。

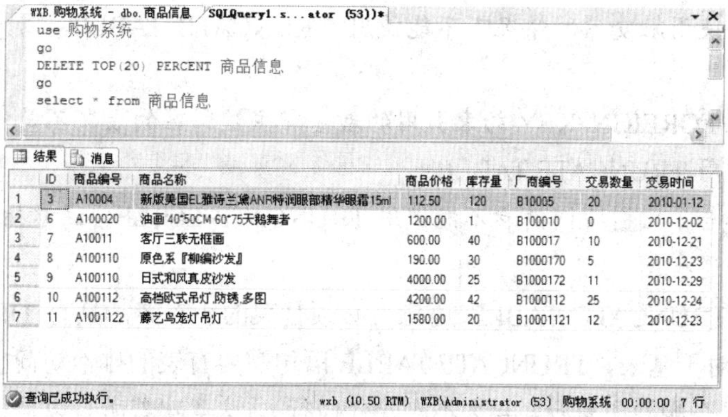

WXB.购物系统 - dbo.商品信息　SQLQuery1.s...ator (53))*

```
use 购物系统
go
DELETE TOP(20) PERCENT 商品信息
go
select * from 商品信息
```

结果　消息

	ID	商品编号	商品名称	商品价格	库存量	厂商编号	交易数量	交易时间
1	3	A10004	新版美国EL雅诗兰黛ANR特润眼部精华眼霜15ml	112.50	120	B10005	20	2010-01-12
2	6	A100020	油画 40*50CM 60*75天鹅舞者	1200.00	1	B100010	0	2010-12-02
3	7	A10011	客厅三联无框画	600.00	40	B100017	10	2010-12-21
4	8	A100110	原色系『柳编沙发』	190.00	30	B1000170	5	2010-12-23
5	9	A100110	日式和风真皮沙发	4000.00	25	B1000172	11	2010-12-29
6	10	A100112	高档欧式吊灯 防锈.多图	4200.00	42	B1000112	25	2010-12-24
7	11	A1001122	藤艺鸟笼灯吊灯	1580.00	20	B10001121	12	2010-12-23

查询已成功执行。　wxb (10.50 RTM)　WXB\Administrator (53)　购物系统　00:00:00　7 行

图 6-16　删除其表 20%的数据后的结果集

实际上，如果需要删除图书信息表的前两行，也可以使用如下 DELETE 语句：

```
DELETE TOP(2) 商品信息
```

6.3.3　使用 TRUNCATE TABLE 语句

TRUNCATE TABLE 语句提供了一种删除表中所有记录的快速方法。因为 TRUNCATE TABLE 语句不记录日志，只记录整个数据页的释放操作，而 DELETE 语句对每一行修改都记录日志，所以使用 TRUNCATE TABLE 语句进行删除操作总是比没有指定条件的 DELETE 语句效率高。TRUNCATE TABLE 立即释放了表中数据及索引所占用的全部空间，同时也释放了分配给所有索引的空间。其语法格式如下：

```
TRUNCATE TABLE [ [database.] owner.] table_name
```

与 DELETE 语句相比，TRUNCATE TABLE 具有以下优点。

- **所用的事务日志空间较少** DELETE 语句每次删除一行，在事务日志中为所删除的每行记录一个项。TRUNCATE TABLE 通过释放用于存储表数据的数据页来删除数据，并且在事务日志中只记录页释放。
- **使用的锁通常较少** 当使用行锁执行 DELETE 语句时，将会锁定表中各行以便删除。TRUNCATE TABLE 始终锁定表和页，而不是锁定各行。
- **表中将毫无例外地不留下任何页** 执行 DELETE 语句后，表仍会包含空页。例如，必须至少使用一个排它（LCK_M_X）表锁，才能释放堆中的空表。如果执行删除操作时没有使用表锁，表（堆）中将包含许多空页。对于索引，删除操作会留下一些空页，尽管如此，这些页会通过后台清除进程迅速释放。

那么可不可以用 TRUNCATE TABLE 代替不带 WHERE 子句的 DELETE 语句呢？在以下几种情况下是不行的。

- 在需要保留标识的情况下不能用 TRUNCATE TABLE，因为 TRUNCATE TABLE 会重置标识。
- 在需要使用触发器的情况下不能使用 TRUNCATE TABLE，因为它不会激发触发器。
- 对于由 FOREIGN KEY 约束引用的表（即主键所在的表，不是外键所在的表）不能使用 TRUNCATE TABLE。
- 对于参与了索引视图的表不能使用 TRUNCATE TABLE，注意指的是索引视图，并非普通视图。

若要使用 TRUNCATE TABLE 语句，必须是表的所有者，具有 DBA 权限或表的 ALTER 权限。对于基表，TRUNCATE TABLE 语句需要有表的排他访问权限，因为操作是原子操作（要么删除所有行，要么不删除任何行）。这意味着所有以前打开的游标和引用要截断的表的游标都必须关闭，并且必须发出 COMMIT 或 ROLLBACK 命令释放对表的引用。对于临时表，每个用户都有自己的数据副本，不需要排他访问。

下面结合一个简单的实例来说明如何使用 TRUNCATE TABLE 语句。如需要删除商品信息表中的所有数据，可以使用如下语句：

```
TRUNCATE TABLE 商品信息
```

提示

由于 TRUNCATE TABLE 操作是不进行日志记录的，所以建议在 TRUNCATE TABLE 语句之前使用 BACKUP DATABASE 语句来对数据库做备份。

6.4 新增语句

修改数据，除了上面讲述的基本的INSERT、DELETE和UPDATE语句外，SQL Server 2008还提供了一些新增语句。如ON OUTPUT、ON DELETE以及OUTPUT。下面将要分别对这几个新增语句进行具体介绍。

6.4.1 ON DELETE和ON UPDATE

CREATE TABLE 表达式中的ON DELETE和ON UPDATE子句是另一种管理带有外键的列的方式。下面结合具体实例来介绍这两个新增语句的用法。

首先，创建一个students表和一个Class的表，这两个表分别包括两列，如下列表定义所示：

```
create table students
(id int primary key,
name varchar(30)
)
create table Classes
(
id int primary key,
monitor int
constraint fk_stu
foreign key references students(id)
)
```

这两个表主要分别用来显示一个班级的班长和学生。Classes表有一列名monitor，为了确保monitor是一名学生，这里有一个引用了students表的外键。

然后分别向students和Classes这两个表中插入一些数据，如下所示：

```
//向students表插入3条数据
insert into students values('20050101','王强')
insert into students values('20050102','牛好')
insert into students values('20050103','付志明')
//向Classes表中插入一条数据
insert into classes values('05','20050103')
```

一个简单的查询将显示‘付志明’是05班的班长，如果需要更换班长，必须从Classes表中删除它，但是在因一个新的班长而更新Classes表或者从Classes表中删除Classes自身之前，这个操作是不能执行的。在这种情况下，删除班级并不是一个可选项，Classes表必须用一个新的班长来替换她。

这两个表是一个父—子关系的典型例子。可以认为students表是作为父表的存储，而Classes表是作为子表的存储。通常情况下，改变一个父表可能需要更改其所有的子表。

如果“付志明”不再担任班长，并且没有为该班选择新的班长，这时可以使用两个协定：一个是用 NULL 代替该班的班长；另一个是用一个来自 students 表的 id 来代替班长。如果不希望在数据库中处理 NULL 值，则可以选择后一种协定。

ON DELETE 子句可以附加在表的列定义中，以指定表中被引用的相应行删除时使用哪种协定。当然，被引用的表更新时，会出现同样的问题，可以使用相同的协定。ON UPDATE 子句也可以附加在列定义上，用来指定在这种情况下使用哪种协定。

下面使用 ON DELETE 和 ON UPDATE 子句来重新定义 Classes 表，如下所示：

```
//首先向 students 表中再插入一条语句
insert into students values('0','no monitor')
create table Classes
(
id int primary key,
monitor int
constraint fk_stu
foreign key references students(id)
on delete set null
on update set default
)
//向 Classes 表中插入一条数据
insert into classes values('05','20050103')
```


在删除 monitor 引用的行时，可以使用“replace with NULL”协定。当然在同一个列上对删除和更新使用不同的协定是不可能的，但在上面这种情况下则是可能的。下面将结合上面这个具体实例来说明在每一种情况下如何工作。

如果 students 表删除了被 monitor 列引用的行，则 monitor 列的值将用 NULL 来代替。例如，将 students 表中的 id 号为 20050103 的学生删除，可以使用如下语句：

```
delete from students
where ID='20050103'
select * from students
select * from classes
```

执行上述语句后，可以看到 Classes 表的显示信息如图 6-18 所示。图 6-17 所示为两表原始数据。

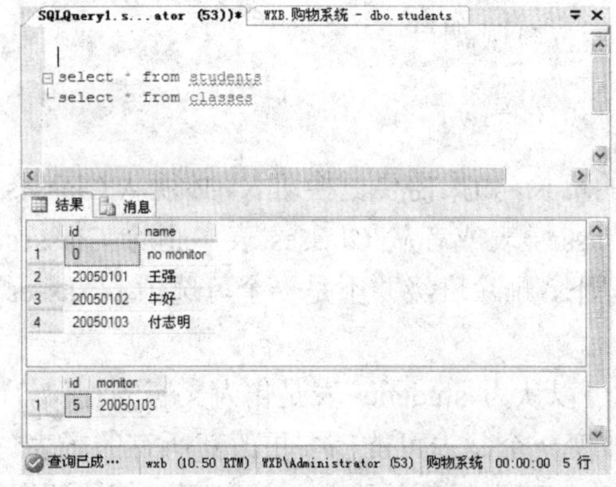

图 6-17　两表原始数据

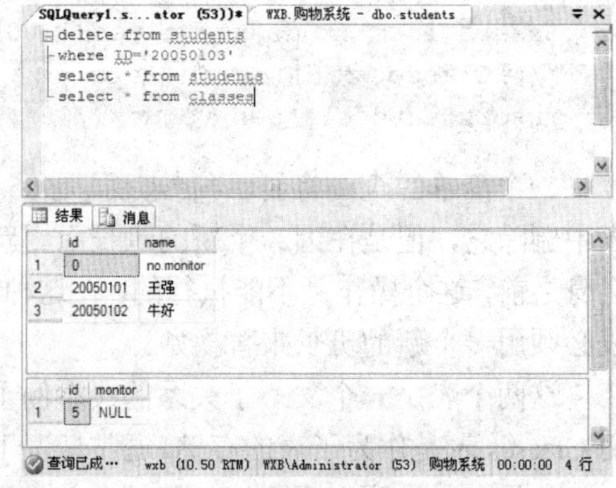

图 6-18　删除后两表数据

如果 students 表更新了被 monitor 列引用的行，并且它的 id 也被修改了，则 monitor 列的值将由该列的默认值替代，这里的默认值 0，当然，默认值也可以设置为其他的学生的 id。例如，现在需要把 students 表中的 id 号为 20050103 的学生的 id 修改为 20050105，同时也可以将其 name 更改为“林强”。这时可以使用如下语句：

```
update students
set name='林强', id='20050106'
where ID='20050103'
```

执行上述语句后，两表显示结果如图 6-19 所示。monitor 列已被修改成了 0。

对于处理外键更改的情况，ON DELETE 和 ON UPDATE 子句能很容易地指定使用“replace with NULL”或“replace with well_know value”协定。当然，这里也许会出现一些警告，例如这些子句不允许违反任何约束等。

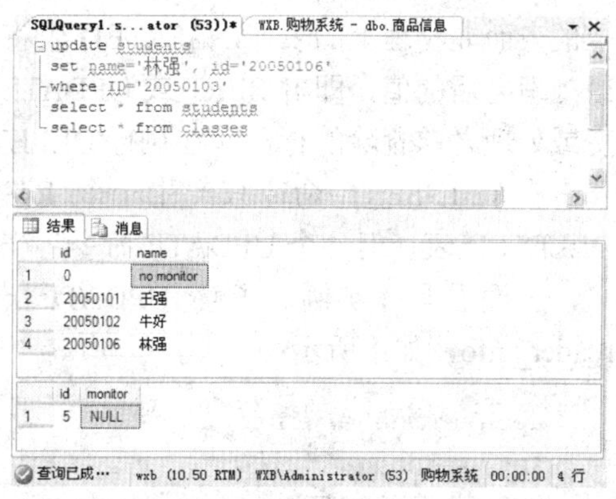

图 6-19 更新 students 表

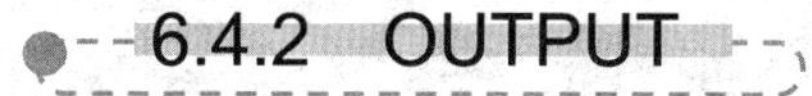

6.4.2 OUTPUT

在 SQL Server 2008 之前，要想观察 INSERT、DELETE 或 UPDATE 命令的结果，唯一的方式是在这些操作之后通过触发器来进行。在触发器的内部，可以看到一行在命令执行之前和执行之后的状态。SQL Server 2008 为 INSERT、UPDATE 和 DELETE 命令增加了一个可选项 OUTPUT 子句，使用户可以捕获到在触发器的内部可以看到的信息。

INSERT、UPDATE 和 DELETE 命令使用了 OUTPUT 子句自身的一个常用语法，但它的位置不同于它在命令中的位置。OUTPUT 子句可以像 SELECT 命令那样将结果返回给客户或者与 INTO 子句一起使用以在一个表中增加行。

OUTPUT 的用途之一是获得一个标识列的数值，这些值由 INSERT 命令分配给一个行。下面结合一些具体实例来说明其用法。首先，创建一个读者信息表来存储一些新来的读者的信息，其表定义如下所示：

```
create table reader_info
(
id int IDENTITY PRIMARY KEY,
NAME VARCHAR(20),
GRADE INT
)
```

创建好表之后，使用 INSERT 命令为该表增加一条学生信息。INSERT 命令包含一个返回数据值与其新标识的 OUTPUT 子句，在这个例子中，SCOPE_IDENTITY()函数用来获得新标识，使用 INSERT 命令插入信息的语句如下所示：

```
insert into reader_info
output inserted.id as [inserted id],
INSERTED.name as [inserted name],
INSERTED.GRADE AS [inserted grade]
values ('王晓波',700)
```

执行上述语句后，可以看到如下结果，如图 6-20 所示。

所有 OUTPUT 子句通用的语法是 OUTPUT 关键字以及用逗号分隔的列名和可选的别名，这些列可以来自 INSERTED 或 DELETED 表。INSERTED 或 DELETED 表是逻辑上的表而非物理上的表。INSERTED 表将包含被处理表中的所有列，这些列将包含改变或处理之后的值，即 INSERT 或 UPDATE 命令所影响的所有值。DELETED 表将包含改变或处理之前删除的行，即在执行 DELETE 或 UPDATE 命令之前的所有值。

一个 INSERT 命令只产生一个 INSERTED 表，一个 DELETE 命令只产生一个 DELETED 表，但一个 UPDATE 命令将产生两个表，即 INSERTED 表和 DELETED 表。

下面看具体实例，了解 UPDATE 产生的这两个表。使用 UPDTAE 命令更新表 reader_info，如下所示：

```
update reader_info
set grade=grade-20
OUTPUT INSERTED.id,inserted.name,
deleted.grade as [old grade],
inserted.grade as [new grage]
where grade>=540
```


在这个例子中，它把来自 INSERTED 和 DELETED 表中的数据列分别用来区分输出数据中的旧值和新值。在一个 UPDATE 命令中，OUTPUT 子句总处在 SET 子句之后并处在任何 FROM 和 WHERE 子句之前。执行上述 UPDATE 语句后，可以看到结果如图 6-21 所示。

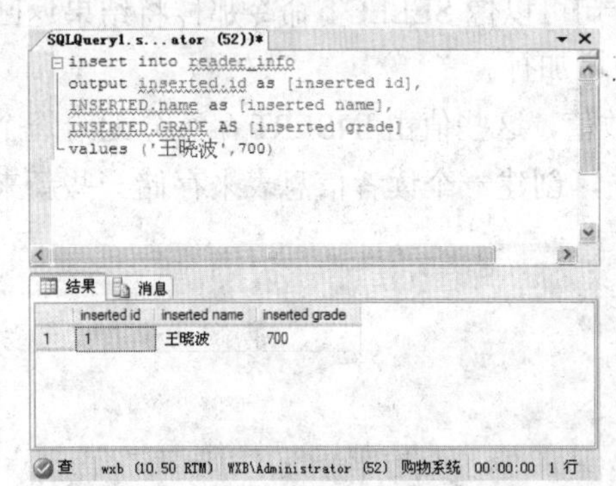

图 6-20　获得新标识

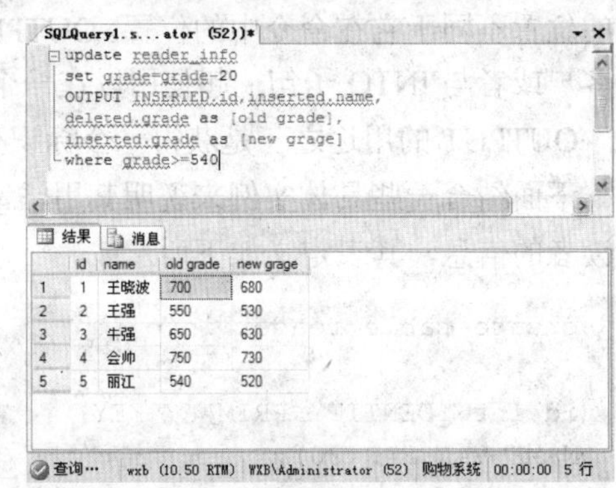

图 6-21　执行 UPDATE 语句后的结果

由 OUTPUT 子句返回的结果反映了 OUTPUT 输出的结果是在 INSERT、UPDATE 和 DELETE 执行之后，但在任何触发器引发之前的值。对于一个 INSTAND OF 触发器而言，这个值将反映没有执行 INSTAND OF 触发器前表中应有的数据，当然此时的

INSTAND OF 触发器仍旧会被引发。

6.5 扩展练习

1. 横向分割数据表

在数据表操作过程中，由于数据表中记录太多，可以将一部分内容移至其他相同结构的数据表中。

1 在【对象资源管理器】窗口中，右击 dbo.SmallClass 数据表，并选择【编写表脚本为】|【SELECT 到】|【新查询编辑器窗口】命令，如图 6-22 所示。

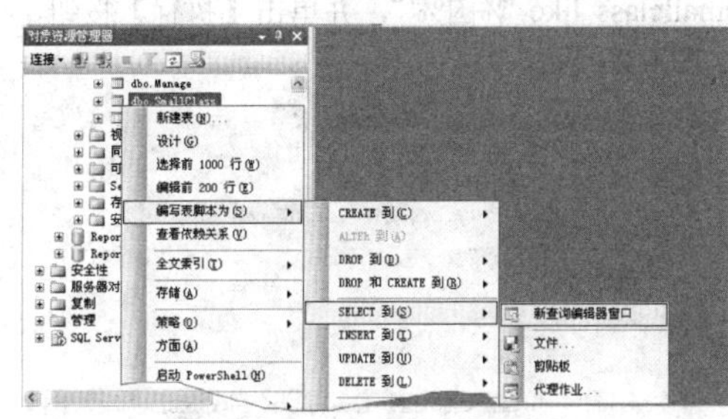

图 6-22 新建查询编辑窗口

2 在【编辑器】工具栏的【可用数据库】下拉列表框中，选择 BookDateBase 数据表，如图 6-23 所示。

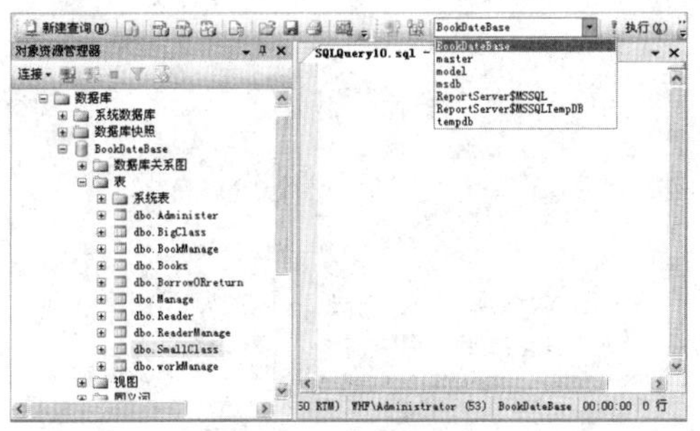

图 6-23 选择数据库

3 在编辑器中输入“select * into smallclass_backup from smallclass where BigClass='小说'”语句，并单击【执行】按钮，如图 6-24 所示。

4 在【对象资源管理器】窗口中，选择【表】节点，并单击该窗口上的【刷新】按钮，即可显示出新添加的 dbo.SmallClass_backup 数据表，如图 6-25 所示。

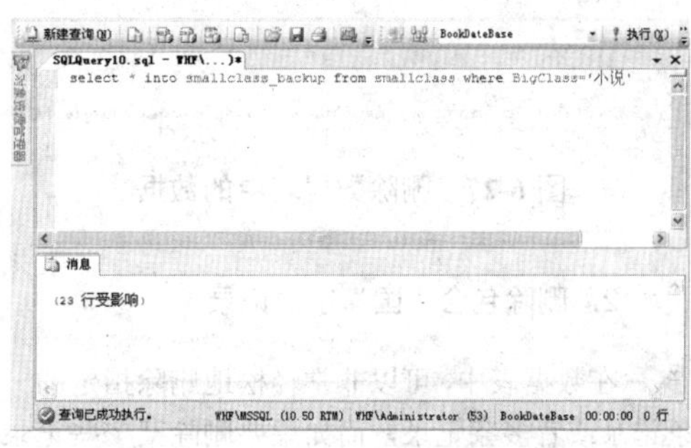

图 6-24 执行查询语句

图 6-25 显示添加的数据表

5 右击 dbo.SmallClass_backup 数据表，并执行【编辑前 200 行】命令，即可在右侧显示该数据表中的内容，如图 6-26 所示。

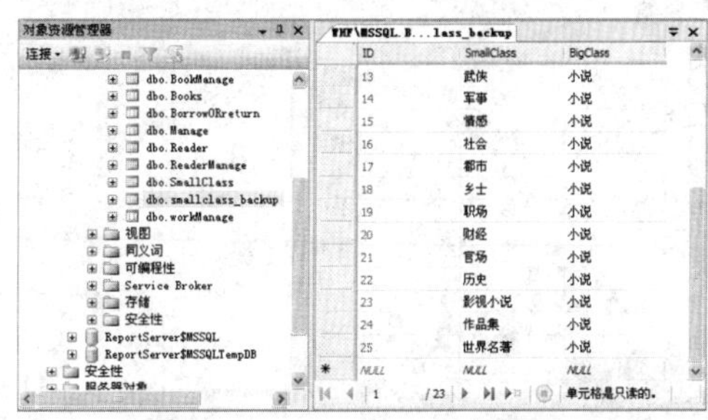

图 6-26 查看新数据表的内容

6 再在编辑器中输入“delete from

SmallClass where BigClass='小说'”语句，并单击【执行】命令，即可删除该数据表中移到新数据表中的内容，如图 6-27 所示。

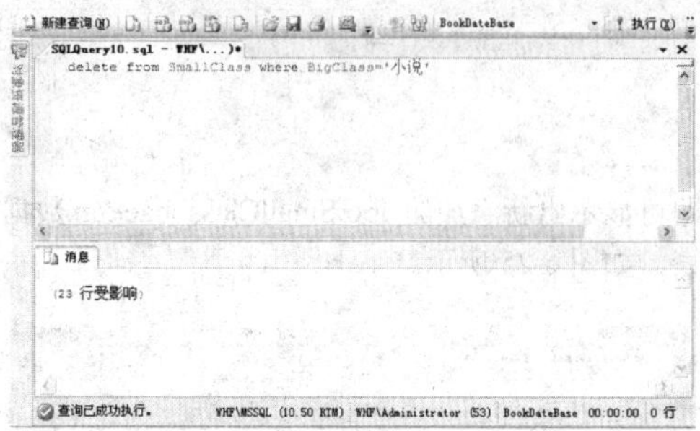

图 6-27　删除数据表中的数据

2．删除包含“国”字的记录

在数据表中，可以非常轻松地删除指定的一条记录或者多条记录，而如果要删除某一些记录中包含某个字的记录，则需要先确定该记录中，某一个字段中数据是否包含该文字。然后，再确定是否要删除该记录。

1　在编辑器中，输入“select * from SmallClass_backup where smallclass like '%国%'”语句，并单击【执行】按钮，如图 6-28 所示。

通过【结果】窗口，可以查看该数据表中包含“国”字的所有记录。

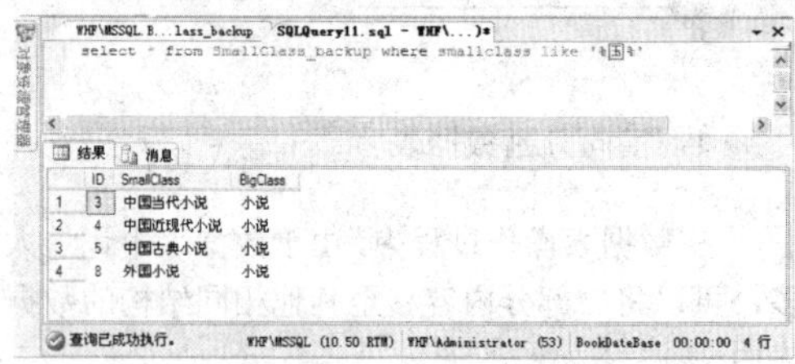

图 6-28　查看包含“国”字的记录

2　将查询语句修改成删除语句，修改的语句为“delete　from SmallClass_backup where smallclass like '%国%'”，并单击【执行】按钮，如图 6-29 所示。

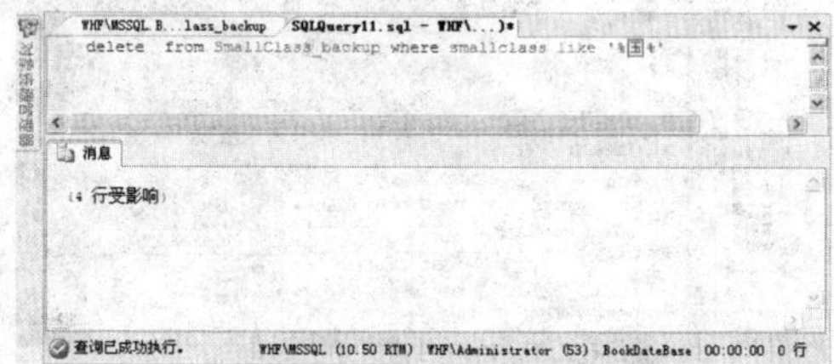

图 6-29　删除包含“国”字的记录

第 7 章　索引与视图

在 SQL Server 2008 中，索引和视图主要起到辅助查询和组织数据的功能，通过使用它们，可以大大地提高查询数据的效率。两者的区别是：视图将查询语句压缩，使大部分查询语句放在服务端，而客户端只输入要查询的信息，而不用写出大量的查询代码，这也是一个封装的过程；而索引类似目录，使得查询更快速，更高效，适用于访问大型数据库。在本章中，将针对索引和视图的内容进行详细的讲解。

本章学习目标

➢ 理解索引的概念
➢ 掌握创建索引的两种方式
➢ 了解查看索引信息的方式
➢ 掌握创建视图的方法
➢ 掌握管理视图的方法
➢ 掌握通过视图修改数据的方法
➢ 了解使用数据库引擎优化顾问的方法

7.1 索引基础知识

索引是数据库规划和系统维护的一个关键部分。可以为 SQL Server（以及其他的数据库系统）提供查找数据和定位数据物理位置的快捷方式的方法。通过添加正确的索引可以大大减少查询执行的时间。

7.1.1 认识索引

索引通常是以字母顺序安排的一些特定数据的清单。索引是与表或视图关联的磁盘上的结构，可以加快从表或视图中检索行的速度。索引包含由表或视图中的一列或多列生成的键。这些键存储在一个结构中，使 SQL Server 可以快速有效地查找与键值关联的行。

SQL Server 有如下不同的排序规则选项。

❑ **二进制**　按字母顺序（例如，在 ASCII 中，空格是用数字 32 代表的，而字母“D”是 68，但字母“d”则是 100）。该排序会在 WHERE 从句的比较中产生很大问题。

❑ **字典顺序**　这种排序与在字典中看到的和所期望的一样，可以使用一系列选项设置是否区分大小写、区分重音和字符集。

需要指出的是，在索引中发生的事情取决于建立的数据排序规则信息。从 SQL Server 2000 开始可以在数据库和列上改变排序规则，但在早期版本上排序规则都是在服务器上设置的。

7.1.2 索引结构

索引是一个单独的、物理的数据库结构，它是某个表中一列或若干列值的集合和相应的指向表中物理标识这些值的数据页的逻辑指针清单。索引依赖于表建立，它提供了数据库中编排表中数据的内部方法。

1. B-树

在 SQL Server 中，索引是按平衡树（B-树）结构进行组织的。索引B-树中的每一页称为一个索引节点。B-树的顶端节点称为根节点，索引中的底层节点称为叶节点，根节点与叶节点之间的任何索引级别统称为中间级。

B-树的目的在于：在查找特定的信息时，提供一致性并降低成本。B-树是少数特例除外的自身简单平衡，这意味着每次都有一半的数据在树枝的一边，而剩下的一半在另一边。树，树枝——这里采用“树”的意义相当明显，如果将结构翻转过来，该图就变成了树图。

B-树首先从根节点开始，如果只有少量数据，则根节点就可以直接指向数据的实际位置，如图 7-1 所示。

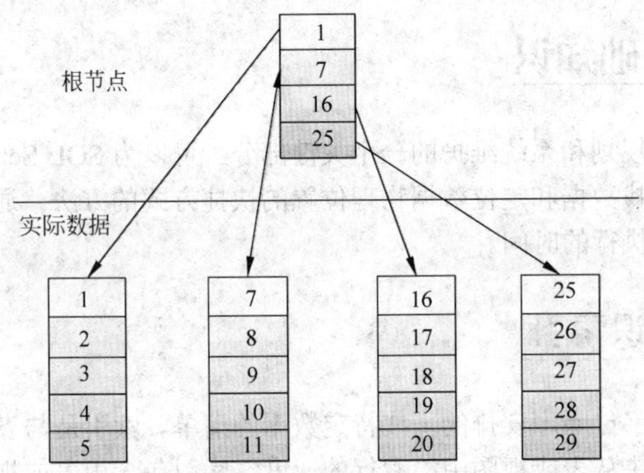

图 7-1 根节点可以直接指向数据的实际位置

在大多数情况下，根节点需要指向太多的数据，所以可以让根节点指向中间节点——或者叫非-叶层节点。非-叶层节点是根节点与数据物理存储的节点间的节点。非-叶层节点能指向其他的非-叶层节点，或者指向叶层节点（平衡树的最底层）。

叶层节点是包含实际物理数据的信息参考点。叶更像浏览树的整体，在叶层得到数据的最终结果，如图 7-2 所示。

从根节点开始，然后移到等于或小于要查找的最高值的节点，并查找下一层，然后重复该处理过程——查找相等或小于要查找值的最高值节点，循环往复，一层一层地沿着树结构往下进行，直到叶层为止——从那里得到数据的物理位置，然后可以快速浏览该数据。

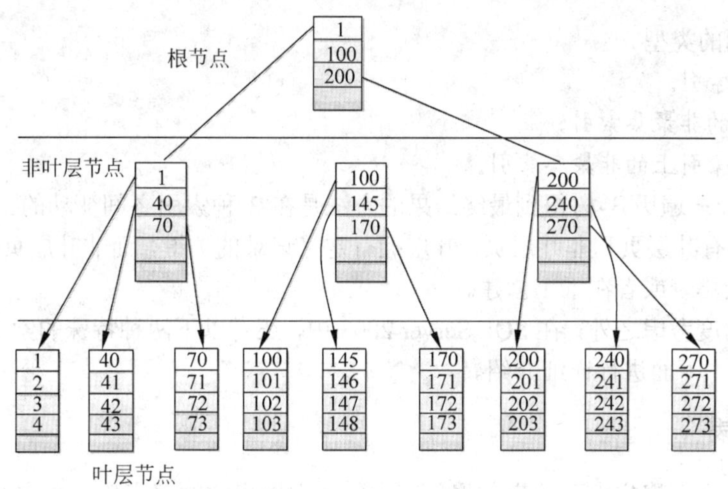

图 7-2　叶层节点

当数据被添加到树上时，节点最后都会满，而且需要拆分。因此，在 SQL Server 中，节点等同于页——叫作页拆分（Page Split）。

发生页拆分时，数据自动来回移动以保证树平衡。第一半数据保留在旧页上，而其余数据则被移到新页中——所以大约是 50—50 的拆分，而且可以保持树平衡，如图 7-3 所示。

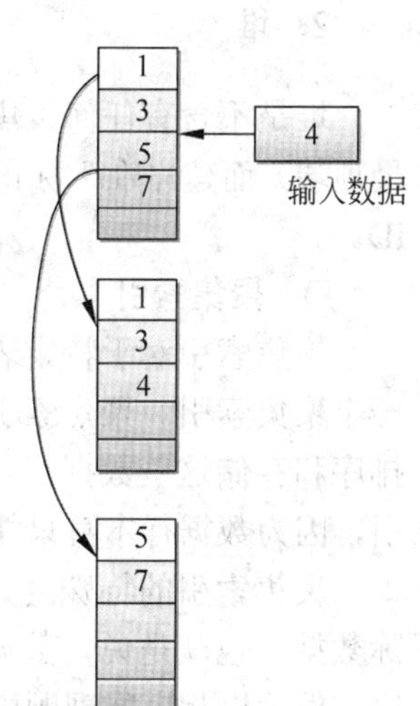

图 7-3　页分裂保持树平衡

2．访问数据原理

从广义上讲，SQL Server 检索所需数据库的方法只有两种：使用表扫描，使用索引。SQL Server 使用何种方法来执行特定查询取决于可用的索引、所需的列、使用的连接以及表的大小。

- **使用表扫描**　表扫描是非常直接的处理。执行扫描时，SQL Server 从表的物理起点开始查找表中的每一行记录，如果找到了满足查询条件的行，就将这些行放到结果集中。
- **使用索引**　当 SQL Server 决定使用索引时，处理过程实际上与表扫描方式相似，但更快捷。

查询优化处理中，优化器首先查看所有可用的索引并选择一个最好的索引。一旦选择了这个索引，SQL Server 就操纵树结构指向与标准匹配的数据指针，并再次提取需要的记录。其差别在于数据是排序的，所以索引查询工程知道何时到达了查询范围的末尾，然后可以结束查询，或者根据需要移到数据的下一范围。

7.1.3　索引类型

在 SQL Server 中只有两种类型的索引（聚集和非聚焦），但从内部角度上来说，有如下 3 种不同的类型。

- 聚集索引。
- 堆上的非聚集索引。
- 聚集索引上的非聚集索引。

SQL Server 遍历 B-树得到最终结果的方法是在 3 种索引之间变动的。所有的 SQL Server 索引都有叶层页和非叶层页。叶层拥有定义记录的关键，而非叶层页引导到叶层。

索引在聚集表或者在堆上创建。

从内部角度考虑之外，在 SQL Server 2008 中，还有以下两种特殊的索引：全文索引和 XML 索引，下面进行详细介绍。

1．聚集表

聚集表是具有聚焦索引的表。聚集表中的数据以指定顺序存储。独立行通过簇—键唯一定义——簇—键指定义了聚焦索引的列。

2．堆

堆是不含有任何聚焦索引的表。它基于组合该行的扩展盘区、页和行偏移（放置在最顶端）而建立唯一标识或行 ID。只在没有可用簇键的情况下（非聚集索引）才需要行 ID。

□ 聚集索引

聚焦索引对于特定表是唯一的，一张表只能有一个聚集索引。聚焦索引基于数据行的键值在表内排序和存储这些数据行。每个表只能有一个聚集索引，因为数据行本身只能按一个顺序存储。

聚集索引的特殊之处在于叶层聚集索引就是实际数据，也就是说，数据根据索引排序标准重新排序，然后以相同物理顺序存储。

如果需要在索引结构的中间插入记录，就会发生标准页拆分。原有页的最后一半记录被移一新页上，并在新页或原有页的合适位置插入新记录。如果新记录逻辑上处于索引结构的末尾，就创建新页，但只有新记录被添加到新页中，如图 7-4 所示。

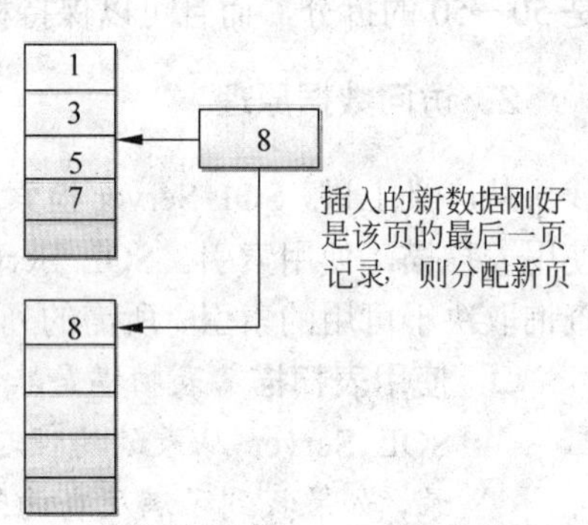

图 7-4　新记录被添加到新页中

□ 堆上的非聚集索引

堆上的非聚集索引与聚集索引的工作方式相似。但是，它们之间存在一些明显的区别。叶级不是数据，相反，它是一个可从中获得指向该数据的指针的级别。该指针以 RID 的形式出现，RID 由索引指向的特定行的区段、页以及行偏移量构成。即使叶级不是实际数据，使用叶级也仅仅比使用群集索引多一个步骤。因为 RID 具有行的位置的全部信息，所以可以直接到达数据。

但是不要误解“只多一步”意味着只存在细微差别，堆上的非聚集索引运行的速度与聚集索引的速度一样快。就聚集索引而言，数据以索引的物理存放。这意味着对于一定范围的数据，当发现该行拥有数据头时，就有好机会，因为该页的其他行也有数据头（这不是说，因为数据和数据头存储在一起，所以从物理上已经得到了下一条记录）。就堆而言，数据除了以索引的方式链接以外，不再以其他方式链接。从物理角度看，这绝对不是一种排序，这意味着系统已经从所有的文件中提取了记录。实际上，极有可能（或者更有可能）要从相同页上分多次提取数据。

注意

堆上的非群集索引和群集索引一样，通常任何已读取一次的页将仍然在内存缓存中，而且同样将非常快地被检索。此外，它添加了一些额外的逻辑操作来检索数据。

3. 聚集表上的非聚集索引

聚焦表上的非聚集索引仍然有许多相似性，但也有差别。就像堆上的非聚集索引，索引的非叶层看上去与聚集索引相似。只有等到了叶层，才能看见差别。

在叶层，聚集表上的非聚集索引与其他两种索引结构相比，简直是天壤之别。在此还需要了解另一种索引结构，对于聚集索引，当到达叶层时，就可以找到实际数据，对堆上的非聚焦索引，还没有找到真实数据，但找到了直接访问数据的标识符（只多了一步）；对于聚焦表上的非聚焦索引，是找到了簇键，也就是说，找到了足够的信息，并且可以利用聚焦索引。

这是两种完全不同的查找方法。

在关系表的例子中，从一定范围的查询开始，在索引中进行了单个查询，而且浏览非聚集索引并能找到满足标准的数据连续范围（LIKE ‘T%’）。对于这种形式的查找，能立即进入索引中的特定场所，这种查找方法称为搜索（Seek）。

第二种查询是利用聚集索引。它的查询速度非常快，问题是必须多次发生。可以看到，SQL Server 从第一个查询的索引中提取清单（所有名字都以“T”字开头的清单），但这个清单与连续模式的簇键在逻辑上并不匹配，需要单独查找每条记录。

4. 全文索引

全文索引是一种特殊类型的基于标记的功能性索引，由 Microsoft SQL Server 全文引擎（MSFTESQL）服务创建和维护。全文索引是基于索引文本中的各个标记来创建倒排、堆积且压缩的索引结构。

创建和维护全文索引的过程称为“索引填充”。Microsoft 支持下列全文索引填充，如表 7-1 所示。

5. XML 索引

XML 索引是 SQL Server 2008 中的新增功能。XML 是相对非结构化的数据，它利用标记来标识数据，并且可以与模式关联，给基于 XML 的数据提供类型或验证信息。XML 的非结构化特性需要“导航”或者“路径”信息的概念，以在 XML 文档中查找数据“节点”。在另一方面，索引尝试提供数据的特定结构和顺序，这在一定上有冲突。XML 索引分为主 XML 索引和辅助 XML 索引，如表 7-2 所示。

表 7-1 全文索引填充

名称	功能
完全填充	完全填充一般发生在首次填充全文目录或全文索引时。随后可以使用更改跟踪填充或增量填充来维护这些索引
基于更改跟踪的填充	对基于更改跟踪的填充，SQL Server 会记录在设置了全文索引的表中修改过的行。这些更改会被传播到全文索引。 更改跟踪填充要求对相应的全文进行初步填充。 若要自动将更改传播到全文索引，则应在 CREATE FULLTEXT INDEX 语句中使用 AUTO 选项。 通过指定 MANUAL 选项，可以按计划手动传播更改或通过使用 SQL Server 代理来传播更改，也可以自动手动传播更改。 更改跟踪需要少量的开销。如果不希望 SQL Server 跟踪更改，则应使用 CHANGE TRACKING OFF 选项
基于增量时间戳的填充	对基于增量时间戳的填充，增量填充会在全文索引中更新上次填充的当时或之后添加、删除或修改的行。增量填充要求索引表必须具有 timestamp 数据类型的列，如果时间戳列不存在，则无法执行增量填充。对不含时间戳列的表请求增量填充会导致完全填充操作。 如果影响表全文索引的任意元数据自上次填充以来发生了变化，增量填充请求将作为完全填充来执行。这包括更改任意列、索引或全文索引的定义。 填充结束时，SQL 收集器会记录一个新的时间戳值。此值等于 SQL 收集器所观察到的最大时间戳值。以后再启动增量填充时，就会使用此值

表 7-2 XML 索引

名称	功能
主 XML 索引	在 XML 索引上创建的第一个索引必须声明为“主”索引。当创建主索引时，SQL Server 创建一个新的群集索引，这个群集索引将基表的群集索引和来自任何指定的 XML 节点的数据组合在一起
辅助 XML 索引	这里没有任何特别之处，非常类似于指向群集索引的群集键的非群集索引，辅助 XML 索引以很相似的方法指向主 XML 索引。一旦创建了主 XML 索引，就能在 XML 列上创建多达 248 个以上的 XML 索引

在 SQL Server 中，可以在类型为 XML 的列上创建索引，这样做的主要要求如下。

- 在包含需要索引的 XML 表上必须具有群集索引。
- 在创建“辅助”索引之前（稍后将有更多介绍），必须先在 XML 数据列上创建“主” XML 索引。
- XML 索引只能在 XML 类型的列上创建，而且 XML 索引是可以在该类型的列上创建的唯一一种索引。
- XML 列必须是基表的一部分，不能在视图上创建索引。

7.2 创建索引

索引是一种物理结构，它能够提供一种以一列或多列的值为基础迅速查找表中行的能力。通过索引，可以大大提高数据库的检索速度，改善数据库性能。

在 Microsoft SQL Server 2008 中创建索引的方法主要有两种：一是在 SQL Server Management Studio 中使用现有命令和功能，通过方便的图形化工具创建；二是通过书写 Transact-SQL 语句创建。

在创建索引之前，首先了解一下创建索引的规则。

- 避免在一个表上创建大量的索引，因为这样不但会影响插入、删除、更新数据的性能，而且也会在更改表中的数据时增加所有进行调整的操作，进而降低系统的维护速度。
- 对于经常需要搜索的列可以创建索引，包括主键列和频繁使用的外键列。
- 在经常需要根据范围进行查询的列上或经常需要排序的列上创建索引时，因为索引已经排序，其指定的范围是连续的，所以可以利用索引的排序从而节省查询时间。

7.2.1 使用图形工具创建索引

在了解了创建索引的规则后，开始创建索引，首先介绍如何使用图形工具来创建索引。下面为数据库 BookDateBase 中的 Books 表创建一个不唯一性的非聚集索引 BookBigClass，操作步骤如下。

1 在 SQL Server Management Studio 中，连接到包含默认的数据库的服务器实例。

2 在【对象资源管理器】中，展开【服务器】|【数据库】|【网店购物系统】|【表】|【商品信息】节点，右击【索引】节点，在弹出的菜单中选择【新建索引】命令。

3 在【新建索引】窗口的【常规】页面，可以配置索引的名称、选择索引的类型、是否是唯一索引等，如图 7-5 所示。

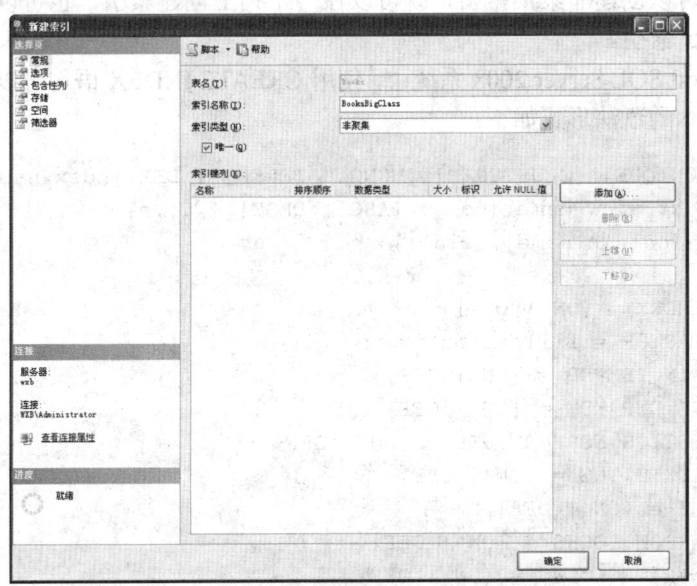

图 7-5 【新建索引】窗口

4 单击【添加】按钮，打开【从“dbo.Books”中选择列】窗口，在窗口中的【表列】列表中启用 bigClass 复选框，如图 7-6 所示。

5 单击【确定】按钮，返回【新建索引】窗口，然后再单击【新建索引】窗口的【确定】按钮，【索引】节点下便生成了一个名为 BookBigClass 的索引，说明该索引创建成功，如图 7-7 所示。

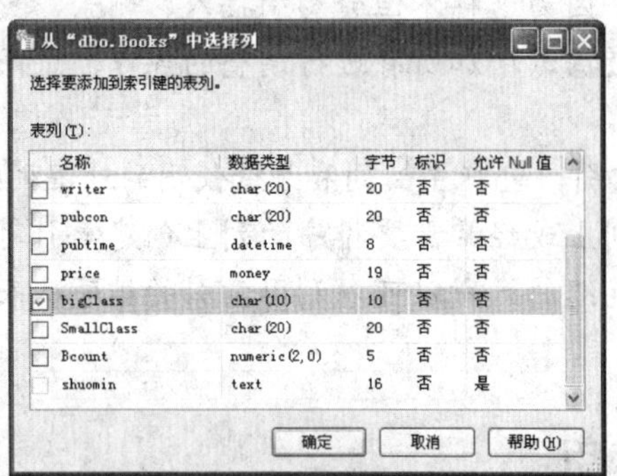

图 7-6 选择索引列

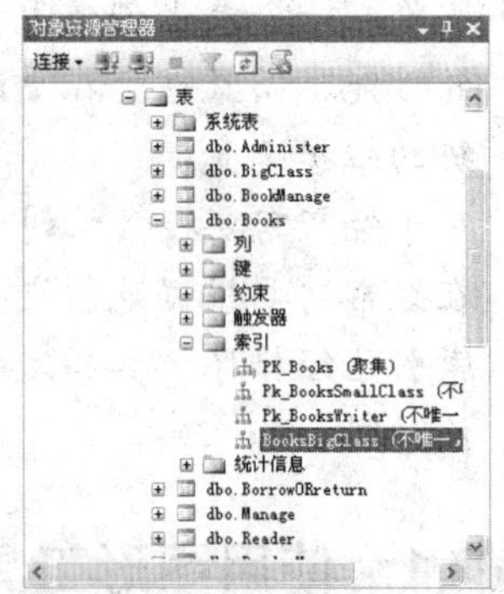

图 7-7 创建好的索引

7.2.2 使用 CREATE INDEX 创建索引

使用 CREATE INDEX 语句来创建索引，这是最基本的索引创建方式，并且这种方法最具有适应性，可以创建出符合自己需要的索引。在使用这种方式创建索引时，可以使用许多选项，例如指定数据页的充满度、进行排序、整理统计信息等，从而优化索引。使用这种方法，可以指定索引类型、唯一性、包含性和复合性，也就是说，既可以创建聚集索引，也可以创建非聚集索引，既可以在一个列上创建索引，也可以在两个或两个以上的列上创建索引。

在 Microsoft SQL Server 2008 系统中，使用 CREATE INDEX 语句可以在关系表上创建索引，其基本的语法形式如下：

```
CREATE [UNIQUE] [CLUSTERED] [NONCLUSTERED] INDEX index_name
ON table_or_view_name (colum [ASC | DESC] [,...n])
[INCLUDE (column_name[,...n])]
[WITH
(   PAD_INDEX = {ON | OFF}
 |  FILLFACTOR = fillfactor
 |  SORT_IN_TEMPDB = {ON | OFF}
 |  IGNORE_DUP_KEY = {ON | OFF}
 |  STATISTICS_NORECOMPUTE = {ON | OFF}
 |  DROP_EXISTING = {ON | OFF}
 |  ONLINE = {ON | OFF}
 |  ALLOW_ROW_LOCKS = {ON | OFF}
 |  ALLOW_PAGE_LOCKS = {ON | OFF}
 |  MAXDOP = max_degree_of_parallelism)[,...n]]
ON {partition_schema_name(column_name) | filegroup_name | default}
```

下面逐一解释上述语法清单中的各个项目。

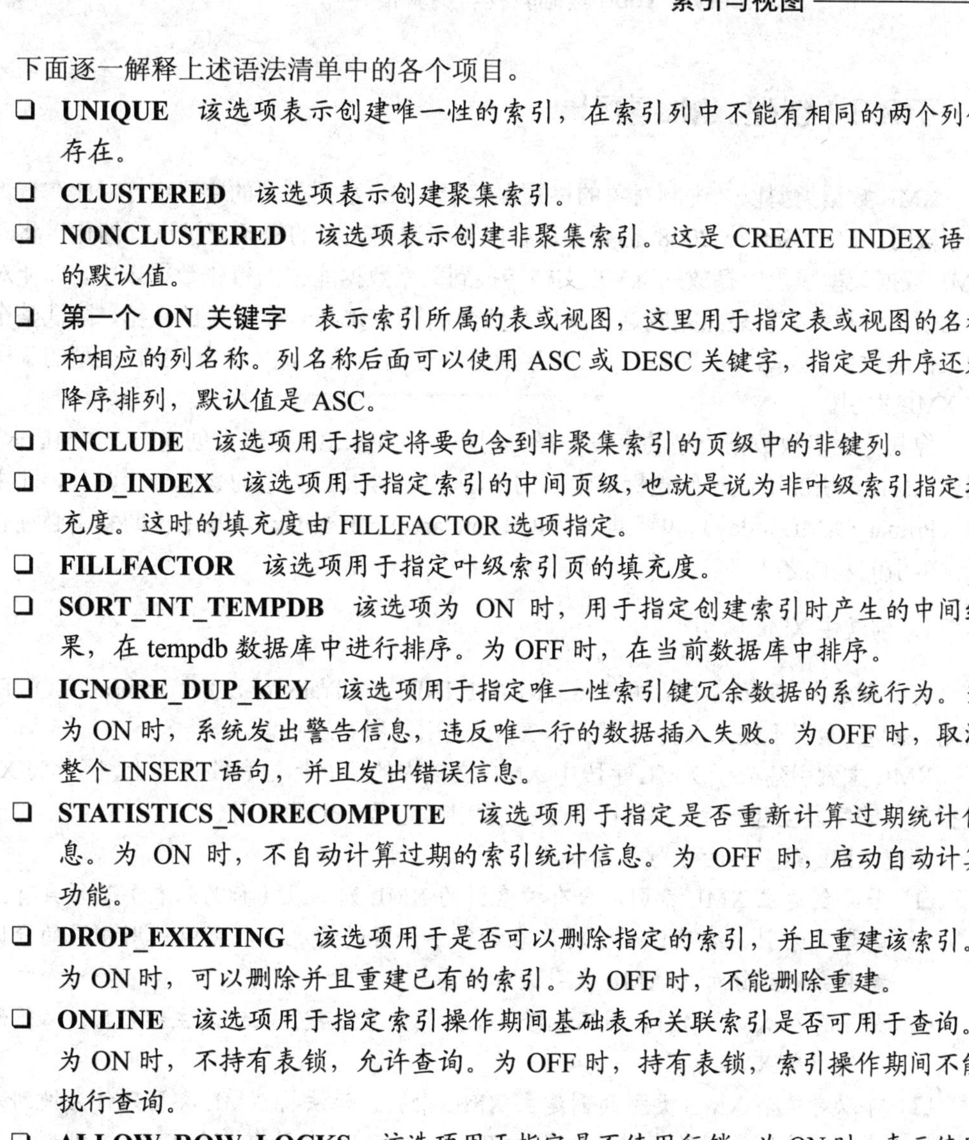

- **UNIQUE** 该选项表示创建唯一性的索引，在索引列中不能有相同的两个列值存在。
- **CLUSTERED** 该选项表示创建聚集索引。
- **NONCLUSTERED** 该选项表示创建非聚集索引。这是 CREATE INDEX 语句的默认值。
- **第一个 ON 关键字** 表示索引所属的表或视图，这里用于指定表或视图的名称和相应的列名称。列名称后面可以使用 ASC 或 DESC 关键字，指定是升序还是降序排列，默认值是 ASC。
- **INCLUDE** 该选项用于指定将要包含到非聚集索引的页级中的非键列。
- **PAD_INDEX** 该选项用于指定索引的中间页级，也就是说为非叶级索引指定填充度。这时的填充度由 FILLFACTOR 选项指定。
- **FILLFACTOR** 该选项用于指定叶级索引页的填充度。
- **SORT_INT_TEMPDB** 该选项为 ON 时，用于指定创建索引时产生的中间结果，在 tempdb 数据库中进行排序。为 OFF 时，在当前数据库中排序。
- **IGNORE_DUP_KEY** 该选项用于指定唯一性索引键冗余数据的系统行为。当为 ON 时，系统发出警告信息，违反唯一行的数据插入失败。为 OFF 时，取消整个 INSERT 语句，并且发出错误信息。
- **STATISTICS_NORECOMPUTE** 该选项用于指定是否重新计算过期统计信息。为 ON 时，不自动计算过期的索引统计信息。为 OFF 时，启动自动计算功能。
- **DROP_EXIXTING** 该选项用于是否可以删除指定的索引，并且重建该索引。为 ON 时，可以删除并且重建已有的索引。为 OFF 时，不能删除重建。
- **ONLINE** 该选项用于指定索引操作期间基础表和关联索引是否可用于查询。为 ON 时，不持有表锁，允许查询。为 OFF 时，持有表锁，索引操作期间不能执行查询。
- **ALLOW_ROW_LOCKS** 该选项用于指定是否使用行锁，为 ON 时，表示使用行锁。
- **ALLOW_PAGE_LOCKS** 该选项用于指定是否使用页锁，为 ON 时，表示使用页锁。
- **MAXDOP** 该选项用于指定索引操作期间覆盖最大并行度的配置选项。主要目的是限制执行并行计划过程中使用的处理器数量。

下面通过一个具体实例，来说明怎样使用 CREATE INDEX 创建索引。如果通过图形化工具创建名称为“index_商品名称”的唯一的非聚集索引，也可以通过如下代码进行创建：

```
USE  BookDateBase
GO
CREATE  UNIQUE  NONCLUSTERED  INDEX  BookBigClass
ON Books(BigClass)
```

7.2.3 创建 XML 索引

XML 数据类型以二进制对象的格式保存于 XML 数据类型的字段中，因此在查询这些字段时，SQL Server 2008 需要在运行时刻对数据表中的每条记录进行细化，将一个 XML 数据类型字段中存放的 XML 文档转换到关系数据库中的每张数据表中，以便对其中的信息进行查询。显然完成这一操作必然会加重 SQL Server 系统的负担，降低整个查询工作的效率。因此为了提高对 XML 字段进行查询的效率，建议为 XML 类型的字段建立 XML 索引。

像其他大多数数据类型的字段一样，用户也可在 XML 字段上创建一个 XML 索引，创建 XML 索引的语法与创建标准索引的语法相同。XML 类型的索引分为两种，即主索引（Primary XML Index）和辅助索引（Secondary XML Index）。其中辅助索引必须建立于主索引的基础之上。

1. 创建主 XML 索引

若要创建主 XML 索引，可使用 CREATE INDEX（Transact-SQL）Transact-SQL DDL 语句。XML 索引不完全支持可用于非 XML 索引的所有选项。

XML 主索引建立于 XML 字段中 XML 文档中的所有标记和路径之上，因此为 XML 数据类型的字段创建一个主索引时，该主索引必定是一个簇索引。

创建 XML 索引时应注意下列事项。

- 若要创建主 XML 索引，含有被索引的 XML 列的表（称为基表）必须具有主键的聚集索引。这确保了在对基表进行了分区的情况下，可以使用相同的分区方案和分区函数对主 XML 索引进行分区。
- 如果存在 XML 索引，则不能修改基表的聚集主键。在修改主键之前，必须删除表的所有 XML 索引。
- 可以对单个 XML 类型列创建主 XML 索引。无法将 XML 类型列作为键列来创建任何其他类型的索引。但是，可以在非 XML 索引中包含 XML 类型列。表中的每个 XML 类型列都可以有自己的主 XML 索引。但是，一个 XML 类型列只允许有一个主 XML 索引。
- XML 索引和非 XML 索引存在于相同的命名空间中。因此，同一表的 XML 索引和非 XML 索引不能具有相同的名称。
- 对于 XML 索引，IGNORE_DUP_KEY 选项和 ONLINE 选项始终设置为 OFF。可以将这些选项的值指定为 OFF。
- 将用户表的文件组和分区信息应用于 XML 索引。用户无法单独为 XML 索引指定这些信息。
- DROP_EXISTING 索引选项可以删除主 XML 索引并创建一个新的主 XML 索引，或者删除辅助 XML 索引并创建一个新的辅助 XML 索引。但是，此选项不能通过删除辅助 XML 索引来创建新的主 XML 索引，反之亦然。
- 主 XML 索引名称与视图名称有相同的限制。

创建 XML 索引的语法如下所示：

```
CREATE [ PRIMARY ] XML INDEX index_name
    ON ( xml_column_name ) [ USING XML INDEX xml_index_name [ FOR { VALUE
    | PATH | PROPERTY } ] [ WITH ( [ ,...n ] ) ] [ ; ]
```

其中相关参数的含义如表 7-3 所示。

表 7-3　相关参数的含义

参数名	含义
index_name	索引名
object	创建索引的对象名
xml_index_name	用于创建辅助索引的主索引名称
FOR	指定辅助索引的名称
xml_index_option	用于创建 XML 索引的相关选项

创建一个 XML 索引时需要使用很多参数，其中 xml_index_option 中包含许多参数，例如可以在创建一个 XML 索引时指定 DROP_EXISTING = { ON | OFF}选项，当该选项被设置为 ON 时，创建该索引前会判断是否已存在同名的索引，如果存在就先将它删除。

创建 XML 索引有两种方法：使用查询编辑器创建 XML 索引和图形工具创建 XML 索引。图形工具创建 XML 索引和创建普通索引相同，本节重点介绍使用查询编辑器创建 XML 索引。

在下面的示例中，为数据表 Books 创建一个 XML 索引，语法如下：

```
USE BookDateBase
GO
CREATE Primary XML INDEX xml_Bname
ON Books (Bname)
GO
```

运行结果如图 7-8 所示。

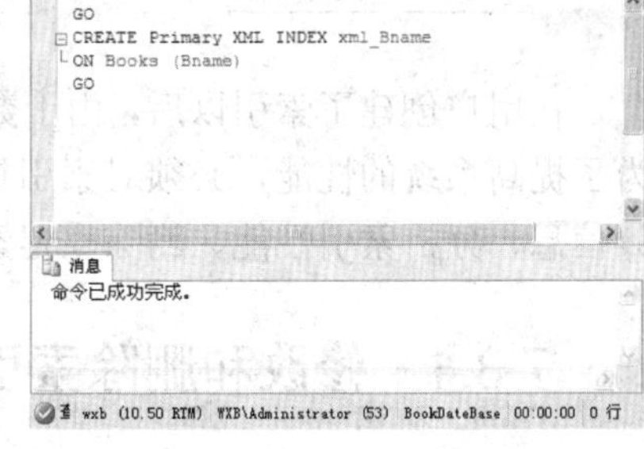

图 7-8　创建 XML 索引

2．创建辅助 XML 索引

辅助索引建立于主索引之上，可以进一步提高查询操作的效率。为主索引中的路径值和节点值创建辅助索引可以有效地提高索引搜索的速度。在辅助索引中，路径值和节点值是允许在搜索路径时使用更高效的查找功能的键列。

使用 CREATE INDEX（Transact-SQL）Transact-SQL DDL 语句可创建辅助 XML 索引并且可指定所需的辅助 XML 索引的类型。

创建辅助 XML 索引时应注意下列事项。

- ❑ 除了 IGNORE_DUP_KEY 和 ONLINE 之外，允许对辅助 XML 索引使用所有适用于非聚集索引的索引选项。对于辅助 XML 索引，这两个选项必须始终设置为

OFF。

- 辅助索引的分区方式类似于主 XML 索引。
- DROP_EXISTING 可以删除用户表的辅助索引并为用户表创建其他辅助索引。

例如，为上节创建的主索引 xml_Bname 创建一个辅助索引，语法如下：

```
USE BookDateBase
GO
CREATE XML INDEX idx_Bname ON Books (Bname)
USING XML INDEX xml_Bname FOR PATH
GO
```

运行结果如图 7-9 所示。

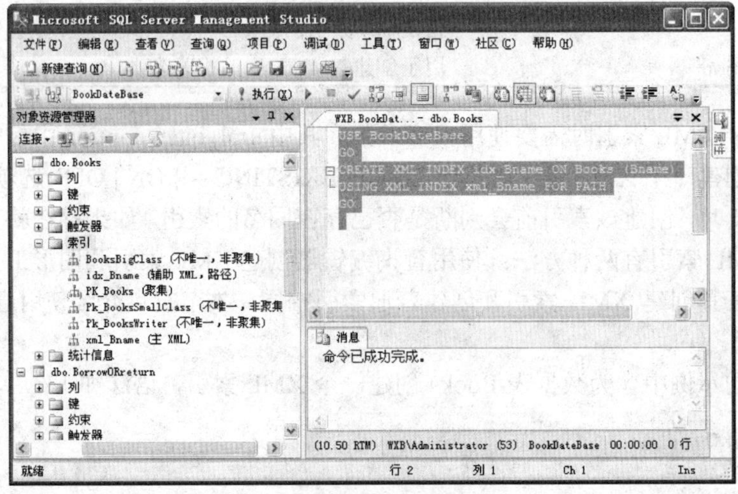

图 7-9　创建 XML 辅助索引

7.3 管理索引

在用户创建了索引以后，由于数据的增加、删除、更新等操作会使索引页出现碎块，为了提高系统的性能，必须对索引进行维护管理。这些维护包括查看碎片信息、维护统计信息、分析索引性能、删除重建索引等。

7.3.1 修改和删除索引

和创建索引一样，管理索引的方法也有两种，使用方便的图形化工具和使用 Transact-SQL 语句。在本节中，将主要使用 Transact-SQL 语句管理索引。

1．使用 ALTER INDEX 修改索引

ALTER INDEX 语句的基本语法形式如下所示。

- 重新生成索引

```
ALTER  INDEX  index_name  ON  table_or_view_name  REBUILD
```

- 重新组织索引

```
ALTER INDEX index_name ON table_or_view_name RGORGANIZE
```

- 禁用索引

```
ALTER INDEX index_name ON table_or_view_name DISABLE
```

上述语句中 index_name 表示所要修改的索引名称，table_or_view_name 表示当前索引基于的表或视图名。

下面看一个具体实例，使用 ALTER INDEX 语句将 Books 表中的 BooksBigClass 索引修改为禁止访问，可以使用如下语句：

```
ALTER INDEX BooksBigClass ON Books Disable
```

2. 使用 DROP INDEX 删除索引

删除索引的语法非常类似于删除表的语法，如下所示：

```
DROP INDEX  <table or view name>.<index name>
```

也可以使用如下语法格式：

```
DROP INDEX  <index name>  ON  <table or view name>
```

下面使用 DROP INDEX 将 Books 表中的 BooksBigClass 索引删除，可以使用如下两种语句：

```
DROP INDEX Books.BooksBigClass
DROP INDEX BooksBigClass ON Books
```

在删除索引时，要注意下面的一些情况。

- 当执行 **DROP** INDEX 语句时，SQL Server 释放被该索引所占的磁盘空间。
- 不能使用 **DROP** INDEX 语句删除由主键约束或唯一性约束创建的索引。要想删除这些索引，必须先删除这些约束。
- 当删除表时，该表全部索引也将被删除。
- 当删除一个聚集索引时，该表的全部非聚集索引重新自动创建。
- 不能在系统表上使用 DROP INDEX 语句。

7.3.2 查看索引信息

索引信息包括索引统计信息和索引碎片信息，通过查询这些信息分析索引性能，可以更好地维护索引。

1. 查看索引统计信息

索引统计信息是查询优化器用来分析和评估查询、确定最优查询计划的基础数据。

用户可以使用 DBCC SHOW_STATISTICS 命令来查看指定索引的信息，也可以使用图形工具来查看索引的信息。

DBCC SHOW_STATISTICS 命令可以用来返回指定表或视图中特定对象的统计信息，这些特定对象可以是索引、列等。下面使用该命令查看 BooksDateBase 系统中 Books 表中的 BooksBigClass 索引的统计信息，返回结果如图 7-10 所示。

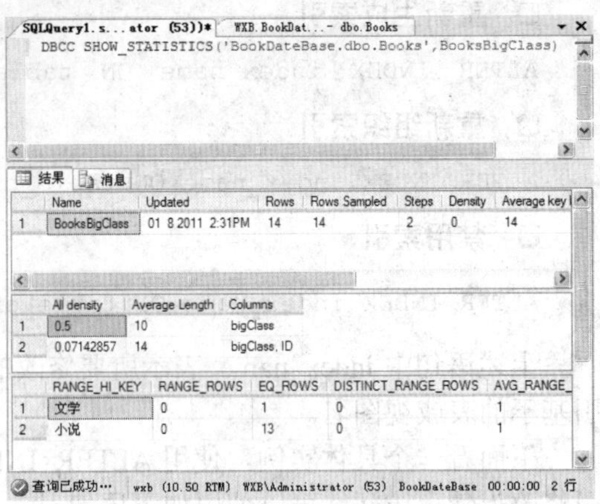

图 7-10　BooksbigClass 索引的统计信息

通过图 7-10 可以看出这些统计信息包括 3 部分，即统计标题信息、统计密度信息和统计直方信息。统计标题信息主要包括表中的行数、统计的抽样行数、所有索引列的平均长度等。统计密度信息主要包括索引列前缀集的选择性、平均长度等信息。统计直方图信息即为显示直方图时的信息。

除了使用上面的方式查看索引统计信息外，还可以使用 SQL Server Management Studio 图形化工具查看统计信息。在【对象资源管理器】窗口中，展开 Books 表中的【统计信息】节点，右击所要查看统计信息的索引（如 BooksBigClass）,从弹出的菜单中选择【属性】命令，打开【统计信息属性】窗口，从【选项页】窗格中选择【详细信息】选项，就能看到当前索引的统计信息，如图 7-11 所示。

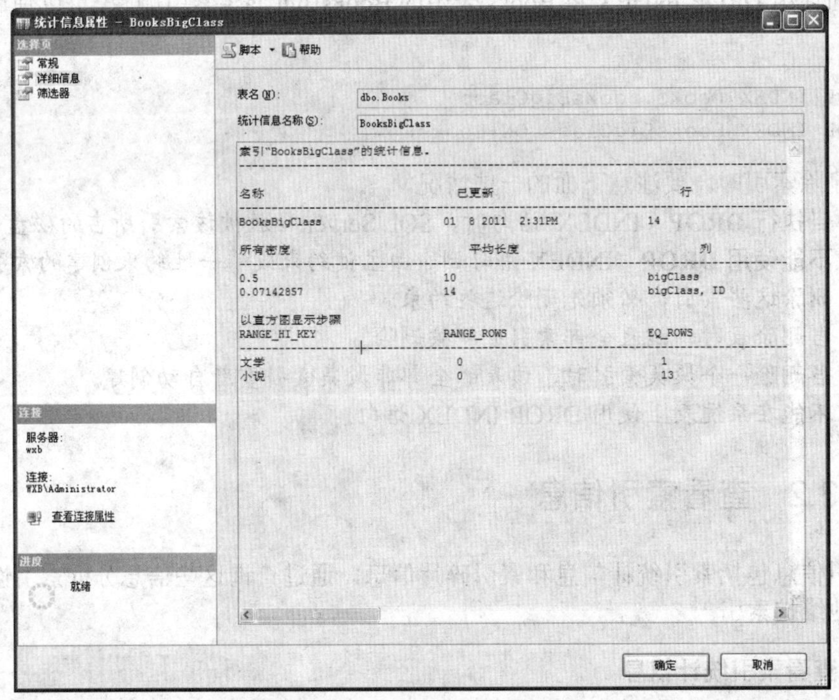

图 7-11　统计信息属性窗口

2．查看索引碎片信息

在 Microsoft SOL Server 2008 系统中，可以使用两种方式查看有关索引的碎片信息：使用 SYS.DM_DB_INDEX_PHYSICAL_STATS 系统函数和直观地使用 SQL Server Management Studio 图形化工具。在图 7-12 所示的示例中，使用 SYS.DM_DB_INDEX_PHYSICAL_STATS 系统函数查看了 BookDateBase 数据库中 Books 表中所有索引的碎片信息。

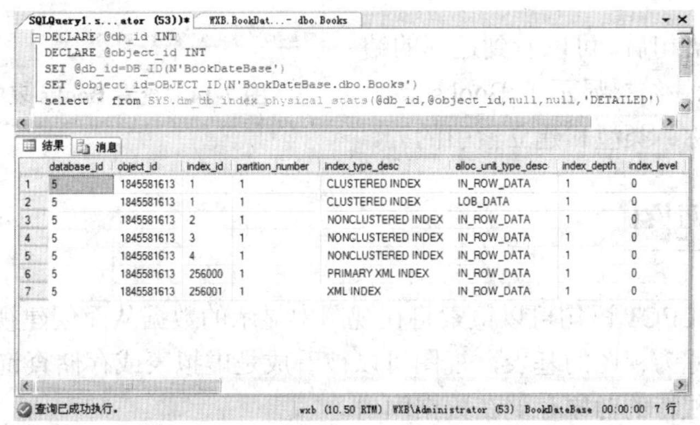

图 7-12　查看索引碎片信息

除了使用 SYS.DM_DB_INDEX_PHYSICAL_STATS 系统函数外，还可以使用 SQL Server Management Studio 图形化工具查看碎片信息。在【对象资源管理器】窗口中，右击所要查看碎片信息的索引，从弹出的菜单中选择【属性】命令，打开【索引属性】窗口，从【选项页】窗格中选择【碎片】选项，就能看到当前索引的碎片信息，如图 7-13 所示。

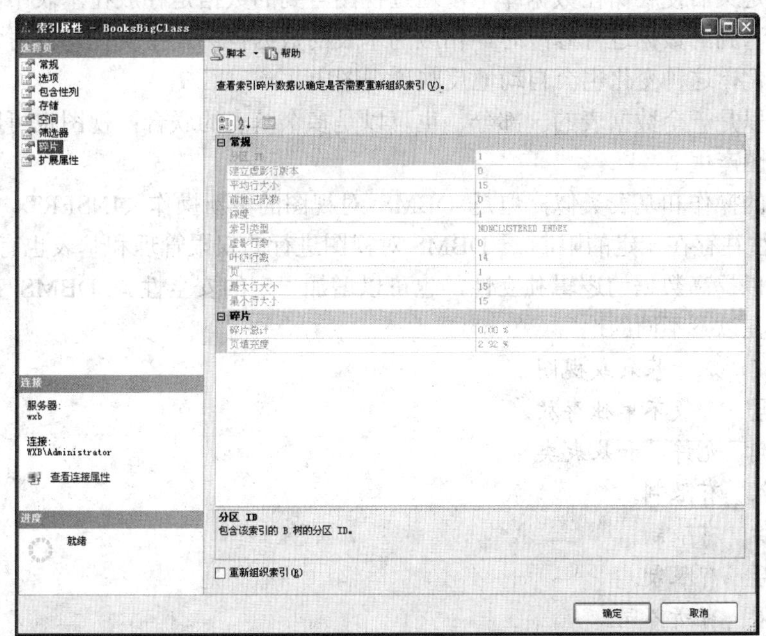

图 7-13　【索引属性】窗口查看碎片信息

3. 使用系统存储过程查看索引信息

使用系统存储过程 sp_helpindex 可以查看特定表上的索引信息。例如查看数据库 BookDateBase 中 Books 表的索引信息，可以使用如下语句：

```
EXEC SP_HELPINDEX Books
```

执行上面的语句后，可以看到返回的结果如图 7-14 所示。结果显示了 Books 表上的所有索引的名称、类型和建立索引的列。

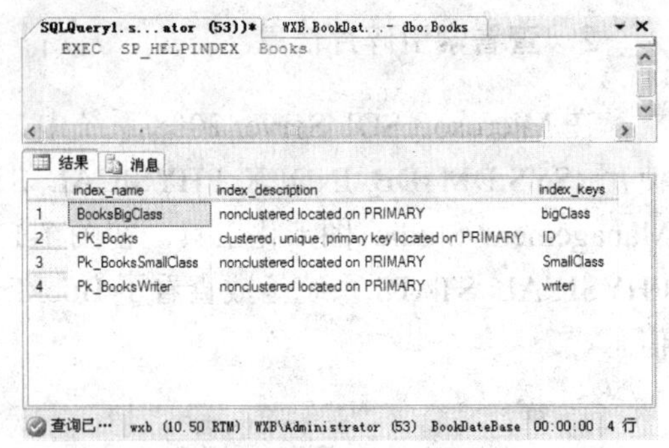

图 7-14　查看 Books 表中的索引信息

7.4 认识视图

通过定义 SELECT 语句可以检索将在视图中显示的数据从而创建视图。SELECT 语句引用的数据表称为视图的基表，视图可以被看成是虚拟表或存储查询，可通过视图访问的数据不作为独特的对象存储在数据库内。

7.4.1 视图概述

视图是一种数据库对象，是从一个或多个基表（或视图）导出的虚表。视图的结构和数据是对数据表进行查询的结果。

视图被定义后便存储在数据库中，通过视图看到的数据是存放在基表中的数据。当对通过视图看到的数据进行修改时，相应的基表的数据也会发生变化，同时，若基表的数据发生变化，这种变化也会自动地反映到视图中。

视图可以是一个数据表的一部分，也可以是多个基表的联合；视图也可以由一个或多个其他视图产生。

视图上的操作和基表类似，但是 DBMS 对视图的更新操作（INSERT、DELETE、UPDATE）往往存在一定的限制。 DBMS 对视图进行的权限管理和基表也有所不同。

视图可以提高数据的逻辑独立性，也可以增加一定的安全性。 DBMS 在处理视图时和基表存在以下不同的地方。

- **定义**　基于基表或视图。
- **数据**　一般不单独存放。
- **查询**　允许，和基表类似。
- **插入**　有限制。
- **删除**　有限制。
- **更新**　有限制。
- **权限**　有所不同。

7.4.2 创建视图

视图提供在一个或多个表中查看数据的替代方法。通过创建视图，可以对想要各种用户查看的信息进行限制。创建视图有两种方式：使用 T-SQL 语句创建视图和图形工具创建视图。

1. 使用 T-SQL 语句创建视图

在 SQL Server 2008 中，可使用 CREATE VIEW 语句创建视图，语法格式如下：

```
CREATE VIEW [ schema_name . ] view_name  [ (column [ ,...n ] ) ]
 [ WITH <view_attribute> [ ,...n ] ]
AS
 select_statement
[ WITH CHECK OPTION ]
<view_attribute>::= { [ ENCRYPTION ]    [ SCHEMABINDING ]  [ VIEW_METADATA ]     }
```

其中相关参数的含义如表 7-4 所示。

表 7-4 相关参数的含义

参数名	含义
schema_name	视图所属架构名
view_name	视图名
column	视图中所使用的列名，一般只有列是从算术表达式、函数或常量派生出来的或者列的指定名称不同于来源列的名称时，才需要使用
select_statement	搜索语句
WITH CHECK OPTION	强制针对视图执行的所有数据修改语句都必须符合在 select_ statement 中设置的条件
ENCRYPTION	加密视图
SCHEMABINDING	将视图绑定到基础表的架构上
VIEW_METADATA	指定为引用视图的查询请求浏览模式的元数据时，SQL Server 实例将向 DB-Library、ODBC 和 OLE DB API 返回有关视图的元数据信息，而不返回基表的元数据信息

下面使用 CREATE VIEW 语句，创建一个基于 Books 表的视图 Books_view。该视图要求包含列：图书编号（Rnum）、图书名称（Rname）、作者（writer）、出版社（pubcon）、出版时间（pubtime）。并要求只显示出版时间 2010-5-20 以前的相关信息，另外还要对该图书进行加密，不允许查看该视图的定义语句。创建这个视图可以使用如下语句：

```
CREATE VIEW Books_view(Bnum,Bname,writer,pubcon,pubtime)
with encryption
as
select Bnum,Bname,writer,pubcon,pubtime from Books
```

```
where pubtime<='2010-5-20'
go
select * from Books_view
```

执行上面语句后，使用 SELECT 语句查询 Books_view 视图，可以看到结果如图 7-15 所示。

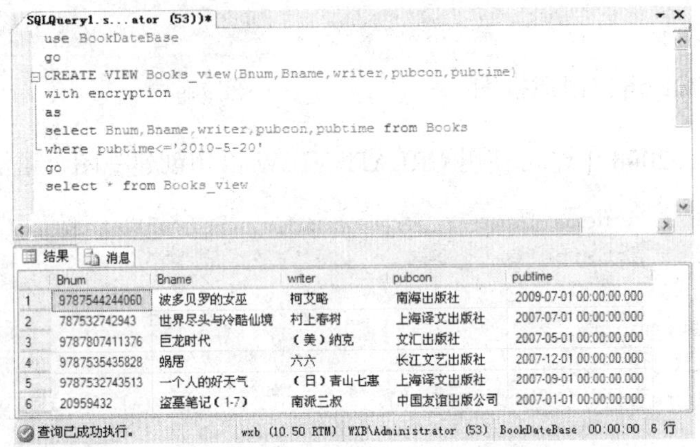

图 7-15　查询创建好的 Books_view 视图

2. 使用图形化工具创建视图

例如，为数据库 BooksDateBase 创建一个视图，要求连接 Books 表和 BorrowORreturn 表，操作步骤如下。

1 在 SQL Server Management Studio 中，展开数据库 BooksDateBase 节点，右击【视图】节点，在弹出的快捷菜单中选择【新建视图】命令，如图 7-16 所示。

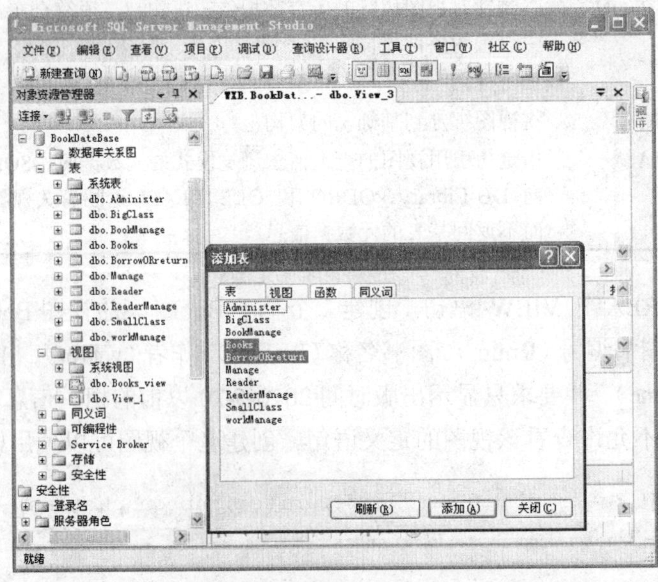

图 7-16　创建视图并添加表

2 打开【添加表】对话框，在此对话框中可以看到视图的基表可以是表，也可以是视图、函数和同义词。选择 Books 表和 BorrowORrutum 表，如图 7-16 所示。

3 单击【添加】按钮，如果还需要添加其他表，则可以继续选择添加基表；如果不再需要添加，则可以单击【关闭】按钮，关闭【添加表】对话框。

4 在视图窗口的【关系图】窗格中，显示了 Books 表和 BorrowORruturn 表的全部列信息，在此可以选择视图查询的列，比如选择 Books 表中的列 Bnum，Bname，writer，pubcon，pubtime 和 BorrowORruturn 表中的列 Rcert。对应地，在【条件】窗格中就列出了选择的列。在【显示 SQL】窗格中显示了两表的连接语句，表示了这个视图包含的数据内容，可以单击【执行 SQL】按钮，在【显示结果窗格】中显示查询出的结果集，如图 7-17 所示。

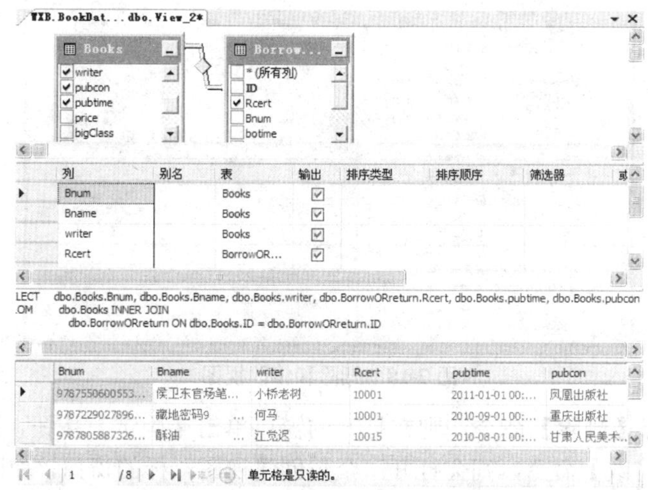

图 7-17　设置定义视图的查询条件

单击【保存】按钮，在弹出的【选择名称】窗口中输入视图名称 Books_view，单击【确定】按钮即可。就可以看到【视图】节点下增加了一个视图 Books_view。

7.5 管理视图

在创建了视图以后，需要对视图进行管理。比如修改视图的定义、删除不再需要的视图、查看视图的定义文本以及查看视图与其他数据库对象之间的依赖关系等各方面的管理。

7.5.1 修改和删除视图

修改和删除视图与创建视力一样也有两种方式：使用图形工具、通过 T-SQL 语句。

1. 使用图形工具修改和删除视图

例如，使用图形工具修改和删除视图数据库 BooksDateBase 中的一个视图

Books_view，操作步骤如下。

1 在 SQL Server Management Studio 中，展开数据库 BooksDateBase 节点，再展开【视图】节点。

2 右击 Books_view 视图，从快捷菜单中选择相应的命令。这里可以选择【修改】和【删除】命令，如图 7-18 所示。

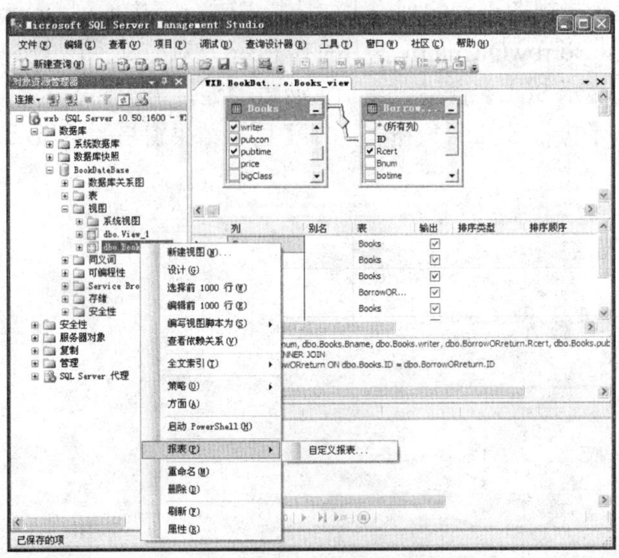

图 7-18　删除和修改视图

3 如果选择【删除】命令，则在打开的窗口单击【确定】按钮，即可完成删除操作。如果选择【修改】命令，则会打开一个与创建视图一样的窗口，如图 7-19 所示，用户可以在该窗口里面修改视图的定义，比如，可以重新添加表或删除一个表，还可以重新选择表中的列。修改完毕之后，单击【保存】按钮即可。

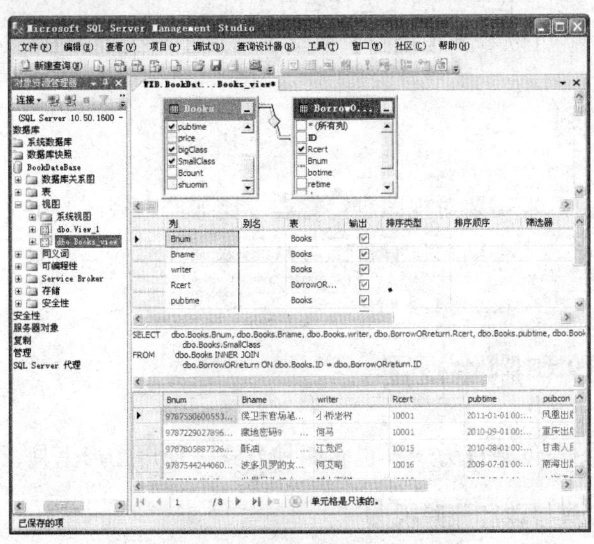

图 7-19　修改视图窗口

2. 使用 T-SQL 语句修改和删除视图

❑ **使用 ALTER VIEW 语句修改视图**

使用 T-SQL 语句修改视图的定义需要使用 ALTER VIEW 语句，ALTER VIEW 语句的语法与 CREATE VIEW 的语法类似，其语法格式如下：

```
ALTER VIEW [ schema_name . ] view_name  [ (column [ ,...n ] ) ]
 [ WITH <view_attribute> [ ,...n ] ]
AS
 select_statement
[ WITH CHECK OPTION ]
<view_attribute>::= { [ ENCRYPTION ]    [ SCHEMABINDING ]  [ VIEW_METADATA ]     }
```

例如，需要修改所建视图 Books_view，使其只显示图书类型类别为小说的图书信息，并且不显示图书信息的出版社 pubcon，可以使用如下语句:

```
alter view books_view
as
SELECT  dbo.Books.Bnum, dbo.Books.Bname, dbo.Books.writer, dbo.BorrowO-
Rreturn.Rcert,
        dbo.Books.pubtime, dbo.Books.bigClass, dbo.Books.SmallClass
FROM    dbo.Books INNER JOIN
        dbo.BorrowORreturn ON dbo.Books.Bnum = dbo.BorrowORreturn.Bnum
where dbo.Books.bigClass='小说'
go
select * from books_view
go
```

执行语句后，使用 SELECT 语句查询 Books_view，显示结果如图 7-20 所示。可以发现该视图显示类别为“小说”的图书信息，并且不再显示图书信息的出版社（pubcon）字段信息。

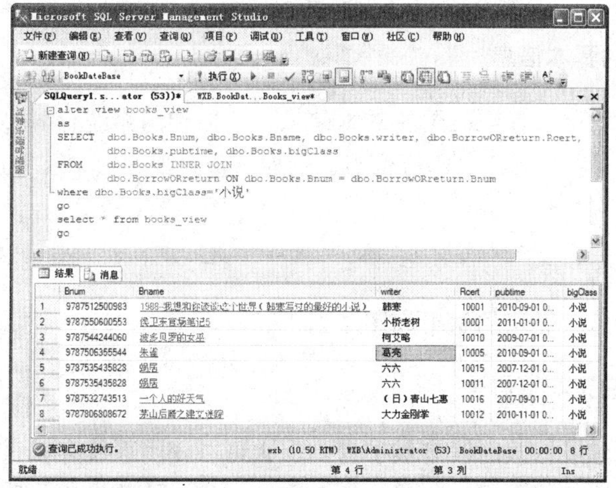

图 7-20　修改后的 Books_view 视图显示结果

❑ **使用 DROP VIEW 语句删除视图**

如果视图不再需要了，通过执行 DROP VIEW 语句，可以把视图的定义从数据库中删除。删除一个视图，就是删除其定义和赋予它的全部权限。删除一个表并不能自动删除引用该表的视图，因此，视图必须明确地删除。在 DROP VIEW 语句中，可以同时删除多个不再需要的视图。

DROP VIEW 语句的基本语法格式如下所示：

```
DROP VIEW view_name
```

下面使用 DROP VIEW 语句删除视图 Books_view，可以使用如下语句：

```
DROP VIEW Books_view
```

删除一个视图后，虽然它所基于的表和数据不会受到任何影响，但是依赖于该视图的其他对象或查询将会在执行时出现错误。

注 意

删除视图后重建与修改视图不一样。删除一个视图，然后重建该视图，那么必须重新指定视图的权限。但是，当使用 ALTER VIEW 语句修改视图时，视图原来的权限不会发生变化。

7.5.2 查看视图信息

SQL Server 允许用户获得视图的一些有关信息，如视图的名称、视图的所有者、创建时间、视图的定义文本等。视图的信息存放在以下几个 SQL Server 系统表中。

- ❑ **Sysobjects** 存放视图名称等基本信息。
- ❑ **Syscolumns** 存放视图中定义的列。
- ❑ **Sysdepends** 存放视图的依赖关系。
- ❑ **Syscomments** 存放定义视图的文本。

1. 查看视图的基本信息

在企业管理器中可以查询视图的基本信息。可以使用系统存储过程 SP_HELP 来显示视图的名称、拥有者、创建时间等信息。例如，查看视图 Books_view 的基本信息，可以使用如下语句：

```
SP_HELP Books_view
```

执行上述语句后，显示的结果如图 7-21 所示。

2. 查看视图的文本信息

如果视图在创建或修改时没有被加密，那么可以使用系统存储过程 SP_HELP TEXT 来显示视图定义的语句，否则，如果视图被加密，那么连视图的拥有者和系统管理员都无法看到它的定义。例如，查看视图 Books_view 的文本信息，可以使用如下语句：

```
SP_HELPTEXT books_view
```

执行上述语句后，显示 Books_view 视图的文本信息如图 7-22 所示。

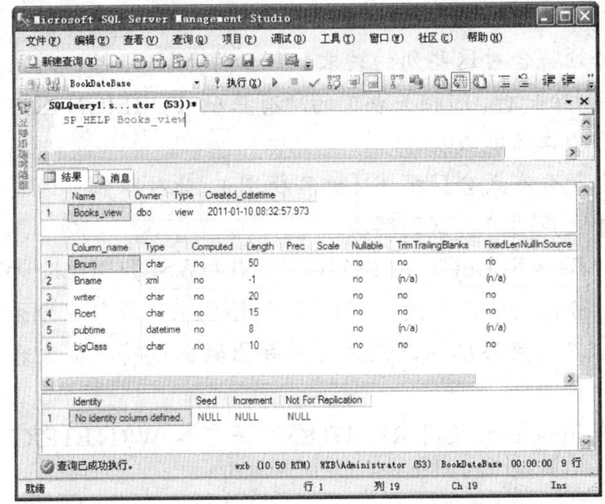

图 7-21　Books_view 的基本信息

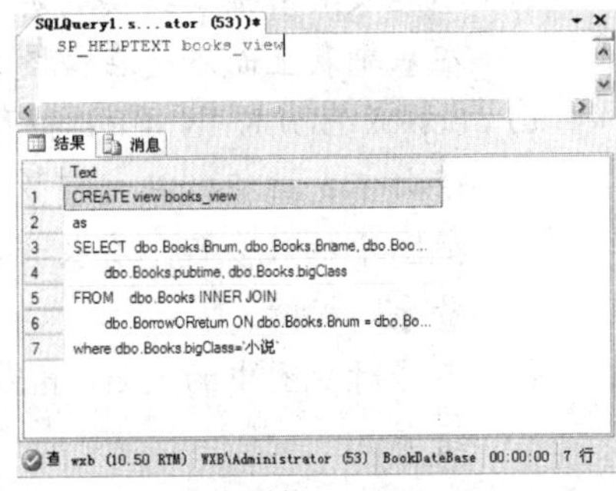

图 7-22　Books_view 视图的文本信息

如果查看的视图已被加密，则会返回该视图被加密的信息。例如，查看被加密的视图 order_view，会返回如下信息。

```
对象'order_view'的文本已加密
```

3. 查看视图的依赖关系

有时候需要查看视图与其他数据库对象之间的依赖关系，比如视图在哪些表的基础上创建、又有哪些数据库对象的定义引用了该视图等。可以使用系统存储过程 sp_depends 查看。例如查看 Books_view 视图的依赖关系可以使用如下语句：

```
SP_depends books_view
```

执行上述语句后，返回的结果如图 7-23 所示。

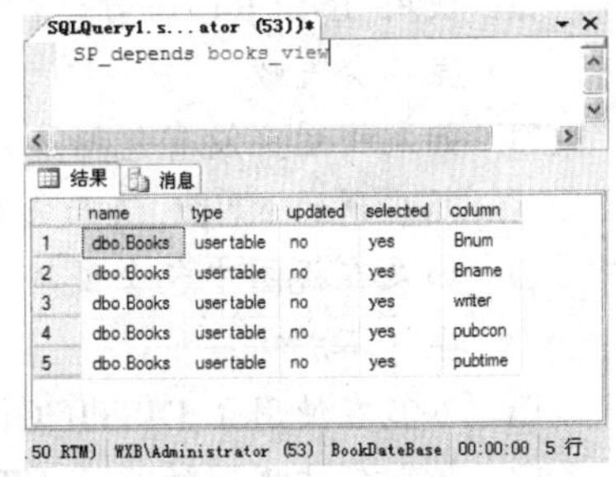

图 7-23　Books_view 的依赖关系

7.6 通过视图修改数据

无论什么时候修改视图的数据，实际上都是在修改视图的基表中的数据。如果满足一些限制条件，可以通过视图自由地插入、删除和更新数据。一般地，如果希望通过视图修改数据，视图必须定义在一个表上并且不包括合计函数或在 SELECT 语句中不包括 GROUP BY 子句。在修改视图时，需要注意通过视图修改数据的以下准则。

- 如果在视图定义中使用了 WITH CHECK OPTION 子句，则所有在视图上执行的数据修改语句都必须符合定义视图的 SELECT 语句中所设置的条件。如果使用了 WITH CHECK OPTION 子句，修改行时需注意不让它们在修改完成后从视图中消失。任何可能导致行消失的修改都会被取消，并显示错误。

- INSERT 语句必须为不允许空值并且没有 DEFAULT 定义的基础表中的所有列指定值。
- 在基础表的列中修改的数据必须符合对这些列的约束，例如为 NULL 性、约束及 DEFAULT 定义等。如果要删除一行，则相关表中的所有基础 FOREIGN KEY 约束必须仍然得到满足，删除操作才能成功。
- 不能使用由键集驱动的游标更新分布式分区视图（远程视图）。此项限制可通过在基础表上而不是在视图本身上声明游标得到解决。
- bcp 或 BULK INSERT 和 INSERT…SELECT * FROM OPENROWSET(BULK…) 语句不支持将数据大容量导入分区视图。但是，可以使用 INSERT 语句在分区视图中插入多行。有关详细信息，可参阅从视图大容量导出数据或将数据大容量导入视图。
- 不能对视图中的 text、ntext 或 image 列使用 READTEXT 语句和 WRITETEXT 语句。

7.6.1 使用 INSERT 插入数据

使用视图插入数据与在基表中插入数据一样，都可以通过 INSERT 语句来实现。插入数据的操作是针对视图中的列的插入操作，而不是针对基表中的所有的列的插入操作。由于进行插入操作视图不同于基表，所以使用视图插入数据要满足一定的限制条件。

- 使用 INSERT 语句进行插入操作的视图必须能够在基表中插入数据，否则插入操作会失败。
- 如果视图上没有包括基表中所有属性为 NOT NULL 的行，那么插入操作会由于那些列的 NULL 值而失败。
- 如果在视图中包含使用统计函数的结果，或者是包含多个列值的组合，则插入操作不成功。
- 不能在使用了 DISTINGCT、GROUP BY 或 HAVING 的语句的视图中插入数据。
- 如果创建视图的 CREATE VIEW 语句中使用了 WITH CHECK OPTION ，那么所有对视图进行修改的语句必须符合 WITH CHECK OPTION 中限定条件。
- 对于由多个基表连接而成的视图来说，一个插入操作只能作用于一个基表上。

例如，在数据库 BookDateBase 中，基于 Books 表创建一个名为 writer_view 的视图。该视图包含列编号（Bnum）、作者姓名（writer）以及图书名称（Bname）等信息，并且只显示编号大于 10 的作者信息。创建该视图的语句如下：

```
use BookDateBase
go
CREATE VIEW writer_view (writer_id,writer_name,writer_book)
AS
SELECT  Bnum,writer,Bname
```

```
From Books
Where id<=10
Go
select * from writer_view
```

成功执行上述语句后，使用 SELECT 语句查看该视图的信息，返回的结果如图 7-24 所示。

下面向 writer_view 视图中插入一条数据，该条数据信息编号为 14、姓名为“知音”、书名为“知音快答”。实现上述操作，可以使用下面的 INSERT 语句：

```
Insert into writer_view
Values(14,"知音", "知音快答")
```

执行上述语句后，结果如图 7-25 所示。

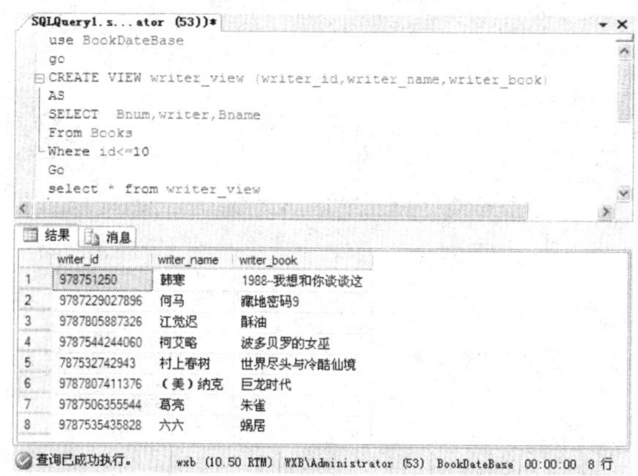

图 7-24 writer_view 视图信息

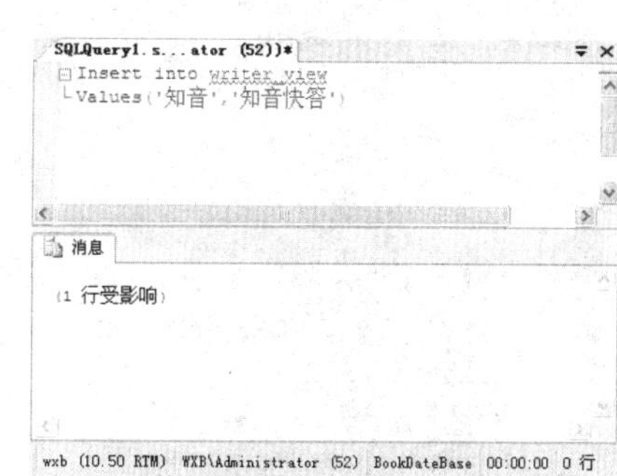

图 7-25 插入视图记录

7.6.2 使用 UPDATE 更新数据

在视图中更新数据也与在基表中更新数据一样，但是当视图基于多个基表中的数据时，与插入操作一样，每次更新操作只能更新一个基表中的数据。在视图中同样使用 UPDATE 语句进行更新操作，而且更新操作也受到与插入操作一样的限制条件。

例如，在前面视图 writer_view 中，将 writer_name 为“小桥”的图书，更新为“知音”。则更新语句如下所示：

```
use BookDateBase
go
Update writer_view
Set writer_name='知音'
Where writer_id=3
Go
```

执行上述语句后，结果如 7-26 所示。

注意

如果通过视图修改多于一个基表中的数据时，则对不同的基表要分别使用 UPDATE 语句来实现，这是因为每次只能对一个基表中的数据进行更新。

7.6.3 使用 DELETE 删除数据

通过视图删除数据与通过基表删除数据的方式一样，在视图中删除的数据同时在基表中也被删除。当一个视图连接了两个以上的基表时，对数据的删除操作则不允许。

例如，删除视图 writer_view 中作者为“知音”的信息，可以使用如下语句：

```
DELETE FROM writer_view
Where writer_name='知音'
```

执行上述语句，结果如图 7-27 所示。

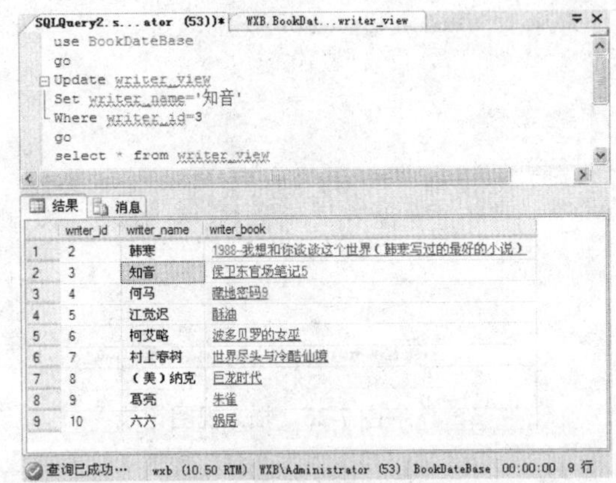

图 7-26 更新后的视图及基表信息

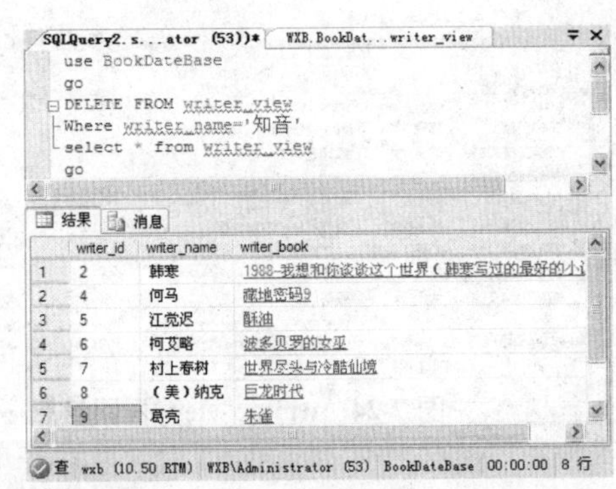

图 7-27 执行删除操作后的视图

7.7 使用数据库引擎优化顾问

借助 Microsoft SQL Server 数据库引擎优化顾问，不必精通数据库结构或深谙 Microsoft SQL Server，即可选择和创建索引、索引视图和分区的最佳集合。

数据库引擎优化顾问分析一个或多个数据库的工作负荷和物理实现。工作负荷是对要优化的一个或多个数据库执行的一组 Transact-SQL 语句。在优化数据库时，数据库引擎优化顾问将使用跟踪文件、跟踪表或 Transact-SQL 脚本作为工作负荷输入。可以在 SQL Server Management Studio 中使用查询编辑器创建 Transact-SQL 脚本工作负荷。可以通过使用 SQL Server PRofiler 中的优化模板来创建跟踪文件和跟踪表工作负荷。

对工作负荷进行分析后，数据库引擎优化顾问会建议用户添加、删除或修改数据库中的物理设计结构。此顾问还可针对应收集哪些统计信息来备份物理设计结构提出建议。物理设计结构包括聚集索引、非聚集索引、索引视图和分区。数据库引擎优化顾问会推荐一组物理设计结构，以降低工作负荷的开销。

数据库引擎优化顾问具备下列功能。

- 通过使用查询优化器分析工作负荷中的查询，推荐数据库的最佳索引组合。
- 为工作负荷中引用的数据库推荐对齐分区或非对齐分区。
- 推荐工作负荷中引用的数据库的索引视图。
- 分析所建议的更改将会产生的影响，包括索引的使用，查询在表之间的分布，以及查询在工作负荷中的性能。
- 推荐为执行一个小型的问题查询集而对数据库进行优化的方法。
- 允许通过指定磁盘空间约束等高级选项对推荐进行自定义。
- 提供对所给工作负荷的建议执行效果的汇总报告。
- 考虑备选方案，即以假定配置的形式提供可能的设计结构方案，供数据库引擎优化顾问进行评估。

通常情况下，为了方便，常常选择使用数据库引擎优化顾问通过图形用户界面来查看优化的会话结果。其操作步骤如下所示。

1 在 Microsoft SQL Server Management Studio 中，选择【工具】菜单中的【数据库引擎优化顾问】命令，打开【数据库引擎优化顾问】窗口。并在打开的窗口中选择【常规】选项卡，在【常规】选项卡中可以指定会话名称、选择工作负荷和选择所要优化的数据库和表。选择【表】选项，再单击按钮，选择工作负荷的表与数据库。然后选择表所要优化的数据库和表即可，如图 7-28 所示。

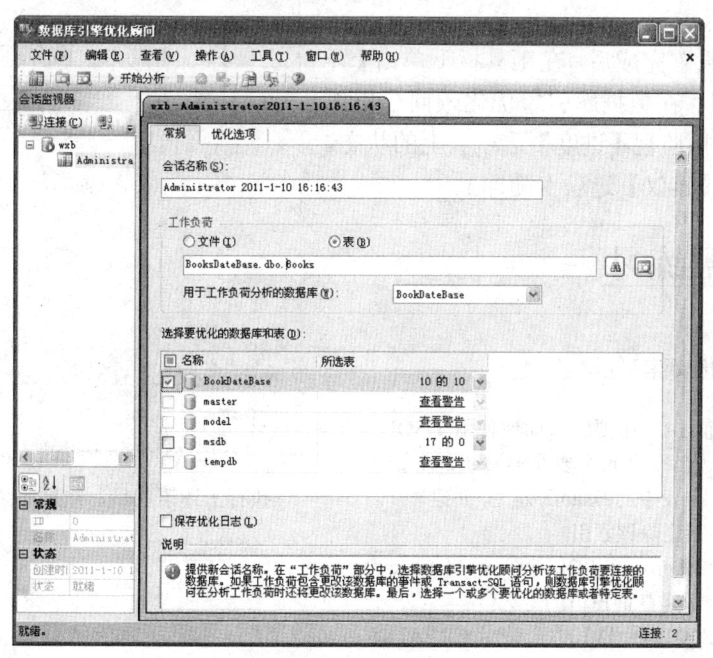

图 7-28 【常规】选项卡

2 在选择了所要优化的数据库表之后，可以在【优化选项】选项卡中配置优化信息，如设置优化时间、定义物理设计结构、选择使用的分区策略等，如图 7-29 所示。

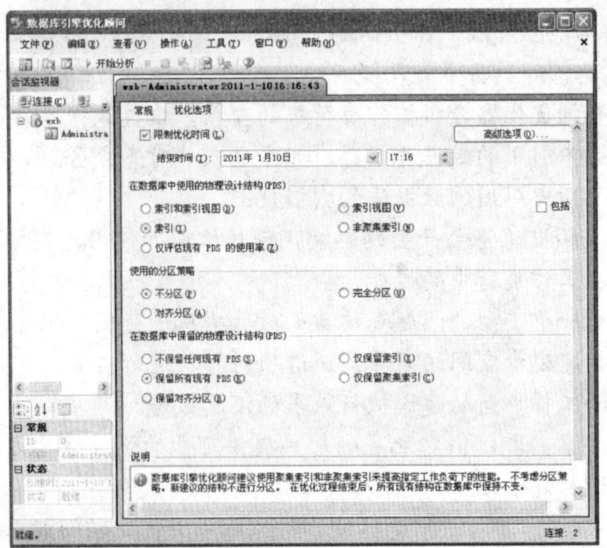

图 7-29 【优化选项】选项卡

如果还想进一步设置优化选项，可以单击【高级选项】按钮，打开【高级优化选项】对话框，可以设置优化建议与当前磁盘之间的关系、设置每个索引中的最大列数以及是否联机等，如图 7-30 所示。

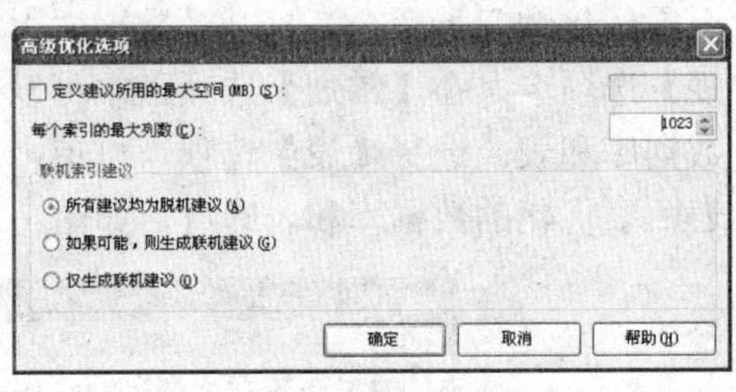

图 7-30 设置高级选项

3 优化设置完成后，在工具栏上单击【开始分析】按钮。在数据库引擎优化顾问分析工作负荷时，可以监视【进度】选项卡上的状态。优化完成后，【建议】选项卡随即显示。

7.8 扩展练习

1. 创建和删除索引

在本扩展练习中，主要练习如何使用 T-SQL 语句创建和删除索引。假设需要在 BookDateBase 数据库中的 Books 表中的 Bname 列上，创建一个非聚焦索引，然后删除该索引。

1 启动 Microsoft SQL Server Management Studio 后，新建查询窗口。

2 在【SQL 编辑器】中，使用 CREATE INDEX 语句在 Books 表中的 Bname 列上创建一个非聚焦索引 index_Bname，然后执行该语句即可。创建索引可以使用如下语句：

```
use BookDateBase
go
create nonclustered index index_
Bname
on dbo.Books(Bname)
```

执行上述语句后，结果如图 7-31 所示。

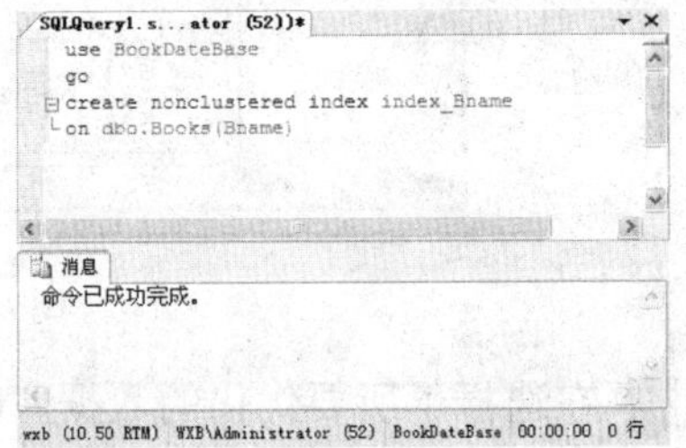

图 7-31 创建索引 index_Bname

3 选择 BooksDateBase | Books | 【索引】节点，右击后选择【刷新】命令，就可以看到新建的索引 index_Bname，如图 7-32 所示。

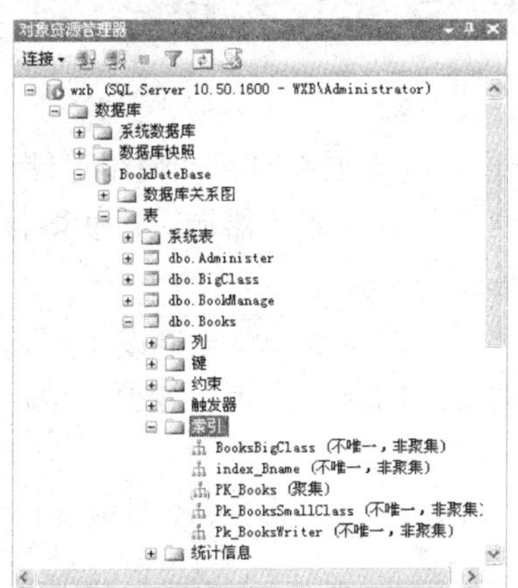

图 7-32　查看索引 index_Bname

4 成功地创建 index_Bname 索引后，如果想删除该索引，可以使用 DROP INDEX 语句。删除索引可以使用如下语句：

```
DROP INDEX index_Bname on Books
```

2. 创建和修改视图

在本扩展练习中，需要在 BookDateBase 数据库中，基于 Books 表创建一个名为 view_BookInfo 的视图，要求该视图中含有列 Bnum、Bname、writer、price，并且限定视图中返回价格大于 18 的相关信息。

1 启动 Microsoft SQL Server Management Studio 后，新建查询窗口。

2 在【SQL 编辑器】中，使用 CREATE VIEW 语句创建一个视图 view_BookInfo。创建语句如下所示：

```
create view  view_BookInfo (Bnum,
Bname, writer, price)
as
SELECT    Bnum, Bname, writer,
price
FROM         dbo.Books
WHERE     (price > 18)
go
select * from view_BookInfo
```

3 成功地执行上述语句后，在 BookDateBase 数据库中就会添加一个名为 view_BookInfo 的视图，然后通过 SELECT 语句查询该视图的信息，会看到结果如图 7-33 所示。

图 7-33　view_BookInfo 视图信息

4 假设现在需要对上述视图的定义进行修改，在 view_BookInfo 视图中添加列 BigClass 的信息，并显示价格大于 25 的相关信息。可以使用如下 ALTER VIEW 语句实现：

```
alter view  view_BookInfo (Bnum,
Bname, writer, price,BigClass)
as
SELECT    Bnum, Bname, writer,
price,BigClass
FROM         dbo.Books
WHERE     (price > 25)
go
select * from view_BookInfo
```

执行上述语句后，使用 SELECT 语句查询，可以看到结果如图 7-34 所示。

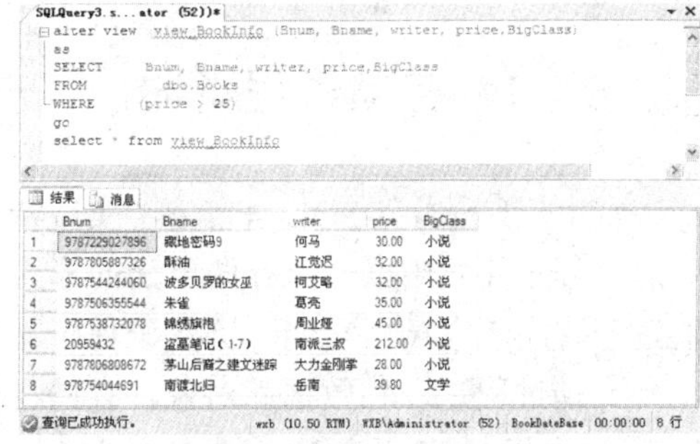

图 7-34　修改后的 view_BookInfo 视图信息

第 8 章　存储过程与触发器

在 SQL Server 2008 中存储过程和触发器是两个重要的数据库对象。使用存储过程，可以将 Transact-SQL 语句和控制流语句预编译到集合并保存到服务器端，它使得管理数据库、显示关于数据库及其用户信息的工作更为容易。

而触发器是一种特殊类型的存储过程，在用户使用一种或多种数据修改操作来修改指定表中的数据时被触发并自动执行，通常用于实现复杂的业务规则，能更有效地实施数据完整性。

本章学习目标

- 了解存储过程的作用及类型
- 掌握存储过程的创建及应用
- 熟悉存储过程的管理
- 了解触发器的作用及分类
- 熟悉各种类型触发器的创建
- 了解嵌套、递归触发器
- 熟悉触发器的管理

8.1 认识存储过程

Transact-SQL 语句是应用程序与 SQL Server 数据库之间的主要编程接口，大量的时间将花费在 Transact-SQL 语句和应用程序代码上。在很多情况下，许多代码被重复使用多次，每次都输入相同的代码不但烦琐，更由于在客户机上的大量命令语句逐条向 SQL Server 发送将降低系统的运行效率。因此，SQL Server 提供了一种方法，它将一些固定的操作集中起来由 SQL Server 数据库服务器来完成，应用程序只需调用它的名称，将可实现某个特定的任务，这种方法就是存储过程。

下面将详细介绍存储过程的概念、特点、创建、执行等内容。

8.1.1 存储过程概述

SQL Server 中 T-SQL 语言为了实现特定任务而将一些需要多次调用的固定的操作编写成子程序并集中以一个存储单元的形式存储在服务器上，由 SQL Server 数据库服务器通过子程序名来调用它们，这些子程序就是存储过程。

存储过程是一种数据库对象，存储在数据库内，可由应用程序通过一个调用执行，而且允许用户声明变量、有条件执行，具有很强的编程功能。存储过程可以使用 EXECUTE 语句来运行。

在SQL Server中使用存储过程而不使用存储在客户端计算机本地的T-SQL程序有以下几个方面的好处。

- **加快系统运行速度** 存储程序只在创建时进行编译，以后每次执行存储过程都不需再重新编译，而一般SQL语句每执行一次就编译一次，所以使用存储过程可提高数据库执行速度。
- **封装复杂操作** 当对数据库进行复杂操作时（如对多个表进行更新，删除时），可用存储过程将此复杂操作封装起来与数据库提供的事务处理结合一起使用。
- **实现代码重用** 可以实现模块化程序设计，存储过程一旦创建，以后即可在程序中调用任意多次，这可以改进应用程序的可维护性，并允许应用程序统一访问数据库。
- **增强安全性** 可设定特定用户具有对指定存储过程的执行权限而不直接对存储过程中引用的对象具有权限。可以强制应用程序的安全性，参数化存储过程有助于保护应用程序不受SQL注入式攻击。
- **减少网络流量** 因为存储过程存储在服务器上，并在服务器上运行。一个需要数百行T-SQL代码的操作可以通过一条执行过程代码的语句来执行，而不需要在网络中发送数百行代码，这样就可以减少网络流量。

8.1.2 存储过程的分类

存储过程是一个被命名的存储在服务器上的Transact-SQL语句的集合，是封装重复性工作的一种方法，它支持用户声明的变量、条件执行和其他强大的编程功能。在SQL Server 2008中存储过程可以分为3类：系统存储过程、用户存储过程和扩展性存储过程。

1. 系统存储过程

系统存储过程是由SQL Server系统提供的存储过程，可以作为命令执行各种操作。

系统存储过程主要用来从系统表中获取信息，为系统管理员管理SQL Server提供帮助，为用户查看数据库对象提供方便。例如，执行sp_helptext系统存储过程可以显示规则、默认值、未加密的存储过程、用户函数、触发器或视图的文本信息；执行sp_depends系统存储过程可以显示有关数据库对象相关性的信息；执行sp_rename系统存储过程可以更改当前数据库中用户创建对象的名称。SQL Server中许多管理工作是通过执行系统存储过程来完成的，许多系统信息也可以通过执行系统存储过程而获得。

系统存储过程定义在系统数据库master中，其前缀是sp_。在调用时不必在存储过程前加上数据库名。

2. 用户存储过程

用户存储过程是指用户根据自身需要，为完成某一特定功能，在用户数据库中创建的存储过程。用户创建存储过程时，在存储过程名的前面加上“##”，表示创建全局临时存储过程。在存储过程名前面加上“#”，表示创建局部临时存储过程。局部临时存储过程只能在创建它的会话中可用，当前会话结束时除去。全局临时存储过程可以在所有会话中使用，即所有用户均可以访问该过程。它们都在 tempdb 数据库上。

存储过程可以接收输入的参数、向客户端返回表格或者标量结果和消息、调用数据定义语言（DDL）和数据操作语言（DML），然后返回输出参数。在 SQL Server 2008 中，用户定义的存储过程有两种类型：Transact-SQL 或者 CLR，如表 8-1 所示。

表 8-1　用户定义存储过程的两种类型

存储过程类型	说明
Transact-SQL	Transact-SQL 存储过程是指保存的 Transact-SQL 语句集合，可以接收和返回用户提供的参数。存储过程也可能从数据库向客户端应用程序返回数据
CLR	CLR 存储过程是指对 Microsoft .NET Framework 公共语言运行时方法的引用，可以接收和返回用户提供的参数。它们在.NET Framework 程序集中是作为类的公共静态方法实现的

3. 扩展存储过程

扩展存储过程以在 SQL Server 环境外执行动态链接库（Dynamic-Link Librar-ies，DLL）来实现。扩展存储过程通过前缀“xp_”来标识，它们以与存储过程相似的方式来执行。

8.2 使用存储过程

在使用存储过程之前，首先需要创建一个存储过程，这可以通过 T-SQL 语句 CREATE PROCEDURE 来完成。在使用的过程中，包括对存储过程的执行、查看和修改以及删除操作。

8.2.1 创建存储过程

在 SQL Server 2008 中，可以使用 T-SQL 语句 CREATE PROCEDURE 来创建存储过程。在创建存储过程时，应该指定所有的输入参数、执行数据库操作的编程语句、返回至调用过程或批处理时以示成功或失败的状态值、捕获和处理潜在错误时的错误处理语句等。

注意

需要强调的是，必须具有 CREATE PROCEDURE 权限才能创建存储过程，存储过程是架构作用域中的对象，只能在本地数据库中创建存储过程。

1. 创建存储过程的规则

在设计和创建存储过程时，应该满足一定的约束和规则。只有满足了这些约束和规则才能创建有效的存储过程。

- CREATE PROCEDURE 定义自身可以包括任意数量和类型的 SQL 语句，但表 8-2 所示的语句除外。因为不能在存储过程的任何位置使用这些语句。

表 8-2　CREATE PROCEDURE 定义中不能出现的语句

CREATE AGGREGATE	CREATE RULE
CREATE DEFAULT	CREATE SCHEMA
CREATE 或 ALTER FUNCTION	CREATE 或 ALTER TRIGGER
CREATE 或 ALTER PROCEDURE	CREATE.或 ALTER VIEW
SET PARSEONLY	SET SHOWPLAN_ALL
SET SHOWPLAN_TEXT	SET SHOWPLAN_XML
USE Database_name	

- 可以引用在同一存储过程中创建的对象，只要引用时已经创建了该对象即可。
- 可以在存储过程内引用临时表。
- 如果在存储过程内创建本地临时表，则临时表仅为该存储过程而存在；退出该存储过程后，临时表将消失。
- 如果执行的存储过程将调用另一个存储过程，则被调用的存储过程可以访问由第一个存储过程创建的所有对象，包括临时表在内。
- 如果执行对远程 SQL Server 2008 实例进行更改的远程存储过程，则不能回滚这些更改，而且远程存储过程不参与事务处理。
- 存储过程中的参数的最大数目为 2100。
- 存储过程中的局部变量的最大数目仅受可用内存的限制。
- 根据可用内存的不同，存储过程最大可达 128MB。

2．存储过程的语法

使用 CREATE PROCEDURE 语句创建存储过程的语法如下：

```
CREATE PROCDURE procedure_name[;number]
[{@parameter data_type}
[VARYING][=default][OUTPUT]][,...n]
[WITH
{RECOMPILE|ENCRYPTION|RECOMPILE,ENCRYPTION}]
[FOR REPLICATION]
AS sql_statement[...n]
```

其主要参数的含义如下。

- **procedure_name**　新存储过程的名称。过程名称在架构中必须唯一，可在 procedure_name 前面使用一个数字符号“#”来创建局部临时过程，使用两个数字符号“#”来创建全局临时过程。对于 CLR 存储过程，不能指定临时名称。
- **;number**　是可选的整数，用来对同名的过程分组。使用一个 DROP PROCEDURE 语句可将这些分组过程一起删除。如果名称中包含分隔标识符，则数字不应该包含在标识符中；只应在 procedure_name 前使用分隔符。

- **@parameter** 过程中的参数。在 CREATE PROCEDURE 语句中可以声明一个或多个参数。除非定义了参数的默认值或者将参数设置为等于另一个参数，否则用户必须在调用过程时为每个声明的参数提供值，如果指定了 FOR REPLICATION，则无法声明参数。
- **data_type** 参数的数据类型。所有数据类型均可以用作存储过程的参数。不过 cursor 数据类型只能用于 OUTPUT 参数。如果指定的数据类型为 cursor，则还必须指定 VARYING 和 OUTPUT 关键字。对于 CLR 存储过程，不能指定 char、varchar、text、next、image、cursor 和 table 作为参数。如果参数的数据类型为 CLR 用户定义类型，则必须对此类型有 EXECUTE 权限。
- **default** 参数的默认值。如果定义了 dafault 值，则无须指定此参数的值即可执行过程。默认值必须是常量或 NULL。如果过程使用带 like 关键字的参数，则可包含下列通配符：%、_、[]、[^]。
- **OUTPUT** 指示参数是输出参数。此选项的值可以返回给调用 EXECUTE 的语句。使用 OUTPUT 参数将值返回给过程的调用方。除非是 CLR 过程，否则 text、ntext 和 image 参数不能用作 OUTPUT 参数。OUTPUT 关键字的输出参数可以为游标占位符，CLR 过程除外，<sql_statement>要包含在过程中的一个或多个 T-SQL 语句中。

3. 使用图形工具创建

除了直接编写 T-SQL 创建外，SQL Server 2008 还提供了一种简便的方法，使用 SQL Server Management Studio 工具，操作步骤如下。

1 打开 SQL Server Management Studio 窗口，连接到 BookDateBase 数据库。

2 依次展开【服务器】|【数据库】|BookDateBase|【可编程性】节点。

3 从列表中右击【存储过程】节点选择【新建存储过程】命令，然后将出现如图 8-1 所示的显示 CREATE PROCEDURE 语句的模板，可以修改要创建的存储过程的名称，然后加入存储过程所包含的 SQL 语句。

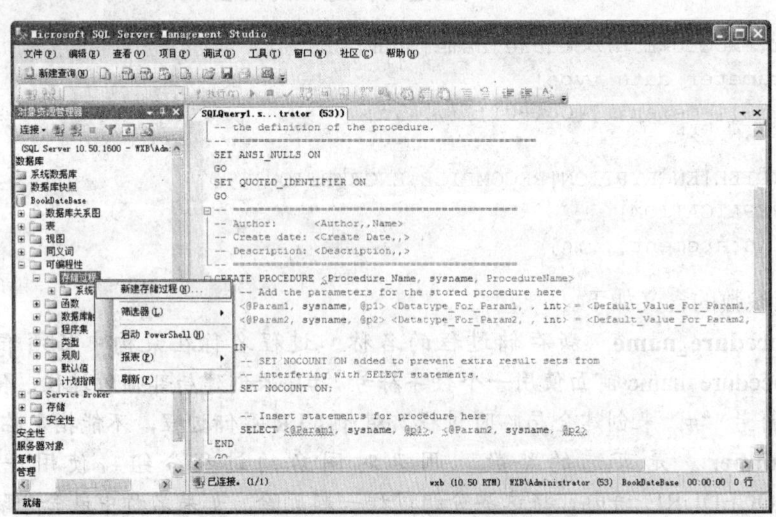

图 8-1 创建存储过程

4 修改完后，单击【执行】按钮即可创建一个存储过程。

4. 创建存储过程的示例

例如，在 SQL Server 2008 的示例数据库 BookDatebase 中创建一个名为 Reader_proc 的存储过程，它将从表中返回所有读者的姓名、姓别、电话、等级。使用 CREATE PROCEDURE 语句如下：

```
Use BookDatebase
Go
CREATE PROCEDURE Reader_proc
As
SELECT Rname,Rsex,Rphone,rleve
FROM Reader
```

存储过程 proc_GetCountsBook 获取 BookDatebase 数据库中图书的总数量的具体语句如下所示：

```
Use BookDatebase
Go
CREATE PROCEDURE proc_GetCountsBook
As
SELECT count(ID) AS 总数 FROM Books
```

以上两个存储过程示例都是从单个表中提取数据，在第二个示例中使用了简单的表达式。下面使用 SELECT 语句链接多个表，最终返回了借书人的简明信息。存储过程名称是 proc_BorR_reader，创建语句如下：

```
Use BookDatebase
Go
CREATE PROCEDURE proc_BorR_reader
As
SELECT B.Bnum,B.Bname,B.writer,R.Rcert,R.Rname,BR.botime
From Books B,Reader R , BorrowORreturn BR
WHERE B.Bnum=BR.Bnum and R.Rcert=BR.Rcert and BR.botime<>''
```

8.2.2 执行存储过程

在需要执行存储过程时，可以使用 T-SQL 语句 EXECUTE。如果存储过程是批处理中的第一条语句，那么不使用 EXECUTE 关键字也可以执行该存储过程，EXECUTE 的语法格式如下：

```
[ { EXEC | EXECUTE } ]
{
[ @return_status= ]
{ procedure_name [;number] | @procedure_name_var }
@parameter = [ { value | @variable [ OUTPUT ] | [ DEFAULT ] } ]
```

```
[,...n]
[ WITH RECOMPILE ]
```

其中主要参数的含义如下。

- **@return_status** 是一个可选的整型变量，保存存储过程的返回状态。这个变量在用于 EXECUTE 语句前，必须在批处理、存储过程或函数中声明过。
- **procedure_name** 要调用的存储过程名称。
- **;number** 是可选的整数，用于将相同名称的过程进行组合，使得它们可以用一句 DROP PROCEDURE 语句删除。在 BookDatebase 中使用的过程可以 Reader_proc;1、proc_GetCountsBook; 2 等来命名。DROP PROCEDURE Reader_proc 语句将删除整个组。在对过程分组后，不能删除组中的单个过程。例如，DROP PROCEDURE proc_GetCountsBook; 2 是不允许的。
- **@procedure_name_var** 是局部定义变量名，代表存储过程名称。
- **@parameter** 是过程参数，在 CREATE PROCEDURE 语句中定义。参数名称前必须加上符号“@”。
- **value** 是过程中参数的值。如果参数名称没有指定，参数值必须以 CREATE PROCEDURE 语句中定义的顺序给出。

注 意

如果参数值是一个对象名称、字符串或通过数据库名称或所有者名称进行限制，则整个名称必须用单引号括起来。如果参数值是一个关键字，则该关键字必须用双引号括起来。

- **@variable** 是用来保存参数或者返回参数的变量。
- **OUTPUT** 指定存储过程必须返回一个参数。该存储过程的匹配参数也必须由关键字 OUTPUT 创建。使用游标变量作为参数时使用该关键字。
- **DEFAULT** 根据过程的定义，提供参数的默认值。当过程需要的参数值是没有事先定义好的默认值，或缺少参数，或指定了 DEFAULT 关键字，就会出错。

下面，通过 EXECUTE 语句来依次执行 8.2.1 节创建的 3 个存储过程。首先是 Reader_proc 存储过程，它位于 BookDatebase 数据库中，使用如下语句：

```
Use BookDatebase
Go
EXECUTE Reader_proc
```

执行上述语句后，结果如图 8-2 所示。

然后再使用同样的方法，执行 BookDatebase 数据库中的两个存储过程，结果分别如图 8-3 和图 8-4 所示。

注 意

运行 EXECUTE 语句无须权限，但是需要对 EXECUTE 字符串内引用的对象的权限。例如，如果字符串包含 INSERT 语句，则 EXECUTE 语句的调用方对目标表必须具有 INSERT 权限。

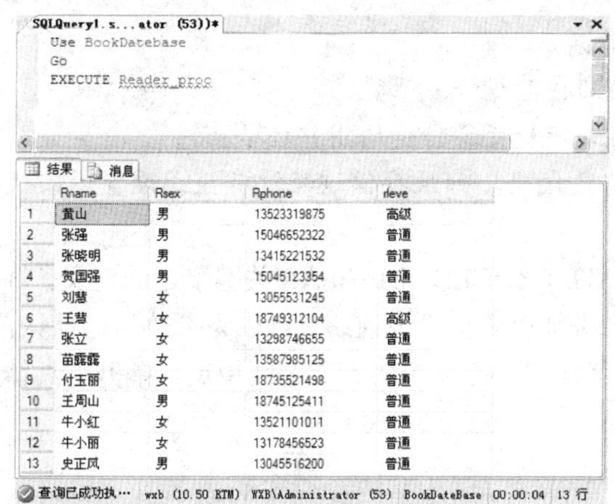

图 8-2　执行存储过程 Reader_proc

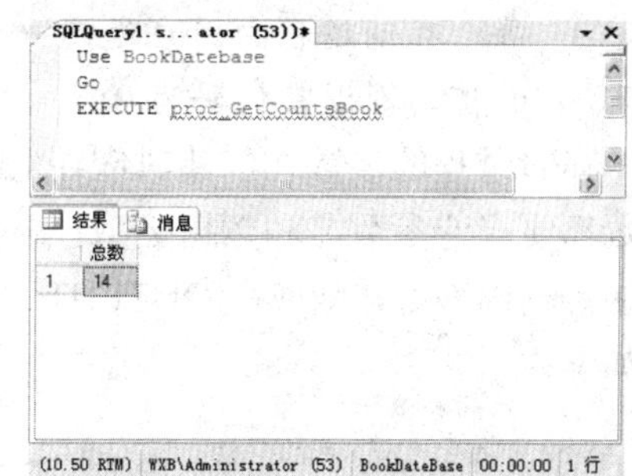

图 8-3　执行存储过程 proc_GetCountsBook

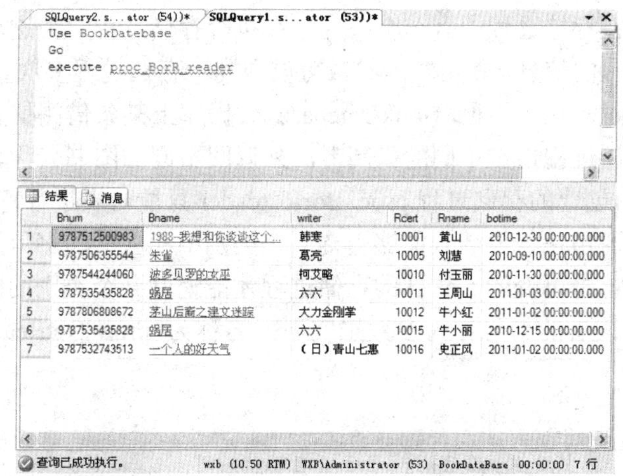

图 8-4　执行存储过程 proc_BorR_reader

除使用 EXECUTE 直接执行外，还可以将存储过程嵌入到 INSERT 语句中执行。这样操作时，INSERT 语句将把本地或远程存储过程返回的结果集加入到一个本地表中。SQL Server 2008 会将存储过程中的 SELECT 语句返回的数据载入表中，前提是表必须存在并且数据类型必须匹配。

8.2.3　存储过程参数

存储过程的优势不仅在于存储在服务器端、运行速度快，还有重要的一点就是存储过程可完成的功能非常强大，特别是在 SQL Server 2008 中。本节将学习如何在存储过程使用参数，包括输入参数和输出参数，以及参数的默认值等。

1．参数的定义

SQL Server 2008 的存储过程可以使用两种类型的参数：输入参数和输出参数。参数用于在存储过程以及应用程序之间交换数据。

- ❑ 输入参数允许用户将数据值传递到存储过程或函数。
- ❑ 输出参数允许存储过程将数据值或游标变量传递给用户。
- ❑ 每个存储过程向用户返回一个整数代码，如果存储过程没有显式设置返回代码的值，则返回代码为 0。

存储过程的参数在创建时应在 CREATE PROCEDURE 和 AS 关键字之间定义，每个参数都要指定参数名和数据类型，参数名必须以@符号为前缀，可以为参数指定默认值；如果是输出参数，则应用 OUTPUT 关键字描述。各个参数定义之间用逗号隔开，具体语法如下：

```
@parameter_name data_type [ =default ] [ OUTPUT ]
```

2. 输入参数

输入参数即指在存储过程中有一个条件，在执行存储过程时为这个条件指定值，通过存储过程返回相应的信息。使用输入参数可以向同一存储过程多次查找数据库。例如，可以创建一个存储过程用于返回 BookDatebase 数据库上某条借阅信息中包括的图书名称。通过为同一存储过程指定不同的借阅者，来返回不同的图书名称。

在 8.2.1 节最后创建的存储过程 proc_BorR_reader 只能对表进行特定的查询。若要使这个存储过程更加通用化、灵活且能够查询某个类别中相应的图书信息，那么读者信息中的读者卡号就应该是可变的，这样的存储过程才能返回某个类别的图书信息。在这个存储过程上将一个读者的卡号作为参数来实现，名称为 proc_GetReaderBooks，其代码如下：

```
USE [BookDateBase]
GO
CREATE PROCEDURE [dbo].[proc_GetReaderBooks]
@Rcert int
As
SELECT B.Bnum,B.Bname,B.writer,R.Rname,BR.botime,R.Rcert
From BooksB,ReaderR,BorrowORreturnBR
WHERE B.Bnum=BR.BnumANDR.Rcert=BR.RcertANDBR.botime<>''ANDBR.Rcert=
@Rcert
```

以上代码创建了一个名为 proc_GetReaderBooks 的存储过程，使用一个字符串型的参数@Rcert 来执行。执行带有输入参数的存储过程时，SQL Server 2008 提供了如下两种传递参数的方式。

- ❑ **按位置传递** 这种方式是在执行存储过程的语句中，直接给出参数的值。当有多个参数时，给出的参数的顺序与创建存储过程的语句中的参数的顺序一致，即参数传递的顺序就是参数定义的顺序。使用这种方式执行 proc_GetReaderBooks 存储过程的代码为：

```
EXEC proc_GetReaderBooks'10010'
```

- 另一种方式是在执行存储过程的语句中，使用“参数名=参数值”的形式给出参数值。通过参数名传递参数的好处是，参数可以以任意顺序给出。用这种方式执行 proc_GetReaderBooks 存储过程的代码如下，执行结果如图 8-5 所示。

```
EXEC proc_GetReaderBooks @Rcert='10010'
```

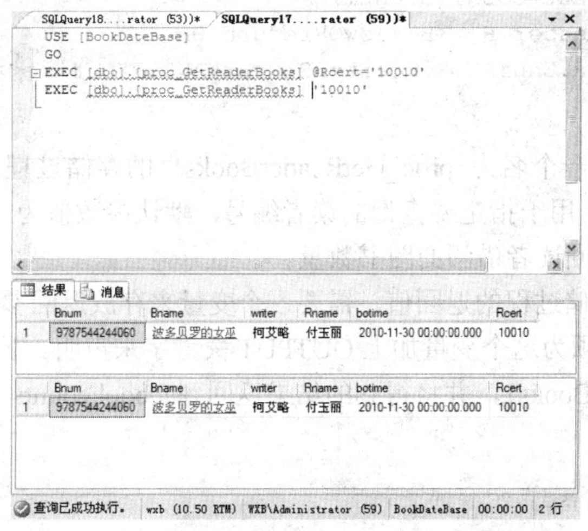

图 8-5　执行结果

3．使用默认参数值

执行存储过程 proc_GetReaderBooks 时，如果没有指定参数，则系统运行就会出错；如果希望不给出参数时也能够正确运行，则可以给参数设置默认值来实现。因此，如果要将 proc_GetReaderBooks 存储过程修改为默认值使用类别编号为 10010 的 proc_GetReaderBooks，则可以运行下列代码：

```
USE [BookDateBase]
GO
CREATE PROCEDURE [dbo].[proc_GetReaderBooks]
@Rcert int=10010
As
SELECT B.Bnum,B.Bname,B.writer,R.Rname,BR.botime,R.Rcert
From BooksB,ReaderR,BorrowORreturnBR
WHERE B.Bnum=BR.BnumANDR.Rcert=BR.RcertANDBR.botime<>''ANDBR.Rcert=
@Rcert
```

4．输出参数

通过定义输出参数，可以从存储过程中返回一个或多个值。为了使用输出参数，必须在 CREATE PROCEDURE 语句和 EXECUTE 语句中指定关键字 OUTPUT。在执行存储过程时，如果忽略 OUTPUT 关键字，存储过程仍会执行但不返回值。

```
USE [BookDateBase]
```

```
GO
CREATE PROCEDURE [dbo].[proc_GetReaderBookscount]
@Rcert int=10010
@bookcounts int OUTPUT
As
SELECT @bookcount=COUNT(B.Bnum)
From Books B,Reader R , BorrowORreturn BR
WHERE B.Bnum=BR.BnumANDR.Rcert=BR.RcertANDBR.botime<>''ANDBR.Rcert=
@Rcert
```

以上代码创建了一个名为 proc_GetReaderBooks1 的存储过程，它使用两个参数：@Rcert 为输出参数，用于指定要查询的读者编号，默认参数值为 10010；@bookcounts 为输出参数，用来返回读者借阅的图书数量。

为了接收某一存储过程的返回值，需要一个变量来存放返回参数的值，在该存储过程的调用语句中，必须为这个变量加上 OUTPUT 关键字来声明。下面的代码显示了如何调用 proc_GetReaderBooks1，并将得到的结果返回到@bookcounts 中，其运行结果如图 8-6 所示。


```
USE [BookDateBase]
GO
DECLARE @bookcount int
EXEC  proc_GetReaderBookscount 10001,@bookcount OUTPUT
SELECT'读者共借阅图书：'+STR(@bookcount)+'本'
GO
```

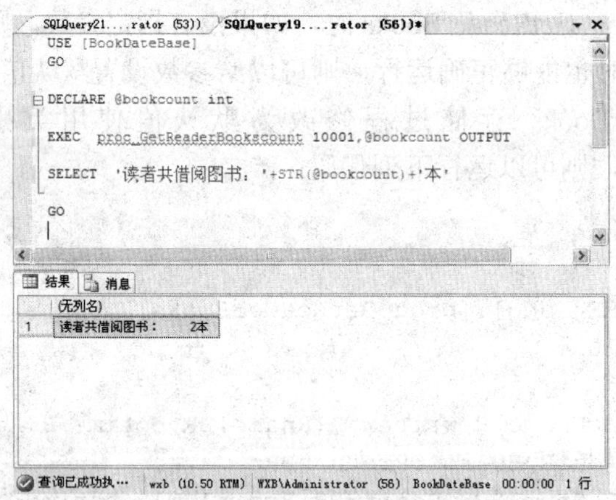

图 8-6　带输出参数的存储过程

5. 存储过程的返回值

存储过程在执行后都会返回一个整形值。如果执行成功，则返回 0；否则返回–1～–99 之间的随机数，也可以使用 RETURN 语句来指定一个存储过程的返回值。例如，下面创建一个名为 aAndb 的存储过程，用以计算出两个参数的和。本例使用 SET 语句，但是也可以使用 SELECT 语句来组织一个字符串，语句如下：

```
CREATE PROC aANDb
@a int=0,@b int=0,@c int=0 OUTPUT
AS
Set @c=@a+@b
Return @c
```

@c 参数由 OUTPUT 关键字指定。在执行这个存储过程时，需要指定一个变量存放返回值，然后再显示出来。如下所示为一个调用这个存储过程的示例：

```
DECLARE @int c int
EXEC aANDb 6,2,@int c OUTPUT
SELECT '两个之和为：'+STR(@INT C)
```

执行如果如图 8-7 所示。

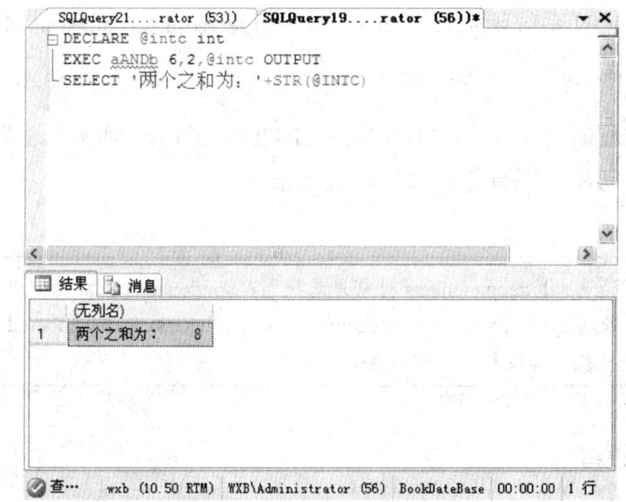

图 8-7　执行 aANDb 结果

8.2.4　删除存储过程

可使用 DROP PROCEDURE 语句来从当前的数据库中删除用户定义的存储过程。删除存储过程的基本语法如下所示：

```
DROP PROCEDURE {procedure}[,...n]
```

下面的语句将删除 aANDb 存储过程：

```
DROP PROC aANDb
```

如果另一个存储过程调用某个已被删除的存储过程，SQL Server 2008 将在执行调用进程时显示一条错误消息。但是，如果定义了具有相同名称和参数的新存储过程来替换已被删除的存储过程，那么引用该过程的其他过程仍能成功执行。

8.2.5 管理存储过程

在 SQL Server 2008 系统中，可以使用 OBJECT_DEFINITION 系统函数查看存储过程的内容，使用 ALTER PROCEDURE 语句修改存储过程。

1. 查看存储过程信息

在 SQL Server 2008 系统中，可以使用系统存储过程和目录视图查看有关存储过程的信息。

如果希望查看存储过程的定义信息，可以使用 sys.sql_modules 目录视图、OBJECT_DEFINITION 系统函数、sp_helptext 系统存储过程等。例如，下面代码使用 OBJECT_DEFINITION 系统函数查看 proc_GetReaderBookscount 存储过程的定义内容：

```
SELECT OBJECT_DEFINITION (OBJECT_ID(N'proc_GetReaderBookscount'))
```

在创建存储过程时使用了 WITH ENCRYPTION 子句，则将隐藏存储过程定义文本的信息，上面的语句将不能查看到具体的文本信息。

注 意

还可以使用 sys.sql_dependencies 对象目录视图、sp_depends 系统存储过程等查看存储过程的依赖信息。使用 sys.objects、sys.procedure、sys.parameters、sys.numbered_procedures 等目录视图可以查看有关存储过程的名称、参数等信息。

2. 修改存储过程

使用 ALTER PROCEDURE 语句来修改现有的存储过程与删除和重建存储过程不同，因为它仍保持存储过程的权限不发生变化。在使用 ALTER PROCEDURE 语句修改存储过程时，SQL Server 2008 会覆盖以前定义的存储过程。修改存储过程的基本语句如下：

```
ALTER PROCEDURE procedure_name[;number]
[{@parameter data_type}
[VARYING][=default][OUTPUT]]
[,...n]
[WITH
{ RECOMPILE|ENCRYPTION|RECOMPILE,ENCRYPTION}]
[FOR REPLICATION]
AS
sql_statement[...n]
```

修改存储过程的语法中的各参数与创建存储过程语法中的各参数相同，这里就不在重复介绍。

在使用 ALTER PROCEDURE 语句时，应考虑以下方面的事项。

- 如果要修改具有任何选项的存储过程，例如 WITH ENCRYPTION 选项，必须在 ALTER PROCEDURE 语句中包括该选项以保留该选项提供的功能。
- ALTER PROCEDURE 语句只能修改一个单一的过程，如果过程调用了其他存储过程，嵌套的存储过程不受影响。
- 在默认状态下，允许该语句的执行者是存储过程最初的创建者、sysadmin 服务器角色成员和 db_owner 与 db_ddladmin 固定的数据库角色成员，用户不能授权执行 ALTER PROCEDURE 语句。

建议不要直接修改系统存储过程，相反，可以通过从现有的存储过程中复制语句来创建用户定义的系统存储过程，然后修改它以满足要求。

8.3 其他存储过程

在 SQL Server 2008 中内置了许多存储过程，它们有时也被称为系统存储过程。同时，SQL Server 2008 还支持扩展存储过程，即调用第三方 DLL 文件的能力，通常它们与系统存储过程一块使用。

8.3.1 系统存储过程

在 SQL Server 2008 中，许多管理活动和信息活动都可以使用系统存储过程来执行，这些系统存储过程可分为表 8-3 所示的几类。

表 8-3 系统存储过程分类

类型	描述
活动目录存储过程	用于在 Windows 的活动目录中注册 SQL Server 实例和 SQL Server 数据库
目录访问存储过程	用于实现 ODBC 数据字典功能，并且隔离 ODBC 应用程序，使之不受基础系统表更改的影响
游标存储过程	用于实现游标变量功能
数据库引擎存储过程	用于 SQL Server 数据库引擎的常规维护
数据库邮件和 SQL Mail 存储过程	用于从 SQL Server 实例内执行电子邮件操作
数据库维护计划存储过程	用于设置管理数据库性能所需的核心维护任务
分布式查询存储过程	用于实现和管理分布式查询
全文搜索存储过程	用于实现和查询全文索引
日志传送存储过程	用于配置、修改和监视日志传送配置
自动化存储过程	用于在 Transact-SQL 批处理中使用 OLE 自动化对象
通知服务存储过程	用于管理 Microsoft SQL Server 2008 系统的通知服务
复制存储过程	用于管理复制操作
安全性存储过程	用于管理安全性
Porfile 存储过程	在 SQL Server 中代理用于管理计划的活动和事件驱动活动
Web 任务存储过程	用于创建网页
XML 存储过程	用于 XML 文本管理

虽然 SQL Server 2008 中的系统存储过程被放在 master 数据库中，但是仍可以在其他数据库中对其进行调用，而且在调用时不必在存储过程名前加上数据库名。甚至当创建一个新数据库时，一些系统存储过程会在新数据库中被自动创建。

SQL Server 2008 支持表 8-4 所示的系统存储过程，这些存储过程用于对 SQL Server 2008 实例进行常规维护。

表 8-4　系统存储过程

sp_add_data_file_recover_suspect_db	sp_help	sp_recompile
sp_addextendedproc	sp_helpconstraint	sp_refreshview
sp_addextendedproperty	sp_helpdb	sp_releaseapplock
sp_add_log_file_recover_suspect_db	sp_helpdevice	sp_rename
sp_addmessage	sp_helpextendedproc	sp_renamedb
sp_addtype	sp_helpfile	sp_resetstatus
sp_addumpdevice	sp_helpfilegroup	sp_serveroption
sp_altermessage	sp_helpindex	sp_setnetname
sp_autostats	sp_helplanguage	sp_settriggerorder
sp_attach_db	sp_helpserver	sp_spaceused
sp_attach_single_file_db	sp_helpsort	sp_tableoption
sp_bindefault	sp_helpstats	sp_unbindefault
sp_bindrule	sp_helptext	sp_unbindrule
sp_updateextendedproperty	sp_helptrigger	sp_bindsession
sp_certify_removable	sp_indexoption	sp_updatestats
sp_configure	sp_invalidate_textptr	sp_validname
sp_control_plan_guide	sp_lock	sp_who
sp_create_plan_guide	sp_monitor	sp_createstats
sp_create_removable	sp_procoption	sp_cycle_errorlog
sp_datatype_info	sp_detach_db	sp_executesql
sp_dbcmptlevel	sp_dropdevice	sp_getapplock
sp_dboption	sp_dropextendedproc	sp_getbindtoken
sp_dropextendedproperty	sp_dbremove	sp_droptype
sp_delete_backuphistory	sp_dropmessage	sp_depends

8.3.2　扩展存储过程

扩展存储过程就是保存在动态链接库中从动态链接中执行的 C++代码。多数扩展存储过程与其他系统存储过程一起执行，因此它们很少单独使用，下面列出了两个可以单独使用的扩展存储过程。

- **xp_cmdshell**　用于执行命令提示符下的 DOS 程序。例如，dir 命令和 md 命令（更改目录）。在需要 SQL Server 2008 创建一个用来自动存档 Bulk Copy Program（BCP）文件或此类文件的目录时，可以使用该存储过程。
- **xp_fileexist**　测试文件是否存在时，可以使用该存储过程。

例如，下面的代码演示了如何使用 xp_fileexist 测试C盘下的 boot.ini 文件是否存在。如果@Result 等于 1，则文件存在；如果等于 0，则文件不存在。具体语句如下所示：

```
USE Master
GO
DECLARE @Result int
EXEC xp_fileexist 'c:\boot.ini',@Result OUTPUT
SELECT @Result AS 是否存在
```

这里对上述语句简单说明一下：第 3 行声明一个保存输出参数的变量，第 4 行用一个输出参数调用该过程，第 5 行显示输出结果，这里要注意的是必须在主数据库 master 中进行。执行上述语句，运行结果如图 8-8 所示。

例如，要获取当前 SQL Server 2008 服务器的计算机名称，可以使用扩展存储过程完成，语句如下：

```
EXECUTE MASTER..XP_GETNETNAME
```

运行上面的语句，结果如图 8-9 所示。

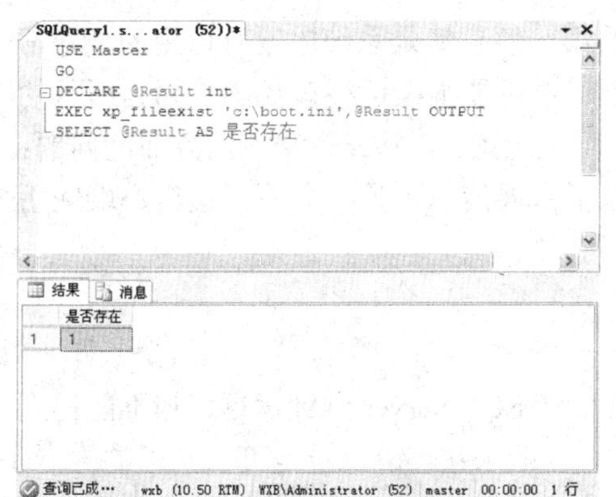

图 8-8　测试文件是否存在

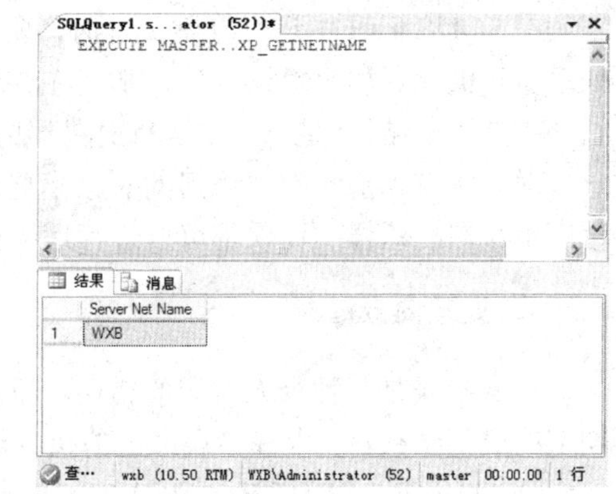

图 8-9　查看计算机名称

其他的扩展存储过程包括如下几个。

- **xp_enumgroups**　提供 Windows 本地组列表或在指定 Windows 域中定义的全局组列表。
- **xp_findnextmsg**　接收输入的邮件 ID 并返回输出的邮件 ID，需要与 xp_processmail 配合使用。
- **xp_grantlogin**　授予 Windows 组或用户对 SQL Server 的访问权限。
- xp_logevent　将用户定义消息记入 SQL Server 日志文件和 Windows 事件查看器。
- **xp_loginconfig**　报告 SQL Server 2008 实例在 Windows 上运行时的登录安全配置。
- **xp_logininfo**　报告账户、账户类型、账户的特权级别、账户的映射登录名和账户访问 SQL Server 的权限路径。

- **xp_msver** 返回有关 SQL Server 2008 的版本信息。
- **xp_revokelogin** 撤销 Windows 组或用户对 SQL Server 的访问权限。
- **xp_sprintf** 设置一系列字符和值的格式并将其存储到字符串输出参数中。每个格式参数都用相应的参数替换。
- **xp_sqlmaint** 用包含 SQL Maint 开关的字符串调用 SQL Maint 实用工具，在一个或多个数据库上执行一系列维护操作。
- **xp_sscanf** 将数据从字符串读入每个格式参数所指定的参数位置。

8.4 异常处理与调试

当代码产生错误时，在该场合下代码将不可能继续运行，因为所得到的是错误结果。这时候就用到了异常处理和调试。

8.4.1 异常处理

在 SQL Server 中进行异常处理时，要理解的第一件事情是系统中没有可用的“异常处理器”机制。如果错误发生，那么在该场合下将不可能继续运行该代码，因为所得的结果将是错误结果。足以产生运行时错误的严重错误给 SQL Server 带来了两方面的问题：一方面，所有当前的数据访问的对象模型都传递了错误消息；另一方面，在客户端应用程序中存在的这样的错误都可以进行适当处理。

1. 处理内嵌错误

内嵌错误是一种令人讨厌的错误，而且一直会让 SQL Server 继续运行，却不能得到期望的成功结果。在内嵌错误产生的执行结果中，一般来说，错误号是可以利用的一点。

- **利用@@ERROR** @@ERROR 包含了最后一条 T-SQL 语句执行的错误号。如果值为 0，那么表示没有错误发生。每次都用新的语句对@@ERROR 这种警告复位，这意味着如果想要延迟分析值，或者想多次再使用该值，就需要将该值移入到其他地方存储起来，为此定义了一个局部变量。实际上，过程访问信息的唯一部分就是错误号。该错误号驻留在@@ERROR 中，用于下一条 T-SQL 语句，在下一条语句中，该错误号就会消失。

注 意

@ERROR 和@@ERROR 是两个完全不同的变量，而且可以独立引用。这不是因为大小写的区别（取决于服务器是怎么配置的，区分大小写会影响变量名），而是因为范围的区别。@和@@是变量名的一部分，所以前面的@符号数就将彼此区分开了。

- **在过程中使用@@ERROR** 可以利用 IF…ELSE 语句和@@ERROR（如果能立即测试该值并只需要测试一次）或者局部变量（在该变量中，已经移入了以前的@@ERROR 的值）来完成。

2. 在错误发生之前处理错误

有时 SQL Server 并没有真正有效的方式确定发生的错误到底是什么，这时，如果想在错误发生之前阻止错误的发生，就需要检查程序并提前加以处理。

3. 手工提示错误

有时会遇到 SQL Server 实际并不知道的一些错误，但用户希望它知道。例如，不希望返回–100。相反，希望能在客户端产生运行错误，而客户端使用的时候能够唤醒异常处理并进行相应的处理。要完成这一点，就需要在 T-SQL 中使用 RAISERROR 命令，语法如下：

```
RAISERROR(<message ID | message string>,<severity>,<state>[,<argument>
[,<...n>]])
[WITH option[,...n]]
```

- **消息 ID** 消息串消息 ID 或者消息串决定了发送到客户端的消息。使用消息 ID 创建一个手工提示错误，该错误有指定的 ID 与在 master 数据库中的 sysmessages 表中找到的 ID 相关的消息。也可以不用特定的文本形式提供消息串，这样可以不用在 sysmessages 中产生永久的消息。
- **错误处理等级** 错误等级是对该错误有多严重的指示，本质上它们可以在信息级别（错误严重等级 1～18）到系统级（19～25）之间变动。如果提供一个错误严重等级为 19 的错误或更高（系统层）级的错误，那么也必须指定 WITH LOG 选项。20 或者更高的号会自动终止用户的连接。SQL Server 实际上的变化范围比 Windows NT 的还要大，它们主要分成 6 组，如表 8-5 所示。

表 8-5 错误严重等级

错误严重等级	解释
1～9	纯粹只是信息，但返回消息信息中的特定错误代码。不管在 RAISERROR 中设置了什么，都将提供相同值作为代码
10	也是信息，但不会在客户端产生错误，而且除了提供错误文本以外，不会提供特定错误信息
11～16	这些值会终止存储过程的执行，而且在客户端产生错误。从这一点向前看，该状态显示的值就是所设置的值
17	通常，只有 SQL Server 使用该错误严重等级。基本上，它指示 SQL Server 已经用尽了所有资源且不能满足需要
18～19	这些都是严重错误，而且暗示着需要系统管理员注意的潜在原因。对于 19，需要使用 WITH LOG 选项，如果使用了 OS 系列，则事件将显示在 Windows NT 或 Windows 2000 的事件日志中
20～25	本质上，这是一个致命错误，连接被终止。对于 19，必须使用 WITH LOG 选项，如果可以使用的话，消息将显示在事件日志中

- **状态** 状态是一个特定值，它能辨认在代码中的多个位置处发生的错误。该概

念是使用户有机会为确实发生的错误发送位置标志。状态值可以是 1 ~ 127 之间的任意值。

- **错误参数** 一些预先定义的错误可以接收参数。通过改变错误的指定属性允许错误做动态修改。也可以指定错误消息的格式以接收参数。当希望在某种静态错误信息中利用动态信息的时候，需要规定信息的固定部分的格式，以便可以在参数化的部分留有足够空间。可以用占位符处理。
- **WITH<option>** 在枚举一个错误时，可以混合使用 3 个选项：LOG、SETERROR、NOWAIT。WITH LOG(采用日志)：告诉 SQL Server 将错误记录到 SQL Server 的错误日志和 Windows NT 应用程序日志中。这种选项用于错误严重等级是 19 或者更高的错误。WITH SETERROR（采用 SETERROR）：在默认情况下，RAISERROR 命令不用产生的错误值设置@@ERROR，相反，@@ERROR 将影响 RAISERROR 命令的成功与失败。SETERROR 克服了这一点并设置@@ERROR 的值等于错误 ID。WITH NOWAIT(不等待)：立即向客户端通报错误。

4．添加自己定制的错误消息

可以使用特定的系统存储过程将消息添加到系统中。该过程叫 sp_addmessage，语法如下所示：


```
sp_addmessage [ @msgnum= ] <msg id>,
[@severity =] <severity>,
[@msgtext = ]<'msg'>
[,[@lang=] <'language'> ]
[, [@with_log=] [ TRUE | FALSE ]]
[, [@replace= ]'replace' ]
```

- **@lang** 说明该消息所应用的语言。优点是可以为 syslanguages 中支持的任何语言提供消息的不同版本。
- **@with_log** 这与它在 RAISERROR 中的工作方式相同，如果将其设置为 TRUE，那么在错误产生时自动把错误消息记录到 SQL Server 的错误日志和 Windows NT 应用程序日志中。这里的技巧是要通过将该参数值设置为 TRUE 而不是使用 WITH LOG 选项设置来记录该消息。
- **@REPLACE** 如果在编辑一条现有的消息而不是创建一条新的消息，那么就必须将@replace 参数设置为“REPLACE”。如果省略了这一点，那么一旦消息已经存在就会出错。
- **使用 sp_admessage** 使用 sp_addmessage 创建消息的方式与使用 RAISERROR 创建特定消息的方式相同。
- **删除现有的定制消息** 要删除定制消息，可以使用 sp_dropmessage<msg num>。

8.4.2 调试

SQL Server 2008 删除了所有高度功能（把调试功能放到了产品中，但是要获得高度功能，必须使用作为 Business Intelligence Development Studio 一部分的 Visual Studio 安装程序）。不过高兴的是，调试工具仍在 Management Studio 中，甚至比以前更好了。

1. 启动调试器

SQL Server 2008 中的调试器很容易找到。使用调试器的方法与 VB 或 C#中是一样的，就此而言，可能像大多数现代调试器一样，只需打开【调试】菜单（当【查询】窗口活动时可用），然后从选项中选择启动方式：Start Debugging(Alt+F5)或 Step Into(F11)。

2. 调试器的组成

当首次弹出【调试】窗口时，需要注意左边的黄色箭头指示了当前执行行，如果选择【运行】或是开始单步执行代码，那么这就是下一行将要执行的代码，如图 8-10 所示。

```
SQLQuery2...)) 正在调试... | SQLQuery1.s...ator (52))*
USE [BookDateBase]
GO
/****** Object:  StoredProcedure [dbo].[proc_GetReaderBooksCount]    Script Date
SET ANSI_NULLS ON
GO
SET QUOTED_IDENTIFIER ON
GO
ALTER PROCEDURE [dbo].[proc_GetReaderBooksCount]
@Rcert int=10010,
@bookcount int OUTPUT
As
SELECT @bookcount=COUNT(B.Bnum)
From Books B,Reader R , BorrowORreturn BR
WHERE B.Bnum=BR.Bnum AND R.Rcert=BR.Rcert AND BR.botime<>''AND BR.Rcert=@Rcert
```

图 8-10　当前执行行

顶部有一些图标来指示不同的选项，如图 8-11 所示。

图 8-11　调试器

- “继续”，这将运行至存储过程的末尾或下一个断点。
- “逐语句”，这行将运行下一行代码并且在运行接下来的代码行前停止，而不管代码位于哪个过程或函数中。如果执行的当前代码行调用一个存储过程或函数，那么“逐语句”选项会去调用该存储过程或函数，把它添加到调用堆栈中，使本地窗口显示新嵌套的存储过程而不是父存储过程，并且在嵌套的存储过程的第一行代码处停止。
- “逐过程”，这会执行转到调用堆栈中同一层的上一条语句必须的每一行代码。如果没有调用另外一个存储过程和 UDF，那么这个命令和“逐语句”选项一样。如果调用了另一个存储过程或 UDF，那么“逐过程”选项会转到紧接着那个存储过程或 UDF 返回它的值的位置的语句。
- “跳出”，这会执行到调用堆栈中下一个最高点为止的每一行代码。也就是说，会一直运行下去，直到到达了与当前所处的代码调用层次相同的那一层次。

- "停止调试"，它的功能是立即停止执行。但是调试窗口仍然是打开的。
- "断点"，可以通过单击代码窗口的左边空白区域来设置断点。设置断点是用来告诉 SQL Server 当在调试模式下运行代码时在此处停止。如果不想处理每一行代码的大型存储过程或函数，这就很有用，只是希望它运行到某一点并且每次到达该处时停止。

3. 使用调试器

打开了调试器窗口，下面就开始调试代码。如果已经开始了一部分调试，则可以选择关闭调试器并重启它。

8.5 认识触发器

触发器与存储过程非常相似，触发器也是 SQL 语句集，两者唯一的区别是触发器不能用 EXECUTE 语句调用，而是在用户执行 Transact-SQL 语句时自动触发（激活）执行。下面将对触发器的概念以及类型进行详细介绍。

8.5.1 触发器概述

触发器是一个在修改指定表中的数据时执行的存储过程。经常通过创建触发器来强制实现不同表中的逻辑相关数据的引用完整性或者一致性。由于用户不能绕过触发器，所以可以用它来强制实施复杂的业务规则，以此确保数据的完整性。

触发器不同于前面介绍的存储过程。触发器主要是通过事件进行触发而被执行的，而存储过程可以通过存储过程名字而被直接调用。当对某一表进行诸如 UPDATE、INSERT、DELETE 这些操作时，SQL Server 就会自动执行触发器所定义的 SQL 语句，从而确保对数据的处理必须符合由这些 SQL 语句所定义的规则。

1. 触发器的作用

触发器的主要作用就是其能够实现由主键和外键所不能保证的复杂的参照完整性和数据的一致性。它能够对数据库中的相关表进行级联修改，强制比 CHECK 约束更复杂的数据完整性，并自定义错误消息，维护非规范化数据以及比较数据修改前后的状态。

与 CHECK 约束不同，触发器可以引用其他表中的列。在下列情况下，使用触发器将强制实现复杂的引用完整性。

- 强制数据库间的引用完整性。
- 创建多行触发器，当插入、更新或者删除多行数据时，必须编写一个处理多行数据的触发器。
- 执行级联更新或级联删除这样的动作。
- 级联修改数据库中所有相关表。
- 撤销或者回滚违反引用完整性的操作，防止非法修改数据。

2. 与存储过程的区别

触发器与存储过程的主要区别在于触发器的运行方式。存储过程必须由用户、应用程序或者触发器来显示式地调用并执行，而触发器是当特定事件出现的时候，自动执行或者激活的，与连接到数据库中的用户或者应用程序无关。

当一行数据被插入、更新或者从表中删除时触发器才运行，同时这还取决于触发器是怎样创建的。在数据修改时，触发器是强制业务规则的一种很有效的方法。一个表最多有 3 种不同类型的触发器，当 UPDATE 发生时使用一个触发器；DELETE 发生时使用一个触发器；INSERT 发生时使用一个触发器。

> **注意**
> 尽管触发器的功能强大，但是它们也可能对服务器的性能很有害。因此，注意不要在触发器中放置太多的功能，因为它将降低响应速度，使用户等待的时间增加。

8.5.2 触发器的分类

在 SQL Server 2008 系统中，按照触发事件的不同可以把提供的触发器分成两大类型：DDL 触发器和 DML 触发器。

1. DDL 触发器

DDL 触发器当服务器或者数据库中发生数据定义语言事件时将被调用。如果要执行以下操作，可以使用 DDL 触发器。

- 要防止对数据库架构进行某些更改。
- 希望数据库中发生某种情况以响应数据库架构中的更改。
- 要记录数据库架构中的更改或者事件。

2. DML 触发器

DML 触发器是当数据库服务器中发生数据操作语言事件时要执行的操作。通常所说的 DML 触发器主要包括 3 种：INSERT 触发器、UPDATE 触发器、DELETE 触发器。DML 触发器可以查询其他表，还可以包含复杂的 Transact-SQL 语句。将触发器和触发它的语句作为可在触发器内回滚的单个事务对待。如果检测到错误，则整个事务自动回滚。

DML 触发器在以下方面非常有用。

- DML 触发器可通过数据库中的相关表实现级联更改。不过，通过级联引用完整性约束可以更有效地进行这些更改。
- DML 触发器可以防止恶意或者错误的 INSERT、UPDATE 以及 DELETE 操作，并强制执行比 CHECK 约束定义的限制更为复杂的其他限制。DML 触发器能够引用其他表中的列。
- DML 触发器可以评估数据修改前后表的状态，并根据该差异采取措施。

- 一个表中的多个同类 DML 触发器（INSERT、UPDATE 和 DELETE）允许采取多个不同的操作来响应同一个修改语句。

SQL Server 2008 为每个触发器语句都创建了两种特殊的表：DELETED 表和 INSERTED 表。这是两个逻辑表，由系统来自动创建和维护，用户不能对它们进行修改。它们存放在内存而不是数据库中。这两个表的结构总是与被该触发器作用的表的结构相同。触发器执行完成后，与该触发器相关的这两个表也会被删除。

DELETED 表存放由执行 DELETE 或者 UPDATE 语句而要从表中删除的所有行。在执行 DELETE 或者 UPDATE 操作时，被删除的行从触发触发器的表中移动到 DELETE 表中，这两个表不会有共同的行。

INSERTED 表存放由执行 INSERET 或者 UPDATE 语句而要向表中插入的所有行。在执行 INSERT 或者 UPDATE 事务中，新的行同时添加到触发触发器的表和 INSERTED 表中，INSERTED 表的内容是触发触发器的表中新行的副本。

注 意

一个 UPDATE 事务可以看作先执行一个 DELETE 操作，再执行一个 INSERT 操作，旧的行首先被移动到 DELETED 表中，然后新行同时插入触发触发器的表和 INSERTED 表。

8.5.3 触发器完整性规则

在 SQL Server 2008 中，维护数据的完整性和一致性叫完整性规则。而完整性规则分为引用完整性规则和数据完整性规则。

1. 引用完整性规则

到目前为止，提供执行完整性检查的唯一方法是使用 DRI（声明的引用完整性），但这不是唯一的选项。实际上，直到 6.5 版本为止，DRI 在以前的版本中甚至还不是一个选项，执行完整性检查都是用触发器来完成的。

触发器仍然是维护引用完整性的一种最好选择。虽然它们的速度有点慢，但人们认为它们在维护数据完整性上更灵活。正因如此，所以有几种关系（处理方法）只能通过触发器来执行。

使用触发器的关系的例子包括：一对一的关系、排斥关系、需要跨越数据库或服务器边界的情况。

可能有很多类似的例子，具体有多少取决于用户的特定需要。这就是触发器的最大特点，它们具有最大的灵活性。

- **使用触发器维护简单的引用完整性** 除了前面列出的所有技巧以外，触发器还可以用于完成 DRI 能完成的相同的、简单的引用完整性。一般而言，这不是用户所希望采取的方法，但有时又无法避免。其实很简单，唯一的技巧在于：只有一对零或多对多的而不是一对多的关系，才能发生这一现象。注意，就像以前介绍的一样，可以用触发器为 DELETE 语句产生的错误创建一条定制信息。

- **使用触发器得到更灵活的引用完整性** 以前的DRI只执行两种关系：一对一关系，或者一对零、一或多。另一个不能满足DRI常规要求的例子是排他子类关系。在这种关系中，父表拥有的消息可能与许多子表相似，但是，父表中的每行只有唯一的一条记录与子表的一条记录相匹配。对于这种关系，只能使用触发器作为唯一解决方案。虽然会听说使用DRI是为了获得更好的性能，但是DRI不能处理如子类这样的复杂成员。此时采用触发器可以出色地完成任务。

2．数据完整性规则

触发器既能实现外部键约束的关系，也能实现如CHECK约束甚至DEFAULT约束的相同功能。像触发器与DRI一样，需要根据实现情况确定何时使用触发器以及何时使用CHECK约束。如果CHECK约束能完成该工作，或者在检查处理中继承的一些内容使得效果更不理想，就采用触发器。利用触发器替代CHECK约束的例子有：业务规则需要引用另一张表的参考数据、业务规则需要检查更新的中间数据和需要一个定制的错误消息。

- **处理其他表的请求** 虽然CHECK约束不仅快而且效率高，但它们不会按照所期望的方式完成所有工作。CHECK约束的最大缺点就是它要显示何时需要验证表中的数据。如果愿意，也可以创建一个定制错误信息，代替使用RAISERROR命令的特殊信息。
- **使用触发器检查被更新的中间数据** 有时，用户对过去或现在的值不感兴趣，只希望知道变化值是多少。虽然没有列或表提供这些变化信息，但可以利用触发器中的INSERTED表和DELETED表进行计算。
- **使用触发器定制错误信息** 在其他一些例子中，已经提到了这一点，但是要记住，当希望控制错误信息或者给用户或客户应用程序传递错误号时，使用触发器非常方便。例如利用CHECK约束，将得到标准547号的错误，而不是不可看懂的解释。通常，从实际指出发生什么错误的角度出发，这样的错误提示不会给他们提供太大的帮助，实际上，客户应用程序通常没有足够的信息为用户的行为做出智能化、有帮助的响应。简而言之，虽然有时创建触发器会提供预期的数据完整性，但是它不会提供足够的处理。

8.5.4 创建触发器

对于不同的触发器，其创建的语法多数相似，其区别与定义表示触发器的特性有关。创建一个触发器定义的基本语法如下：

```
CREATE TRIGGER trigger_name
ON{ table | view }
{ {
{ FOR | AFTER | INSTEAD OF }
{ [ delete ] [,] [ insert ] [,] [ update ] }
AS
```

```
Sql_statement
} }
```

在 DELETE TRIGGER 的语法中，各主要参数的含义如下。

- ❑ **trigger_name** 是要创建的触发器的名称。
- ❑ **table| view** 是在其上执行触发器的表或视图，有时称为触发器表或触发器视图。可以选择是否指定表或视图的所有者名称。
- ❑ **FOR,AFTER,INSTEAD OF** 指定触发器触发的时机，其中 FOR 也创建 AFTER 触发器。
- ❑ **delete,insert,update** 是指定在表或视图上执行哪些数据修改语句时将触发触发器的关键字。必须至少指定一个选项。在触发器定义中允许使用以任意顺序组合的这些关键字。如果指定的选项多于一个，需用逗号分隔这些选项。
- ❑ **Sql_statement** 指定触发器所执行的 T-SQL 语句。

例如，下面的语句演示了在 BookDatebase 数据库的 Books 表上创建了一个名为 BooksBcountUpdate 的触发器，在用户向表中执行 UPDATE 操作时触发。

```
ALTER TRIGGER [dbo].[BooksBcountUpdate]
ON [dbo].[Books]
AFTER UPDATE
AS
if UPDATE(Bcount)
BEGIN
update BookManage
set BookManage.Bcount=i.Bcount
from BookManageB,insertedi,deletedd
where B.Bnum=d.Bnum
END
```


8.6 使用触发器

在 SQL Server 2008 中，通常使用的触发器分为两类：DML 触发器和 DDL 触发器。同时触发器也具有了可递归性和可嵌套性。

8.6.1 DML 触发器

本节主要介绍如何创建不同 DML 类型的触发器。在 SQL Server 2008 中 DML 触发器可以使用 3 种类型。

- ❑ **AFTER 触发器** 在执行了 INSERT、UPDATE 或 DELETE 语句操作之后执行 AFTER 触发器。指定 AFTER 与指定 FOR 相同，是 SQL Server 早期版本中唯一可用的选项。AFTER 触发器只能在表上指定。
- ❑ **INSTEAD OF 触发器** 执行 INSTEAD OF 触发器代替通常的触发动作。还可为带有一个或多个基表的视图定义 INSTEAD OF 触发器，而这些触发器能够扩展视图可支持的更新类型。

- **CLR 触发器**　CLR 触发器将执行在托管代码（在.NET Framework 中创建并在 SQL Server 中加载的程序集的成员）中编写的方法，而不用执行 T-SQL 存储过程。

1. AFTER 触发器

创建 DML 触发器前应考虑下列问题，如表 8-6 所示。

表 8-6　DML 触发器考虑的问题

编号	问题
1	CREATE TRIGGER 语句必须是批处理中的第一个语句，该语句后面的所有其他语句被解释为 CREATE TRIGGER 语句定义的一部分
2	创建 DML 触发器的权限默认分配给表的所在者，且不能将该权限转给其他用户
3	DML 触发器为数据库对象，其名称必须遵循标识符的命名规则
4	虽然 DML 触发器可以引用当前数据库以外的对象，但只能在当前数据库中创建 DML 触发器
5	虽然 DML 触发器可以引用临时表，但不能对临时表或系统表创建 DML 触发器。不应引用系统表，而应使用信息架构视图
6	对于含有用 DELETE 或 UPDATE 操作定义的外键表，不能定义 INSTEAD OF DELETE 和 INSTEAD OF UPDATE 触发器
7	虽然 TRUNCATE TABLE 语句类似于不带 WHERE 子句的 DELETE 语句（用于删除所有行），但它并不会触发 DELETE 触发器，因为 TRUNCATE TABLE 语句没有记录
8	WRITETEXT 语句不会触发 INSERT 或 UPDATE 触发器
9	在 DML 触发器中不能出现以下 T-SQL 语句：CREATE DATABASE、ALTER DATABASE、DROP DATABASE、RESTORE DATABASE、RESTORE LOG、CREATE INDEX、ALTER INDEX、DROP INDEX、RECONFIGURE 等

- **INSERT 触发器**

INSERT 触发器就是当对目标表（触发器的基表）执行 INSERT 语句时，就会调用的触发器。例如，当管理员每次向数据库中添加新的图书时输出当前类别中的图书总量，这个触发器名称为 BookClassCounts，定义语句如下：

```
create TRIGGER BookClassCounts
ON [dbo].[Books]
AFTER insert
AS
select count(B.bigClass) as '类别'
from BooksB,insertedi
where B.bigClass=i.bigClass
```

接下来，使用 INSERT 语句插入一个新的订单，以验证触发器是否会自动执行。测试语句如下：

```
insert into Books values('100102','再见艳阳天','惜月','上海出版社','1987-1-5',
20,'文学','现代文学',5,'童年故事')
```

执行上述语句后，运行结果如图 8-12 所示。

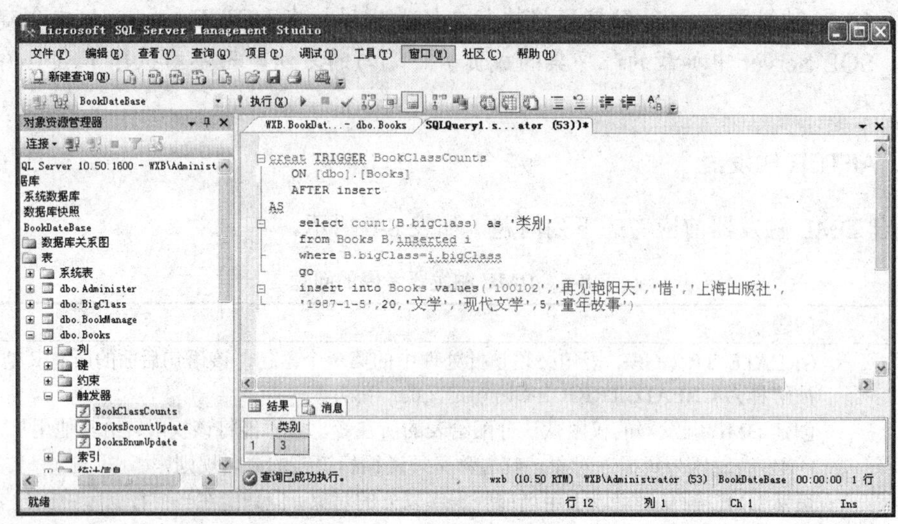

图 8-12　INSERT 触发器

❑ **UPDATE 触发器**

更新触发器是当一个 UPDATE 语句在目标表上运行的时候，就调用更新触发器。就像任何其他触发器一样，当调用触发器时，就运行被触发的 SQL 语句并且发生动作。例如，数据库 BookDateBase 中 Books 表中图书编号发生改变时，BorrowORreturn 表中图书编号也发生改变。这个触发器为 BooksBnumUpdate，语句如下所示：

```
create TRIGGER [dbo].[BooksBnumUpdate]/* 当书号改变时*/
ON  [dbo].[Books]
AFTER UPDATE
AS
if UPDATE(Bnum)
BEGIN
update BorrowORreturn
set BorrowORreturn.Bnum=i.Bnum
from BorrowORreturnB,insertedi,deletedd
where B.Bnum=d.Bnum
END
```

使用 UPDATE 更新图书编号，验证触发器是否会自动执行，测试语句如下，执行语句后结果如图 8-13 所示。

```
update Books set Bnum='9787532743513' where Bnum='123'
```

❑ **DELETE 触发器**

当触发 DELETE 触发器时，从受影响的表中删除的行将被放置到一个特殊的 DELETED 表中。DELETED 表跟 INSERTED 表一样也是一个临时表，它保留已被删除数据行的一个副本。DELETED 表还允许引用由初始化 DELETE 语句产生的日志数据。

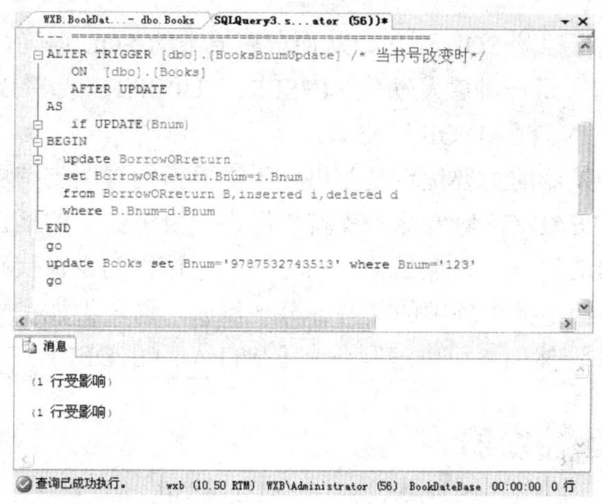

图 8-13　UPDATE 触发器示例

使用 DELETE 触发器时，需要考虑以下事项和原则。

当某行被添加到 DELETED 表中时，它就不再存在于数据库中，因此，DELETED 表和数据库表没有相同的行。

创建 DELETED 表时，空间是从内存中分配的。DELETED 表总是被存储在调整缓存中。

为 DELETE 动作定义的触发器并不执行 TRUNCATE TABLE 语句，原因在于日志不记录 TRUNCATE TABLE 语句。例如在删除数据库 BookDateBase 中 Reader 表的图书信息时，相应的借阅表中的借阅信息也应该被删除掉。这个触发器是 ReaderDelete，语句如下所示：

```
ALTER TRIGGER [dbo].[ReaderDelete]
ON  [dbo].[Reader]
AFTER DELETE
AS
delete BorrowORreturn
from BorrowORreturnb,deletedd
where b.Rcert=d.Rcert
```

2. INSTEAD OF 触发器

INSTEAD OF 触发器用于代替通常的触发操作（AFTER 触发器），SQL Server 2008 中支持带有一个或多个基表的视图定义 INSTEAD OF 触发器，这些触发器可以扩展视图可支持的更新类型。

注意

对于每一种触发动作（INSERT、UPDATE 或 DELETE），每一个表或视图只能有一个 INSTEAD OF 触发器。

可以在表或者视图上指定 INSTEAD OF 触发器，用 INSTEAD OF 触发器可以指定执行触发器而不是执行触发 SQL 语句，从而屏蔽原来的 SQL 语句，而转向执行触发器内部的 SQL 语句。对于每一种触发动作（INSERT、UPDATE 或者 DELETE），每一个表或者视图只能有一个 INSTEAD OF 触发器。

INSTEAD OF 触发器的主要优点是可以使不能更新的视图支持更新。基于多个基表的视图必须使用INSTEAD OF触发器来支持引用多个表中数据的插入、更新和删除操作。INSTEAD OF 触发器的另一个优点是使用户可以编写这样的逻辑代码：在允许批处理的其他部分成功的同时拒绝批处理中的某些部分。例如，通常不能在一个基于连接的视图上进行 DELETE 操作。然而，可以编写一个 INSTEAD OF DELETE 触发器来实现删除。

8.6.2 DDL 触发器

SQL Server 2008 中，可以对整个服务器或数据库的某个范围为 DDL 的事件整个定义触发器。像常规触发器一样，DDL 触发器将激发存储过程以响应事件。

但与DML不同的是，它们不会为响应针对表或视图的UPDATE、INSERT或DELETE语句而激发；相反，它们会为响应多种数据定义语言语句而激发。这些语句主要是以 CREATE、ALTER 和 DROP 开头的语句。DDL 触发器可用于管理任务，例如审核和控制数据库操作。

如果要执行以下操作，可以使用 DDL 触发器。

- 要防止对数据库架构进行某些更改。
- 希望数据库中发生某种情况以响应数据库架构中的更改。
- 要记录数据库架构中的更改或事件。

例如，使用 DDL 触发器来防止在 BookDateBase 数据库中表被修改或删除的操作。首先在 BookDateBase 数据库中定义一个数据库级的 DDL 触发器，代码如下所示：

```
USE [BookDateBase]
GO
create TRIGGER  [TRIG_DDL]
ON DATABASE
FOR DROP_TABLE, DROP_TABLE
AS
BEGIN
PRINT '无法修改或者删除表，请在操作之前禁用或删除 DDL 触发器 TRIG_DDL!'
ROLLBACK TRANSACTION
END
```

接下来，在数据库中执行删除 Manage 表的操作：

```
drop table Manage
```

执行上述语句，会出现错误信息，如图 8-14 所示。同样，如果执行了 ALTER 操作，仍会出现下面的错误信息。

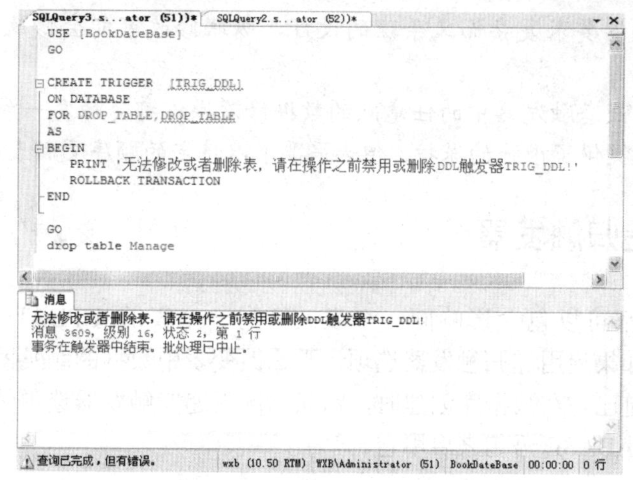

图 8-14　执行 DDL 触发器

8.6.3　嵌套触发器

如果一个触发器在执行操作时引发了另一个触发器，而这个触发器又接着引发下一个触发器，那么就形成了触发器的嵌套。任何触发器都可以包含影响另一个表的 UPDATE、INSERT 或者 DELETE 语句。嵌套触发器在安装时就被启用，但是可以使用系统存储过程 sp_configure 禁用和重新启用嵌套。

触发器最多可以嵌套 32 层，如果嵌套链中的任何触发器建立了无穷循环，那么这将超过最大嵌套层数，该触发器将被终止，并回滚整个事务。嵌套触发器具有多种用途，如保存由前一触发器所影响的行的备份副本。使用嵌套触发器时，需要考虑以下事项和原则。

- 默认情况下，嵌套触发器配置选项是开启的。
- 在同一个触发器事务中，一个嵌套触发器不能被触发两次，触发器不会调用它自己来响应触发器中对同一表的第二次更新。例如，如果在触发器中修改了一个表，接着又修改了定义该触发器的表，触发器不会被再次触发。
- 由于触发器是一个事务，如果在一系列嵌套触发器的任意层中发生错误，则整个事务都将取消，而且所有数据修改将回滚。

嵌套是用来保持整个数据库的数据完整性的重要功能，但有时可能需要禁用嵌套功能。如果禁用了嵌套，那么修改一个表触发器的实现不会再触发该表上的任何触发器。

使用如下语句禁用嵌套：

```
EXEC sp_configure 'nested triggers',0
```

如果想再次启用嵌套可以使用如下语句：

```
EXEC sp_configure 'nested triggers',1
```

在下述情况下，用户可能需要禁止使用嵌套。

- 嵌套触发器要求复杂而又条理的设计，级联修改可能会修改用户不想涉及的数据。
- 在一系列嵌套触发器中的任意点的数据修改操作都会触发一系列触发器。尽管这时数据提供了很强的保护，但如果要求以特定的顺序更新表，就会产生问题。

8.6.4 递归触发器

任何触发器都可以包含影响同一个表或者另一个表的 UPDATE、INSERT 或者 DELETE 语句。如果启用递归触发器选项，那么改变表中数据的触发器，通过递归执行就可以再次触发自己。在数据库创建时，默认情况下递归触发器选项是禁用的，但可以使用 ALTER DATABASE 语句来启用它。

提示

使用 sp_settriggerorder 系统存储过程来指定哪个触发器作为第一个被触发的 AFTER 触发器或者作为最后一个被触发的 AFTER 触发器。而为指定事件定义的其他触发器的执行则没有固定的触发顺序，每个触发器都应该是自包含的。

递归触发器是一种特殊的嵌套触发器，如果嵌套触发器选项关闭，则不管数据库的递归触发器选项设置是什么，递归触发器都将被禁用。递归触发器可以分为以下两种不同的类型。

- 直接递归即触发器被触发并执行一个操作，而该操作又使同一个触发器再次被触发。例如，一个修改 Test 表的应用程序触发了 Trig_1 触发器，Trig_1 触发器更新 Test 表又导致 Trig1 触发器再一次触发。
- 间接递归即触发器被触发并执行一个操作，而该操作又使另一个表中的某个触发器被触发；第二个触发器使原始表得到更新，从而再次触发第一个触发器。例如，一个应用程序更新 Test2 表，触发了 Trig_2 触发器；Trig_2 触发器更新 Test3 表，又导致 Trig_3 触发器触发，Trig_3 触发器又更新 Test2 表从而导致 Trig_2 触发器的再一次触发。

在 SQL Server 2008 中，可以通过管理器工具来设置启用递归触发器，操作步骤如下。

1 打开 SQL Server Management Studio 窗口，并展开【服务器】|【数据库】节点。

2 右击 BookDateBase 数据库，在弹出的菜单中选择【属性】命令，打开【数据库属性】窗口。

3 选择【选项】选项卡，如果允许递归触发器，则可以从【选项】选项组中的【递归触发器已启用】后的下拉列表中选择 True 选项，如图 8-15 所示。

4 单击【确定】按钮，完成修改。

递归触发器具有复杂特性，可以用它来解决诸如自引用关系这样的复杂关系。使用递归触发器时，需要考虑以下事项和原则。

- 递归触发器很复杂，必须经过有条理的设计和全面的测试。
- 在任意点的数据修改会触发一系列触发器。尽管提供处理复杂关系的能力，但是如果表要求以特定的顺序更新用户的表时，使用递归触发器就会产生问题。

- 所有触发器一起构成一个大事务。任何触发器中的任何位置上的 ROLLBACK 命令都将取消所有数据输入。所有数据均被擦除，并且无任何数据放到表中。
- 递归触发器最多只能递归 16 层。换句话说，如果递归链中的第 16 个触发器激活了第 17 个触发器，则结果与发布 ROLLBACK 命令一样，所有数据将被擦除。

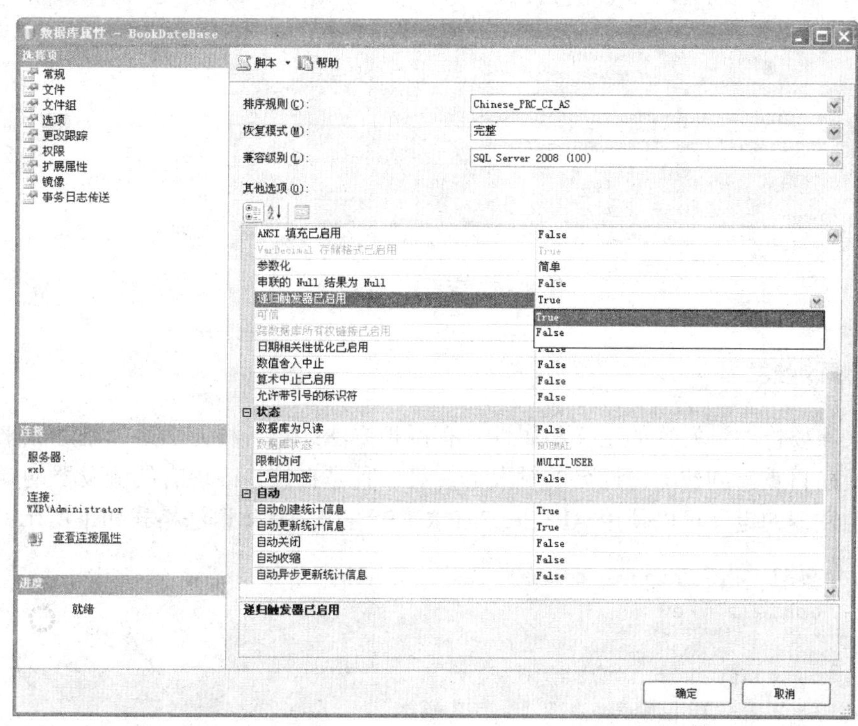

图 8-15　启用递归触发器

8.6.5　管理触发器

前面介绍了关于触发器的创建方面的内容，下面将介绍如何对已存在的触发器进行管理，例如对触发器的查看、修改、删除等。

1. 查看触发器

可以把触发器看作是特殊的存储过程，因此所有适用于存储过程的管理方式都适用于触发器。可以使用像 sp_helptext、sp_help 和 sp_depends 等系统存储过程来查看触发器的有关信息，也可以使用 sp_rename 系统存储过程来重命名触发器。

例如，使用 sp_helptext 系统存储过程可以查看触发器的定义语句，如下所示：

```
exec sp_helptextbookclasscounts
```

执行结果如图 8-16 所示。

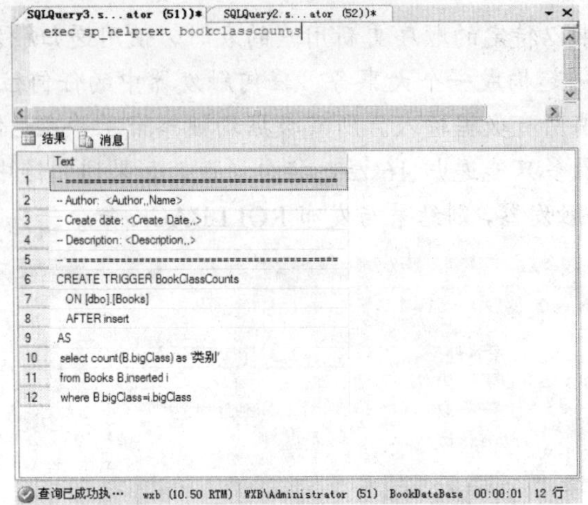

图 8-16　查看触发器内容

2. 修改触发器

如果需要修改触发器的定义和属性，有两种方法：第一种方法是先删除原来的触发器的定义，再重新创建与之同名的触发器；第二种是直接修改现有的触发器的定义。修改现有触发器的定义可以使用 ALTER TRIGGER 语句。具体语法格式如下所示：


```
ALTER TRIGGER trigger_name
ON { table | view }
{
{ { FOR | AFTER | INSTEAD OF }
{ [DELETE] [,] [INSERT] [,] [UPDATE] }
AS
sql_statement
}
}
```

修改触发器语句 ALTER TRIGGER 中各参数的含义与创建触发器 CREATE TRIGGER 时相同，这里不再重复说明。

> **警告**
>
> 一旦使用 WITH ENCRYPTION 对触发器加密，即使是数据库所有者也无法查看或者修改触发器。

下面的语句将前面创建的触发器 BookClassCounts 进行修改。

```
ALTER TRIGGER [dbo].[BookClassCounts]
ON [dbo].[Books]
AFTER insert
AS
select count(B.bigClass) as '类别'
```

```
from BooksB,insertedi
where B.bigClass=i.bigClass
```

3. 删除触发器

当不再需要某个触发器时，可以删除它。触发器删除时，触发器所在表中的数据不会因此改变。当某个表被删除时，该表上的所有触发器也自动被删除。

使用 DROP TRIGGER 语句可以删除当前数据库中的一个或者多个触发器。例如删除触发器 BookClassCounts，就可以执行如下代码：

```
USE BookDateBase
GO
DROP TRIGGER BookClassCounts
```

4. 禁用触发器

用户可以禁用、启用一个指定的触发器或者一个表的所有触发器。当禁用一个触发器后，它在表上的定义仍然存在。但是，当对表执行 INSERT、UPDATE 或者 DELETE 语句时，并不执行触发器的动作，直到重新启动触发器为止。

- **禁用对表的 DML 触发器**

例如，使用语句禁用在 BookDateBase 数据库中 Books 表上创建的触发器 BookClassCounts：

```
DISABLE TRIGGER BookClassCounts ON Books
```

- **禁用对数据库的 DDL 触发器**

下面的语句禁用一个数据库作用域的 DDL 触发器 trig_DDL：

```
DISABLE TRIGGER trig_DDL ON DATABASE
```

- **禁用以同一作用域定义的所有触发器**

以下示例禁用在服务器作用域中创建的所有 DDL 触发器：

```
DISABLE TRIGGER ALL ON ALL SERVER
```

禁用之后的启用操作，应该使用语句 ENABLE TRIGGER，该语句的参数与对应的禁用语句相同。

8.7 扩展练习

1. 设置嵌套和递归触发器

如果一个触发器在执行操作时引发了另一个触发器，而这个触发器又接着引发下一个触发器，那么这些触发器就是嵌套触发器。递归触发器是指触发的语句在改变表中数据的同时又触发了自己。默认情况下，SQL Server 2008 允许嵌套触发器，但不允许递归触发器。

1 启动 Microsoft SQL Server Management Studio 后，新建查询窗口。

2 由于默认情况下，嵌套触发器配置选项是开启的。因此要禁用嵌套，可使用如下语句：

```
EXEC sp_configure 'nested triggers',0
```

3 如果想再次启用嵌套可以使用如下语句：

```
EXEC sp_configure 'nested triggers',1
```

4 如果嵌套选项关闭，将不能启用递归选项。默认时，递归选项被禁用。启用时先展开【服务器】|【数据库】| BookDateBase 节点。

5 右击该节点选择【属性】命令，打开【数据库属性】窗口。

6 选择【选项】选项卡。如果允许递归触发器，则可以将【杂项】选项组中的【递归触发器已启用】选项设置为 True，如图 8-17 所示。

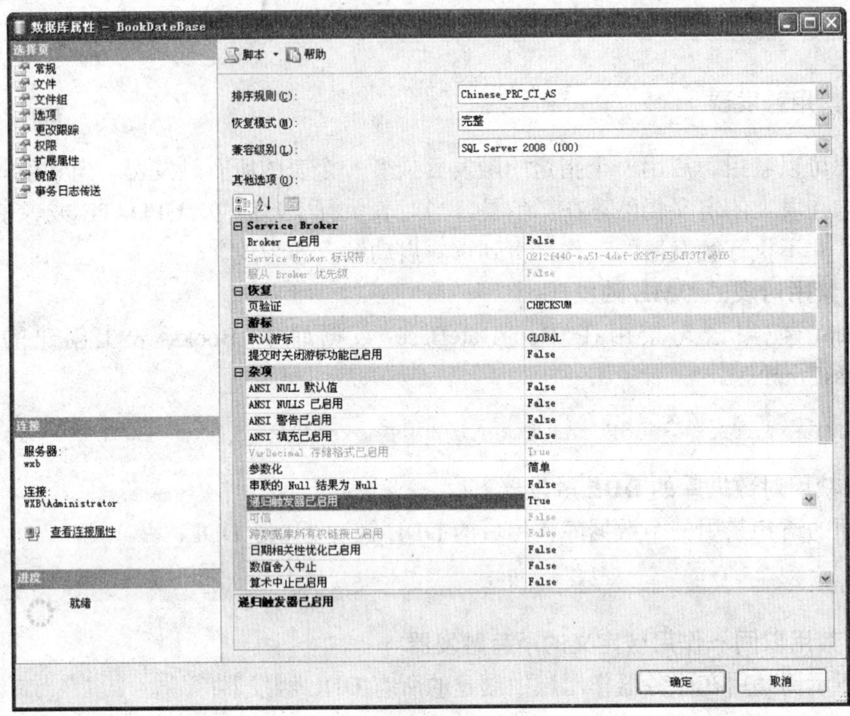

图 8-17 【数据库属性】窗口

2. 向存储过程中传递参数

1 启动 Microsoft SQL Server Management Studio 后，新建查询窗口。

2 根据要求编写存储过程框架，这里的名称为 proc_info。

3 定义一个参数：一个用于指定图书编号的@Bnum。

4 根据要求，编写存储过程内容，最终的语句如下所示：

```
CREATE PROCEDURE proc_info
@Bnum int
AS
select Bnum,Bname,price
from Books
```

```
where Bnum=@Bnum
GO
```

执行上述代码，结果如图 8-18 所示。

5 执行存储过程，查看图书 ID 为 12 的图书价格信息：

```
EXEC dbo.proc_info12
```

执行上述语句，结果如图 8-19 所示。

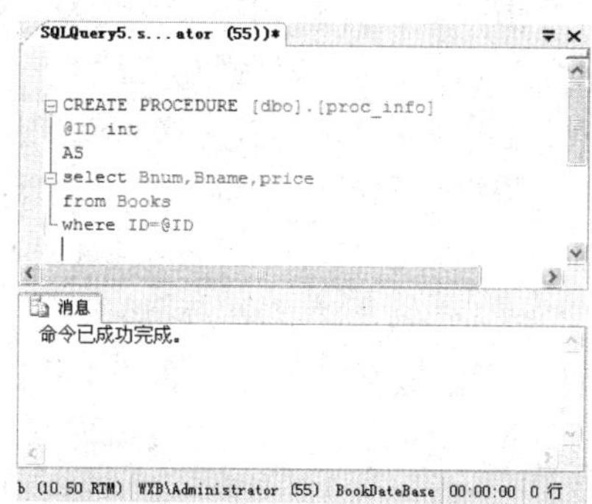

图 8-18　创建存储过程

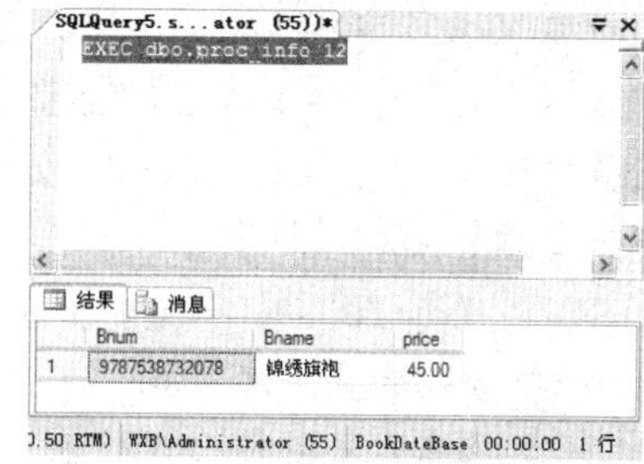

图 8-19　执行存储过程

6 通过系统存储过程查看创建存储过程的内容：

```
EXEC sp_helptextproc_info
```

第 9 章 安全管理与数据库维护

数据库的安全性是指保护数据库以防止不合法的使用所造成的数据泄露、更改或破坏。系统安全保护措施是否有效是数据库系统的主要指标之一。数据库的安全性和计算机系统的安全性（包括操作系统、网络系统的安全性）是紧密联系、相互支持的。

随着越来越多的网络相互连接，安全性也变得日益重要。公司的资产必须受到保护，尤其是数据库，它们存储着公司的宝贵信息。安全是数据引擎的关键特性之一，保护企业免受各种威胁。SQL Server 2008 安全特性的宗旨是使其更加安全，且使数据保护人员能够更方便地使用和理解安全。

在 SQL Server 2008 中，为了保证数据的安全性，需要做好以下几方面的工作。

- ❑ 选择合理的数据库架构。
- ❑ 对数据库系统进行合理的配置和权限设置。
- ❑ 经常对数据库中的数据进行及时备份与恢复。

本章围绕数据库的安全性配置、数据库的架构设计以及对数据的备份与恢复操作等方面的内容，展开详细讲解。

本章学习目标

- ➢ 了解数据库安全性
- ➢ 掌握管理 SQL Server 服务器安全性
- ➢ 掌握管理角色
- ➢ 掌握管理架构
- ➢ 掌握管理权限

9.1 数据库安全性概述

数据库是电子商务、金融以及 ERP 系统的基础，通常都保存着重要的商业数据和客户信息，例如，交易记录、工程数据、个人资料等。数据完整性和合法存取会受到很多方面的安全威胁，包括密码策略、系统后门、数据库操作以及本身的安全方案。另外，数据库系统中存在的安全漏洞和不当的配置通常会造成严重的后果，而且都难以发现。

9.1.1 SQL Server 2008 安全管理新特性

在过去几年中，世界各地的人们对于安全的、基于计算机的系统有了更深刻的理解。Microsoft 在此过程中一直处于前沿，而 SQL Server 就是落实这种理解的首批产品之一。它实现了重要的“最少特权”原则，因此不必授予用户超出工作所需的权限。它提供了深层次的防御工具，可以采取措施防御最危险黑客的攻击。

微软 SQL Server 2008 可以对整个数据库、数据文件和日志文件进行加密，而不需要改动应用程序。进行加密使公司可以满足遵守规范和及其关注数据隐私的要求。它为加密和密钥管理提供了一个全面的解决方案。满足不断发展的对数据中心信息的更强安全性的需求，公司投资给供应商来管理公司内的安全密钥。微软 SQL Server 2008 使用户可以审查数据的操作，从而提高了遵从性和安全性。审查不只包括对数据修改的所有信息，还包括关于什么时候对数据进行读取的信息。

SQL Server 2008 提供了丰富的安全特性，用于保护数据和网络资源。它的安装更轻松、更安全，除了最基本的特性之外，其他特性都不是默认安装的，即便安装了也处于未启用的状态。SQL Server 提供了丰富的服务器配置工具，特别值得关注的就是 SQL Server Surface Area Configuration Tool，它的身份验证特性得到了增强，SQL Server 更加紧密地与 Windows 身份验证相集成，并保护弱口令或陈旧的口令。有了细粒度授权、SQL Server Agent 代理和执行上下文，在经过验证之后，授权和控制用户可以采取的操作将更加灵活，元数据也更加安全，因为系统元数据视图仅返回关于用户有权以某种形式使用的对象的信息。在数据库级别，加密提供了最后一道安全防线，而用户与架构的分离使得用户的管理更加轻松。

9.1.2 SQL Server 2008 安全性机制

对于数据库管理来说，保护数据不受内部和外部侵害是一项重要的工作。SQL Server 2008 的身份验证、授权和验证机制可以保护数据免受未经授权的泄露和篡改。

SQL Server 的安全机制主要包括 3 个等级。

1．服务器级别的安全机制

这个级别的安全性主要通过登录账户进行控制，要想访问一个数据库服务器 ，必须拥有一个登录账户。登录账户可以是 Windows 账户或组，也可以是 SQL Server 的登录账户。登录账户可以属于相应的服务器角色。至于角色，可以理解为权限的组合。

2．数据库级别的安全机制

这个级别的安全性主要通过用户账户进行控制，要想访问一个数据库，必须拥有该数据库的一个用户账户身份。用户账户是通过登录账户进行映射的，可以属于固定的数据库角色或自定义数据库角色。

3．数据对象级别的安全机制

这个级别的安全性通过设置数据对象的访问权限进行控制。如果是使用图形界面管理工具，可以在表上右击，选择【属性】|【权限】命令，然后启用相应的权限复选框即可。

以上的每个等级就好像一道门，如果门没有上锁，或者用户拥有开门的钥匙，则用户可以通过这道门达到下一个安全等级。如果通过了所有的门，则用户就可以实现对数据的访问。这种关系可以用图 9-1 来表示。

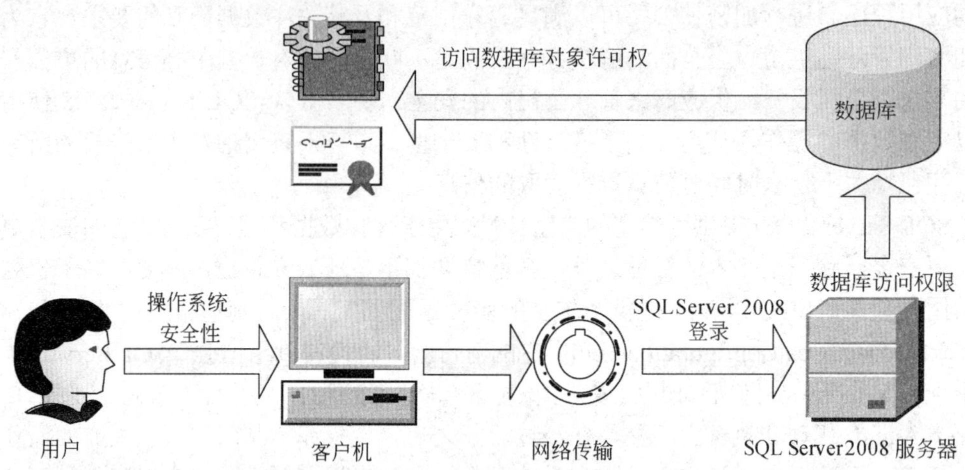

图 9-1　SQL Server 2008 的安全性等级

> **提 示**
>
> 通常情况下，客户操作系统安全的管理是操作系统管理员的任务。SQL Server 不允许用户建立服务器级的角色。另外，为了减少管理的开销，在对象级安全管理上应该在大多数场合赋予数据库用户以广泛的权限，然后再针对实际情况在某些敏感的数据上实施具体的访问权限限制。

9.1.3　SQL Server 2008 安全主体

在 SQL Server 2008 中，数据库中的所有对象都是位于架构内的。每一架构的所有者都是角色，而不是独立的用户，允许多用户管理数据库对象。这解决了旧版本中的一些问题，即没有重新指派每一个对象的所有者就不能从数据库中删除用户。现在，用户仅需要更改架构的所有权，而不用去更改每一个对象的所有权。

SQL Server 2008 中广泛使用安全主体和安全对象管理安全。一个请求服务器、数据库或架构资源的实体称为安全主体。每一个安全主体都有唯一的安全标识符（Secrity Identifier，ID）。安全主体在 3 个级别上管理：Windows、SQL Server 和数据库。安全主体的级别决定了安全主体的影响范围。通常，Windows 和 SQL Server 级别的安全主体具有实例级的范围，而数据库级别的安全主体的影响范围是特定的数据库。

表 9-1 中列出了每一级别的安全主体。这些安全主体包括 Windows 组、数据库角色和应用程序角色，它们能包括其他安全主体。这些安全主体也称为集合，每个数据库用户属于公共数据库角色。当一个用户在安全对象上没有被授予或被拒绝给予特定权限的时候，用户则继承了该安全对象上授予公共角色的权限。

表 9-1 安全主体级别和所包括的主体

主体级别	主体对象
Windows 级别	Windows 域登录、Windows 本地登录、Windows 组
SQL Server 级别	服务器角色、SQL Server 登录
	SQL Server 登录映射为非对称密钥
	SQL Server 登录映射为证书
	SQL Server 登录映射为 Windows 登录
数据库级别	数据库用户、应用程序角色、数据库角色、公共数据库角色
	数据库映射为非对称密钥
	数据库映射为证书
	数据库映射为 Windows 登录

提示

常用的加密方式有两种：对称加密和非对称加密。对称加密使用相同的密钥加密和解密数据，使用的算法相对于非对称加密的算法而言比较简单。非对称加密使用两个具有数学关系的不同密钥和解密数据。这两个密钥分别为私钥和公钥，它们称为密钥对。非对称加密被认为比对称加密更安全，因为数据的加密密钥与解密密钥不同。

安全主体能在分等级的实体集合（也称为安全对象）上分配特定的权限。如表 9-2 所示，最顶层的 3 个安全对象是服务器、数据库和架构。这些安全对象的每一个都包含其他的安全对象，后者依次又包含其他的安全对象，这些嵌套的层次结构称为范围。因此，也可以说 SQL Server 中的安全对象范围是服务器、数据库和架构。

表 9-2 安全对象范围及包含的安全对象

安全对象范围	包含的安全对象
服务器	服务器（当前实例）、数据库、端点、登录、服务器角色
数据库	应用程序角色、程序集、非对称密钥
	证书、合同、数据库角色
	全文目录、消息类型、远程服务绑定
	路由、架构、服务、对称密钥、用户
架构	聚合、函数、过程
	队列、同义词、表
	类型、视图、XML 架构集合

9.2 管理 SQL Server 服务器安全性

要想保证数据库数据的安全，必须搭建一个相对安全的运行环境。因此，对服务器安全性管理至关重要。在 SQL Server 2008 中，对服务器的安全性管理主要通过更加健壮的验证模式，安全登录服务器的账户管理以及对服务器角色的控制实现，从而，更加有力地保证了服务器的安全便捷。

9.2.1 身份验证模式

SQL Server 2008 提供了 Windows 身份和混合身份两种验证模式，每一种身份验证都有一个不同类型的登录账户。无论哪种模式，SQL Server 2008 都需要对用户的访问进行两个阶段的检验：验证阶段和许可确认阶段。

- **验证阶段** 用户在 SQL Server 2008 获得对任何数据库的访问权限之前，必须登录到 SQL Server 上，并且被认为是合法的。SQL Server 或者 Windows 要求对用户进行验证。如果验证通过，用户就可以连接到 SQL Server 2008 上；否则，服务器将拒绝用户登录。
- **许可确认阶段** 用户验证通过后会登录到 SQL Server 2008 上，此时系统将检查用户是否有访问服务器上数据的权限。

技巧

如果在服务器级别配置安全模式，它们会应用到服务器上的所有数据库。但是，由于每个数据服务器实例都有独立的安全体系结构，这就意味着不同的数据库服务器实例，可以使用不同的安全模式。

1. Windows 身份验证

Windows 身份验证模式是默认的身份验证模式，它比混合模式要安全得多。当数据库仅在内部访问时使用 Windows 身份验证模式可以获得最佳工作效率。在使用 Windows 身份验证模式时，可以使用 Windows 域中有效的用户和组账户来进行身份验证。这种模式下，域用户不需要独立的 SQL Server 用户账户和密码就可以访问数据库。这对于普通用户来说是非常有益的，因为这意味着域用户不需要记住多个密码。如果用户更新了自己的域密码，也不必更改 SQL Server 2008 的密码。但是，在该模式下用户仍然要遵从 Windows 安全模式的所有规则，并可以用这种模式去锁定账户、审核登录和迫使用户周期性地更改登录密码。

当用户通过 Windows 用户账户连接时，SQL Server 使用操作系统中的 Windows 主体标记验证账户名和密码。也就是说，用户身份由 Windows 进行确认。SQL Server 不要求提供密码，也不执行身份验证。

图 9-2 所示是本地账户启用 SQL Server Management Studio 窗口，使用操作系统中的 Windows 主体标记进行连接的示意图。

其中，服务器名称中 MR 代表当前计算机名称，Administrator 是指登录该计算机时使用的 Windows 账户名称。这也是 SQL Server 默认的身份验证模式，并且比 SQL Server 身份验证更为安全。Windows 身份验证使用 Kerberos 安全协议，提供有关强密码复杂性验证的密码策略强制，还提供账户锁定支持，并且支持密码过期。通过 Windows 身份验证完成的连接有时也称为可信连接，这是因为 SQL Server 信任由 Windows 提供凭据。

图 9-2　Windows 身份验证模式

Windows 身份验证模式有以下主要优点。

- 数据库管理员的工作可以集中在管理数据库上面，而不是管理用户账户。对用户账户的管理可以交给 Windows 去完成。
- Windows 有更强的用户账户管理工具。可以设置账户锁定、密码期限等。如果不通过定制来扩展 SQL Server，SQL Server 则不具备这些功能。
- Windows 的组策略支持多个用户同时被授权访问 SQL Server。

2. 混合模式

使用混合安全的身份验证模式，可以同时使用 Windows 身份验证和 SQL Server 登录。SQL Server 登录主要用于外部的用户，例如那些可能从 Internet 访问数据库的用户。可以配置从 Internet 访问 SQL Server 2008 的应用程序以自动地使用指定的账户或提示用户输入有效的 SQL Server 用户账户和密码。

使用混合安全模式，SQL Server 2008 首先确定用户的连接是否使用有效的 SQL Server 用户账户登录。如果用户有有效的登录和使用正确的密码，则接受用户的连接；如果用户有有效的登录，但是使用不正确的密码，则用户的连接被拒绝。仅当用户没有有效的登录时，SQL Server 2008 才检查 Windows 账户的信息。在这种情况下，SQL Server 2008 将会确定 Windows 账户是否有连接到服务器的权限。如果账户有权限，连接被接受；否则，连接被拒绝。

当使用混合模式身份验证时，在 SQL Server 中创建的登录名并不基于 Windows 用户账户。用户名和密码均通过使用 SQL Server 创建并存储在 SQL Server 中。通过混合模式身份验证进行连接的用户每次连接时必须提供其凭据（登录名和密码）。当使用混合模式身份验证时，必须为所有 SQL Server 账户设置强密码。图 9-3 所示是选择混合模式身份验证的登录界面。

如果用户是具有 Windows 登录名和密码的 Windows 域用户，则还必须提供另一个用于连接的（SQL Server）登录名和密码。记住多个登录名和密码对于许多用户而言都较为困难。每次连接到数据库时都必须提供 SQL Server 凭据也十分烦琐。混合模式身份验证的缺点如下所示。

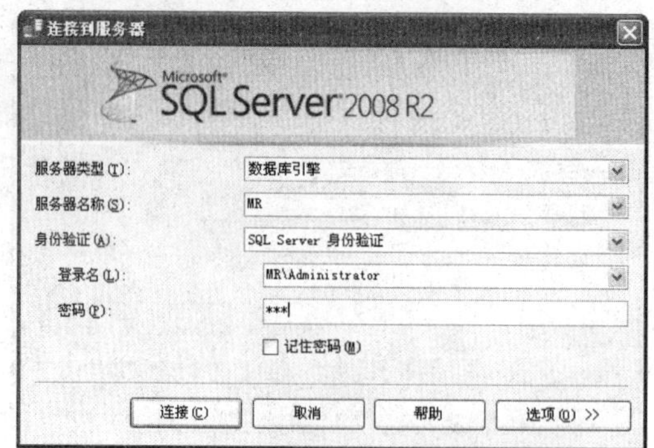

图 9-3 使用 SQL Server 身份验证

- SQL Server 身份验证无法使用 Kerberos 安全协议。
- SQL Server 登录名不能使用 Windows 提供的其他密码策略。

混合模式身份验证的优点如下。

- 允许 SQL Server 支持那些需要进行 SQL Server 身份验证的旧版应用程序和由第三方提供的应用程序。
- 允许 SQL Server 支持具有混合操作系统的环境，在这种环境中并不是所有用户均由 Windows 域进行验证。
- 允许用户从未知的或不可信的域进行连接。例如，既定客户使用指定的 SQL Server 登录名进行连接以接收其订单状态的应用程序。
- 允许 SQL Server 支持基于 Web 的应用程序，在这些应用程序中用户可创建自己的标识。
- 允许软件开发人员通过使用基于已知的预设 SQL Server 登录名的复杂权限层次结构来分发应用程序。

注 意

> 使用 SQL Server 身份验证不会限制安装 SQL Server 的计算机上的本地管理员的权限。

3．配置身份验证模式

通过前面的学习，大家已经对 SQL Server 2008 的两种身份验证模式有了一定的认识。下面将学习在安装 SQL Server 之后，设置和修改服务器身份验证模式的操作方法。

在第一次安装 SQL Server 2008 或者使用 SQL Server 2008 连接其他服务器的时候，需要指定验证模式。对于已指定验证模式的 SQL Server 2008 服务器还可以进行修改，具体操作步骤如下。

1 打开 SQL Server Management Studio 窗口，选择一种身份验证模式建立与服务器的连接。

2 在【对象资源管理器】窗口中右击当前服务器名称，选择【属性】命令，打开【服务器属性】对话框，如图 9-4 所示。

在默认打开的【常规】选项卡中，显示了 SQL Server 2008 服务器的常规信息，包括

SQL Server 2008 的版本、操作系统版本、运行平台、默认语言以及内存和 CPU 等。

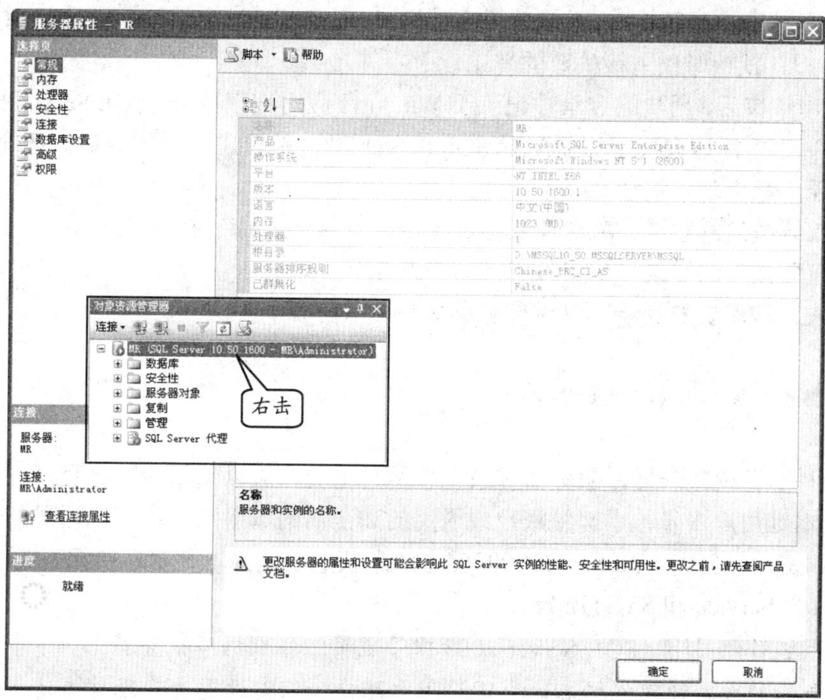

图 9-4 【服务器属性】对话框

3 在左侧的列表框中，选择【安全性】选项卡，展开【安全性】选项的内容，如图 9-5 所示。在此选项卡中即可设置身份验证模式。

图 9-5 【安全性】选项卡

4 通过在【服务器身份验证】选项组下，启用相应的单选按钮，可以确定 SQL Server 2008 的服务器身份验证模式。无论使用哪种模式，都可以通过审核来跟踪访问 SQL Server 2008 的用户，默认时仅审核失败的登录。

当启用审核后，用户的登录被记录于 Windows 应用程序日志、SQL Server 2008 错误日志或两种之中，这取决于如何配置 SQL Server 2008 的日志。可用的审核选项如下。

- **无** 禁止跟踪审核。
- **仅限失败的登录** 默认设置，选择后仅审核失败的登录尝试。
- **仅限成功的登录** 仅审核成功的登录尝试。
- **失败和成功的登录** 审核所有成功和失败的登录尝试。

9.2.2 管理登录账号

与两种验证模式一样，服务器登录也有两种情况：可以使用域账号登录，域账号可以是域或本地用户账号、本地组账户或通用的和全局的域组账户；可以通过指定唯一的登录 ID 和密码来创建 SQL Server 2008 登录，默认登录包括本地管理员组、本地管理员、sa、Network Service 和 SYSTEM。

- **系统管理员组** SQL Server 2008 中管理员组在数据库服务器上属于本地组。这个组的成员通常包括本地管理员用户账户和任何设置为管理员本地系统的其他用户。在 SQL Server 2008 中，此组默认授予 sysadmin 服务器角色。
- **管理员用户账户** 管理员在 SQL Server 2008 服务器上的本地用户账户。该账户提供对本地系统的管理权限，主要在安装系统时使用它。如果计算机是 Windows 域的一部分，管理员账户通常也有域范围的权限。在 SQL Server 2008 中，这个账户默认授予 sysadmin 服务器角色。
- **sa 登录** 是 SQL Server 系统管理员的账户。而在 SQL Server 2008 中采用了新的集成和扩展的安全模式，sa 不再是必须的，提供此登录账户主要是为了针对以前 SQL Server 版本的向后兼容性。与其他管理员登录一样，sa 默认授予 sysadmin 服务器角色。在默认安装 SQL Server 2008 的时候，sa 账户没有被指派密码。

注 意

如果要组织非授权访问服务器，可以为 sa 账户设置一个密码，而且应该像 Windows 账户密码那样，周期性地进行修改。

- **Network Service 和 SYSTEM 登录** 它是 SQL Server 2008 服务器上内置的本地账户，而是否创建这些账户的服务器登录，依赖于服务器的配置。例如，如果已经将服务器配置为报表服务器，此时将有一个 Network Service 的登录账户，这个登录将是 mester、msdb、ReportServer 和 ReportServerTempDB 数据库的特殊数据库角色 RSExceRole 的成员。

在服务器实例设置期间，Network Service 和 SYSTEM 账户可以是为 SQL Server、SQL

Server 代理、分析服务和报表服务器所选择的服务账户。在这种情况下，SYSTEM 账户通常具有 sysadmin 服务器角色，允许其完全访问以管理服务器实例。

只有获得 Windows 账户的客户才能建立与 SQL Server 2008 的信任连接（即 SQL Server 2008 委托 Windows 验证用户的密码）。如果正在为其创建登录的用户（比如 Novell 客户）无法建立信任连接，则必须为它们创建 SQL Server 账户登录。下面来创建两个标准登录，以供后面使用。具体操作过程如下。

1 打开 Microsoft SQL Server Management Studio 窗口，展开【服务器】节点，然后展开【安全性】节点。

2 右击【登录名】节点，从弹出的菜单中选择【新建登录名】命令，将打开【登录名-新建】窗口，然后输入登录名为 shop_Manage，同时，启用【SQL Server 身份验证】单选按钮，并设置密码，如图 9-6 所示。

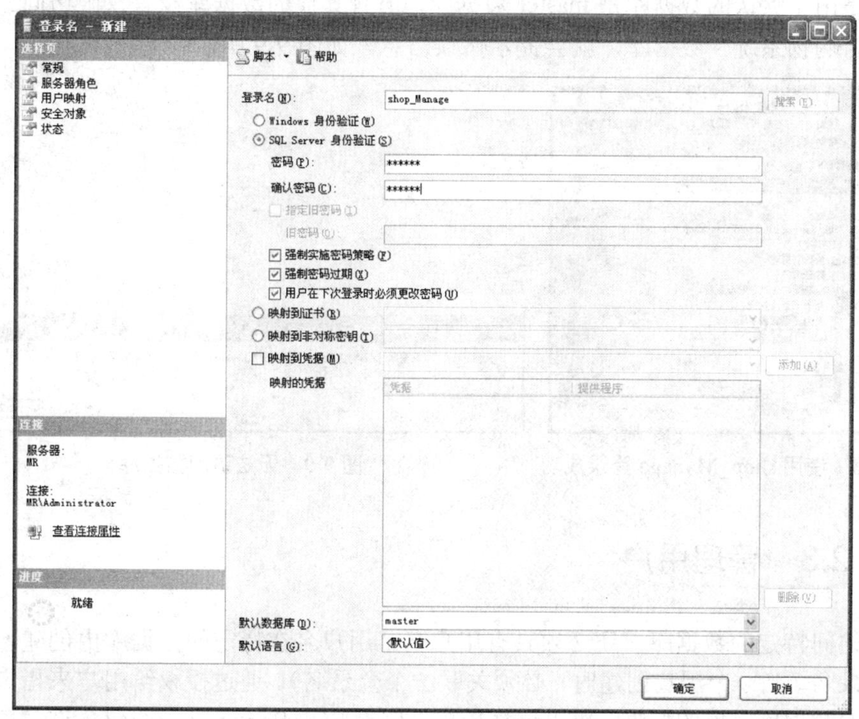

图 9-6　创建 SQL Server 登录账户

3 单击【确定】按钮，完成 SQL Server 登录账户的创建。

为了测试创建的登录名是否成功，下面用新的登录名 shop_Manage 来进行测试，具体步骤如下所示。

1 在 SQL Server Management Studio 窗口中，选择【连接】|【数据库引擎】命令，将打开【连接到服务器】对话框。

2 从【身份验证】下拉列表中，选择【SQL Server 身份验证】选项，在【登录名】文本框中输入 shop_Manage，在【密码】文本框中输入相应的密码，如图 9-7 所示。

图 9-7　连接服务器

3 单击【连接】按钮，登录服务器，如图 9-8 所示。

但是由于默认的数据库是 master 数据库，所有其他的数据库没有权限访问。这里访问“网店购物系统”数据库，就会提示错误信息，如图 9-9 所示。

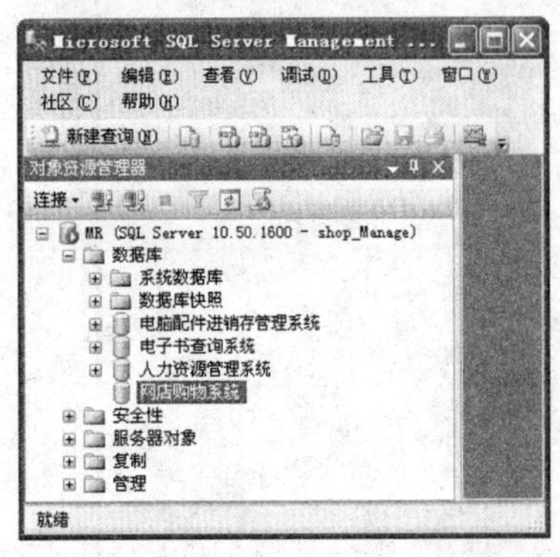

图 9-8　使用 shop_Manage 登录成功

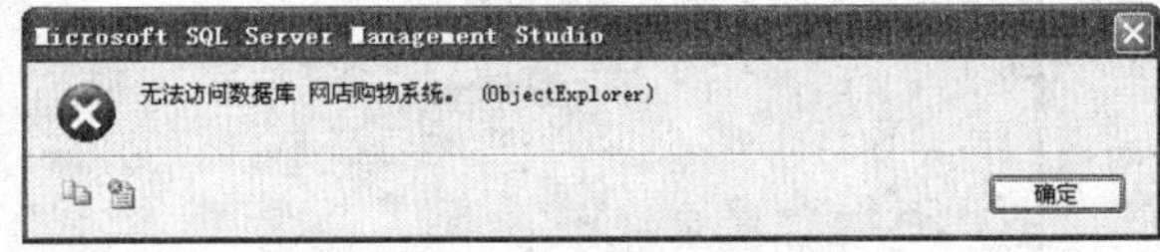

图 9-9　无法访问数据库

9.2.3　管理用户

要访问特定的数据库，还必须具有用户名。用户名在特定的数据库内创建，并关联一个登录名（当一个用户创建时，必须关联一个登录名）。通过授权给用户来指定用户可以访问的数据库对象的权限。可以这样想象，假设 SQL Server 是一个包含许多房间的大楼，每一个房间代表一个数据库，房间里的资料可以表示数据库对象。则登录名就相当于进入大楼的钥匙，而每个房间的钥匙就是用户名。房间中的资料则可以根据用户名的不同而有不同的权限。

在上一节中，介绍了创建登录账户。而创建的登录账户将不为该登录账户映射相应的数据库用户，所以该登录账户无法访问数据库。一般情况下，用户登录 SQL Server 实例后，还不具备访问数据库的条件。在用户可以访问数据库之前，管理员必须为该用户在数据库中建立一个数据库账号作为访问该数据库的 ID。这个过程就是将 SQL Server 登录账号映射到需要访问的每个数据库中，这样才能够访问数据库。如果数据库中没有用户账户，则即使用户能够连接到 SQL Server 实例也无法访问到该数据库。

下面通过使用 SQL Server Management Studio 来创建数据库用户账户，然后给用户授予访问数据库“网店购物系统”的权限。具体步骤如下所示。

1 打开 SQL Server Management Studio 窗口，并展开【服务器】节点。

2 展开【数据库】节点，然后再展开【网店购物系统】节点。

3 再展开【安全性】节点，右击【用户】节点，从弹出的菜单中选择【新建用户】命令，打开【数据库用户-新建】窗口。

4 单击【登录名】文本框旁边的【选项】按钮□，打开【选择登录名】对话框，然后单击【浏览】按钮，打开【查找对象】对话框，选择刚刚创建的 SQL Server 登录账户 shop_Manage，如图 9-10 所示。

5 单击【确定】按钮返回，在【选择登录名】对话框中就可以看到选择的登录名对象，如图 9-11 所示。

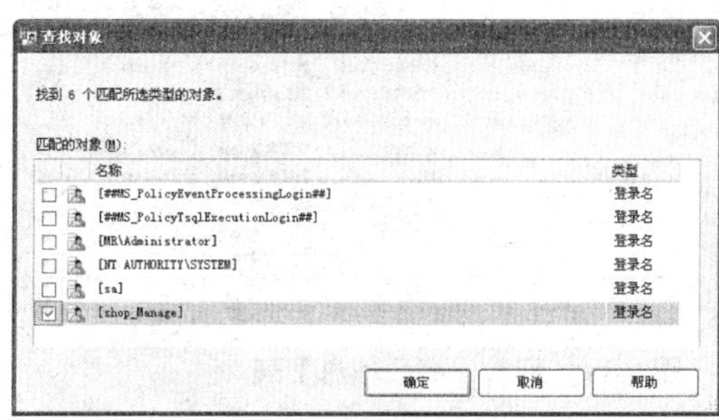

图 9-10　选择登录账户

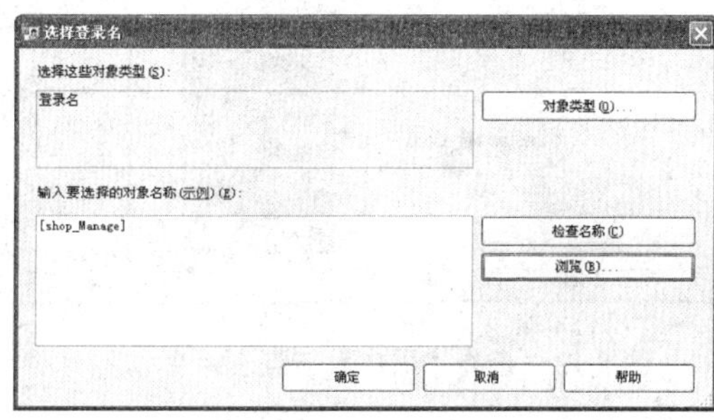

图 9-11　【选择登录名】对话框

6 单击【确定】按钮返回。设置用户名为 WD，选择架构为 dbo，并设置用户的角色为 db_owner，具体设置如图 9-12 所示。

图 9-12　新建数据库用户

7 单击【确定】按钮，完成数据库用户的创建。

8 为了验证是否创建成功，刷新【用户】节点，就可以看到刚才创建的 WD 用户账户，如图 9-13 所示。

数据库用户创建成功后，就可以使用该用户关联的登录名 shop_Manage 进行登录，从而访问【网店购物系统】的所有内容，如图 9-14 所示。

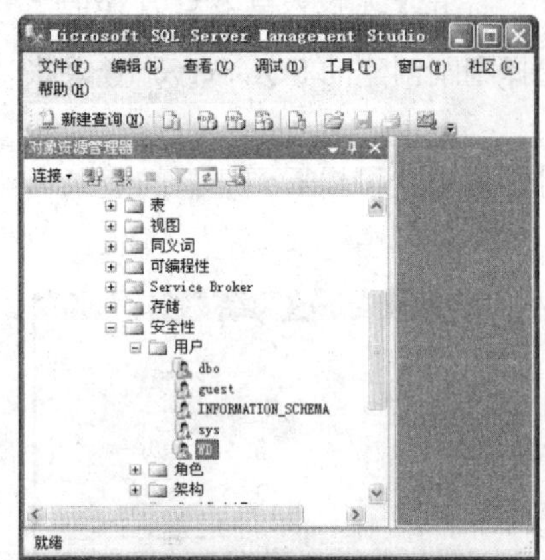

图 9-13　查看【用户】节点

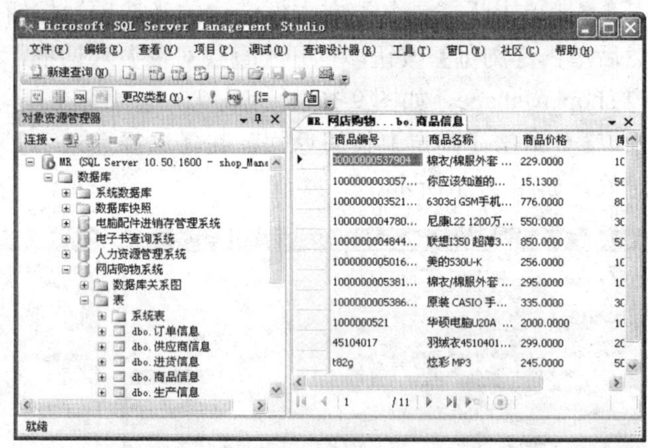

图 9-14　查看【商品信息】表

添加数据库用户还可以用系统存储过程 sp_grantdbaccess 来实现，具体语法如下：

```
CREATE USER user_name
    [ { { FOR | FROM }
      {
        LOGIN login_name
        | CERTIFICATE cert_name
        | ASYMMETRIC KEY asym_key_name
      }
      | WITHOUT LOGIN
    ]
    [ WITH DEFAULT_SCHEMA = schema_name ]
```

其中语法的参数介绍如下。

- **user_name**　指定在此数据库中用于识别该用户的名称。user_name 是 sysname。它的长度最多是 128 个字符。
- **LOGIN login_name**　指定要创建数据库用户的 SQL Server 登录名。login_name 必须是服务器中有效的登录名。当此 SQL Server 登录名进入数据库时，它将获取正在创建的数据库用户的名称和 ID。
- **CERTIFICATE cert_name**　指定要创建数据库用户的证书。
- **ASYMMETRIC KEY asym_key_name**　指定要创建数据库用户的非对称密钥。
- **WITH DEFAULT_SCHEMA = schema_name**　指定服务器为此数据库用户解析对象名时将搜索的第一个架构。
- **WITHOUT LOGIN**　指定不应将用户映射到现有登录名。

下面的例子建立了一个 SQL Server 的登录账户，然后将该账户添加为【网店购物系统】数据库的用户。

```
USE master
GO
CREATE LOGIN admin
WITH PASSWORD = 'admini_strator';
USE 网店购物系统
CREATE USER admin FOR LOGIN admin;
GO
```

执行上述语句，就为【网店购物系统】数据库创建了一个名字为 admin 的用户，如图 9-15 所示。

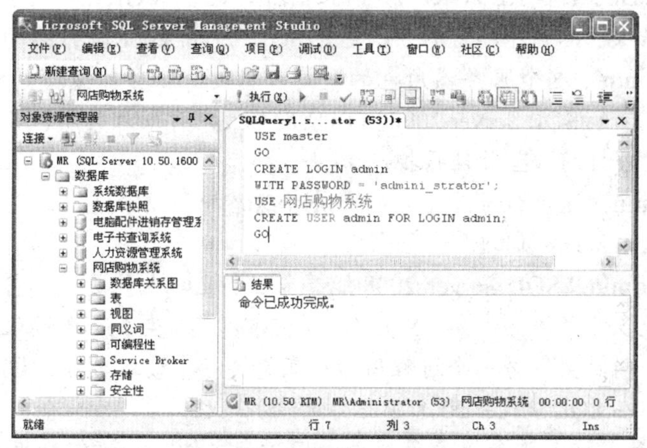

图 9-15　查看数据库用户

提 示

使用系统存储过程创建 SQL Server 登录时候，密码要符合 SQL Server 2008 的密码策略，如果密码过于简单，将无法创建账户。

9.3 管理角色

角色是 SQL Server 2008 用来集中管理数据库或者服务器的权限。数据库管理员将操作数据库的权限赋予角色。然后，数据库管理员再将角色赋给数据库用户或者登录账户，从而使数据库用户或者登录账户拥有了相应的权限。

9.3.1 固定服务器角色

为便于管理服务器上的权限，SQL Server 提供了若干“角色”，这些角色是用于分组其他主体的安全主体。“角色”类似于 Microsoft Windows 操作系统中的“组”。

服务器级角色也称为“固定服务器角色”，因为不能创建新的服务器级角色。服务器级角色的权限作用域为服务器范围。可以向服务器级角色中添加 SQL Server 登录名、Windows 账户和 Windows 组。固定服务器角色的每个成员都可以向其所属角色添加其他登录名。

用户可以指派给 8 个服务器角色之中的任意一个角色。下面将分别介绍这 8 个服务器角色。

- **sysadmin** 这个服务器角色的成员有权在 SQL Server 2008 中执行任何任务。不熟悉 SQL Server 2008 的用户可能会意外地造成严重问题，所以给这个角色指派用户时应该特别小心。通常情况下，这个角色仅适合数据库管理员（DBA）。
- **securityadmin** 这个服务器角色的成员将管理登录名及其属性。它们可以 GRANT、DENY 和 REVOKE 服务器级权限。也可以 GRANT、DENY 和 REVOKE 数据库级权限。另外，它们可以重置 SQL Server 2008 登录名的密码。
- **serveradmin** 这个服务器角色的成员可以更改服务器范围的配置选项和关闭服务器。比如 SQL Server 2008 可以使用多大内存或者关闭服务器，这个角色可以减轻管理员的一些管理负担。
- **setupadmin** 这个服务器角色的成员可以添加和删除连接的服务器，并且也可以执行某些系统存储过程。
- **processadmin** SQL Server 2008 能够多任务化，也就是说，它可以通过执行多个进程做多件事件。例如，SQL Server 2008 可以生成一个进程用于向高速缓存写数据，同时生成另一个进程用于从高速缓存中读取数据。这个角色的成员可以结束（在 SQL Server 2008 中称为删除）进程。
- **diskadmin** 这个服务器角色用于管理磁盘文件，如镜像数据库和添加备份设备。这适合于助理 DBA。
- **dbcreator** 这个服务器角色的成员可以创建、更改、删除和还原任何数据库。这不仅是适合助理 DBA 的角色，也可能是个适合开发人员的角色。
- **bulkadmin** 这个服务器角色的成员可以运行 BULK INSERT 语句。这条语句允许它们从文本文件中将数据导入到 SQL Server 2008 数据库中。

在 SQL Server 2008 中可以使用系统存储过程对固定服务器角色进行相应的操作，表 9-3 列出了可以对服务器角色进行操作的各个存储过程。

表 9-3 使用服务器角色的操作

名称	类型	说明
sp_helpsrvrole	元数据	返回服务器级角色的列表
sp_helpsrvrolemember	元数据	返回有关服务器级角色成员的信息
sp_srvrolepermission	元数据	显示服务器级角色的权限
IS_SRVROLEMEMBER	元数据	指示 SQL Server 登录名是否为指定服务器级角色的成员
sys.server_role_members	元数据	为每个服务器级角色的每个成员返回一行
sp_addsrvrolemember	命令	将登录名添加为某个服务器级角色的成员
sp_dropsrvrolemember	命令	从服务器级角色中删除 SQL Server 登录名或者 Windows 用户或者组

例如，想要查看所有的固定服务器角色，就可以使用系统存储过程 sp_helpsrvrole，具体的执行过程及结果如图 9-16 所示。

下面将运用上面介绍的知识，将一些用户指派给固定服务器角色，进而分配给它们相应的管理权限。具体步骤如下所示。

1 打开 SQL Server Management Studio 窗口，在【对象资源管理器】窗口，展开【安全性】节点，然后再展开【服务器角色】节点。

2 双击 sysadmin 节点，打开【服务器角色属性】窗口，然后单击【添加】按钮，打开【选择登录名】对话框。

3 单击【浏览】按钮，打开【查找对象】对话框，启用 shop_Manage 复选框，如图 9-17 所示。

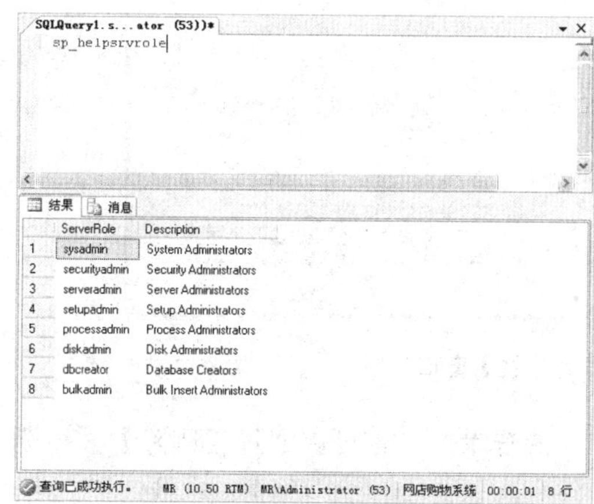

图 9-16 查看固定服务器角色

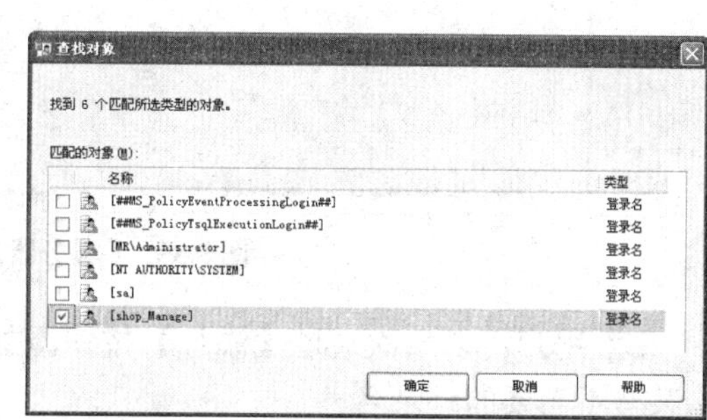

图 9-17 添加登录名

4 单击【确定】按钮返回到【选择登录名】对话框，可以看到刚刚添加的登录名 shop_Manage，如图 9-18 所示。

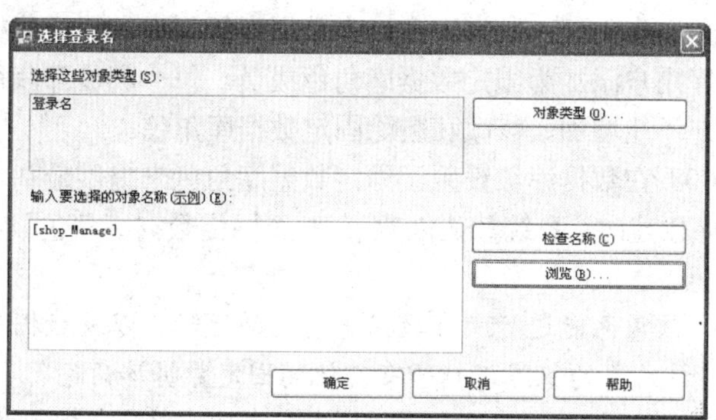

图 9-18 【选择登录名】对话框

5 单击【确定】按钮返回【服务器角色属性】窗口，在【角色成员】列表中，可以看到服务器角色 sysadmin 的所有成员，其中包括刚刚添加的 shop_Manage，如图 9-19 所示。

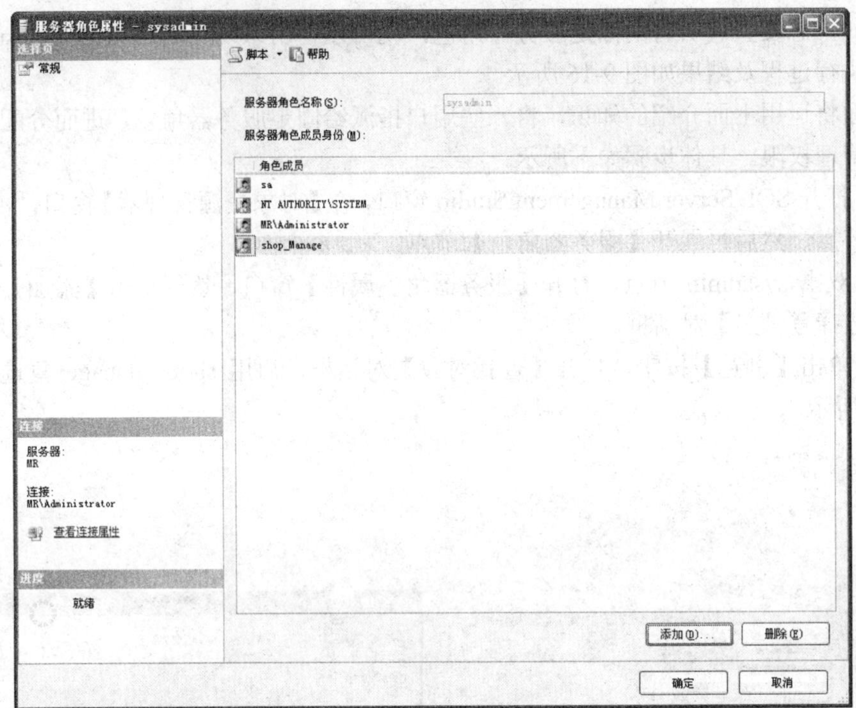

图 9-19 【服务器角色属性】窗口

6 用户可以再次通过【添加】按钮添加新的登录名，也可以通过【删除】按钮删除某些不需要的登录名。

7 添加完成后，单击【确定】按钮关闭【服务器角色属性】窗口。

9.3.2 固定数据库角色

固定数据库角色存在于每个数据库中，在数据库级别提供管理特权分组。管理员可将任何有效的数据库用户添加为固定数据库角色成员。每个成员都获得应用于固定数据库角色的权限。用户不能增加、修改和删除固定数据库角色。

SQL Server 2008 在数据库级设置了固定数据库角色来提供最基本的数据库权限的综合管理。在数据库创建时，系统默认创建了 10 个固定数据库角色，下面将分别介绍这几个固定数据库角色。

- **db_owner** 该角色能进行所有数据库角色的活动，以及数据库中的其他维护和配置活动。该角色的权限跨越所有其他的固定数据库角色。
- **db_accessadmin** 这些用户有权通过添加或者删除用户来指定谁可以访问数据库。
- **db_securityadmin** 这个数据库角色的成员可以修改角色成员身份和管理权限。
- **db_ddladmin** 这个数据库角色的成员可以在数据库中运行任何数据定义语言(DDL)命令。这个角色允许它们创建、修改或者删除数据库对象，而不必浏览里面的数据。

- **db_backupoperator** 这个数据库角色的成员可以备份该数据库。
- **db_datareader** 这个数据库角色的成员可以读取所有用户表中的所有数据。
- **db_datawriter** 这个数据库角色的成员可以在所有用户表中添加、删除或者更改数据。
- **db_denydatareader** 这个数据库角色的成员不能读取数据库内用户表中的任何数据，但可以执行架构修改（比如在表中添加列）。
- **db_denydatawriter** 这个数据库角色的成员不能添加、修改或者删除数据库内用户表中的任何数据。
- **public** 在SQL Server 2008中每个数据库用户都属于public数据库角色。当尚未对某个用户授予或者拒绝对安全对象的特定权限时，则该用户将继承授予该安全对象的public角色的权限。这个数据库角色不能被删除。

在SQL Server 2008中可以使用Transact-SQL语句对固定数据库角色进行相应的操作，表9-4列出了可以对服务器角色进行操作的系统存储过程和命令等。

表 9-4 数据库角色的操作

名称	类型	说明
sp_helpdbfixedrole	元数据	返回固定数据库角色的列表
sp_dbfixedrolepermission	元数据	显示固定数据库角色的权限
sp_helprole	元数据	返回当前数据库中有关角色的信息
sp_helprolemember	元数据	返回有关当前数据库中某个角色的成员的信息
sys.database_role_members	元数据	为每个数据库角色的每个成员返回一行
IS_MEMBER	元数据	指示当前用户是否为指定 Microsoft Windows 组或者 Microsoft SQL Server 数据库角色的成员
CREATE ROLE	命令	在当前数据库中创建新的数据库角色
ALTER ROLE	命令	更改数据库角色的名称
DROP ROLE	命令	从数据库中删除角色
sp_addrole	命令	在当前数据库中创建新的数据库角色
sp_droprole	命令	从当前数据库中删除数据库角色
sp_addrolemember	命令	为当前数据库中的数据库角色添加数据库用户、数据库角色、Windows 登录名或者 Windows 组
sp_droprolemember	命令	从当前数据库的 SQL Server 角色中删除安全账户

例如，使用系统存储过程sp_helpdbfixedrole可以返回固定数据库角色的列表，如图9-20所示。

提示

由于所有数据库用户都自动成为public数据库角色的成员，因此给这个数据库角色指派权限时需要谨慎。

下面通过将用户添加到固定数据库角色中来配置它们对数据库拥有的权限，具体步骤如下所示。

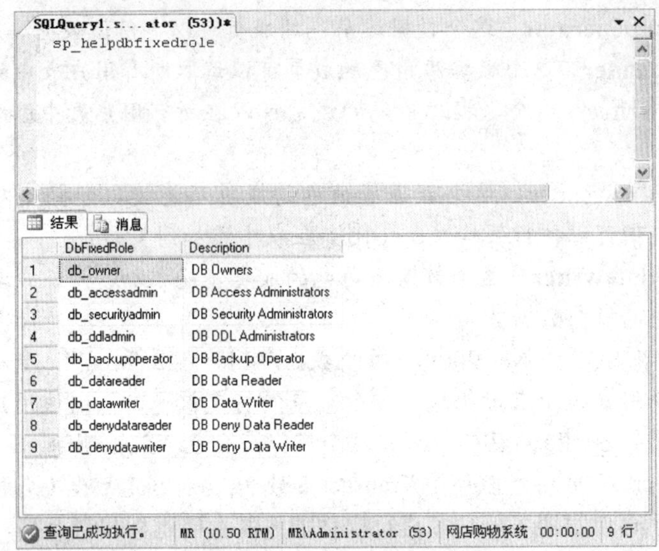

图 9-20　查看固定数据库角色

1 打开 SQL Server Management Studio 窗口，在【对象资源管理器】窗口中展开【数据库】节点，然后再展开数据库【网店购物系统】节点中的【安全性】节点。

2 接着展开【角色】节点，然后再展开【数据库角色】节点，双击 db_owner 节点，打开【数据库角色属性】窗口。

3 单击【添加】按钮，打开【选择数据库用户或角色】对话框，然后单击【浏览】按钮打开【查找对象】对话框，选择数据库用户 admin，如图 9-21 所示。

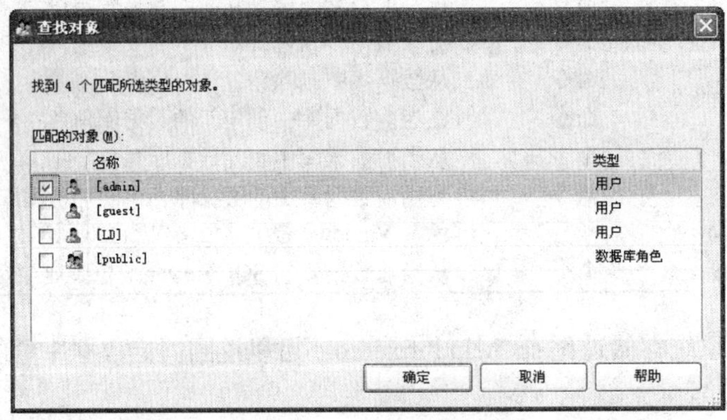

图 9-21　添加数据库用户

4 单击【确定】按钮，返回【选择数据库用户或角色】对话框，如图 9-22 所示。

5 单击【确定】按钮，返回【数据库角色属性】窗口，在这里可以看到当前角色拥有的架构以及该角色所有的成员，其中包括刚添加的数据库用户 admin，如图 9-23 所示。

6添加完成后，单击【确定】按钮关闭【数据库角色属性】窗口。

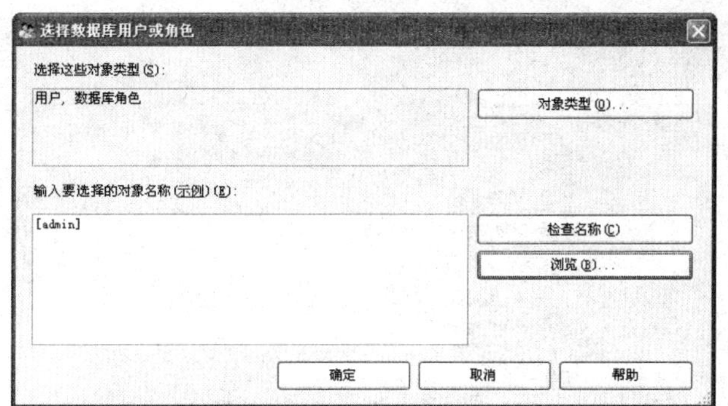

图 9-22 【选择数据库用户或角色】对话框

图 9-23 【数据库角色属性】窗口

9.3.3 应用程序角色

应用程序角色是一个数据库主体，它使应用程序能够用其自身的、类似用户的特权来运行。使用应用程序角色，可以只允许通过特定应用程序连接的用户访问特定数据。与数据库角色不同的是，应用程序角色默认情况下不包含任何成员，而且不活动。应用程序角色使用两种身份验证模式，可以使用 sp_setapprole 来激活，并且需要密码。因为应用程序角色是数据库级别的主体，所以它们只能通过其他数据库中授予 guest 用户账户的权限来访问这些数据库。因此，任何已禁用 guest 用户账户的数据库对其他数据库中的应用程序角色都不可访问。

创建应用程序角色的过程与创建数据库角色的过程一样，图 9-24 所示为应用程序角色的创建窗口。

图 9-24　创建应用程序角色

应用程序角色和固定数据库角色的区别有如下 4 点。

- 应用程序角色不包含任何成员。不能将 Windows 组、用户和角色添加到应用程序角色。
- 当应用程序角色被激活以后，这次服务器连接将暂时失去所有应用于登录账户、数据库用户等的权限，而只拥有与应用程序相关的权限。在断开本次连接以后，应用程序失去作用。
- 默认情况下，应用程序角色不活动，需要密码激活。
- 应用程序角色不使用标准权限。

9.3.4　用户自定义角色

有时，固定数据库角色可能不满足需要。例如，有些用户可能只需要数据库的“选择”、“修改”和“执行”权限。由于固定数据库角色之中没有一个角色能提供这组权限，所以需要创建一个自定义的数据库角色。

在创建数据库角色时，先给该角色指派权限，然后将用户指派给该角色；这样，用户将继承这个角色被指派的任何权限。这不同于固定数据库角色，因为在固定数据库角色中不需要指派权限，只需要添加用户。创建自定义数据库角色的步骤如下所示。

1 打开 SQL Server Management Studio 窗口，在【对象资源管理器】窗口中展开【数据库】|【网店购物系统】|【安全性】|【角色】节点，右击【数据库角色】节点，从弹出的菜单中选择【新建数据库角色】命令，打开【数据库角色-新建】窗口。

2 设置角色名称为 TestRole，所有者选择 dbo，单击【添加】按钮，选择数据库用户 admin，如图 9-25 所示。

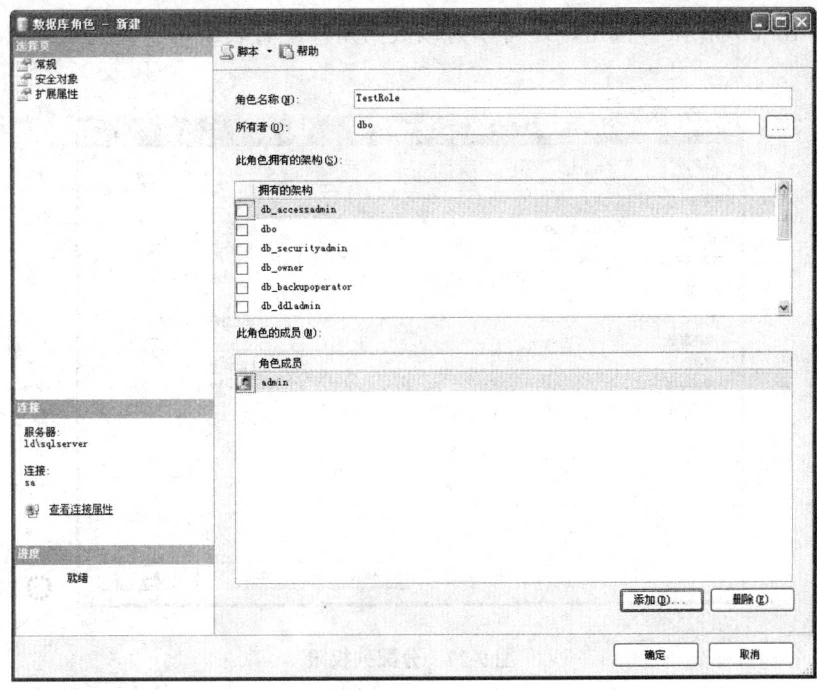

图 9-25 【数据库角色-新建】窗口

3 选择【安全对象】选项卡，通过单击【搜索】按钮，添加“商品信息”表为“安全对象”，启用【选择】后面【授予】列的复选框，如图 9-26 所示。

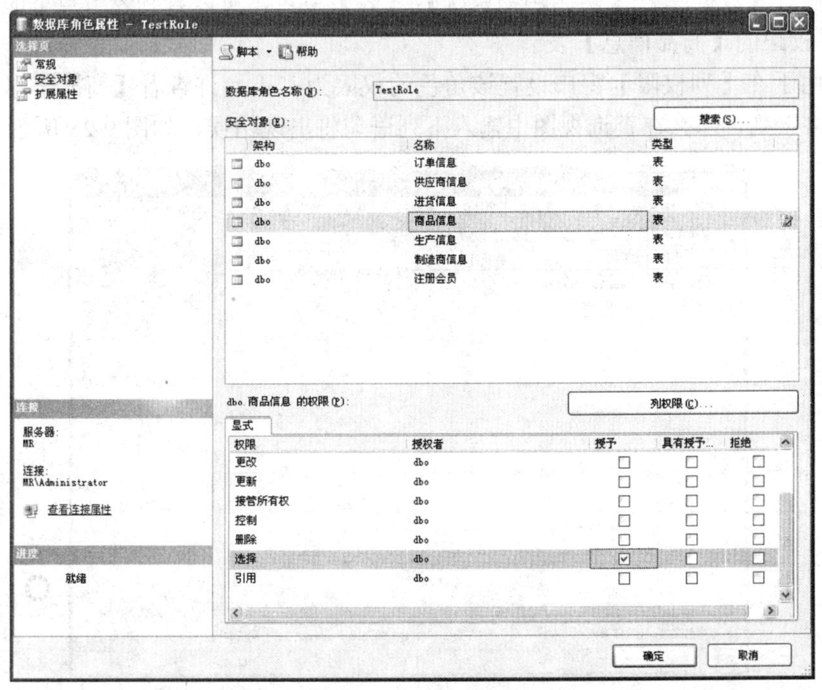

图 9-26 为角色分配权限

4 单击【列权限】按钮，还可以为该数据角色配置表中每一列的具体权限，如图 9-27 所示。

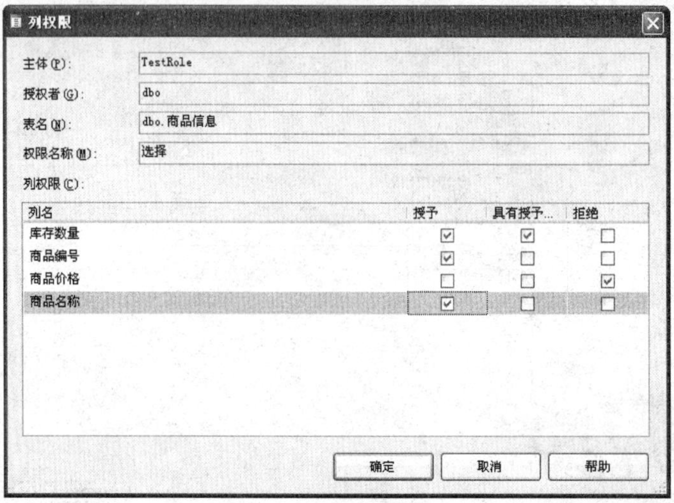

图 9-27 分配列权限

5 具体的权限分配完成后，单击【确定】按钮创建这个角色，并返回到 SQL Server Management Studio 窗口。

6 关闭所有程序，并重新登录为 admin。

7 展开【数据库】|【网店购物系统】|【表】节点，可以看到表节点下面只显示了拥有查看权限的【商品信息】表。

8 由于在【列权限】窗口设置该角色的权限为：不允许查看【商品信息】表中的“商品价格”列，那么在查询视图中输入下列语句将出现错误，如图 9-28 所示。

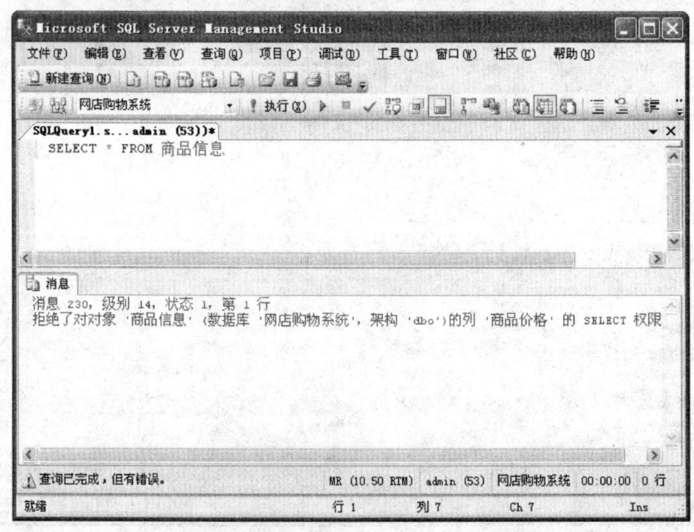

图 9-28 使用 SELECT 语句验证权限

9.4 管理架构

架构是对象的容器，用于在数据库内定义对象的命名空间。它们用于简化管理和创建可以共同管理的对象子集。架构与用户分离，用户拥有架构，并且当服务器在查询中解析非限定对象时，总是有一个默认的架构提供服务器使用。这意味着访问默认架构中的对象时，不需要指定架构名称。要访问其他架构中的对象时，需要两部分或者三部分的标识符。两部分的标识符指定架构名称和对象名称，格式为 schema_name.object_name；三部分的标识符指定数据库的名称、架构名称和对象名称，格式为 database_name.schema_name.object_name。

架构有很多好处。因为用户不再是对象的直接所有者，从数据库中删除用户是非常简单的任务，不再需要在删除创建对象的用户之前重命名对象。多个角色可以通过在角色或者 Windows 组中的成员资格来拥有单个架构，这样使得管理表、视图和其他数据库定义的对象变得简单得多，并且多个用户可以共享单个默认架构，这样就使得授权访问共享对象变得更加容易。

9.4.1 创建架构

在创建表之前，应该谨慎地考虑架构的名称。架构的名称可以长达 128 个字符，必须以英文字母开头，在名称中间可以包含下划线“_”、@符号、#符号和数字。架构名称在每个数据库中必须是唯一的，在不同的数据库中可以包含类似名称的架构，如两个不同的数据库可能都拥有一个名为 Admins 的架构。

创建架构的方法有两种：使用图形化界面创建和使用 Transact-SQL 命令创建。

1. 使用图形化界面创建架构

在 SQL Server Management Studio 工具中，可以通过下面的步骤来创建一个新的架构。

1 在 SQL Server Management Studio 窗口中，连接到包含默认的数据库的服务器实例。

2 在【对象资源管理器】中，展开【服务器】|【数据库】|【体育场管理系统】|【安全性】节点，右击【架构】节点，在弹出的菜单中选择【新建架构】命令，显示【新建-架构】窗口，如图 9-29 所示。

3 在【常规】页面，可以指定架构的名称以及设置架构的所有者。单击【搜索】按钮，打开【搜索角色和用户】对话框，如图 9-30 所示。

4 在【搜索角色和用户】对话框中，单击【浏览】按钮，打开【查找对象】对话框。在【查找对象】对话框中选择架构的所有者，可以选择当前系统的所有用户或者角色，如图 9-31 所示。

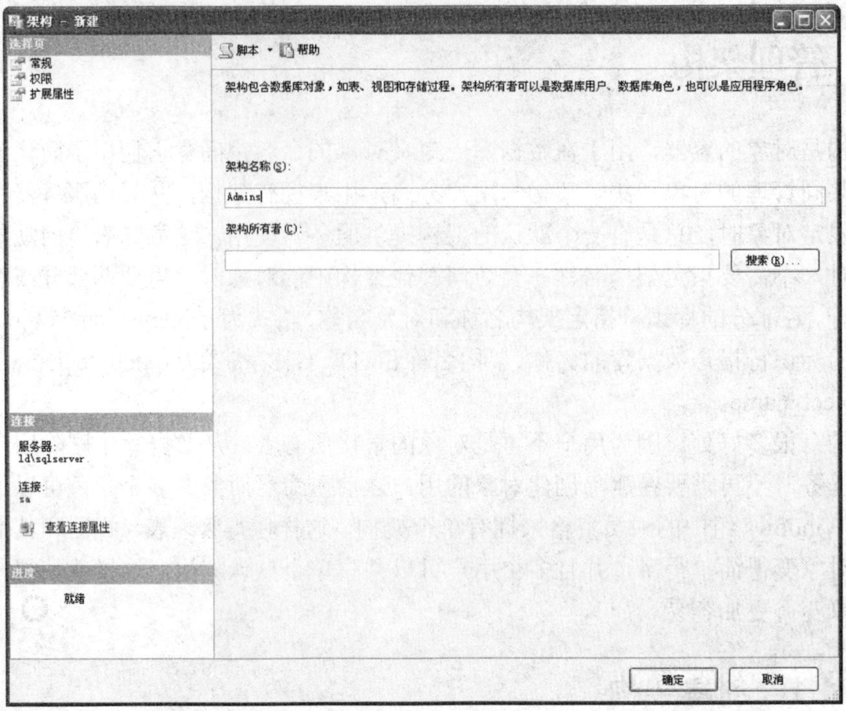

图 9-29 【新建-架构】窗口

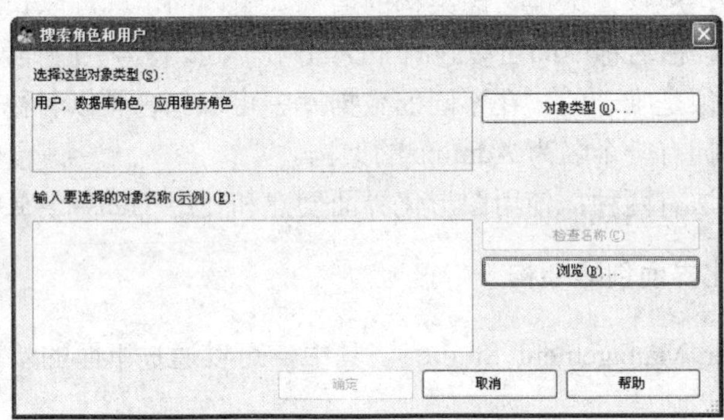

图 9-30 【搜索角色和用户】对话框

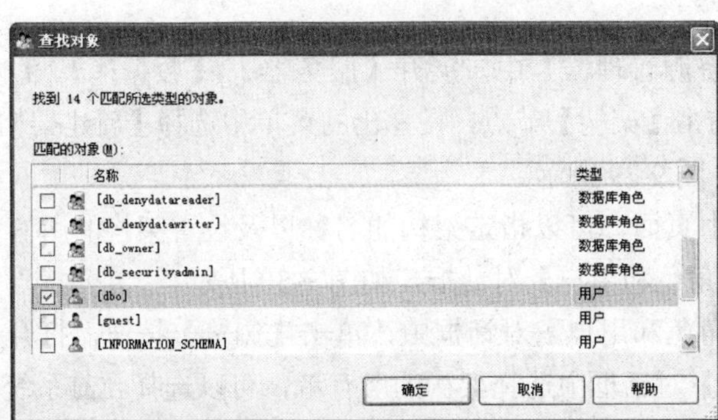

图 9-31 【查找对象】对话框

5 选择完成后，单击【确定】按钮就可以完成架构的创建。

警告

要指定另一个用户作为所创建架构的所有者，必须拥有对该用户的 IMPERSONATE 权限。如果一个数据库角色被指定作为所有者，当前用户必须是角色的成员，并且拥有对角色的 ALTER 权限。

2. 使用 Transact-SQL 命令创建架构

除了使用图形化界面创建架构，还可以使用 Transact-SQL 命令来创建一个架构，创建架构的具体语法格式如下所示：

```
CREATE SCHEMA schema_name_clause [ <schema_element> [ ...n ] ]
<schema_name_clause> ::=
    {
        schema_name
      | AUTHORIZATION owner_name
      | schema_name AUTHORIZATION owner_name
    }
<schema_element> ::=
    {
        table_definition | view_definition | grant_statement
        revoke_statement | deny_statement
    }
```

上述语法格式中的各参数说明如下。

- **schema_name** 在数据库内标识架构的名称。
- **AUTHORIZATION owner_name** 指定将拥有架构的数据库级主体的名称。此主体还可以拥有其他架构，并且可以不使用当前架构作为其默认架构。
- **table_definition** 指定在架构内创建表的 CREATE TABLE 语句。执行此语句的主体必须对当前数据库具有 CREATE TABLE 权限。
- **view_definition** 指定在架构内创建视图的 CREATE VIEW 语句。执行此语句的主体必须对当前数据库具有 CREATE VIEW 权限。
- **grant_statement** 指定可对除新架构外的任何安全对象授予权限的 GRANT 语句。
- **revoke_statement** 指定可对除新架构外的任何安全对象撤销权限的 REVOKE 语句。
- **deny_statement** 指定可对除新架构外的任何安全对象拒绝授予权限的 DENY 语句。

例如，创建一个名称为 Admins 的架构，可以使用如下代码：

```
CREATE SCHEMA Admins AUTHORIZATION dbo
```

9.4.2 修改架构

有时候，如果所有者不能使用架构作为默认的架构，也可能想允许或者拒绝基于在每个用户或者每个角色上指定的权限，那么就需要更改架构的所有权或者修改他的权限。需要注意的是，架构在创建之后，就不能更改架构的名称，除非删除该架构，然后使用新的名称创建一个新的架构。

在 SQL Server Management Studio 工具中，可以更改架构的所有者。具体步骤如下所示。

1 在 SQL Server Management Studio 窗口中，连接到包含默认的数据库的服务器实例。

2 在【对象资源管理器】中，展开【服务器】|【数据库】|【体育场管理系统】|【安全性】|【架构】节点，找到上面所创建的名称为 Admins 的架构。右击该节点，从弹出的菜单中选择【属性】命令，打开【架构属性】窗口，如图 9-32 所示。

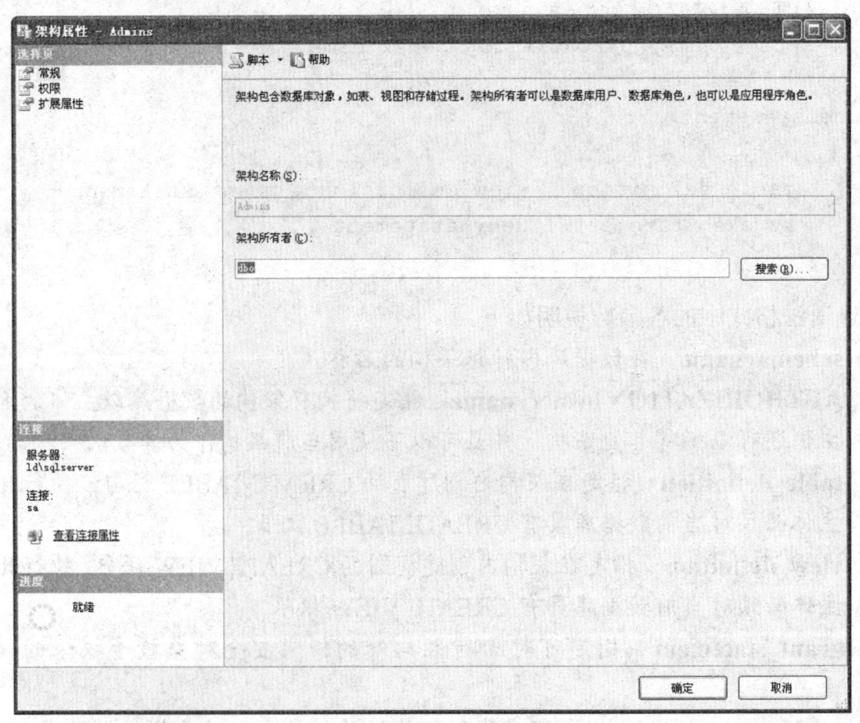

图 9-32 【架构属性】窗口

3 单击【搜索】按钮，就可以打开【搜索角色和用户】对话框，然后单击【浏览】按钮，在【查找对象】对话框中选择想要修改的用户或者角色，然后单击【确定】按钮两次，完成对架构所有者的修改。

用户还可以在【架构属性】窗口的【权限】页面中管理架构的权限。所有在对象上被直接地指派权限的用户或者角色都会显示在【用户或角色】列表中，通过下面的步骤，就可以配置用户或者角色的权限。

1 在【架构属性】窗口中，选择【权限】页面。

2 在【权限】页面，单击【搜索】按钮，添加用户。

3 添加用户完成后，在【用户或角色】列表中选择用户，并在下面的权限列表中，启用相应的复选框，就可以完成对用户的权限的配置，如图 9-33 所示。

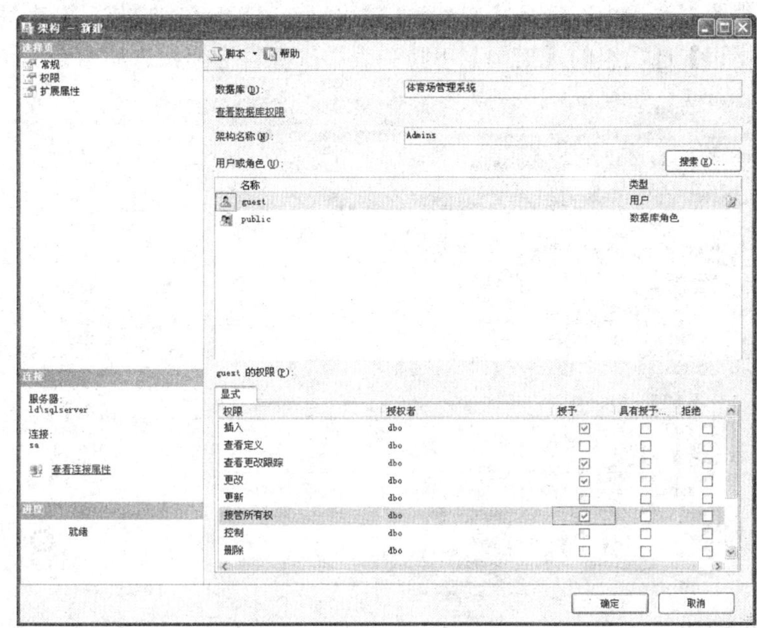

图 9-33　配置用户的权限

4 设置完成，单击【确定】按钮完成配置。

9.4.3　移动对象到新的架构

在前面提到，架构是对象的容器，有时候希望把对象从一个容器移动到另一个容器，需要注意的是只有在同一数据库内的对象才可以从一个架构移动到另一个架构。

移动对象到一个新的架构会更改与对象相关联的命名空间，也会更改对象查询和访问的方式。

移动对象到新的架构也会影响对象的权限。当对象移动到新的架构中时，所有对象上的权限都会被删除。如果对象的所有者设置为特定的用户或者角色，那么该用户或者角色将继续成为对象的所有者。如果对象的所有者设置为 SCHEMA OWNER，所有权仍然为 SCHEMA OWNER 所有，并且移动后，所有者将变成新架构的所有者。

提示

要在架构之间移动对象，必须拥有对对象的 CONTROL 权限以及对对象的目标架构的 ALTER 权限。如果对象上有“EXECUTE AS OWNER（以所有者执行）”的具体要求，并且所有者设置为 SCHEMA OWNER，则必须也拥有对目标架构的所有者的 INPERSONATION 权限。

在 SQL Server Management Studio 工具中，移动对象到新的架构中，具体步骤如下。

1 在 SQL Server Management Studio 窗口中，连接到包含默认的数据库的服务器实例。

2 在【对象资源管理器】中，展开【服务器】|【数据库】|【体育场管理系统】|【表】节点，右击【客户信息】表，从弹出的菜单中选择【设计】命令，进入表设计器。

3 在【视图】菜单中，选择【属性窗口】命令，打开【客户信息】表的属性窗口。

4 在【标识】选项组的【架构】下拉列表中选择目标架构，如图 9-34 所示。

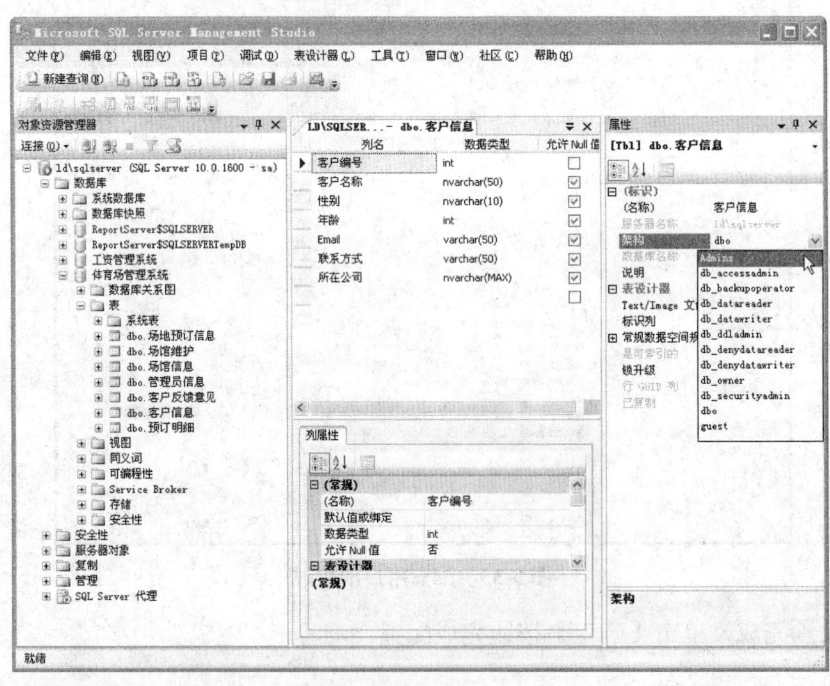

图 9-34　修改架构

5 修改完成后，保存对表的修改，即可完成移动该对象到新架构的操作。

使用 Transact-SQL 命令的 ALTER SCHEMA 语句也可以完成移动对象到新的架构，具体的语法格式如下所示：

```
ALTER SCHEMA schema_name TRANSFER securable_name
```

上述语法格式中各参数的说明如下。

- **schema_name**　当前数据库中的架构名称，安全对象将移入其中。其数据类型不能为 SYS 或 INFORMATION_SCHEMA。
- **securable_name**　要移入架构中的架构包含安全对象的一部分或两部分名称。

例如，将【客户信息】表从当前架构 dbo 中移动到目标架构 Admins 中，可以使用如下代码：

```
ALTER SCHEMA Admins TRANSFER dbo.客户信息;
GO
```

9.4.4 删除架构

如果不再需要一个架构，那么可以删除该架构，把它从数据库中清除掉。要删除一个架构，首先必须在架构上拥有 CONTROL 的权限，并且在删除架构之前，移动或者删除该架构所包含的所有对象，否则删除操作将会失败。

在 SQL Server Management 工具中删除一个架构，可以通过以下步骤来实现。

1 在 SQL Server Management Studio 窗口中，连接到包含默认的数据库的服务器实例。

2 在【对象资源管理器】中，展开【服务器】|【数据库】|【体育场管理系统】|【安全性】|【架构】节点，找到前面创建的名称为 Admins 的架构。

3 右击该架构，在弹出的菜单中选择【删除】命令，调出【删除对象】对话框，单击【确定】按钮就可以完成删除操作。

同样，使用 Transact-SQL 命令的 DROP SCHEMA 语句也可以完成对架构的删除操作，具体语法格式如下所示：

```
DROP SCHEMA schema_name
```

其中，schema_name 表示架构在数据库中所使用的名称。

例如删除名称为 Admins 的架构，可以使用如下代码：

```
DROP SCHEMA Admins
```

警告

当删除架构时，应确保正在使用正确的数据库，并且没有使用 master 数据库。

9.5 管理权限

数据库权限指明用户获得哪些数据库对象的使用权，以及用户能够对这些对象执行何种操作。用户在数据库中拥有的权限取决于以下两方面的因素。

- 用户账户的数据库权限。
- 用户所在角色的类型。

权限提供了一种方法来对特权进行分组，并控制实例、数据库和数据库对象的维护与实用程序的操作。用户可以具有授予一组数据库对象的全部特权的管理权限，也可以具有授予管理系统的全部特权但不允许存取数据的系统权限。

9.5.1 对象权限

在 SQL Server 2008 中，所有对象权限都可以授予。可以为特定的对象、特定类型的所有对象和所有属于特定架构的对象管理器。

在服务器级别，可以为服务器、端点、登录和服务器角色授予对象权限。也可以为当前的服务器实例管理权限；在数据库级别，可以为应用程序角色、程序集、非对称密钥、凭据、数据库角色、数据库、全文目录、函数、架构等管理权限。

一旦有了保存数据的结构，就需要给用户授予开始使用数据库中数据的权限，可以通过给用户授予对象权限来实现。利用对象权限，可以控制谁能够读取、写入或者以其他方式操作数据。下面简要介绍 12 个对象权限。

- **CONTROL** 这个权限提供对象及其下层所有对象上的类似于主所有权的能力。例如，如果给用户授予了数据库上的“控制”权限，那么它们在该数据库内的所有对象（比如表和视图）上都拥有“控制”权限。
- **ALTER** 这个权限允许用户创建（CREATE）、修改（ALTER）或者删除（DROP）受保护对象及其下层所有对象。它们能够修改的唯一属性是所有权。
- **TAKE OWNERSHIP** 这个权限允许用户取得对象的所有权。
- **IMPERSONATE** 这个权限允许一个用户或者登录模仿另一个用户或者登录。
- **CREATE** 这个权限允许用户创建对象。
- **VIEW DEFINITION** 这个权限允许用户查看用来创建受保护对象的T-SQL语法。
- **SELECT** 当用户获得了选择权限时，该权限允许用户从表或者视图中读取数据。当用户在列级上获得了选择权时，该权限允许用户从列中读取数据。
- **INSERT** 这个权限允许用户在表中插入新的行。
- **UPDATE** 这个权限允许用户修改表中的现有数据，但不允许添加或者删除表中的行。当用户在某一列上获得了这个权限时，用户只能修改该列中的数据。
- **DELETE** 这个权限允许用户从表中删除行。
- **REFERENCES** 表可以借助于外部关键字关系在一个共有列上相互连接起来；外部关键字关系设计用来保护表间的数据。当两个表借助于外部关键字连接起来时，这个权限允许用户从主表中选择数据，即使它们在外部表上没有“选择”权限。
- **EXECUTE** 这个权限允许用户执行被应用了该权限的存储过程。

9.5.2 语句权限

语句权限是用于控制创建数据库或者数据库中的对象所涉及的权限。例如，如果用户需要在数据库中创建表，则应该向该用户授予 CREATE TABLE 语句权限。某些语句权限（如 CREATE DATABASE）适用于语句自身，而适用于数据库中定义的特定对象。只有 sysadmin、db_owner 和 db_securityadmin 角色的成员才能够授予用户语句权限。

在 SQL Server 2008 中的语句权限主要有以下几种。

- **CREATE DATABASE** 创建数据库。
- **CREATE TABLE** 创建表。
- **CREATE VIEW** 创建视图。
- **CREATE PROCEDURE** 创建过程。

- ❑ **CREATE INDEX** 创建索引。
- ❑ **CREATE ROLE** 创建规则。
- ❑ **CREATE DEFAULT** 创建默认值。

可以使用 SQL Server Management Studio 授予语句权限，例如为角色 TestRole 授予 CREATE TABLE 权限，而不授予 SELECT 权限，然后执行相应的语句，查看执行结果，从而理解语句权限的设置。具体步骤如下所示。

1 打开 SQL Server Management Studio 窗口，在【对象资源管理器】中展开【服务器】节点，然后再展开【数据库】节点。

2 然后，右击【体育场管理系统】数据库节点，从弹出的菜单中选择【属性】命令，打开【数据库属性】窗口。

3 选择【权限】选项卡，从【用户或角色】列表中选择 TestRole 选项。

4 在【TestRole 的显示权限】列表中，启用【创建表】后面【授予】列的复选框，而【查询表】后面【授予】列的复选框一定不能启用，如图 9-35 所示。

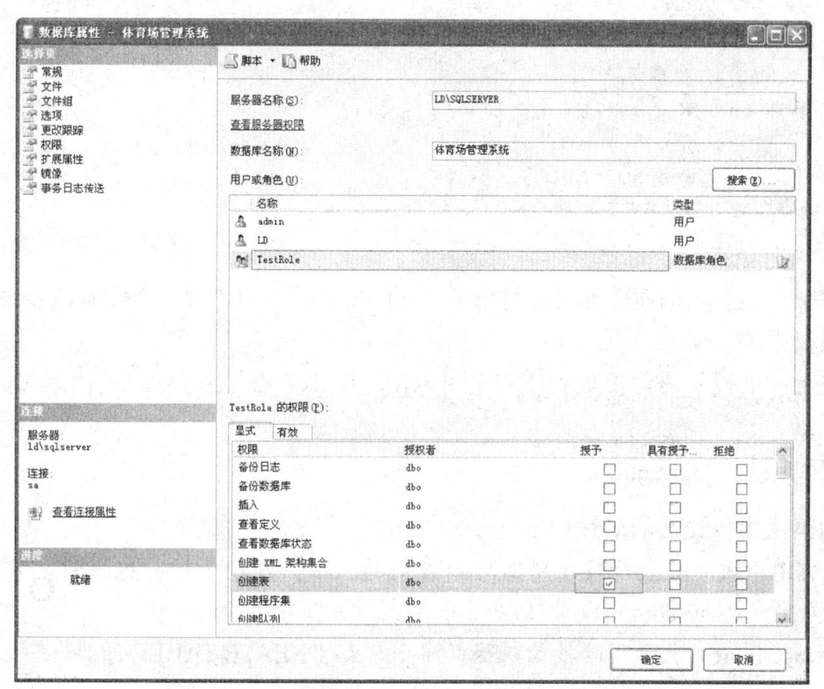

图 9-35 【权限】选项卡

5 设置完成后，单击【确定】按钮，返回 SQL Sever Management Studio 窗口。

6 断开当前 SQL Server 服务器的连接，重新打开 SQL Sever Management Studio 窗口，设置验证模式为 SQL Server 身份验证模式，使用 admin 登录，由于该登录账户与数据库用户 admin 相关联，而数据库用户 admin 是 TestRole 的成员，所以该登录账户拥有该角色的所有权限。

7 选择【新建查询】命令，打开查询视图。查看【体育场管理系统】数据库中的客户信息，结果将会失败，如图 9-36 所示。

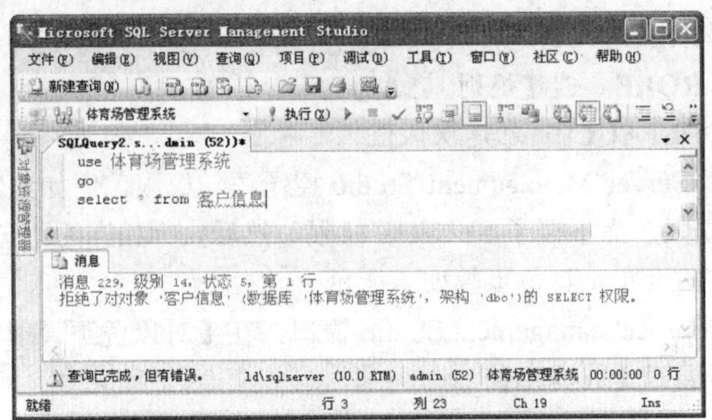

图 9-36　SELECT 语句执行结果

8 消除当前查询窗口的语句，并输入 CREATE TABLE 语句创建表，具体代码如下所示：

```
USE 体育场管理系统
GO
CREATE TABLE 赛事安排
(比赛编号 int NOT NULL,
赛事名称 nvarchar(50) NOT NULL,
比赛时间 datetime NOT NULL,
场馆编号 int NOT NULL
)
```


9 执行上述语句，显示成功。因为用户 admin 拥有创建表的权限，所以登录名 admin 继承了该权限。

其实上面的授予语句权限工作完全可以用 GRANT 语句来完成，具体语句如下所示：

```
GRANT {ALL | statement[,...n]}
TO security_account[,...n]
```

上述语法中各参数的描述如下所示。

- **ALL**　该参数表示授予所有可以应用的权限。在授予语句权限时，只有固定服务器角色 sysadmin 成员可以使用 ALL 参数。
- **statement**　表示可以授予权限的命令，如 CREATE TABLE 等。
- **security_account**　定义被授予权限的用户单位。security_account 可以是 SQL Server 2008 的数据库用户或者角色，也可以是 Windows 用户或者用户组。

例如，使用 GRANT 语句完成前面使用 SQL Server Management Studio 工具完成的为角色 TestRole 授予 CREATE TABLE 权限，可以使用如下代码：

```
USE 体育场管理系统
GO
GRANT CREATE TABLE
TO TestRole
```

9.5.3 删除权限

通过删除某种权限可以停止以前授予或者拒绝的权限。可使用 REVOKE 语句删除以前的授予或者拒绝的权限。删除权限是删除已授予的权限，并不是妨碍用户、组或者角色从更高级别集成已授予的权限。

撤销对象权限的基本语法如下：

```
REVOKE [GRANT OPTION FOR]
{ALL[PRIVILEGES]|permission[,...n]}
{
[(column[,...n])]ON {table|view}|ON{table|view}
[(column[,...n])]
|{stored_procedure}
}
{TO|FROM}
security_account[,...n]
[CASCADE]
```

撤销语句权限的语法如下：

```
REVOKE {ALL|statement[,...n]}
FROM security_account[,...n]
```

其中对各个参数的介绍如下。

- **ALL** 表示授予所有可以应用的权限。其中在授予命令权限时，只有固定的服务器角色 sysadmin 成员可以使用 ALL 关键字；而在授予对象权限时，固定服务器角色成员 sysadmin、固定数据库角色 db_owner 成员和数据库对象拥有者都可以使用关键字 ALL。
- **statement** 表示可以授予权限的命令。例如，CREATE DATABASE。
- **permission** 表示在对象上执行某些操作的权限。
- **column** 在表或者视图上允许用户将权限局限到某些列上，column 表示列的名字。
- **WITH GRANT OPTION** 指示被授权者在获得指定权限的同时还可以将指定权限授予其他主体。
- **security_account** 定义被授予权限的用户单位。security_account 可以是 SQL Server 的数据库用户，可以是 SQL Server 的角色，也可以是 Windows 的用户或者工作组。
- **CASCADE** 指示要撤销的权限也会从此主体授予或者拒绝该权限的其他主体中撤销。

注意

如果对授予了 WITH GRANT OPTION 权限的权限执行级联撤销，将同时撤销该权限的 GRANT 和 DENY 权限。

例如，删除角色 TestRole 对“客户信息”表的 SELECT 权限，就可以使用如下代码：

```
USE 体育场管理系统
GO
REVOKE SELECT ON 客户信息
FROM TestRole
GO
```

9.6 扩展练习

1. 创建证书

在数据库安全管理中，可以通过添加证书，然后再对数据库进行加密，以确保数据库的安全性。证书是一个数字签名的安全对象，其中包含 SQL Server 的公钥（还可以选择包含私钥）。用户可以使用外部生成的证书，也可以由 SQL Server 生成证书。

例如，在编辑器中，输入添加证书代码，并生成 Shipping04 证书，如图 9-37 所示。

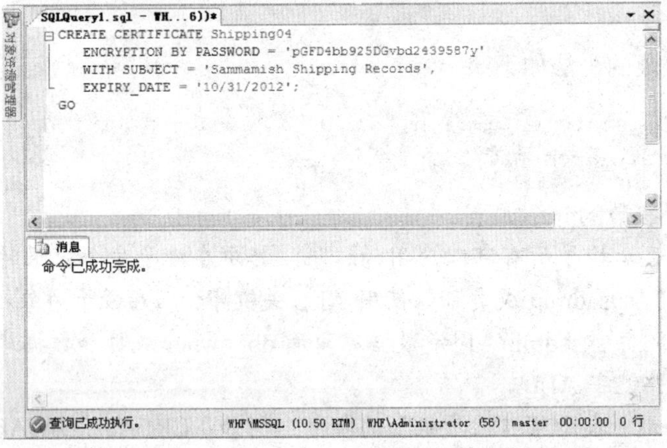

图 9-37 创建证书

在编辑器中，输入的代码如下：

```
CREATE CERTIFICATE Shipping04
   ENCRYPTION BY PASSWORD = 'pGFD4bb925DGvbd2439587y'
   WITH SUBJECT = 'Sammamish Shipping Records',
   EXPIRY_DATE = '10/31/2012';
GO
```

其中，各语句的含意如下。

- **CREATE CERTIFICATE** 创建证书。
- **ENCRYPTION BY PASSWORD** 指定对从文件中检索的私钥进行解密所需的密码。
- **SUBJECT** 根据 X.509 标准中的定义，术语“主题”是指证书的元数据中的字段。主题的长度最多是 128 个字符。
- **EXPIRY_DATE** 证书过期的日期。如果未指定，则将 EXPIRY_DATE 设置为 START_DATE 一年之后的日期。

2. 更改 SQL Server 端口号

SQL Server 的默认实例在 TCP 端口 1433 上侦听客户端请求，而 SQL Server 的命名实例在随机分配的端口号上进行侦听。

SQL Server 的默认端口通信行为会引起以下两点安全问题：① SQL Server 的端口是众所周知的，而且 SQL Server 解析服务已成为缓冲区溢出攻击和拒绝服务攻击（包括“Slammer”蠕虫病毒）的目标；② 如果数据库安装在 SQL Server 的命名实例上，则会随机分配相应的通信端口，而且此端口可能会改变。因此，在强化的环境中，此行为可能会阻止服务器之间的通信。为保护服务器的环境，开放、阻止、修改 TCP 端口是必不可少的。

1 单击【开始】按钮，并选择【程序】|Microsoft SQL Server 2008|【配置工具】|【SQL Server 配置管理器】命令，如图 9-38 所示。

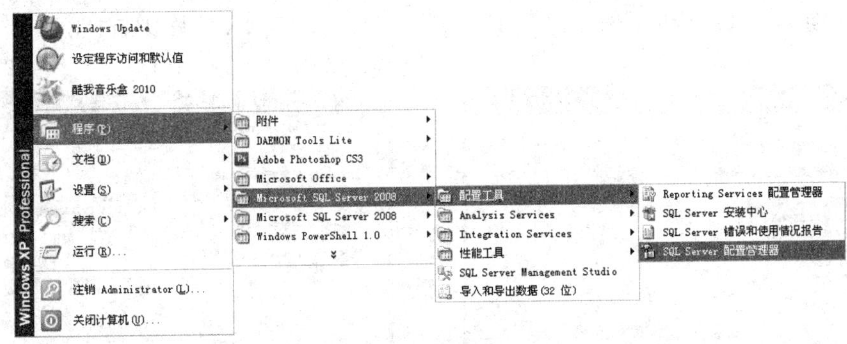

图 9-38　打开 SQL Server 配置管理器

2 在 Sql Server Configuration Manager 窗口中，选择左侧的【MSSQLSERVER 的协议】节点，如图 9-39 所示。

3 右击右侧的 TCP/IP 选项，并选择【属性】命令，如图 9-40 所示。

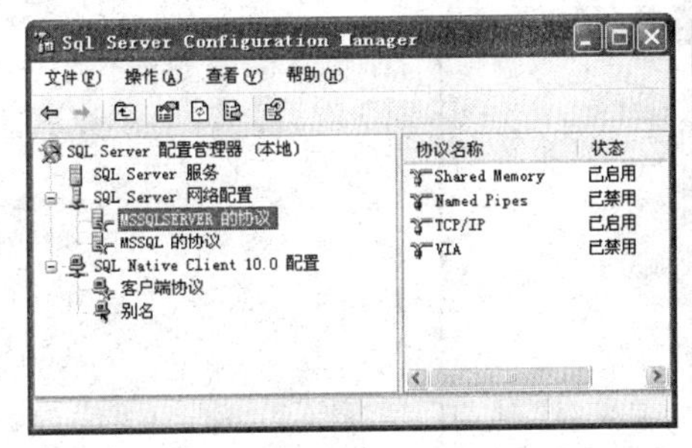

图 9-39　选择节点

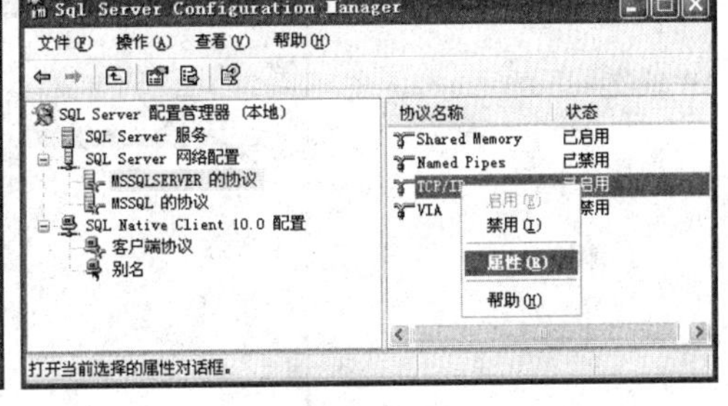

图 9-40　执行【属性】命令

4 在弹出的【TCP/IP 属性】对话框中，选择【IP 地址】选项卡，如图 9-41 所示。

5 在第三项【TCP 端口】选项中，修改后面的 1433 为 1043，并单击【应用】按钮，如图 9-42 所示。

6 在窗口的左侧，展开【SQL Native Client 10.0 配置】节点，并选择【客户端协议】节点，如图 9-43 所示。

7 再右击右侧的 TCP/IP 选项，并选择【属性】命令，如图 9-44 所示。

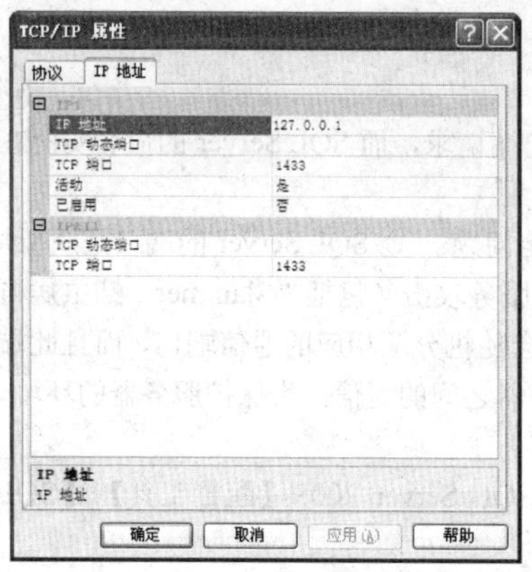

图 9-41 【IP 地址】选项卡

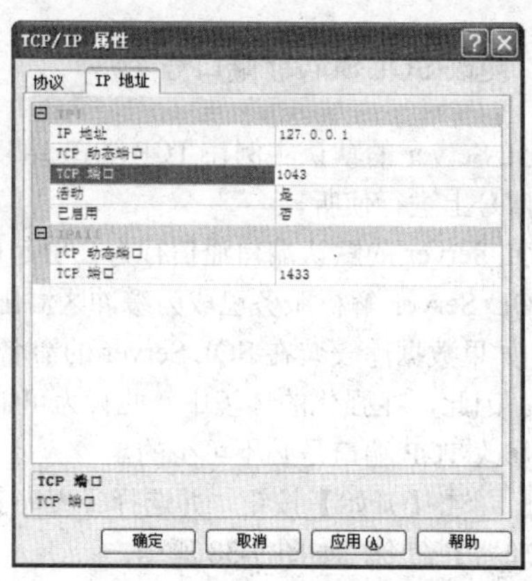

图 9-42 修改端口号

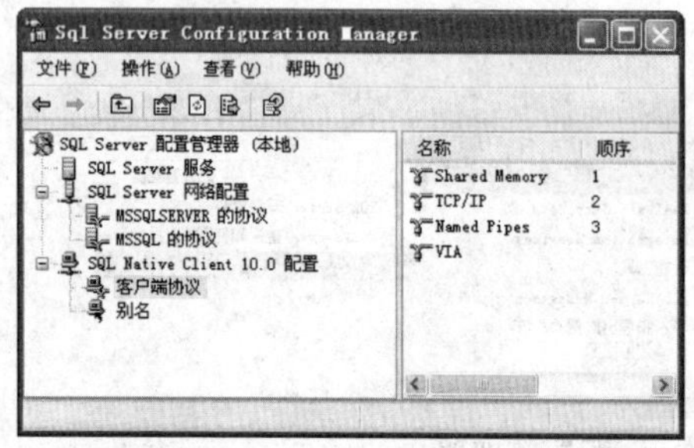

图 9-43 选择【客户端协议】节点

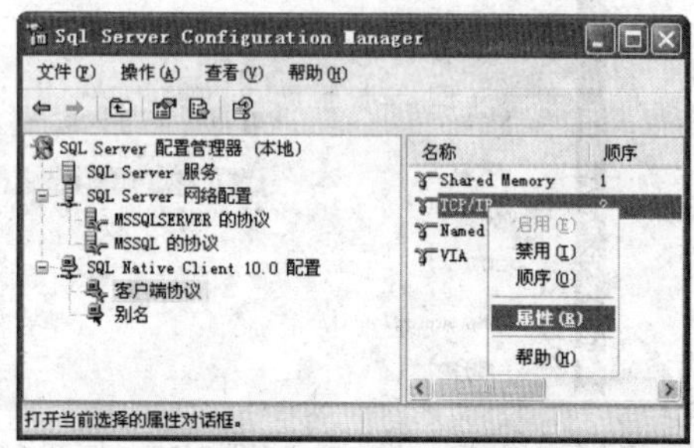

图 9-44 选择【属性】命令

8 在弹出的【TCP/IP 属性】对话框中，修改【默认端口】为 1043，并单击【确定】按钮，如图 9-45 所示。

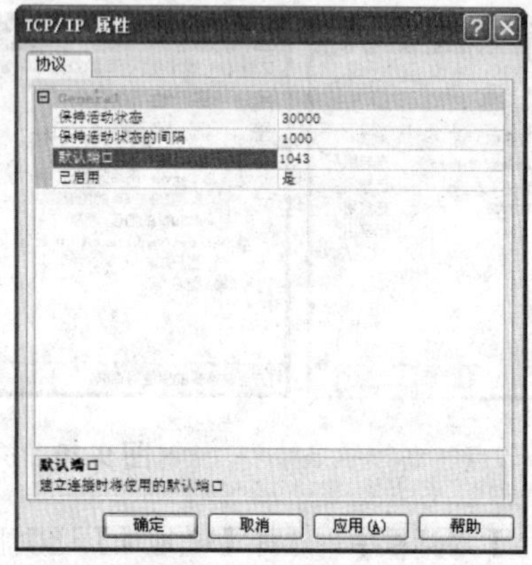

图 9-45 修改端口号

第 10 章　数据库备份与恢复

保护好数据，防止数据丢失是数据库管理员需要面临的最关键的问题之一。虽然系统中采取了各种措施来保障数据库的完整性和安全性，但是各种软硬件故障、病毒和误操作等事件的发生，仍会影响甚至破坏数据库，造成数据丢失。数据库管理系统提供了数据库备份和恢复的功能可以将数据库从错误的状态恢复到某一种正确的状态。

为了保证数据的安全，需要定期对数据进行备份。备份的方式有很多种，效果也不一样。关于备份需要遵循两个简单规则：一是尽早并且经常备份；另一条规则就是不要只备份到相同磁盘的一个文件中，应该确保在完全分离的位置（最好是远离工作场所）还有一个副本，以确保备份安全。在进行数据库的备份与恢复过程中，要涉及到数据库之间数据的导入与导出。

本章学习目标

- 了解备份的概念
- 了解备份所需要的常用设备
- 掌握备份数据的操作方法
- 掌握恢复数据的操作方法
- 熟悉复制数据库的操作技巧
- 掌握数据的导入与导出

10.1 备份和恢复概述

用户使用数据库是因为要利用数据库来管理和操作数据，数据对于用户来说是非常宝贵的资产。数据存放在计算机上，但是即使是最可靠的硬件和软件也会出现系统故障或产品故障。所以，应该在意外发生之前做好充分的准备工作，以便在意外发生之后有相应的措施能快速地恢复数据库的运行，并使丢失的数据量减少到最小。

10.1.1 数据库的备份操作和对象

数据库备份就是创建完整数据库的副本，并将所有的数据项都复制到备份集，以便在数据库遭到破坏时能够恢复数据库。

对于计算机用户来说，对一些重要文件、资料定期进行备份是一种良好的习惯。如果出现突发情况，比如系统崩溃、系统遭受病毒攻击等，使得原先的文件遭到破坏以至于全部丢失，启动文件备份，就可以节省大量的时间和精力。

在备份数据库的时候，SQL Server 会执行如下操作。

- 将数据库所有的数据页写到备份介质上。

- ❑ 记录最早的事务日志记录的序列号。
- ❑ 把所有的错误日志记录写到备份介质上。

在 SQL Server 系统中，只有获得许可的角色才可以备份数据，分别是以下几种。

- ❑ 固定的服务器角色 sysadmin。
- ❑ 固定的数据库角色 db_owner。
- ❑ 固定的数据库角色 db_backupoperator。

当然，管理员也可以授权某些用户来执行备份工作。

10.1.2 备份体系结构

SQL Server 2008 提供了高性能的备份和恢复功能，用户可以根据需求设计自己的备份策略，以保护存储在 SQL Server 2008 数据库中的关键数据。SQL Server 2008 提供了以下 4 种数据库备份类型。

1. 完整数据库备份

完整数据库备份就是备份整个数据库。它备份数据库文件、这些文件的地址以及事务日志的某些部分（从备份开始时所记录的日志顺序号到备份结束时的日志顺序号）。这是任何备份策略中都要求完成的第一种备份类型，因为其他所有备份类型都依赖于完整备份。换句话说，如果没有执行完整备份，就无法执行差异备份和事务日志备份。

虽然从单独一个完全数据库备份就可以恢复数据库，但是完全数据库与差异备份和日志备份相比，在备份的过程中需要花费更多的空间和时间，所以完全数据库备份不需要频繁地进行，如果只使用完全数据库备份，那么进行数据恢复时只能恢复到最后一次完全数据库备份时的状态，该状态之后的所有改变都将丢失。

2. 差异数据库备份

差异备份是指备份从最近一次完全数据库备份以后发生改变的数据。如果在完整备份后将某个文件添加至数据库，则下一个差异备份会包括该新文件。这样可以方便地备份数据库，而无须了解各个文件。例如，如果在星期一执行了完整备份，并在星期二执行了差异备份，那么该差异备份将记录自星期一的完整备份以来已发生的所有修改。而星期三的另一个差异备份将记录自星期一的完整备份以来已发生的所有修改。差异备份每做一次就会变得更大一些，但仍然比完整备份小，因此差异备份比完整备份快。

3. 事务日志备份

尽管事务日志备份依赖于完整备份，但它并不备份数据库本身。这种类型的备份只记录事务日志的适当部分，明确地说，自从上一个事务以来已经发生了变化的部分。事务日志备份比完整数据库节省时间和空间，而且利用事务日志进行恢复时，可以指定恢复到某一个事务，比如可以将其恢复到某个破坏性操作执行的前一个事务，完整备份和差异备份则不能做到。但是与完整数据库备份和差异备份相比，用日志备份恢复数据库要花费较长的时间，这是因为日志备份仅仅存放日志信息，恢复时需要按照日志重新插入、修改或删除数据。所以，通常情况下，事务日志备份经常与完整备份和差异备份结合使用，比如，每周进行一次完整备份，每天进行一次差异备份，每小时进行一次日志备份。这样，最多只会丢失一个小时的数据。

4．文件组备份

当一个数据库很大时，对整个数据库进行备份可能会花很多的时间，这时可以采用文件和文件组备份，即对数据库中的部分文件或文件组进行备份。

文件组是一种将数据库存放在多个文件上的方法，并允许控制数据库对象（比如表或视图）存储到这些文件当中的哪些文件上。这样，数据库就不会受到只存储在单个硬盘上的限制，而是可以分散到许多硬盘上，因而可以变得非常大。利用文件组备份，每次可以备份这些文件当中的一个或多个文件，而不是同时备份整个数据库。

文件组还可以用来加快数据访问的速度，因为文件组允许将表存放在一个文件上，而将对应的索引存放在另一个文件上。尽管这么做可以加快数据访问的速度，但也会减慢备份过程，因为必须将表和索引作为一个单元来备份。

提 示

为了使恢复的文件与数据库的其余部分保持一致，执行文件和文件组备份之后，必须执行事务日志备份。

10.1.3 恢复体系结构

SQL Server 2008 包括 3 种恢复模型，其中每种恢复模型都能够在数据库发生故障的时候恢复相关的数据。不同的恢复模型在 SQL Server 备份、恢复的方式和性能方面存在差异，而且，采用不同的恢复模型对于避免数据损失的程度也不同。每个数据库必须选择 3 种恢复模型中的一种以确定备份数据库的备份方式。

1．简单恢复模型

对于小型不经常更新数据的数据库，一般使用简单恢复模型。使用简单恢复模型可以将数据库恢复到上一次的备份。简单恢复模型的优点在于日志的存储空间较小，能够提高磁盘的可用空间，而且也是最容易实现的模型。但是，使用简单恢复模型无法将数据库还原到故障点或特定的即时点。如果要还原到这些即时点，则必须使用完全恢复模型或大容量日志记录恢复模型。

2．完全恢复模型

当从被损坏的媒体中完全恢复数据有着最高优先级时，可以使用完全恢复模型。该模型使用数据库的复制和所有日志信息来还原数据库。SQL Server 可以记录数据库的所有更改，包括大容量操作和创建索引。如果日志文件本身没有损坏，则除了发生故障时正在进行的事务，SQL Server 可以还原所有的数据。

在完全恢复模型中，所有的事务都被记录下来，所以可以将数据库还原到任意时间点。SQL Server 2008 支持将命名标记插入到事务日志中的功能，可以将数据库还原到这个特定的标记。

记录事务标记要占用日志空间，所以应该只对那些在数据库恢复策略中扮演重要角色的事务使用事务标记。该模型的主要问题是日志文件较大以及由此产生的较大的存储量和性能开销。

3．大容量日志记录恢复模型

与完全恢复模型相似，大容量日志记录恢复模型使用数据库和日志备份来恢复数据库。该模型对某些大规模或者大容量数据操作（比如 INSERT INTO、CREATE INDEX、大批量装载数据、处理大批量数据）时提供最佳性能和最少的日志使用空间。在这种模型下，日志只记录多个操作的最终结果，而并非存储操作的过程细节，所以日志尺寸更小，大批量操作的速度也更快。如果事务日志没有受到破坏，除了故障期间发生的事务以外，SQL Server 能够还原全部数据，但是，由于使用最小日志的方式记录事务，所以不能恢复数据库到特定即时点。

警 告

在大容量日志恢复模式下，备份包含大容量日志操作的日志需要访问数据库中的所有数据文件。如果数据文件不可访问，则无法备份最后的事务日志，而且该日志中所有已提交的操作都会丢失。

10.2 备份设备

备份存放在物理备份介质上，备份介质可以是磁带驱动器或者硬盘驱动器（位于本地或者网络上）。SQL Server 并不知道连接到服务器的各种介质形式，因此必须通知 SQL Server 将备份存储在哪里。

10.2.1 备份设备的分类

备份设备就是用来存储数据库、事务日志或文件和文件组备份的存储介质。常见的备份设备可以分为 3 种类型：磁盘备份设备、磁带备份设备和逻辑备份设备。

1．磁盘备份设备

磁盘备份设备就是存储在硬盘或其他磁盘媒体上的文件，与常规操作系统文件一样。引用磁盘备份设备与引用任何其他操作系统文件一样。可以在服务器的本地磁盘上或共享网络资源的远程磁盘上定义磁盘备份设备，磁盘备份设备根据需要可大可小。最大的文件大小相当于磁盘上可用的闲置空间。如果磁盘备份设备定义在网络的远程设备上，则应该使用统一命名方式（UNC）来引用该文件，以\\Servername\Sharename\Path\File 格式指定文件的位置。在网络上备份数据可能受到网络错误的影响。因此，在完成备份后应该验证备份操作的有效性。

警告

建议不要将数据库事务日志备份到数据库所在的同一物理磁盘上的文件中。如果包含数据库的磁盘设备发生故障，由于备份位于同一发生故障的磁盘上，因此无法恢复数据库。

2. 磁带备份设备

磁带备份设备的用法与磁盘设备相同，不过磁带设备必须物理连接到运行 SQL Server 2008 实例的计算机上。如果磁带备份设备在备份操作过程中已满，但还需要写入一些数据，SQL Server 2008 将提示更换新磁带并继续备份操作。

若要将 SQL Server 2008 数据备份到磁带，那么需要使用磁带备份设备或者 Microsoft Windows 平台支持的磁带驱动器。另外，对于特殊的磁带驱动器，仅能使用驱动器制造商推荐的磁带。在使用磁带驱动器时，备份操作可能会写满一个磁带，并继续在另一个磁带上进行。所使用的第一个媒体称为“起始磁带”，该磁带含有媒体标头，每个后续磁带称为“延续磁带”，其媒体序列号比前一磁带的媒体序列号大 1。

3. 逻辑备份设备

物理备份设备名称主要用来供操作系统对备份设备进行引用和管理，如 C:\Backups\Acco-unting\Full.bak。逻辑备份设备是物理备份设备的别名，通常比物理备份设备能更简单、有效地描述备份设备的特征。逻辑备份设备名称被永久保存在 SQL Server 的系统表中。

使用逻辑备份设备的一个优点是比使用长路径简单。如果准备将一系列备份数据写入相同的路径或磁带设备，则使用逻辑备份设备非常有用。逻辑备份设备对于标识磁带备份设备尤为有用。

可以编写一个备份脚本以使用特定逻辑备份设备。这样就无需更新脚本即可切换到新的物理备份设备。切换涉及以下过程。

- 删除原来的逻辑备份设备。
- 定义新的逻辑备份设备，新设备使用原来的逻辑设备名称，但映射到不同的物理备份设备。逻辑备份设备对于标识磁带备份设备尤为有用。

10.2.2 创建备份设备

备份设备是用来存储数据库、事务日志或者文件和文件组备份的存储介质，在执行备份数据之前，首先来介绍如何创建备份设备。

在 SQL Server 2008 中创建设备的方法有两种：一是在 SQL Server Management Studio 中使用现有命令和功能，通过方便的图形化工具创建；二是通过使用系统存储过程 SP_ADDUMPDEVICE 创建。下面将对这两种创建备份设备的方法分别阐述。

1. 使用 SQL Server Management Studio 管理器创建备份设备

使用 Microsoft SQL Server Management Studio 管理器创建备份设备的操作步骤如下。

1 在【对象资源管理器】窗口中，单击服务器名称以展开服务器树。

2 展开【服务器对象】节点，然后右击【备份设备】选项。

3 从弹出的菜单中选择【新建备份设备】命令，打开【备份设备】窗口。

4 在【备份设备】窗口，输入设备名称并且指定该文件的完整路径，这里创建一个名称为“网店购物系统备份”的备份设备，如图 10-1 所示。

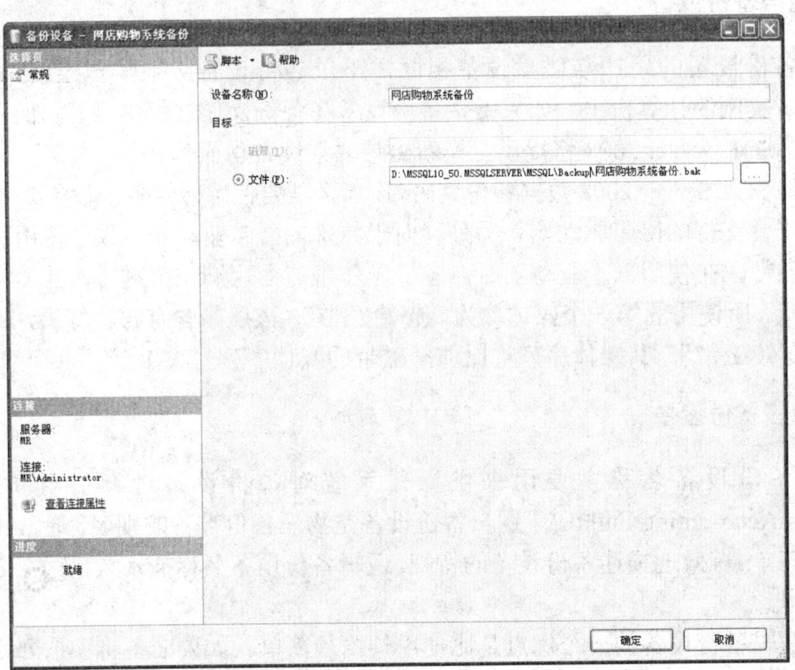

图 10-1 创建备份设备

5 单击【确定】按钮，完成备份设备的创建。展开【备份设备】节点，就可以看到刚刚创建的名称为“网店购物系统备份”的备份设备。

2. 使用系统存储过程 SP_ADDUMPDEVICE 创建备份设备

除了使用图形化工具创建备份设备外，还可以使用系统存储过程 SP_ADDUMPDEVICE 来添加备份设备，这个存储过程可以添加磁盘和磁带设备。SP_ADDUMPDEVICE 的基本语法如下：

```
SP_ADDUMPDEVICE [ @devtype = ] 'device_type'
        , [ @logicalname = ] 'logical_name'
        , [ @physicalname = ] 'physical_name'
    [ , { [ @cntrltype = ] controller_type |
         [ @devstatus = ] 'device_status' }
    ]
```

下面对上述语法中的各参数进行简单的说明。

- **[@devtype =] 'device_type'** 该参数指备份设备的类型。device_type 的数据类型为 varchar（20），无默认值，可以是 disk、tape 和 pipe。其中，disk 指硬盘文

件作为备份设备；tape 指 Microsoft Windows 支持的任何磁带设备；pipe 指使用命名管道作为备份设备。

- **[@logicalname =] 'logical_name'** 该参数指在 BACKUP 和 RESTORE 语句中使用的备份设备的逻辑名称。logical_name 的数据类型为 sysname，无默认值，且不能为 NULL。
- **[@physicalname =] 'physical_name'** 该参数指备份设备的物理名称。物理名称必须遵从操作系统文件名规则或者网络设备的通用命名约定，并且必须包含完整路径。physical_name 的数据类型为 nvarchar（260），无默认值，且不能为 NULL。

警告

指定存放备份设备的物理路径必须真实存在，否则将会提示“系统找不到指定的路径”，因为 SQL Server 2008 不会自动为用户创建文件夹。

- **[@cntrltype =] 'controller_type'** 如果 cntrltype 的值是 2，则表示是磁盘；如果 cntrltype 值是 5，则表示是磁带。
- **[@devstatus =] 'device_status'** devicestatus 如果是 noskip，表示读 ANSI 磁带头，如果是 skip，表示跳过 ANSI 磁带头。

例如，创建一个名称为 Test 的备份设备，就可以使用如下代码：

```
USE master
GO
EXEC sp_addumpdevice 'disk','Test','D:\test.bak'
```

创建本地磁带备份设备 TapeTest，可以使用如下语句：

```
USE master
GO
EXEC SP_ADDUMPDEVICE 'tape','tapebackup','\\.\tape0'
```

10.2.3 管理备份设备

在 Microsoft SQL Server 2008 系统中，创建了备份设备以后就可以通过系统存储过程、Transact-SQL 语句或者图形化界面查看备份设备的信息，或者把不用的备份设备删除等。

1. 查看备份设备

可以通过两种方式查看服务器上的所有备份设备，一种是使用 SQL Server Management Studio 图形化工具，另一种是通过系统存储过程 SP_HELPDEVICE。

- **使用 SQL Server Management Studio 工具**

首先介绍使用 SQL Server Management Studio 图形化工具查看所有备份设备，操作步骤如下。

1 在【对象资源管理器】窗口中，单击服务器名称以展开服务器树。

2 展开【服务器对象】|【备份设备】节点，可以看到当前服务器上已经创建的所有备份设备，如图 10-2 所示。

❑ **使用系统存储过程 SP_HELPDEVICE**

使用系统存储过程 SP_HELPDEVICE 也可以查看服务器上每个设备的相关信息，如图 10-3 所示。

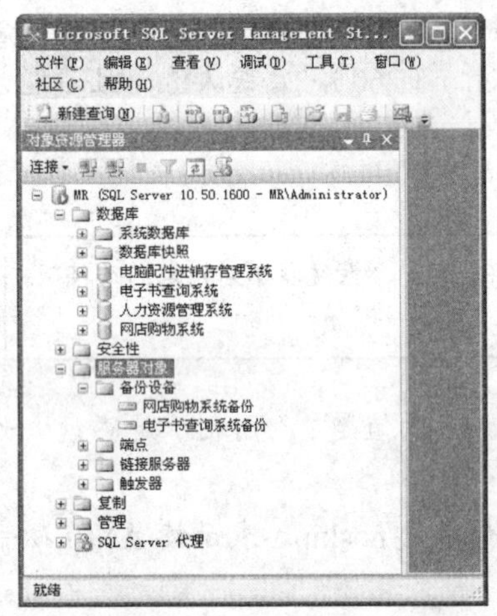

图 10-2　查看备份设备

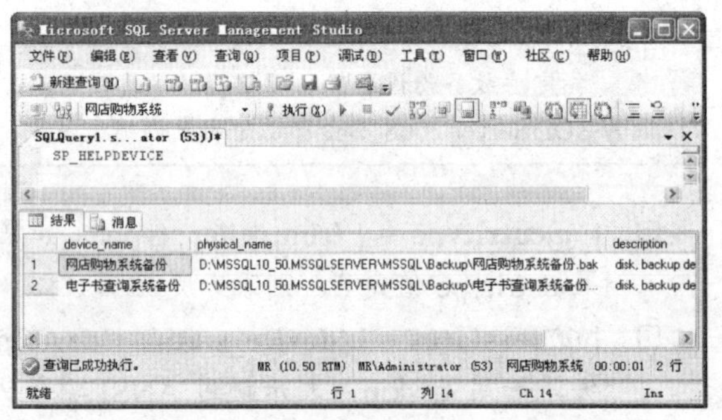

图 10-3　使用系统存储过程查看备份设备

2. 删除备份设备

如果不再需要备份设备，可以将其删除，删除备份设备后，其上的数据都将丢失，删除备份设备也有两种方式，一种是使用 SQL Server Management Studio 图形化工具，另一种是使用系统存储过程 SP_DROPDEVICE。

❑ **使用 SQL Server Management Studio 工具**

使用 SQL Server Management Studio 图形化工具，可以删除备份设备。例如将备份设备 Test 删除，操作步骤如下。

1 在【对象资源管理器】窗口中，单击服务器名称以展开服务器树。

2 展开【服务器对象】|【备份设备】节点，右击要删除的备份设备 Test，在弹出的命令菜单中选择【删除】命令，打开【删除对象】对话框。

3 在【删除对象】对话框中单击【确定】按钮，即完成对该备份设备的删除操作。

❑ **使用系统存储过程 SP_DROPDEVICE**

使用 SP_DROPDEVICE 系统存储过程可将服务器中备份设备删除，并能删除操作系统文件。具体语句如下所示：

```
SP_DROPDEVICE "备份设备名" [,"DELETE"]
```

上述语句中，如果指定了 DELETE 参数，则在删除备份设备的同时也删除它使用的操作文件。例如删除名称为 Test 的备份设备，可以使用如下代码：

```
EXEC SP_DROPDEVICE 'Test'
```

10.3 备份数据

通过前面知识的介绍，大家知道备份数据的类型可以分为4种，在创建每一种备份时，所用到的操作都不相同。因此，本节重点围绕这4种类型，展开详细介绍。

10.3.1 创建完整备份

完整备份是指包含所有数据文件的完整映像的备份。完整备份会备份所有数据和足够的日志，以便恢复数据。由于完整备份是任何备份策略中都要求完成的第一种备份类型，所以首先介绍如何使用 SQL Server Management Studio 图形化工具和 BACKUP 语句进行完整数据库备份。

1. 使用 SQL Server Management Studio 工具创建完整备份

例如，需要对“网店购物系统”进行一次完整备份，使用 SQL Server Management Studio 图形化工具对其进行完整备份的操作步骤如下。

1 打开 SQL Server Management Studio 工具，连接服务器。

2 在【对象资源管理器】窗口中，展开【数据库】节点，右击【网店购物系统】数据库，在弹出的菜单中选择【属性】命令，打开【数据库属性】窗口。

3 在【选项】页面，确保【恢复模式】为【完整】恢复模式，如图10-4所示。

4 单击【确定】按钮应用修改结果。

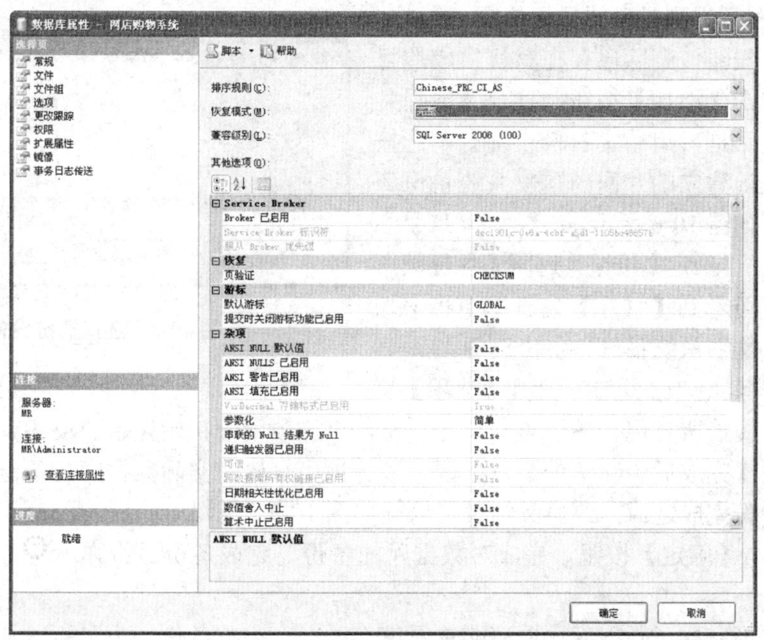

图 10-4 选择恢复模式

5 右击【网店购物系统】数据库节点，从弹出的菜单中选择【任务】|【备份】命令，打开【备份数据库】窗口，如图 10-5 所示。

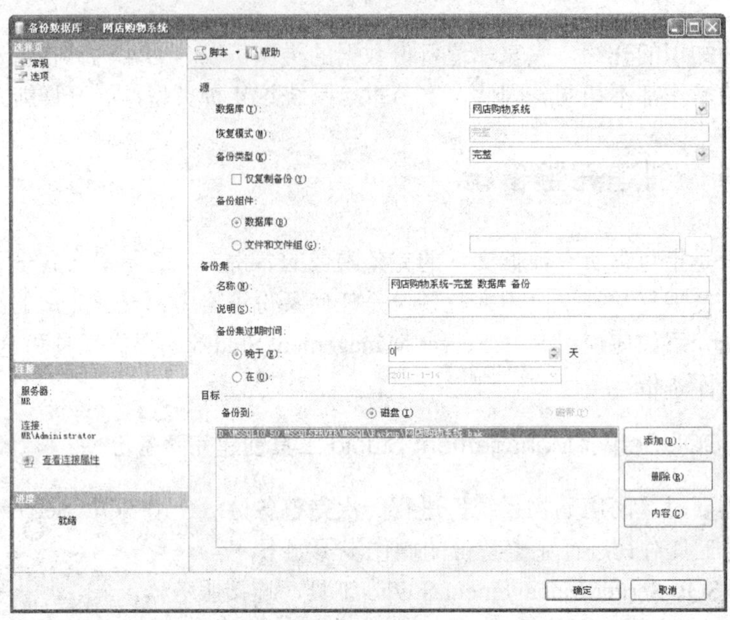

图 10-5 【备份数据库】窗口

6 在【备份数据库】窗口中，从【数据库】下拉列表中选择“网店购物系统”数据库选项；【备份类型】选择“完整”选项，保留【名称】文本框的内容不变。

7 设置备份到磁盘的目标位置，通过单击【删除】按钮，删除已存在默认生成的目标，然后单击【添加】按钮，打开【选择备份目标】对话框，启用【备份设备】单选按钮，选择以前建立的“网店购物系统备份”备份设备，如图 10-6 所示。

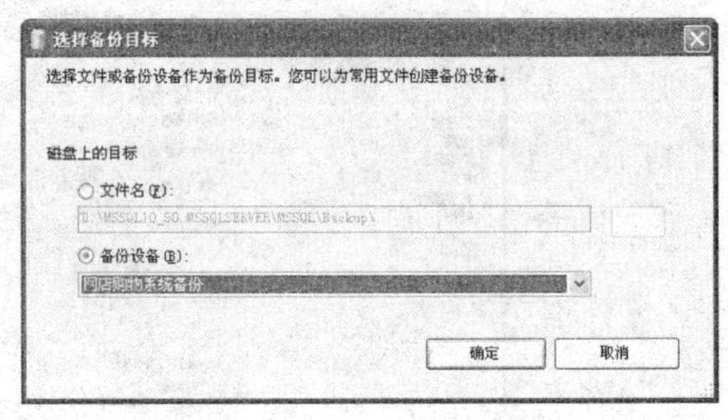

图 10-6 选择备份设备

8 单击【确定】按钮，返回【备份数据库】窗口，可看到【目标】列表框中将增加一个“网店购物系统备份”备份设备。

9 选择【选项】选项，打开【选项】页面，启用【覆盖所有现有备份集】单选按钮，该选项用于初始化新的设备或覆盖现在的设备；启用【完成后验证备份】复选框，该选项用来核对实际数据库与备份副本，并确保它们在备份完成之后一致。具体设置情况如图 10-7 所示。

10 单击【确定】按钮，完成对数据库的备份。完成备份后将弹出【备份完成】对话框。

现在已经完成了数据库“网店购物系统”的一个完整备份。为了验证是否真的备份完成，下面来检查一下。

1 在 SQL Server Management Studio 的【对象资源管理器】窗口中，展开【服务器

对象】节点下的【备份设备】节点。

2 右击备份设备【网店购物系统备份】节点，从弹出的菜单中选择【属性】命令。

3 选择【介质内容】选项，打开【介质内容】页面，可以看到刚刚创建的【网店购物系统】数据库的完整备份，如图 10-8 所示。

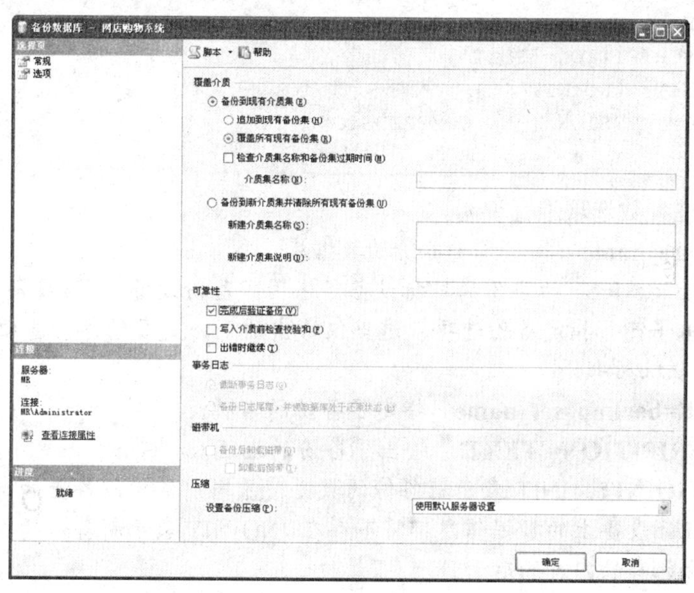

图 10-7 【选项】页面

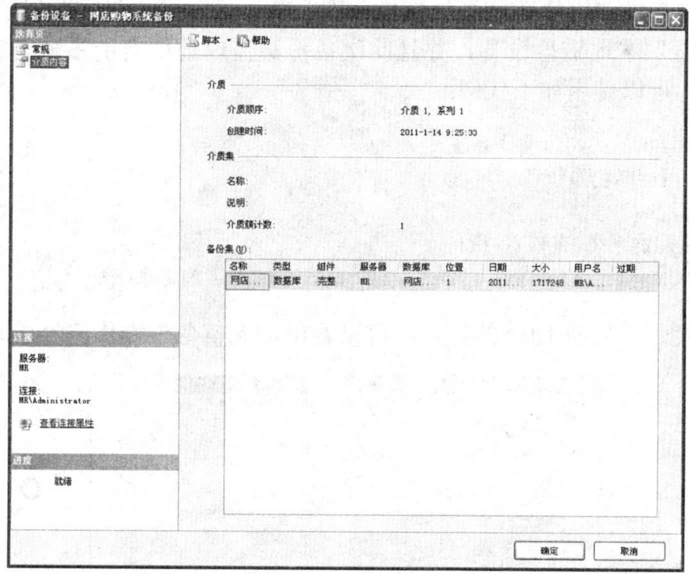

图 10-8 查看备份设备的内容

2．使用 BACKUP 语句备份数据库

前面介绍了使用图形化工具备份数据库，下面再简单地介绍一下如何使用 BACKUP

命令来备份数据库。对数据库进行完整备份的语法如下：

```
BACKUP DATABASE database_name
TO <backup_device> [    n]
[WITH
[[,] NAME=backup_set_name]
[ [,] DESCRIPITION='TEXT']
[ [,] {INIT | NOINIT } ]
[ [,]{ COMPRESSION | NO_COMPRESSION }]
]
```

下面对一些参数选项进行说明。

- **database_name** 指定了要备份的数据库。
- **backup_device** 为备份的目标设备，采用“备份设备类型=设备名”的形式。
- **WITH 子句** 指定备份选项，这里仅给出两个，更多的备份选项可以参考 SQL Sever 联机丛书。
- **NAME=backup_set_name** 指定了备份的名称。
- **DESCRIPITION='TEXT'** 给出了备份的描述。
- **INIT|NOINIT** INIT 表示新备份的数据覆盖当前备份设备上的每一项内容，即原来在此设备上的数据信息都将不存在，NOINIT 表示新备份的数据添加到备份设备上已有的内容的后面。

- **COMPRESSION|NO_COMPRESSION** COMPRESSION 表示启用备份压缩功能，NO_COMPRESSION 表示不启用备份压缩功能。

例如，对数据库“网店购物系统”做一次完整备份，备份设备为以前创建好的“网店购物系统备份”本地磁盘设备，并且此次备份覆盖以前所有的备份。使用 BACKUP 命令创建备份，可以使用如下代码：

```
BACKUP DATABASE 网店购物系统
TO DISK='网店购物系统备份'
WITH INIT,
NAME='网店购物系统 完整 备份',
DESCRIPTION='this is the full backup of 网店购物系统'
```

执行上述代码，从图 10-9 的结果中可以看出，完整备份操作已经成功完成。

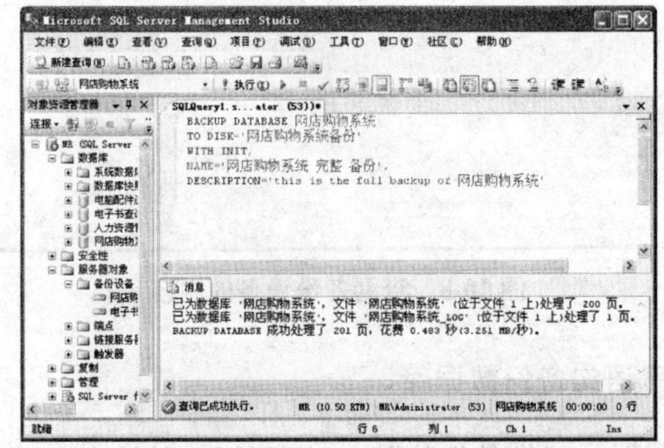

图 10-9　使用 BACKUP 语句备份数据库

10.3.2 创建差异备份

当数据量十分庞大时，执行一次完整备份需要耗费非常多的时间和空间，因此完整备份不能频繁进行，创建了数据库的完整备份以后，如果数据库从上次备份以来只修改了很少的数据时，比较适合使用差异备份。下面将介绍创建差异数据库备份的方法。

1. 使用 SQL Server Management Studio 工具

创建差异备份的过程与创建完整备份的过程几乎相同，下面使用 SQL Server Management Studio 在上一节创建的永久备份设备“网店购物系统备份”上创建数据库“网店购物系统”的一个差异备份，操作过程如下。

1 打开 SQL Server Management Studio 工具，连接服务器。

2 在【对象资源管理器】窗口中，展开【数据库】节点，右击【网店购物系统】数据库节点，在弹出的菜单中选择【任务】|【备份】命令，打开【备份数据库】窗口。

3 在【备份数据库】窗口，从【数据库】下拉列表中选择“网店购物系统”数据库选项；【备份类型】选择“差异”选项；保留【名称】文本框的内容不变；在【目标】列表框中确保有【网店购物系统备份】设备，如图 10-10 所示。

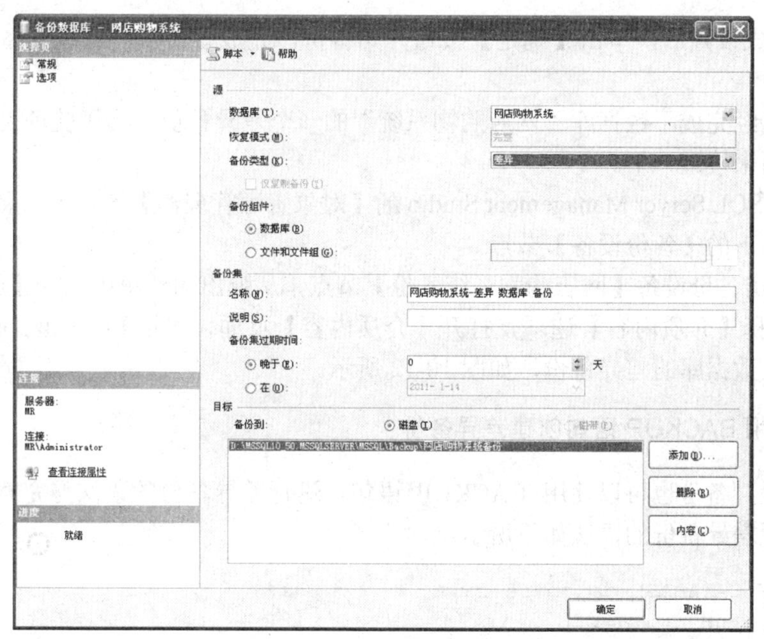

图 10-10 【备份数据库】窗口

4 选择【选项】选项，打开【选项】页面，启用【追加到现有备份集】单选按钮，以免覆盖现有的完整备份；启用【完成后验证备份】复选框，该选项用来核对实际数据库与备份副本（或者称为复件），并确保它们在备份完成之后一致。具体设置情况如图 10-11 所示。

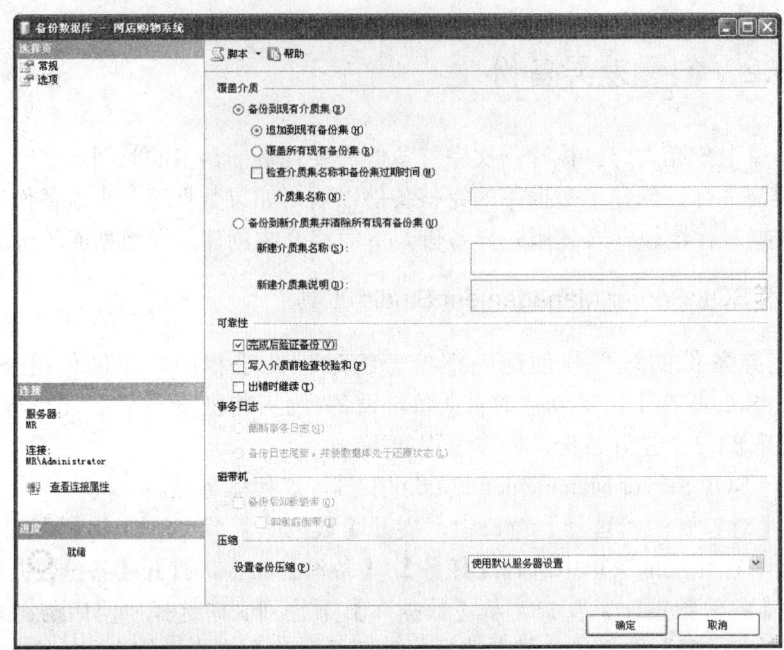

图 10-11　差异备份的【选项】页面

5 完成设置后，单击【确定】按钮开始备份，完成备份后将弹出【备份完成】对话框。

现在已经完成了数据库“网店购物系统”的一个差异备份。为了验证是否真的备份完成，下面来检查一下。

1 在 SQL Server Management Studio 的【对象资源管理器】窗口中，展开【服务器对象】节点下的【备份设备】节点。

2 右击备份设备【网店购物系统备份】节点，从弹出的菜单中选择【属性】命令。

3 选择【介质内容】选项，打开【介质内容】页面，可以看到刚刚创建的“网店购物系统”数据库的差异备份，如图 10-12 所示。

2．使用 BACKUP 语句创建差异备份

创建差异备份也可以使用 BACKUP 语句，进行差异备份的语法与完整备份的语法相似，进行差异备份的语法如下所示：

```
BACKUP DATABASE database_name
TO <backup_device> [    n]
WITH
DIFFERENTIAL
[[,] NAME=backup_set_name]
[ [,] DESCRIPITION='TEXT']
[ [,] {INIT | NOINIT } ]
[ [,]{ COMPRESSION | NO_COMPRESSION }
]
```

其中 WITH DIFFERENTIAL 子句指明了本次备份是差异备份。其他参数与完全备份参数完全一样，在此不再重复。

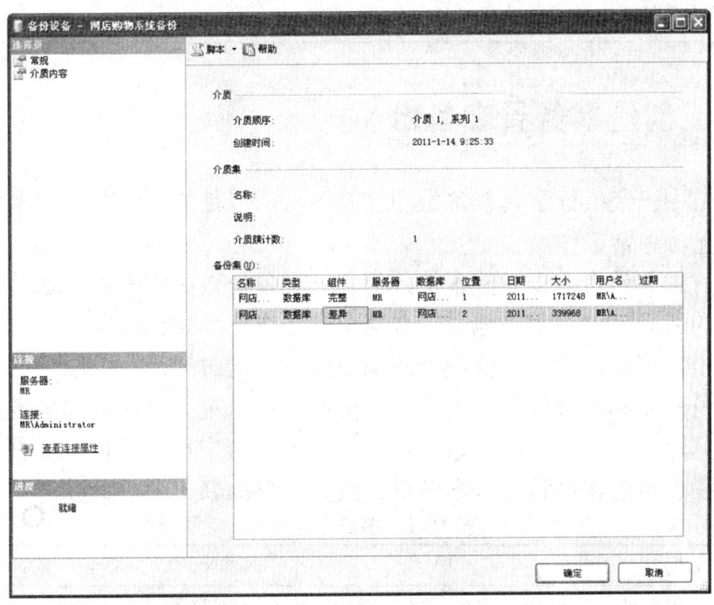

图 10-12　查看备份设备内容

例如，对数据库“网店购物系统”做一次差异备份，可以使用如下代码：

```
BACKUP DATABASE 网店购物系统
TO DISK='网店购物系统备份'
WITH DIFFERENTIAL,
NOINIT,
NAME='网店购物系统差异备份',
DESCRIPTION='this is differential backup of 网店购物系统 on disk'
```

执行上述代码，从图 10-13 中的结果中可以看出，数据库“网店购物系统”的差异备份已经创建完成。

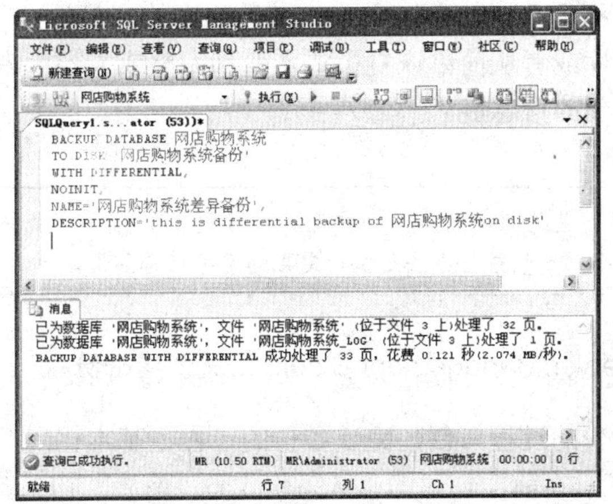

图 10-13　执行差异备份

提示

使用 BACKUP 语句执行差异备份时候，要使用 WITH NOINIT 选项，追加到现有的备份集，避免覆盖已经存在的完整备份。

10.3.3 创建事务日志备份

在前面小节中已经执行了完整备份和差异备份，但是如果没有执行事务日志备份，则数据库可能无法正常工作。

尽管事务日志备份信赖于完整备份，但它并不备份数据库本身。这种类型的备份只记录事务日志的适当部分，明确地说，自从上一个事务以来已经发生了变化的部分。使用事务日志备份，可以将数据库恢复到故障点或特定的时间点。一般情况下，事务日志备份比完整备份和差异备份使用的资源少。因此，可以更频繁地创建事务日志备份，减少数据丢失的风险。在 Microsoft SQL Server 2008 系统中日志备份有 3 种类型：纯日志备份、大容量操作日志备份和尾日志备份。具体情况如表 10-1 所示。

表 10-1　事务日志类型

日志备份类型	说明
纯日志备份	仅包含一定间隔的事务日志记录而不包含在大容量日志恢复模式下执行的任何大容量更改的备份
大容量操作日志备份	包含日志记录以及由大容量操作更改的数据页的备份。不允许对大容量操作日志备份进行时点恢复
尾日志备份	对可能已损坏的数据库进行的日志备份，用于捕获尚未备份的日志记录。尾日志备份在出现故障时进行，用于防止丢失工作，可以包含纯日志记录或大容量操作日志记录

只有当启动事务日志备份序列时，完整备份或完整差异备份才必须与事务日志备份同步。每个事务日志备份的序列都必须在执行完整备份或完整差异备份之后启动。

执行事务日志备份至关重要，除了允许用户还原备份事务外，日志备份将截断日志以删除日志文件中已备份的日志记录。即使经常备份日志，日志文件也会填满。

连续的日志序列称为“日志链”。日志链从数据库的完整备份开始。通常情况下，只有当第一次备份数据库或者从简单恢复模式转变到完整或大容量恢复模式时，需要进行完整备份，才会启动新的日志链。

警告

当事务日志最终变成 100%满时，用户无法访问数据库，直到数据库管理员消除了事务日志时为止。避开这个问题的最佳办法是执行定期的事务日志备份。

1. 使用 SQL Server Management Studio 工具创建备份

创建事务日志备份的过程与创建完整备份的过程也基本相同，下面使用 SQL Server Management Studio 工具在前面创建的永久备份设备“网店购物系统备份”上创建数据库“网店购物系统”的一个事务日志备份，操作过程如下。

1 打开 SQL Server Management Studio 工具，连接服务器。

2 在【对象资源管理器】窗口中，展开【数据库】节点，右击【网店购物系统】数据库节点，在弹出的菜单中选择【任务】|【备份】命令，打开【备份数据库】窗口。

3 在【备份数据库】窗口，从【数据库】下拉列表中选择【网店购物系统】数据库选项；【备份类型】选择“事务日志”选项；保留【名称】文本框的内容不变；在【目标】列表框中确保有【网店购物系统备份】设备，如图 10-14 所示。

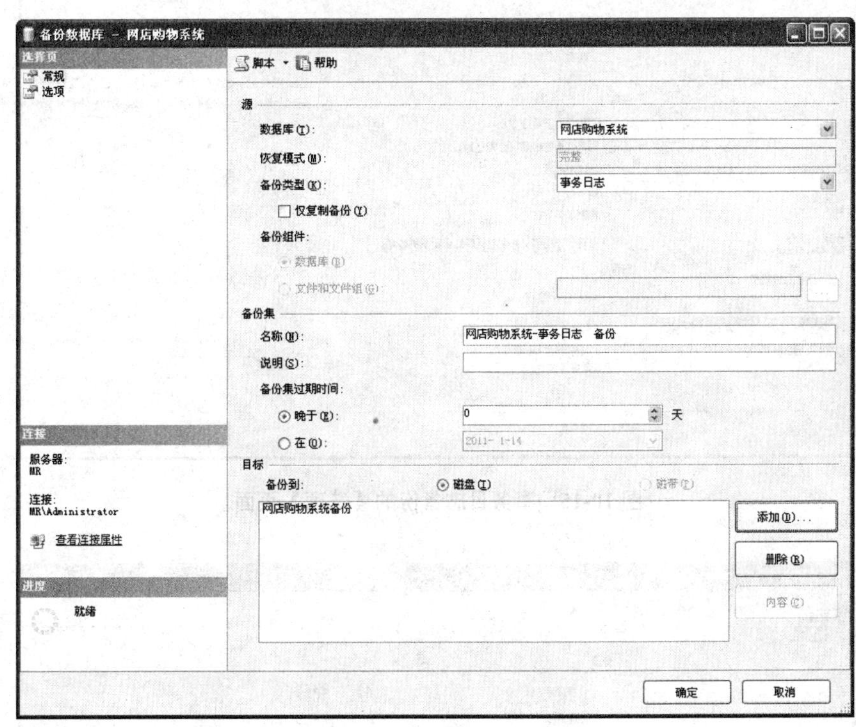

图 10-14　创建事务日志备份

4 选择【选项】选项，打开【选项】页面，启用【追加到现有备份集】单选按钮，以免覆盖现有的完整和差异备份；启用【完成后验证备份】复选框，该选项用来核对实际数据库与备份副本（或者称为复件），并确保它们在备份完成之后一致，并且启用【截断事务日志】单选按钮。具体设置情况如图 10-15 所示。

5 完成设置后，单击【确定】按钮开始备份，完成备份后将弹出【备份完成】对话框。

现在已经完成了数据库“网店购物系统”的一个事务日志备份。为了验证是否真的备份完成，下面来检查一下。

1 在 SQL Server Management Studio 的【对象资源管理器】窗口中，展开【服务器对象】节点下的【备份设备】节点。

2 右击备份设备【网店购物系统备份】节点，从弹出的菜单中选择【属性】命令。

3 选择【介质内容】选项，打开【介质内容】页面，可以看到刚刚创建的【网店购物系统】数据库的事务日志备份，如图 10-16 所示。

备份数据库 - 网店购物系统

选择页
常规
选项

脚本 · 帮助

覆盖介质
备份到现有介质集(E)
追加到现有备份集(H)
覆盖所有现有备份集(R)
检查介质集名称和备份集过期时间(M)
介质集名称(N):
备份到新介质集并清除所有现有备份集(U)
新建介质集名称(S):
新建介质集说明(D):

可靠性
完成后验证备份(V)
写入介质前检查校验和(F)
出错时继续(T)

事务日志
截断事务日志(G)
备份日志尾部，并使数据库处于还原状态(L)

磁带机
备份后卸载磁带(O)
卸载前倒带(I)

压缩
设置备份压缩(P): 使用默认服务器设置

连接
服务器:
MR
连接:
MR\Administrator
查看连接属性

进度
就绪

确定 取消

图 10-15　事务日志备份的【选项】页面

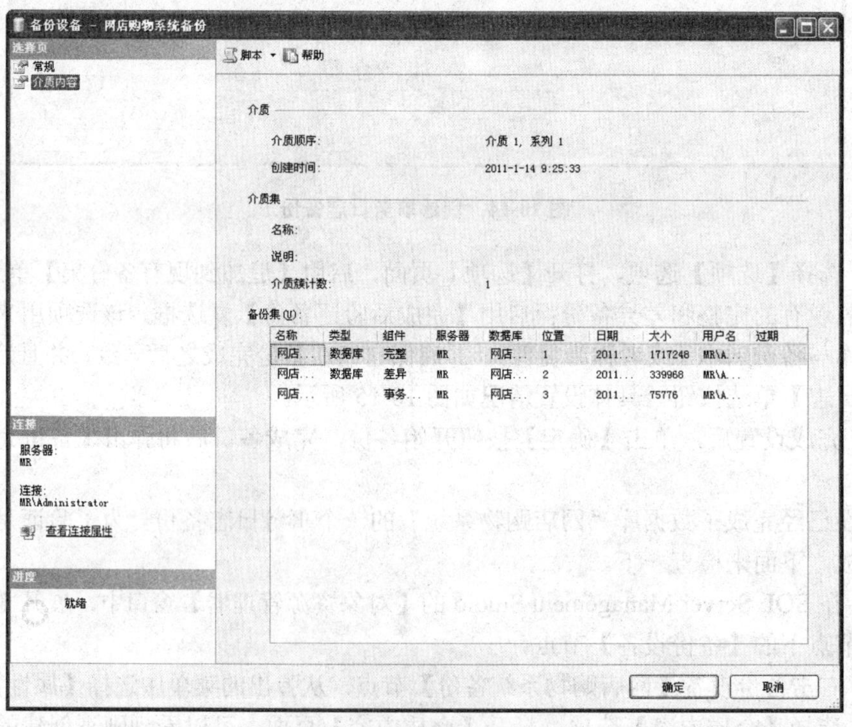

图 10-16　查看事务日志备份

2. 使用 BACKUP 语句创建事务日志备份

使用 BACKUP 语句创建事务日志备份的语法格式如下：

```
BACKUP LOG database_name
TO <backup_device> [    n]
WITH
 [[,] NAME=backup_set_name]
[ [,] DESCRIPTION='TEXT']
[ [,] {INIT | NOINIT } ]
[ [,]{ COMPRESSION | NO_COMPRESSION }
]
```

其中 LOG 指定仅备份事务日志。该日志是从上一次成功执行的日志备份到当前日志的末尾。必须创建完整备份，才能创建第一个日志备份。其他的各参数与完整备份语法中各参数完全相似，这里也不再重复。

例如，对数据库【网店购物系统】做事务日志备份，要求追加到现有的备份设备“网店购物系统备份”上。完成上述备份，可以使用如下代码：

```
BACKUP LOG 网店购物系统
TO DISK='网店购物系统备份'
WITH NOINIT,
NAME='网店购物系统事务日志备份',
DESCRIPTION='this is transaction backup of 网店购物系统 on disk'
```


执行上述代码，从图 10-17 所示的结果中可以看出，数据库【网店购物系统】的事务日志备份已经完成。

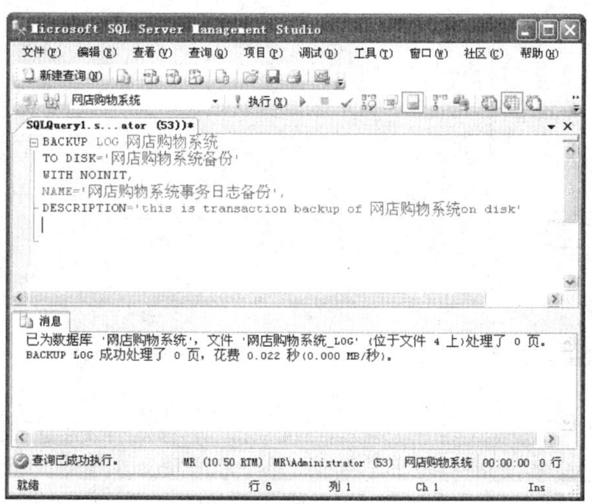

图 10-17　事务日志备份

当 SQL Server 完成日志备份时，自动截断数据库事务日志中不活动的部分，所谓不活动的部分是指已经完成的事务日志，这些事务日志已经被备份起来了，所以可以截断。

事务日志被截断后，释放出的空间可以被重复使用，这样避免了日志文件的无限增长。

10.3.4 创建文件组备份

现在，有越来越多的公司拥有了 TB 级的数据库，这些数据库称为超大型数据库。对于超大型数据库，如果每次都执行完整数据备份不切实际，应当执行数据库文件或文件组备份。

文件组是一种将数据库存放在多个文件上的方法，并允许控制数据库对象（比如表或视图）存储到这些文件当中的哪些文件上。这样，数据库就不会受到只存储在单个硬盘上的限制，而是可以分散到许多硬盘上，因而可以变得非常大。利用文件组备份，每次可以备份这些文件当中的一个或多个文件，而不是同时备份整个数据库。

在执行文件组备份之前，首先为数据库【电子书查询系统】添加一个新文件组，操作步骤如下。

1 打开 SQL Server Management Studio 工具，连接服务器。

2 在【对象资源管理器】窗口中，展开【数据库】节点，右击【电子书查询系统】数据库节点，在弹出的菜单中选择【属性】命令，打开【数据库属性】窗口。

3 选择【文件组】选项，打开【文件组】选项页面，然后单击【添加】按钮，在【名称】文本框中输入 bei_fen，如图 10-18 所示。

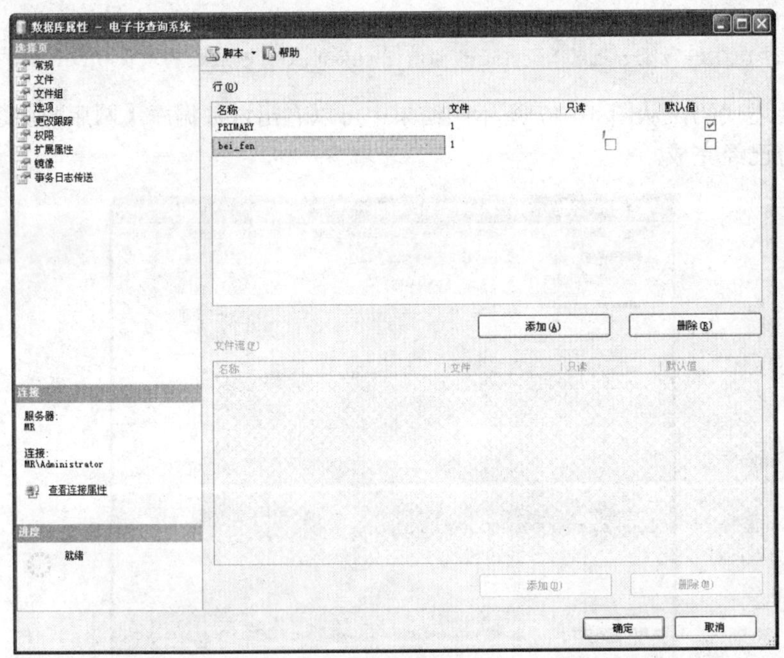

图 10-18 添加新文件组

4 选择【文件】选项，打开【文件】选项页面，然后单击【添加】按钮，为【电子书查询系统】数据库创建一个新的数据文件，并且设置该数据文件所属的文件组为 bei_fen，具体如图 10-19 所示。

图 10-19　添加新数据文件

5 单击【确定】按钮完成对数据库的更改。

在 SQL Server 2008 中，执行文件组备份的方式有两种，使用 SQL Server Management Studio 工具和使用 BACKUP 语句。下面将分别对这两种方式进行阐述。

1．使用 SQL Server Management Studio 工具

使用 SQL Server Management Studio 工具执行文件组备份的具体步骤如下所示。

1 打开 SQL Server Management Studio 工具，连接服务器。

2 在【对象资源管理器】窗口中，展开【数据库】节点，右击【电子书查询系统】数据库节点，在弹出的菜单中选择【任务】|【备份】命令，打开【备份数据库】窗口。

3 在【备份数据库】窗口的【备份组件】选项组下启用【文件和文件组】单选按钮打开【选择文件和文件组】对话框，如图 10-20 所示。

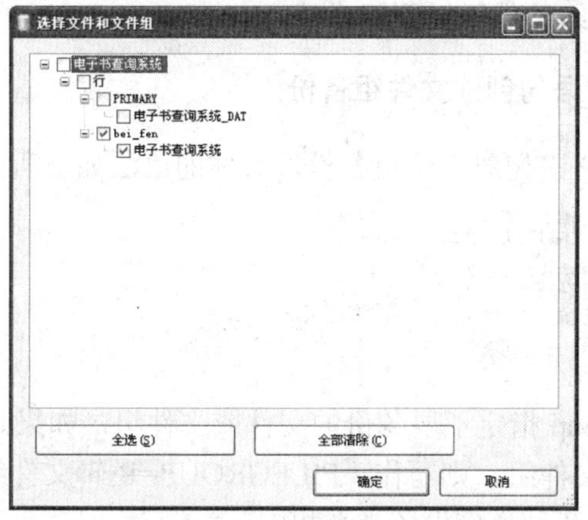

图 10-20　选择文件组

4 在【选择文件和文件组】对话框中，选择要备份的文件和文件组。单击【确定】按钮返回。

5 在【备份数据库】窗口的【常规】页面，【数据库】为【电子书查询系统】，【备份类型】为【完整】，并选择备份设备，具体设置如图 10-21 所示。

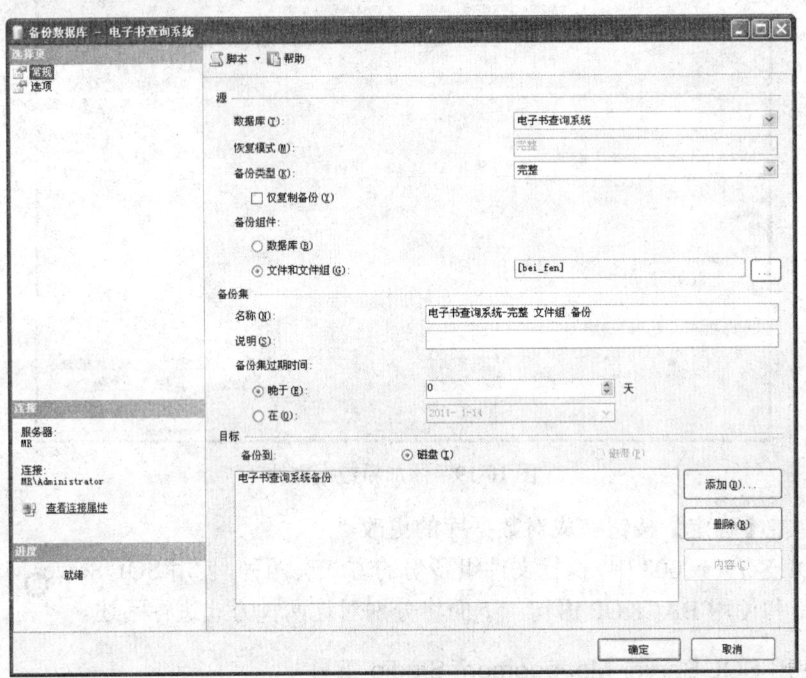

图 10-21 【常规】页面

6 选择【选项】选项，打开【选项】页面，启用【追加到现有备份集】单选按钮，以免覆盖现有的完整备份；启用【完成后验证备份】复选框即可。

7 设置完成后，单击【确定】按钮开始备份，完成后将弹出成功消息。

创建文件组备份以后，就可以验证文件组是否备份成功。查看备份设备“电子书查询系统备份”的介质内容，查看结果如图 10-22 所示。可以看到刚刚创建的【电子书查询系统】数据库的文件组备份已经创建成功。

2. 使用 BACKUP 语句创建文件组备份

可以使用 BACKUP 语句对文件组备份，具体的语法如下所示：

```
BACKUP DATABASE database_name
< file_or_filegroup > [ n]
TO < backup_device > [ n]
WITH options
```

其中 file_or_filegroup 指定了要备份的文件或文件组，如果是文件，则写作“FILE=逻辑文件名”；如果是文件组，则写作“FILEGROUP=逻辑文件组名”。WITH options 用于指定备份选项，与前几种备份设备类型相同。

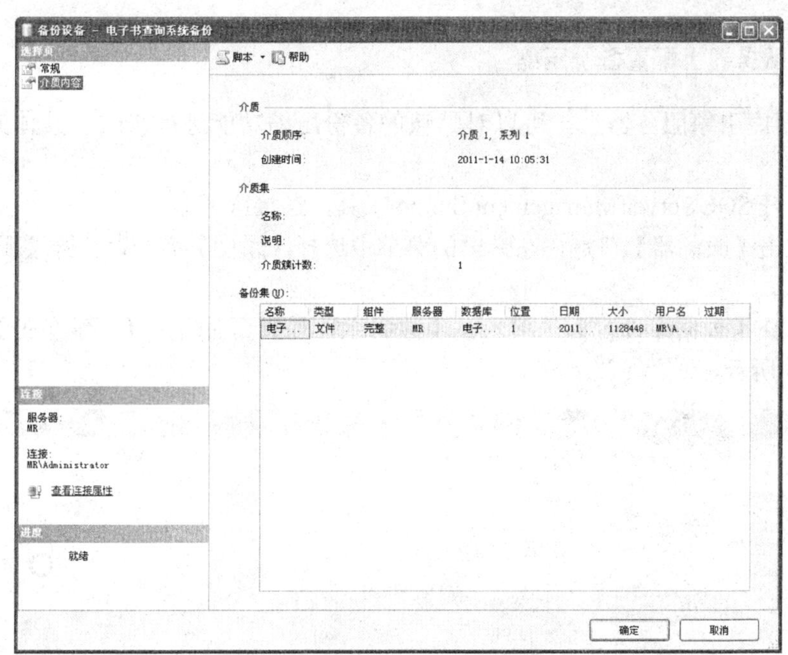

图 10-22　查看文件组备份

比如将数据库【电子书查询系统】中刚添加的文件组 second 备份到本地磁盘备份设备“电子书查询系统备份”，可以使用如下语句：

```
BACKUP DATABASE 电子书查询系统
FILEGROUP='second'
TO DISK='电子书查询系统备份'
WITH
DESCRIPTION='this the filegroup backup of 电子书查询系统'
```

10.3.5　备份压缩

数据库执行备份操作，需要占用一定的磁盘空间。如果公司的数据库非常庞大，那么对数据库的备份需要的空间将会十分惊人。对于数据库管理员来说，这是一件十分头疼的事情。幸运的是，在 SQL Server 2008 中新增了数据压缩功能。通常，数据压缩总是和节约硬盘、更小的物理文件、备份次数的减少联系在一起。而对于 SQL Server 2008 的数据压缩而言，主要目的是实际的表的尺寸的减小。数据压缩的好处包括以下几点。

- 通过减少 I/O 和提高缓存命中率来提升查询性能。
- 提供对真实 DW 实际数据 2～7 倍的压缩比率。
- 和其他特点是正交的。
- 对数据和索引都可用。

在 SQL Server 2008 中，默认情况下不对备份进行压缩，如果需要的话，可以进行具体的配置，启用备份压缩功能。

1. 在服务器上配置备份压缩

在数据库引擎服务器上，可以对默认的备份压缩功能进行修改，具体的步骤如下所示。

1 打开 SQL Server Management Studio 工具，连接服务器。

2 右击【服务器】节点，在弹出的菜单中选择【属性】命令，打开【服务器属性】窗口。

3 选择【数据库设置】选项，在【数据库设置】页面启用【压缩备份】复选框，如图 10-23 所示。

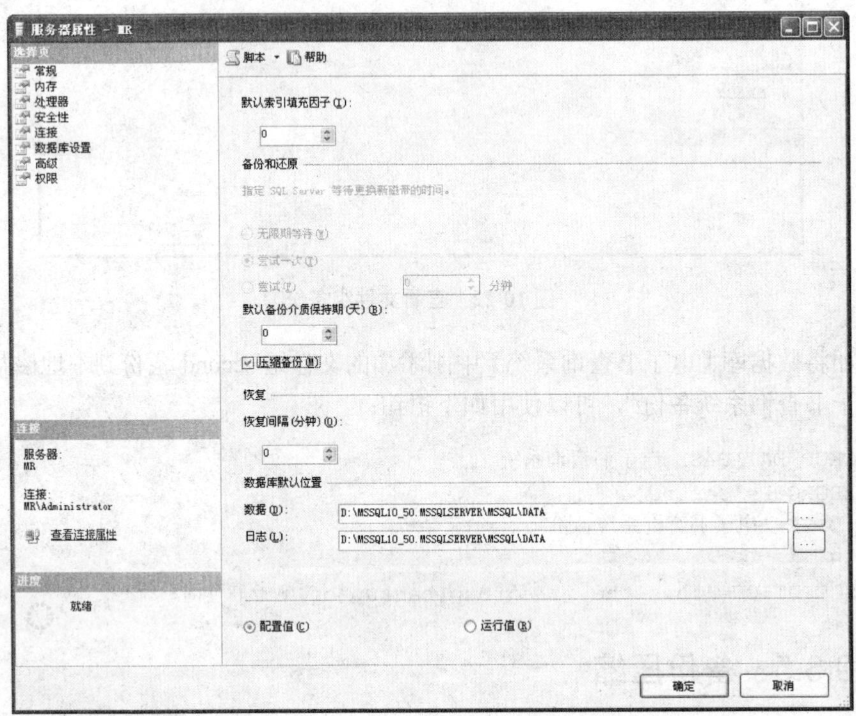

图 10-23　启用压缩备份 1

4 单击【确定】按钮，完成对服务器的配置。

2. 在备份数据库时启用备份压缩功能

除了在服务器上进行配置之外，还可以在用户备份数据库的时候，选择【压缩备份】选项，如图 10-24 所示。

当然使用 BACKUP 语句的 WITH COMPRESSION 选项，也可以实现压缩备份的功能，例如在创建数据库【电子书查询系统】的完整备份时候启用压缩备份功能，可以使用以下代码：

```
BACKUP DATABASE 电子书查询系统
TO DISK='电子书查询'
WITH INIT,COMPRESSION
```

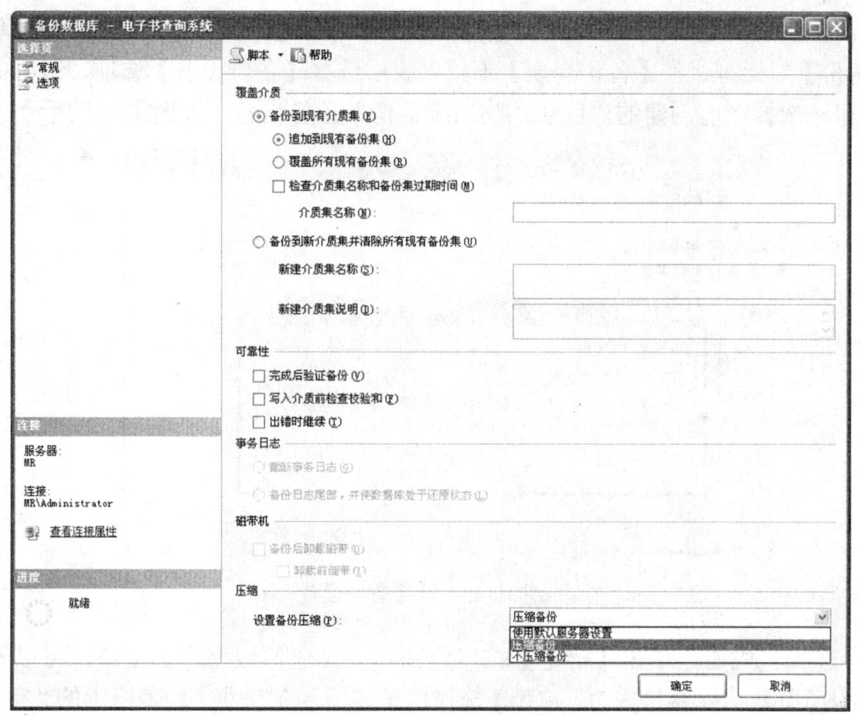

图 10-24　启用压缩备份 2

10.4 恢复数据

恢复数据库就是让数据库根据备份的数据回到备份时的状态。当恢复数据库时，SQL Server 会自动将备份文件中的数据全部复制到数据库，并回滚任何未完成的事务，以保证数据库中的数据的完整性。

10.4.1 常规恢复

恢复数据前，管理员应当断开准备恢复的数据库和客户端应用程序之间的一切连接，此时，所有用户都不允许访问该数据库，并且执行恢复操作的管理员也必须更改数据库连接到 master 或其他数据库，否则不能启动恢复进程。

在执行任何恢复操作前，用户要对事务日志进行备份，这样有助于保证数据的完整性。如果用户在恢复之前不备份事务日志，那么用户将丢失从最近一次数据库备份到数据库脱机之间的数据更新。

使用 SQL Server Management Studio 工具恢复数据库的操作步骤如下。

1 打开 SQL Server Management Studio 工具，连接服务器。

2 在【对象资源管理器】窗口中，展开【数据库】节点，右击【网店购物系统】数据库节点，在弹出的菜单中选择【任务】|【还原】|【数据库】命令，打开【还原数据库】窗口。

3 在【还原数据库】窗口中启用【源设备】单选按钮，然后单击□按钮弹出一个【指定备份】对话框，在【备份介质】下拉列表中选择【备份设备】选项，然后单击【添加】按钮，选择之前创建的“网店购物系统备份”备份设备，如图 10-25 所示。

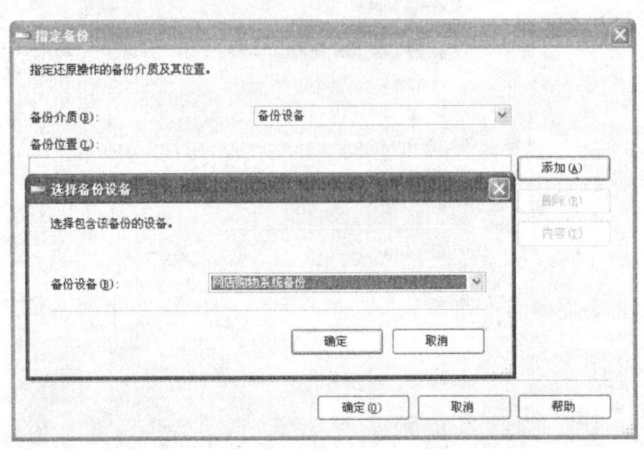

图 10-25 选择备份设备

4 选择完成后，单击【确定】按钮返回。在【还原数据库】窗口，可以看到该备份设备中所有数据库备份内容，启用【选择用于还原的备份集】列表框中的“完整”、“差异”和“事务日志”复选框，使数据库恢复到最近一次备份的正确状态，如图 10-26 所示。

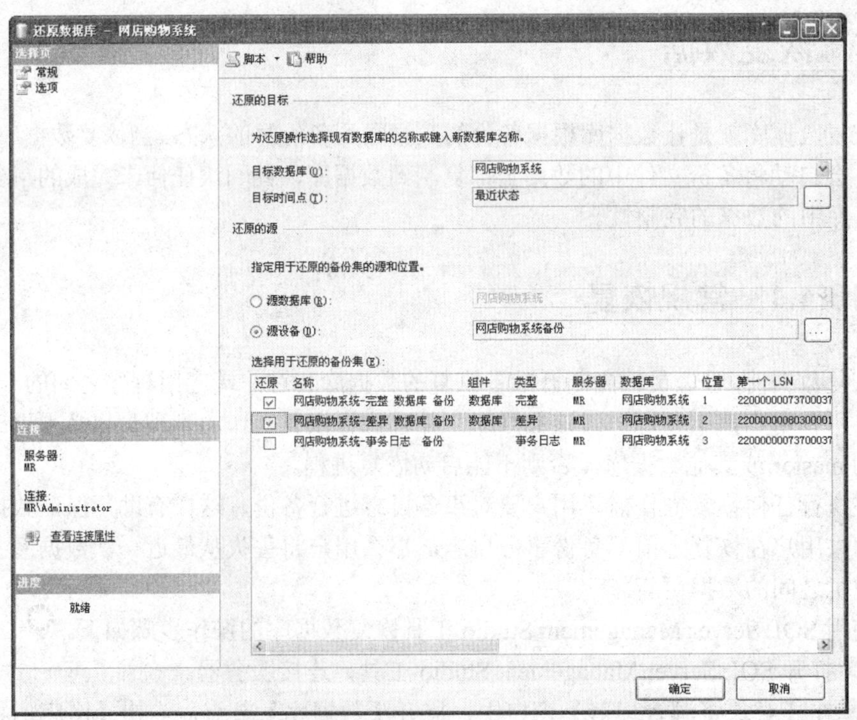

图 10-26 选择备份集

5 如果还需要恢复别的备份文件，需要启用 RESTORE WITH NORECOVERY 单选按钮，恢复完成后，数据库会显示处于正在还原状态，无法进行操作，必须到最后一个备份还原为止。选择【选项】选项，在【选项】页面启用 RESTORE WITH NORECOVERY 单选按钮，如图 10-27 所示。

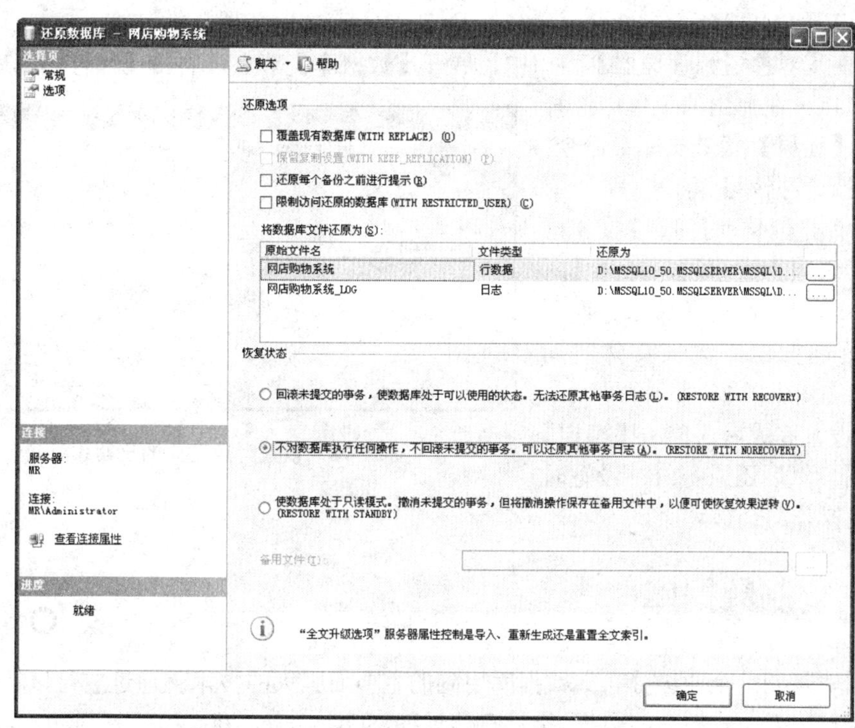

图 10-27　设置恢复状态

6 单击【确定】按钮，完成对数据库的还原操作。还原完成后将弹出还原成后消息对话框。

警告

当执行还原最后一个备份时，必须启用 RESTORE WITH RECOVERY 单选按钮，否则数据库将一直处于还原状态。

10.4.2 时间点恢复

在 SQL Server 2008 中进行事务日志备份时，不仅给事务日志中的每个事务标上了日志号，还给它们都标上了一个时间。这个时间与 RESTORE 语句的 STOPAT 从句结合起来，允许将数据返回到前一个状态。但是，在使用这个过程时需要记住两点：

- 这个过程不适用于完整与差异备份，只适用于事务日志备份。
- 将失去 STOPAT 时间后整个数据库上所发生的任何修改。

例如一个数据库每天有大量的数据，每天 12 点都会定时做事务日志备份，10:00 的时候服务器出现故障，误清除了许多重要的数据。通过对日志备份的时间点恢复，可以把时间点设置在 10:00:00，既可以保存 10:00:00 之前的数据修改，又可以忽略 10:00:00 之后的错误操作。

使用 SQL Server Management Studio 工具按照时间点恢复数据库的操作步骤如下。

1 打开 SQL Server Management Studio 工具，连接服务器。

2 在【对象资源管理器】窗口中，展开【数据库】节点，右击【体育场管理系统】数据库节点，在弹出的菜单中选择【任务】|【还原】|【数据库】命令，打开【还原数据库】窗口。

3 单击【目标时间点】文本框后面的【选项】按钮□，打开【时点还原】窗口，启用【具体日期和时间】单选按钮，输入具体时间 10:00:00，如图 10-28 所示。

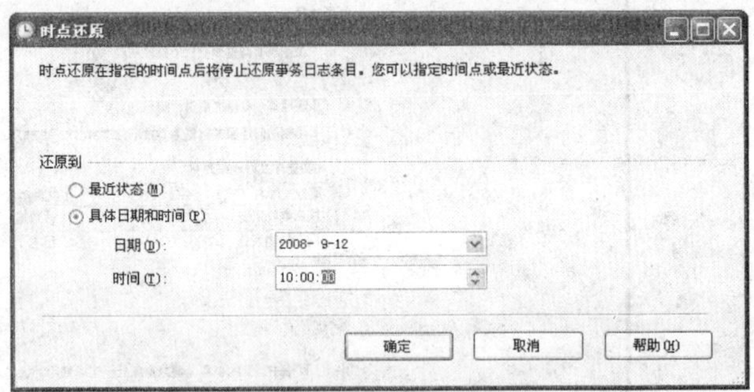

图 10-28　设置时点还原的日期和时间

4 设置完成后，单击【确定】按钮返回。然后还原备份，设置时间以后的操作将会被还原。

10.5 复制数据库

数据库复制是企业级分布式数据库用到的重要而强大的技术。通过它可以在企业内多台服务器上分布式地存储数据、执行存储过程。SQL Server 2008 中的复制（Replacation）技术使企业的数据可以分布在局域网、广域网甚至因特网上的多台服务器上，并能实现这些分布式数据的一致性。

SQL Server 2008 中为开发式应用提供了 3 种类型的复制模式：快照复制（Snapshot）、事务复制（Transaction）和合并复制（Merge）。下面基于“出版/订阅”的复制模型结构来介绍 3 类复制模式。该模型由出版者、分发者、订阅者、出版物、文章和订阅物等几个元素组成。

1．快照复制

快照复制就是在某一时刻对出版数据进行一次“照相”，生成一个描述出版数据库中数据瞬时状态的静态文件，最后在规定时间将其复制到订购者数据库。快照复制并不像事务复制那样要不断地监视、跟踪在出版数据库中发生的数据变化，它所复制的内容不是 INSERT、UPDATE、DELETE 语句（事务复制的特征），也不是仅限于那些被修改的数据（合并复制的特征）。它实际上是对订购数据库进行一次阶段性的表刷新，把所有出版数据库中的数据从源数据库送至目标数据库，而不仅仅是那些发生了变化的数据。如果论文很大，那么要复制的数据就很多，因此对网络资源需求较高，不仅要有较快的传输速度，而且要保证传输的可靠性。

快照复制是最为简单的一种复制类型，能够在出版者和订购者之间保证事务的潜在一致性。快照复制的执行仅需要快照代理和分发代理。快照代理准备快照文件（包括出版表的数据文件和描述文件）并将其存储在分发者的快照文件夹中，除此之外快照代理还要在分发者的分发数据库中跟踪同步作业。分发代理将在分发数据库中的快照作业分发至订购者服务器的目的表中。分发数据库仅用于复制而不包括任何用户表。

2. 事务复制

由于事务复制要不断地监视源数据库的数据变化，所以与快照复制相比，其服务器负载相应要重。在事务复制中，当出版数据库发生变化时，这种变化就会被立即传递给订购者，并在较短时间内完成（几秒或更短），而不是像快照复制那样要经过很长一段时间间隔。因此，事务复制是一种几近实时地从源数据库向目标数据库分发数据的方法。由于事务复制的频率较高，所以必须保证在订购者与出版者之间要有可靠的网络连接。

事务复制只允许出版者对复制数据进行修改（若设置了立即更新订购者选项，则允许订购者修改复制数据），而不像合并复制那样，所有的节点（出版者和订购者）都被允许修改复制数据，因此事务复制保证了事务的一致性。它所实现的事务一致性介于立即事务一致性和潜在事务一致性之间。

3. 合并复制

合并复制作为一种从出版者向订购者分发数据的方法，允许出版者和订购者对出版数据进行修改，而不管订购者与出版者是相互连接或断开，然后当所有（或部分）节点相连时便合并发生在各个节点的变化。

在合并复制中，每个节点都独立完成属于自己的任务，不像事务复制和快照复制那样订购者与出版者之间要相互连接，合并复制完全不必连接到其他节点，也不必使用MS DTC来实现两阶段提交，可以在多个节点对出版数据进行修改。只是在某一时刻才将该节点与其他节点相连（此时所指的其他节点并不一定指所有其他节点），然后将所发生的数据变化复制到这些相连节点的数据库中。如果在复制时因更新同一数据而发生冲突，则数据的最终结果并不总是出版者修改后的结果，也不一定包含在某一节点上所做的所有修改。因为各节点都有自主权，都可以对出版物（复制数据）进行修改，这样在按照所设定的冲突解决规则对冲突处理之后，数据库最终的结果往往是包含了多个节点的修改。

10.6 扩展练习

1. 创建差异数据库备份

本扩展练习的主要目的是学习如何使用 RESTORE 语句创建数据库的差异备份，例如，对数据库 BookDateBase 创建差异备份。

1 启动 Microsoft SQL Server Management Studio 工具后，新建查询窗口。

2 首先创建本地磁盘备份。可以使用 Microsoft SQL Server Management Studio 工具，也可以使用系统存储过程 SP_ADDUMPDEVICE 创建备份设备，创建语句如下：

```
USE master
EXEC SP_ADDUMPDEVICE 'disk','testbackup','e:\backup\testbackup.bak'
```

3 对数据库 BookDateBase 创建差异备份。并备份到刚才创建的备份设备 testbackup 中，可以使用如下语句：

```
BACK DATABASE BookDateBase
TO DISK=''testbackup'
WITH DIFFERENTIAL,
NOINIT,
NAME='BookDateBase_diff backup',
DESCRIPTION='differential backup of BookDateBase on disk'
```

2．还原数据库的文件组备份

在本扩展练习中，主要使用 RESTORE 语句对数据库的文件组进行恢复。假设现在存在一个本地磁盘备份设备 filebackup，并且其中包含 BookDateBase 数据库的一个文件 BookDateBase_2 的备份文件。现在需要使用 RESTORE 语句对其进行完整恢复，使其恢复到可用状态。

1 启动 Microsoft SQL Server Management Studio 工具。

2 在 Microsoft SQL Server Management Studio 工具中，新建一个查询。

3 使用 RESTORE 语句对 BookDateBase 数据库中的文件 BookDateBase 进行恢复，可以使用如下语句：


```
Use master
RESTORE DATABASE BookDateBase
File='BookDateBase_2'
FROM filebackup
WITH RECOVERY
```

第 11 章　SQL Server 2008 高级主题

在 SQL Server 2008 中，用户可以使用.NET Framework 兼容的任何语言来编写用户自定义的内容，如用户自定义函数、存储过程、触发器以及 SQL Server 2008 中所没有的数据类型。使用.NET Framework 不仅能扩展 SQL Server 的数据类型，还能帮助用户实现某些复杂的功能。ADO.NET 2.0 也提供了许多方便访问 SQL Server 2008 的对象，利用这些内容用户可以轻松实现对 SQL Server 及其他数据源的数据访问。.NET 与 SQL Server 2008 紧密结合的优势体现在数据访问的便利性以及用户自定义内容的自由性，包括如何在.NET 平台中使用 C#语言创建用户自定义内容，以及轻松地实现数据访问等相关知识。

SQL Server 2008 是一个全面的、集成的、端到端的数据解决方案，它为组织中的用户提供了一个更安全可靠、更高效的平台用于企业数据和商业智能应用。SQL Server 2008 为 IT 专家和信息工作都带来了强大的熟悉的工具，同时降低了在从移动设备到企业数据系统的多平台上创建、部署、管理和使用企业数据和分析应用程序的复杂性。通过全面的功能集、与现有系统的互操作性以及对日常任务的自动化管理能力，SQL Server 2008 为不同规模的企业提供了一个完整的数据解决方案，比如集成服务、分析服务、通知服务和报务服务等。

本章学习目标

- 了解.NET 平台与 SQL Server 2008 之间的关系
- 掌握在.NET 平台中创建 SQL Server 项目
- 了解用户自定义函数的类型
- 掌握用户自定义存储过程的创建
- 理解用户定义数据类型
- 理解 ADO.NET 的基本内容
- 掌握使用 SqlConnection 对象连接数据库的方法
- 理解 ADO.NET 对 XML 的支持
- 理解 SQL Server 2008 的服务体系

11.1　.NET Framework 集成

.NET 开发平台是.NET Framework 的简称，是为了简化在第三代 Internet 分布式环境下的应用程序开发，基于开发互联网标准和协议之上，实现异构语言和平台高度交互性，而构建的新一代的通信平台。

11.1.1　.NET Framework 概述

.NET Framework 是支持生成和运行下一代应用程序以及 XML Web Services 的内部

Windows 组件。.NET Framework 旨在实现下列目标。

- 提供一个一致的面向对象的编程环境，而无论对象代码是在本地存储和执行，还是在本地执行但在 Internet 上分布，或者是在远程执行。
- 提供一个将软件部署和版本控制冲突最小化的代码执行环境。
- 提供一个可提高代码（包括由未知的或不完全受信任的第三方创建的代码）执行安全性的代码执行环境。
- 提供一个可消除脚本环境或解释环境的性能问题的代码执行环境。
- 使开发人员的经验在面对类型大不相同的应用程序（如基于 Windows 的应用程序和基于 Web 的应用程序）时保持一致。
- 按照工业标准生成所有通信，以确保基于.NET Framework 的代码可与任何其他代码集成。

.NET Framework 具有两个主要组件：公共语言运行库和 .NET Framework 类库。公共语言运行库是.NET Framework 的基础。可以将运行库看作一个在执行时管理代码的代理，它提供内存管理、线程管理和远程处理等核心服务，并且还强制实施严格的类型安全以及可提高安全性和可靠性的其他形式的代码准确性。事实上，代码管理的概念是运行库的基本原则。以运行库为目标的代码称为托管代码，而不以运行库为目标的代码称为非托管代码。.NET Framework 的另一个主要组件是类库，它是一个综合性的面向对象的可重用类型集合，可以使用它开发多种应用程序，这些应用程序包括传统的命令行或图形用户界面（GUI）应用程序，也包括基于 ASP.NET 所提供的最新创新的应用程序（如 Web 窗体和 XML Web Services）。

1. 公共语言库

公共语言运行库是.NET Framework 的基础。公共语言运行时提供了下列重要服务。

- **公共类型系统（Common Type System，CTS）** 定义了所有.NET 语言的标准数据类型及其格式。例如，CTS 定义了整型是 32 位大小，还指定了整型值的内部格式。
- **公共语言规范（Common Language Specification，CLS）** 定义了语言间互操作性的规定。由于 CLS 定义了规则，一个.NET 语言创建的类就可以由其他.NET 语言使用。
- 当.NET 应用程序第一次编译时，编译为一种可以由所有.NET 语言共享的中间语言。在应用程序执行时，Just In Time（JIT）编译器把中间语言转换为可以在目标计算机上执行的可执行文件。
- CLS 管理应用程序的执行，也就是说，CLR 负责在创建和销毁对象时为其分配和解除分配内存。
- **垃圾搜索器（Garbage Collector，GC）** 负责解除分配内存。

2. .NET Framework 类库

.NET Framework 类库是一个与公共语言运行时紧密集成的可重用的类型集合，它是一个由 Microsoft .NET Framework SDK 中包含的类、接口和值类型组成的库。该库提供对系统功能的访问，是建立.NET Framework 应用程序、组件和控件的基础。.NET Framework 类库是面向对象的，使用户能够完成一系列常见的编程任务，包括字符串管理、数据收集、数据库连接以及文件访问等。

同时，.NET Framework 类库是面向对象的，可以使用它开发多种应用程序，使用.NET Framework 可开发下列类型的应用程序和服务。

- **控制台应用程序** .NET Framework 控制台应用程序提供一个接口，与 Windows 窗体和 Web 窗体一样，这个控制台接口可以用于任何.NET 语言编写的应用程序。
- **Windows 窗体应用程序** Windows 窗体应用程序是显示标准 Windows 32 屏幕的一种高级的集成方式。.NET Framework 上的所有语言都使用 Windows 窗体引擎，该引擎为所有语言提供了一组丰富的、统一的控件和绘图函数，还为底层的 Windows 服务的绘图提供了一个标准的 API。
- **ASP.NET 应用程序** ASP.NET 是使开发人员能够使用.NET Framework 开发基于 Web 应用程序的宿主环境。但是，ASP.NET 不止是一个运行库宿主，它还是使用托管代码开发网站和通过 Internet 分布对象的完整结构。Web 窗体和 XML Web 服务都将 IIS 和 ASP.NET 用作应用程序的发布机制，并且两者在.NET Framework 中都支持类集合。
- **XML Web 服务器** XML Web 服务由旨在供其他应用程序使用的可重用的软件组件组成，这些应用程序包括传统的客户端应用程序、基于 Web 的应用程序，甚至是其他 XML Web 服务。因此，XML Web 服务技术正迅速地将应用程序开发和部署推向高度分布式的 Internet 环境。
- **Web 窗体** .NET 中处理与 Internet 通信的部分称为 ASP.NET。它包含一个窗体引擎，叫做 Web 窗体，用于创建基于浏览器的用户界面。Web 窗体把布局与逻辑分离开来，可分为两个部分：模板（包含基于 HTML 的、用于所有用户界面元素的信息）；组件（包含与用户界面相关的所有逻辑）。

11.1.2 CLR 概述

公共语言运行库(CLR)是 Microsoft.NET Framework 的核心，为所有.NET Framework 代码提供执行环境。在 CLR 中运行的代码称为托管代码。CLR 提供执行程序所需的各种函数和服务，包括实时（JIT）编译、分配和管理内存、强制类型安全性、异常处理、线程管理和安全性。

通过在 Microsoft SQL Server 中托管 CLR（称为 CLR 集成），可以在托管代码中编写存储过程、触发器、用户定义函数、用户定义类型和用户定义聚合函数。 因为托管代码在执行之前会编译为本机代码，所以，在有些方案中可以大大提高性能。

托管代码使用代码访问安全性（CAS）、代码链接和应用程序域来阻止程序集执行某些操作。SQL Server 2008 使用 CAS 帮助保证托管代码的安全，并避免操作系统或数据库服务器受到威胁。

1. 启用 CLR 集成

默认情况下，Microsoft SQL Server 中禁用公共语言运行库集成功能，必须启用才能使用通过 CLR 集成实现的对象。要使用 Transact-SQL 启用 CLR 集成，可使用如下所示的 sp_configure 存储过程的 clr enabled 选项。

```
sp_configure 'clr enabled', 1
GO
RECONFIGURE
GO
```

可以通过将 clr enabled 选项设置为 0 来禁用 CLR 集成。在禁用 CLR 集成时，SQL Server 停止执行所有 CLR 例程并卸载所有应用程序域。

2. 部署 CLR 程序集

在测试服务器上测试和验证 CLR 方法后，可以使用部署脚本将其分发到生产服务器。部署脚本可以通过手动或使用 SQL Server Management Studio 生成。

3. CLR 集成安全性

Microsoft SQL Server 与 Microsoft .NET Framework 公共语言运行库相集成，这种安全模型可管理和保护 SQL Server 中运行的不同类型 CLR 和非 CLR 对象之间的访问。这些对象可以通过 Transact-SQL 语句或服务器中运行的其他 CLR 对象进行调用。

4. 调试 CLR 程序集

Microsoft SQL Server 支持调试数据库中的 Transact-SQL 和公共语言运行库对象。用户可以从 Transact-SQL 无缝地进入并单步执行 CLR 对象，反之亦然。

11.1.3 ADO.NET 概述

ADO.NET 提供对诸如 SQL Server 和 XML 这样的数据源以及通过 OLE DB 和 ODBC 公开的数据源的一致访问。共享数据的使用方应用程序可以使用 ADO.NET 连接到这些数据源，并可以检索、处理和更新其中包含的数据。

ADO.NET 通过数据处理将数据访问分解为多个可以单独使用或一前一后使用的不连续组件。ADO.NET 包含用于连接到数据库、执行命令和检索结果的.NET Framework 数据提供程序。这些结果或者被直接处理，放在 ADO.NET DataSet 对象中以便以特别的方式向用户公开，并与来自多个源的数据组合或者在层之间传递。DataSet 对象也可以独立于.NET Framework 数据提供程序，用于管理应用程序本地的数据或源自 XML 的数据。

ADO.NET 类位于 System.Data.dll 中，并与 System.Xml.dll 中的 XML 类集成，包含有关连接到数据库，从数据库检索数据，然后在控制台窗口中显示该数据的示例代码。

ADO.NET 向编写托管代码的开发人员提供类似于 ActiveX 数据对象（ADO）向本

机组件对象模型（COM）开发人员提供的功能。建议用户在.NET 应用程序中使用 ADO.NET 而不使用 ADO 来访问数据。

1. ADO.NET 结构

以前，数据处理主要依赖于基于连接的双层模型。随着数据处理越来越多地使用多层体系结构，程序员正在向断开方法转换，以便为他们的应用程序提供更好的可伸缩性。

ADO.NET 3.0 用于访问和操作数据的两个主要组件是.NET Framework 数据提供程序和 DataSet。

.NET Framework 数据提供程序是专门为数据操作以及快速、只进、只读访问数据而设计的组件。Connection 对象提供到数据源的连接。使用 Command 对象可以访问用于返回数据、修改数据、运行存储过程以及发送或检索参数信息的数据库命令。DataReader 可从数据源提供高性能的数据流。最后，DataAdapter 在 DataSet 对象和数据源之间起到桥梁作用。DataAdapter 使用 Command 对象在数据源中执行 SQL 命令以 DataSet 中加载数据，并将对 DataSet 中数据的更改协调回数据源。

ADO.NET DataSet 是专门为独立于任何数据源的数据访问而设计的。因此，它可以用于多种不同的数据源，用于 XML 数据，或用于管理应用程序本地的数据。DataSet 包含一个或多个 DataTable 对象的集合，这些对象由数据行和数据列以及有关 DataTable 对象中数据的主键、外键、约束和关系信息组成。

- **LINQ to DataSet** LINQ to DataSet 提供对在 DataSet 对象中缓存的数据的查询功能和编译时类型检查。它使用户可以使用一种.NET Framework 开发语言（例如 C# 或 Visual Basic）来编写查询。
- **LINQ to SQL** LINQ to SQL 支持查询无需使用中间概念模型即可映射到关系数据库数据结构的对象模型。每个表均由独立的类表示，从而使对象模型与关系数据库架构紧密地耦合在一起。LINQ to SQL 可将对象模型中的语言集成查询转换为 Transact-SQL 并将其发送到数据库以便执行。当数据库返回结果时，LINQ to SQL 将结果转换回对象。
- **ADO.NET 实体框架** ADO.NET 实体框架专门用于让开发人员能够通过针对概念性应用程序模型进行编程（而不是直接针对关系存储架构进行编程）来创建数据访问应用程序。这样做的目的是减少面向数据的应用程序所需的编码和维护工作。
- **ADO.NET 数据服务** ADO.NET 数据服务框架用于在 Web 或 Intranet 上部署数据服务。这些数据将按照实体数据模型的规范组织成不同的实体和关系。在此模型上部署的数据可通过标准的 HTTP 协议进行寻址。
- **XML 和 ADO.NET** ADO.NET 利用 XML 的功能来提供对数据的断开连接的访问。ADO.NET 是与.NET Framework 中的 XML 类并行设计的，它们都是同一个体系结构的组件。ADO.NET 和.NET Framework 中的 XML 类集中于 DataSet 对象中。无论 XML 源是文件还是 XML 流，都可以用其中的数据来填充 DataSet。无论 DataSet 中数据的源是什么，都可以将 DataSet 作为符合万维网联合会（W3C）的 XML 进行编写，其架构作为 XML 架构定义语言（XSD）

的架构。由于 DataSet 的本机序列化格式为 XML，因此它是用于在层间移动数据的绝佳媒介，这使 DataSet 成为了与 XML Web 服务之间远程处理数据和架构上下文的最佳选择。

2. ADO.NET 技术选项和指南

ADO.NET 数据平台是一种多版本策略，通过使开发人员能够针对概念性实体数据模型编程，从而减少其所需的编码和维护工作量。此平台包括 ADO.NET 实体框架和相关技术。

- **实体框架** ADO.NET 实体框架专门用于让开发人员能够通过针对概念性应用程序模型进行编程（而不是直接针对关系存储架构进行编程）来创建数据访问应用程序。这样做的目的是减少面向数据的应用程序所需的编码和维护工作。
- **实体数据模型（EDM）** 实体数据模型是一种将应用程序数据定义为多组实体和关系的设计规范。此模型中的数据支持跨应用程序边界的数据关系映射和数据可编程性。
- **对象服务** 对象服务允许程序员通过一组公共语言运行库类与概念模型进行交互。这些类既可以从概念模型自动生成，也可以单独开发以反映概念模型的结构。对象服务还为实体框架提供基础结构支持，包括状态管理、更改跟踪、标识解析、加载和导航关系、将对象更改传播到数据库修改和实体 SQL 查询生成支持等服务。
- **LINQ to Entities** 是一种语言集成查询（LINQ）实现，它允许开发人员通过使用 LINQ 表达式和 LINQ 标准查询运算符，根据实体框架对象上下文创建强类型查询。LINQ to Entities 使开发人员能够针对一个概念模型开展工作，在此模型中，可在 Microsoft SQL Server 和第三方数据库之间非常灵活地进行对象关系映射。
- **实体 SQL** 实体 SQL 是一种基于文本的查询语言，专门用于与实体数据模型进行交互。实体 SQL 是一种 SQL 变体，其中包含针对更高级别的建模概念的查询构造，例如继承、复杂类型和显式关系。
- **EntityClient** 是一种用于与实体数据模型交互的新的.NET Framework 数据提供程序。EntityClient 遵循.NET Framework 数据提供程序模式，可返回 EntityDataReader 的 EntityConnection 对象和 EntityCommand 对象。EntityClient 与实体 SQL 语言一起使用，可提供与特定于存储的数据提供程序的灵活映射。
- **ADO.NET 数据服务** ADO.NET 数据服务框架用于在 Web 或 Intranet 上部署数据服务。这些数据将按照实体数据模型的规范组织成不同的实体和关系。在此模型上部署的数据可通过标准的 HTTP 协议进行寻址。
- **实体数据模型工具** 实体框架提供了命令行工具、向导和设计器来帮助生成 EDM 应用程序。EntityDataSource 控件支持基于 EDM 的数据绑定方案。EntityDataSource 控件的编程接口与 Visual Studio 中的其他数据源控件类似。

11.2 创建.NET 程序

由于.NET 程序与 SQL Server 2008 结合得非常紧密，在很多软件开发或 Web 开发中都使用.NET 平台创建应用程序操作数据库。本节将详细介绍在.NET 平台下如何创建 SQL Server 项目及创建用户自定义的内容，以提供给 SQL Server 2008 使用。

11.2.1 创建 SQL Server 项目

如果需要创建.NET 程序来返回给 SQL Server，就需要用到 Visual Studio.NET 2008 来创建相应的 SQL Server 项目，在相应的项目中添加各种自定义函数、存储过程及触发器等内容。本节将详细介绍 SQL Server 项目的创建过程及其注意事项。

首先，打开 Visual Studio.NET 2008，选择【文件】|【新建】|【项目】命令，此时系统将弹出【新建项目】对话框，如图 11-1 所示。

在该对话框中，用户需要在【项目类型】列表框中选择【数据库】选项，并在右侧的【模板】列表框中选择【SQL Server 项目】选项。用户可以在【名称】文本框中输入相应名称，这里输入 firstFun，在【位置】文本框中可以选择创建项目的保存位置。确认输入后单击【确定】按钮，之后系统会弹出【新建数据库引用】对话框，如图 11-2 所示。

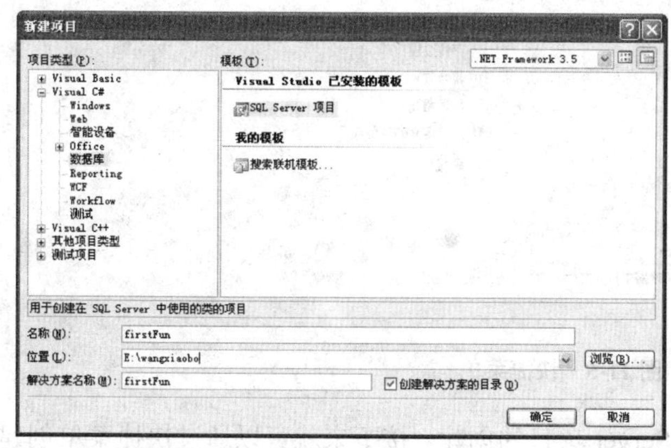

图 11-1 【新建项目】对话框

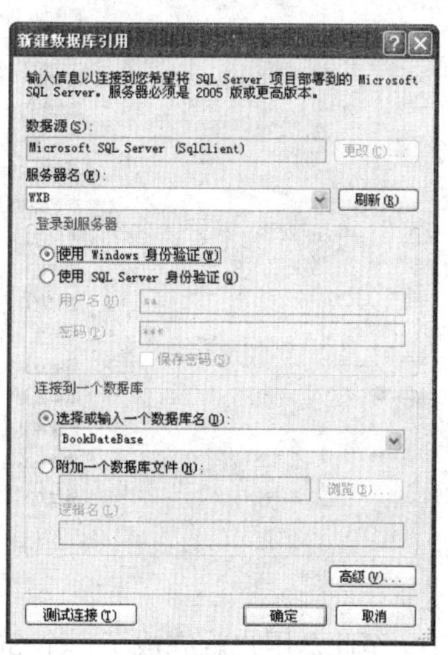

图 11-2 【新建数据库引用】对话框

在【服务器名】下拉列表框中选择服务器名称，如果存在密码就启用相应的登录项输入用户名及密码；然后启用【选择或输入一个数据库名】单选按钮，并在其下拉列表框中选择需要用到的数据库。另外，用户还可以启用【附加一个数据库文件】单选按钮来附加相应的数据库，这里选择了 BookDateBase 数据库。

如果用户想要知道，是否能够与数据库连接成功，那么可以单击图 11-2 中的【测试连接】按钮，如果成功则弹出对话框提示成功信息，如图 11-3 所示。

接下来单击【确定】按钮完成对 SQL Server 项目的创建，完整的项目可在【解决方案资源管理器】对话框中看到，如图 11-4 所示。

图 11-3　测试连接

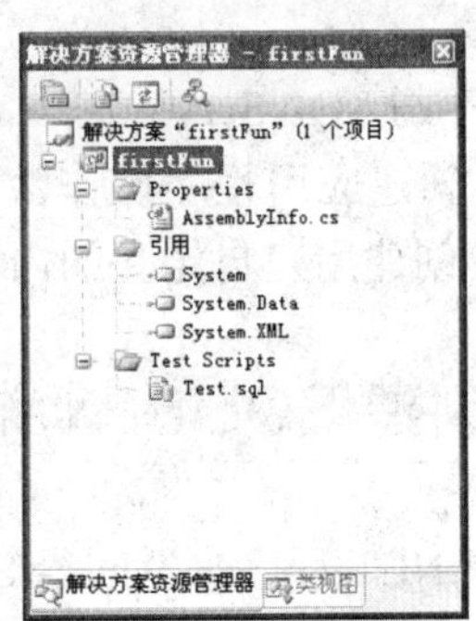

图 11-4　资源管理器

在【解决方案资源管理器】对话框中可以看到一个名为 Test Scripts 的文件形式的项目，用户可以通过它来创建相应的内容。在该项目中右击鼠标，在弹出的快捷菜单中选择【添加】命令，其二级菜单中可以看到诸如【用户自定义的函数】、【存储过程】以及【触发器】等命令，如图 11-5 所示。

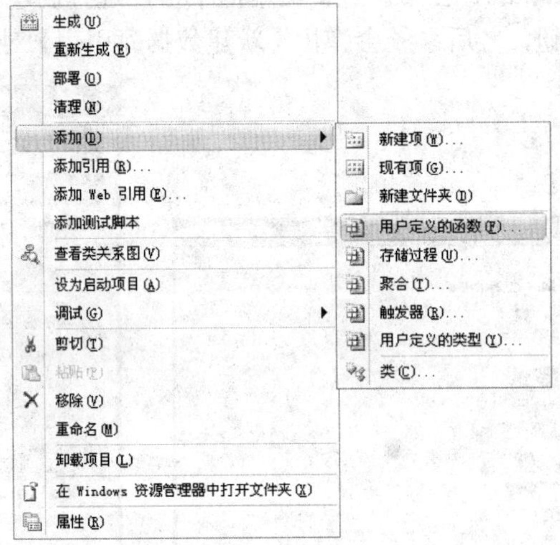

图 11-5　快捷菜单

至此，用户就完成了一个 SQL Server 项目的创建。接下来就可以通过快捷菜单创建相应的内容，下面将为读者详细介绍。

11.2.2　用户自定义函数

用户可以在.NET 平台中使用各种语言创建用户自定义函数，并在 SQL Server 2008 中使用，用户可以像调用 T-SQL 一样调用这些自定义函数。同时，自定义函数也给用户很大的自由编码空间，用户自定义函数时有如下 3 种可定义的方式。

- **标量值用户自定义函数**　这种类型的自定义函数返回单个值，如整型、字符串等。
- **表值用户自定义函数**　这种类型的自定义函数返回整个表。
- **自定义聚合函数**　这类函数类似于 SUM 或 MAX 之类的函数。

在平时使用中自定义聚合函数的几率很小，下面以标量值用户自定义函数以及表值用户自定义函数为例，详细讲解它们的使用方法。

1. 标量值用户自定义函数

标量值函数表示该函数的返回类型为单值，如返回一个字符串，一个浮点型或一个整型等。这种函数通常有 0 个或多个输入，它们通常以静态类方法实现，因此不必创建类的实例即可调用这些方法，下面来介绍这类函数的创建及编写方法。

首先在如图 11-5 所示的快捷菜单中选择【用户定义的函数】命令，此时系统会弹出【添加新项】对话框，如图 11-6 所示。

在图 11-6 所示的对话框中选择【用户定义的函数】选项，并在【名称】文本框中添加名称，这里将其命名为 ShowHello.cs，然后单击【添加】按钮。之后在 Visual Studio.NET 2008 中显示所创建的内容，如图 11-7 所示。

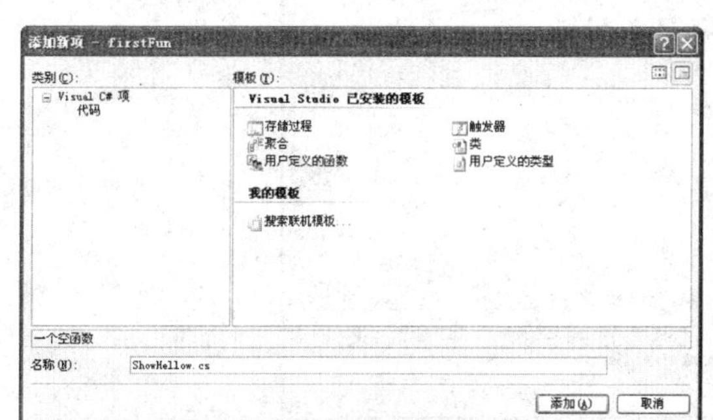

图 11-6 【添加新项】对话框

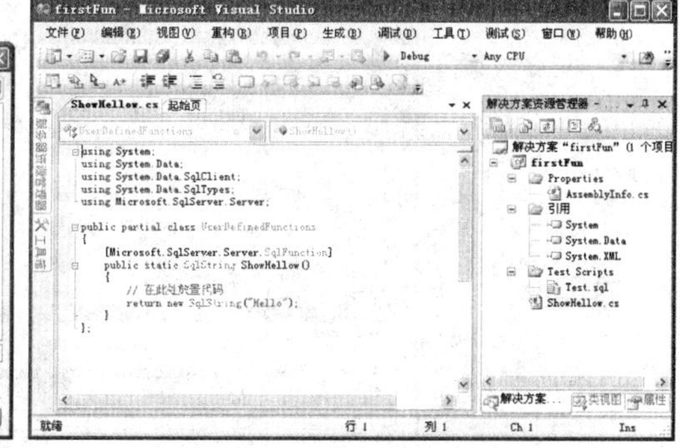

图 11-7　创建用户自定义函数

图 11-7 中显示了代码编写区和【解决方案资源管理器】对话框，其中用户可以在代码编写区编写相应代码，默认情况下有一个返回值为 SqlString 的 ShowHello 方法；而在【解决方案资源管理器】对话框中显示了已经存在的文件。将代码编写区域代码更改为如下形式：

```
using System;
using System.Data;
using System.Data.SqlClient;
using System.Data.SqlTypes;
using Microsoft.SqlServer.Server;
public partial class UserDefinedFunctions
{
[Microsoft.SqlServer.Server.SqlFunction]
public static SqlString ShowHellow()
{
// 在此处放置代码
```

```
return new SqlString("自定义函数返回结果");
}
};
```

上面代码中的[Microsoft.SqlServer.Server.SqlFunction]为必需部分，在定义每一个方法时都要添加该语句，它告诉系统下面定义的函数为 SQL Server 可用函数，如果没有该语句则 SQL Server 无法识别函数。

代码中定义了一个静态类型返回值为 SqlString 的函数 ShowHello，那么函数编写完毕后如何使用它呢？这里定义的方法适用于多种情况，首先用户可以在【解决方案资源管理器】对话框中找到名为 Test.sql 的文件，双击打开该文件，进入该文件的代码编写界面。

由于前面在创建 SQL Server 项目时，指定了相应的数据库，因此用户可以在这里随便使用 SQL 语句，执行这些语句的范围就在用户指定的数据库中。例如在 Test.sql 中写入下面的语句:

```
SELECT TOP 7 Bnum,Bname from BOOKS
```

执行该语句后，结果如图 11-8 所示。

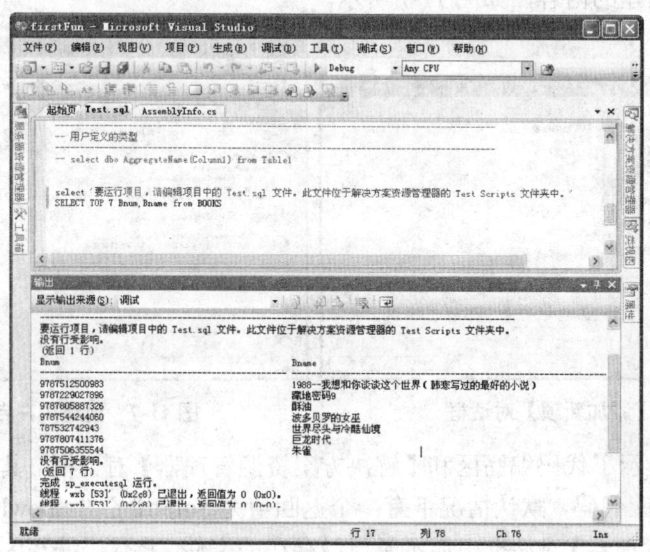

图 11-8　查询数据库

从图 11-8 可以知道，本项目 firstFun 作用范围为用户指定的数据库，因此同样可以在该数据库中使用自定义方法。例如在 Test.sql 文件中输入下面的内容：

```
SELECT dbo.showHello() as '第一列'
```

执行该语句后，可以得到如图 11-9 所示的结果。与 SQL Server 2008 中显示结果的样式不同，这里的显示不是以表格形式出现，而是返回结果列名为“第一列”的列，列中内容为自定义函数返回的结果。

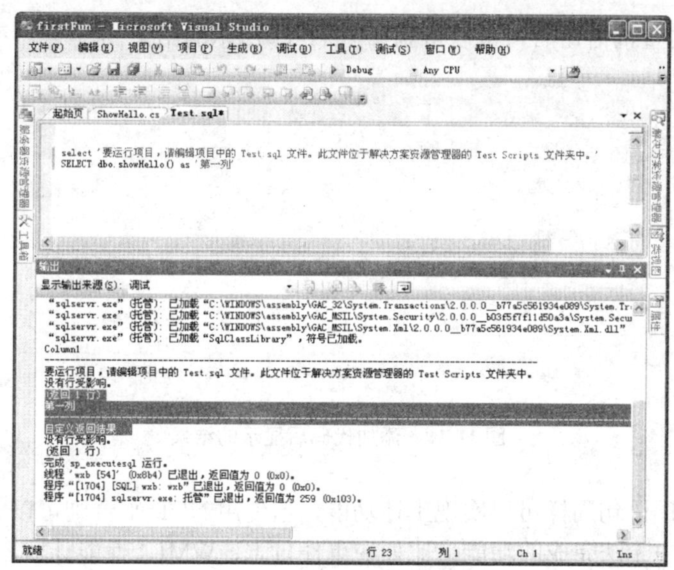

图 11-9　使用自定义函数

除了在 Test.sql 文件中使用自定义函数外，还可以在 SQL Server 2008 中使用。打开 SQL Server 2008，新建查询，并写入与 Test.sql 中相同的内容，执行后可以得到如图 11-10 所示的内容。

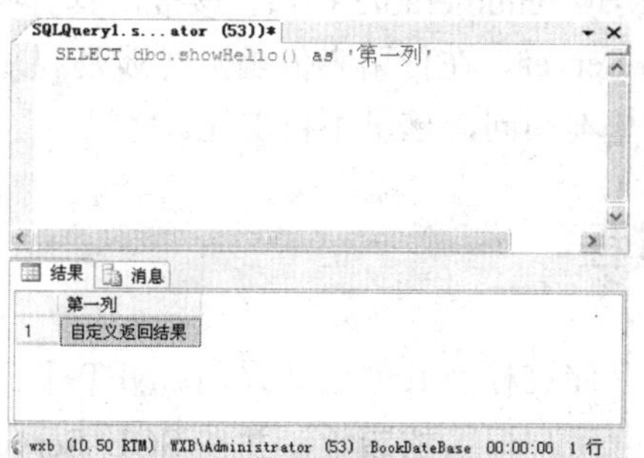

图 11-10　执行结果

在图 11-10 中可以看到 SQL Server 2008 中的内容以表格形式出现，此时用户还可以再添加新的自定义方法，例如在原有代码中添加如下内容：

```
[Microsoft.SqlServer.Server.SqlFunction]
public static SqlString ShowText()
{
// 在此处放置代码
return new SqlString("第二个自定义返回结果");
}
```

在 Visual Studio.NET 中重新编译后，回到 SQL Server 2008 中输入下面的内容：

```
SELECT dbo.showHello() as '第一列',
dbo.showText() as '第二列'
```

执行上面的查询语句后，可以得到如图 11-11 所示的结果。

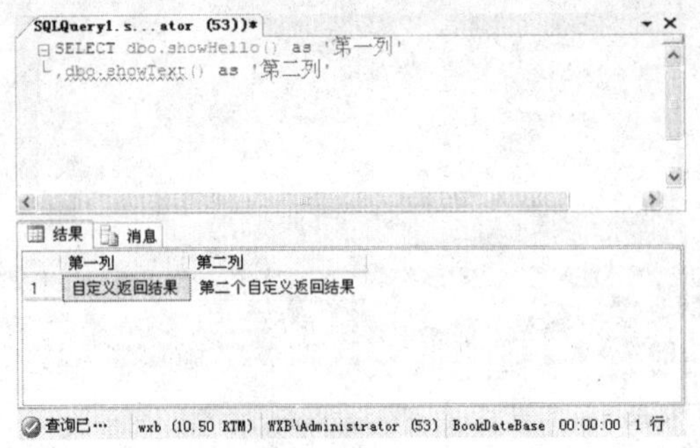

图 11-11　添加代码后显示的结果

使用 T-SQL 语句同样可以实现上述功能，但使用.NET 平台则可以完成更多复杂的且 SQL Server 中无法完成的功能。比如在事件日志、WMI、性能计数器、高级.NET 类或复杂的数学计算等方面使用 T-SQL 会比较困难，但使用.NET 能轻松解决。

2. 表值用户自定义函数

与标量值用户自定义函数不同，表值用户自定义函数返回值为整个表。在.NET 平台中创建表值函数时，必须实现 Ienumerable 接口，该接口具有极大的灵活性，用户可以使用它返回任何内容给 SQL Server。在使用表值函数时涉及到复杂的编程知识，但其原理与标量值用户自定义函数基本相同，这里不再赘述。

11.2.3 存储过程

前面章节详细介绍了存储过程及其创建方式，在.NET 平台中同样可以创建用户自定义的存储过程，接收或返回用户提供的参数，并在 SQL Server 中使用。在.NET 平台中创建用户自定义存储过程与用户自定义函数相同，都需要将它们发布在程序集中以供 SQL Server 使用，而存储过程具有以下几个较高级的功能。

- ❑ CLR 存储过程可以有一个返回值。
- ❑ CLR 存储过程可以有输出参数。
- ❑ CLR 存储过程可以返回消息给客户程序。
- ❑ CLR 存储过程可以调用数据定义语言（DDL）和数据操纵语言（DML）语句。

创建用户自定义存储过程与用户自定义函数基本相同，都需要创建一个 SQL 项目，然后右击项目的 Test Scripts 并在弹出的快捷菜单中选择【添加】|【存储过程】命令，此时系统将弹出如图 11-12 所示的对话框。

在该对话框中选择【存储过程】选项，并在【名称】文本框中添加存储过程名称，这里为 myST，最后单击【添加】按钮。创建好的存储过程如图 11-13 所示。

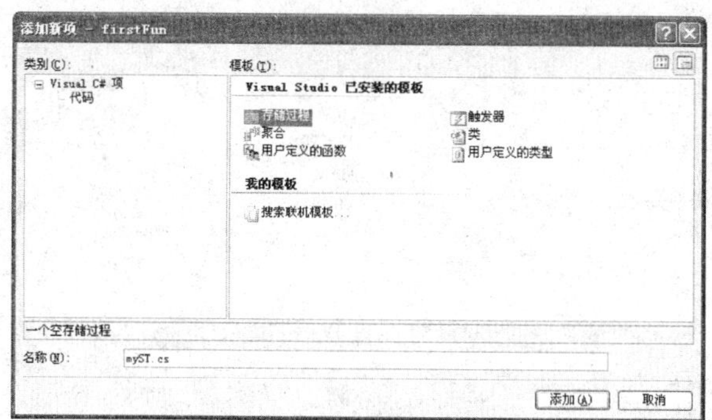

图 11-12 创建存储过程

图 11-13 创建好的存储过程

存储过程在.NET Framework 程序集中作为类的公共静态方法实现，默认情况下创建一个无返回值的静态方法，用户便可以在代码编辑区编写相应的内容，例如下面代码为一个简单的用户自定义存储过程。

```
using System;
using System.Data;
using System.Data.SqlClient;
using System.Data.SqlTypes;
using Microsoft.SqlServer.Server;
public partial class StoredProcedures
{
[Microsoft.SqlServer.Server.SqlProcedure]
public static void myST(int number)
{
// 在此处放置代码
if (number <= 100)
return 100;
else
return number-100
}
};
```

在编写代码中一定要注意需要为存储过程添加表征，即 SqlProceduregе 表示用户自定义存储过程。代码编写完毕后，编译代码，然后打开 SQL Server 2008 新建查询，在查询中写入如下内容：

```
use BookDateBase
go
declare @value int
exec @value=[dbo].[myST]
@number=1000
select @value as '结果'
```

上述语句的执行结果如图 11-14 所示。

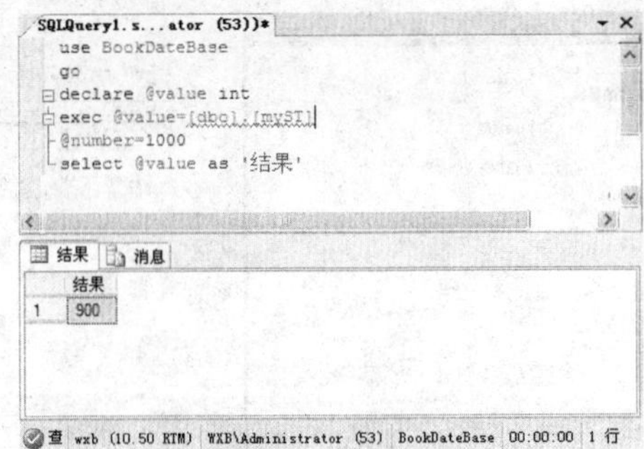

图 11-14　使用用户自定义存储过程

> **注 意**
>
> 上面所述的所有代码都创建在同一个程序集内，那么在每次修改代码时，都需要在 Visual Studio.NET 中重新编译，即可在相应的数据库中使用。

11.2.4　触发器

触发器也可以由.NET 平台创建，触发器用不带返回类型的静态函数表示。.NET 平台的公共语言运行时既支持数据操纵语言触发器又支持数据定义语言触发器。在创建触发器时可以使用 SqlTriggerContext 的特殊类来获得 INSERTEDT DELETED 表，确定哪些列在 UPDATE 语句中被修改或者获取与激活了触发器的 DDL 操作有关的详细信息。

为某个数据库创建触发器的方法也非常简单，首先需要创建一个 SQL Server 项目，并在创建项目过程中指定数据库。创建完成后，在图 11-5 所示的快捷菜单中选择【触发器】命令，并在随后出现的图 11-6 所示的对话框中选择相应【触发器】选项，并在【名称】文本框中添加相应名称，之后单击【添加】按钮即可，此时可以看到如图 11-15 所示的内容。

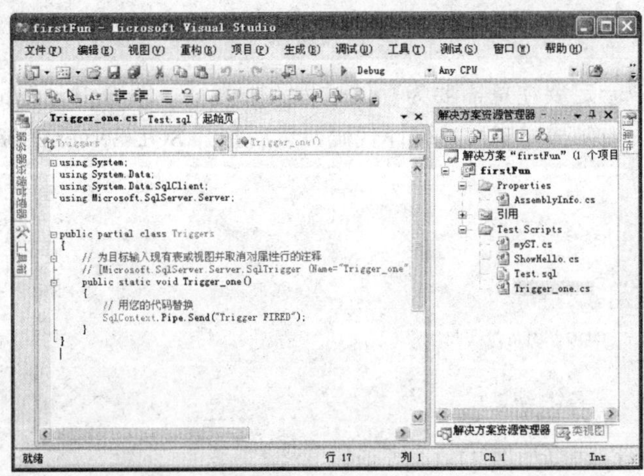

图 11-15　创建触发器

下面创建一个名为 Trigger_one 的触发器，响应一个 UPDATE 操作。

```
using System;
using System.Data;
using System.Data.SqlClient;
using Microsoft.SqlServer.Server;
public partial class Triggers
{
//为目标输入现有表或视图并取消对属性行的注释
[Microsoft.SqlServer.Server.SqlTrigger (Name="Trigger_one", Target=
"Books", Event="FOR UPDATE")]
public static void Trigger_one()
{
//用代码替换
SqlTriggerContext myTriggerContext = SqlContext.TriggerContext;
SqlPipe myPipe = SqlContext.Pipe;
SqlCommand myCommand = new SqlCommand();
if (myTriggerContext.TriggerAction == TriggerAction.Update)
{
myCommand.CommandText = "select * from Books";
}
myPipe.ExecuteAndSend(myCommand);
}
}
```

代码与用户自定义函数和存储过程相同的是触发器的表征不可少。但触发器表征中还可以添加如 Name、Target 和 Event 属性值。代码中 SqlTriggerContext 类不能被公开构造，而只能通过访问 CLR 触发器主体内的 TriggerContext 属性获取，也可以通过调用 TriggerContext 属性，从活动 SqlContext 中获取 SqlTriggerContext 类。该类的作用是提供有关触发器的上下文信息，这些信息包括引发触发器的操作、UPDATE 操作中修改的列以及针对 DDL 触发器的 XML EventData 结构。

代码中使用 TriggerAction 属性来获取导致引发触发器的操作类型，对于 DML 触发器，TriggerAction 属性可以是以下值之一：TriggerAction.Update、TriggerAction.Insert、TriggerAction.Delete。

上面代码为响应一个 UPDATE 操作的触发器，打开 SQL Server 2008 并新建查询，输入下面的语句：

```
use BookDateBase
go
sp_configure 'show advanced options',1
go
exec sp_configure clr_enabled,1
go
reconfigure
go
update Books set Bcount=12 where ID=2
```

语句执行后，可以得到如图 11-16 所示的结果。

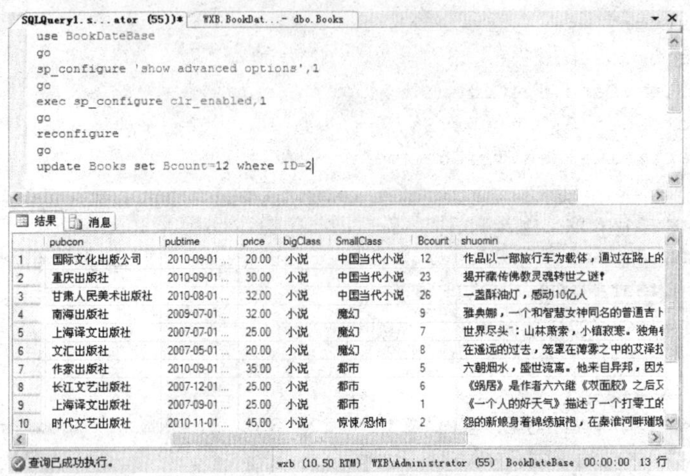

图 11-16　执行结果

从执行结果中可以看到，使用了 INSERT 语句后，结果中显示了 Books 表的全部内容，新修改到表中的内容可以在该结果中看到，且由此可知触发器发挥了作用。上述语句中有两条重要内容，需要作出特别说明。


```
sp_configure 'show advanced options',1
exec sp_configure clr_enabled,1
```

其中第一行表示使用 sp_configure 系统存储过程来更改该设置，因为只有在 sp_configure show advanced options 设置为 1 时才能更改 CLR enabled。

第二行 clr_enabled 表示 SQL Server 是否可运行用户程序集，如果 clr_enabled 值为 0 时则不允许执行 SQL Server 2008 上的执行程序集，如果为 1 时则允许执行程序集，因此这两句至关重要，用户在编写语句时一定要注意。

11.2.5　创建用户定义类型

用户定义类型(UDT)是 SQL Server 2008 的新特性，使用它可以创建 SQL Server 2008 中所没有的数据类型，如得数类型。SQL Server 2008 增加的对用户定义类型的支持，使用户可以通过使用.NET 平台创建用户定义类型，不仅可以定义复杂的结构化类型，还可以存储在数据库中扩充数据库的类型。

与之前介绍的用户自定义函数、自定义存储过程或触发器知识相比较，用户定义类型较为复杂，但从应用程序结构的角度来说，UDT 具有两个重要的优点。

- ❑ 在内部状态和外部行为之间有强大的封装（无论在客户端中还是在服务器中）。
- ❑ 与其他相关服务器功能的深度集成。定义了自己的 UTD 后，就可以在所有可使用 SQL Server 2008 的系统类型（包括列定义）的上下文中使用，并且可以作为变量、参数、函数结果、游标、触发器和复制使用。

创建用户定义类型的方法也非常简单，需要通过 SQL 项目，只需要在如图 11-5 所示的快捷菜单中选择【用户定义的类型】命令即可，其他操作与前面的创建方式相同，这里不再赘述，创建好的内容如图 11-17 所示。

图 11-17　创建用户定义类型

当用户创建了一个类型后，系统会给出用户定义类型代码的基本框架，用户可以根据框架添加需要的内容。本节创建了一个名为 my_Type 的类型，它实现一种类型的代码如下所示：

```
using System;
using System.IO;
using System.Data;
using System.Data.SqlClient;
using System.Data.SqlTypes;
using Microsoft.SqlServer.Server;
[Serializable]
[Microsoft.SqlServer.Server.SqlUserDefinedType(Format.UserDefined,Max-
ByteSize=1024)]
public struct my_Type : INullable,IBinarySerialize
{
    public override string ToString()
    {
        //用代码替换下列代码
        return AfterFormat();
    }
    public bool IsNull
    {
        get
        {
            //在此处放置代码
            return m_Null;
        }
```

```
    }
    public static my_Type Null
    {
        get
        {
            my_Type h = new my_Type();
            h.m_Null = true;
            return h;
        }
    }
    public static my_Type Parse(SqlString s)
    {
        if (s.IsNull)
            return Null;
        my_Type u = new my_Type();
        //在此处放置代码
        string value = s.Value;
        if (value == "null")
            return Null;
        string[] SplitArray = value.Split(',');
        u.bnum = SplitArray[0];
        u.bname = SplitArray[1];
        u.writer = SplitArray[2];
        u.price = NewPrice(SplitArray[3]);
        return u;
    }
    //这是占位符方法
    public string AfterFormat()
    {

        return string.Format("图书编号：{0},名称：{1},作者：{2},价格：{3}",
        bnum,bname,writer,price);
    }
    //这是占位符静态方法
    public static int NewPrice(string str)
    {
        //在此处插入方法代码
        return int.Parse(str.Substring(0, str.LastIndexOf("元")));
    }
    private string bnum;
    public string Bnum
    {
        get { return bnum; }
        set { bnum = value; }
    }
    private string bname;
    public string Bname
    {
```

```
        get { return bname; }
        set { bname = value; }
    }
    private string writer;
    public string Writer
    {
        get { return writer; }
        set { writer = value; }
    }
    private int price;
    public int Price
    {
        get { return price; }
        set { price = value; }
    }
    //这是占位符字段成员
    //私有成员
    private bool m_Null;
    public byte[] b;
    public void Read(BinaryReader r)
    {
        bnum = r.ReadString();
        bname = r.ReadString();
        price = r.ReadInt32();
        writer = r.ReadString();
        m_Null = r.ReadBoolean();
    }
    public void Write(BinaryWriter w)
    {
        w.Write(bnum);
        w.Write(bname);
        w.Write(price);
        w.Write(writer);
        w.Write(m_Null);
    }
}
```

代码中涉及到许多C#编程知识，这里不再对它们进行详细介绍，读者可以参考相关书籍对它们进行了解。完成上述代码后，对它们进行编译，接下来打开SQL Server 2008使用自定义类型，新建查询输入下面的语句：

```
create table BookText(ID int not null,p my_type not null)
insert into BookText values(1, '9787805887326s,酥油,江觉迟,21元')
select  ID as 'ID号',CONVERT(char(100),P) as '图书信息' from BookText
drop table BookText
```

上面语句新创建一个表，并插入一行语句然后显示表中的内容，再删除该表，语句执行结果如图11-18所示。

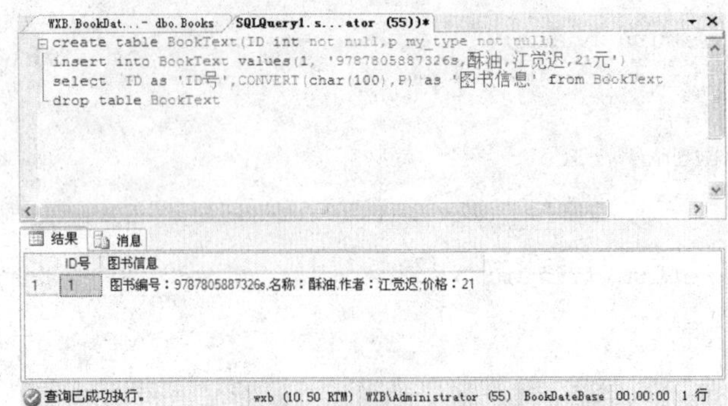

图 11-18　执行结果

11.3 数据访问概述

.NET Framework 和 SQL Server 2008 结合紧密，这样用户便可以使用.NET 平台通过编程连接 SQL Server 数据库，从而实现各种应用软件的开发。在使用.NET 访问 SQL Server 时需要引用一些命名空间，而.NET 提供的 ADO.NET 2.0 又能方便用户连接数据库，本节将详细介绍命名空间和 ADO.NET 的相关知识。

11.3.1 System.Data.SqlClient 命名空间

SqlClient 提供程序是完全为访问 SQL Server 数据库而设计的，该命名构成 SQL Server .NET Framework 数据提供程序的类，提供程序允许连接到 SQL Server 2008 执行命名并读取结果。

该命名空间中有 4 个重要的类，这 4 个类分别是：SqlConnection、SqlCommand、SqlDataReader 和 SqlDataAdaper。这 4 个类和 DataSet 类能够对 SQL Server 数据库执行任何操作。

要连接数据库必须创建 SqlConnection 对象，使用该对象的 Open 方法可以连接 SQL Server 2008 数据库，使用 Close 方法可以关闭连接。常用的对象属性有 ConnectionString，用于设置连接字符串。

SqlCommand 表示连接到数据源时执行的 SQL 语句，由访问关系数据库的.NET Framework 数据提供的程序实现。SqlCommand 对象常用的属性有：CommandText、CommandTimeout、Connection 等，其中 CommandText 用于设置 SQL 语句。

SqlDataReader 用于数据库返回只读、只进的数据流。使用 SqlDataReader 能够使用较少的服务器资源且快速地返回数据，常用的方法有 Read、Open 以及 Close 等。

SqlDataAdaper 用于检索和更新数据，并可以填充 DataSet 对象，通过 DataSet 对象还可以更新数据库，它是 DataSet 对象和数据库之间关联的桥梁。SqlDataReader 对象通过打开一个连接来检索数据库的信息，然后执行 SQL 语句，再搜索所要检索的记录，当不再有操作时关闭连接；DataAdaper 对象仅仅在需要填充 DataSet 对象时才使用数据库连接，在完成操作后将释放所有服务器资源。SqlDataAdaper 的重要方法很多，其中 Update

方法便可以更新数据库。

11.3.2 ADO.NET 2.0

ADO.NET 2.0 的设计专门优化了使用 SqlClient 访问数据的过程，并使用 ADO.NET 对象实现其数据处理。ADO.NET 中提供了多种对象，如 Connection、Command、Dataset、DataReader、DataAdaper 以及 DataView 等，具体到某种数据库的连接方式或命名空间中又有不同的表示。

1. ADO.NET 2.0 数据库命名空间

在.NET 平台中下，ADO.NET 2.0 提供了众多数据源的连接方式，前面介绍的 System.Data.SqlClient 就是 ADO.NET 2.0 提供的命名空间，它只是提供操作 SQL Server 的各种对象。常用的数据源还包含 Microsoft Access、Oracle，以及一些其他第三方的数据源等，ADO.NET 2.0 还提供了如下几种命名空间以满足不同用户的需求。

- **System.Data**　System.Data 命名空间是 ADO.NET 技术的核心，它提供 ADO.NET 编程模型内的数据访问的基本功能。ADO.NET 的主要对象 DataSet 便位于该命名空间中。
- **System.Data.OleDb**　该命名空间构成兼容数据源的 OLE DB.NET Framework 数据提供程序的类，使用该命名空间可以操作 Microsoft Access 以及 Oracle 数据库，它提供了与 System.Data.SqlClient 相同的类。
- **System.Data.Odbc**　如果用户使用的数据源没有自己的或 OLEDB 提供者，如 PostgrsSQL 或其他一些第三方数据源，此时就可以使用该命名空间下的各种类操作数据库，该命名空间下各种类与 OLEDB 基本相同。

2. 使用 SqlConnection 对象

使用 SqlConnection 对象连接到 SQL Server 2008 中，首先需要创建连接字符串，然后将连接字符串赋值给 SqlConnection 对象，最后使用该对象的 Open 方法打开与数据库的连接。连接到数据库后，就可以对该数据库进行各种操作。

下面举一个例子来演示如何使用该对象连接到数据库，首先在 Visual Studio.NET 中创建一个 C#的控制台程序，并输入下面代码。

```
using System;
using System.Collections.Generic;
using System.Text;
using System.Data.SqlClient;
using System.IO;
namespace firstFun.Test_Scripts
{
    class conn
    {
        static void Main(string[] args)
```

```
            {
                SqlConnection myconn = new SqlConnection();
                myconn.ConnectionString = "Data Source=WXB;Initial Catalog=
                BookDateBase;Integrated Security=True";
                try
                {
                    myconn.Open();
                    Console.WriteLine("当前连接状态为: {0}", myconn.State.ToString());
                    Console.WriteLine("当前连接数据库名为{0}", myconn.Database.-
                    ToString());
                    Console.WriteLine("数据库所在服务器名为: {0}", myconnDataSou-
                    rce.ToString());
                    Console.WriteLine("连接字符串: {0}", myconn.ConnectionString.-
                    ToString());
                    myconn.Close();
                    Console.WriteLine("已经中断与数据库的连接，当前连接状态为: {0}",
                    myconn.State.ToString());
                    Console.ReadLine();
                }
                catch (Exception ex)
                {
                    Console.WriteLine(ex.Message);
                }
            }
        }
    }
```

上面代码中"Data Source=WXB;Initial Catalog=BookDateBase;Integrated Security=True"为连接字符串。该字符串中 Data Source 代表服务器，Initial Catalog 代表数据库的名字，当 Integrated Security 为 false 时，将在连接中指定用户 ID 和密码；当为 true 时，将使用当前的 Windows 账户凭据进行身份验证。这些都是连接数据库的必要信息，且每项都需要使用分号分隔。

执行上面代码，可以看到如图 11-19 所示的结果。

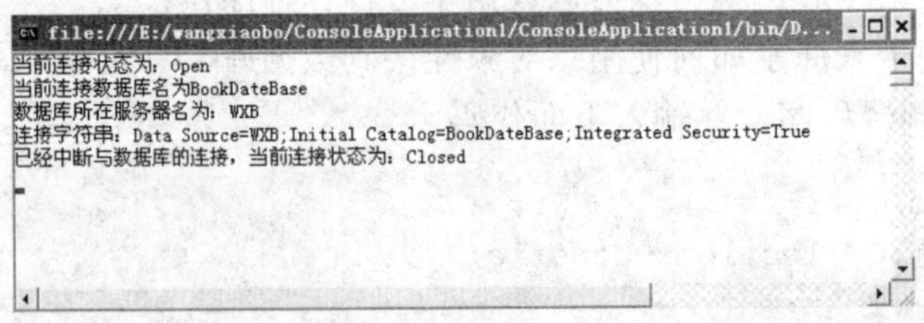

图 11-19　执行结果

3. 使用 SqlCommand 对象和 SqlDataReader 对象读取数据库

如果用户想要指定相应的查询语句，执行该语句从数据库中读取相应内容，那么就需要使用 SqlCommand 与 SqlDataReader 的结合。使用这两个对象时，与之前使用

SqlConnection 还有些不同，这需要 3 个对象之间相互连接，如需要三个对象之间相互连接，如：

```
SqlConnection myconn = new SqlConnection();
SqlCommand mycmd = myconn.CreateCommand();
SqlDataReader myReader = mycmd.ExecuteReader();
```

上面代码中第一行创建一个连接对象 myconn，第二行指定该连接对象执行 mycmd 对象的 SQL 语句，第三行表示由 myReader 对象执行 mycmd 对象中读取数据库的内容。

下面的代码可以读取 BookDataBase 数据库中的 Books 表中的所有内容，代码中使用了 SqlCommand 对象与 SqlDataReader 对象，如下所示：

```
using System;
using System.Collections.Generic;
using System.Text;
using System.Data.SqlClient;
using System.IO;
namespace firstFun.Test_Scripts
{
    class SQlcommand1
    {
        static void Main(string[] args)
        {
            try
            {
                SqlConnection myconn = new SqlConnection();
                myconn.ConnectionString = "Data Source=WXB;Initial Catalog=
                BookDateBase;Integrated Security=True";
                SqlCommand mycmd = myconn.CreateCommand();
                mycmd.CommandText = "select * from Books";
                myconn.Open());
                SqlDataReader myReader = mycmd.ExecuteReader();
                Console.WriteLine("图书编号" + "\t\t 名称" + "\t\t\t 作者" +
                "\t\t\t 价格");
                while (myReader.Read())
                {
                    Console.WriteLine("{0}\t{1}\t{2}\t{3}", myReader
                    ["Bnum"], myReader["Bname"],
                        myReader["writer"], myReader["price"]);
                }
                myReader.Close();
                myconn.Close();
                Console.ReadLine();
            }
            catch (Exception ex)
            {
                Console.WriteLine(ex.Message);
            }
```

```
            }
        }
    }
```

执行上述代码，可以得到如图 11-20 所示的结果。

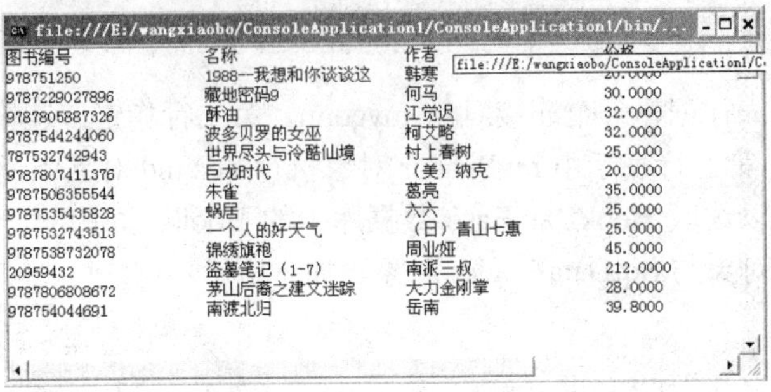

```
file:///E:/wangxiaobo/ConsoleApplication1/ConsoleApplication1/bin/...
图书编号          名称                    作者            价格
978751250         1988--我想和你谈谈这    韩寒            20.0000
9787229027896     藏地密码9               何马            30.0000
9787805887326     酥油                    江觉迟          32.0000
9787544244060     波多贝罗的女巫          柯艾略          32.0000
787532742943      世界尽头与冷酷仙境      村上春树        25.0000
9787807411376     巨龙时代                （美）纳克      20.0000
9787506355544     朱雀                    葛亮            35.0000
9787535435828     蜗居                    六六            25.0000
9787532743513     一个人的好天气          （日）青山七惠  25.0000
9787538732078     锦绣旗袍                周业娅          45.0000
20959432          盗墓笔记（1-7）         南派三叔        212.0000
9787806808672     茅山后裔之建文迷踪      大力金刚掌      28.0000
978754044691      南渡北归                岳南            39.8000
```

图 11-20　执行结果

4．使用 SqlDataAdapter 更新数据库

使用 SqlDataAdapter 对象时，通常与 DataSet 对象一起使用，从 SqlDataAdapter 对象中返回的数据被填充在 DataSet 对象中，结合使用它们能更改 DataSet 对象中的数据形式，通过使用 SqlDataAdapter 对象的 Update 方法完成更新。

使用 Update 方法之前还需要创建 SqlDataAdapter 对象的 SqlCommandBuilder 对象，通常使用下面的语法结构：

```
SqlDataAdapter myAda = new SqlDataAdapter(SQL, myconn);
SqlCommandBuilder myBulid = new SqlCommandBuilder(myAda);
```

只有通过上面的语句，myAda 对象的 Update 方法才能使用。例如下面代码使用 SqlDataAdapter 对象删除 Books 表中的一条记录，然后使用 Update 方法更新数据库，完成删除。代码如下所示：

```
using System;
using System.Collections.Generic;
using System.Text;
using System.Data.SqlClient;
using System.Data;
namespace firstFun.Test_Scripts
{
    class SQlDataAdapter1
    {
        static void Main(string[] args)
        {
            try
            {
                SqlConnection myconn = new SqlConnection();
                myconn.ConnectionString = "Data Source=WXB;Initial
                Catalog=BookDateBase;Integrated Security=True";
```

```
                myconn.Open();
                SqlDataAdapter myAda = new SqlDataAdapter("select * from
                Books", myconn);
                DataSet mySet = new DataSet();
                SqlCommandBuilder myBulid = new SqlCommandBuilder(myAda);
                myAda.Fill(mySet, "Books");
                Console.WriteLine("表中共有{0}条数据", mySet.Tables["Books"].
                Rows.Count);
                DataColumn[] keys = new DataColumn[1];
                keys[0] = mySet.Tables["Books"].Columns["Bnum"];
                mySet.Tables["Books"].PrimaryKey = keys;
                DataRow findrow = mySet.Tables["Books"].Rows.Find("2010");
                if (findrow != null)
                {
                    Console.WriteLine("已经找到要删除的行，正在执行删除.....");
                    findrow.Delete();
                    myAda.Update(mySet, "Books");
                }
                Console.WriteLine("删除行后表中共有{0}条数据", mySet.Tables
                ["Books"].Rows.Count);
                myconn.Close();
                Console.ReadLine();
            }
            catch (Exception ex)
            {
                Console.WriteLine(ex.Message);
            }
        }
    }
}
```


上面代码执行后，可以得到如图 11-21 所示的结果。

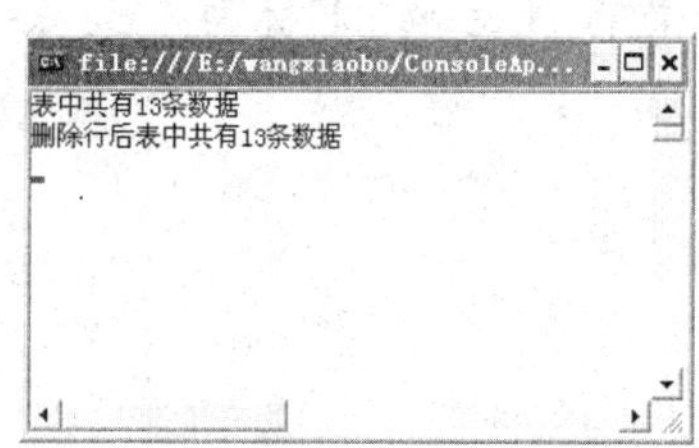

图 11-21　执行结果

5. XML 支持

ADO.NET 中对 XML 的支持主要用于 DataSet 对象中，因为 XML 主要关注所有关系和分层的结构化数据。DataSet 提供了 7 种方法可以处理 XML，其中最容易使用的是 WriteXml 方法，它将一个 DataSet 对象内容以 XML 文档的形式写到用户指定的路径中。使用 WriteXml 方法的一般语法格式为：

```
mySet.WriterXml("路径")
```

例如下面一个实例，使用 SqlDataAdapter 对象读取“订单明细”表中的内容，并将其填充在 DataSet 对象中，最后使用 WriteXml 方法将 DataSet 对象中所有的内容写入 XML 文档，代码如下所示：

```
using System;
using System.Collections.Generic;
using System.Text;
using System.Data.SqlClient;
using System.Data;
namespace ConsoleApplication1
{
    class XML1
    {
        static void Main(string[] args)
        {
            try
            {
                SqlConnection myconn = new SqlConnection();
                myconn.ConnectionString = "Data Source=WXB;Initial
                Catalog=BookDateBase;Integrated Security=True";
                myconn.Open();
                DataSet mySet = new DataSet();
                SqlDataAdapter myAda = new SqlDataAdapter("select * from
                Books", myconn);
                myAda.Fill(mySet, "Books");
                mySet.WriteXml("e:\\Books.xml");
            }
            catch (Exception ex)
            {
                Console.WriteLine(ex.Message);
            }
        }
    }
}
```


代码执行后，将 BooksDataBase 数据库中的 Books 表中生成的 XML 文档保存在 E 盘根目录下，名称为“Books.xml”。找到该文件，打开可以看如图 11-22 所示的内容。

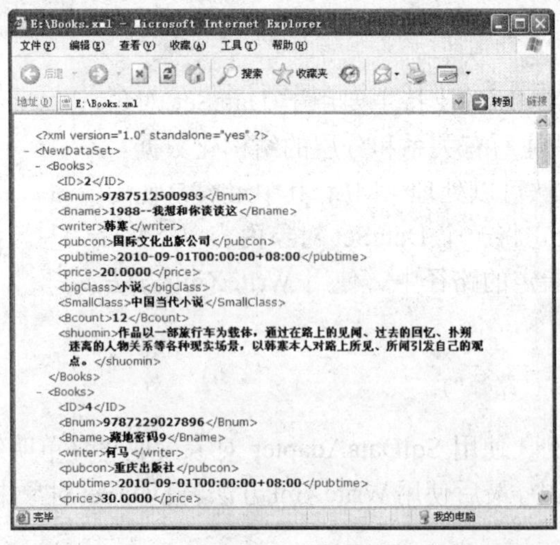

图 11-22　生成的 XML 文档

11.3.3 System.Data.SqlTypes 命名空间

ADO.NET 2.0 使用 System.Data.SqlTypes 增加了对 DataSet 的类型支持。System.Data.SqlTypes 旨在以与 SQL Server 数据库中的数据类型相同的语义和精度提供数据类型。System.Data.SqlTypes 中的每个数据类型在 SQL Server 2008 中包含具有相同基础数据表示形式的等效数据类型。

System.Data.SqlTypes 命名空间中主要包含映射到 SQL Server 数据库内部数据类型的结构。下面举一个实例来演示如何使用 SqlTypes，代码如下所示：

```
using System;
using System.Collections.Generic;
using System.Text;
using System.Data.SqlClient;
using System.Data;
using System.Data.SqlTypes;
namespace ConsoleApplication1
{
    class SqlTypes1
    {
        static void Main(string[] args)
        {
            GetSqlTypes("Data Source=WXB;Initial Catalog=BookDateBase;
            Integrated Security=True");
        }
        static private void GetSqlTypes(string connectionString)
        {
            DataTable table = new DataTable();
            DataColumn Bnum = table.Columns.Add("Bnum", typeof(SqlString));
            DataColumn Bname = table.Columns.Add("Bname", typeof(SqlSt
            ring));
            DataColumn writer = table.Columns.Add("writer", typeof
            (SqlString));
               DataColumn price = table.Columns.Add("price", typeof(SqlMoney));
            using (SqlConnection myconn = new SqlConnection(connectio
            nString))
            {
                string sqlstring = "select * from Books";
                SqlCommand cmd = new SqlCommand(sqlstring, myconn);
                myconn.Open();
                SqlDataReader reader = cmd.ExecuteReader(CommandBehavior.
                CloseConnection);
                table.Load(reader);
                reader.Close();
            }
```

```
            Console.WriteLine("数据类型: ");
            foreach (DataColumn column in table.Columns)
            {
                Console.WriteLine("{0}--{1}", column.ColumnName, column.
                DataType.UnderlyingSystemType);
            }
            Console.WriteLine("Values:");
            foreach (DataRow row in table.Rows)
            {
                Console.Write("{0},", row["Bnum"]);
                Console.Write("{0},", row["Bname"]);
                Console.Write("{0},", row["writer"]);
                Console.Write("{0},", row["price"]);
                Console.WriteLine();
            }
            Console.ReadLine();
        }
    }
}
```

执行上述代码，可以得到如图 11-23 所示的结果。

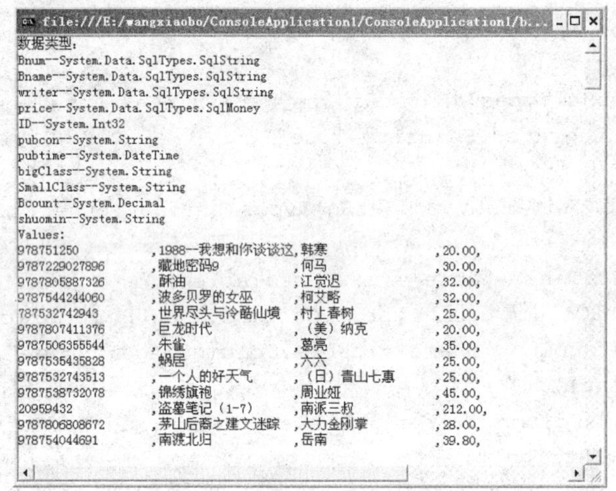

图 11-23　使用 SqlTypes 类型

11.4　服务体系

SQL Server 2008 不仅是 SQL Server 的一个新版本，它也是关系数据和 XML 数据的集成，这使得创建安全、可靠和可伸缩的应用程序更加容易，并且容易维护。

SQL Server 2008 的服务平台是指对 SQL Server 的组成部分和这些组成部分之间关系的描述。SQL Server 2008 系统由 4 个部分组成，这 4 个部分被称为 4 个服务，分别是数据库引擎、集成服务、分析服务和报表服务，如图 11-24 所示。

通过选择不同的服务器类型，来完成不同的数据库操作。下面将对这 4 种服务分别进行介绍。

图 11-24　连接到的服务器类型

- ❑ **数据库引擎**　数据库引擎是 SQL Server 2008 系统的核心服务，它是存储和处理关系（表格）格式的数据或 XML 文档数据的服务，负责完成数据的存储、处理和安全管理。例如，查询数据、创建数据库、创建表、创建视图、数据查询、访问数据库等操作，都是由数据库引擎完成的。通常情况下，使用数据库系统实际上就是在使用数据库引擎。因为数据库引擎也是一个复杂的系统，它本身包含了许多功能组件，例如，复制、全文搜索等。本章节前面介绍的内容都是基于数据库引擎之上的。
- ❑ **集成服务**　是一个数据集成平台，负责完成有关数据的提取、转换和加载等操作。对于集成服务来说，数据库引擎是一个重要的数据源，而如何将数据源中的数据经过适当的处理并加载到集成服务中以便进行各种分析处理，正是集成服务所要解决的问题。重要的是，集成服务可以高效地处理各种各样的数据源，例如，SQL Server、Oracle、Excel、XML 文档、文本文件等。
- ❑ **分析服务**　在 SQL Server 2008 系统中的分析服务提供了对“商业智能”的支持，因而给“商业智能”解决方案提供了加强的可伸缩性、可用性和安全性，同时使它们变得更容易创建、部署和管理。
- ❑ **报务服务**　SQL Server 2008 报表服务是基于服务器的报表平台，可以用来创建和管理包含关系数据源和多维数据源中的数据的表格、矩阵、图形和自由格式的报表。可以通过基于 Internet 的连接来查看和管理所创建的报表。

11.4.1　通知服务

通知服务是另一个说明 SQL Server 2008 是一个多层的、基于服务的应用程序体系结构的更重要的例子。通知服务（SQL Server 2008 Notification Services，SSNS）是生成并发送通知的应用程序的开发和部署平台。使用 Notification Services 可以及时生成个性化消息并将其发送给成千上万的订阅方，还可以将消息传递给各种设备。

1. 通知服务概述

在之前的 SQL Server 2000 中，通知服务作为其中的一部分以 MSI 的形式在 2002 年发布。由于通知服务没有集成到 SQL Server 2000 的安装程序中，因此，安装以后，通知服务并不会改变原有（sqlserver.exe）的内核，这些服务也不会加载到 SQL Server 进程内。而在 SQL Server 2008 中，通知服务和其他的服务一样作为内置应用程序服务安装。

在 SQL Server 2008 中可以使用 SQL Server 管理控制台来安装、控制并监视 SQL

Server 通知服务应用程序，而且对通知服务提供很大的改进，包含有以下几个方面。

- 通知服务安装已经被集成到 SQL Server 2008 安装程序中。
- 在 SQL Server 管理控制台中对 NSControl 操作提供了新的管理接口。
- 用一个称为通知管理对象（Notification Management Object，NMO）的托管 API 来配置、生成和管理应用程序。
- 有了新的内置分析服务数据提供者。
- 通知服务实例可以使用已有的数据库，也可以使用它特有的数据库。
- 可以把通知服务引擎作为服务程序的一部分来运行。
- 可以在通知服务应用程序中使用条件运行，条件运行提供了在 T-SQL 匹配规则中使用订阅定义 WHERE 子句的能力。
- 应用程序有关的 Notify 函数替换为 INSERT INTO…SELECT 语句以提高安全性和可伸缩性能。
- 支持 64 位。
- 性能方面的显著改进。
- 对订阅对象的对象模型反射机制进行改进以支持订阅者自定义的匹配规则。

2. 通知服务组件

在安装 SQL Server 2008 通知服务之后，所有它的有关目录都安装到 SQL Server 2008 安装目录的一个单独的子目录下。在这个目录中可以看到 SQL Server 2008 通知服务的组件。

- **NSService.exe** 作为 Windows 服务的通知服务实例运行的就是这个程序。这里要注意，通知服务实例与 SQL Server 实例的概念不相同。
- **Microsoft.SQLServer.NotificationServices.dll** NSService.exe 加载这个 .NET Framework 程序集，它包含 SQL Server 2008 通知服务的代码、内置的提供者以及构建订阅程序时用来从 SQL Server 2008 通知服务表中读取、插入数据的代码。
- **Microsoft.SQLServer.SMO.dll** 这个.NET Framework 程序集（作为 SQL Server 2008 管理对象的一部分）包含了（Notification Manage Object，NMO）。
- **NSControl.exe** 可使用这个工具生成 SQL Server 2008 数据库和 Windows 服务程序与订阅程序使用的数据库对象。这个程序用来维护保存在注册表中的通知服务实例（NSService.exe 实例）的元数据。还可以使用 NSControl.exe 来关闭或者激活 SQL Server 2008 通知服务应用程序的部分组件，提供状态信息，并可以用来检测当前安装的通知服务的各个版本。
- **XML 架构** 生成通知服务应用程序时，在 XML 控制文件中指定信息。NSControl.exe 在使用 XML 控件文件向 SQL Server 数据库表存储元数据之前，使用这些架构来验证 XML 控制文件。
- **示例程序** SQL Server 2008 通知服务带有一系列的示例程序，可以在构建应用程序之前先学习它们，或者使用它们来测试 SQL Server 2008 通知服务的特性。这些程序都带有 C++makefile 项目和测试数据。
- **提供者** 使 SQL Server 2008 通知服务具有很强扩展性的正是基于提供者模型的事件提供者、格式化器和发送协议提供者。

3．通知服务术语

SQL Server 2008 通知服务有许多关键术语，在不同的场合相同的术语有着不同的含义。在了解通知服务的概念及其组件的功能之后，本节定义了一些最常使用的术语，并且确定它们在 SQL Server 2008 通知服务中的含义。

- **事件（Event）** 事件是触发器通知的外部事件。例如，对于股票价格的改变，事件的来源是多种多样的：股票报价表的反馈、数据库表中记录的改变、新闻反馈以及文件目录的改变等。事件提供者捕获这些事件并把它们保存到相应的数据库表中。为了提供可缩性，SQL Server 2008 通知服务成批地处理事件。
- **订阅者（Subscriber）** 订阅者是应用程序的最终用户。订阅者不是特定通知服务应用程序特有的，它们可以在多个应用程序中共享，可以给订阅者指定地域和时区。
- **设备（Device）** 设备是通知发送的对象（电子邮件、手机、Web 服务等），一个订阅者可能有多个订阅设备。
- **编录表（Chronicle Table）** 编录表对前面描述的各种风格的订阅都有用处。
- **生成器（Generator）** 通知管理包括事件处理器、生成器和分发器。生成器运行 T-SQL 匹配规则以生成通知。
- **分发器（Distributor）** 分发器的工作是格式化和分发通知。
- **时限（Quantum）** 生成器和分发器都是每隔一段时间才运行，间隔的时间以秒计算，这些时间间隔称为时限。
- **格式化器（Formatter）** 格式化器把原始通知数据转换为订阅者和设备所能理解的格式，这取决于设备和地域。
- **发送渠道（Delivery Channel）** 发送渠道是逻辑上的发送机制，一个发送渠道的目标是一个或多个设备。它被映射到发送参数：服务器名称、用户 ID 等。发送渠道也被映射到发送协议，但并不是一对一关系，多个发送渠道可能使用相同的协议。
- **发送协议（Delivery Protocol）** 发送协议是物理的发送机制，通常有 SMTP 和 HTTP 等。

11.4.2 分析服务

SQL Server 2008 分析服务为商业智能应用程序提供了联机分析处理（OLAP）和数据挖掘功能。分析服务允许开发人员设计、创建和管理包含从其他数据源（如关系数据库）聚合的数据的多维结构，以实现对 OLAP 的支持。对于数据挖掘应用程序，分析服务允许开发人员设计、创建和可视化处理那些通过使用各种行业标准的数据挖掘算法，和根据其他数据源构造出来的数据挖掘模型。

1. 分析服务概述

分析服务在 SQL Server 2008 中包含了一个 SQL Server 2008 分析服务的单独程序，可以用来以 SQL Server 和其他 OLE DB 数据库执行 OLAP 分析。简单地说，OLAP 的基本概念就是以现在使用增加的存储空间来换取以后的速度。SQL Server 2008 包含了用来制定这种方案的 SQL Server 2008 分析服务。

另外需要说明的一点是，虽然 OLAP 与数据仓库密切相关，但它们是不相同的。数据仓库是为方便查询和分析而经过故意结构化的数据库，虽然采用了类似 OLAP 的技术，也采用了类似 OLAP 的方法，但不能将这种相似误认为是相同。例如，OLAP 技术可以直接应用于操作性数据，而数据仓库则不可以。

SQL Server 2008 分析服务使用服务器组件和客户端组件为商业智能应用程序提供联机分析处理和数据挖掘功能。

- Analysis Services 的服务器组件作为 Windows 服务来实现。SQL Server 2008 分析服务器支持同一台计算机中的多个实例，每个 Analysis Services 实例都作为单独的 Windows 服务实例来实现。
- 客户端使用公用标准 XML for Analysis（XMLA）与 Analysis Services 进行通信，XMLA 是一个基于 SOAP 的协议，用于发出命令和接收响应，公开为一项 Web 服务。此外，客户端对象模型通过 XMLA（包括托管提供程序和本机 OLE DB 访问接口）提供。

查询命令可使用下列方式发出：SQL 多维表达式（MDX）（一种面向分析的行业标准查询语言）；数据挖掘扩展插件（DMX）（一种面向数据挖掘的行业标准查询语言）；还可以使用 Analysis Services 脚本语言（ASSL）来管理 Analysis Services 数据库对象。

2. 分析服务术语

分析服务是一个非常复杂和抽象的概念，适用于大型企业中的商业智能系统中。因此，本书不打算讨论分析服务的详细使用，但为了使读者对分析服务有所了解，本节将对使用分析服务时常见的术语进行简单介绍。

- **数据源**

在 SQL Server 2008 Analysis Services 中，数据源表示到数据源的连接，并包含定义 Analysis Services 如何使用.NET Framework 或本机 OLE DB 访问接口连接到物理数据存储区的连接串。Analysis Services 直接支持多种数据源，除 SQL Server 数据库外，还可以使用其他产品创建的数据库。

- **数据源视图**

数据源视图是 UDM 和以 XML 格式存储的挖掘结构所使用的架构元素的元数据定义。数据源视图包含数据库对象（即多维数据集、维度和挖掘结构）使用的架构的逻辑模型。数据源视图包含表示一个或多个基础数据源中选定对象的元数据，或将用于生成基础关系数据存储区的元数据。可通过一个或多个数据源生成，允许将多维数据集和维度定义为从多个源集成数据。可以包含不在基础数据源中以及独立于基础数据源而存在的关系，计算列和查询，并且对于客户端应用程序是不可见的。

使用数据源视图可以灵活地在 SSAS、SSIS 和 SSRS 中构造对象，因为 Analysis

Services 数据库对象是绑定到数据源视图中的逻辑对象，而不是直接绑定到基础数据源中的基础物理对象。因此，用户可以定义基础数据源中不存在的以及在基础数据源中可能没有权限进行定义的逻辑对象，例如计算列或命名查询。

- **多维数据集**

多维数据集是基于在数据源视图中建模的表和视图开发的。多维数据集是度量值（事实数据）和维度（可涵盖感兴趣的各个方面，例如时间、产品和客户）组成的集合。其中的数据沿多个维度被聚合起来，在计算、关键性能指标（KPI）、操作、分区、透视和转换方面得到了增强。

- **维度**

维度是多维数据集的基本组成部分，它的结构主要由一个或多个基础维度表的结构决定。最简单的结构称为星型架构，在该架构中，每个维度均基于一个通过主键—外键关系直接链接到事实数据表的维度表。

维度将与相关领域（例如客户、商店或雇员）关联的数据组织到用户中。Analysis Services 中的维度包含与维度表中的列相对应的属性。这些属性显示为属性层次结构，并且可以组织到多级别层次结构中。这些层次结构用于按层次结构组织多维数据集中包含的度量值。

所有维度均基于数据源视图中的各个表或视图。独立于多维数据集而存在的维度可以在多个多维数据集中使用，也可以在一个多维数据集中多次使用。独立于多维数据集而存在的维度称为数据库维度，在多维数据集中使用的维度称为多维数据集维度。

- **挖掘结构**

挖掘结构是一种数据结构，它定义生成挖掘模型的数据域。单个挖掘结构可包含多个共享相同域的挖掘模型。挖掘结构的生成块是挖掘结构列，它对数据源包含的数据进行说明。这些列包含诸如数据类型、内容类型以及数据分发方式等信息。

挖掘结构也可包含嵌套表。嵌套表表示事例实体与其相关属性之间的一对多关系。例如，如果客户说明信息位于一个表中，而客户采购信息位于另一个表中，则可使用嵌套表将这些信息组合到一个事例中。客户标识符是实体，采购信息是相关属性。

- **角色**

在 SQL Server 2008 Analysis Services（SSAS）中，使用角色管理 Analysis Services 对象和数据的安全性。在基本术语中，角色与 Windows 用户和用户组的安全性标识符（SID）关联，所有用户和用户组具有为 Analysis Services 实例管理的对象定义的特定访问权限。Analysis Services 提供了两类角色：服务器角色（定义了 Windows 用户和用户组对 Analysis Services 实例的管理访问权限）和数据库角色（定义用户对 Analysis Services 数据库中对象和数据的访问权限。）

11.4.3 报表服务

Microsoft SQL Server 2008 Reporting Services 提供了完整的服务器平台，以便支持各种不同的报告需求，让组织在整个企业中需要的地方提供相关信息。其重大的新功能如下。

- 使用灵活报表配置的全新独特配置功能，可设计任何架构的报表。

- ❑ 从增强型性能和可伸缩性获益，联系整个企业中的所有用户。
- ❑ 将报表以 Microsoft Office Word 格式呈现。
- ❑ 整合 Reporting Services 与 Microsoft Office SharePoint Services，以便集中传递及管理商业洞察力。
- ❑ 以丰富的格式化文本创建报表。
- ❑ 以增强型视觉功能显示图形化数据。

1. 编写

快速而轻松地创建全面性、丰富格式化的报表。

❑ 使用全面性的报表设计环境

通过熟悉的 Microsoft Visual Studio 报表开发工具提高产能而获益，充分利用直观的设计接口和向导，快速创建报表解决方案。

❑ 从大范围的数据源创建报表

从整个企业中的不同数据源创建报表。数据源可以来自 SQL Server、Oracle、DB2、SAP NetWeaver BI、Hyperion Essbase 和其他数据源。

❑ 启用商务用户的报表编写功能

让商务用户使用 Microsoft 报表生成器 2.0（一种直观的和熟悉的 Microsoft Office 优化编写环境）创建自己的报表及浏览公司数据。

报表生成器 2.0 可让用户直接进入相关的数据源或是利用用户容易使用的语意报表模型，让他们有能力创建报表，而不需要深入了解技术层面的基础数据结构。

从 SQL Server 关系数据库和 Analysis Services 数据库及支持用户报表的 Oracle 数据库，创建语意报表模型。

使用 ADO.NET Framework 桥接这个分歧，并创建一个模型来支持以下 3 个常见的继承性存储架构。

每个层次结构的数据表：一个数据表包含层次结构中所有类型的数据，一个数据行区分类型。

每个子类别的表：一个表包含类型层次结构之间的基础属性，用另外一些表针对每一个子类型定义其他属性。

每个实体类型的表：一个表包含实体类别的所有属性，包括继承的属性。

❑ 从灵活的数据表示法选项进行选择

使用对于特定报表需求最合理的方式来将报表格式化。

固定数据报表使用表格格式及针对动态交叉报表使用矩阵格式，或者使用灵活报表配置的高创新数据表示法格式来结合两种格式。

❑ 将丰富的格式应用到报表

使用全新的丰富格式化文本功能来创建包含混合样式、段落和超链接的文本框。使用表达式实现数据的内嵌格式。

❑ 将数据可视化

以图形化方式可视化数据，让报表具有丰富的格式，充分利用许多新的丰富量测轨和图表功能。

充分利用其他图表增强功能，包括批注、自定义调色板、刻度中断、合并的报表及多个轴。

2. 管理

使用各种强大的管理能力工具，让用户轻松管理报表环境。

- **使用全面性管理工具**

通过 Web 报表管理员排定报表执行、管理报表订阅及控制报表的访问。

整合 Reporting Services 与 Microsoft SharePoint 技术，以便可以在熟悉的 Office 环境下集中管理报表。

使用 Reporting Services 配置管理员，部署及管理所有的 Reporting Services 配置选项。

- **维护报表解决方案的安全**

使用 Reporting Services 角色安全性模型，维护报表、文件夹、资源和共享数据源的访问安全。

为用户指派内置及自定义的角色，授与访问权给用户。

- **自定义管理操作**

使用可扩展的架构及开放式接口，在各种不同的 IT 环境下整合报表解决方案。

3. 传递

通过各种不同的机制将丰富格式的报表传递给用户。

- **达成高性能报表处理**

使用重新经过工程处理的报表引擎，更有效率地传递报表。

使用非内存约束报表来限制内存使用量和冲突。

使用即时报表处理及实例呈现，优化报表性能。

- **将报表呈现到许多不同的格式**

使用对于用户最合理的格式所呈现的报表，联系组织内的用户。

呈现选项会提供各种不同的格式，包括 HTML、PDF、CSV、XML 和影像（TIFF）以及 Microsoft Office Word 和 Excel。

- **通过订阅来自动传递报表**

使用订阅，在特定的时间及/或位置传递报表。

通过电子邮件传递报表，或是将报表公布到网络上的共享文件夹。

让商务用户订阅报表或创建数据导向订阅，以便集中管理多位收件者的自动报表传递。

- **将报表内嵌到应用程序和门户网站**

在 Visual Studio 中使用 Microsoft 报表查看器控件，直接将报表内嵌到商业应用程序中，或是利用报表查看器 Web 服务器控件，将报表装载于 ASP.NET 项目内。

将报表发布到 Microsoft Office SharePoint 报表库或是直接将报表内嵌到门户网站，其方式是使用 Reporting Services 报表查看器 Web 组件在 SharePoint 内呈现。

11.4.4 集成服务

Microsoft SQL Server 2008 提供了一个可扩展的企业数据整合平台，其中包含了绝佳的抽取、转换、加载（ETL）和整合功能，可让组织更轻松地管理大范围数据源中的数据。与 SQL Server 2005 相比有以下很多重大的新功能。

- 使用 Microsoft Visual C#和 Microsoft Visual Basic .NET 创建脚本。
- 将 ADO.NET 用于工作及来源和目的地组件。
- 使用线程集区和增强型查阅转换来提高扩展性。
- 使用改良式 SQL Server 汇入和导出向导来执行功能更强大且扩展性更高的数据传输。
- 适用于 SAP BW、Oracle 和 Teradata 的全新 SSIS 连接器。

1. 企业可用的平台

使用 SQL Server Integration Services 平台来创建企业级的数据整合解决方案。

- **部署值得信赖且可靠的 ETL 解决方案**

SSIS 是目前市场上最快速的 ETL 工具。

使用包配置来自定义包在不同情况下执行的方式，例如，不同的服务器环境。

维护部署包的安全并为包进行数字签名，然后使用简单的向导轻松地将包安装在实际系统上。

使用检查点重新启动及事务支持，连同 WMI 侦听程序及弹性的错误处理和事件驱动功能，启用具有弹性的自动执行程序。

充分利用 SQL Server Integration Services（SSIS）和 SQL Server Management Studio 的整合来简化 SQL Server 系统中管理和监视包的作业。

- **建立有效率的 ETL 解决方案**

使用 SQL Server 2008 的异动数据抽取功能，只重新整理上一次迭代之后变更的数据，优化抽取、转换和加载（ETL）操作。

使用改良式 SQL Server 汇入和导出向导来执行功能更强大且扩展性更高的数据传输。

- **轻松整合各种不同的数据源和目的地**

轻松而不费力地整合数据，Enterprise Edition 免费提供的全新高速连接器可让用户从多个来源快速访问数据。

访问 SAP 和其他常见来源中的数据，包括 Oracle、Teradata、文本文件、OLE DB 和 ADO.NET 数据源（包括 ODBC for .NET）。

改善与其他系统之间的整合性，因为 SQL Server 2008 会将 ADO.NET 用于工作及数据源和目的地。

使用 XML 和 Web 服务数据的内置支持，轻松整合服务导向的架构和其他非标准的数据源。

将优化的 SQL Server 目的地用于数据加载，包括直接作为目标的 SQL Server Mobile

数据库。

使用元数据整合和共享的工程，直接从 SSIS 管线加载 Reporting Services 报表或 Analysis Services Cube。

- **执行立即可用的高性能转换**

充分利用从轻量型 32 位系统到高级 64 位架构的扩展式转换引擎。

执行功能强大的操作，例如数据和字符转换、创建计算结果栏、数据分区和筛选的条件运算、查找、排序、聚合及合并。

充分利用 SQL Server 2008 中查找性能的提升。

使用 SQL Server 2008 的改良式线程集区，自动提升高度平行包设计的性能。

- **开发人员产能**

在直观的开发环境中快速开发 SSIS 包。

充分利用全面性的开发环境：结合 Analysis Services 和 Reporting Services 使用 Business Intelligence Development Studio 来创建共享解决方案，其中包括资源控制、元数据整合，以及端对端商业智能应用程序的设计、测试、部署和维护。

以可视化调试功能提高开发人员的产能：使用数据查看器来查看工作中的数据管线，在方格、图形和图表中转换时将数据可视化，同时断点、变量监视和调用堆栈也会提供强大的调试功能。

2．可扩展也可自定义

使用 Microsoft .NET 平台和 SQL Server 2008 的强大功能，可以享受到远超过简单 ETL 解决方案的各项优点。

- **使用 VSTA 扩展整合功能**

使用 Microsoft Visual Studio Tools for Applications（VSTA）的程序代码设计环境来编写 Microsoft C#.NET 和 Visual Basic.NET 的脚本，并顺畅地升级 SQL Server 2005 Visual Studio for Applications （VSA）的脚本。

编写及发布用户自己的可重复使用组件来符合自定义的需求。

- **使用数据挖掘来扩展整合功能**

在 SSIS 解决方案中创建数据挖掘功能，其方式不仅要从整合式数据将模型定型，也要以此应用数据挖掘模型到 SSIS 包内的数据源来产生结果。

使用预测性模型来找出不完整数据和遗漏数据的原因，或是使用关联模型和群集模型来识别数据质量问题的极端值和异常状况，这些都会使用严格的审核和执行元数据加以抽取。

- **与 SSIS 社区整合**

从特定的软件厂商到用户，都可以使用 SQL Server Integration Services 的架构和基础结构来加入非常动态且多样化的社区。

使用可扩展且强大的 SQL Server Integration Services 基础结构，轻松地开发及发布自己的增强组件。

在活跃且实用的社区中尽情享受与他人分享意见、组件和支持的好处。

11.5 扩展练习

1. 创建存储过程

本扩展练习使用.NET 平台创建用户自定义存储过程，通过传递两个参数得到两个参数的和。

1 选择要创建存储过程的项目，然后右击 Test Script 选项，并在弹出的快捷菜单中选择【添加】|【存储过程】命令，弹出如图 11-25 所示的对话框。

2 在该对话框中选择【存储过程】选项，并在【名称】文本框中添加存储过程名称，这里填写 first_proc，最后单击【添加】按钮。创建好的存储过程如图 11-26 所示。

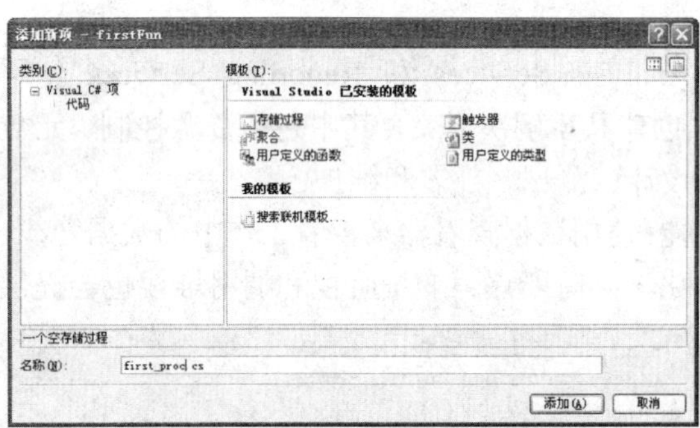

图 11-25 添加存储过程

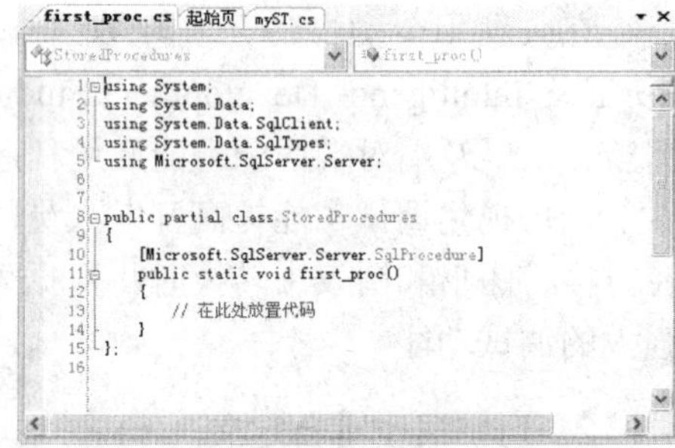

图 11-26 创建存储过程

3 在代码编辑区输入以下内容并保存：

```
using System;
using System.Data;
using System.Data.SqlClient;
using System.Data.SqlTypes;
using Microsoft.SqlServer.Server;
public partial class StoredProcedures
{
    [Microsoft.SqlServer.Server.SqlProcedure]
    public static int first_proc(int a ,int b)
    {
        return a + b;
    }
};
```

4 在 Test.sql 文件中输入以下内容，将创建的存储过程进行测试，内容如下：

```
declare @value int
exec @value=first_proc
@a=120,@b=150
select @value as '结果'
```

执行上述代码，测试结果如图 11-27 所示。

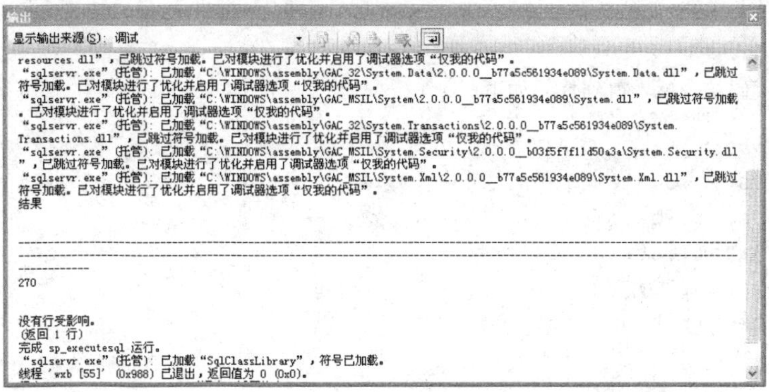

图 11-27　测试结果

2．练习数据访问

数据访问是.NET 平台与 SQL Server 2008 紧密结合的又一例证，通过 ADO.NET 提供的各种对象能够轻松地访问 SQL 数据库。本例主要指导练习使用.NET 平台访问数据库，提高用户使用.NET 平台与 SQL Server 2008 的熟练程度，以 BooksDateBase 数据库的 Books 表为例，访问其数据。

1 创建一个 C#控制台程序。

2 编写代码并引入相应命名空间，代码如下：

```
using System;
using System.Collections.Generic;
using System.Text;
using System.Data.SqlClient;
using System.IO;
```

3 创建 SqlConnection 对象，并注意该对象的使用方法，代码如下：

```
SqlConnection myconn = new SqlConnection();
myconn.ConnectionString = "Data Source=WXB;Initial Catalog=BookDateBase;
Integrated Security=True";
```

4 创建 SqlCommand 对象，代码如下：

```
SqlCommand mycmd = myconn.CreateCommand();
mycmd.CommandText = "select * from Books";
```

5 创建 SqlDataReader 对象，代码如下：

```
SqlDataReader myReader = mycmd.ExecuteReader();
```

6 使用 Reader 方法读取数据库中的内容并显示在控制台中，代码如下：

```
while (myReader.Read())
{
Console.WriteLine("{0}\t{1}\t{2}\t{3}", myReader["Bnum"], myReader
["Bname"],
myReader["writer"], myReader["price"]);
```

```
}
```

7 以上代码结合后，得到代码如下：

```
using System;
using System.Collections.Generic;
using System.Text;
using System.Data.SqlClient;
using System.IO;
namespace firstFun.Test_Scripts
{
    class SQlcommand1
    {
        static void b(string[] args)
        {
            try
            {
                SqlConnection myconn = new SqlConnection();
                myconn.ConnectionString = "Data Source=WXB;Initial Catalog=
                BookDateBase;Integrated Security=True";
                SqlCommand mycmd = myconn.CreateCommand();
                mycmd.CommandText = "select * from Books";
                myconn.Open();
                SqlDataReader myReader = mycmd.ExecuteReader();
                Console.WriteLine("图书编号" + "\t\t 名称" + "\t\t\t 作者" +
                "\t\t\t 价格");
                while (myReader.Read())
                {
                    Console.WriteLine("{0}\t{1}\t{2}\t{3}", myReader["Bnum"],
                    myReader["Bname"],
                       myReader["writer"], myReader["price"]);
                }
                myReader.Close();
                myconn.Close();
                Console.ReadLine();
            }
            catch (Exception ex)
            {
                Console.WriteLine(ex.Message);
            }
        }
    }
}
```

8 运行代码测试，正确性。

附录 实验指导

第 1 单元

练习 1-1 注册服务器

为了更方便地管理、配置和使用 Microsoft SQL Server 2008 系统，在安装之后会使用 Microsoft SQL Server Management Studio 注册服务器以便存储服务器连接信息，供将来连接时使用。本练习以对前面安装的服务器 YAO 进行注册为例。操作步骤如下。

1 单击【开始】按钮，选择【所有程序】|Microsoft SQL Server 2008|SQL Server Management Studio 命令，打开 Microsoft SQL Server Management Studio 窗口。

2 在弹出的窗口中，可以通过 Windows 或 SQL Server 身份验证来建立连接。

3 在菜单栏，选择【查看】|【已注册的服务器】命令，打开【已注册的服务器】窗格，如图 1-1 所示。然后，展开【数据库引擎】节点，并右击【本地服务器组】节点，选择【新建服务器注册】命令。

4 在弹出的【新建服务器注册】对话框中，选择【常规】选项卡，并在【身份验证】下拉列表中选择“SQL Server 身份验证”选项。然后，再输入登录名和密码，并启用【记住密码】复选框。最后，在【已注册的服务器名称】文本框中，选择安装时的计算机名称 YAO，如图 1-2 所示。

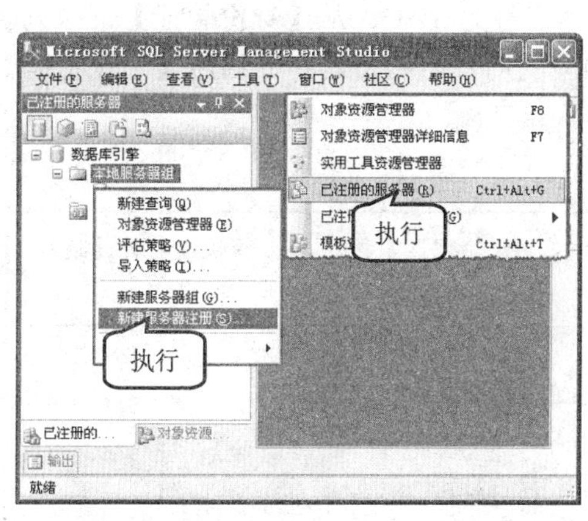

图 1-1 选择【新建服务器注册】命令

图 1-2 【新建服务器注册】对话框

5 选择【连接属性】选项卡，从【连接到数据库】下拉列表中，选择【浏览服务器】选项，将弹出提示对话框，单击【确定】按钮即可。然后，在弹出的【查找服务器上的数据库】对话框中，选择“用户数据库”选项，如图 1-3 所示。

提 示

其中，“默认值”选项表示连接到 Microsoft SQL Server 系统中当前用户默认使用的数据库；“浏览服务器”选项表示可以从当前服务器中选择一个数据库。

6 单击【确定】按钮返回至【连接属性】选项卡，再设置网络协议、网络数据包大小、连接超时值、执行超时值以及是否启用加密连接（是否对内容进行设置，如果没有直接设置可以默认该对话框的选项）。

7 设定完成后，单击【测试】按钮验证连接是否成功，如果弹出图 1-4 所示的对话框，表示连接属性的设置是正确的，单击【保存】按钮完成服务器注册。

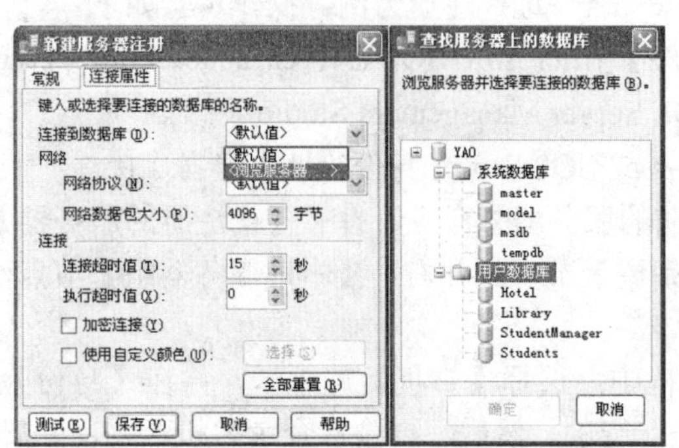

图 1-3 【查找服务器上的数据库】对话框

图 1-4 【新建服务器注册】成功消息框

8 在【对象资源管理器】窗口中，从【连接】下拉列表中选择【数据库引擎】选项，打开【连接到服务器】对话框，设置服务器名称为 YAO；从【身份验证】下拉列表中选择【SQL Server 身份验证】选项，输入相应的用户名和密码；并启用【记住密码】复选框，如图 1-5 所示。

技 巧

在【对象资源管理器】窗口中单击【连接对象资源管理器】按钮，将快速打开【连接到服务器】对话框。

9 单击【连接】按钮即可连接到服务器 YAO，如图 1-6 所示。

练习 1-2 隐藏 SQL Server 2008 实例

SQL Server 2008 使用 SQL Server Browser 服务来枚举安装在计算机上的数据库引擎实例。这使客户端应用程序可以浏览服务器，并帮助客户端区别同一台计算机上的多个数据库引擎实例。用户可能希望运行 SQL Server Browser 服务来显示某些数据库引擎实例。操作步骤如下。

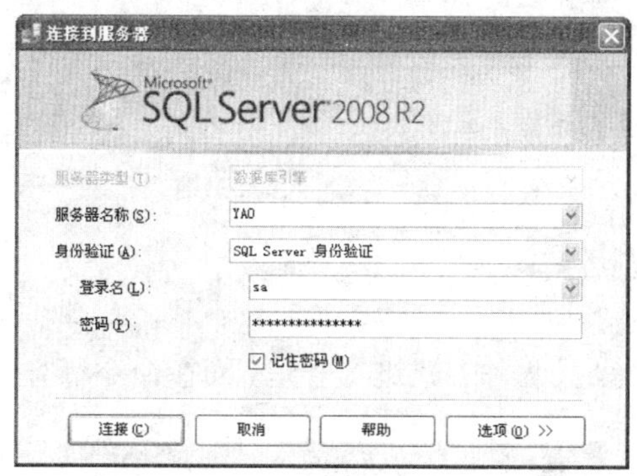

图 1-5 【连接到服务器】对话框

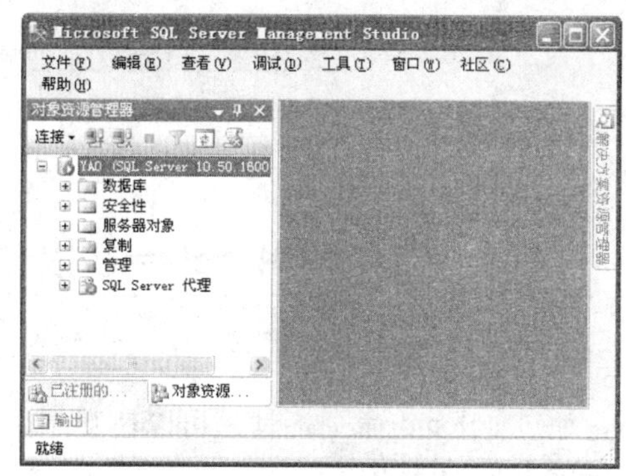

图 1-6 连接到服务器 YAO

1 单击【开始】按钮，并选择【所有程序】|Microsoft SQL Server 2008|【配置工具】|【SQL Server 配置管理器】命令，打开 Sql Server Configuration Manager 窗口。

2 从左边的列表中选择【SQL Server 网络配置】节点，在展开的节点列表中，选择【MSSQLSERVER 的协议】节点，并右击该节点，选择【属性】命令，如图 1-7 所示。

3 在弹出的【MSSQLSERVER 的协议属性】对话框中，选择【标志】选项卡，在【隐藏实例】列表框中，选择【是】选项来启用该隐藏实例的功能，如图 1-8 所示。

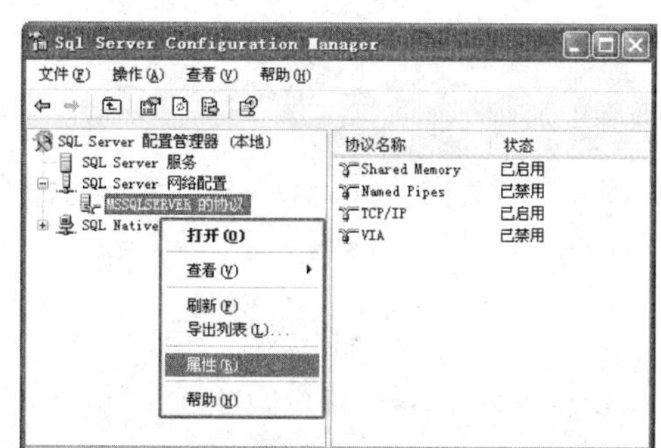

图 1-7 Sql Server Configuration Manager 窗口

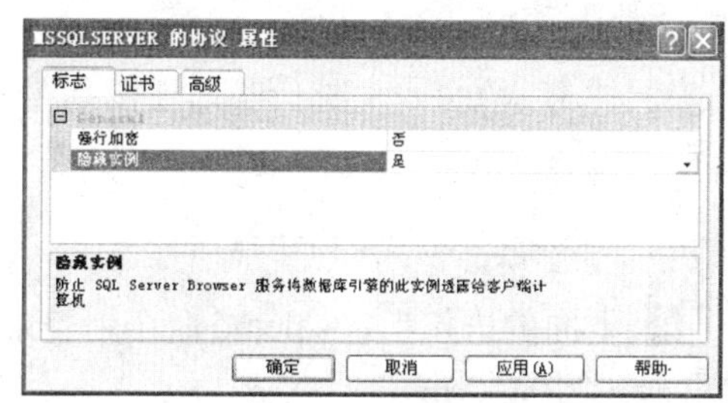

图 1-8 隐藏实例

提示

在【MSSQLSERVER 的协议 属性】对话框中，默认情况下，实行加密选项的值为【否】。如果需要可以启用该选项来打开所选实例的加密功能。

4 单击【确定】按钮，将会弹出【将保存所做的任何更改；不过，只有停止并重新启动此程服务之后，这些更改才会生效】提示框，单击【确定】按钮，如图 1-9 所示。现在，对于所选数据库引擎的隐藏实例更改会立即生效。

图 1-9 【警告】对话框

练习 1-3 使用 sqlcmd 操作数据库

在 SQL Server 2008 中，可以以图形化和命令行两种方式进行管理。而在命令行方式下，通过 sqlcmd 命令工具，可以在数据库服务器的任何目录路径下的命令行提示符窗口中执行。sqlcmd 绝对是一个老的执行 SQL 的方法，但有时它的确要比任何更新、更复杂的工具易用。

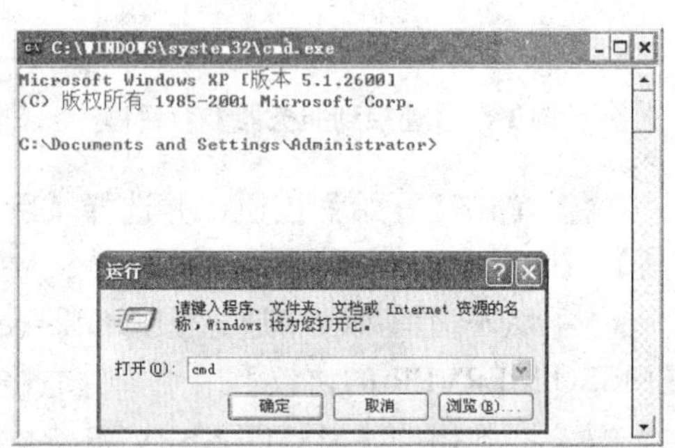

图 1-10 【运行】对话框

1 单击【开始】按钮，选择【运行】命令，在弹出的【运行】对话框中输入 cmd，并单击【确定】按钮，如图 1-10 所示。

2 在命令提示符下输入 sqlcmd，后跟一系列指定所需选项的参数，就可以运行 sqlcmd 实用工具，代码如下所示：

```
sqlcmd -S YAO
```

3 使用 Windows 身份验证连接到服务器 YAO 的实例 Students，用 sqlcmd 命令如下：

```
sqlcmd -S YAO\Students
```

4 下面的语句指定 sqlcmd 命令用登录名 sa 使用 SQL Server 身份验证连接到服务器 YAO 的实例 Students：

```
sqlcmd -U sa -S YAO\Students
```

5 使用命令方式，输入下面的语句在 sqlcmd 的命令行状态下打开 Hotel 数据库：

```
1> USE HOTEL
2> GO
```

6 要查看 Hotel 数据库中 users 数据表的内容可用如下语句：

```
1> SELECT * FROM USERS
2> GO
```

7 sqlcmd 的 go 命令用来执行之前的所有语句，执行上述语句后会看到 users 表的所有内容，包括表的列名称和行数据，最后输入 exit 命令来退出 sqlcmd 并返回命令提示符，如图 1-11 所示。

练习 1-4　创建数据库和表

在 SQL Server Management Studio 窗口中，可使用可视化的界面通过提示来创建数据库和表。例如，在配置好的 SQL Server 服务器 YAO 上进行操作，创建一个名称为 Storage 的数据库。然后在 Storage 数据库中创建一个名为 LoginInFrm 的表，该表包含 userId、userName、passWord 共 3 个字段。操作步骤如下。

1 单击【开始】按钮，并选择【所有程序】|Microsoft SQL Server 2008 |【配置工具】|【SQL Server 配置管理器】命令，打开 SQL Server Management Studio 窗口。

2 在【连接到服务器】对话框中，选择【服务器类型】为【数据库引擎】;【服务器名称】为 YAO，设置身份验证为 SQL Server 身份验证并输入登录名和密码，启用【记住密码】复选框后单击【连接】按钮，如图 1-12 所示。

```
C:\WINDOWS\system32\cmd.exe
Microsoft Windows XP [版本 5.1.2600]
(C) 版权所有 1985-2001 Microsoft Corp.

C:\Documents and Settings\Administrator>sqlcmd
1> use Hotel
2> go
已将数据库上下文更改为 'Hotel'。
1> select * from users
2> go
username                                          type
                    psw
--------------------------------------------------------
admin                                             管理员
                      123
server                                            服务员
                      123
zhangjun                                          管理员
                      zhangjun
123                                               管理员
                      123
sansan                                            服务人员
                       123

(5 行受影响)
1> exit

C:\Documents and Settings\Administrator>_
```

图 1-11　sqlcmd 工具查看 users 表内容

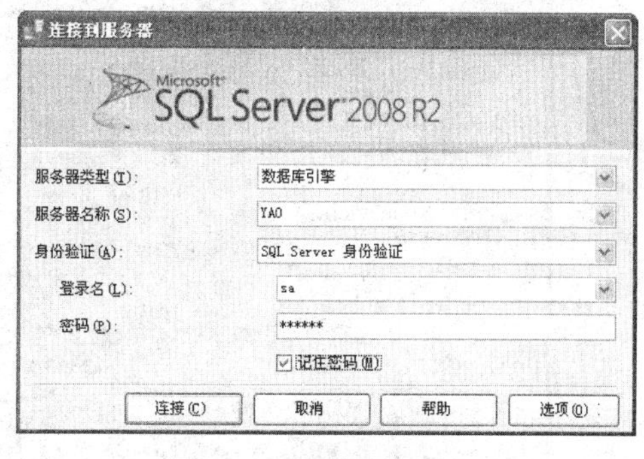

图 1-12　连接服务器

技巧

启用【记住密码】复选框，在以后连接服务器时可以不用再输入服务器名称、登录名和密码，直接单击【连接】按钮即可。

3 右击【数据库】节点，选择【新建数据库】命令，如图 1-13 所示。

4 在弹出的【新建数据库】窗口中，输入【数据库名称】为 Storage，单击【确定】按钮，完成 Storage 数据库的创建，如图 1-14 所示。

技巧

在 SQL Server 2008 不强制两种类型文件必须使用带 mdf 和 ldf 的扩展名，但使用它们指出文件类型是个良好的文件命名习惯。

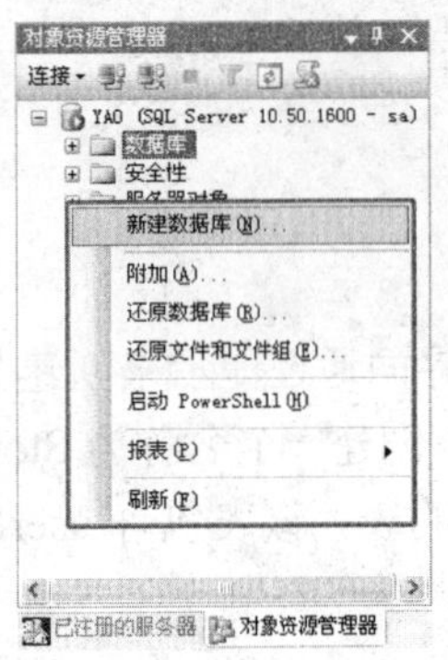

图 1-13　选择【新建数据库】命令

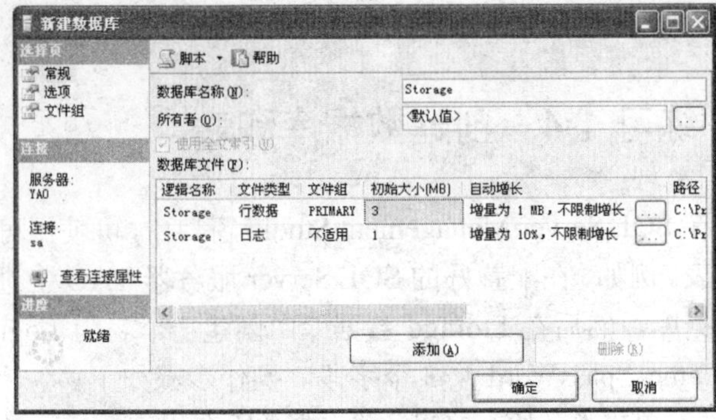

图 1-14　【新建数据库】窗口

5 在【对象资源管理器】窗口中展开 Storage 数据库节点，右击【表】节点，选择【新建表】命令。

6 在弹出的【新建表】窗口中，分别输入 userId、userName、passWord 字段，并设置其属性，单击【保存】按钮。然后，在弹出的对话框中，输入 LoginInFrm 数据表名，保存当前所创建的表，如图 1-15 所示。

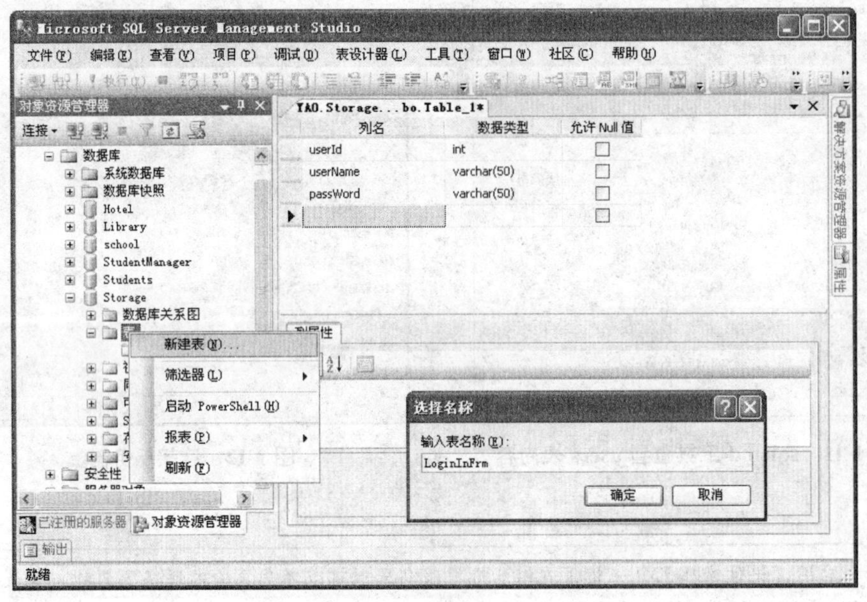

图 1-15　新建表

7 右击 LoginInFrm 表，从弹出的菜单中选择【编辑前 200 行】命令，打开表 LoginInFrm，向表中输入一些数据，输入数据后，单击【保存】按钮，保存输入的数据，如图 1-16 所示。

8 为了验证刚才输入的数据是否保存在 LoginInFrm 表中，可以单击【新建查询】按钮，在右侧的面板中输入 select 查询语句，单击【执行】按钮，即可显示表 LoginInFrm 的数据，如图 1-17 所示。

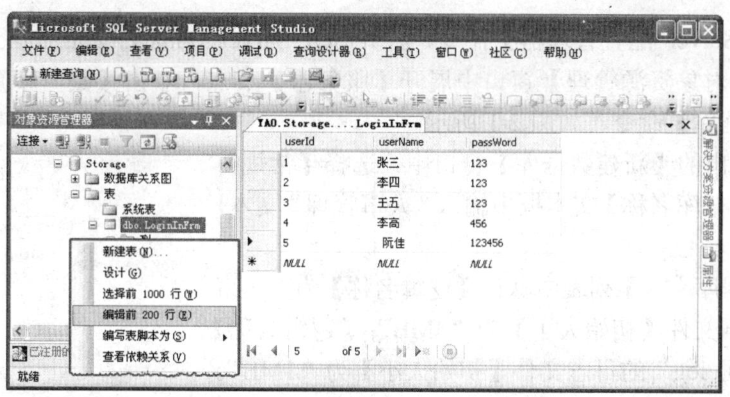

图 1-16　向表 LoginInFrm 中输入数据

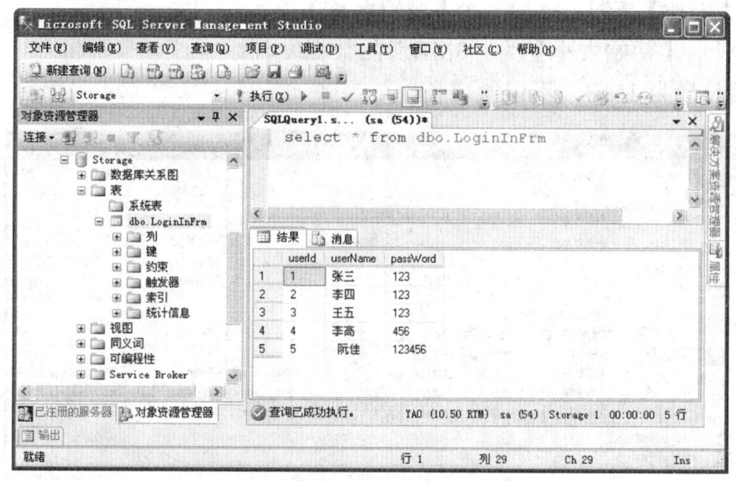

图 1-17　查询表 LoginInFrm 的内容

9 此时，可以看到查询的结果与添加后的数据相同，这说明前面已经成功添加了数据。

第 2 单元

练习 2-1　创建人事管理数据库

该人事管理数据库是对公司工作人员进行管理，使公司人事管理部门了解员工的基本信息，在人事管理数据库中，可以创建员工信息表，用来记录员工的姓名、性别、年龄等字段，方便以后进行人员管理。所有这些新建立的数据库都是基于 model 系统数据库的，本练习将使用 SQL Server Management Studio 来创建一个人事管理数据库，操作步骤如下。

1 单击【开始】按钮，并选择【所有程序】|Microsoft SQL Server 2008|【配置工

具】|【SQL Server 配置管理器】命令，打开 SQL Server Management Studio 窗口。

2 在【对象资源管理】窗口中展开【服务器】节点，右击【数据库】节点然后选择【新建数据库】命令，如图 2-1 所示。

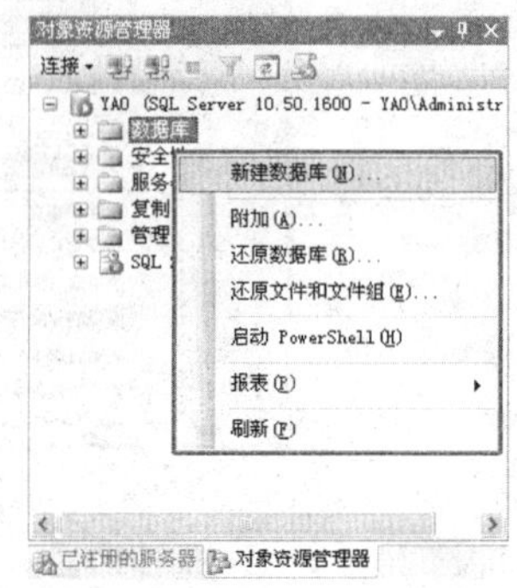

图 2-1　选择【新建数据库】命令

3 在弹出的【新建数据库】窗口中，选择【常规】选项，在【数据库名称】文本框中输入“人事管理”文本，如图 2-2 所示。

在【数据库文件】列表中默认【逻辑名称】为“人事管理”的数据文件【初始大小】为“3MB”;【逻辑名称】为“人事管理_log”的日志文件【初始大小】为“1MB”。默认“人事管理”数据文件的自动增长为 1MB，日志文件“人事管理_log”按百分比 10%自动增长，不限制增长。

4 单击【添加】按钮，添加一个【逻辑名称】为“人事管理_DATA1”、【初始大小】为“3MB”的数据文件，自动增长的增长量为 1MB，不限制增长。

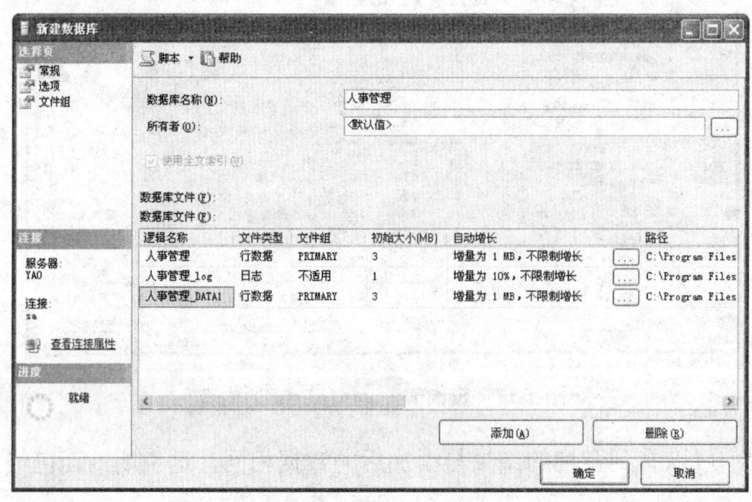

图 2-2　创建人事管理数据库

5 选择【选项】选项，在【其他选项】列表中找到【自动关闭】选项，更改值为 True；设置【自动收缩】选项为 True，数据和日志文件会自动缩小尺寸和压缩，如图 2-3 所示。

6 完成了以上操作以后，单击【确定】按钮关闭【新建数据库】窗口。至此，成功创建了一个数据库，可以在【对象资源管理器】窗口中看到新建的数据库。

练习 2-2　修改人事管理数据库的大小

数据库的修改，实质上是修改数据文件和日志文件的长度，或者增加/删除文件。如果数据库中的数据量不断膨胀，需要扩大数据库的尺寸。操作步骤如下。

1 在【对象资源管理器】窗口中，展开【数据库】节点，右击【人事管理】节点，选择【属性】命令，如图 2-4 所示。

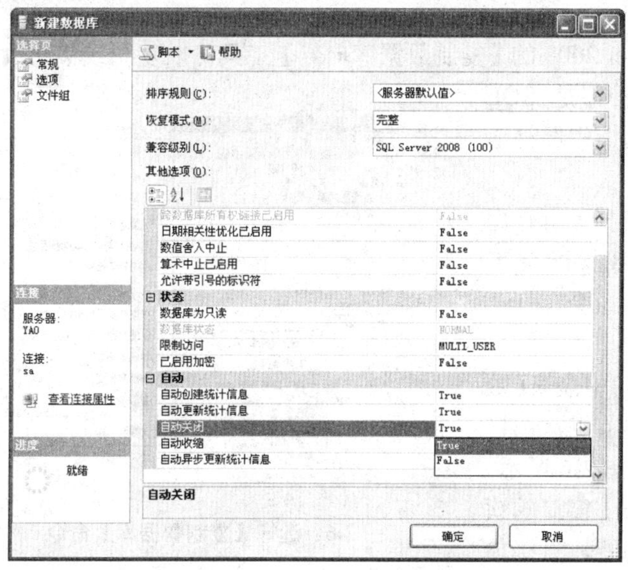

图 2-3　设置自动关闭

图 2-4　选择【属性】命令

2 在弹出的【数据库属性-人事管理】窗口中，选择【文件】选项，在【人事管理】数据文件的【初始大小】列中，输入值为 5MB；日志文件的【初始大小】列中，输入初始大小为 2MB，自动增长的增长量为 10%，增长的最大限制为 5MB，如图 2-5 所示。

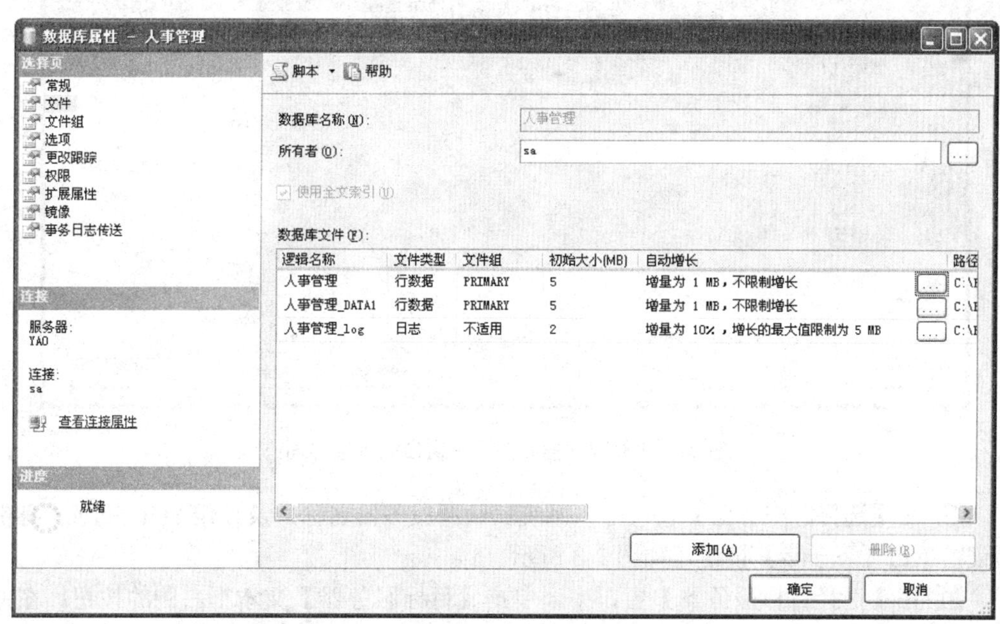

图 2-5　修改人事管理数据库的大小

3 修改后，单击【确定】按钮完成数据库大小的修改。

练习 2-3　移动人事管理数据库

选择数据库，使用 SQL Server 2008 的【复制数据库向导】工具可以复制或移动数据库，如果源服务器和目标服务器都是 SQL Server 2008 服务器，则复制/移动操作保存全文目录。操作步骤如下。

1 单击【开始】按钮，并选择【所有程序】|Microsoft SQL Server 2008|【配置工具】|【SQL Server 配置管理器】命令，打开 SQL Server Management Studio 窗口。

2 在【对象资源管理器】窗口中展开【数据库】节点，右击【人事管理】节点，选择【任务】|【复制数据库】命令，如图 2-6 所示。

图 2-6　选择【复制数据库】命令

3 将弹出【复制数据库向导】窗口的欢迎界面，这里显示可以完成的功能，直接单击【下一步】按钮继续，如图 2-7 所示。

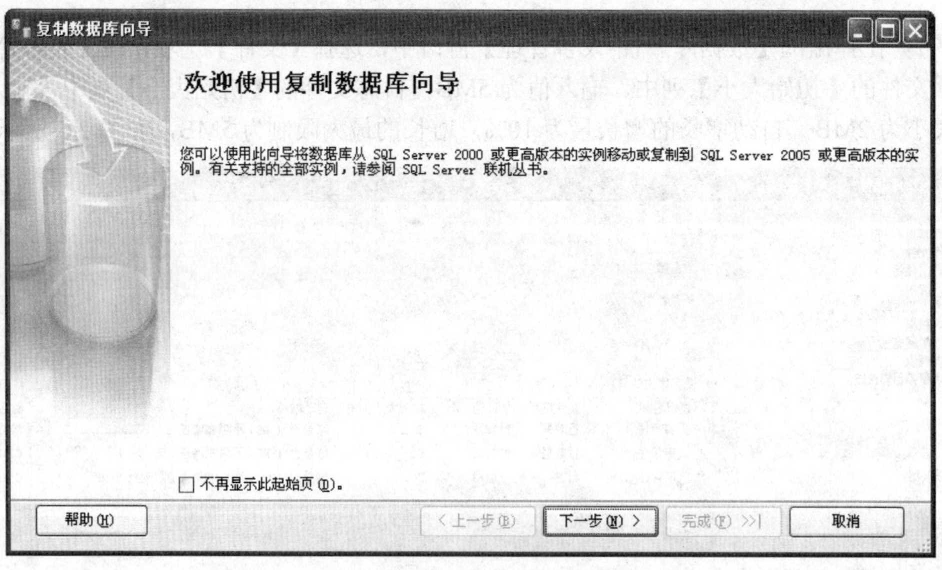

图 2-7　【复制数据库向导】窗口的欢迎界面

4 在【选择源服务器】窗口中，系统默认源服务器名称，及使用 SOL Server 身份验证，单击【下一步】按钮，如图 2-8 所示。

5 在【选择目标服务器】窗口中，单击【目标服务器】文本框右侧的按钮。在弹出的【查找服务器】对话框中，选择本地服务器选项卡，选择要连接的服务器 YAO。然后启用【使用 SQL Server 身份验证】单选按钮，输入用户名和密码，再单击【下一步】按钮，如图 2-9 所示。

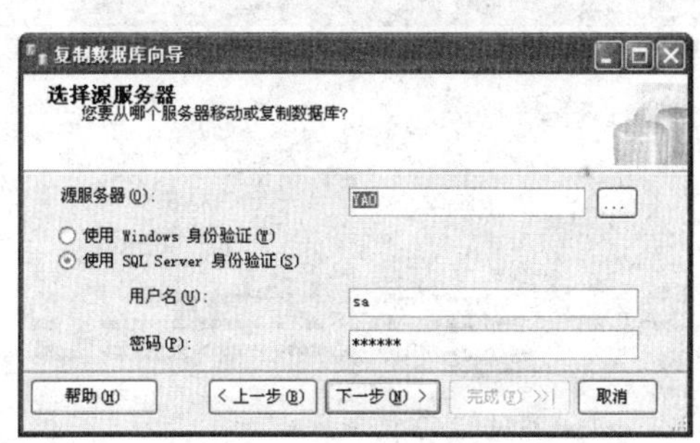

图 2-8 【选择源服务器】窗口

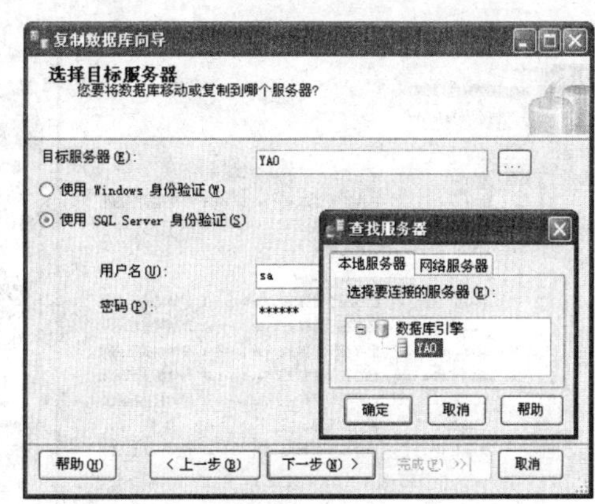

图 2-9 【选择目标服务器】窗口

6 在【选择传输方法】窗口中，默认是使用分离和附加方法，并且如果失败，则重新附加源数据库，单击【下一步】按钮，如图 2-10 所示。

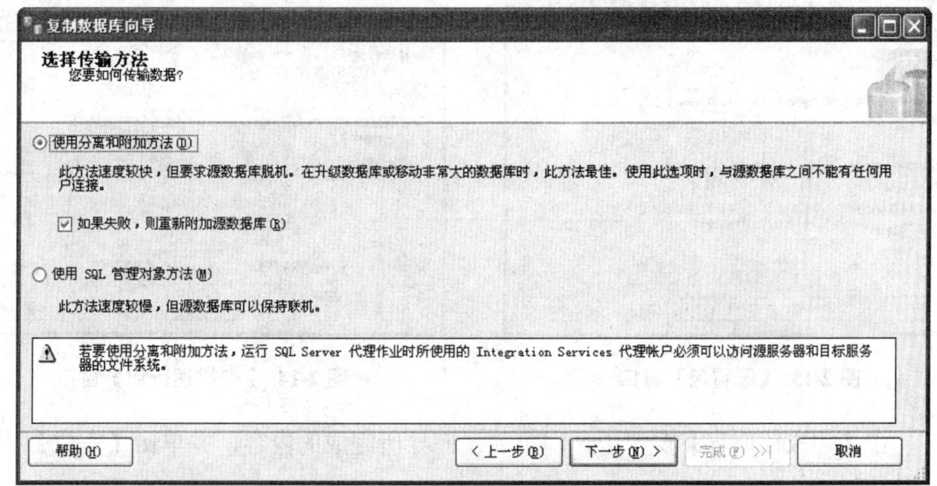

图 2-10 【选择传输方法】窗口

7 在【选择数据库】窗口中，户用“人事管理”前面的复选框，完成后，单击【下一步】按钮，如图 2-11 所示。

8 在【配置目标数据库（1/1）】窗口中，定义正在移动的目标数据库。这里的源数据库是显示在源服务器上的数据库，在【目标数据库】文本框中将自动显示新的数据库名称，并且可以选择，如果目标上已存在同名的数据库或文件则停止传输，如图 2-12 所示。然后，单击【下一步】按钮。

9 在【配置包】窗口中，自动显示一个包含名称和日志记录选项，如图 2-13 所示，再单击【下一步】按钮。

10 在【安排运行包】窗口中，启用【立即运行】单选按钮。然后，单击【下一步】按钮，如图 2-14 所示。

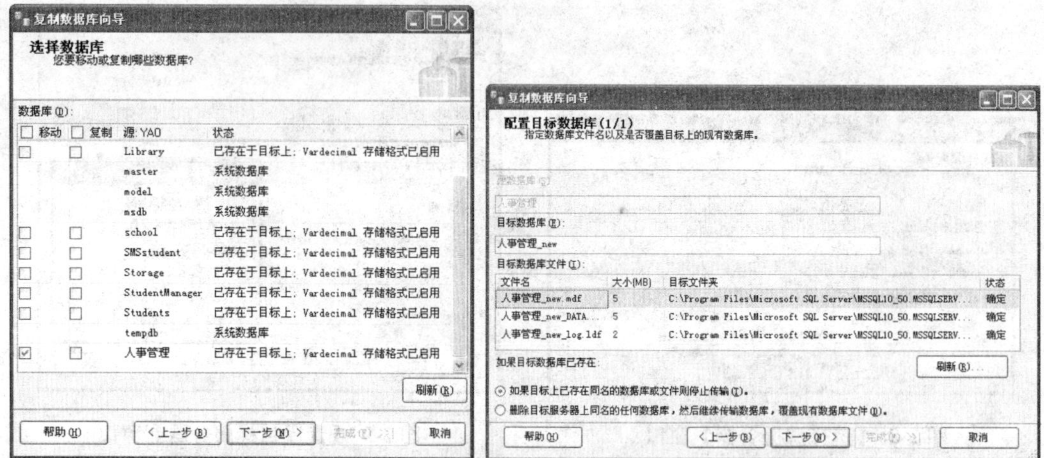

图 2-11 【选择数据库】窗口　　图 2-12 【配置目标数据库（1/1)】窗口

图 2-13 【配置包】窗口

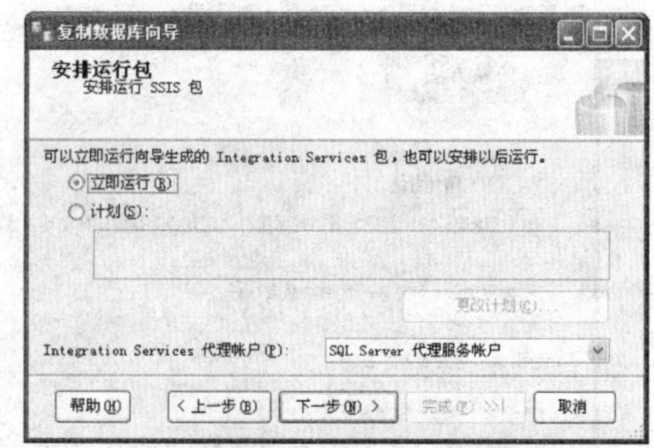

图 2-14 【安排运行包】窗口

11 在【完成该向导】窗口中，即可显示向导所完成的内容，并单击【完成】按钮，如图 2-15 所示。

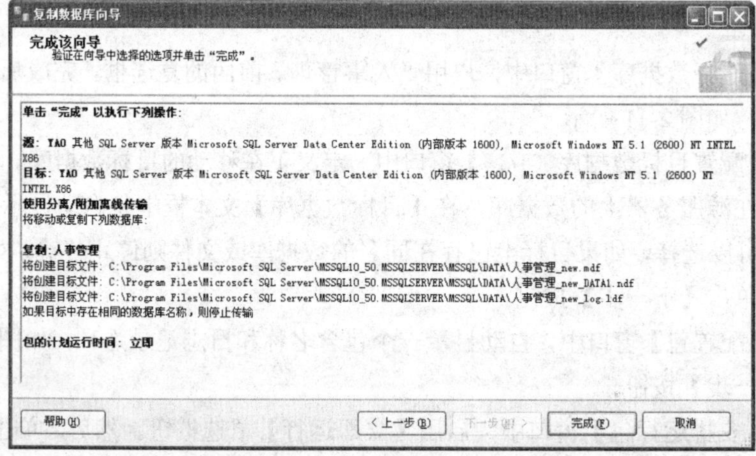

图 2-15 【完成该向导】窗口

第 3 单元

练习 3-1　创建员工信息表

在前面的单元中，已经介绍过创建人事管理数据库。而在数据库中，若要管理数据信息，则需要通过数据表来进行数据存储。数据表是数据存储的地方，是一种结构化的文件，可用来存储某种特定类型的数据，是数据库中最重要的部分，管理好表也就管理好了数据库。创建表的操作步骤如下。

1 打开 SQL Server Management Studio 窗口，在【对象资源管理器】窗口中展开【数据库】|【人事管理】节点。

2 右击【表】节点，并选择【新建表】命令，打开【表设计器】窗口。

3 在【表设计器】窗口，输入的列名、选择的数据类型及是否允许为空，并选择 employeeID 列，在【列属性】选项组中设置【标识规范】中的【(是标识)】为“是”，如图 3-1 所示。

4 设计完成后，按 Ctrl+S 键进行保存，在弹出的对话框中输入表名为 Employee，单击【确定】按钮，即可保存创建的 Employee 数据表（员工信息表），如图 3-2 所示。

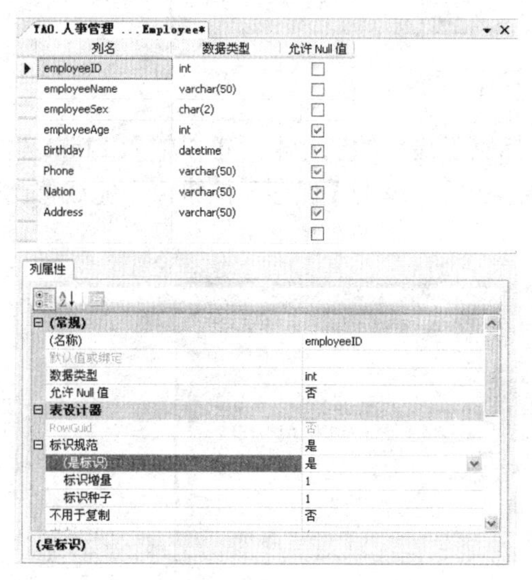

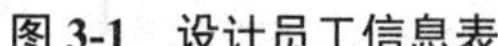
图 3-1　设计员工信息表

图 3-2　输入表名

5 设计完成后，要验证新创建的表是否存在，可以展开【人事管理】数据库下的【表】节点，可以看见刚创建的 Employee 数据表（员工信息表）。

练习 3-2　修改列

当数据库中的表创建完成后，还可以根据需求修改数据表的原结构。例如，可以增加、删除和修改列，更改表名以及改变表的所有者等对表进行相应的操作。操作步骤如下。

1 打开 SQL Server Management Studio 窗口，展开【数据库】|Storage|【表】节点，选中要修改的 LoginInFrm 表，选择【设计】命令，如图 3-3 所示。

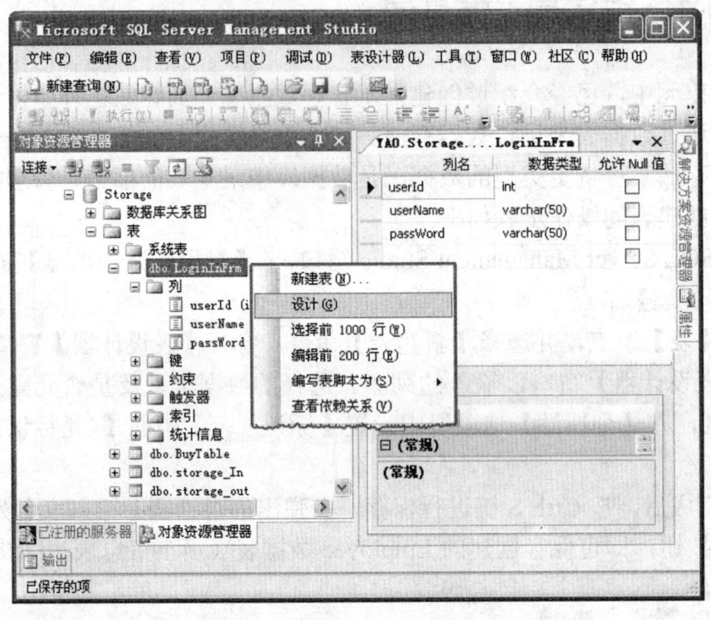

图 3-3 选择【设计】命令

2 在打开的【表设计器】窗口中，将鼠标置于最后的空行格，可以输入 Limit（权限）列名、数据类型为 char(10)及允许空信息。然后，单击【保存】按钮，完成修改，如图 3-4 所示。

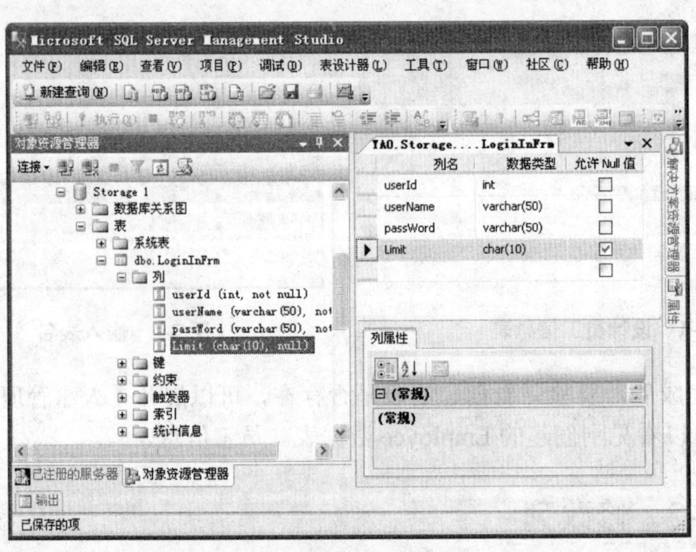

图 3-4 添加新字段

技巧

在添加或修改列时，应设置一项保存一项。

练习 3-3　修改表的访问权限

在 SQL Server 中，还可以通过修改表的访问权限，指定一个角色对其进行访问、修改、删除等操作。例如赋予 public 角色查看 Student 表中 studentID、studentName、sex、classID 共 4 列的权限。操作步骤如下。

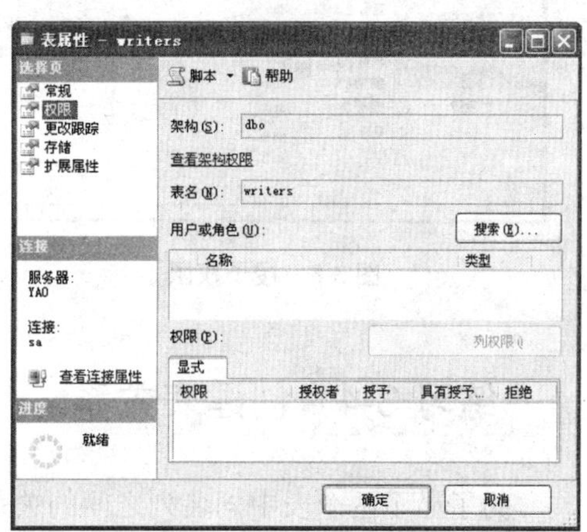

图 3-5 【权限】页面

1 打开 SQL Server Management Studio 窗口，展开 Students 数据库节点，列出数据库中的表。

2 右击 student 表，选择【属性】命令。在弹出的【表属性】窗口中，选择【权限】选项，进入【权限】页面，如图 3-5 所示。

3 单击【搜索】按钮 搜索(E)... ，将弹出【选择用户或角色】对话框，单击【浏览】按钮 浏览(B)... ，如图 3-6 所示 。然后，在弹出的【查找对象】对话框中，启用[public]复选框，并单击【确定】按钮，如图 3-7 所示。

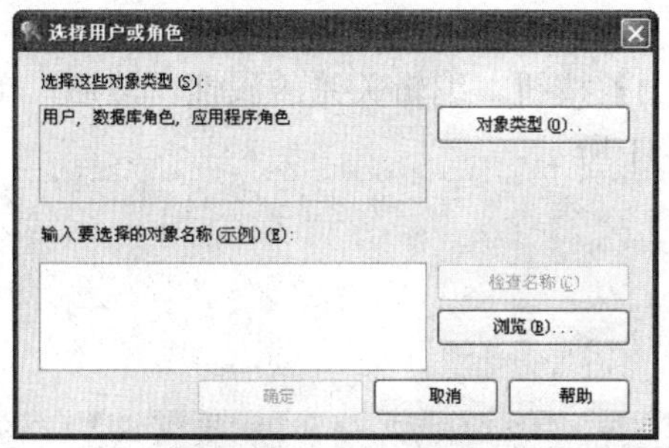

图 3-6 【选择用户或角色】对话框

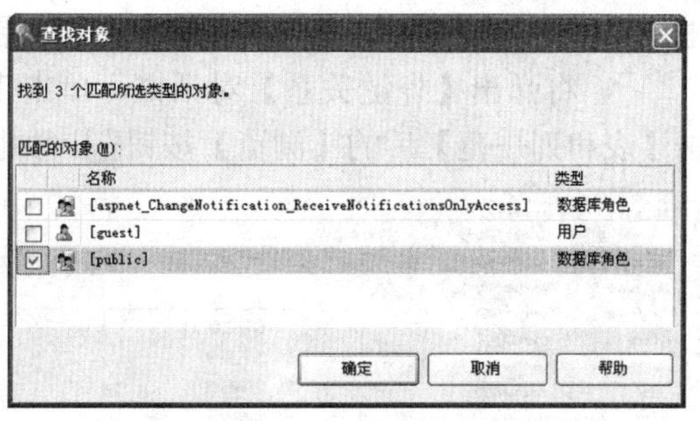

图 3-7 【查找对象】对话框

4 在【表属性】窗口中，选择【显示】选项卡中的【更新】权限，并启用【列权限】复选框。通过单击【列权限】按钮打开【列权限】对话框，如图 3-8 所示。

5 在【列权限】对话框中，设置 studentID、studentName、sex、classID 这 4 列的权限，启用可以查看的列的复选框，单击【确定】按钮，如图 3-9 所示。

6 在【表属性】窗口中，单击【确定】按钮，完成表属性的修改操作。

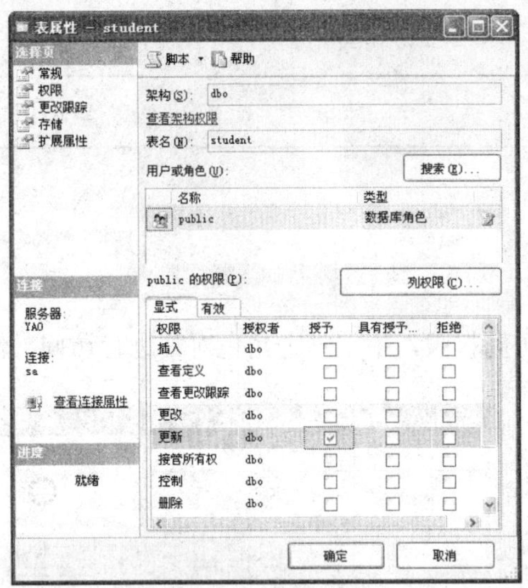

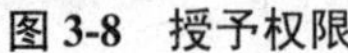
图 3-8　授予权限

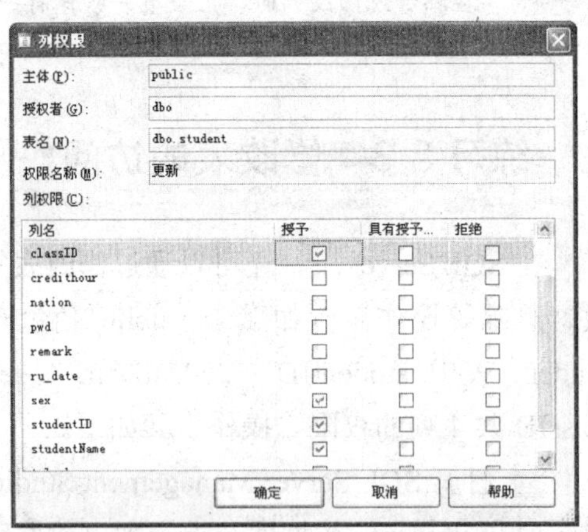

图 3-9　【列权限】对话框

练习 3-4　创建表关系

为了显示两个表中同名列之间的关系，可以在数据库关系图中创建这两个表之间的主外键。本次练习将在 pubs 数据库中建立 authors 和 writers 之间的表关系，使用户进一步加深对表关系的理解。操作步骤如下。

1 在【对象资源管理器】窗口中，展开 pubs 数据库中的【表】节点，右击 writers 节点，在弹出的菜单中选择【设计】命令。然后，在【表设计器】的列窗口中任一处右击，在弹出的菜单中选择【关系】命令，如图 3-10 所示。

2 将弹出【外键关系】对话框，单击【添加】按钮，编辑关系的属性。然后，单击【表和列规范】后的【浏览】按钮，如图 3-11 所示。

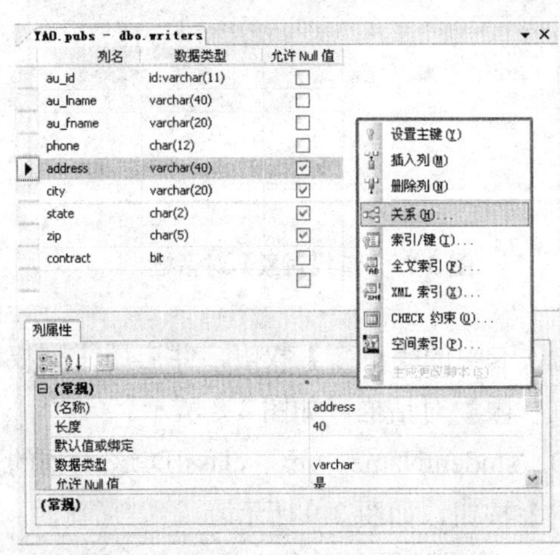

图 3-10　选择【关系】命令

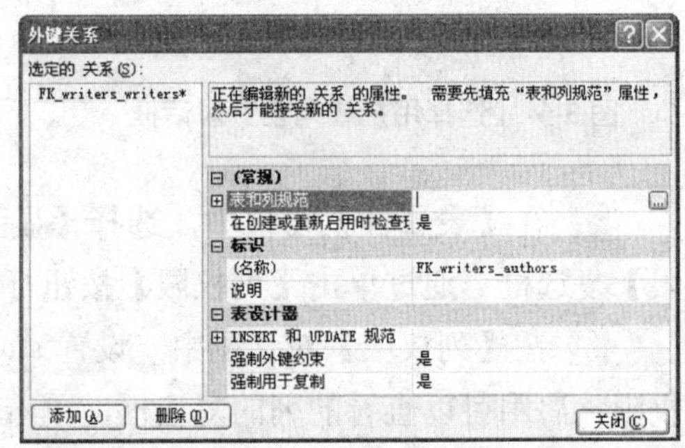

图 3-11　【外键关系】对话框

3 在弹出的【表和列】对话框中，选择 authors 数据表中 au_id 主键字段，在 authors 和 writers 两个数据表之间建立关系，如图 3-12 所示。

4 单击【确定】按钮返回上个对话框，然后保存即可。最后，退出表关系设计器，保存对表的修改。

5 在编辑器中，可通过"update dbo.writers set au_id='274-80-9999'where au_id='274-80-9391'"语句，来修改【成绩表】中的学号，以测试两个数据表之间的关系，如图 3-13 所示。

图 3-12 【表和列】对话框

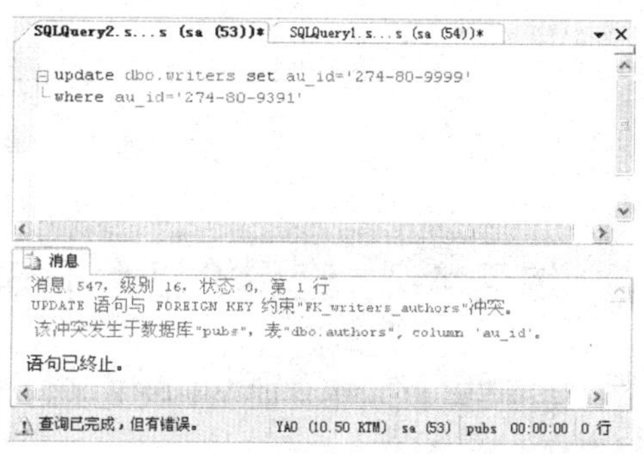

图 3-13 修改学号

6 通过上图可以看出，更新语句与刚创建的表关系“FK_writers_authors”相冲突，语句终止。

第 4 单元

练习 4-1 按房间类型查看房间信息

使用 SELECT 语句进行数据查询时，如果需要按某一列数据的值进行分类，然后在分类的基础上再查询，则可以使用 GROUP BY 子句。本练习在 Hotel（酒店管理系统）数据库按房间类型查看房间信息。

在 SELECT 语句中，通过使用 GROUP BY 子句，查询酒店管理系统中的房间编号、房间名称、房间状态、房间电话等信息，具体代码如下：

```
SELECT Room_id,Building_name,Room_stateid,Room_phone,floor_id,dbo.
Room_type.Room_typeid,Room_type
FROM dbo.Room INNER JOIN dbo.Room_type
ON dbo.Room.Room_typeid=dbo.Room_type.Room_typeid
GROUP BY Room_id,Building_name,Room_stateid,Room_phone,floor_id,dbo.
Room_type.Room_typeid,Room_type
```

在 SQL Server 2008 的【查询】窗口中，输入上述查询语句，并单击【执行】按钮来查看结果，如图 4-1 所示。

结果 | 消息

	Room_id	Building_name	Room_stateid	Room_phone	floor_id	Room_typeid	Room_type
1	A0201	主楼	1	6211	2	1	标准单人间
2	A0202	主楼	1	6212	2	1	标准单人间
3	A0203	主楼	1	6213	2	1	标准单人间
4	A0204	主楼	2	6214	2	1	标准单人间
5	A0205	主楼	1	6215	2	1	标准单人间
6	A0301	主楼	1	6311	3	2	标准双人间
7	A0302	主楼	1	6312	3	2	标准双人间
8	A0303	主楼	1	6313	3	2	标准双人间
9	A0304	主楼	6	6314	3	2	标准双人间
10	A0305	主楼	1	6315	3	2	标准双人间
11	A0401	主楼	1	6411	4	3	豪华单人间
12	A0402	主楼	1	6412	4	3	豪华单人间
13	A0403	主楼	1	6413	4	3	豪华单人间
14	A0404	主楼	1	6414	4	3	豪华单人间

图 4-1　查询房间类型信息

练习 4-2　查看价格大于 500 的房间信息

使用 SELECT 语句的 WHERE 子句可以限制返回的数据，从而将符合条件的部分数据查询出来。

本次练习将在 WHERE 子句中，使用比较运算符从 Hotel 数据库中查询出房间价格大于 500 以上的房间信息，并返回 Room_id，Room_typeid，Building_name，Room_stateid，Room_phone，floor_id 信息。具体代码如下：

```
SELECT Room_id,dbo.Room_type.Room_typeid,Building_name,Room_stateid,
Room_phone,floor_id,price
FROM dbo.Room_type,dbo.Room
WHERE price>500
```

在 SQL Server 2008 的【查询】窗口中，输入上述查询语句，并单击【执行】按钮来查看结果，如图 4-2 所示。

结果 | 消息

	Room_id	Room_typeid	Building_name	Room_stateid	Room_phone	floor_id	price
1	A0201	4	主楼	1	6211	2	528.00
2	A0202	4	主楼	1	6212	2	528.00
3	A0203	4	主楼	1	6213	2	528.00
4	A0204	4	主楼	2	6214	2	528.00
5	A0205	4	主楼	1	6215	2	528.00
6	A0301	4	主楼	1	6311	3	528.00
7	A0302	4	主楼	1	6312	3	528.00
8	A0303	4	主楼	1	6313	3	528.00
9	A0304	4	主楼	6	6314	3	528.00
10	A0305	4	主楼	1	6315	3	528.00
11	A0401	4	主楼	1	6411	4	528.00
12	A0402	4	主楼	1	6412	4	528.00
13	A0403	4	主楼	1	6413	4	528.00
14	A0404	4	主楼	1	6414	4	528.00
15	A0405	4	主楼	1	6415	4	528.00
16	A0501	4	主楼	1	6511	5	528.00
17	A0502	4	主楼	1	6512	5	528.00
18	A0503	4	主楼	1	6513	5	528.00
19	A0504	4	主楼	1	6514	5	528.00
20	A0505	4	主楼	1	6515	5	528.00
21	A0601	4	主楼	2	6611	6	528.00
22	A0602	4	主楼	1	6612	6	528.00
23	A0603	4	主楼	1	6613	6	528.00
24	A0604	4	主楼	1	6614	6	528.00

图 4-2　查看价格大于 500 的房间信息

练习 4-3 使用自连接查询

连接不仅可以在表与表之间进行，也可以是表同自己进行连接，这种连接称为自连接，在连接时，必须给表起别名。

本练习将使用自连接查询来完成在 Nothwind 数据库中的 Employee 表中，查找所有 TitleOfCourtesy 相同的人。具体代码如下：

```
USE Northwind
GO
SELECT i.firstname,j.titleofcourtesy,j.firstname
FROM dbo.Employees i INNER JOIN dbo.Employees j
ON i.TitleOfCourtesy=j.TitleOfCourtesy
 AND i.FirstName<>j.FirstName
 WHERE i.TitleOfCourtesy ='mr.'
```

在上例中，把 Employees 表起了两个别名，分别是 i 和 j。看起来像是操作两个表的信息，实际是把 Employees 表建了两个临时的虚拟表（i 和 j）进行操作。例中的“<>”也可以写成“!=”。执行后结果如图 4-3 所示。

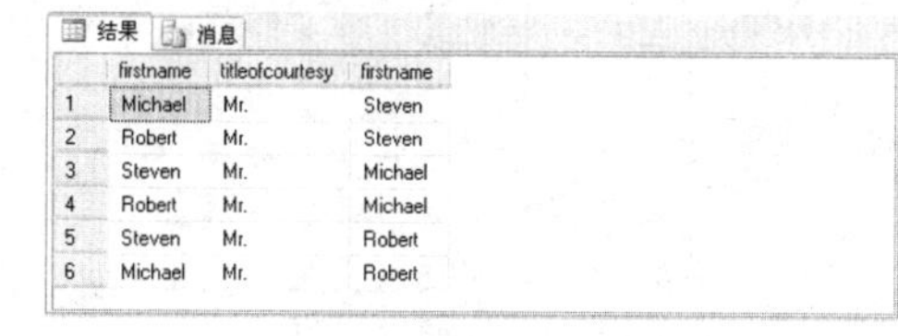
结果 消息

	firstname	titleofcourtesy	firstname
1	Michael	Mr.	Steven
2	Robert	Mr.	Steven
3	Steven	Mr.	Michael
4	Robert	Mr.	Michael
5	Steven	Mr.	Robert
6	Michael	Mr.	Robert

图 4-3 自连接查询

练习 4-4 使用子查询

子查询又称为嵌套查询，是指在 SELECT 语句的 WHERE 子句中包含多个查询，即在一个查询中，还包含其他查询，从而形成有层次的查询嵌套结构。

本练习将使用嵌套子查询来完成在 Nothwind 数据库中，用子查询在 Order Details 表中，查询一个最高单价的产品的订单号及单价。

如下所示为完成上述要求的嵌套 SELECT 子查询的语句：

```
USE Northwind
 GO
 SELECT
 (SELECT top 1 OrderID
 FROM dbo.[Order Details]
 WHERE UnitPrice=(SELECT max(UnitPrice)FROM dbo.[Order Details])
   ORDER BY OrderID) as 订单号,
   (SELECT top 1 UnitPrice FROM dbo.[Order Details]
   WHERE UnitPrice=(SELECT max(UnitPrice) FROM dbo.[Order Details])
   ORDER BY UnitPrice) as 单价
```

在上例中，将单价最高的数据作为条件，使用关键字 TOP 取排序后的第一行信息作为查询的结果，最后把查询的订单号和单价的结果连起来，查询结构如图 4-4 所示。

练习 4-5　使用模糊查询

图 4-4　子查询

在 SQL 语句中，可以使用 LIKE 来进行字符串的模糊查询，其通常与通配符一起使用。模糊查询既有优点也有缺点，其中优点是查询更有效，占用内存更少，减少交互；缺点是操作多，查询多，效率低。

本例将在 Northwind 数据库的 Products 表中，查询产品名称中含有字符串“ch”的产品信息。具体代码如下：

```
USE Northwind
GO
SELECT ProductID,ProductName FROM dbo.Products
WHERE ProductName LIKE 'ch%'
```

查询结果如图 4-5 所示。

图 4-5　模糊查询

练习 4-6　使用 For XML 子句

For XML 子句是大量可用的不同集成模型的基础。这实际上只是一个添加到现有的 T-SQL SELECT 语句末尾的选项而已，但却是把以普通关系格式存储的数据输出作为 XML 的主要方法。

本练习将在 Nothwind 数据库中，列出客户编号为 ANATON 或 BERGS 的订单。

```
USE NORTHWIND
GO
SELECT  dbo.Customers.CustomerID,OrderID,OrderDate
FROM dbo.Customers join dbo.Orders
ON dbo.Customers.CustomerID=dbo.Orders.CustomerID
```

```
WHERE dbo.Customers.CustomerID='ANATON' or dbo.Customers.
CustomerID='BERGS'
FOR XML AUTO
```

在【编辑器】窗口中，输入上述查询语句，并单击【执行】按钮来查看结果，然后选择【单击可在 XML 编辑器中显示列】命令，如图 4-6 所示。

结果 消息

XML_F52E2B61-18A1-11d1-B105-00805F49916B

1 <dbo.Customers CustomerID="BERGS"><dbo.Orders Or

单击显示

```
<dbo.Customers CustomerID="BERGS">
  <dbo.Orders OrderID="10278" OrderDate="1996-08-12T00:00:00" />
  <dbo.Orders OrderID="10280" OrderDate="1996-08-14T00:00:00" />
  <dbo.Orders OrderID="10384" OrderDate="1996-12-16T00:00:00" />
  <dbo.Orders OrderID="10444" OrderDate="1997-02-12T00:00:00" />
  <dbo.Orders OrderID="10445" OrderDate="1997-02-13T00:00:00" />
  <dbo.Orders OrderID="10524" OrderDate="1997-05-01T00:00:00" />
  <dbo.Orders OrderID="10572" OrderDate="1997-06-18T00:00:00" />
  <dbo.Orders OrderID="10626" OrderDate="1997-08-11T00:00:00" />
  <dbo.Orders OrderID="10654" OrderDate="1997-09-02T00:00:00" />
  <dbo.Orders OrderID="10672" OrderDate="1997-09-17T00:00:00" />
  <dbo.Orders OrderID="10689" OrderDate="1997-10-01T00:00:00" />
  <dbo.Orders OrderID="10733" OrderDate="1997-11-07T00:00:00" />
  <dbo.Orders OrderID="10778" OrderDate="1997-12-16T00:00:00" />
  <dbo.Orders OrderID="10837" OrderDate="1998-01-16T00:00:00" />
  <dbo.Orders OrderID="10857" OrderDate="1998-01-28T00:00:00" />
  <dbo.Orders OrderID="10866" OrderDate="1998-02-03T00:00:00" />
  <dbo.Orders OrderID="10875" OrderDate="1998-02-06T00:00:00" />
  <dbo.Orders OrderID="10924" OrderDate="1998-03-04T00:00:00" />
</dbo.Customers>
```

图 4-6　For XML 查询

第 5 单元

练习 5-1　创建临时表

使用 SELECT INTO 语句可以把任何查询结果集放置到一个新表中，还可以把导入的数据填充到数据库的新表中。例如，需要从不同数据源中得到数据集，如果一开始先创建一个临时表，那么在该表上执行查询比在多表或多数据库中执行查询更简单。

本练习将使用 SELECT INTO 语句将 pubs 数据库 titles 表中的信息（包括 title_id,title,[type],price,advance,pubdate）保存到临时表“#畅销书”中。语句如下：

```
USE Pubs
 GO
SELECT stor_id,dbo.sales.title_id,title,[type],price,advance,pubdate
INTO #畅销书
FROM dbo.sales join dbo.titles
ON dbo.sales.title_id= dbo.titles.title_id
WHERE stor_id='8042'
select * from #畅销书
```

执行上述语句，可以看到，INTO 子句指定的临时表中仅包含了 titles 表中的信息，这是由 SELECT 语句的 WHERE 子句限制的。然后再使用 SELECT 查看临时表的内容，查询结构如图 5-1 所示。

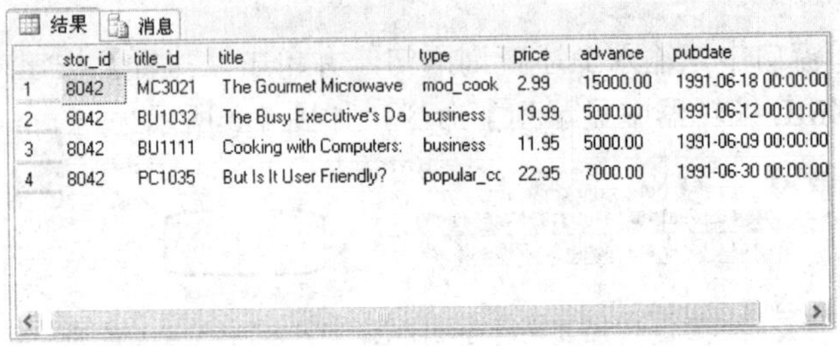

	stor_id	title_id	title	type	price	advance	pubdate
1	8042	MC3021	The Gourmet Microwave	mod_cook	2.99	15000.00	1991-06-18 00:00:00
2	8042	BU1032	The Busy Executive's Da	business	19.99	5000.00	1991-06-12 00:00:00
3	8042	BU1111	Cooking with Computers:	business	11.95	5000.00	1991-06-09 00:00:00
4	8042	PC1035	But Is It User Friendly?	popular_cc	22.95	7000.00	1991-06-30 00:00:00

图 5-1　查询结果

练习 5-2　更新人事管理记录

可使用 Transact-SQL 的 UPDATE 语句更改表中单行、行组或所有行的数据值。对于引用某个表的 UPDATE 语句，每次只能更改一个基表中的数据。在 UPDATE 子句中，必须指定将要更新的数据表的名称，WHERE 子句可以指定要搜索的条件，以限制只对满足条件的行进行更新。

本例基于人事管理数据库中的 Employee 表，将 ID 为 3 的员工修改为 Marry。UPDATE 更新语句如下：

```
USE 人事管理
GO
UPDATE dbo.Employee
SET employeeName='Marry'
WHERE employeeID=3

SELECT * FROM dbo.Employee
```

执行上述语句，在 Employee 表中，员工名为“王五”的姓名修改为 Marry，查询结果如图 5-2 所示。

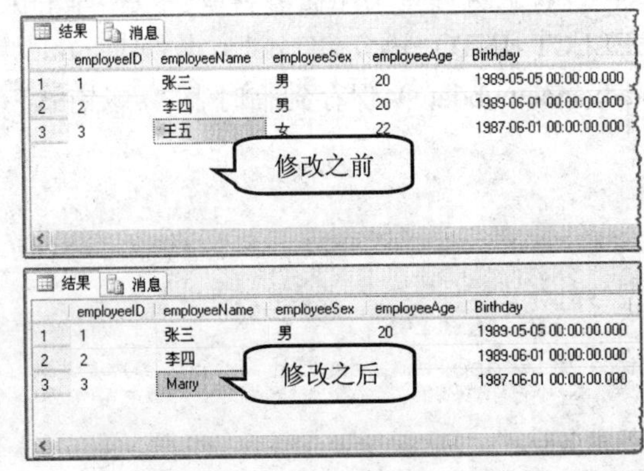

	employeeID	employeeName	employeeSex	employeeAge	Birthday
1	1	张三	男	20	1989-05-05 00:00:00.000
2	2	李四	男	20	1989-06-01 00:00:00.000
3	3	王五	女	22	1987-06-01 00:00:00.000

	employeeID	employeeName	employeeSex	employeeAge	Birthday
1	1	张三	男	20	1989-05-05 00:00:00.000
2	2	李四			1989-06-01 00:00:00.000
3	3	Marry			1987-06-01 00:00:00.000

图 5-2　修改表

练习 5-3 删除人事管理记录

删除记录有两种方法，可以使用 Transact-SQL 中的 DELETE 语句和 TRUNCATE TABLE 语句。其中后者提供了一种删除表中所有记录的快速方法，因为 TRUNCATE TABLE 语句不记录日志，只记录整个数据页的释放操作，而 DELETE 语句对每一行的修改都记录日志，所以 TRUNCATE TABLE 语句总比没有指定条件的 DELETE 语句快。

本例将在人事管理数据库中，删除所有的 Employee 记录，使用 TRUNCATE TABLE 语句如下：

```
USE 人事管理
GO
TRUNCATE  TABLE  dbo.Employee
--执行查询
SELECT * FROM dbo.Employee
```

执行上述语句后，通过 SELECT 语句查询结果，如图 5-3 所示。

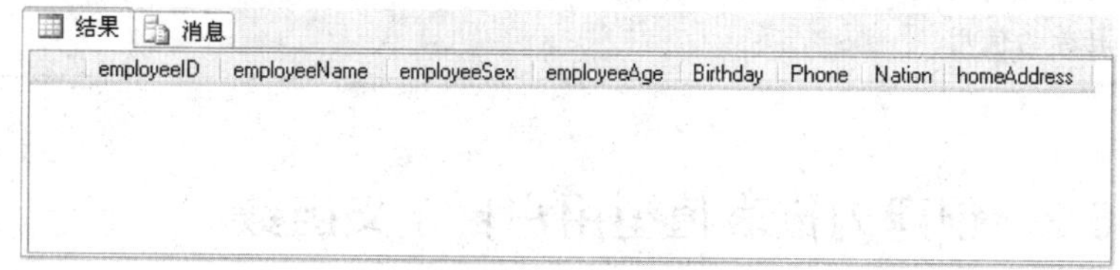

图 5-3 删除信息

第 6 单元

练习 6-1 使用 AND 和 OR 表达式的查询

在 WHERE 子句中，各种逻辑运算符可以组合使用，即 AND、OR 运算符可以同时使用。与使用算术运算符进行运算一样，使用逻辑运算符也存在运算的优先级问题。

本例将在 pubs 数据库中，查询 titles 表中出版编号为 1389 的商业类型图书（type='bussiness'）或价格大于 15 的图书信息，代码如下：

```
USE Pubs
GO
SELECT * FROM dbo.titles
WHERE (type='bussiness'AND pub_id='1389') OR price>15
```

执行结果如图 6-1 所示。

	title_id	title	type	pub_id	price	advance	royalty	ytd_sales	nc
1	BU1032	The Busy Exec...	business	1389	19.99	5000.00	10	4095	A
2	BU7832	Straight Talk Ab...	business	1389	19.99	5000.00	10	4095	A
3	MC2222	Silicon Valley G...	mod_cook	0877	19.99	0.00	12	2032	F
4	PC1035	But Is It User Fri...	popular_comp	1389	22.95	7000.00	16	8780	A
5	PC8888	Secrets of Silico...	popular_comp	1389	20.00	8000.00	10	4095	M
6	PS1372	Computer Phobi...	psychology	0877	21.59	7000.00	10	375	A
7	PS3333	Prolonged Data...	psychology	0736	19.99	2000.00	10	4072	W
8	TC3218	Onions, Leeks, ...	trad_cook	0877	20.95	7000.00	10	375	P

图 6-1　使用 AND 和 OR 的查询

注意

通过以上表达式可以看出，AND 运算符表示逻辑"与"的关系。当使用 AND 运算符组合两个逻辑表达式时，只有当两个表达式均为 True 时返回 True。而 OR 运算符实现逻辑"或"的运算关系。当使用 OR 运算符组合两个逻辑表达式时，只要其中一个表达式的条件为 TRUE，结果便返回 True。

OR 运算符的优先级低于 AND 运算符，即在 AND 运算符之后才对 OR 运算符求值，并且要注意括号的使用。

练习 6-2　创建内嵌表值型用户自定义函数

内联表值型函数以表的形式返回一个返回值，即它返回的是一个表。内联表值型函数没有由 BEGIN-END 语句括起来的函数体。其返回的表由一个位于 RETURN 子句中的 SELECT 命令段从数据库中筛选出来。

本练习将在 pubs 数据库中，使用 authors、titles 和 titleauthor 表，创建返回所有和某本书同名的作者信息的函数。代码如下：

```
USE pubs
GO
CREATE FUNCTION orderBook(@procuctid varchar(30))
RETURNS  table
AS
RETURN (SELECT authors.au_id,titleauthor.title_id,authors.au_lname,
authors.au_fname
FROM authors,titleauthor
WHERE titleauthor.au_id=authors.au_id
AND titleauthor.title_id IN(SELECT titles.title_id
FROM titleauthor ,titles
WHERE titleauthor.title_id=@procuctid
AND titleauthor.title_id=titles.title_id
))
Go
```

```
--调用
SELECT * FROM orderBook('BU1032')
```

运行该代码，即得到了正确的查询结果，如图 6-2 所示。

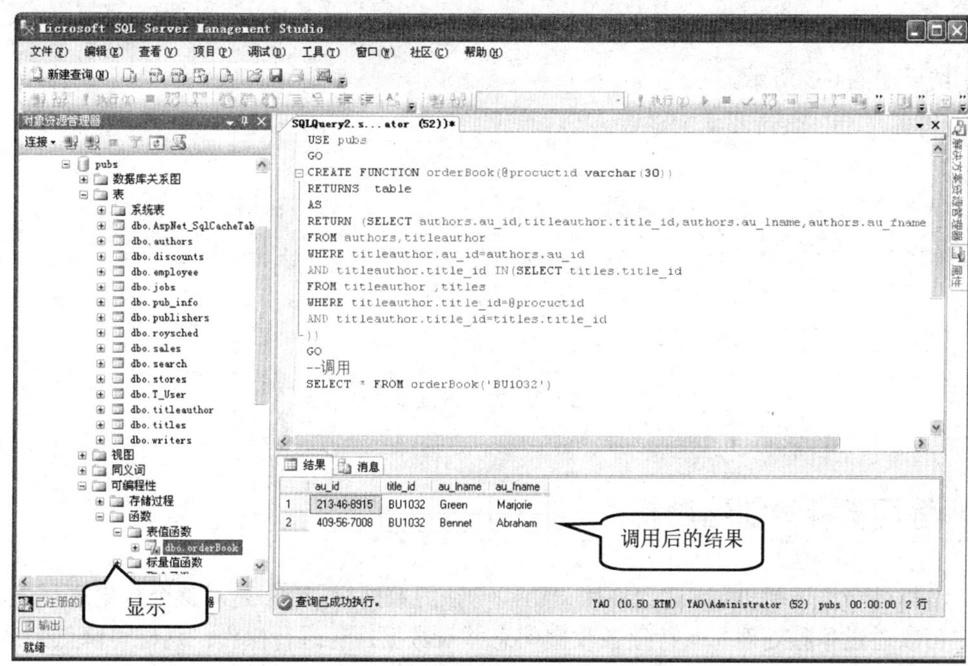

图 6-2　内嵌表值型用户自定义函数

在【对象资源管理器】窗口中展开【服务器】|【数据库】|pubs|【可编程性】|【函数】|【表值函数】节点，即可看到刚创建的自定义函数。

练习 6-3　打印九九乘法表

在 SQL Server 2008 的 Transact-SQL 中，流程控制语句就是指用来控制程序执行流程的语句，又被称为流控制语句或者控制流语句。

本练习主要使用 Transact-SQL 中循环控制结构打印九九乘法表，代码如下：

```
declare @i int,@j int
declare @MultiTable varchar(4000)
select @i=9,@j=1,@MultiTable=''
while @i>=1
begin
    set @j=@i
    while @j>=1
    begin
        select @MultiTable=convert(char(2),@j)+'* '+convert(char(2),
        @i)+'= '+convert(char(2),@i*@j)+''+@MultiTable
    set @j=@j-1
```

```
    end
set @MultiTable=char(13)+@MultiTable
set @i=@i-1
end
print @MultiTable
```

结果如图 6-3 所示。

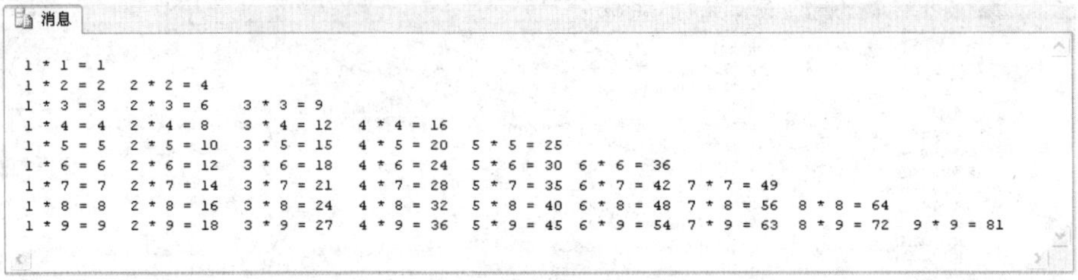

```
消息

1 * 1 = 1
1 * 2 = 2   2 * 2 = 4
1 * 3 = 3   2 * 3 = 6    3 * 3 = 9
1 * 4 = 4   2 * 4 = 8    3 * 4 = 12   4 * 4 = 16
1 * 5 = 5   2 * 5 = 10   3 * 5 = 15   4 * 5 = 20   5 * 5 = 25
1 * 6 = 6   2 * 6 = 12   3 * 6 = 18   4 * 6 = 24   5 * 6 = 30   6 * 6 = 36
1 * 7 = 7   2 * 7 = 14   3 * 7 = 21   4 * 7 = 28   5 * 7 = 35   6 * 7 = 42   7 * 7 = 49
1 * 8 = 8   2 * 8 = 16   3 * 8 = 24   4 * 8 = 32   5 * 8 = 40   6 * 8 = 48   7 * 8 = 56   8 * 8 = 64
1 * 9 = 9   2 * 9 = 18   3 * 9 = 27   4 * 9 = 36   5 * 9 = 45   6 * 9 = 54   7 * 9 = 63   8 * 9 = 72   9 * 9 = 81
```

图 6-3　九九乘法表

练习 6-4　创建游标

游标是一种访问机制，它允许用户访问单独的数据行，而不是对整个行集进行操作。用户可以通过单独处理每一行逐条收集信息并对数据逐行进行操作；这样可降低系统开销和潜在的阻隔情况。

本练习的目的是使读者掌握如何声明游标、打开游标、检索数据、关闭游标、释放游标。

1 声明游标。在 pubs 数据库中，声明一个名为“作者_CUR”的游标，该游标返回的结果为 authors 表中 state=CA 的员工的相关信息。

```
USE pubs
GO
DECLARE 作者_CUR CURSOR SCROLL
FOR
SELECT * FROM dbo.authors
WHERE state='CA'
```

2 打开游标。使用下述 OPEN 语句打开该游标：

```
OPEN 作者_CUR
```

3 检索返回的数据。开始从该游标的返回结果中检索数据。提取游标返回结果中的数据，使用下述语句实现：

```
FETCH FIRST FROM 作者_CUR
```

返回结果如图 6-4 所示。

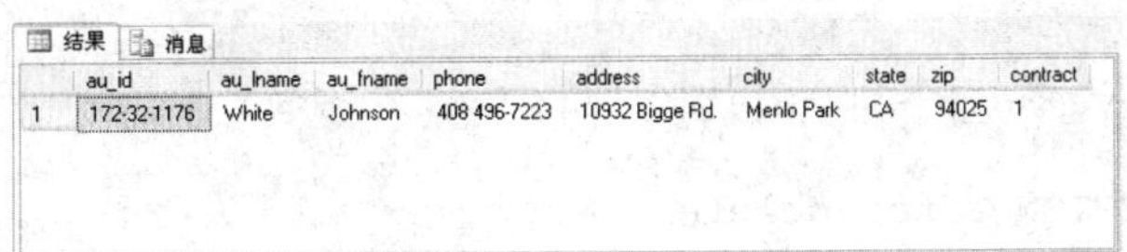

结果 消息

	au_id	au_lname	au_fname	phone	address	city	state	zip	contract
1	172-32-1176	White	Johnson	408 496-7223	10932 Bigge Rd.	Menlo Park	CA	94025	1

图 6-4　提取一行游标

然后执行下面的代码提取所有行：

```
WHILE @@FETCH_STATUS=0
BEGIN
FETCH NEXT FROM 作者_CUR
END
```

返回结果如图 6-5 所示。

结果 消息

	au_id	au_lname	au_fname	phone	address	city	state	zip	contract
1	213-46-8915	Green	Marjorie	415 986-7020	309 63rd St. #411	Oakland	CA	94618	1
1	238-95-7766	Carson	Cheryl	415 548-7723	589 Darwin Ln.	Berkeley	CA	94705	1
1	267-41-2394	O'Leary	Michael	408 286-2428	22 Cleveland Av. #14	San Jose	CA	95128	1
1	274-80-9391	Straight	Dean	415 834-2919	5420 College Av.	Oakland	CA	94609	1
1	409-56-7008	Bennet	Abraham	415 658-9932	6223 Bateman St.	Berkeley	CA	94705	1
1	427-17-2319	Dull	Ann	415 836-7128	3410 Blonde St.	Palo Alto	CA	94301	1
1	472-27-2349	Gringlesby	Burt	707 938-6445	PO Box 792	Covelo	CA	95428	1
1	486-29-1786	Locksley	Charlene	415 585-4620	18 Broadway Av.	San Francisco	CA	94130	1
1	672-71-3249	Yokomoto	Akiko	415 935-4228	3 Silver Ct.	Walnut Creek	CA	94595	1

图 6-5　提取所有行游标

4 关闭游标。

```
CLOSE 作者_CUR
```

5 释放游标。

```
DEALLOCATE 作者_CUR
```

练习 6-5　事务回滚

事务回滚是指当事务中的某一语句执行失败时，将对数据库的操作恢复到事务执行前或某一指定位置。如果要让事务回滚到指定位置，则需要在事务中设定保存点。

本练习将使用 pubs 数据库，查询“删除后勤部再将后勤部的职工划归到经理室”的记录。具体代码如下：

```
BEGIN TRANSACTION my_delete
USE Pubs
```

```
GO
UPDATE employee set emp_id='26'
WHERE job_id='10'
SAVE TRANSACTION after_delete
DELETE FROM dbo.jobs
WHERE job_id='10'
if @@ERROR !=0 or @@ROWCOUNT=0
BEGIN
 ROLLBACK TRAN after_delete/*回滚到保存点 after_delete
如果使用 rollback my_delete 则会回滚到事务开始前*/
 COMMIT TRAN
 print'更新员工信息表时产生错误'
 return
end
COMMIT TRANSACTION my_delete
go
```

说明

如果不指定回滚的事务名称或保存点，ROLLBACK TRANSACTION 命令会将事务回滚到事务执行前，如果事务是嵌套的则会回滚到最靠近的 BEGIN TRANSACTION 命令前。

执行上面的代码，结果如图 6-6 所示。

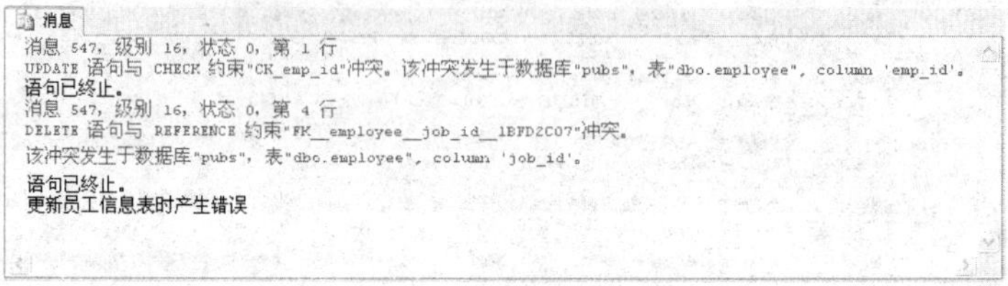

```
消息
消息 547，级别 16，状态 0，第 1 行
UPDATE 语句与 CHECK 约束"CK_emp_id"冲突。该冲突发生于数据库"pubs"，表"dbo.employee", column 'emp_id'。
语句已终止。
消息 547，级别 16，状态 0，第 4 行
DELETE 语句与 REFERENCE 约束"FK__employee__job_id__1BFD2C07"冲突。
该冲突发生于数据库"pubs"，表"dbo.employee", column 'job_id'。
语句已终止。
更新员工信息表时产生错误
```

图 6-6　事务回滚显示

第 7 单元

练习 7-1　创建表的索引

索引与书籍的目录或者标签的作用一样，用户在使用书籍时，能够通过目录迅速地找到所要查看的内容的页码，从而得到需要的信息。如果把数据库中的数据看作是书籍的内容，那么索引就是书籍的目录。索引是数据库中的表的关键字，它指向表中每一行的数据。当要查找指定的数据块时，索引可以作为一个逻辑指针指向它的物理位置。创建索引的操作步骤如下。

1 打开 Microsoft SQL Server Management Studio 窗口，右击 Students|student|【索引】节点，选择【新建索引】命令。

2 在【新建索引】窗口中，输入【索引名称】为“INDEX_学生姓名”，单击【添

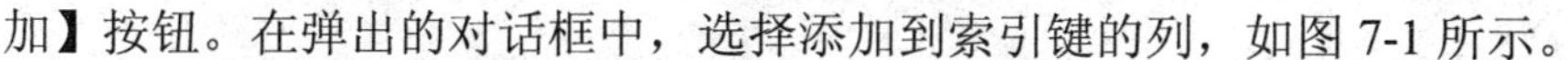

加】按钮。在弹出的对话框中，选择添加到索引键的列，如图 7-1 所示。

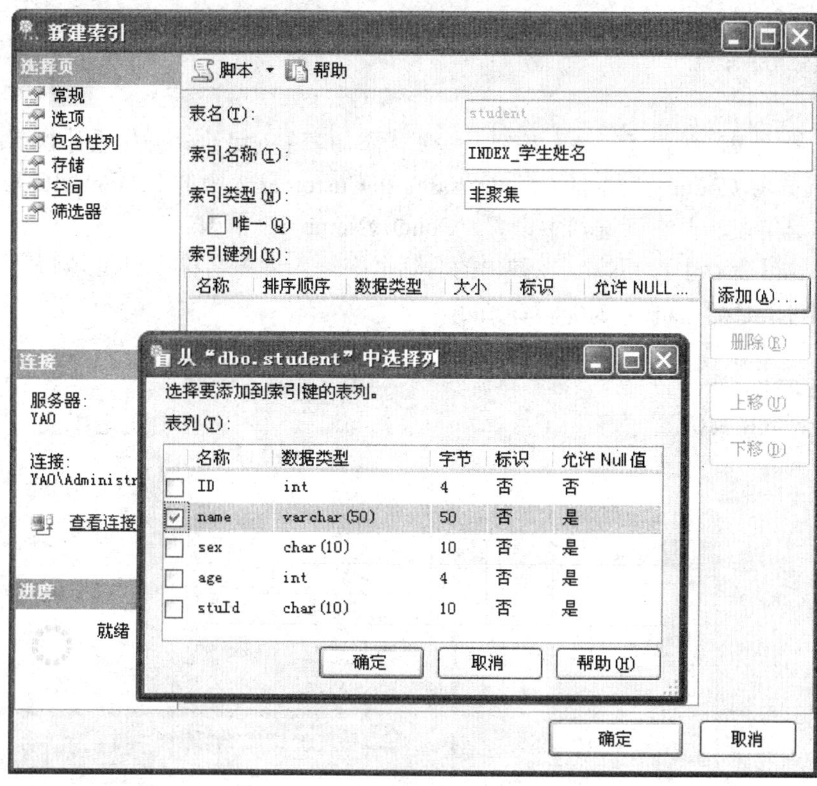

图 7-1 【常规】页面

3 单击【确定】按钮返回【常规】页面，配置其他选项后，单击【确定】按钮完成创建。

练习 7-2 创建并查询视图

在定义一个视图时，把其定义存放在数据库中，而不直接存储视图对应的数据，直到用户使用视图时才去查找对应的数据。在视图中被查询的表称为视图的基表。定义一个视图后，可以把它当作表来引用。在每次使用视图时，视图都是从基表提取所包含的行和列，用户再从中查询所需要的数据。

本次练习将创建查询顾客基本信息（Customer）和顾客居住城市（Country）的视图，操作步骤如下。

1 打开 Microsoft SQL Server Management Studio 窗口，在【对象资源管理器】窗口中，展开数据库 Hotel 节点，右击【视图】节点，在弹出的快捷菜单中选择【新建视图】命令。

2 打开【添加表】对话框，在【表】选项卡下选择 Customer 和 Country 表作为视图的基本表，如图 7-2 所示。

技巧

在添加多个表时，选择 Country 表，然后按住 Ctrl 键，选择 Customer 表，选择完成后，单击【添加】按钮。

3 选择完成后单击【添加】按钮，关闭【添加表】对话框，开始设计视图。在【视图】页面中，选择 Country 表中的 CountryName 和 Customer 表中的 CustomerID、Customer、CountryID 等字段，并在筛选器中设置“CountryName = ‘中国’”。

4 单击【保存】按钮，在弹出的对话框中输入视图名称“View_国家”，然后单击【确定】按钮保存视图，如图 7-3 所示。

图 7-2 添加基表

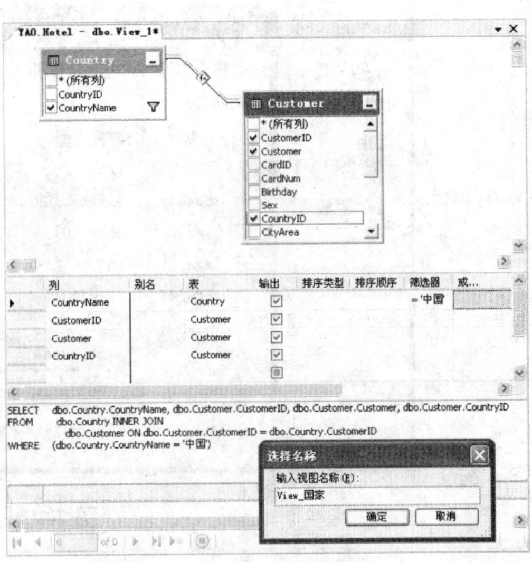

图 7-3 设计视图

5 查询视图，返回国家为“中国”地区的顾客信息，如图 7-4 所示。

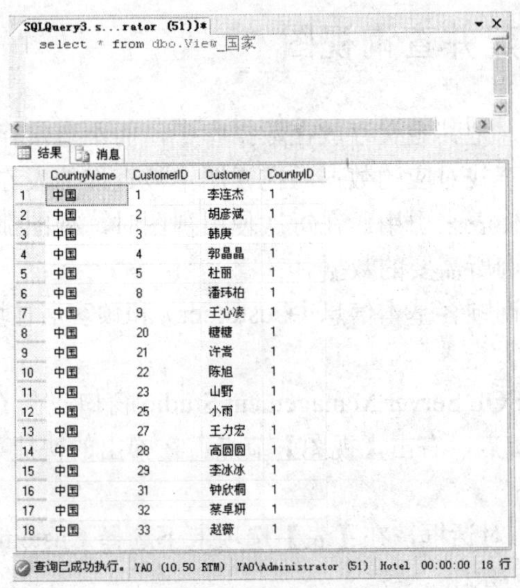

```
select * from dbo.View_国家
```

	CountryName	CustomerID	Customer	CountryID
1	中国	1	李连杰	1
2	中国	2	胡彦斌	1
3	中国	3	韩庚	1
4	中国	4	郭晶晶	1
5	中国	5	杜丽	1
6	中国	8	潘玮柏	1
7	中国	9	王心凌	1
8	中国	20	糖糖	1
9	中国	21	许嵩	1
10	中国	22	陈旭	1
11	中国	23	山野	1
12	中国	25	小雨	1
13	中国	27	王力宏	1
14	中国	28	高圆圆	1
15	中国	29	李冰冰	1
16	中国	31	钟欣桐	1
17	中国	32	蔡卓妍	1
18	中国	33	赵薇	1

查询已成功执行。 TAO (10.50 RTM) TAO\Administrator (51) Hotel 00:00:00 18 行

图 7-4 查询视图

练习 7-3　通过视图修改数据

本例将在 pubs 数据库中创建一个名为 all_authors1 的视图，然后用 ALTER VIEW 语句对这个视图进行修改。

在修改后的视图中使用中文表示视图中的列名，并强制通过该视图插入或修改数据时需满足 WHERE 子句所指定的条件。然后，通过 SELECT 语句查看结果并通过 DROP VIEW 语句删除该视图。

```
USE Pubs
GO
--创建视图
CREATE VIEW all_authors1
AS
 select au_fname,au_lname,[address],city,zip,phone
 from dbo.authors
 --查询视图
 select * from dbo.all_authors1
 --修改视图
 ALTER VIEW all_authors1(姓名,地址,城市,邮政编码,电话号码)
 AS
  select au_fname+SPACE(1)+au_lname,[address],city,zip,phone
  from dbo.authors
with check option
--删除视图
DROP VIEW dbo.all_authors1
```

使用 ALTER VIEW 语句时，可以在视图名称的后面的圆括号中添加列别名，也可以使用 WI TH CHECK OPTION 子句强制通过视图插入或修改数据，但需满足 WHERE 子句所指定的条件。

下面显示创建和修改后的视图，如图 7-5 所示。

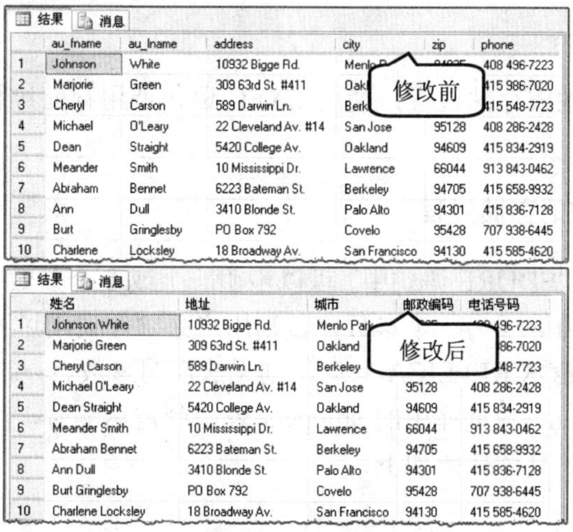

	au_fname	au_lname	address	city	zip	phone
1	Johnson	White	10932 Bigge Rd.	Menlo P[illegible]	[illegible]	408 496-7223
2	Marjorie	Green	309 63rd St. #411	Oak[illegible]	[illegible]	[illegible]15 986-7020
3	Cheryl	Carson	589 Darwin Ln.	Berk[illegible]	[illegible]	[illegible]15 548-7723
4	Michael	O'Leary	22 Cleveland Av. #14	San Jose	95128	408 286-2428
5	Dean	Straight	5420 College Av.	Oakland	94609	415 834-2919
6	Meander	Smith	10 Mississippi Dr.	Lawrence	66044	913 843-0462
7	Abraham	Bennet	6223 Bateman St.	Berkeley	94705	415 658-9932
8	Ann	Dull	3410 Blonde St.	Palo Alto	94301	415 836-7128
9	Burt	Gringlesby	PO Box 792	Covelo	95428	707 938-6445
10	Charlene	Locksley	18 Broadway Av.	San Francisco	94130	415 585-4620

	姓名	地址	城市	邮政编码	电话号码
1	Johnson White	10932 Bigge Rd.	Menlo Par[illegible]	[illegible]	[illegible]496-7223
2	Marjorie Green	309 63rd St. #411	Oakland	[illegible]	[illegible]86-7020
3	Cheryl Carson	589 Darwin Ln.	Berkeley	[illegible]	[illegible]48-7723
4	Michael O'Leary	22 Cleveland Av. #14	San Jose	95128	408 286-2428
5	Dean Straight	5420 College Av.	Oakland	94609	415 834-2919
6	Meander Smith	10 Mississippi Dr.	Lawrence	66044	913 843-0462
7	Abraham Bennet	6223 Bateman St.	Berkeley	94705	415 658-9932
8	Ann Dull	3410 Blonde St.	Palo Alto	94301	415 836-7128
9	Burt Gringlesby	PO Box 792	Covelo	95428	707 938-6445
10	Charlene Locksley	18 Broadway Av.	San Francisco	94130	415 585-4620

图 7-5　视图创建和视图修改

第 8 单元

练习 8-1　创建作者作品查询存储过程

在 SQL Server 2008 服务器上，创建作者作品查询存储过程，可以有效地封装重复性工作，不仅支持用户声明的变量、条件执行和其他强大的编程功能，还可以使用 EXECUTE 语句执行存储过程。

EXECUTE 语句也可以简写为 EXEC。如果将要执行的存储过程需要参数，应该在存储过程名称后面带上参数值。本次练习通过建立两种存储过程实例，让读者掌握存储过程的具体使用方法。

1．创建一个无参数的存储过程

在 pubs 数据库中，创建一个查询所有作者，以及他们的文章和出版社信息的存储过程，具体代码如下：


```
USE Pubs
GO
--创建存储过程
CREATE PROCEDURE proc_authorInfo
AS
SELECT au_lname,au_fname,title,pub_name
FROM dbo.authors,dbo.titles,dbo.publishers,dbo.titleauthor
WHERE dbo.authors.au_id=dbo.titleauthor.au_id
AND dbo.titles.title_id=dbo.titleauthor.title_id
AND dbo.titles.pub_id=dbo.publishers.pub_id
GO
--执行
EXEC proc_authorInfo
```

执行上面的语句生成存储过程，使用 EXEC 语句调用存储过程 proc_authorInfo，结果如图 8-1 所示。

2．创建带有参数的存储过程

在 CREATE PROCEDURE 语句中，可以声明一个或多个参数。除非定义了参数的默认值或者将参数设置为等于另一个参数，否则用户必须在调用过程时为每个声明的参数提供值，如果指定了 FOR REPLICATION，则无法声明参数。

下面根据 Northwind 数据库中的 shippers 表，制定运输号，查询该运输号的所有信息，来创建存储过程，具体代码如下：

```
USE Northwind
GO
```

```
--创建
CREATE PROCEDURE proc_In
@s_id int
AS
SELECT * FROM dbo.Shippers
WHERE ShipperID=@s_id
--执行
EXEC proc_In 1
```

使用 EXECUTE 语句调用存储过程 proc_In，需要为声明的运输号参数定义值，格式及结果如图 8-2 所示。

	au_lname	au_fname	title	pub_name
1	Green	Marjorie	The Busy Executive's Database Guide	Algodata Infosystems
2	Bennet	Abraham	The Busy Executive's Database Guide	Algodata Infosystems
3	O'Leary	Michael	Cooking with Computers: Surreptitious Balance Sh...	Algodata Infosystems
4	MacFeather	Stearns	Cooking with Computers: Surreptitious Balance Sh...	Algodata Infosystems
5	Green	Marjorie	You Can Combat Computer Stress!	New Moon Books
6	Straight	Dean	Straight Talk About Computers	Algodata Infosystems
7	del Castillo	Innes	Silicon Valley Gastronomic Treats	Binnet & Hardley
8	DeFrance	Michel	The Gourmet Microwave	Binnet & Hardley
9	Ringer	Anne	The Gourmet Microwave	Binnet & Hardley
10	Carson	Cheryl	But Is It User Friendly?	Algodata Infosystems
11	Dull	Ann	Secrets of Silicon Valley	Algodata Infosystems
12	Hunter	Sheryl	Secrets of Silicon Valley	Algodata Infosystems
13	Locksley	Charlene	Net Etiquette	Algodata Infosystems
14	MacFeather	Stearns	Computer Phobic AND Non-Phobic Individuals: Be...	Binnet & Hardley
15	Karsen	Livia	Computer Phobic AND Non-Phobic Individuals: Be...	Binnet & Hardley
16	Ringer	Anne	Is Anger the Enemy?	New Moon Books
17	Ringer	Albert	Is Anger the Enemy?	New Moon Books
18	Ringer	Albert	Life Without Fear	New Moon Books
19	White	Johnson	Prolonged Data Deprivation: Four Case Studies	New Moon Books
20	Locksley	Charlene	Emotional Security: A New Algorithm	New Moon Books
21	Panteley	Sylvia	Onions, Leeks, and Garlic: Cooking Secrets of the ...	Binnet & Hardley

图 8-1　无参数存储过程的执行结果

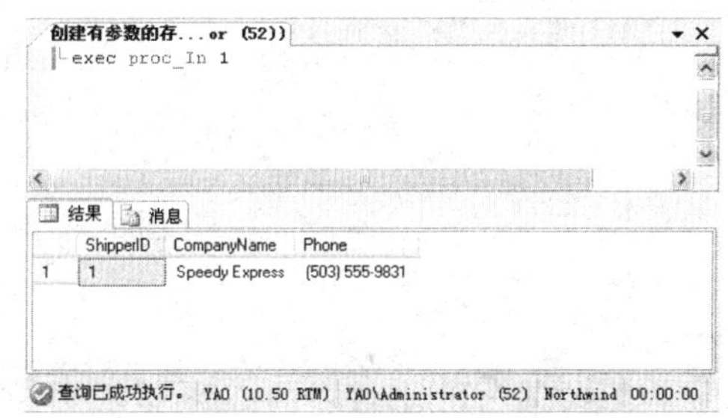

	ShipperID	CompanyName	Phone
1	1	Speedy Express	(503) 555-9831

图 8-2　带运输号参数存储过程的执行结果

387

练习 8-2　创建更新价格的存储过程

存储过程除了查看功能外，还可以执行插入、修改、删除等一系列操作。当声明的参数不止一个时，在声明和执行赋值时一定要在各个参数间用“,”分隔开，否则将产生错误信息。

本练习将在 Hotel 数据库中，创建一个更新房间价格的存储过程，具体代码如下：

```
use Hotel
go
CREATE PROC pro_更新价格
@type NVARCHAR(10),
@price NVARCHAR(20)
AS
 UPDATE Room_type SET Price=@price
 WHERE Room_type=@type
```

执行存储过程，并查看修改后的【房间类型信息】表：

```
EXEC pro_更新价格
@type='总统套间',
@price='1200'
SELECT * FROM Room_type WHERE Room_type='总统套间'
```

房间类型为总统套房的价格已经成功改变，如图 8-3 所示。

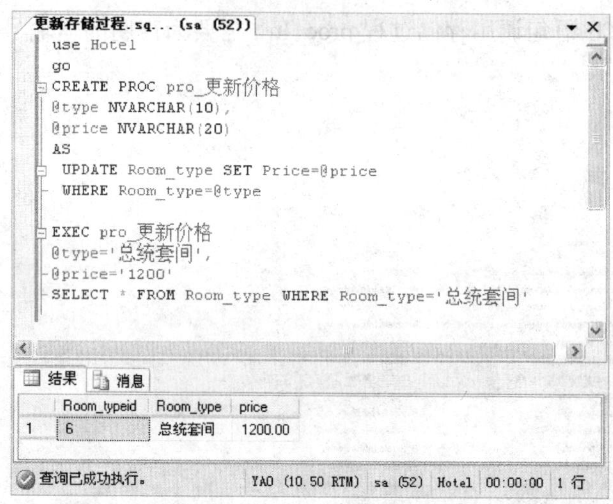

图 8-3　更新价格的存储过程

练习 8-3　创建分页存储过程

计算机在运行程序时绝大部分是在同一页内进行的，改变的只是偏移地址；所以通过分页机制，实现虚拟内存管理，既可以让程序在比实际物理内存大得多的空间内运行，又可以实现保护模式，还可以减少改变地址的数位，加快数据的读取。

本练习将在 pubs 数据库中创建分页存储过程，具体代码如下：

```
CREATE PROC procPager
@pageSize int,--页大小
@currPage int,-- 当前页
@tableName varchar(20),--表的名称
@keyName varchar(20)--主键
AS
BEGIN
    DECLARE @pass int
    DECLARE @sql varchar(500)
    set @pass=(@currPage-1)*@pageSize
    set @sql='select top '+cast(@pageSize as varchar)+ ' * from '+
    @tableName+' where '+@keyName+' not in (select top '+ cast(@pass
    as varchar)+' '+@keyName+' from '+@tableName+')'
```

```
    exec(@sql)
END

--执行
EXEC procPager 3,1,'jobs','job_id'
```

其中@pass变量表示跳过的页数；@sql变量表示执行的查询语句，然后，在查询语句中，通过使用CASE关键字，将数值类型转换成字符串类型进行拼接。

使用EXECUTE语句调用存储过程procPager，需要为声明的页大小、当前页、表的名称、主键参数定义值，格式及结果如图8-4所示。

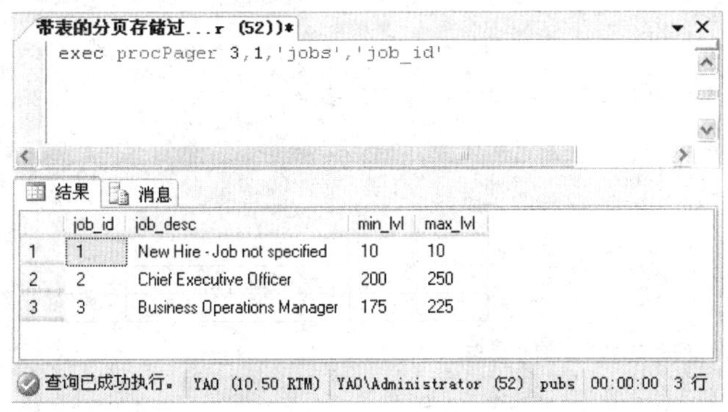

图 8-4　带参数的分页存储过程的执行结果

技巧

在【存储过程】列表中右击一个存储过程选择【执行存储过程】命令执行。

练习 8-4　创建触发器

执行INSERT语句时，会调用触发器。INSERT触发器可以用来修改，甚至拒绝接受正插入的记录。INSERT触发器甚至可以用来级联对数据库中的其他表的修改操作。

本练习将通过建立一个INSERT触发器“insert_BookBorrow_trigger”，当有人借书的时候，在school数据库的BookBorrow表中会插入一条借书信息记录。同时，更新BookRegister表中的图书注册信息，使用户掌握INSERT类型触发器的具体方法和步骤。具体代码如下：

```
USE school
GO
CREATE TRIGGER insert_BookBorrow_trigger
ON dbo.BookBorrow
FOR INSERT
AS
PRINT '禁止向BookBorrow表中插入数据'
```

```
ROLLBACK

--测试触发器
INSERT  INTO  dbo.BookBorrow(BookName,BorrowPeople,BorrowDate)
VALUES('幸福是什么','小红','2011-5-1')
```

创建触发器后，执行测试触发器的代码，查询结果如图 8-5 所示。

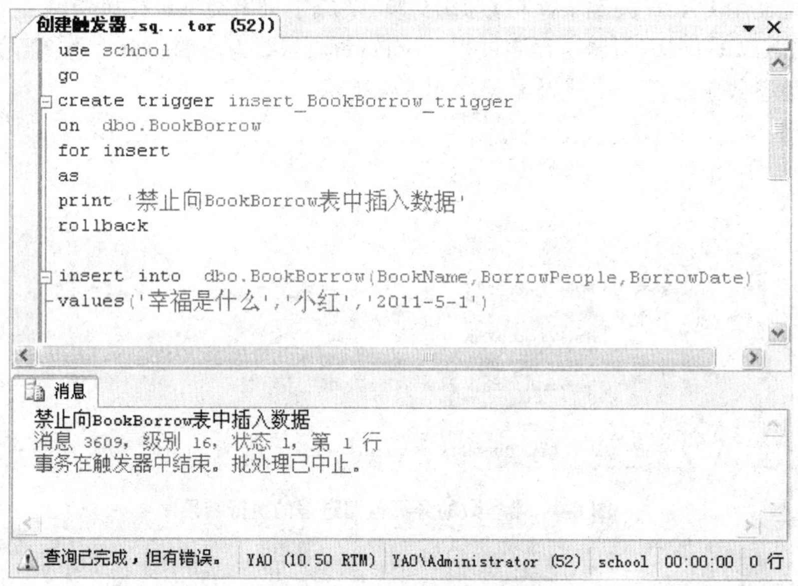

```
use school
go
create trigger insert_BookBorrow_trigger
on  dbo.BookBorrow
for insert
as
print '禁止向BookBorrow表中插入数据'
rollback

insert  into  dbo.BookBorrow(BookName,BorrowPeople,BorrowDate)
values('幸福是什么','小红','2011-5-1')
```


图 8-5　创建触发器的结果显示

执行结果显示“禁止向 BookBorrow 表中插入数据”，要想插入数据，先将刚建立的触发器删除，然后，再添加数据。具体代码如下：

```
--删除触发器
DROP TRIGGER insert_BookBorrow_trigger

--添加数据
INSERT  INTO  dbo.BookBorrow
VALUES('SQL server','陈东','2011-4-1',1,'哦哦','2011-4-3','操作员 1','不得
有损')

--查询
SELECT * FROM dbo.BookBorrow
```

执行以上代码，查询结果如图 8-6 所示。

练习 8-5　修改触发器

使用 IF UPDATE 语句定义一个监视者指定列的数据更新的触发器，就可以让触发器容易地隔离出特定列的活动。当它检测到指定列已经更新时，触发器就会进一步执行适

当的动作。

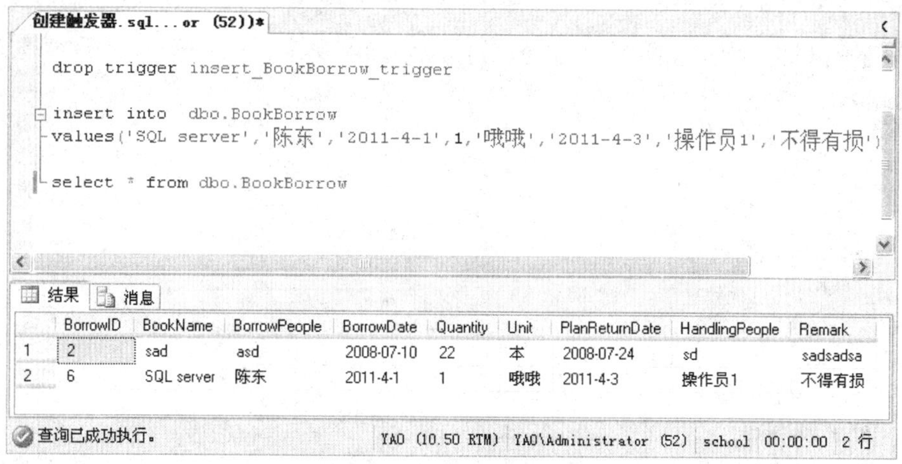

图 8-6　删除触发器

本次练习将创建一个 UPDATE 触发器，目的是让用户熟悉 UPDATE 触发器、了解 INSERTED 和 DELETED 两个临时表的具体用法。

1 创建一个“update_student_trigger”触发器，当 student 表中的姓名或年龄被修改时，将会进行触发器的判断是否可以进行修改，然后，获得改变后的名称，具体代码如下：

```
USE Students
GO
--触发器的修改
CREATE TRIGGER update_student_trigger
ON dbo.student
FOR UPDATE
AS
  IF(update(name)or update(sex))
  BEGIN
    PRINT'事务不能被处理，信息无法修改'
    ROLLBACK
  END
  ELSE
    PRINT '修改成功'
```

2 更改学生编号为 1 的学生名称为 zhangsan，代码如下：

```
UPDATE dbo.student SET name='zhangsan'
WHERE ID=1
```

3 执行以上代码，结果如图 8-7 所示。

4 在创建触发器的情况下，还可以更改其他条件，如更改学生编号为 1 的学生的年龄为 25，代码如下：

```
UPDATE dbo.student SET age='25'
WHERE ID=1
```

5 执行以上代码，显示修改成功，结果如图 8-8 所示。

图 8-7 触发器的修改效果显示

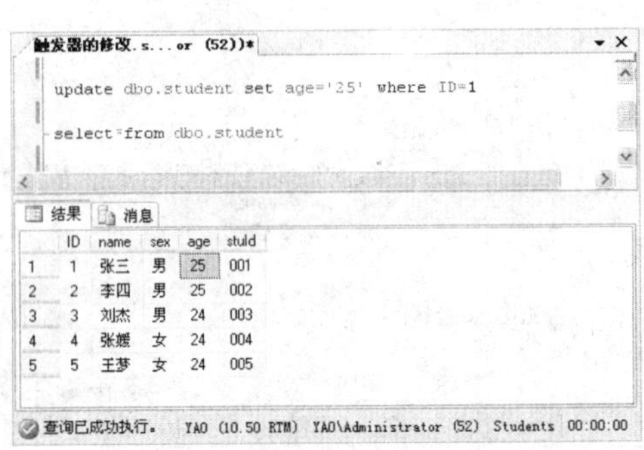

图 8-8 在触发器中修改其他字段

练习 8-6 嵌套触发器

由于触发器在事务中执行，如果在一组嵌套触发器的任意层中发生错误，则整个事务都将取消，且所有的数据修改都将回滚。在触发器中包含 PRINT 语句可以确定错误发生的位置。

本练习将在 Hotel 数据库中，删除 Pay 表中的某个客户的订房信息，这样就触发了“delete_Pay_trigger”触发器，形成了嵌套。新建一个删除客户的触发器“delete_Customer_trigger”的代码如下：

```
USE Hotel
GO
CREATE TRIGGER delete_Customer_trigger
ON dbo.Customer
AFTER DELETE
AS
BEGIN
 DELETE  FROM  dbo.Pay
 WHERE CustomerId IN (SELECT CustomerID FROM DELETED)
END
```

先查询客户名称为李连杰的房间号：

```
SELECT Room_id FROM dbo.Pay
WHERE CustomerId IN(SELECT  CustomerId FROM dbo.Customer
WHERE Customer='李连杰')
```

结果如图 8-9 所示。

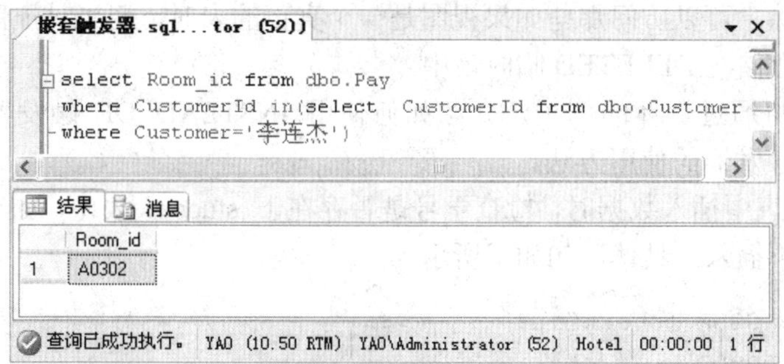

图 8-9　嵌套查询

下面删除一个客户信息：

```
DELETE FROM dbo.Customer WHERE Customer='李连杰'
```

然后用 SELECT 从 Customer 表和 Pay 表查询房间号为“A0302”的相关信息：

```
SELECT * FROM dbo.Customer WHERE Room_id='A0302'
SELECT * FROM dbo.Pay WHERE Room_id='A0302'
```


结果如图 8-10 所示。

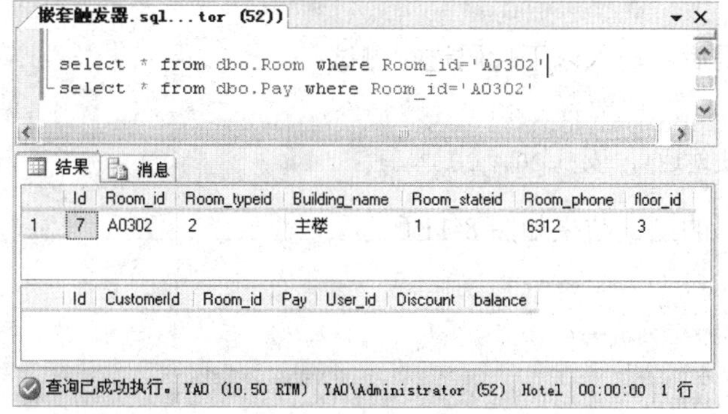

图 8-10　查询房间编号为 A0302 的信息

> **注 意**
>
> 从结果中可以看出，两个表中已经不存在房间号为“A0302”的订房信息，说明 DELETE 操作已经成功触发“delete_Customer_trigger”触发器，清除 Customer 表的相应房间信息，同时激活“delete_Pay_trigger”触发器，清除 Pay 表的相应房间信息。

练习 8-7　使用 INSTEAD OF 触发器

INSTEAD OF 触发器被用于更新那些没有办法通过正常方式更新的视图。通常不能在一个基于连接的视图上进行 DELETE 操作，可以编写一个 INSTEAD OF DELETE 触发器来实现删除。可以访问那些如果视图是一个真正的表时，已经被删除的数据行，它将把删除的行存储在 DELETED 临时表中。

本次练习将通过具体的例子，介绍如何使用 INSTEAD OF 触发器，使用户掌握 INSTEAD OF 触发器的使用方法。

向 student 表中插入数据时，检查学号是否存在于 student 表中，如存在则进行插入操作，否则就不插入，具体语句如下所示：

```
CREATE TRIGGER [checkid]
ON dbo.student
INSTEAD OF insert
AS
IF NOT EXISTS(SELECT * FROM dbo.student WHERE ID=(SELECT ID FROM INSERTED))
  BEGIN
    ROLLBACK TRANSACTION
    PRINT '要处理记录的学号不存在！'
  END
ELSE
  BEGIN
    INSERT INTO dbo.student select * from inserted
    PRINT '已经成功处理记录！'
  END
```


执行以上代码后，输入以下代码进行测试：

```
INSERT INTO dbo.student
VALUES(6,'史琳达','女',20,'006')
```

执行以上代码的测试结果如图 8-11 所示。

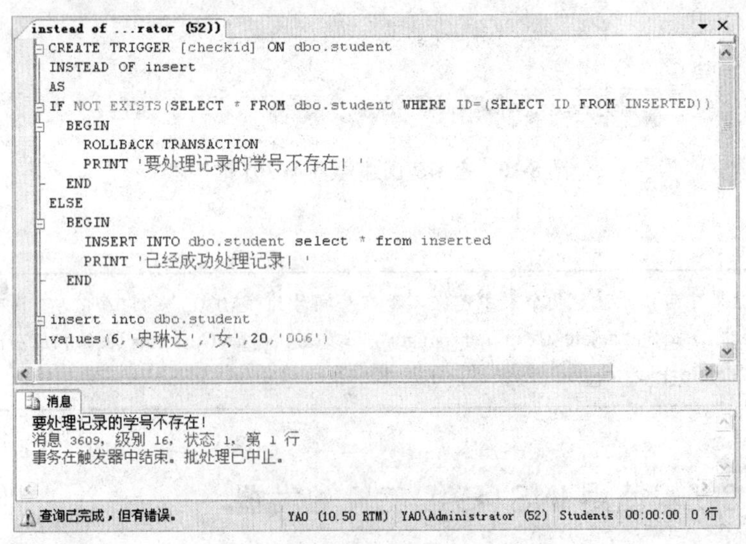

图 8-11 INSTEAD OF 触发器

然后，输入以下测试及查询代码，结果如图 8-12 所示。

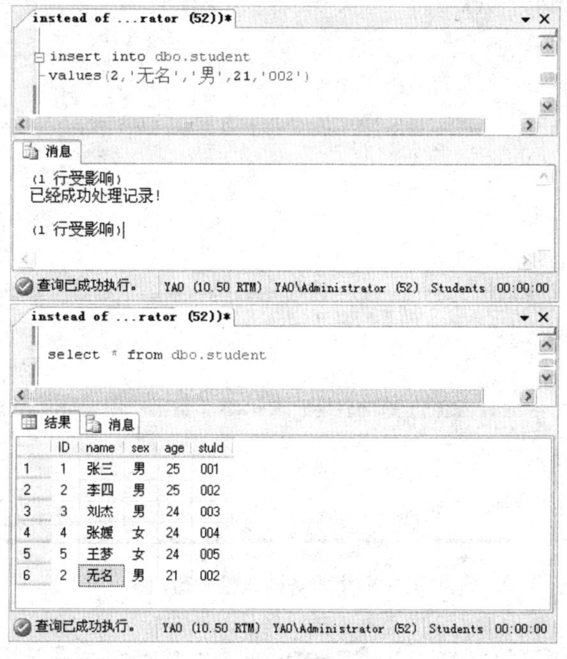

图 8-12 测试结果

第 9 单元

练习 9-1 SQL Server 2008 的登录认证

在第一次安装 SQL Server 2008 或者使用 SQL Server 2008 连接其他服务器时，需要登录验证。具体操作步骤如下。

1 在 SQL Server Management Studio 窗口中，选择一种身份验证模式建立与服务器的连接。

2 在【对象资源管理器】窗口中，右击服务器名称，选择【属性】命令，打开【服务器属性】窗口，如图 9-1 所示。

> **技巧**
>
> 在默认打开的【常规】选项卡中，显示了 SQL Server 2008 服务器的常规信息，其中包括有：服务器的名称、SQL Server 2008 的版本、操作系统版本、运行平台、默认语言，以及内存和 CPU 等。

3 在左侧的【选择页】列表中，选择【安全性】选项，在【安全性】页面中，设置身份验证模式，并单击【确定】按钮，如图 9-2 所示。

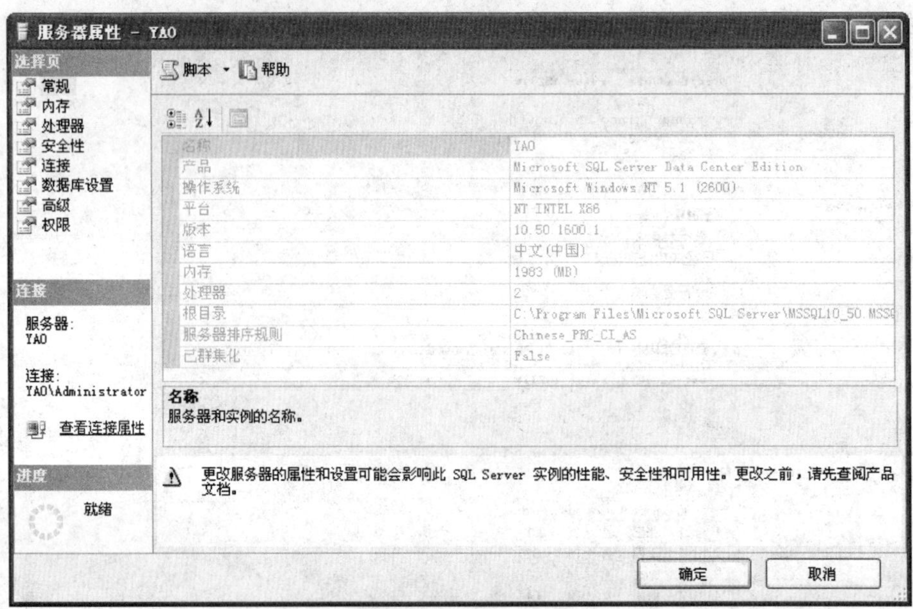

图 9-1 【服务器属性】窗口

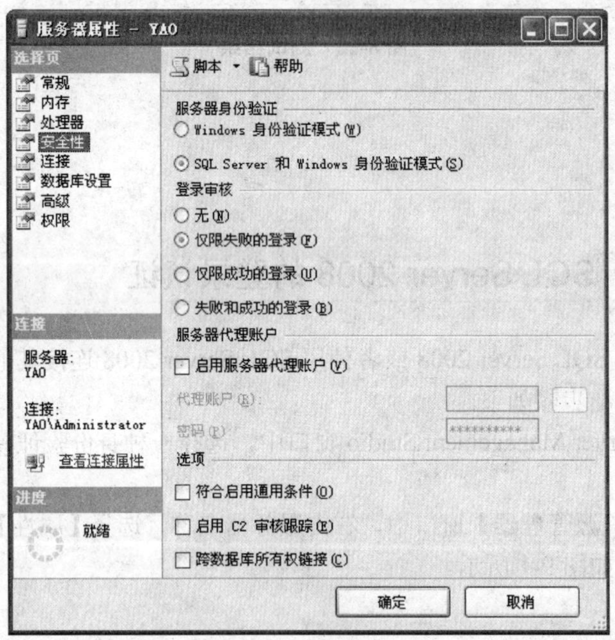

图 9-2 【安全性】页面

通过单选按钮来选择使用的 SQL Server 2008 服务器身份验证模式。不管使用哪种验证模式，都可以通过审核来跟踪访问 SQL Server 2008 的用户，默认时仅审核失败的登录。

练习 9-2 创建登录名

在安装 SQL Server 2008 时，已经设置了一些内置的登录名，由于这些登录名都具有特殊的含义和作用，因此通常不应该将这些登录名分配给普通用户使用，而是创建一些适用于用户权限的登录名。本节将会创建两个标准登录，以供后面使用。操作步骤如下。

1 打开 SQL Server Management Studio 窗口，展开【服务器】节点，然后展开【安全性】节点。

2 右击【登录名】节点，选择【新建登录名】命令，将打开【登录名-新建】窗口。然后在【登录名】文本框中输入 123，如图 9-3 所示。

3 在下方启用【SQL Server 身份验证】单选按钮，并输入登录名密码及确认密码，这里注意密码区分大小写。

4 在【默认数据库】下拉列表中，设置使用 123 会进入 Northwind 数据库。再根据需要设置其他选项，或者保持默认值，如图 9-4 所示。

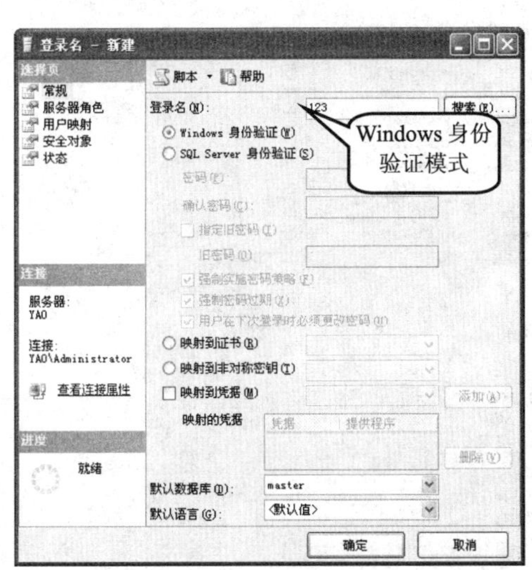

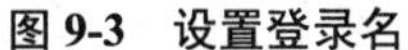
图 9-3 设置登录名

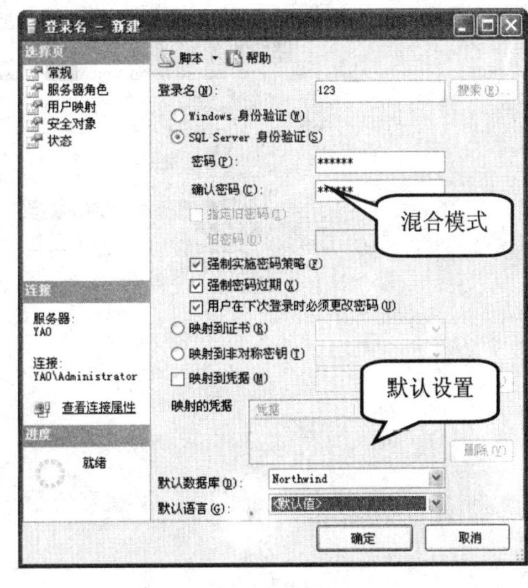

图 9-4 设置身份验证与数据库

5 选择【用户映射】选项，打开【用户映射】页面，启用 pubs 数据库前的复选框，并设置其他选项。然后单击【确定】按钮完成新登录名的创建，如图 9-5 所示。

6 为了测试创建的登录名是否成功，下面用新的登录名 123 来进行测试。在 SQL Server Management Studio 中，单击【新建查询】按钮，将打开【连接到服务器】对话框。

7 在【身份验证】下拉列表中，选择【SQL Server 身份验证】选项，在【登录名】文本框中输入 123，在【密码】文本框输入前面设置的密码，如图 9-6 所示。

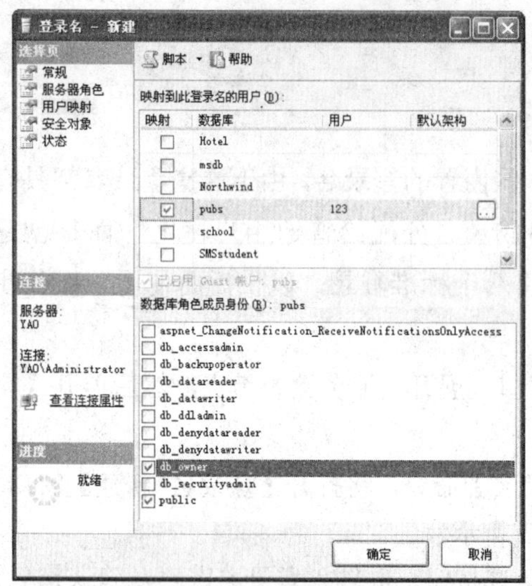

图 9-5 【用户映射】页面

图 9-6 【连接到服务器】对话框

8 单击【连接】按钮，连接成功后，将在【对象资源管理器】窗口中看到两个名称为 YAO 的服务器，并且，在右侧显示 pubs 数据库中的 writers 表，如图 9-7 所示。

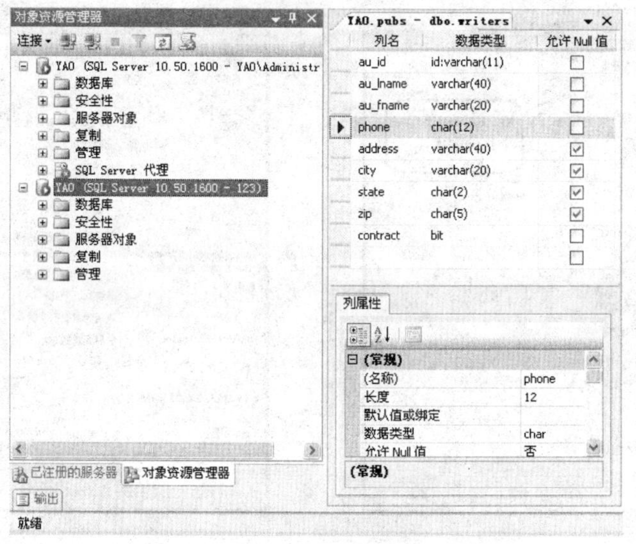

图 9-7 登录成功

练习 9-3 创建 Windows 登录

在创建 Windows 登录之前，必须先确认登录映射到的项。通常情况下，应该映射到已创建的 Windows 组。对于数据库 Hotel，内部有 10 人或者更多人要访问这个数据库，那么就会有 10 个需要管理的登录。但是如果将这 10 人创建一个 Windows 组，并将一个 SQL Server 登录映射到这个组上，那么就可以只管理一个 SQL Server 登录。具体操作步骤如下。

1 单击【开始】按钮，打开【控制面板】窗口，双击【管理工具】图标，将弹出【管理工具】窗口。在该窗口中，双击【计算机管理】图标，如图 9-8 所示。

2 在弹出的【计算机管理】窗口中，展开【本地用户和组】节点，右击【用户】节点，选择【新用户】命令。然后，从弹出的【新用户】对话框中，输入要创建 Windows 用户的信息，设置完成后，单击【创建】按钮，如图 9-9 所示。

图 9-8 【控制面板】窗口

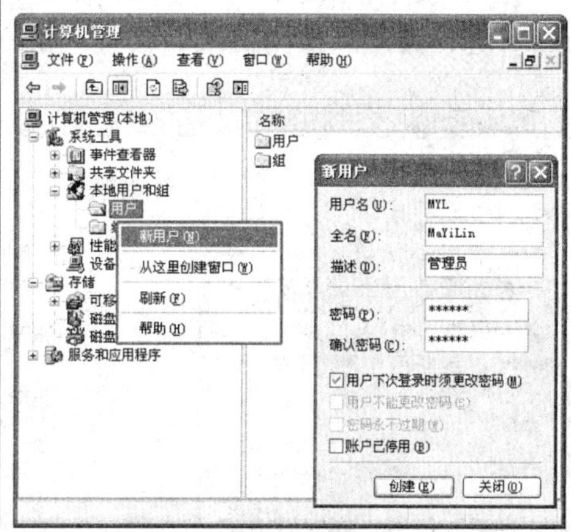

图 9-9 【新用户】对话框

3 按照相同的方法，再创建其他的 Windows 用户。创建用户完成后，右击【组】节点，从弹出的菜单中选择【新建组】命令。将弹出【新建组】对话框，在【组名】文本框中输入“部门主管”，【描述】文本框中输入对组的说明描述，并单击【添加】按钮，如图 9-10 所示。

4 将弹出【选择用户】对话框，单击【高级】按钮，如图 9-11 所示。

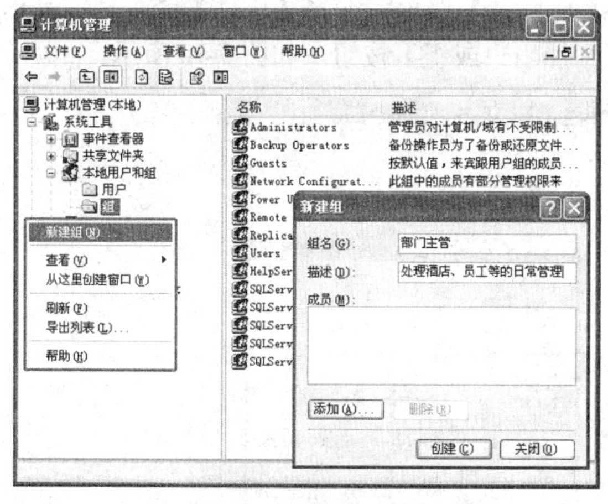

图 9-10 【新建组】对话框

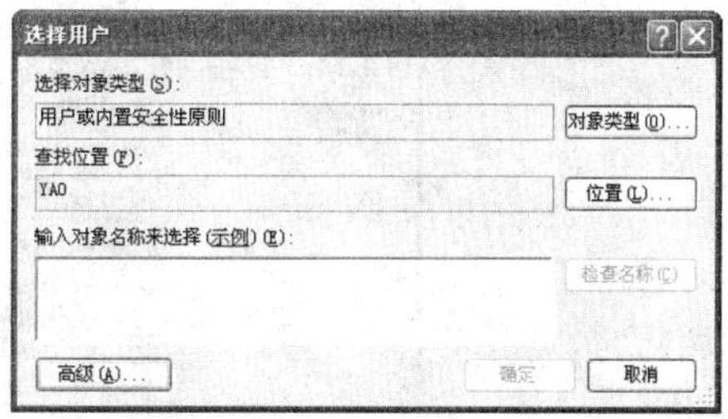

图 9-11 【选择用户】对话框

5 单击【立即查找】按钮，将显示创建的用户，选择新建的用户名称，单击【确定】按钮，选择的用户名称将添加到【新建组】的【成员】列表中，单击【创建】按钮，并关闭对话框，如图 9-12 所示。

试一试

当打开或重启计算机之后，会显示创建的用户名称，并进行选择，然后进入计算机系统，进行操作。

6 在【管理工具】窗口中双击【本地安全设置】图标，然后展开【本地策略】节点，并选择【用户权利指派】选项，如图 9-13 所示。

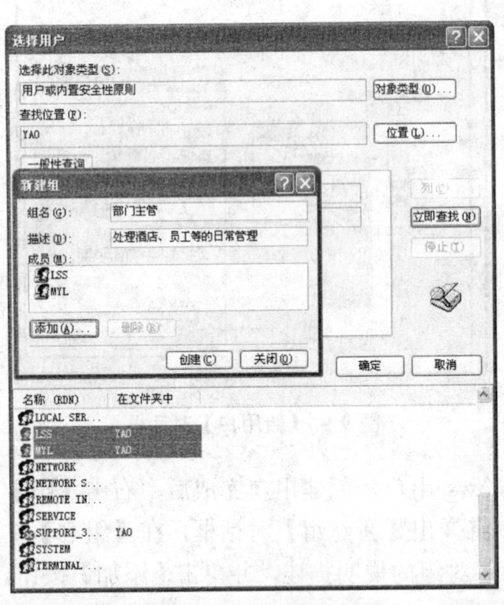

图 9-12 查找并添加用户

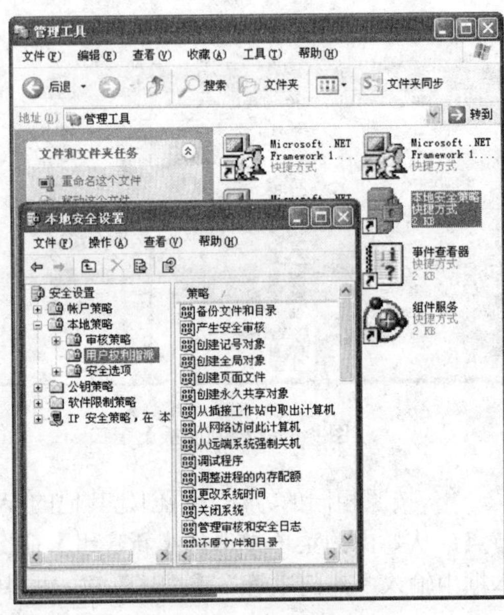

图 9-13 设置本地策略

7 从显示的右边窗格中，右击【在本地登录】选项，选择【属性】命令，将弹出【在本地登录 属性】对话框，然后单击【添加用户或组】按钮，如图 9-14 所示。

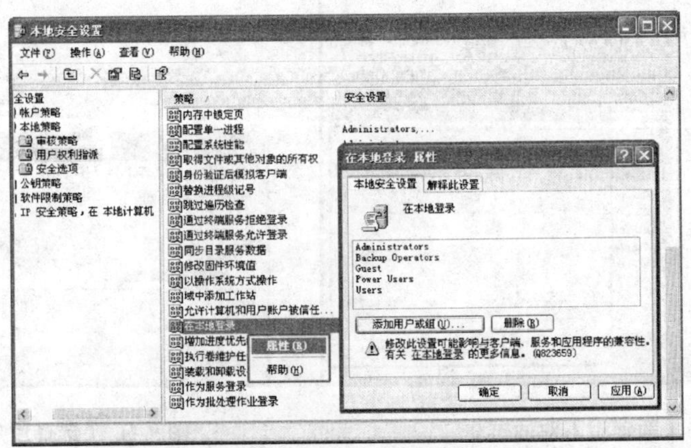

图 9-14 【在本地登录 属性】对话框

8 将弹出【选择用户或组】对话框，单击【对象类型】按钮，在弹出的【对象类型】对话框中，启用【组】复选框，然后单击【确定】按钮，如图 9-15 所示。

9 单击【高级】按钮，在【选择用户或组】对话框中，再单击【立即查找】按钮，将显示创建的用户或组，选择新建的组名称，单击【确定】按钮。选择的组名称将添加到【在本地登录 属性】对话框中，单击【确定】按钮，把刚创建的【部门主管】组添加完毕，并关闭【本地安全设置】窗口，如图 9-16 所示。

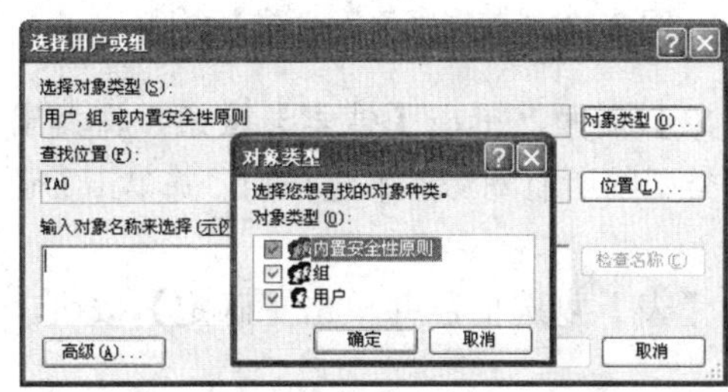

图 9-15 【对象类型】对话框

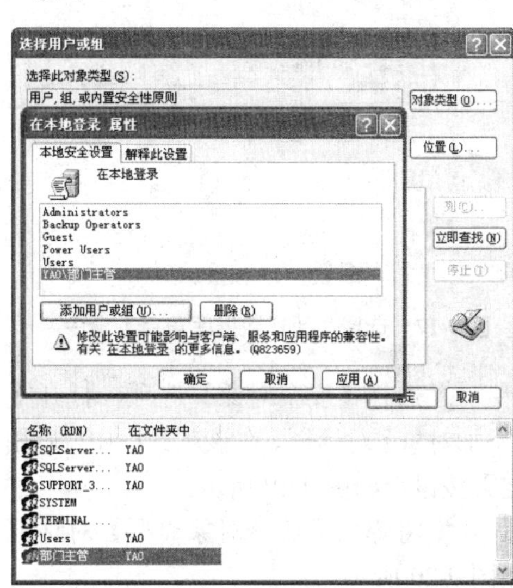

图 9-16 查找并添加组

练习 9-4 用户自定义角色

在创建数据库角色时，先给该角色指派权限，然后将用户指派给该角色。这样，用户将继承给这个角色指派的任何权限。这不同于固定数据库角色，因为在固定角色中不需要指派权限，只需要添加用户。操作步骤如下。

1 打开 SQL Server Management Studio 窗口，在【对象资源管理器】窗口中展开【数据库】节点，然后再展开 Hotel 数据库节点。

2 展开【安全性】节点，然后展开【角色】节点，右击【角色】节点，从弹出的菜单中选择【新建】|【新建数据库角色】命令，如图 9-17 所示。

3 在弹出的【数据库角色-新建】窗口中，输入【角色名称】为 MyRole;【所有者】为 dbo，单击【添加】按钮。把 123 添加到【此角色的成员】列表中，如图 9-18 所示。

提示

选择的数据库用户或角色 123，是在创建登录名 123 时，选择【用户映射】选项，在【映射到此登录名的用户】列表中，选择映射的数据库，如果没有设置，那么在对数据库设置数据库角色时，就会查找不到该用户。

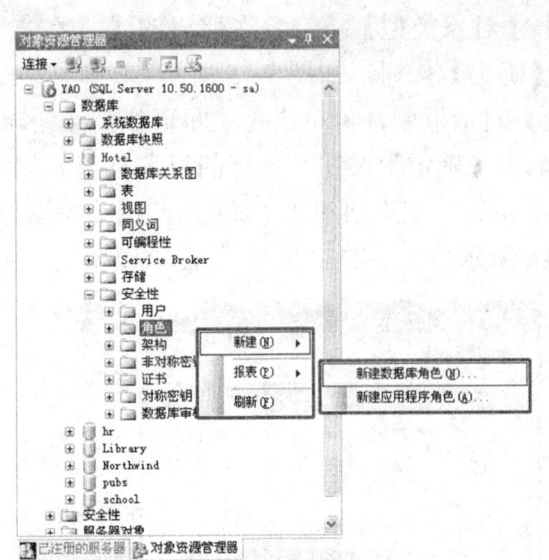

图 9-17　选择【新建数据库角色】命令

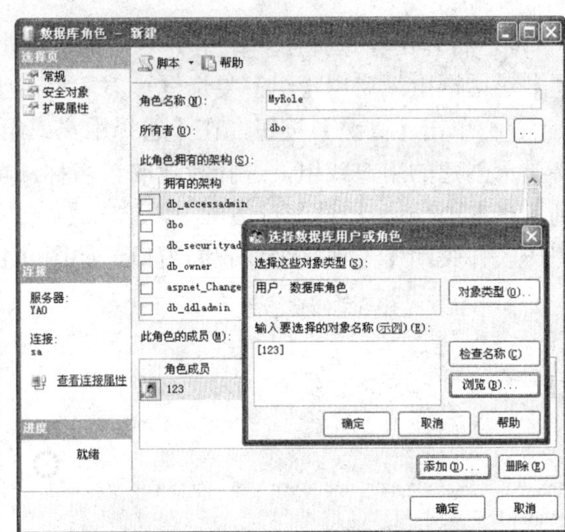

图 9-18　【数据库角色-新建】窗口

4 选择【安全对象】选项，打开【安全对象】页面，单击【搜索】按钮，将弹出【添加对象】对话框。在该对话框中，启用“特定类型的所有对象”单选按钮，并单击【确定】按钮，如图 9-19 所示。

5 将弹出【选择对象类型】对话框，启用【表】复选框，并单击【确定】按钮，如图 9-20 所示。

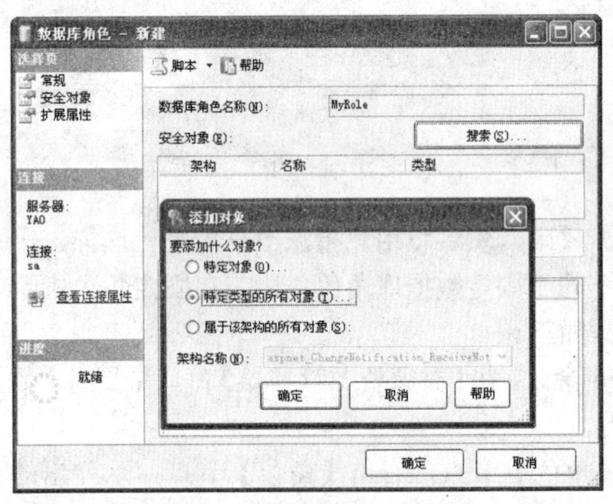

图 9-19　【添加对象】对话框

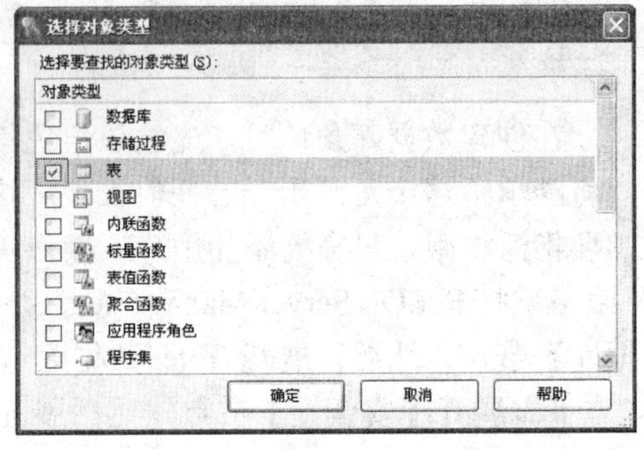

图 9-20　【选择对象类型】对话框

6 在【安全对象】列表中，选择 Customer 数据库，启用【控制】后面的【授予】复选框。然后，选择 Room 数据库，启用【选择】后面的【授予】复选框，如图 9-21 所示。

7 在【安全对象】列表中选择 Room 表，单击【列权限】按钮，在弹出的【列权限】对话框中，设置列名为 Building_name、Room_id、Room_Phone 这 3 列的权限，并单击【确定】按钮，如图 9-22 所示。

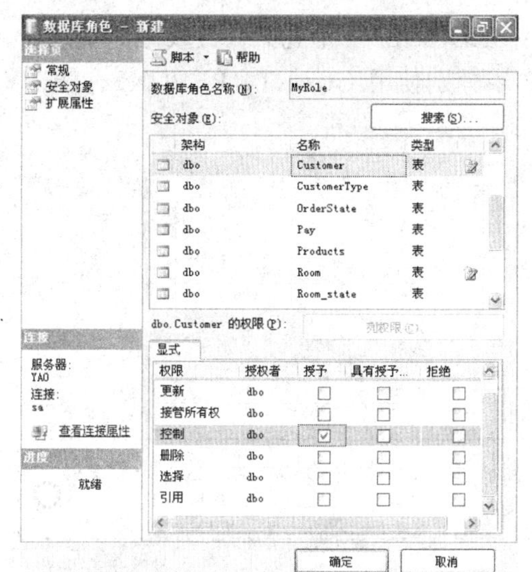

图 9-21　设置安全对象及权限

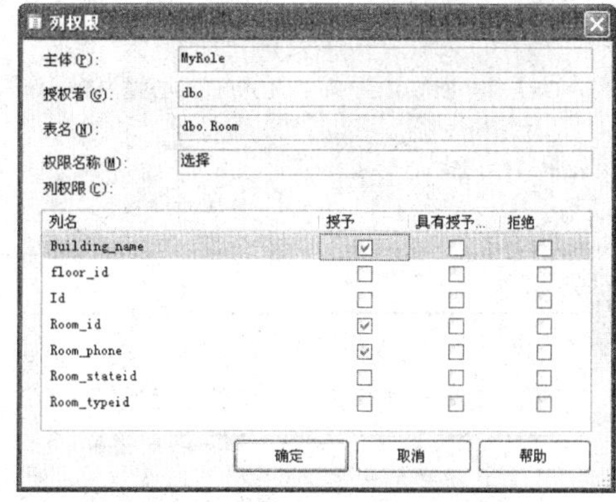

图 9-22　【列权限】对话框

8 在【对象资源管理器】窗口中，在【连接】下拉列表中选择【数据库引擎】选项。在弹出的【连接到服务器】对话框中，选择身份验证及输入登录名、密码，如图 9-23 所示。

9 在【对象资源管理器】窗口中，可以看到现在连接着选择的两个服务器，展开 Hotel 数据库的【表】节点，如图 9-24 所示。

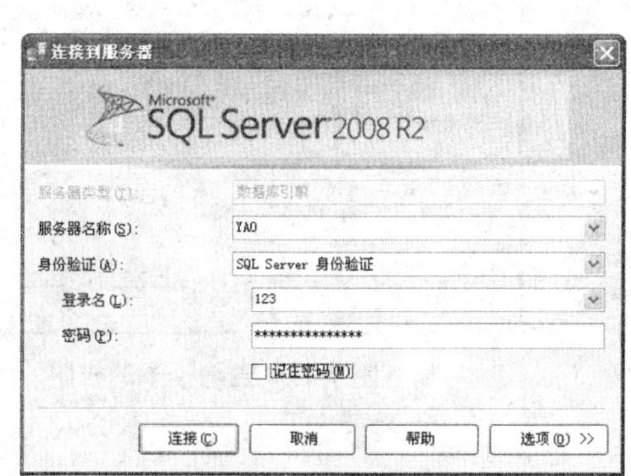

图 9-23　连接服务器

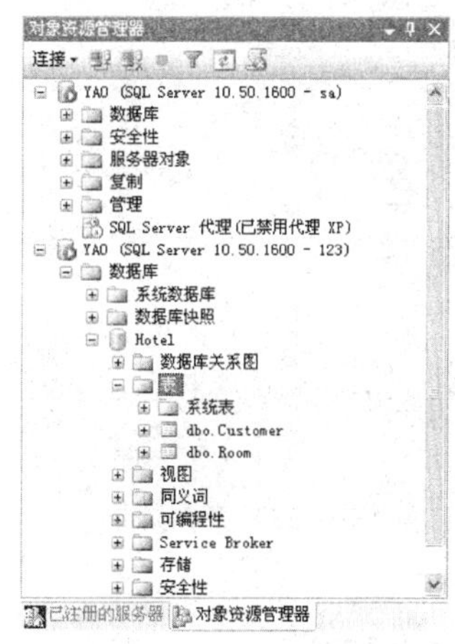

图 9-24　选择服务器

10 在工具栏中单击【新建查询】按钮，然后查询 Room 数据表中的信息，输入“SELECT Room_id,Building_name,Room_phone FROM dbo.Room”代码，查询结果如下 9-25 所示。

练习 9-5　授予权限操作

在 SQL Server 2008 中，用户和角色的权限以记录的形式存储在各个数据库的

sysprotects 系统表中，可以使用 GRANT、REVOKE、DENY 语句来修改权限的状态。

在下面的例子中，对 Hotel 数据库的 VIP 表分别使用 GRANT、REVOKE、DENY 语句授予角色 123 权限。

```
USE Hotel
go
GRANT SELECT, UPDATE ,DELETE
ON dbo.VIP
TO [123]
GO
```

提 示

用户在连接服务器，使用 SQL Server 身份验证时，其中登录名不能为 123，如果使用，那么在授予权限的时候，就无法实现。

执行成功后，在【对象资源管理器】窗口中，展开 Hotel 数据库的 VIP 表节点，右击该节点选择【属性】命令，在弹出的【表属性-VIP】窗口中，选择【权限】选项，将看到用户或角色名称，及 123 用户的权限，如图 9-26 所示。

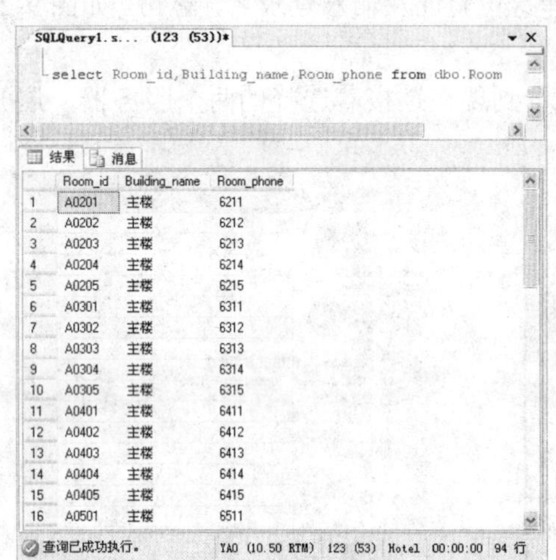

图 9-25　查询结果

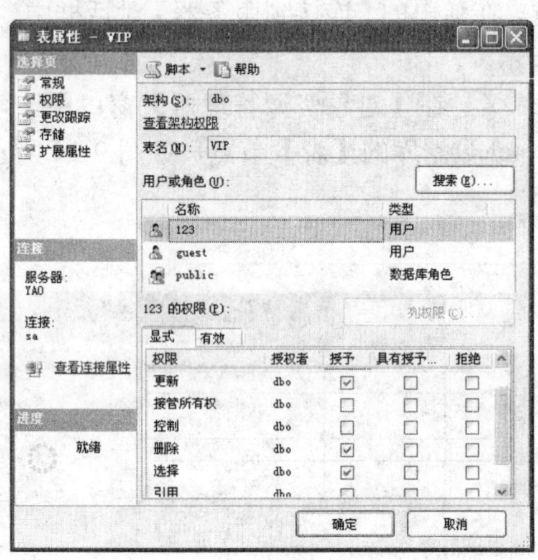

图 9-26　查看授予的权限

第 10 单元

练习 10-1　完整备份

完整备份会备份所有数据和足够的日志，以便恢复数据。由于完整备份是任何备份策略中都要求完成的第一种备份类型，所以首先介绍如何使用 SQL Server Management Studio 图形化工具进行完整数据库备份。操作步骤如下。

1 打开 SQL Server Management Studio 窗口，展开【数据库】节点。右击 SMSstudent 数据库，从弹出的菜单中选择【属性】命令，如图 10-1 所示。

2 在弹出的【数据库属性】窗口中，选择【选项】选项，打开【选项】页面，从【恢复模式】下拉列表中选择【完整】选项，并单击【确定】按钮，如图 10-2 所示。

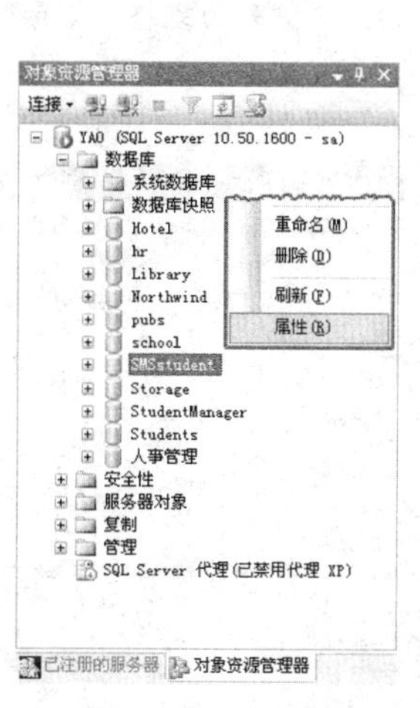

图 10-1　选择【属性】命令

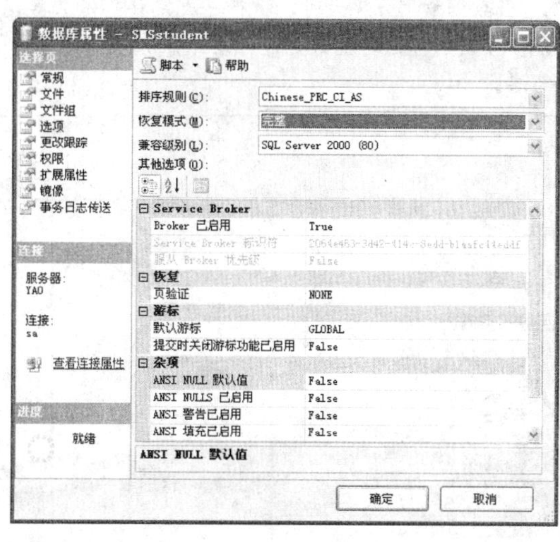

图 10-2　设置恢复模式

3 返回【对象资源管理器】窗口，右击【服务器对象】节点，选择【新建】|【备份设备】命令，如图 10-3 所示。

4 在弹出的【备份设备】窗口中，输入【设备名称】为 Most，单击【确定】按钮，然后在【备份设备】节点下，显示该名称，如图 10-4 所示。

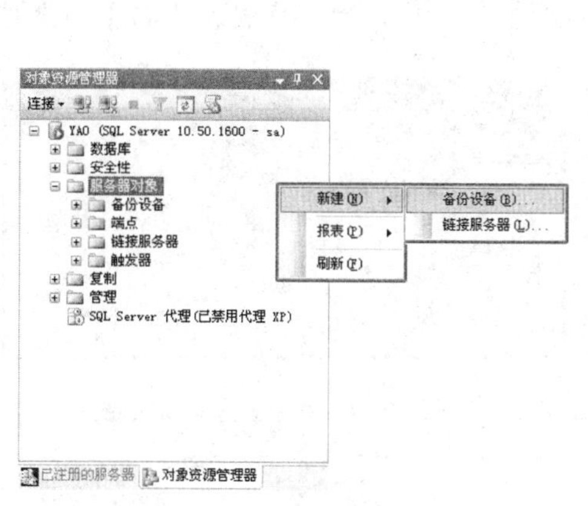

图 10-3　选择【备份设备】命令

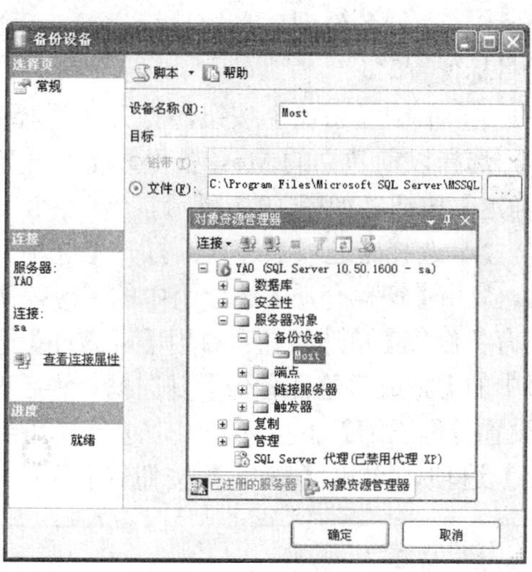

图 10-4　创建 Most 备份设备

5 展开【数据库】节点，右击 SMSstudent 数据库节点，选择【任务】|【备份】命令，如图 10-5 所示。

6 将弹出【备份数据库-SMSstudent】窗口，在窗口中从【数据库】下拉列表中选择 SMSstudent 数据库选项；【备份类型】选择“完整”选项；保留【名称】文本框的内容不变，并设置【备份集过期时间】，如图 10-6 所示。

提 示

当数据量十分庞大时，执行一次完整备份需要耗费非常多的时间和空间，因此完整备份不能频繁进行，这时就需要进行差异备份。【备份类型】一共有 3 种，分别为完整、差异和事务日志。

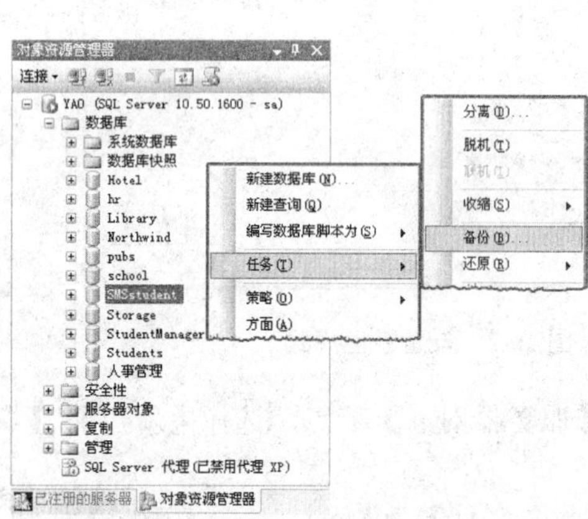

图 10-5 选择【备份】命令

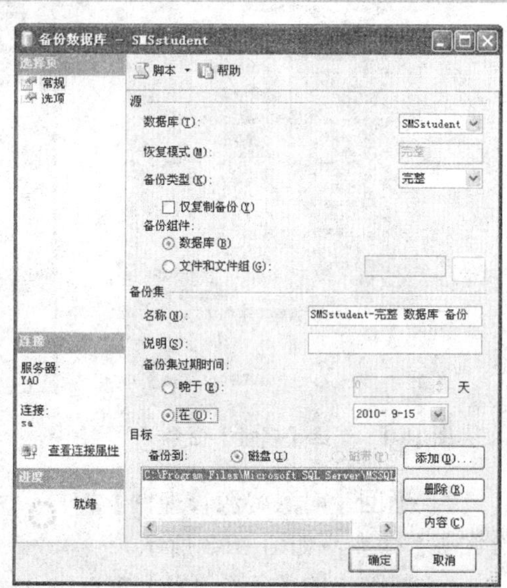

图 10-6 设置备份的常规选项

7 设置备份到磁盘的目标位置，通过单击【删除】按钮，删除已存在的默认生成的目标位置。

8 单击【添加】按钮，打开【选择备份目标】对话框，启用【备份设备】单选按钮，选择以前建立的 Most 备份设备，并单击【确定】按钮，如图 10-7 所示。

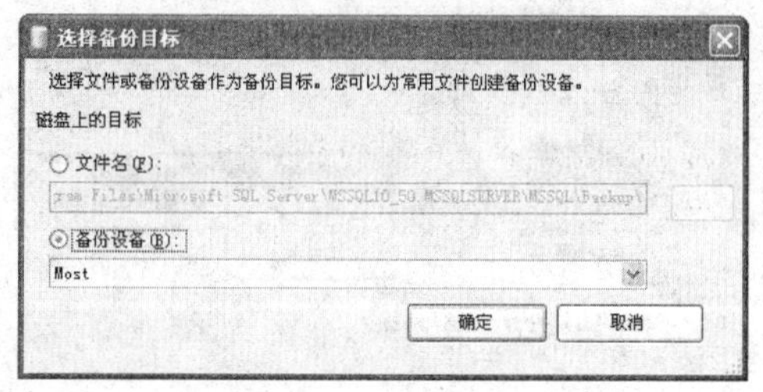

图 10-7 启用并选择备份设备

9 选择【选项】选项，打开【选项】页面，启用【覆盖介质】选项组中的【覆盖所有现有备份集】单选按钮；启用【可靠性】选项组中的【完成后验证备份】复选框；然后，在【设置备份压缩】下拉列表中，选择【压缩备份】选项，单击【确定】按钮，如图 10-8 所示。

提 示

启用【覆盖所有现有备份集】单选按钮，该选项用于初始化新的设备或覆盖现在的设备；启用【完成后验证备份】复选框，该选项用来核对实际数据库与备份副本，并确保它们在备份完成之后是一致的。

10 在【对象资源管理器】窗口中，展开【服务器对象】节点下的【备份设备】节点。右击备份设备 Most，从弹出的菜单中选择【属性】命令，如图 10-9 所示。

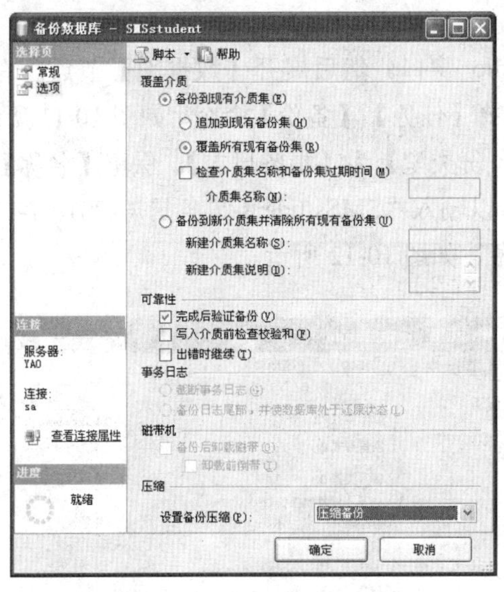

图 10-8 【选项】页面

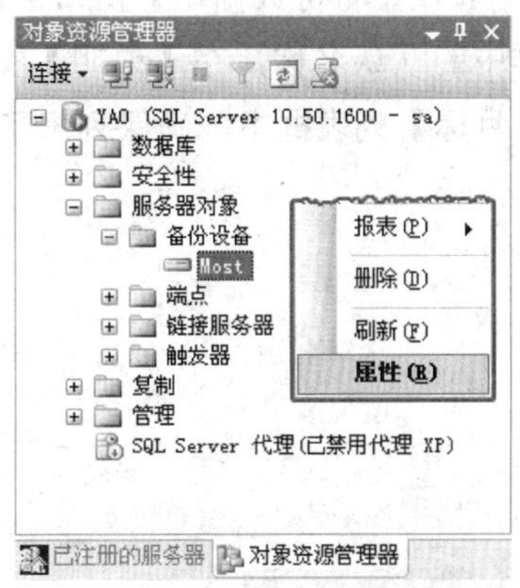

图 10-9 选择【属性】命令

11 选择【介质内容】选项，打开【介质内容】页面，可以看到数据库 SMSstudent 的这个完整备份，如图 10-10 所示。

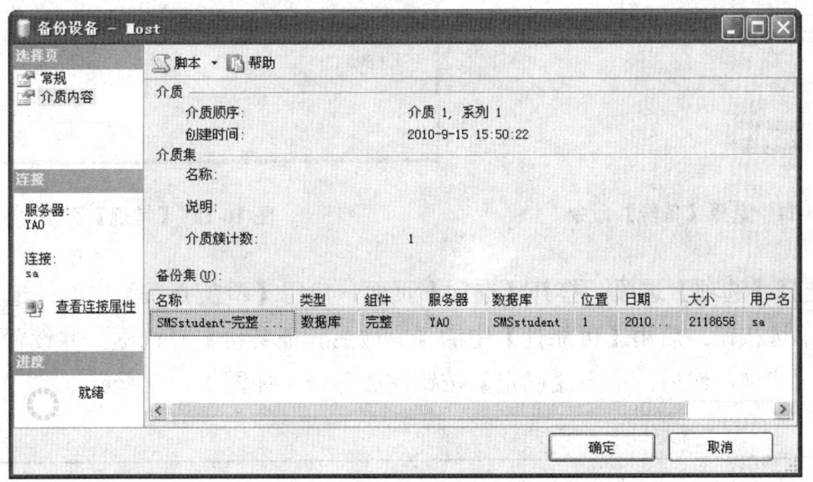

图 10-10 查看备份设备的内容

练习 10-2 设计事务日志备份

使用事务日志备份，可以将数据库恢复到故障点或特定的时间点。一般情况下，事务日志备份比完整备份和差异备份使用的资源少。因此，可以更频繁地创建事务日志备份，减少数据丢失的风险。

下面使用 SQL Server Management Studio 工具对数据库 SMSstudent 进行事务日志备份，简单地介绍如何创建事务日志备份。操作步骤如下。

1 打开 SQL Server Management Studio 窗口。然后展开【数据库】节点。右击 SMSstudent 数据库节点，从弹出的菜单中选择【任务】|【备份】命令，如图 10-11 所示。

2 在【备份数据库】窗口中，设置【备份类型】为【事务日志】。保留【名称】文本框中的默认名称，在【说明】文本框中可以输入“SMSstudent-事务日志-2010-7-1”。在【目标】列表框中，确保列出了 Most 设备，如图 10-12 所示。

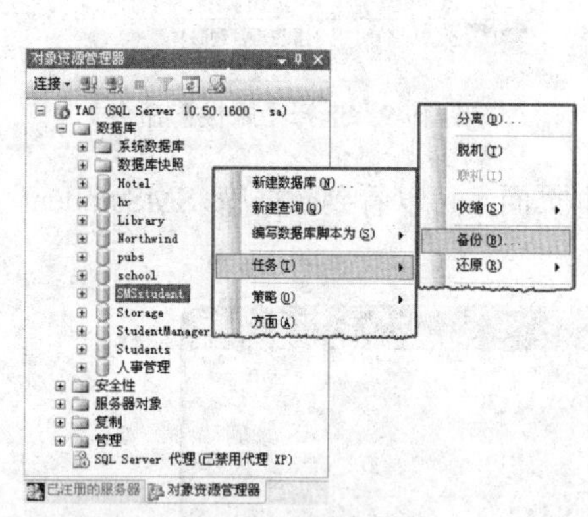

图 10-11　选择【备份】命令

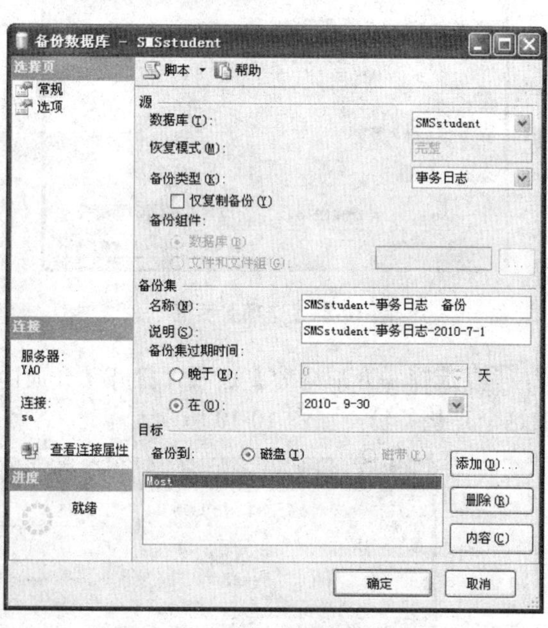

图 10-12　【常规】页面

3 选择【选项】选项，打开【选项】页面，启用【覆盖介质】中的【追加到现有备份集】单选按钮；启用【可靠性】中的【完成后验证备份】复选框，并设置事务日志和备份压缩选项，然后，单击【确定】按钮完成备份，如图 10-13 所示。

提　示

启用【追加到现有备份集】单选按钮，以免覆盖现有的备份；启用【完成后验证备份】复选框，该选项用来核对实际数据库与备份副本，并确保它们在备份完成之后是一致的。

4 在 SQL Server Management Studio 的【对象资源管理器】窗口中，展开【服务器对象】节点下的【备份设备】节点。右击备份设备 Most 节点，从弹出的菜单中选择【属性】命令，在弹出的对话框中，选择【介质内容】选项，打开【介质内容】页面，可以看到 Most 备份设备中新增加了一个事务日志备份，如图 10-14 所示。

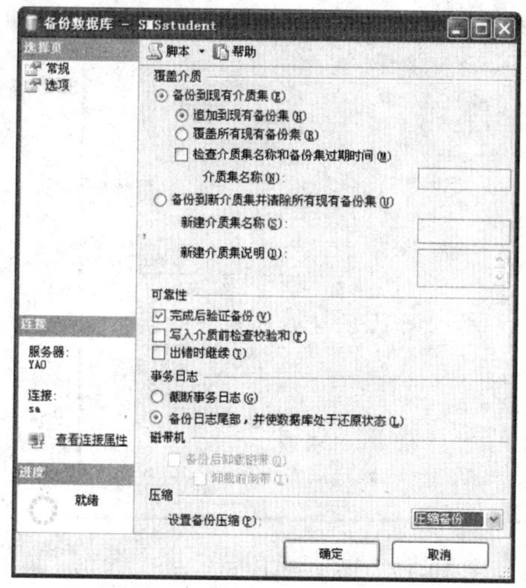

图 10-13 【选项】页面

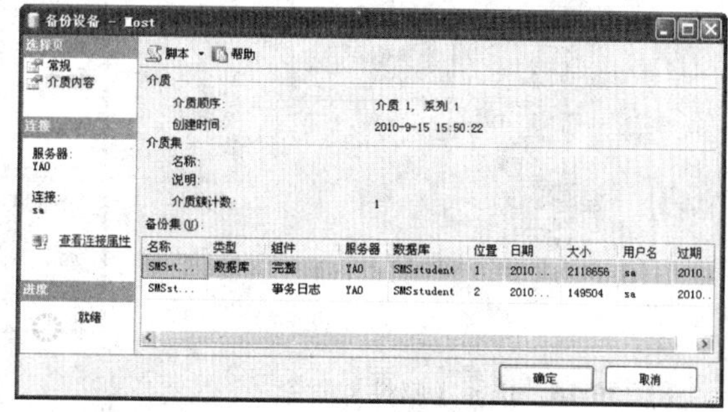

图 10-14 查看事务日志备份

练习 10-3 创建文件组备份

有越来越多的公司拥有了 TB 级的数据库，这些数据库称为超大型数据库（VLDB）。对于超大型数据库，如果每次都执行完整数据备份是不切实际的，应当执行数据库文件或文件组备份。

图 10-15 连接服务器

要执行文件组备份，首先必须添加文件组。下面为数据库 Library 添加文件组，操作步骤如下。

1 单击【开始】按钮，选择【程序】| Microsoft SQL Server 2008 | SQL Server Management Studio 命令，打开 SQL Server Management Studio 窗口，并使用 SQL Server 身份验证建立连接，如图 10-15 所示。

2 在【对象资源管理器】窗口中，展开【数据库】节点。右击 Library 数据库节点，选择【属性】命令，打开【数据库属性】窗口，如图 10-16 所示。

3 在弹出的【数据库属性】窗口中，选择【文件组】选项，打开【文件组】页面。然后，单击【添加】按钮，在【名称】文本框中输入 FirstFillGroup，如图 10-17 所示。

4 选择【文件】选项，打开【文件】页面，单击【添加】按钮。然后设置各个选项，单击【确定】按钮，在创建的名为 FirstFillGroup 文件组上创建了一个新数据文件，如图 10-18 所示。

图 10-16　选择【属性】命令

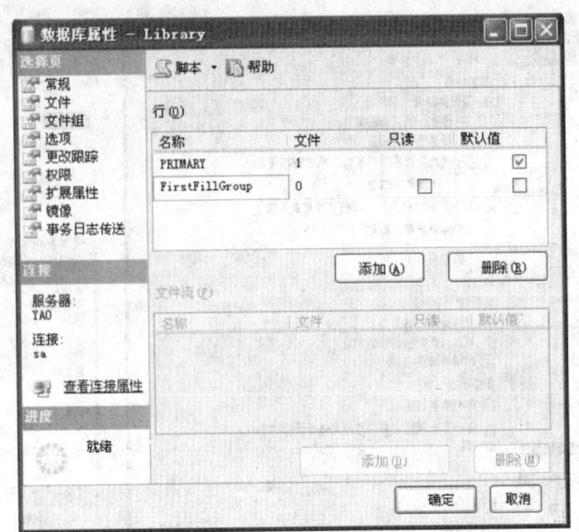

图 10-17　添加新工作组

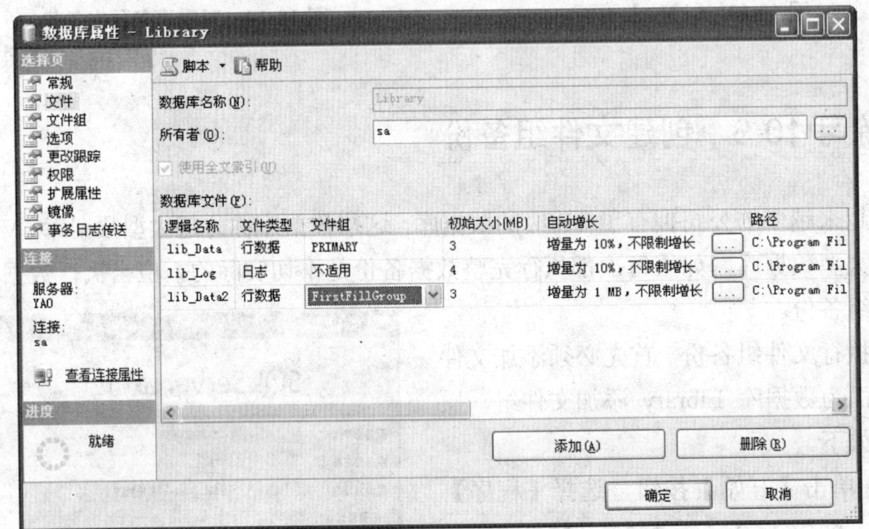

图 10-18 【文件】页面

5 右击 T_BOOK 表，从弹出的菜单中选择【设计】命令，打开 T_BOOK 表的设计窗口，然后选择【视图】菜单中的【属性】命令、打开【属性】窗口，如图 10-19 所示。

6 在【属性】窗口中，展开【常规数据空间规范】节点，并将【文件组或分区方案名称】设置为 FirstFillGroup，如图 10-20 所示。

7 保存并完成当前表的修改。

练习 10-4　备份文件组

在上述内容中，已经介绍了文件组创建、修改等操作。而对创建的文件组，用户还可以像数据库一样，进行备份操作，下面对 Library 数据库进行备份，具体步骤如下所示。

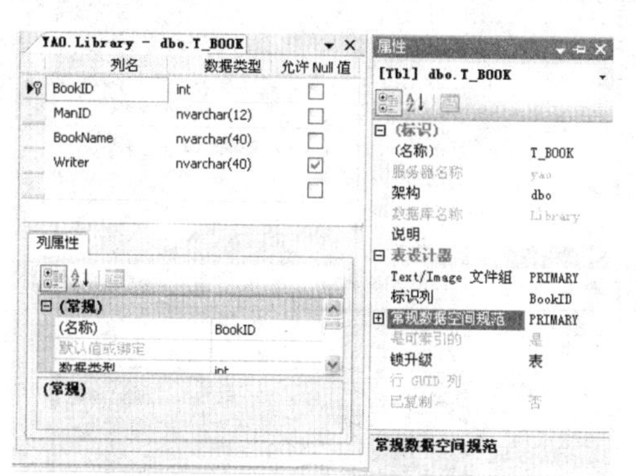

图 10-19　打开 T_BOOK 属性窗口

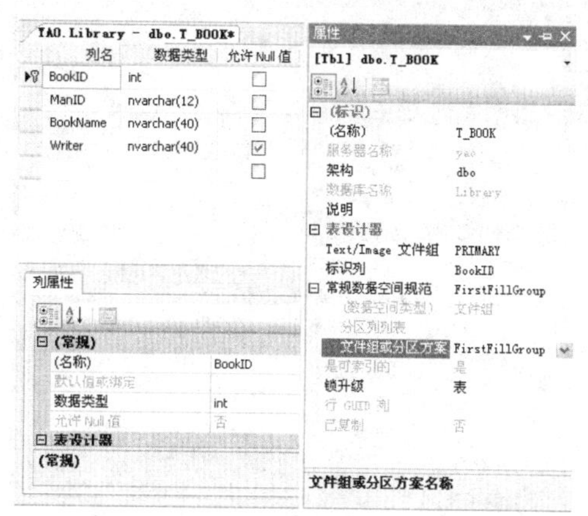

图 10-20　修改表所属的文件组

1 按照相同的方法，右击 Library 数据库节点，从弹出的菜单中选择【任务】|【备份】命令，打开【备份数据库】窗口，如图 10-21 所示。

2 在【备份数据库】窗口中，选择 Library 数据库是要备份的数据库，并且设置【备份类型】为“完整”。

3 启用【文件和文件组】单选按钮，将弹出【选择文件和文件组】窗口。然后启用 FirstFillGroup 复选框，单击【确定】按钮，如图 10-22 所示。 411

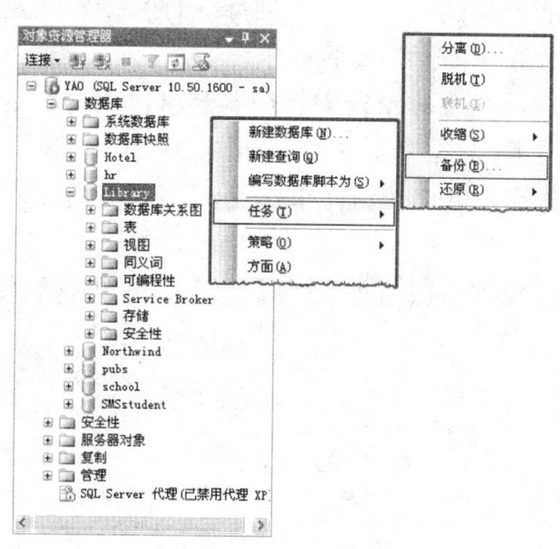

图 10-21　选择【备份】命令

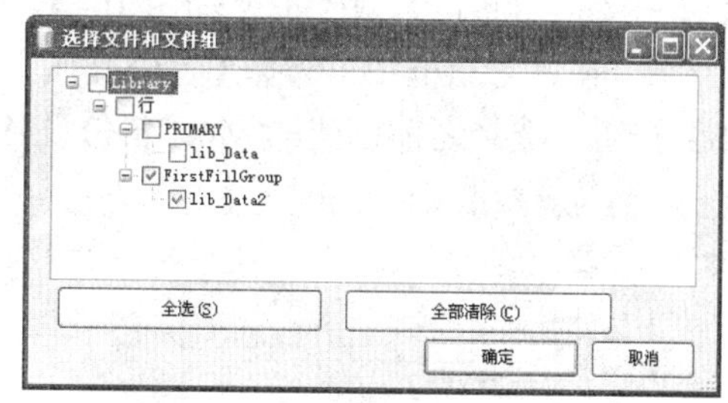

图 10-22　【选择文件和文件组】窗口

4 保留其他项为默认值，或者根据需要修改相应的选项。然后设置【目标】列表框中为 Most 备份设备，如图 10-23 所示。

5 选择【选项】选项，打开【选项】页面，启用【追加到现有备份集】单选按钮，以免覆盖现有的完整备份，启用【完成后验证备份】复选框，设置完成后，单击【确定】按钮开始备份，之后将弹出备份完成对话框，如图 10-24 所示。

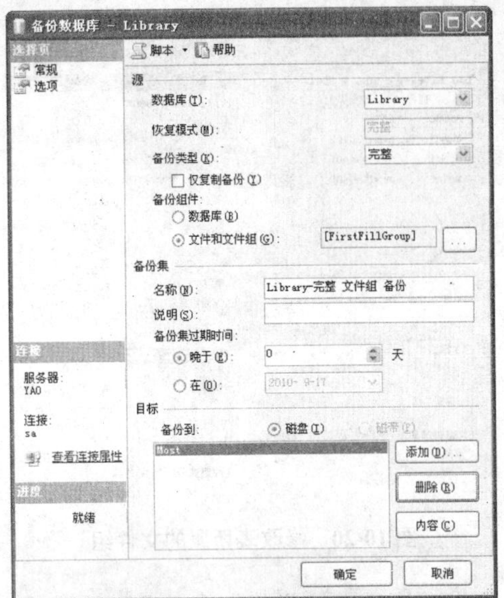

图 10-23　设置备份设备

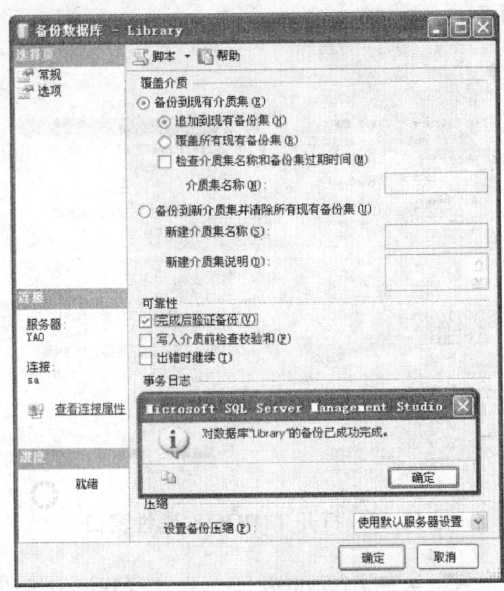

图 10-24　【选项】页面

练习 10-5　恢复数据

当恢复数据库时，SQL Server 会自动将备份文件中的数据全部复制到数据库，并回滚任何未完成的事务，以保证数据库中的数据的完整性。下面通过向导进行数据库恢复操作，在恢复之前用户需要先对数据库进行备份操作。操作步骤如下。

1 打开 SQL Server Management Studio 窗口，在【对象资源管理器】窗口中，右击 SMSstudent 数据库节点，选择【任务】|【还原】|【数据库】命令，如图 10-25 所示。

2 在【还原数据库】窗口中，启用【源设备】单选按钮，单击【浏览】按钮□，并弹出【指定备份】对话框，如图 10-26 所示。

3 在该对话框中，选择【备份介质】下拉列表中的【备份设备】选项，再单击【添加】按钮，选择之前创建的 Most 备份设备。

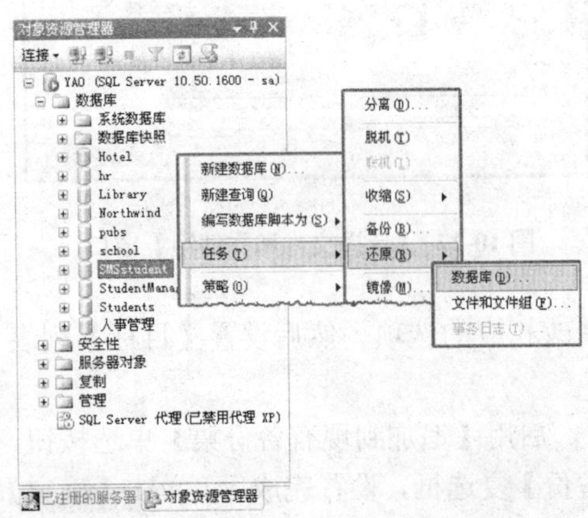

图 10-25　选择【还原】|【数据库】命令

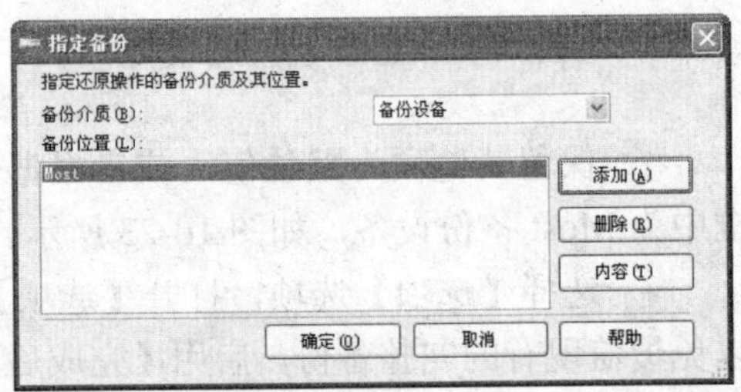

图 10-26　选择备份设备

4 指定备份设备后，单击【确定】按钮，返回到【还原数据库】窗口。在【选择用于还原的备份集】列表中，显示“完整”和“事务日志”备份，可使数据库恢复到最近一次备份的正确状态，如图 10-27 所示。

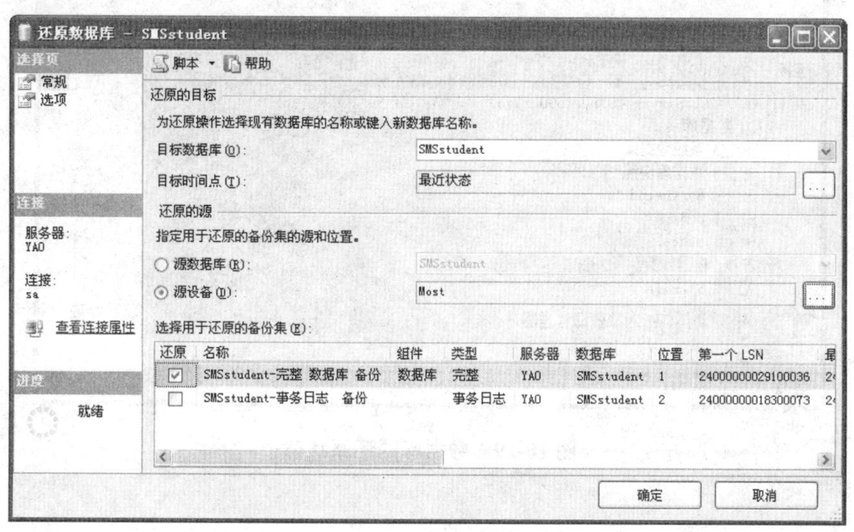

图 10-27 【常规】页面

5 在【选项】页面中，启用 RESTORE WITHNO RECOVERY 单选按钮，如图 10-28 所示。

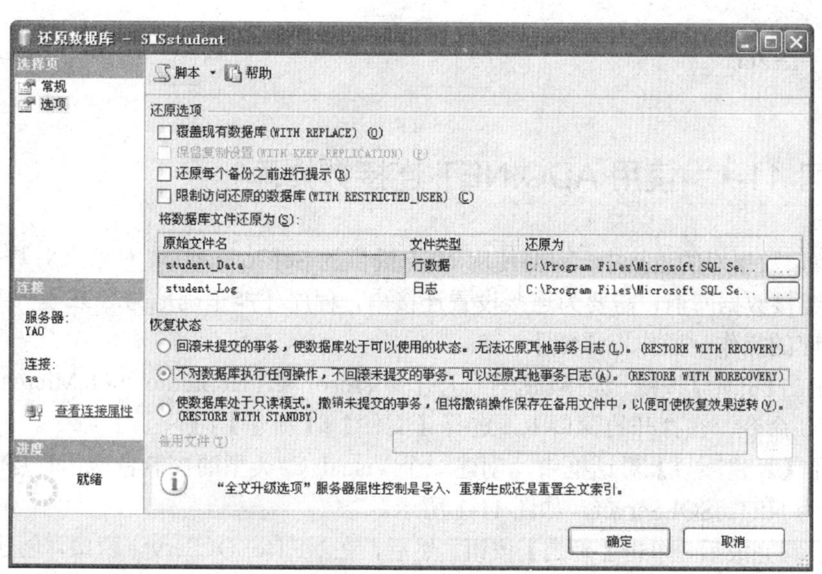

图 10-28 【选项】页面

6 设置完成后，单击【确定】按钮开始恢复，恢复完成后将弹出还原成功的对话框。如图 10-29 所示，恢复时，数据库会显示处于正在还原状态，无法进行操作，必须到最后一个备份还原为止。

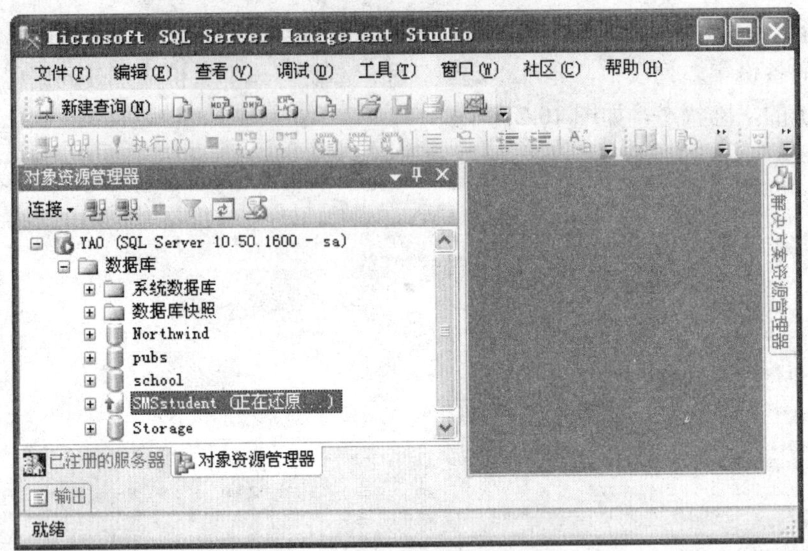

图 10-29 数据库的还原状态

> **警告**
> 当还原最后一个备份时，必须启用 RESTORE WITH RECOVERY 单选按钮，否则数据库将一直处于还原状态。

第 11 单元

练习 11-1 使用 ADO.NET 连接数据库

在 SQL 数据库的连接中，需要使用.NET 提供的 SqlConnection 对象来对数据库进行连接。在连接数据库前，需要为连接设置连接串，程序才能正确地与 SQL 建立连接，进行其他相应的操作。操作步骤如下。

1 单击【开始】按钮，选择【所有程序】|Microsoft Visual Studio 2008|Microsoft Visual Studio 2008 命令。在打开的窗口中，选择【文件】|【新建】|【项目】命令。

2 在【新建项目】对话框中，创建一个 Visual C#类型的控制台应用程序，并设置项目名称为 NETtoSQLServer，如图 11-1 所示。

3 设置完成后，单击【确定】按钮。然后，在 NETtoSQLServer 窗口，创建该项目，并在【解决方案资源管理器】窗格中，显示该项目的内容，如图 11-2 所示。

4 在该项目的顶部，添加下列代码行，并创建命名空间：

```
using System.Data;
using System.Data.SqlClient;
```

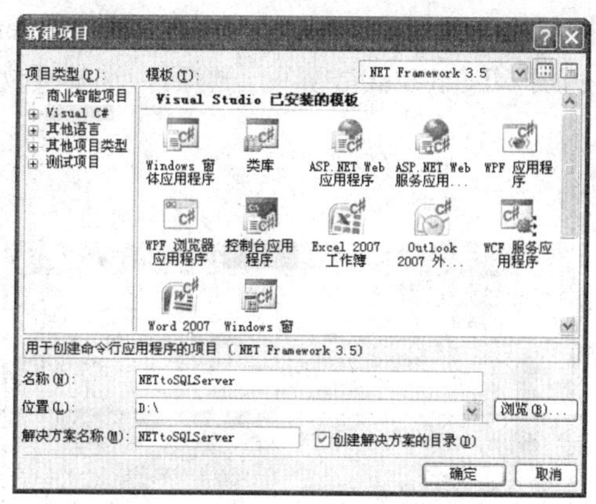

图 11-1　创建控制台应用程序

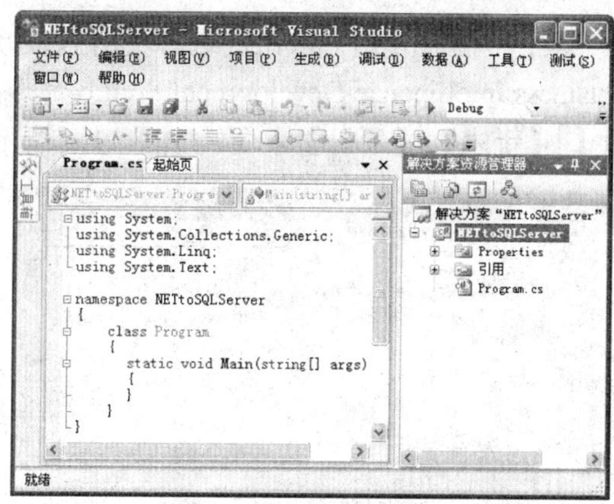

图 11-2　NETtoSQLServer 项目

5 在该项目代码中，使用 Main()方法连接 YAO 服务器中的 northwind 数据库，其中 uid 为数据库登录用户名，pwd 为数据库登录密码：

```
//数据库连接字符串
        string SqlConnString = "server=YAO;uid=sa;pwd=123456;
        database=northwind;";
```

6 使用上面定义的数据库连接字符串，创建一个到数据库的连接，这里使用到了 ADO.NET 的 SqlConnection 对象：

```
//创建连接
        SqlConnection SqlConn = new SqlConnection(SqlConnString);
```

7 测试是否连接数据库，语句如下：

```
    try
        {
            SqlConn.Open();                              //打开 SQL 连接
            Console.WriteLine("连接数据库成功");      //提示成功信息
        }
        catch
        {
            Console.WriteLine("无法连接数据库");      //提示失败信息
        }
```

8 在工具栏选择【调试】|【开始执行（不调试）】命令，执行上述程序，执行结果如图 11-3 所示。

练习 11-2　创建报表模型

通过使用报表服务，可以可视化地完成报表设计过程的交互工作，并且可以在 Web 上完成绝大多数的报表管理工作，还可以在运行时对报表的内容进行筛选。下面将学习使用报表服务创建作者信息报表查询。操作步骤如下。

1 单击【开始】按钮，选择【所有程序】|Microsoft SQL Server 2008|SQL Server Business Intelligence Development Studio 命令，打开 Visual Studio 界面。然后，选择【文件】|【新建】|【项目】命令，如图 11-4 所示。

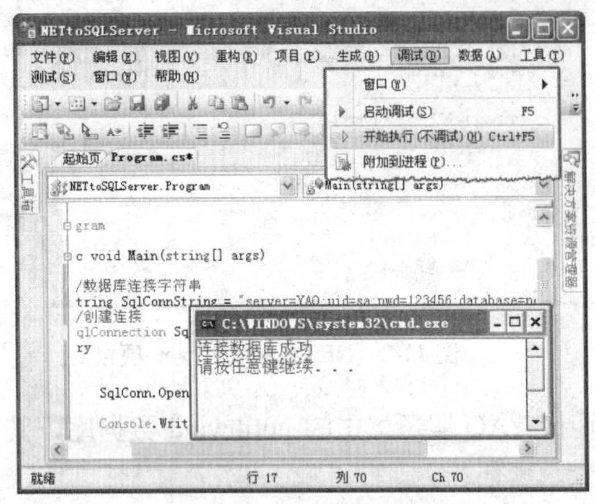

图 11-3　运行效果

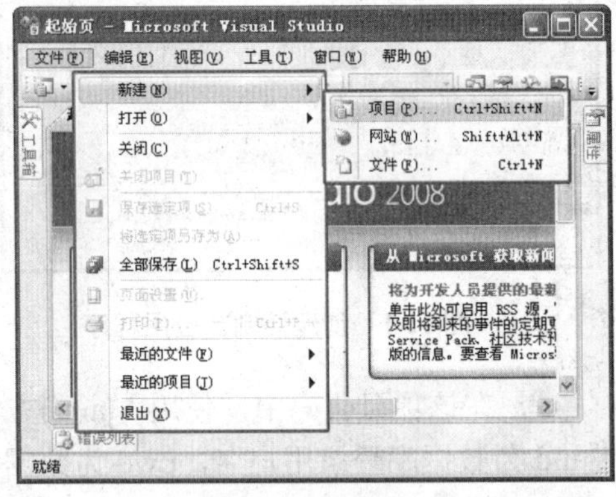

图 11-4　新建项目

2 在弹出的【新建项目】对话框的【项目类型】列表框中，选择【商业智能项目】节点，在右侧的【模板】列表框中选择【报表服务器项目向导】选项。

3 在【名称】文本框中输入项目名称；单击【浏览】按钮，选择路径；并启用【创建解决方案的目录】复选框，其他的使用默认值，单击【确定】按钮，如图 11-5 所示。

4 在弹出的【报表向导】窗口中显示了创建报表的第一步，即欢迎信息和功能列表，单击【下一步】按钮，如图 11-6 所示。

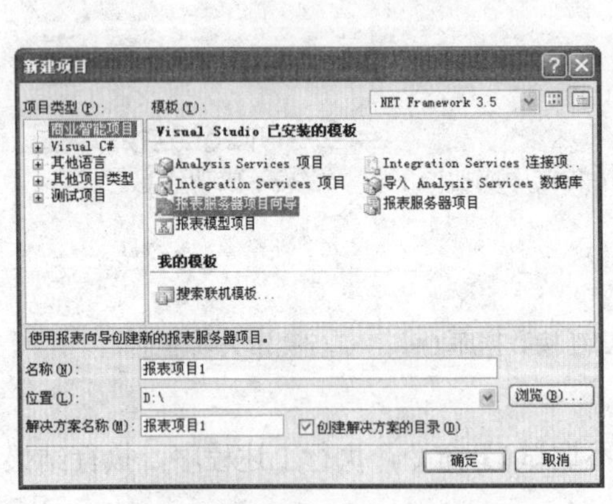

图 11-5 【新建项目】对话框

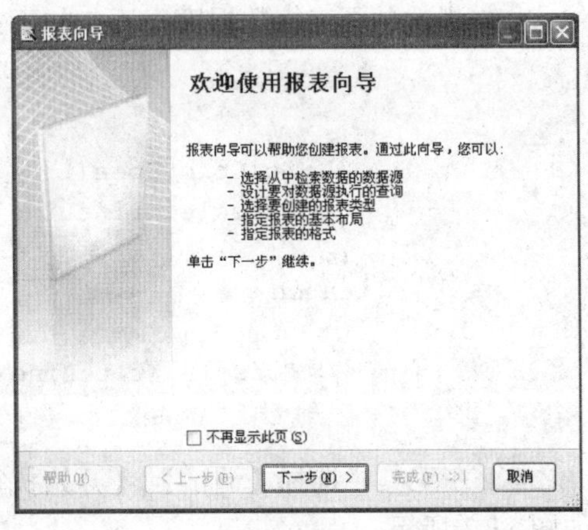

图 11-6 【报表向导】窗口

5 在【选择数据源】窗口中，定义一个可向报表提供数据的数据源。例如，启用【新建数据源】单选按钮，并输入名称 dsWriter，单击【编辑】按钮，如图 11-7 所示。

6 将弹出【连接属性】对话框，在【服务器名】文本框中输入本机的机器名 YAO；在【登录到服务器】选项组中启用【使用 SQL Server 身份验证】单选按钮，输入用户名和密码；在【连接到一个数据库】选项组中的第一个下拉列表框中选择 pubs 数据库，然后单击【测试连接】按钮，将弹出“测试连接成功”对话框，如图 11-8 所示。

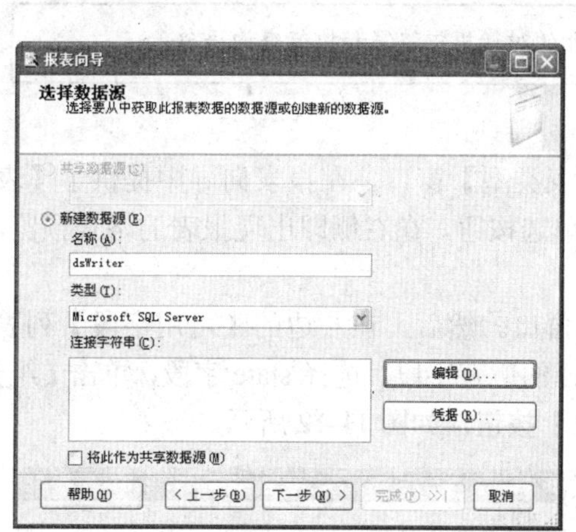

图 11-7 【选择数据源】窗口

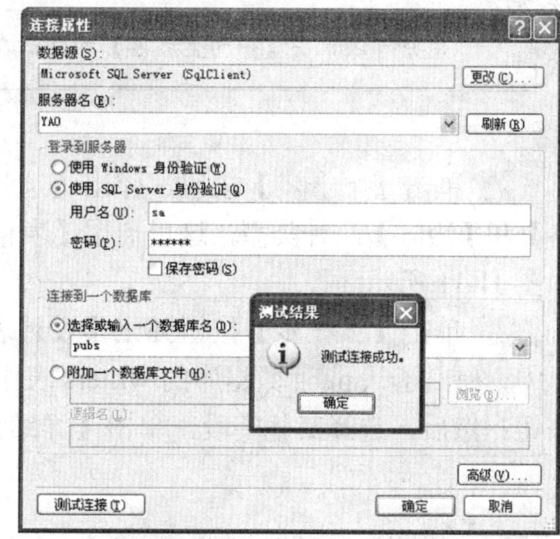

图 11-8 【连接属性】对话框

7 单击【确定】按钮，返回【选择数据源】窗口。在该窗口中的【连接字符串】文本框中，将显示服务器与数据库之间的连接字符串，单击【下一步】按钮，如图 11-9 所示。

技巧

在【选择数据源】窗口中，单击【凭据】按钮，将弹出【数据源凭据】对话框，选择使用 Windows 身份验证、SQL Server 身份验证这两种中的其中一种，然后单击【下一步】按钮。

8 将弹出【设计查询】窗口，可以直接在【查询字符串】文本框中输入报表内容的来源，如图 11-10 所示。

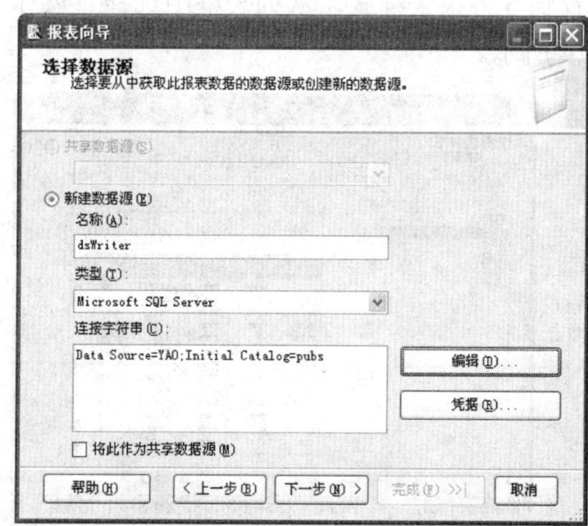

图 11-9 配置报表数据源

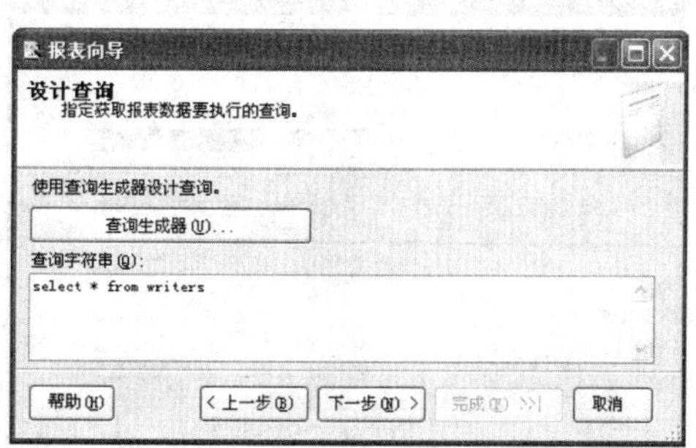

图 11-10 【设计查询】窗口

技巧

用户可以单击【查询生成器】按钮，在打开的对话框中编写和执行查询语句。

9 单击【下一步】按钮，弹出【选择报表类型】窗口。在报表向导中提供了【表格】和【矩阵】两种类型，这里启用【表格】单选按钮，在右侧即出现报表的格式预览，如图 11-11 所示。

10 单击【下一步】按钮弹出【设计表】窗口。然后，在左边的【可用字段】列表框中，列出了从 pubs 数据库的 writers 表中选择的所有字段。选择 state 字段，单击【组】按钮；然后，选择其他字段，单击【详细信息】按钮，如图 11-12 所示。

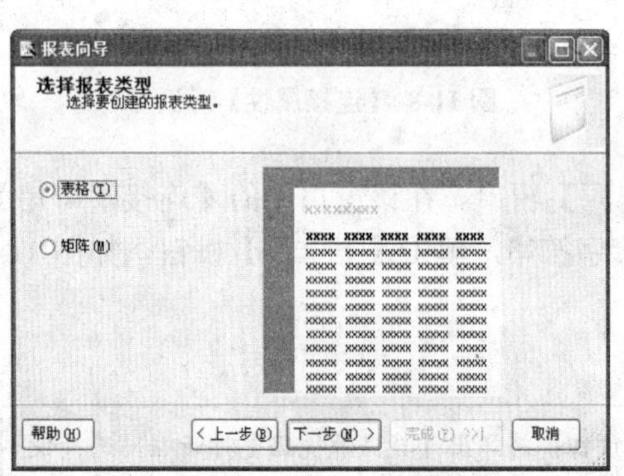

图 11-11 【选择报表类型】窗口

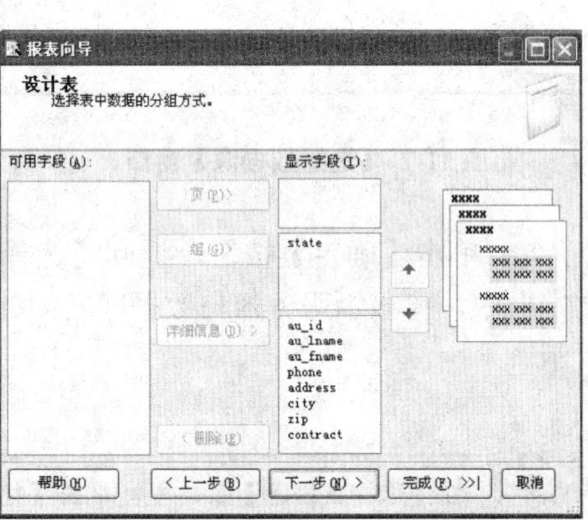

图 11-12 【设计表】窗口

11 单击【下一步】按钮弹出【选择表布局】窗口。在窗口中启用【渐变】单选按钮，单击【下一步】按钮即可，如图 11-13 所示。

12 将弹出【选择表样式】窗口，可以看到 6 种报表样式，从列表框中选择“森林”报表样式，单击【下一步】按钮，如图 11-14 所示。

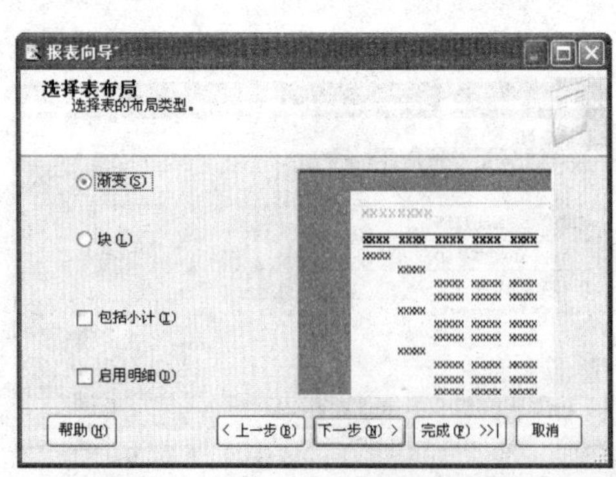

图 11-13 【选择表布局】窗口

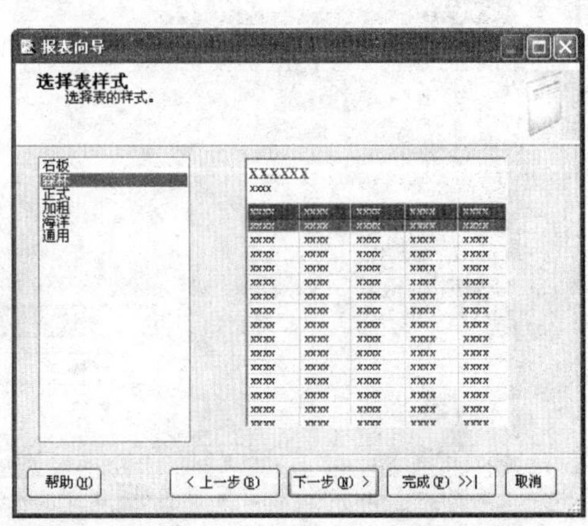

图 11-14 选择报表使用的样式

13 在【选择部署位置】窗口中，显示了服务器的位置和部署文件夹，均使用默认值，直接单击【下一步】按钮，如图 11-15 所示。

14 在弹出的【完成向导】窗口中，需要指定创建报表的名称，在【报表名称】文本框中输入 Report_writers。然后从【报表摘要】列表框中，检查设置新报表的各个选项是否正确，最后单击【完成】按钮，如图 11-16 所示。

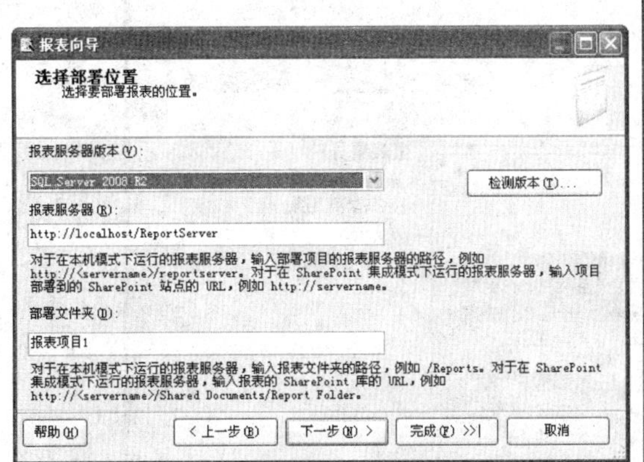

图 11-15 【选择部署位置】窗口

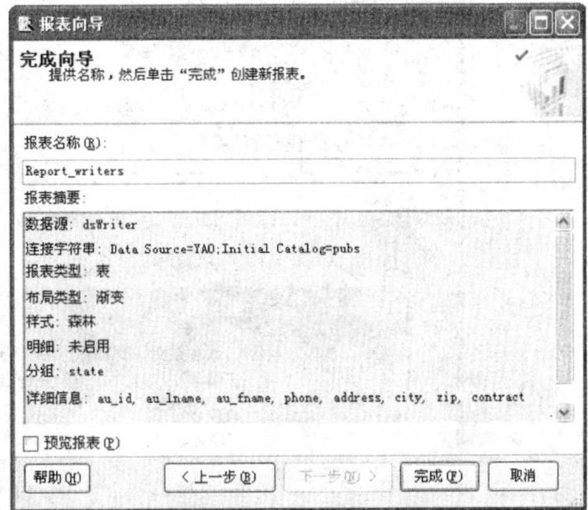

图 11-16 【完成向导】窗口

15 报表向导创建后，会自动打开【报表项目】窗口。在窗口中显示了报表的布局，左侧还列出了报表中使用的数据集和字段列表，如图 11-17 所示。

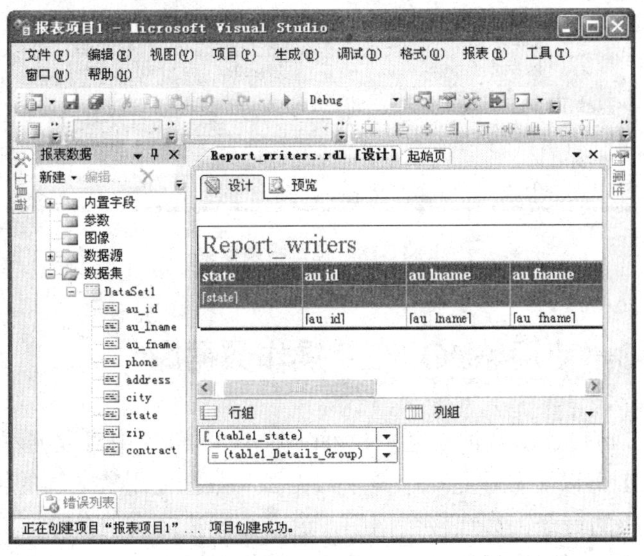

图 11-17 新报表的布局

技巧

如果在上步的【完成向导】页面中启用了【预览报表】复选框，则会跳过此步，直接显示预览效果。

16 从窗口中单击【预览】按钮，几分钟后报表处理完毕，出现一个预览效果，如图 11-18 所示。同时，在【解决方案资源管理器】窗格中还显示了已经添加刚创建的报表到【报表】文件夹中。至此，使用【报表向导】创建报表的所有步骤就完成了。

图 11-18 预览报表效果

练习 11-3 使用 ADO.NET 操作数据库

在 ADO.NET 可以连接数据库之后，可以在 ADO.NET 中对数据库进行增、删、改、查操作。ADO.NET 可以被看作是一个介于数据源和数据使用者之间的转换器。ADO.NET 接受使用者语言中的命令，如连接数据库、返回数据集之类的命令，然后将这些命令转换成在数据源中可以正确执行的语句。操作步骤如下。

1 单击【开始】按钮，选择【所有程序】|Microsoft Visual Studio 2008|Microsoft Visual Studio 2008 命令。在打开的窗口中，选择【文件】|【新建】|【项目】命令。

2 在【新建项目】对话框中创建一个 Visual C#类型的控制台应用程序，并设置项目名称为“Insert_SQLServer”，以及设置位置，然后单击【确定】按钮，如图 11-19 所示。

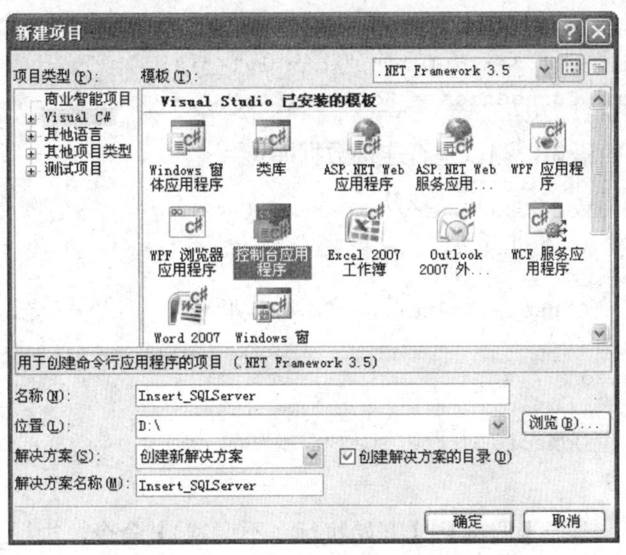

图 11-19 创建控制台应用程序

3 打开项目，在该项目的顶部添加下列代码，创建命名空间：

```
using System.Data;
using System.Data.SqlClient;
```

4 在该项目代码中，使用 Main()方法连接数据库：

```
//数据库连接字符串
        string SqlConnString = "server=YAO;uid=sa;pwd=123456;
        database=northwind;";
```

5 使用上面定义的数据库连接字符串创建一个到数据库的连接，这里使用到了 ADO.NET 的 SqlConnection 对象：

```
//创建连接
        SqlConnection SqlConn = new SqlConnection(SqlConnString);
```

6 调用 SqlConnection 对象的 Open 方法来打开连接：

```
//打开连接  T255 $194
SqlConn.Open();
```

7 创建一个操作数据库的命令对象，这里使用到了 ADO.NET 的 SqlCommand 对象：

```
//声明变量并赋值
string job_desc = "Manager and **";
        int min_lvl = 50;
        int max_lvl = 200;
//实例化 SqlCommand 命令对象
        SqlCommand cmd = new SqlCommand();
//命令语句，连接
```

```
        cmd.CommandText = "insert into dbo.jobs values('"+job_
        desc+"',"+min_lvl+","+max_lvl+")";
        cmd.Connection = SqlConn;
```

8 通过下面的语句，测试是否连接数据库：

```
int o = cmd.ExecuteNonQuery();
        if (o > 0)
        {
            Console.WriteLine("添加成功");
        }
        else
        {
            Console.WriteLine("添加失败");
        }
```

9 在窗口中，选择【调试】|【开始执行（不调试）】命令，执行上述程序，执行结果如图 11-20 所示。

图 11-20　运行结果

10 为了再一次验证是否添加到数据库中，打开数据库，输入查询语句，结果显示如图 11-21 所示。

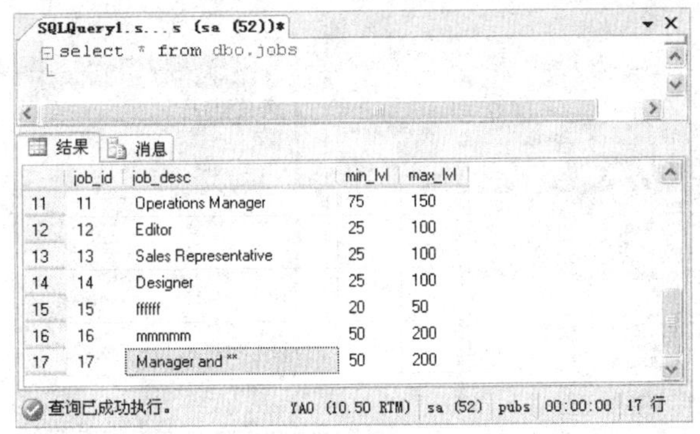

图 11-21　查询结果

从图 11-21 的查询结果可看出，刚在 ADO.NET 中添加的数据添加成功。

练习 11-4　使用导入/导出向导生成程序包

导入/导出向导是能够自动建立程序包的工具，为的是实现相对简单的导入/导出。要使用导入/导出向导，需要启用系统“程序”菜单中的 SQL Server Business Intelligence Development Studio 工具，并新建一个 Intergration Services 项目。操作步骤如下。

1 单击【开始】按钮，选择【所有程序】|Microsoft SQL Server 2008|SQL Server Business Intelligence Development Studio 命令，打开 Visual Studio 界面。

2 选择【文件】|【新建】|【项目】命令，在弹出的对话框中创建一个 Integration Services 项目，并单击【确定】按钮，如图 11-22 所示。

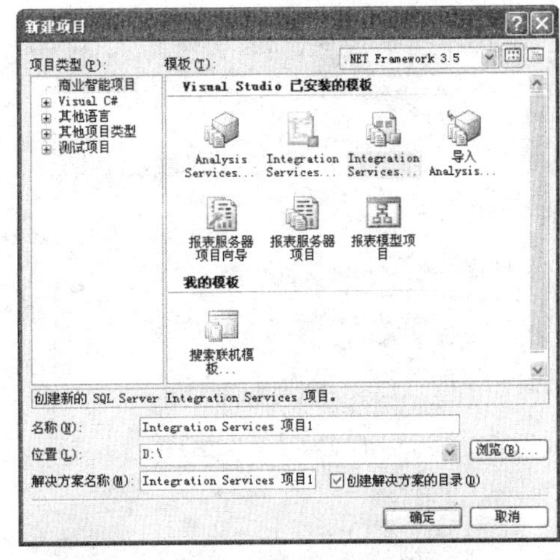

图 11-22　新建 Integration Services 项目

3 在弹出的【Integration Services 项目 1】窗口中，选择【项目】|【SSIS 导入和导出向导】命令，打开 SQL Server 导入和导出数据向导，首先出现向导的欢迎界面，如图 11-23 所示。

技巧

还可以在 Business Intelligence Development Studio 中右击【SSIS 包】文件夹选择【SSIS 导入和导出向导】命令打开向导。

4 单击【下一步】按钮，将打开【选择数据源】窗口。设置【数据源】为默认选项；【服务器名称】为 YAO；使用 SQL Server 身份验证，输入用户名和密码；选择【数据库】为 Hotel，单击【下一步】按钮，如图 11-24 所示。

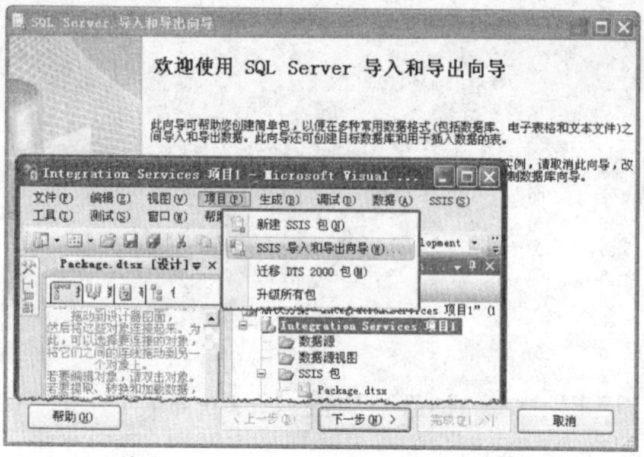

图 11-23 【SQL Server 导入和导出向导】欢迎界面

图 11-24 【选择数据源】窗口

5 将弹出【选择目标】窗口，在这里选择将源数据库的数据复制到何处，该窗口与上一步类似。然后，单击【新建】按钮在【创建数据库】对话框中创建一个名为 SSIS_Hotel 的数据库，如图 11-25 所示。

6 单击【确定】按钮返回主窗口，再单击【下一步】按钮打开【指定表复制或查询】窗口，启用【复制一个或多个表或视图的数据】单选按钮，如图 11-26 所示。

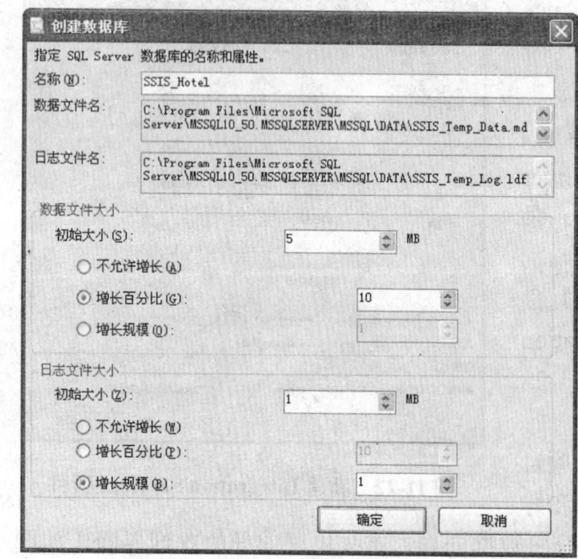

图 11-25 创建 SSIS_Temp 数据库

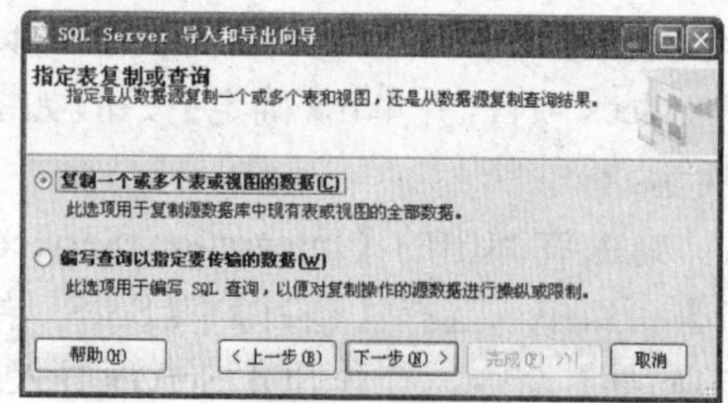

图 11-26 【指定表复制或查询】窗口

7 单击【下一步】按钮打开【选择源表和源视图】窗口，在这里通过启用【源】列前面的复选框来指定需要转移的表名或视图名称，如图 11-27 所示。

8 选择 Customer 表，单击【预览】按钮，将弹出【预览数据】窗口，查看源表中包含了哪些数据，以确定是否需要转换，如图 11-28 所示。

9 在【预览数据】窗口中单击【确定】按钮返回。然后单击【编辑映射】按钮，在弹出的【列映射】窗口中修改数据从源到目的地的传输方式，如图 11-29 所示。

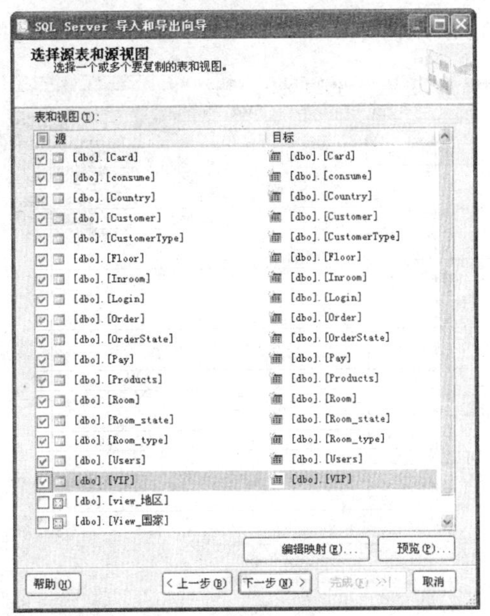

图 11-27 【选择源表和源视图】窗口

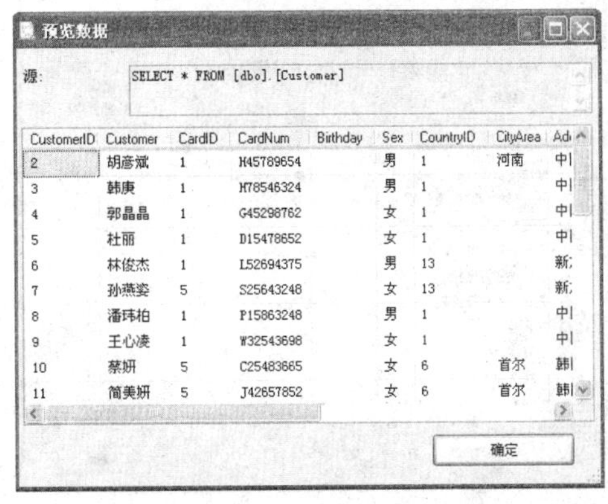

图 11-28 预览 Customer 表数据

10 单击【确定】按钮返回，在【选择源表和源视图】窗口中单击【下一步】按钮，打开【完成该向导】窗口，如图 11-30 所示。

图 11-29 【列映射】窗口

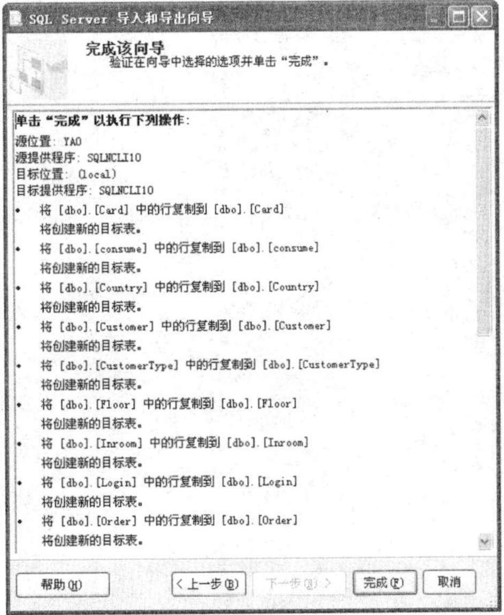

图 11-30 【完成该向导】窗口

11 单击【完成】按钮，将弹出【执行成功】窗口，在【详细信息】列表中的操作任务都成功以后，单击【关闭】按钮关闭窗口，如图 11-31 所示。

12 关闭【SQL Server 导入和导出向导】窗口后，在 SSIS 设计器【解决方案资源管理器】窗格的【SSIS 包】文件夹中会出现名为 Package1.dtsx 的包，而且在左侧的窗口中也出现了该包各个任务的图形描述，如图 11-32 所示。

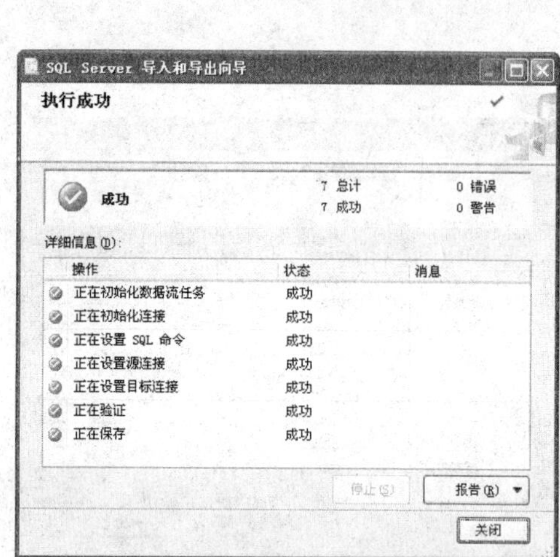

图 11-31 【执行成功】窗口

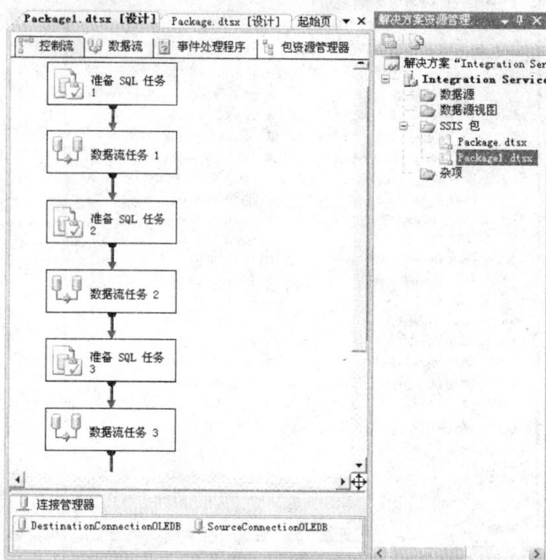

图 11-32 设计器中的包